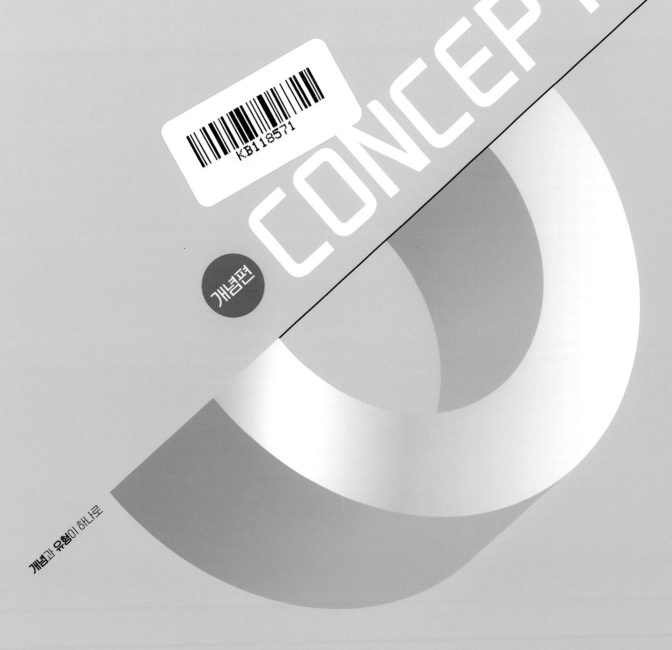

개념편

CONCEPT

개념과 유형이 하나로

KB118571

# 개념+유형

중학 수학

3·1

visang

**개발** 손종은 용효진
**디자인** 홍세정 안상현

**발행일** 2021년 9월 30일
**펴낸날** 2024년 8월 1일
**펴낸곳** (주)비상교육
**펴낸이** 양태회
**신고번호** 제2002-000048호
**출판사업총괄** 최대찬
**개발총괄** 채진희
**개발책임** 최진형
**디자인책임** 김재훈
**영업책임** 이지웅
**품질책임** 석진안
**마케팅책임** 이은진
**대표전화** 1544-0554
**주소** 경기도 과천시 과천대로2길 54(갈현동, 그라운드브이)

# 세상이 변해도
# 배움의 즐거움은
# 변함없도록

시대는 빠르게 변해도
배움의 즐거움은
변함없어야 하기에

어제의 비상은
남다른 교재부터
결이 다른 콘텐츠
전에 없던 교육 플랫폼까지

변함없는 혁신으로
교육 문화 환경의 새로운 전형을
실현해왔습니다.

비상은 오늘, 다시 한번
새로운 교육 문화 환경을 실현하기 위한
또 하나의 혁신을 시작합니다.

오늘의 내가 어제의 나를 초월하고
오늘의 교육이 어제의 교육을 초월하여
배움의 즐거움을 지속하는 혁신,

바로, 메타인지 기반 완전 학습을.

**상상을 실현하는 교육 문화 기업 비상**

**메타인지 기반 완전 학습**
초월을 뜻하는 meta와 생각을 뜻하는 인지가 결합한 메타인지는
자신이 알고 모르는 것을 스스로 구분하고 학습계획을 세우도록 하는
궁극의 학습 능력입니다. 비상의 메타인지 기반 완전 학습 시스템은
잠들어 있는 메타인지를 깨워 공부를 100% 내 것으로 만들도록 합니다.

개념+유형 <sup>PLUS</sup>

개념편

CONCEPT

중등 수학 ——

3·1

# STRUCTURE ... 구성과 특징

## ① 핵심 개념을 이해하고!

**핵심 개념**
자세하고 깔끔한 개념 정리와 필수 문제, 유제

## ② 개념을 익히고!

**Step1 쏙쏙 개념 익히기**
보다 완벽하게 개념을 이해하기 위한 대표 문제

**한 번 더 ⊕**
조금 까다로운 문제는
쌍둥이 문제로 한 번 더!

---

**➕ 개념편 학습 후**
# 유 형 편

유형별 연습 문제로 **기초**를 **탄탄**하게 하고 싶다면

## 유형편 라이트

| 유형별 연습 문제 | 쌍둥이 기출문제 | 단원 마무리 |

# 개념과 유형이 하나로~!
## 개념+유형의 체계적인 학습 시스템

### ❸ 실전 문제로 다지기!

**Step 2 탄탄 단원 다지기**
교과서 문제와 기출문제로 구성된 단원 마무리 문제

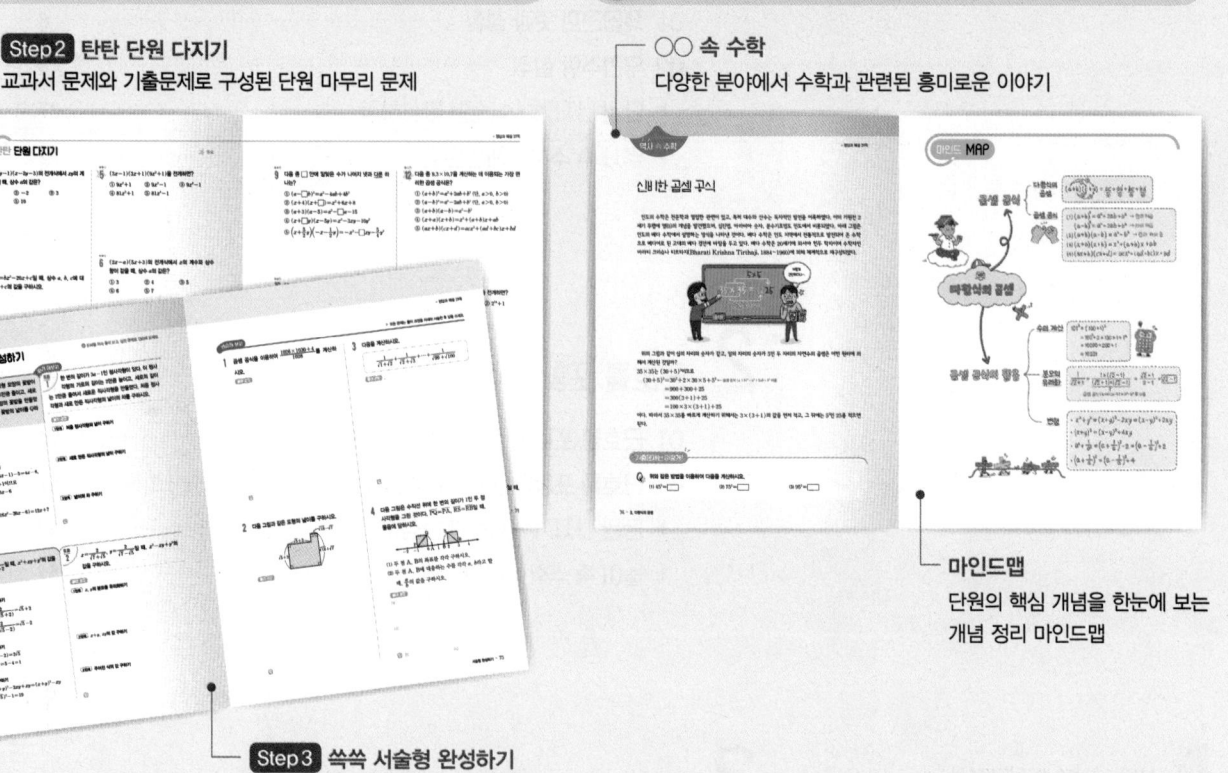

**Step 3 쓱쓱 서술형 완성하기**
연습과 실전이 함께하는 서술형 문제

### ❹ 개념 정리로 마무리!

**○○ 속 수학**
다양한 분야에서 수학과 관련된 흥미로운 이야기

**마인드맵**
단원의 핵심 개념을 한눈에 보는
개념 정리 마인드맵

다양한 기출문제로 **내신 만점**에 도전한다면

유형편 파워

유형별 비법 정리 ▶ 유형별 기출문제 ▶ 단원 마무리

# CONTENTS ··· 차례

이차함수

# 1 제곱근과 실수

| 이전에 배운 내용 | 이번에 배울 내용 | 이후에 배울 내용 |

**이전에 배운 내용**

중1
- 소인수분해
- 정수와 유리수

중2
- 유리수와 순환소수
- 피타고라스 정리

**이번에 배울 내용**

⌒1 제곱근의 뜻과 성질
⌒2 무리수와 실수

**이후에 배울 내용**

중3
- 이차방정식
- 삼각비

고등
- 복소수

## 준비 **학습**

중1 **거듭제곱**
- 같은 수나 문자를 여러 번 곱한 것을 간단히 나타낸 것

**1** 다음을 계산하시오.

(1) $6^2$      (2) $(-3)^2$      (3) $(-0.2)^2$      (4) $\left(\dfrac{3}{4}\right)^2$

중2 **피타고라스 정리**
- 직각삼각형에서 직각을 낀 두 변의 길이를 각각 $a$, $b$라 하고, 빗변의 길이를 $c$라고 하면 $a^2+b^2=c^2$이 성립한다.

**2** 다음 직각삼각형에서 $x$의 값을 구하시오.

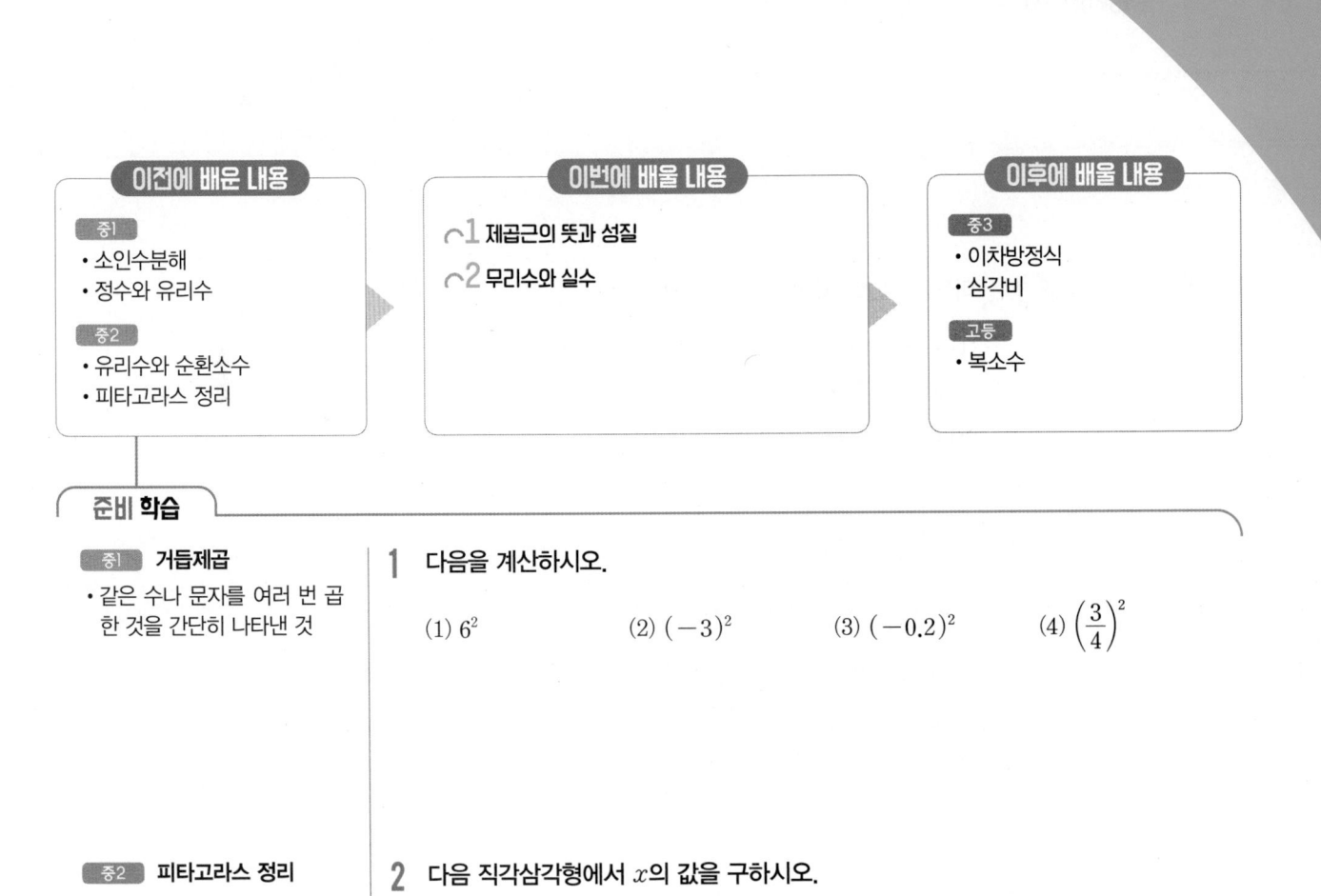

(1) $x\,\mathrm{cm}$, $3\,\mathrm{cm}$, $4\,\mathrm{cm}$

(2) $13\,\mathrm{cm}$, $5\,\mathrm{cm}$, $x\,\mathrm{cm}$

# 01 제곱근의 뜻과 성질

● 정답과 해설 15쪽

## 1 제곱근의 뜻

어떤 수 $x$를 제곱하여 $a$가 될 때, $x$를 $a$의 **제곱근**이라고 한다.

➡ $x^2 = a$일 때, $x$는 $a$의 제곱근이다.

**예** $2^2 = 4$, $(-2)^2 = 4$이므로 4의 제곱근은 2, $-2$이다.

(1) 양수의 제곱근은 양수와 음수 2개가 있고, 그 두 수의 절댓값은 같다.

(2) 제곱하여 음수가 되는 수는 없으므로 음수의 제곱근은 생각하지 않는다.

(3) 0의 제곱근은 0 하나뿐이다.

| $2$ $-2$ | 제곱 →<br>← 제곱근 | $4$ |

> **용어**
>
> **제곱근**(--根 뿌리, square root)
> 제곱한 수의 뿌리가 되는 수

---

**필수 문제 1**

제곱근의 뜻

▶ $a\,(a \geq 0)$의 제곱근
⇨ 제곱하여 $a$가 되는 수
⇨ $x^2 = a$를 만족시키는 $x$의 값

**1** 다음 ☐ 안에 알맞은 수를 쓰시오.

(1) 제곱하여 9가 되는 수는 ☐, ☐이다.

(2) $x^2 = 25$를 만족시키는 $x$의 값은 ☐, ☐이다.

(3) 0의 제곱근은 ☐이다.

**1-1** 다음 물음에 답하시오.

(1) 제곱하여 64가 되는 수를 구하시오.

(2) $x^2 = 0.36$을 만족시키는 $x$의 값을 구하시오.

(3) $-4$의 제곱근을 구하시오.

---

**필수 문제 2**

제곱근 구하기

▶ (4) 거듭제곱의 제곱근을 구할 때는 거듭제곱을 먼저 계산한 후 제곱근을 구한다.

**2** 다음 수의 제곱근을 구하시오.

(1) 16

(2) 0.01

(3) $\dfrac{9}{25}$

(4) $(-3)^2$

**2-1** 다음 수의 제곱근을 구하시오.

(1) 121

(2) 0.04

(3) $\left(\dfrac{6}{7}\right)^2$

(4) $(-0.5)^2$

## 2 제곱근의 표현

(1) **제곱근의 표현**: 제곱근을 나타내기 위해 기호 $\sqrt{\phantom{a}}$ 를 사용하는데, 이 기호를 근호라 하고 '제곱근' 또는 '루트'라고 읽는다.

$\sqrt{a}$ ➡ 제곱근 $a$, 루트 $a$

(2) **양수 $a$의 제곱근**: 양수 $a$의 두 제곱근 중에서

① 양수인 것을 양의 제곱근이라 하고, $\sqrt{a}$로 나타낸다.

② 음수인 것을 음의 제곱근이라 하고, $-\sqrt{a}$로 나타낸다.

이때 $\sqrt{a}$와 $-\sqrt{a}$를 한꺼번에 $\pm\sqrt{a}$로 나타내기도 한다.

➡ $x^2 = a\,(a > 0)$이면 $x = \pm\sqrt{a}$

$a > 0$일 때,

$\sqrt{a}$, $-\sqrt{a}$ $\xrightarrow[\text{제곱근}]{\text{제곱}}$ $a$

**참고** (1) '$a$의 제곱근'과 '제곱근 $a$' (단, $a > 0$)
① $a$의 제곱근 ➡ 제곱하여 $a$가 되는 수 ➡ $\pm\sqrt{a}$ ←2개
② 제곱근 $a$ ➡ $a$의 양의 제곱근 ➡ $\sqrt{a}$ ←1개
(2) 제곱근을 나타낼 때, 근호 안의 수가 어떤 유리수의 제곱이면 근호를 사용하지 않고 나타낼 수 있다.
➡ 4의 제곱근: $\pm\sqrt{4} = \pm 2$

---

**개념 확인** 다음 표를 완성하시오.

| $a$ | 1 | 2 | 3 | 4 | 5 | 6 | 7 | 8 | 9 | 10 |
|---|---|---|---|---|---|---|---|---|---|---|
| $a$의 양의 제곱근 | $\sqrt{1}=1$ | $\sqrt{2}$ | $\sqrt{3}$ | $\sqrt{4}=2$ | | | | | | |
| $a$의 음의 제곱근 | $-\sqrt{1}=-1$ | $-\sqrt{2}$ | | | | | | | | |
| $a$의 제곱근 | $\pm 1$ | | | | | | | | | |
| 제곱근 $a$ | 1 | | | | | | | | | |

---

**필수 문제 ③**

**제곱근의 표현**

▸ '$a$의 제곱근'과 '제곱근 $a$'의 차이 (단, $a > 0$)
• $a$의 제곱근 ⇨ $\pm\sqrt{a}$
• 제곱근 $a$ ⇨ $\sqrt{a}$

**다음을 근호를 사용하여 나타내시오.**

(1) 11의 양의 제곱근

(2) $\dfrac{5}{2}$의 음의 제곱근

(3) 13의 제곱근

(4) 제곱근 13

**3-1** 다음을 근호를 사용하여 나타내시오.

(1) 17의 양의 제곱근

(2) 0.5의 음의 제곱근

(3) $\dfrac{3}{2}$의 제곱근

(4) 제곱근 26

---

**필수 문제 ④**

**근호를 사용하지 않고 나타내기**

**다음을 근호를 사용하지 않고 나타내시오.**

(1) $\sqrt{25}$  (2) $-\sqrt{0.09}$  (3) $\pm\sqrt{64}$  (4) $\sqrt{\dfrac{1}{81}}$

**4-1** 다음을 근호를 사용하지 않고 나타내시오.

(1) $\sqrt{16}$  (2) $-\sqrt{0.49}$  (3) $\pm\sqrt{100}$  (4) $\sqrt{\dfrac{25}{36}}$

# STEP 1 쏙쏙 개념 익히기

**1** 다음 수의 제곱근을 구하시오.

(1) $1$

(2) $\left(-\dfrac{1}{4}\right)^2$

(3) $0.25$

(4) $169$

(5) $11$

(6) $\dfrac{1}{3}$

(7) $0.7$

(8) $-5$

(9) $\sqrt{36}$

(10) $\sqrt{\dfrac{1}{4}}$

(11) $\sqrt{1.44}$

(12) $\sqrt{\dfrac{9}{49}}$

**2** 다음 보기 중 제곱근에 대한 설명으로 옳은 것을 모두 고르시오.

┤ 보기 ├

ㄱ. 10의 제곱근은 $\sqrt{10}$이다.

ㄴ. $\sqrt{64}$는 $\pm8$이다.

ㄷ. 0의 제곱근은 1개뿐이다.

ㄹ. 음수의 제곱근은 음수이다.

ㅁ. $(-5)^2$과 $5^2$의 제곱근은 같다.

ㅂ. 양수의 제곱근은 절댓값이 같은 양수와 음수 2개이다.

**3** 다음 중 그 값이 나머지 넷과 다른 하나는?

① 4의 제곱근

② 제곱근 4

③ 제곱하여 4가 되는 수

④ $\pm2$

⑤ $x^2=4$를 만족시키는 $x$의 값

**4** $\sqrt{16}$의 음의 제곱근을 $a$, $(-9)^2$의 양의 제곱근을 $b$라고 할 때, $a+b$의 값을 구하시오.

## 3 제곱근의 성질

$a > 0$일 때

(1) $(\sqrt{a})^2 = a$, $(-\sqrt{a})^2 = a$ ← $a$의 제곱근을 제곱하면 $a$가 된다.

예 $(\sqrt{6})^2 = 6$, $(-\sqrt{6})^2 = 6$

(2) $\sqrt{a^2} = a$, $\sqrt{(-a)^2} = a$ ← 근호 안의 수가 어떤 수의 제곱이면 근호를 사용하지 않고 나타낼 수 있다.

예 $\sqrt{6^2} = 6$, $\sqrt{(-6)^2} = 6$

---

**필수 문제 5**

제곱근의 성질

다음 값을 구하시오.

(1) $(\sqrt{7})^2$

(2) $(-\sqrt{0.8})^2$

(3) $-(-\sqrt{10})^2$

(4) $\sqrt{3^2}$

(5) $\sqrt{(-11)^2}$

(6) $-\sqrt{\left(-\dfrac{2}{5}\right)^2}$

**5-1** 다음 값을 구하시오.

(1) $-(\sqrt{5})^2$

(2) $\left(-\sqrt{\dfrac{1}{3}}\right)^2$

(3) $-(-\sqrt{13})^2$

(4) $-\sqrt{9^2}$

(5) $\sqrt{(-0.4)^2}$

(6) $-\left(-\sqrt{\dfrac{3}{7}}\right)^2$

---

**필수 문제 6**

제곱근의 성질을 이용한 식의 계산

▶제곱근의 성질을 이용하여 주어진 수를 근호를 사용하지 않고 나타낸 후 식을 계산한다.

다음을 계산하시오.

(1) $(\sqrt{2})^2 + (-\sqrt{3})^2$

(2) $\sqrt{3^2} - \sqrt{(-5)^2}$

(3) $\sqrt{4^2} \times (-\sqrt{6})^2 - (-\sqrt{7})^2$

(4) $(-\sqrt{8})^2 \times \sqrt{0.5^2} - \sqrt{9} \div \sqrt{\left(\dfrac{3}{4}\right)^2}$

**6-1** 다음을 계산하시오.

(1) $(\sqrt{5})^2 - (-\sqrt{7})^2$

(2) $\sqrt{12^2} \div \sqrt{(-3)^2}$

(3) $(-\sqrt{2})^2 + \sqrt{\left(-\dfrac{1}{3}\right)^2} \times \sqrt{36}$

(4) $\sqrt{(-2)^2} \div \sqrt{\left(\dfrac{2}{3}\right)^2} - \sqrt{0.64} \times (-\sqrt{10})^2$

## 4 $\sqrt{a^2}$의 성질

모든 수 $a$에 대하여 $\sqrt{a^2}$은 $a^2$의 양의 제곱근이므로 $a$의 부호에 관계없이 항상 음이 아닌 값을 가진다.

$$\Rightarrow \underset{\text{음이 아닌 값}}{\sqrt{a^2}=|a|}=\begin{cases} a\geq0\text{일 때,} & \boxed{a} \\ a<0\text{일 때,} & \boxed{-a} \end{cases}$$
음이 아닌 값

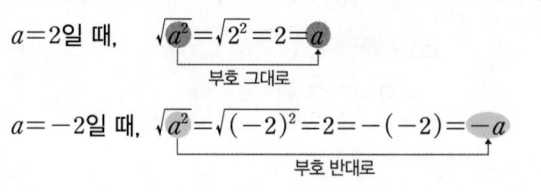

$a=2$일 때, $\sqrt{a^2}=\sqrt{2^2}=2=a$
부호 그대로

$a=-2$일 때, $\sqrt{a^2}=\sqrt{(-2)^2}=2=-(-2)=-a$
부호 반대로

참고 $\sqrt{(\quad)^2}$에서 ( ) 안의 값이 양수인지 음수인지를 확인한다.

---

**필수 문제 7**

$\sqrt{a^2}$ 꼴을 포함한 식을 간단히 하기

다음 식을 간단히 하시오.

(1) $\sqrt{(2x)^2}=\begin{cases} x>0\text{일 때,} & \boxed{\phantom{xx}} \\ x<0\text{일 때,} & \boxed{\phantom{xx}} \end{cases}$

(2) $\sqrt{(-2x)^2}=\begin{cases} x>0\text{일 때,} & \boxed{\phantom{xx}} \\ x<0\text{일 때,} & \boxed{\phantom{xx}} \end{cases}$

**7-1** 다음 식을 간단히 하시오.

(1) $a>0$일 때, $\sqrt{(5a)^2}$

(2) $a<0$일 때, $\sqrt{(-11a)^2}$

(3) $a>0$일 때, $\sqrt{(-6a)^2}$

(4) $a<0$일 때, $-\sqrt{(7a)^2}$

---

**필수 문제 8**

$\sqrt{(a-b)^2}$ 꼴을 포함한 식을 간단히 하기

▶ $(a-b)^2$ 꼴을 간단히 할 때는 먼저 $a-b$의 부호를 조사한다.

다음 식을 간단히 하시오.

(1) $\sqrt{(x+1)^2}=\begin{cases} x>-1\text{일 때,} & \boxed{\phantom{xx}} \\ x<-1\text{일 때,} & \boxed{\phantom{xx}} \end{cases}$

(2) $\sqrt{(x-5)^2}=\begin{cases} x>5\text{일 때,} & \boxed{\phantom{xx}} \\ x<5\text{일 때,} & \boxed{\phantom{xx}} \end{cases}$

**8-1** 다음 식을 간단히 하시오.

(1) $a>3$일 때, $\sqrt{(a-3)^2}$

(2) $a<7$일 때, $\sqrt{(a-7)^2}$

(3) $a>-2$일 때, $\sqrt{(a+2)^2}$

(4) $a<4$일 때, $\sqrt{(4-a)^2}$

## **5** 제곱인 수를 이용하여 근호 없애기

(1) 근호 안의 수가 어떤 자연수의 제곱이면 근호를 사용하지 않고 나타낼 수 있다.

➡ $\sqrt{(자연수)^2}=(자연수)$

예 $\sqrt{16}=\sqrt{4^2}=4$, $\sqrt{36}=\sqrt{6^2}=6$

(2) 어떤 자연수의 제곱인 수는 소인수분해했을 때, 소인수의 지수가 모두 짝수이다.

예 $36=2^{②}\times3^{②}$ ← 지수가 모두 짝수

---

**필수 문제 9**

$\sqrt{\square}$ 가 자연수가 될
조건 (1)

$\left(\sqrt{(수)\times x}, \sqrt{\dfrac{(수)}{x}} \; 꼴\right)$

▶ $\sqrt{\square}=(자연수)$
⇨ $\square$는 제곱인 수이므로 소인수분해하였을 때, 소인수의 지수가 모두 짝수이다.

다음은 $\sqrt{45x}$ 가 자연수가 되도록 하는 가장 작은 자연수 $x$의 값을 구하는 과정이다. $\square$ 안에 알맞은 수를 쓰시오.

> 45를 소인수분해하면 $\square^2\times\square$이고
> 지수가 홀수인 소인수는 $\square$이므로 $x=\square\times(자연수)^2$ 꼴이어야 한다.
> 따라서 $\sqrt{45x}$가 자연수가 되도록 하는 가장 작은 자연수 $x$의 값은 $\square$이다.

**9-1** 다음 식이 자연수가 되도록 하는 가장 작은 자연수 $x$의 값을 구하시오.

(1) $\sqrt{24x}$

(2) $\sqrt{\dfrac{98}{x}}$

---

**필수 문제 10**

$\sqrt{\square}$ 가 자연수가 될
조건 (2)

$(\sqrt{(수)+x}, \sqrt{(수)-x} \; 꼴)$

▶ $\sqrt{A+x}=(자연수)$
⇨ $A$보다 큰 제곱인 수를 찾는다.
$\sqrt{A-x}=(자연수)$
⇨ $A$보다 작은 제곱인 수를 찾는다.

다음은 $\sqrt{10+x}$ 가 자연수가 되도록 하는 가장 작은 자연수 $x$의 값을 구하는 과정이다. $\square$ 안에 알맞은 수를 쓰시오.

> $\sqrt{10+x}$가 자연수가 되려면 $10+x$는 $\square$보다 큰 $(자연수)^2$ 꼴인 수이어야 하므로
> $10+x=\square, \square, \square, \cdots$ ∴ $x=\square, \square, \square, \cdots$
> 따라서 $\sqrt{10+x}$가 자연수가 되도록 하는 가장 작은 자연수 $x$의 값은 $\square$이다.

**10-1** 다음 식이 자연수가 되도록 하는 가장 작은 자연수 $x$의 값을 구하시오.

(1) $\sqrt{6+x}$

(2) $\sqrt{12-x}$

## 6 제곱근의 대소 관계

$a>0$, $b>0$일 때

(1) $a<b$이면 $\sqrt{a}<\sqrt{b}$

(2) $\sqrt{a}<\sqrt{b}$이면 $a<b$

(3) $\sqrt{a}<\sqrt{b}$이면 $-\sqrt{a}>-\sqrt{b}$

> 참고 양수 $a$, $b$에 대하여 $a$와 $\sqrt{b}$처럼 근호가 없는 수와 근호가 있는 수가 주어질 때는 $a=\sqrt{a^2}$이므로 $\sqrt{a^2}$과 $\sqrt{b}$의 대소를 비교한다.
> ➡ 근호가 없는 수를 근호를 사용하여 나타낸 후 대소를 비교한다.

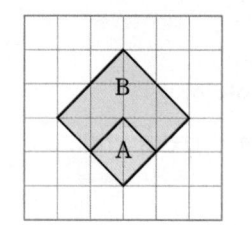

넓이 $a$ $<$ 넓이 $b$

(1) 정사각형의 넓이가 넓을수록 그 한 변의 길이도 길다. 즉, $a<b$ ➡ $\sqrt{a}<\sqrt{b}$

(2) 정사각형의 한 변의 길이가 길수록 그 넓이도 넓다. 즉, $\sqrt{a}<\sqrt{b}$ ➡ $a<b$

**개념 확인** 다음 그림은 한 칸의 가로와 세로의 길이가 각각 1인 모눈종이 위에 크기가 다른 두 정사각형 A, B를 겹쳐 그린 것이다. □ 안에 알맞은 수를 쓰시오.

(1) 두 정사각형 A, B의 넓이
➡ (A의 넓이)=□, (B의 넓이)=□

(2) 두 정사각형 A, B의 한 변의 길이
➡ (A의 한 변의 길이)=□, (B의 한 변의 길이)=□

(3) 두 정사각형 A, B의 한 변의 길이의 대소 관계
➡ □ < □

---

**필수 문제 11**

제곱근의 대소 관계

▶제곱근의 대소는 같은 형태로 변형한 후 비교한다. 즉, $\sqrt{\phantom{a}}$가 없는 수는 $\sqrt{\phantom{a}}$를 사용하여 나타낸 후 $\sqrt{\phantom{a}}$ 안의 수를 비교한다.

다음 □ 안에 부등호 >, < 중 알맞은 것을 쓰시오.

(1) $\sqrt{5}$ □ $\sqrt{7}$

(2) $4$ □ $\sqrt{15}$

(3) $0.1$ □ $\sqrt{0.1}$

(4) $-\sqrt{\dfrac{2}{3}}$ □ $-\sqrt{\dfrac{3}{4}}$

**11-1** 다음 두 수의 대소를 비교하시오.

(1) $\sqrt{0.7}$, $\sqrt{0.8}$

(2) $-3$, $-\sqrt{8}$

(3) $\dfrac{1}{2}$, $\sqrt{\dfrac{2}{3}}$

(4) $-\sqrt{\dfrac{1}{10}}$, $-\sqrt{\dfrac{1}{2}}$

---

**필수 문제 12**

제곱근을 포함하는 부등식

▶양수 $a$, $b$에 대하여
$a<\sqrt{x}<b$
$\Rightarrow \sqrt{a^2}<\sqrt{x}<\sqrt{b^2}$
$\Rightarrow a^2<x<b^2$

다음 부등식을 만족시키는 자연수 $x$의 값을 모두 구하시오.

(1) $1 \leq \sqrt{x} < 2$

(2) $3 < \sqrt{3x} < 5$

**12-1** 다음 부등식을 만족시키는 자연수 $x$의 값을 모두 구하시오.

(1) $5 < \sqrt{5x} < 7$

(2) $-3 \leq -\sqrt{x} \leq -2$

쏙쏙 **개념 익히기**

**1** 다음을 계산하시오.

(1) $(\sqrt{3})^2+\sqrt{(-13)^2}$

(2) $\left(-\sqrt{\dfrac{3}{2}}\right)^2-\sqrt{\left(\dfrac{3}{2}\right)^2}$

(3) $\sqrt{0.36}\times(\sqrt{10})^2\div\sqrt{(-6)^2}$

(4) $\sqrt{121}-(\sqrt{14})^2\times\sqrt{\left(\dfrac{2}{7}\right)^2}$

(5) $\sqrt{(-7)^2}-\sqrt{\dfrac{64}{9}}\times\sqrt{\left(-\dfrac{3}{4}\right)^2}+\sqrt{3^2}$

(6) $\left(-\sqrt{\dfrac{5}{9}}\right)^2+\sqrt{\dfrac{16}{81}}-(\sqrt{2})^2\div\sqrt{\left(-\dfrac{1}{3}\right)^2}$

**2** 다음 수를 작은 것부터 차례로 나열하시오.

$$\sqrt{12}, \qquad \sqrt{17}, \qquad 4, \qquad -\sqrt{2}, \qquad -\sqrt{5}, \qquad 0, \qquad -1$$

**3** 다음 부등식을 만족시키는 자연수 $x$의 개수를 구하시오.

(1) $3\le\sqrt{x+1}<4$

(2) $4<\sqrt{2x}<6$

**4** 다음 식이 자연수가 되도록 하는 가장 작은 자연수 $x$의 값을 구하시오.

(1) $\sqrt{240x}$

(2) $\sqrt{50-x}$

● $\sqrt{a^2}$ 의 성질
$$\sqrt{a^2}=|a|=\begin{cases}a\,(a\ge0)\\-a\,(a<0)\end{cases}$$

**5** $-1<a<3$일 때, $\sqrt{(a-3)^2}-\sqrt{(a+1)^2}$을 간단히 하시오.

한번 더 ✕

**6** $2<a<3$일 때, $\sqrt{(3-a)^2}-\sqrt{(2-a)^2}+\sqrt{(-a)^2}$을 간단히 하시오.

# 2 무리수와 실수

● 정답과 해설 18쪽

## 1 무리수

(1) **유리수**: 분수 $\dfrac{a}{b}$ ($a$, $b$는 정수, $b \neq 0$) 꼴로 나타낼 수 있는 수를 유리수라고 한다.

> 예 $-2$, $0.75 = \dfrac{3}{4}$, $0.0\dot{3} = \dfrac{1}{30}$

(2) **무리수**: 유리수가 아닌 수, 즉 순환소수가 아닌 무한소수로 나타내어지는 수를 **무리수**라고 한다.

> 예 $\sqrt{2} = 1.414213\cdots$, $\sqrt{3} = 1.732050\cdots$, $\pi = 3.141592\cdots$

(3) **소수의 분류**

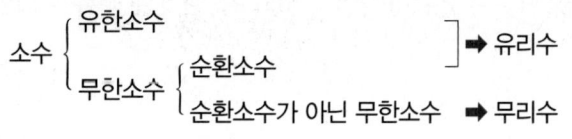

> **주의** 근호를 사용하여 나타낸 수가 모두 무리수인 것은 아니다. 근호 안의 수가 어떤 유리수의 제곱이면 그 수는 유리수이다.
> ➡ $\sqrt{4} = \sqrt{2^2} = 2$이므로 $\sqrt{4}$는 유리수이다.

---

**필수 문제 1**

무리수 찾기

▶근호 안의 수가 어떤 유리수의 제곱이 아닌 수는 무리수이다.

**다음 보기의 수 중 무리수를 모두 찾으시오.**

| 보기 |

ㄱ. $-\sqrt{6}$  ㄴ. $\sqrt{9}$  ㄷ. $\dfrac{9}{16}$

ㄹ. $0.\dot{1}$  ㅁ. $\sqrt{0.49}$  ㅂ. $\sqrt{25}$의 제곱근

**1-1** 다음 보기의 수 중 무리수의 개수를 구하시오.

| 보기 |

$$-2, \quad \sqrt{1.44}, \quad 0, \quad \sqrt{\dfrac{1}{5}}, \quad \pi, \quad -\sqrt{15}, \quad \dfrac{1}{3}, \quad \sqrt{0.\dot{4}}$$

---

**필수 문제 2**

유리수와 무리수의 이해

**다음 중 옳은 것은 ○표, 옳지 않은 것은 ×표를 ( ) 안에 쓰시오.**

(1) 유리수이면서 무리수인 수는 없다. ( )

(2) 무리수는 순환소수로 나타낼 수 있다. ( )

(3) 근호를 사용하여 나타낸 수는 모두 무리수이다. ( )

(4) 무한소수로 나타내어지는 수는 모두 무리수이다. ( )

(5) 유리수는 $\dfrac{(정수)}{(0이\ 아닌\ 정수)}$ 꼴로 나타낼 수 있다. ( )

## 2 실수

(1) 실수: 유리수와 무리수를 통틀어 실수라고 한다.

(2) 실수의 분류

$$
\text{실수}
\begin{cases}
\text{유리수}
\begin{cases}
\text{정수}
\begin{cases}
\text{양의 정수(자연수): } 1, 2, 3, \cdots \\
0 \\
\text{음의 정수} \quad : -1, -2, -3, \cdots
\end{cases} \\
\text{정수가 아닌 유리수} \quad : \dfrac{1}{2}, -\dfrac{2}{3}, 1.5, 0.\dot{7}, \cdots
\end{cases} \\
\text{무리수(유리수가 아닌 실수)} \quad : \sqrt{2}, -\sqrt{3}, \pi, \cdots
\end{cases}
$$

참고 • 앞으로 특별한 말이 없을 때는 수라고 하면 실수를 뜻한다.
• 실수는 유리수와 마찬가지로 사칙계산이 가능하며 덧셈과 곱셈에 대한 교환법칙, 결합법칙, 분배법칙이 성립한다.

---

**필수 문제 3**

실수의 분류

**보기의 수 중 다음에 해당하는 것을 모두 고르시오.**

| 보기 |
| $5, \qquad -\sqrt{7}, \qquad 1.3, \qquad 0.3\dot{4}, \qquad -3, \qquad -\sqrt{4}, \qquad 1+\sqrt{3}$ |

(1) 자연수

(2) 정수

(3) 유리수

(4) 무리수

(5) 실수

**3-1** 다음 중 ☐ 안에 해당하는 수를 모두 고르면? (정답 2개)

$$
\text{실수}
\begin{cases}
\text{유리수}
\begin{cases}
\text{정수}
\begin{cases}
\text{양의 정수(자연수)} \\
0 \\
\text{음의 정수}
\end{cases} \\
\text{정수가 아닌 유리수} \\
\boxed{\phantom{xxx}}
\end{cases}
\end{cases}
$$

① $\sqrt{\dfrac{9}{16}}$　　　　　② $-1.5$　　　　　③ $\sqrt{4}$의 양의 제곱근

④ $2.\dot{4}$　　　　　⑤ $3-\sqrt{2}$

## 쏙쏙 개념 익히기

**1** 다음 수 중 소수로 나타내었을 때 순환소수가 아닌 무한소수가 되는 것의 개수를 구하시오.

$$\sqrt{10}, \qquad 3.14, \qquad -5, \qquad \frac{15}{5}, \qquad 0.3\dot{4}, \qquad -\sqrt{3}, \qquad \sqrt{1.96}$$

**2** 다음 보기의 정사각형 중 한 변의 길이가 무리수인 것을 모두 고르시오.

┤ 보기 ├

ㄱ. 넓이가 4인 정사각형          ㄴ. 넓이가 8인 정사각형

ㄷ. 넓이가 9인 정사각형          ㄹ. 넓이가 15인 정사각형

**3** 다음 중 $\sqrt{3}$에 대한 설명으로 옳지 <u>않은</u> 것을 모두 고르면? (정답 2개)

① 무리수이다.

② 3의 양의 제곱근이다.

③ 근호를 사용하지 않고 나타낼 수 있다.

④ $\dfrac{(정수)}{(0이\ 아닌\ 정수)}$ 꼴로 나타낼 수 있다.

⑤ 소수로 나타내면 순환소수가 아닌 무한소수가 된다.

**4** 다음 보기 중 옳은 것의 개수를 구하시오.

┤ 보기 ├

ㄱ. 양수의 제곱근은 모두 무리수이다.

ㄴ. 0은 유리수인 동시에 무리수이다.

ㄷ. 근호 안의 수가 어떤 유리수의 제곱이면 그 수는 유리수이다.

ㄹ. 유리수와 무리수의 합은 유리수이다.

ㅁ. 유리수가 아닌 실수는 모두 무리수이다.

**5** 다음 중 ㈎에 해당하는 수로만 짝 지어진 것은?

① $3.14, \sqrt{8}$          ② $\sqrt{25}, \dfrac{1}{7}$

③ $\sqrt{\dfrac{1}{81}}, \sqrt{0.9}$          ④ $0.1\dot{3}\dot{5}, \pi$

⑤ $\sqrt{0.3}, \sqrt{3}+1$

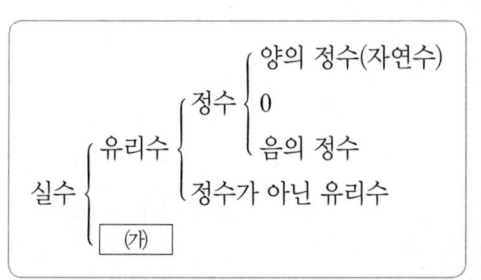

# 무리수 $\sqrt{2}$ 를 소수로 나타내기

무리수는 순환소수가 아닌 무한소수로 나타낼 수 있다.
다음과 같은 제곱근의 대소 관계를 이용하여 무리수 $\sqrt{2}$ 를 소수로 나타내어 보자.

> $a>0$, $b>0$일 때,
> $a<b$이면 $\sqrt{a}<\sqrt{b}$이다.

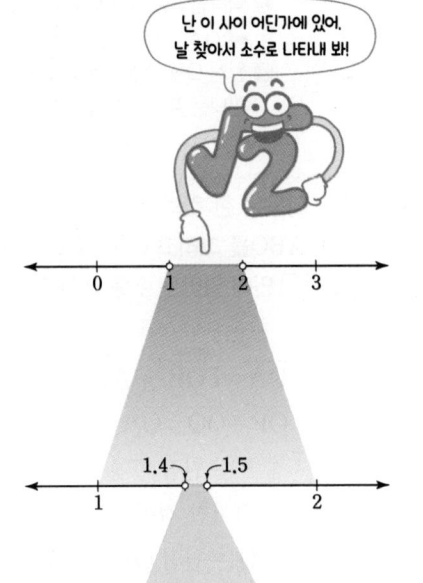

난 이 사이 어딘가에 있어.
날 찾아서 소수로 나타내 봐!

❶ $1^2=1$, $(\sqrt{2})^2=2$, $2^2=4$이고,
  $1<2<4$이므로
  $1<\sqrt{2}<2$, 즉 $\sqrt{2}=1.\cdots$

❷ $1.4^2=1.96$, $(\sqrt{2})^2=2$, $1.5^2=2.25$이고,
  $1.96<2<2.25$이므로
  $1.4<\sqrt{2}<1.5$, 즉 $\sqrt{2}=1.4\cdots$

❸ $1.41^2=1.9881$, $(\sqrt{2})^2=2$, $1.42^2=2.0164$이고,
  $1.9881<2<2.0164$이므로
  $1.41<\sqrt{2}<1.42$, 즉 $\sqrt{2}=1.41\cdots$

❹ $1.414^2=1.999396$, $(\sqrt{2})^2=2$, $1.415^2=2.002225$
  이고, $1.999396<2<2.002225$이므로
  $1.414<\sqrt{2}<1.415$, 즉 $\sqrt{2}=1.414\cdots$

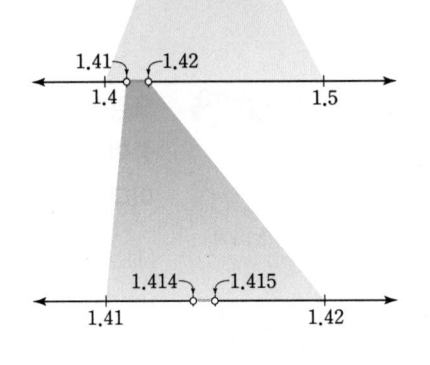

위의 ❶~❹와 같은 방법으로 계속하면 다음과 같다.
$$1.4142<\sqrt{2}<1.4143$$
$$1.41421<\sqrt{2}<1.41422$$
$$1.414213<\sqrt{2}<1.414214$$
$$\vdots$$

따라서 위와 같은 방법으로 계속하여 무리수 $\sqrt{2}$ 를 소수로 나타내면
$$\sqrt{2}=1.4142135623730950488016\cdots$$
과 같이 순환소수가 아닌 무한소수가 된다.

## 3 무리수를 수직선 위에 나타내기

직각삼각형의 빗변의 길이를 이용하여 무리수를 수직선 위에 나타낼 수 있다.

예 무리수 $\sqrt{2}$와 $-\sqrt{2}$를 수직선 위에 나타내기

❶ 수직선 위에 원점 O를 한 꼭짓점으로 하고 직각을 낀 두 변의 길이가 각각 1인 직각삼각형 AOB를 그린다.

❷ 직각삼각형 AOB의 빗변의 길이를 구한다.
➡ $\overline{OA}=\sqrt{1^2+1^2}=\sqrt{2}$

❸ 원점 O를 중심으로 하고 $\overline{OA}$를 반지름으로 하는 원을 그릴 때, 원과 수직선이 만나는 두 점 P, Q에 대응하는 수가 각각 $\sqrt{2}$, $-\sqrt{2}$이다.

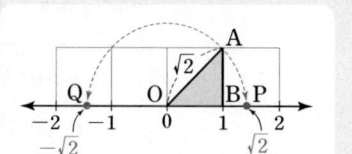

---

**개념 확인**

다음은 한 칸의 가로와 세로의 길이가 각각 1인 모눈종이 위에 수직선과 직각삼각형 ABO를 그리고 $\overline{OA}=\overline{OP}=\overline{OQ}$일 때, 두 점 P, Q의 좌표를 각각 구하는 과정이다. ☐ 안에 알맞은 수를 쓰시오.

$\overline{OA}=\sqrt{\overline{OB}^2+\overline{AB}^2}=$☐이므로

$\overline{OP}=\overline{OQ}=\overline{OA}=$☐

점 P는 원점 O에서 오른쪽으로 ☐만큼 떨어진 점이므로 P(☐)

점 Q는 원점 O에서 왼쪽으로 ☐만큼 떨어진 점이므로 Q(☐)

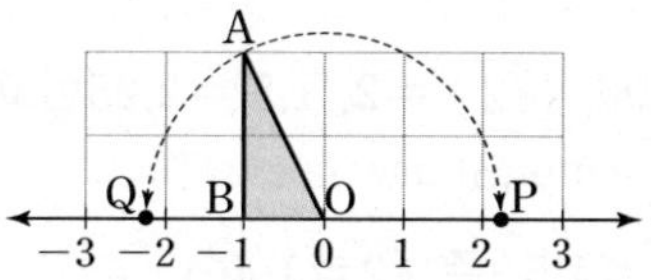

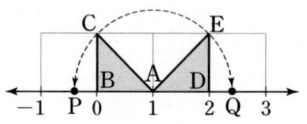

---

**필수 문제** 4

무리수를 수직선 위에 나타내기

▶무리수를 수직선 위에 나타내기

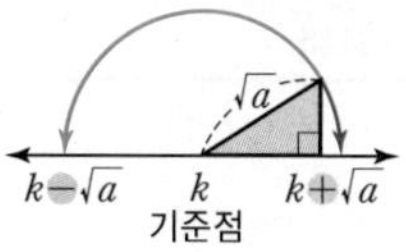

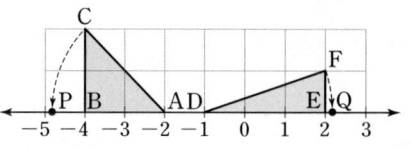

⇨ 대응하는 점이 기준점의
⎧ 오른쪽에 있으면: $k+\sqrt{a}$
⎨
⎩ 왼쪽에 있으면: $k-\sqrt{a}$

오른쪽 그림은 한 칸의 가로와 세로의 길이가 각각 1인 모눈종이 위에 수직선과 두 직각삼각형 ACB, ADE를 그린 것이다. $\overline{AC}=\overline{AP}$, $\overline{AE}=\overline{AQ}$일 때, 다음을 구하시오.

(1) $\overline{AC}$의 길이   (2) $\overline{AE}$의 길이

(3) 점 P의 좌표   (4) 점 Q의 좌표

---

**4-1** 오른쪽 그림은 한 칸의 가로와 세로의 길이가 각각 1인 모눈종이 위에 수직선과 두 직각삼각형 ACB, DEF를 그린 것이다. $\overline{AC}=\overline{AP}$, $\overline{DF}=\overline{DQ}$일 때, 다음을 구하시오.

(1) $\overline{AC}$, $\overline{DF}$의 길이

(2) 수직선 위의 두 점 P, Q에 대응하는 수

## 4 실수와 수직선

(1) 모든 실수는 각각 수직선 위의 한 점에 대응하고, 또 수직선 위의 한 점에는 한 실수가 반드시 대응한다.

(2) 서로 다른 두 실수 사이에는 무수히 많은 실수가 있다.

(3) 수직선은 유리수와 무리수, 즉 실수에 대응하는 점들로 완전히 메울 수 있다.

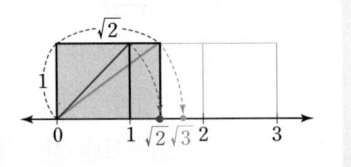

참고 ① 서로 다른 두 유리수 사이에는 무수히 많은 유리수, 무리수가 있다.
② 서로 다른 두 무리수 사이에는 무수히 많은 유리수, 무리수가 있다.
③ 유리수(또는 무리수)에 대응하는 점만으로 수직선을 완전히 메울 수 없다.

---

**필수 문제 5**

실수와 수직선

다음 중 옳은 것은 ○표, 옳지 <u>않은</u> 것은 ×표를 ( ) 안에 쓰시오.

(1) 두 유리수 1과 2 사이에는 무수히 많은 유리수가 있다. ( )

(2) 두 무리수 $\sqrt{2}$와 $\sqrt{3}$ 사이에는 무리수가 없다. ( )

(3) 두 무리수 $\sqrt{3}$과 $\sqrt{7}$ 사이에는 1개의 유리수가 있다. ( )

(4) 수직선 위의 한 점에는 반드시 한 실수가 대응한다. ( )

(5) 유리수와 무리수에 대응하는 점만으로는 수직선을 완전히 메울 수 없다. ( )

(6) 모든 실수는 수직선 위에 나타낼 수 있다. ( )

---

**5-1** 다음 보기 중 옳은 것을 모두 고른 것은?

┤ 보기 ├

ㄱ. 서로 다른 두 실수 사이에는 무수히 많은 유리수가 있다.

ㄴ. 두 유리수 0과 1 사이에는 무리수가 없다.

ㄷ. 두 무리수 $\sqrt{2}$와 $\sqrt{5}$ 사이에는 1개의 정수가 있다.

ㄹ. 수직선 위의 점 중에서 그 좌표를 실수로 나타낼 수 없는 점이 있다.

ㅁ. 무리수에 대응하는 점만으로 수직선을 완전히 메울 수 없다.

① ㄱ, ㄷ          ② ㄴ, ㄹ          ③ ㄷ, ㅁ

④ ㄱ, ㄴ, ㄷ      ⑤ ㄱ, ㄷ, ㅁ

# 5 제곱근표 ← p.164~167의 제곱근표 참고

**(1) 제곱근표**

1.00부터 9.99까지의 수는 0.01 간격으로, 10.0부터 99.9까지의 수는 0.1 간격으로 그 수의 양의 제곱근의 값을 소수점 아래 넷째 자리에서 반올림하여 나타낸 표

**(2) 제곱근표를 읽는 방법**

제곱근표에서 $\sqrt{2.02}$의 값 구하기

➡ 오른쪽 제곱근표에서 2.0의 가로줄과 2의 세로줄이 만나는 칸에 적혀 있는 수를 읽는다.

∴ $\sqrt{2.02}=1.421$

| 수 | 0 | 1 | 2 | 3 | ⋯ |
|---|---|---|---|---|---|
| ⋮ | | | | | |
| 2.0 | 1.414 | 1.418 | 1.421 | 1.425 | ⋯ |
| 2.1 | 1.449 | 1.453 | 1.456 | 1.459 | ⋯ |
| ⋮ | | | | | |

---

**필수 문제 6**

제곱근표를 이용하여 제곱근의 값 구하기

아래 표는 제곱근표의 일부이다. 이 표를 이용하여 다음 제곱근의 값을 구하시오.

| 수 | 2 | 3 | 4 | 5 | 6 |
|---|---|---|---|---|---|
| 1.0 | 1.010 | 1.015 | 1.020 | 1.025 | 1.030 |
| 1.1 | 1.058 | 1.063 | 1.068 | 1.072 | 1.077 |
| ⋮ | ⋮ | ⋮ | ⋮ | ⋮ | ⋮ |
| 63 | 7.950 | 7.956 | 7.962 | 7.969 | 7.975 |
| 64 | 8.012 | 8.019 | 8.025 | 8.031 | 8.037 |

(1) $\sqrt{1.06}$

(2) $\sqrt{1.13}$

(3) $\sqrt{63.2}$

(4) $\sqrt{64.5}$

**6-1** 다음 표는 제곱근표의 일부이다. 이 표를 이용하여 $\sqrt{9.54}+\sqrt{9.72}$의 값을 구하시오.

| 수 | 0 | 1 | 2 | 3 | 4 | 5 |
|---|---|---|---|---|---|---|
| 9.4 | 3.066 | 3.068 | 3.069 | 3.071 | 3.072 | 3.074 |
| 9.5 | 3.082 | 3.084 | 3.085 | 3.087 | 3.089 | 3.090 |
| 9.6 | 3.098 | 3.100 | 3.102 | 3.103 | 3.105 | 3.106 |
| 9.7 | 3.114 | 3.116 | 3.118 | 3.119 | 3.121 | 3.122 |
| 9.8 | 3.130 | 3.132 | 3.134 | 3.135 | 3.137 | 3.138 |

# 쏙쏙 개념 익히기

**1** 다음 그림은 한 칸의 가로와 세로의 길이가 각각 1인 모눈종이 위에 수직선과 세 직각삼각형 ABC, DEF, GHI를 그린 것이다. $\overline{CA}=\overline{CP}$, $\overline{FD}=\overline{FQ}$, $\overline{HG}=\overline{HR}$일 때, ☐ 안에 알맞은 수를 쓰시오.

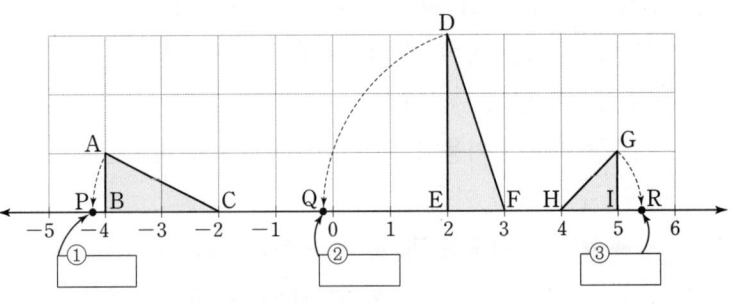

**2** 오른쪽 그림은 한 칸의 가로와 세로의 길이가 각각 1인 모눈종이 위에 수직선과 정사각형 ABCD를 그린 것이다. 두 점 P, Q에 대응하는 수를 각각 구하시오.

**3** 다음 중 옳지 <u>않은</u> 것을 모두 고르면? (정답 2개)

① $\pi$는 수직선 위의 점에 대응시킬 수 있다.
② 서로 다른 두 유리수 사이에는 무수히 많은 유리수가 있다.
③ 서로 다른 두 무리수 사이에는 유한개의 무리수가 있다.
④ 유리수와 무리수 사이에는 무수히 많은 유리수가 있다.
⑤ 수직선은 유리수에 대응하는 점으로 완전히 메울 수 있다.

**4** 오른쪽 제곱근표에서 $\sqrt{5.84}=a$, $\sqrt{b}=2.433$일 때, $1000a+100b$의 값을 구하시오.

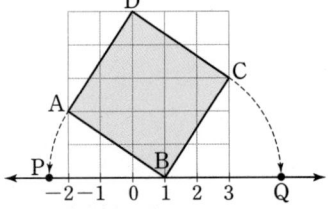

| 수 | 0 | 1 | 2 | 3 | 4 | 5 |
|---|---|---|---|---|---|---|
| 5.7 | 2.387 | 2.390 | 2.392 | 2.394 | 2.396 | 2.398 |
| 5.8 | 2.408 | 2.410 | 2.412 | 2.415 | 2.417 | 2.419 |
| 5.9 | 2.429 | 2.431 | 2.433 | 2.435 | 2.437 | 2.439 |
| 6.0 | 2.449 | 2.452 | 2.454 | 2.456 | 2.458 | 2.460 |

## 6 실수의 대소 관계

(1) 수직선 위에서 원점의 오른쪽에 있는 점에는 양의 실수(양수)가 대응하고, 왼쪽에 있는 점에는 음의 실수(음수)가 대응한다.

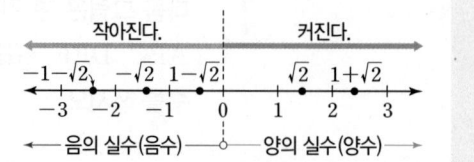

(2) 수직선 위에서 오른쪽에 있는 점에 대응하는 실수가 왼쪽에 있는 점에 대응하는 실수보다 크다.

(3) 실수의 대소 관계

다음 중 하나를 이용하여 두 실수의 대소를 비교한다.

① 두 수의 차를 이용한다.

➡ $a$, $b$가 실수일 때, $a-b>0$이면 $a>b$

$$a-b=0$$이면 $a=b$

$$a-b<0$$이면 $a<b$

**예** $\sqrt{3}+2\ \square\ 4$ ➡ $(\sqrt{3}+2)-4=\sqrt{3}-2<0$이므로 $\sqrt{3}+2\ \boxed{<}\ 4$

② 부등식의 성질을 이용한다.

**참고** 양변에 같은 수가 있는 경우에는 부등식의 성질을 이용하여 비교하는 것이 편리하다.

➡ $a$, $b$, $c$가 실수이고 $a>b$일 때, $a+c>b+c$

$$a-c>b-c$$

---

**필수 문제 7**

실수의 대소 관계

▶두 실수 $a$, $b$의 대소 비교
⇨ $a-b$의 부호로 판단한다.

**다음 □ 안에 부등호 $>$, $<$ 중 알맞은 것을 쓰시오.**

(1) $\sqrt{6}+1\ \square\ 3$

(2) $5-\sqrt{2}\ \square\ 4$

(3) $\sqrt{7}+3\ \square\ \sqrt{8}+3$

(4) $3-\sqrt{3}\ \square\ \sqrt{10}-\sqrt{3}$

**7-1** 다음 두 실수의 대소를 비교하시오.

(1) $\sqrt{7}-5$, $-3$

(2) $-2-\sqrt{8}$, $-5$

(3) $4+\sqrt{10}$, $4+\sqrt{11}$

(4) $\sqrt{13}-4$, $\sqrt{13}-\sqrt{15}$

▶세 실수의 대소 관계
세 실수의 대소를 비교할 때는 두 수씩 짝 지어 비교한다.
⇨ $a$, $b$, $c$가 실수일 때,
$a<b$이고 $b<c$이면
$a<b<c$

**7-2** 다음 세 수 $a$, $b$, $c$의 대소 관계를 부등호를 써서 나타내시오.

$$a=2-\sqrt{7}, \qquad b=2-\sqrt{6}, \qquad c=-1$$

## 7 무리수의 정수 부분과 소수 부분

(1) 무리수는 순환소수가 아닌 무한소수로 나타내어지는 수이
   므로 정수 부분과 소수 부분으로 나눌 수 있다.
   └→ 0<(소수 부분)<1

$$\sqrt{2}=1.414\cdots=\boxed{1}+\boxed{0.414\cdots}$$
$$=\boxed{1}+\boxed{(\sqrt{2}-1)}$$
정수 부분   소수 부분

(2) 소수 부분은 무리수에서 정수 부분을 뺀 것과 같다.

➡ $\sqrt{a}$가 무리수이고 $n$이 정수일 때,

$$n<\sqrt{a}<n+1 \Rightarrow \begin{cases} (\sqrt{a}의 \ 정수 \ 부분)=n \\ (\sqrt{a}의 \ 소수 \ 부분)=\sqrt{a}-n \end{cases}$$
무리수↑       ↑정수 부분

예 $1<\sqrt{3}<2$ ➡ ($\sqrt{3}$의 정수 부분)=1, ($\sqrt{3}$의 소수 부분)=$\sqrt{3}-1$

---

**개념 확인**  다음은 $\sqrt{5}$의 정수 부분과 소수 부분을 구하는 과정이다. ㉠~㉣에 알맞은 수를 구하시오.

> 5보다 작은 자연수 중에서 가장 큰 제곱수는 ㉠이고,
> 5보다 큰 자연수 중에서 가장 작은 제곱수는 ㉡이다.
> 즉, ㉠<5<㉡에서 2<$\sqrt{5}$<3이다.
> 따라서 $\sqrt{5}$의 정수 부분은 ㉢이고, 소수 부분은 ㉣이다.

---

**필수 문제 8**

무리수의 정수 부분과
소수 부분 (1)

▶(무리수)
  =(정수 부분)+(소수 부분)
 (소수 부분)
  =(무리수)−(정수 부분)

다음 수의 정수 부분과 소수 부분을 각각 구하시오.

(1) $\sqrt{6}$                    (2) $\sqrt{10}$

**8-1** 다음 수의 정수 부분과 소수 부분을 각각 구하시오.

(1) $\sqrt{15}$                   (2) $\sqrt{21}$

---

**필수 문제 9**

무리수의 정수 부분과
소수 부분 (2)

다음 수의 정수 부분과 소수 부분을 각각 구하시오.

(1) $2+\sqrt{3}$                  (2) $5-\sqrt{2}$

**9-1** 다음 수의 정수 부분과 소수 부분을 각각 구하시오.

(1) $1+\sqrt{2}$                  (2) $3-\sqrt{3}$

## STEP 1 쏙쏙 개념 익히기

**1** 다음 중 ☐ 안에 알맞은 부등호의 방향이 나머지 넷과 <u>다른</u> 하나는?

① $3 \,\square\, \sqrt{3}+1$      ② $\sqrt{6}-1 \,\square\, 2$      ③ $-\sqrt{2}+4 \,\square\, -\sqrt{3}+4$

④ $\sqrt{2}+\sqrt{5} \,\square\, 1+\sqrt{5}$      ⑤ $4-\sqrt{10} \,\square\, \sqrt{15}-\sqrt{10}$

**2** 다음 세 수 $a$, $b$, $c$ 중 가장 작은 수와 가장 큰 수를 차례로 구하시오.

$$a=1+\sqrt{3}, \qquad b=2, \qquad c=\sqrt{5}-1$$

**3** 다음 수직선 위의 점 중에서 $5-\sqrt{10}$에 대응하는 점을 구하시오.

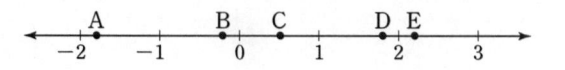

**4** $4-\sqrt{7}$의 정수 부분을 $a$, 소수 부분을 $b$라고 할 때, $b-a$의 값을 구하시오.

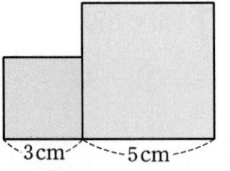

**1** 다음 중 옳은 것을 모두 고르면? (정답 2개)

① 0.49의 음의 제곱근은 $-0.7$이다.

② $(-5)^2$의 제곱근은 $-5$로 1개뿐이다.

③ $\sqrt{\dfrac{4}{9}}$의 제곱근은 $\pm\sqrt{\dfrac{2}{3}}$이다.

④ 0의 제곱근은 없다.

⑤ 제곱근 6과 36의 양의 제곱근은 같다.

**2** $\sqrt{81}$의 음의 제곱근을 $a$, 제곱근 100을 $b$, $(-7)^2$의 양의 제곱근을 $c$라고 할 때, $a+b+c$의 값은?

① $-6$      ② 6      ③ 8

④ 14      ⑤ 20

**3** 다음 보기의 수의 제곱근 중에서 근호를 사용하지 않고 나타낼 수 있는 것은 모두 몇 개인가?

┌─ 보기 ├─

$8, \quad 0.1, \quad 1.69, \quad \dfrac{160}{25}, \quad 1000, \quad \dfrac{64}{121}$

① 1개      ② 2개      ③ 3개

④ 4개      ⑤ 5개

**4** 오른쪽 그림과 같이 한 변의 길이가 각각 3 cm, 5 cm인 두 정사각형의 넓이의 합과 넓이가 같은 정사각형을 만들 때, 새로 만든 정사각형의 한 변의 길이는?

─3 cm─ ─5 cm─

① $\sqrt{26}$ cm      ② $\sqrt{29}$ cm      ③ $\sqrt{31}$ cm

④ $\sqrt{34}$ cm      ⑤ $\sqrt{35}$ cm

**5** 다음 중 그 값이 나머지 넷과 다른 하나는?

① $-(\sqrt{7})^2$      ② $-\sqrt{7^2}$      ③ $-\sqrt{(-7)^2}$

④ $(-\sqrt{7})^2$      ⑤ $-(-\sqrt{7})^2$

**6** 다음 중 계산 결과가 옳지 <u>않은</u> 것은?

① $(\sqrt{2})^2+(-\sqrt{5})^2=7$

② $\sqrt{6^2}-\sqrt{(-4)^2}=2$

③ $\left(\sqrt{\dfrac{1}{2}}\right)^2\times\sqrt{\left(-\dfrac{4}{3}\right)^2}=\dfrac{2}{3}$

④ $\sqrt{\dfrac{9}{16}}\times\sqrt{(-4)^2}\div\left(-\sqrt{\dfrac{1}{2}}\right)^2=6$

⑤ $\sqrt{3^4}\div(-\sqrt{3})^2-\sqrt{(-2)^2}\times\left(\sqrt{\dfrac{3}{2}}\right)^2=-1$

**7** $a<0$일 때, $\sqrt{(-2a)^2}-\sqrt{a^2}$을 간단히 하면?

① $-3a$ ② $-2a$ ③ $-a$
④ $a$ ⑤ $2a$

**8** $a<b$, $ab<0$일 때, $\sqrt{(-4a)^2}+\sqrt{16b^2}-\sqrt{(a-b)^2}$ 을 간단히 하시오.

**9** $\sqrt{\dfrac{45}{2}x}$가 자연수가 되도록 하는 가장 작은 자연수 $x$ 의 값을 구하시오.

**10** $\sqrt{19-x}$가 정수가 되도록 하는 자연수 $x$의 값 중 가장 큰 수를 $a$, 가장 작은 수를 $b$라고 할 때, $a+b$의 값을 구하시오.

**11** 다음 중 두 수의 대소 관계가 옳은 것은?

① $5<\sqrt{24}$ ② $\sqrt{6}<\dfrac{5}{2}$
③ $-0.4<-\sqrt{0.2}$ ④ $-\dfrac{1}{3}<-\sqrt{\dfrac{1}{5}}$
⑤ $\dfrac{3}{5}<\sqrt{\dfrac{3}{10}}$

**12** 다음 수를 작은 것부터 차례로 나열하였을 때, 다섯 번째에 오는 수를 구하시오.

$$\dfrac{1}{2}, \quad \sqrt{3}, \quad -\sqrt{2}, \quad 0, \quad -\sqrt{\dfrac{1}{3}}, \quad 2, \quad -\sqrt{7}$$

**13** 자연수 $x$에 대하여 $\sqrt{x}$ 이하의 자연수의 개수를 $f(x)$라고 할 때, $f(8)+f(12)$의 값은?

① 3 ② 4 ③ 5
④ 6 ⑤ 7

**14** 다음 수 중 무리수인 것은 모두 몇 개인가?

$$\sqrt{0.01}, \quad \pi-1, \quad \dfrac{\sqrt{2}}{3}, \quad 0.4\dot{5}, \quad \dfrac{3}{\sqrt{5}}$$

① 1개 ② 2개 ③ 3개
④ 4개 ⑤ 5개

**15** 다음 중 점 A, B, C, D, E의 좌표로 옳은 것은? (단, 모눈 한 칸의 가로와 세로의 길이는 각각 1이다.)

A−1  0 B C  1  D  2  3 E

① $A(-\sqrt{2})$    ② $B(\sqrt{2})$
③ $C(1-\sqrt{2})$    ④ $D(2-\sqrt{2})$
⑤ $E(3+\sqrt{2})$

**16** 다음 그림은 한 칸의 가로와 세로의 길이가 각각 1인 모눈종이 위에 수직선과 두 직각삼각형 ABC, AED를 그린 것이다. $\overline{AB}=\overline{AP}$, $\overline{AD}=\overline{AQ}$이고, 점 Q에 대응하는 수가 $\sqrt{5}-2$일 때, 점 P에 대응하는 수를 구하시오.

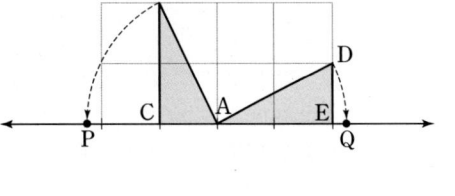

**17** 다음 중 옳지 <u>않은</u> 것을 모두 고르면? (정답 2개)

① 유한소수는 모두 유리수이다.
② 무한소수는 모두 무리수이다.
③ 두 실수 2와 $\sqrt{5}$ 사이에는 무수히 많은 유리수가 있다.
④ 모든 실수는 각각 수직선 위의 한 점에 대응한다.
⑤ 서로 다른 두 실수 사이에는 유한개의 무리수가 있다.

**18** 다음 제곱근표에서 $\sqrt{55.2}=a$, $\sqrt{b}=7.688$일 때, $1000a-100b$의 값을 구하시오.

| 수 | 0 | 1 | 2 | 3 | 4 |
|---|---|---|---|---|---|
| 55 | 7.416 | 7.423 | 7.430 | 7.436 | 7.443 |
| 56 | 7.483 | 7.490 | 7.497 | 7.503 | 7.510 |
| 57 | 7.550 | 7.556 | 7.563 | 7.570 | 7.576 |
| 58 | 7.616 | 7.622 | 7.629 | 7.635 | 7.642 |
| 59 | 7.681 | 7.688 | 7.694 | 7.701 | 7.707 |

**19** 다음 중 두 실수의 대소 관계가 옳은 것을 모두 고르면? (정답 2개)

① $4<\sqrt{3}+2$
② $1<3-\sqrt{2}$
③ $\sqrt{3}+2<\sqrt{2}+2$
④ $\sqrt{5}-3>\sqrt{7}-3$
⑤ $-\sqrt{10}+\sqrt{5}>2-\sqrt{10}$

**20** 다음 수직선에서 $\sqrt{90}-2$에 대응하는 점이 있는 구간은?

A  B  C  D  E
5   6   7   8   9   10

① 구간 A    ② 구간 B    ③ 구간 C
④ 구간 D    ⑤ 구간 E

**따라 해보자**

**예제 1**

$-3 < x < 4$일 때, $\sqrt{(x+3)^2} - \sqrt{(x-4)^2}$을 간단히 하시오.

**풀이 과정**

**1단계** $x+3$의 부호 구하기

$-3 < x$이므로 $x+3 > 0$

**2단계** $x-4$의 부호 구하기

$x < 4$이므로 $x-4 < 0$

**3단계** $\sqrt{(x+3)^2} - \sqrt{(x-4)^2}$을 간단히 하기

$\sqrt{(x+3)^2} - \sqrt{(x-4)^2} = x+3 - \{-(x-4)\}$
$\qquad\qquad\qquad\qquad\quad = x+3+x-4$
$\qquad\qquad\qquad\qquad\quad = 2x-1$

**답** $2x-1$

**유제 1**

$3 < x < 6$일 때, $\sqrt{(x-6)^2} - \sqrt{(3-x)^2}$을 간단히 하시오.

**풀이 과정**

**1단계** $x-6$의 부호 구하기

**2단계** $3-x$의 부호 구하기

**3단계** $\sqrt{(x-6)^2} - \sqrt{(3-x)^2}$을 간단히 하기

**답**

**예제 2**

$1+\sqrt{3}$의 정수 부분을 $a$, 소수 부분을 $b$라고 할 때, $2a+b$의 값을 구하시오.

**풀이 과정**

**1단계** $a$의 값 구하기

$1 < \sqrt{3} < 2$이므로 $2 < 1+\sqrt{3} < 3$에서
$1+\sqrt{3}$의 정수 부분은 2이다.
$\therefore a = 2$

**2단계** $b$의 값 구하기

$1+\sqrt{3}$의 소수 부분은 $(1+\sqrt{3}) - 2 = \sqrt{3} - 1$이다.
$\therefore b = \sqrt{3} - 1$

**3단계** $2a+b$의 값 구하기

$\therefore 2a+b = 2 \times 2 + (\sqrt{3} - 1)$
$\qquad\qquad = 3 + \sqrt{3}$

**답** $3+\sqrt{3}$

**유제 2**

$\sqrt{11} - 2$의 정수 부분을 $a$, 소수 부분을 $b$라고 할 때, $a-b$의 값을 구하시오.

**풀이 과정**

**1단계** $a$의 값 구하기

**2단계** $b$의 값 구하기

**3단계** $a-b$의 값 구하기

**답**

▶ 모든 문제는 풀이 과정을 자세히 서술한 후 답을 쓰세요.

**연습해 보자**

**1** 다음을 계산하시오.

$$\sqrt{(-3)^4} \div (-\sqrt{3})^2 - \sqrt{\left(\frac{2}{3}\right)^2} \times \left(\sqrt{\frac{3}{8}}\right)^2$$

풀이 과정

답

**2** 어느 수학 동아리에서 수학 신문을 만들려고 한다. 기사를 넣기 위해 오른쪽 그림과 같이 직사각형 모양의 종이를 정사각형 모양인 A, B 두 부분과 직사각형 모양인 C 부분으로 나누었다. A, B 두 부분은 넓이가 각각 $48n\,\text{cm}^2$, $(37-n)\,\text{cm}^2$이고 변의 길이가 모두 자연수일 때, C 부분의 넓이를 구하시오. (단, $n$은 자연수)

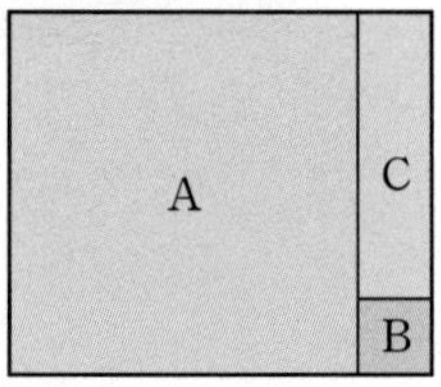

풀이 과정

답

**3** 부등식 $7 \leq \sqrt{3x+5} < 12$를 만족시키는 자연수 $x$의 값 중 가장 큰 수를 $M$, 가장 작은 수를 $m$이라고 할 때, $M-m$의 값을 구하시오.

풀이 과정

답

**4** 다음 수를 수직선 위의 점에 대응시킬 때, 왼쪽에 있는 것부터 차례로 나열하시오.

$$1, \quad -2-\sqrt{7}, \quad 3+\sqrt{6}, \quad 3+\sqrt{2}, \quad -2-\sqrt{6}$$

풀이 과정

답

# 무리수의 발견

세상의 근원을 수라고 생각하였던 피타고라스 학파의 사람들은 세상의 모든 것을 정수와 분수로 나타낼 수 있다고 생각하여 '만물은 수로 이루어져 있다.'를 좌우명으로 삼았다. 이들은 현실의 모든 것에 경계를 정하고 질서를 부여하였고, 이러한 현실을 이해할 수 있는 규칙을 수에서 찾았다.

하지만 한 변의 길이가 1인 정사각형의 대각선의 길이를 유리수로 나타낼 수 없다는 것을 발견하고는 큰 충격을 받았다. 세상의 모든 것을 정수와 분수로 나타낼 수 있다는 신념이 무너져 버린 것이다. 따라서 이들은 이 사실이 다른 사람들에게 알려지지 않도록 비밀로 하기로 하였다.

하지만 진실은 언젠가 밝혀지듯이 히파수스(Hippasus)라는 피타고라스의 제자가 이 약속을 깨고 유리수로 나타낼 수 없는 수, 즉 무리수가 존재함을 대중들에게 발설하였다. 이에 피타고라스 학파의 사람들은 히파수스가 피타고라스 학파의 명예를 더럽혔다고 생각하여 그를 바다에 빠뜨렸다고 한다.

그래도 무리수는 존재한다.

## 기출문제는 이렇게!

**Q** 다음 그림과 같이 넓이가 $1\,cm^2$인 처음 정사각형에서 넓이를 $1\,cm^2$씩 늘려서 20개의 정사각형을 그릴 때, 한 변의 길이가 무리수인 정사각형의 개수를 구하시오.

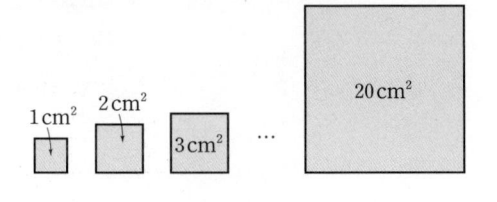

$1\,cm^2$  $2\,cm^2$  $3\,cm^2$  ...  $20\,cm^2$

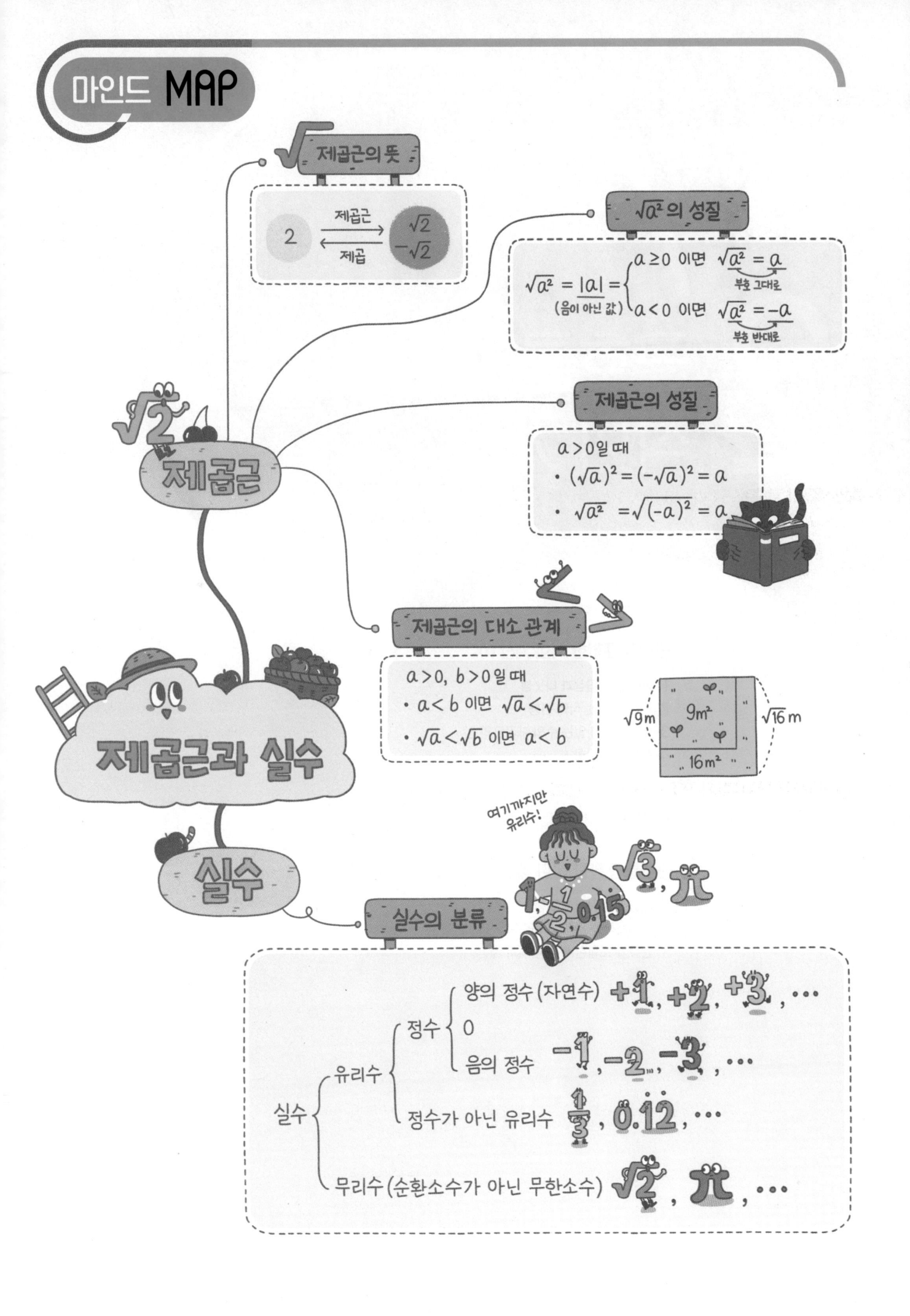

√ 제곱근의 뜻

2 $\xrightarrow{\text{제곱근}}$ $\xleftarrow{\text{제곱}}$ $\sqrt{2}$ $-\sqrt{2}$

√a²의 성질

$\sqrt{a^2} = |a| = \begin{cases} a \geq 0 \text{ 이면 } \sqrt{a^2} = a \\ \qquad\qquad\qquad \underline{\text{부호 그대로}} \\ a < 0 \text{ 이면 } \sqrt{a^2} = -a \\ \qquad\qquad\qquad \underline{\text{부호 반대로}} \end{cases}$
(음이 아닌 값)

제곱근의 성질

$a > 0$일 때
· $(\sqrt{a})^2 = (-\sqrt{a})^2 = a$
· $\sqrt{a^2} = \sqrt{(-a)^2} = a$

제곱근

제곱근의 대소 관계

$a > 0, b > 0$일 때
· $a < b$ 이면 $\sqrt{a} < \sqrt{b}$
· $\sqrt{a} < \sqrt{b}$ 이면 $a < b$

$\sqrt{9}$ m    9 m²    $\sqrt{16}$ m
16 m²

제곱근과 실수

실수

실수의 분류

여기까지만 유리수!

$\sqrt{3}$, π

실수 $\begin{cases} \text{유리수} \begin{cases} \text{정수} \begin{cases} \text{양의 정수(자연수)} +1, +2, +3, \cdots \\ 0 \\ \text{음의 정수} -1, -2, -3, \cdots \end{cases} \\ \text{정수가 아닌 유리수} \dfrac{1}{3}, 0.12, \cdots \end{cases} \\ \text{무리수(순환소수가 아닌 무한소수)} \sqrt{2}, π, \cdots \end{cases}$

# 2 로그를 표현한 식의 계산

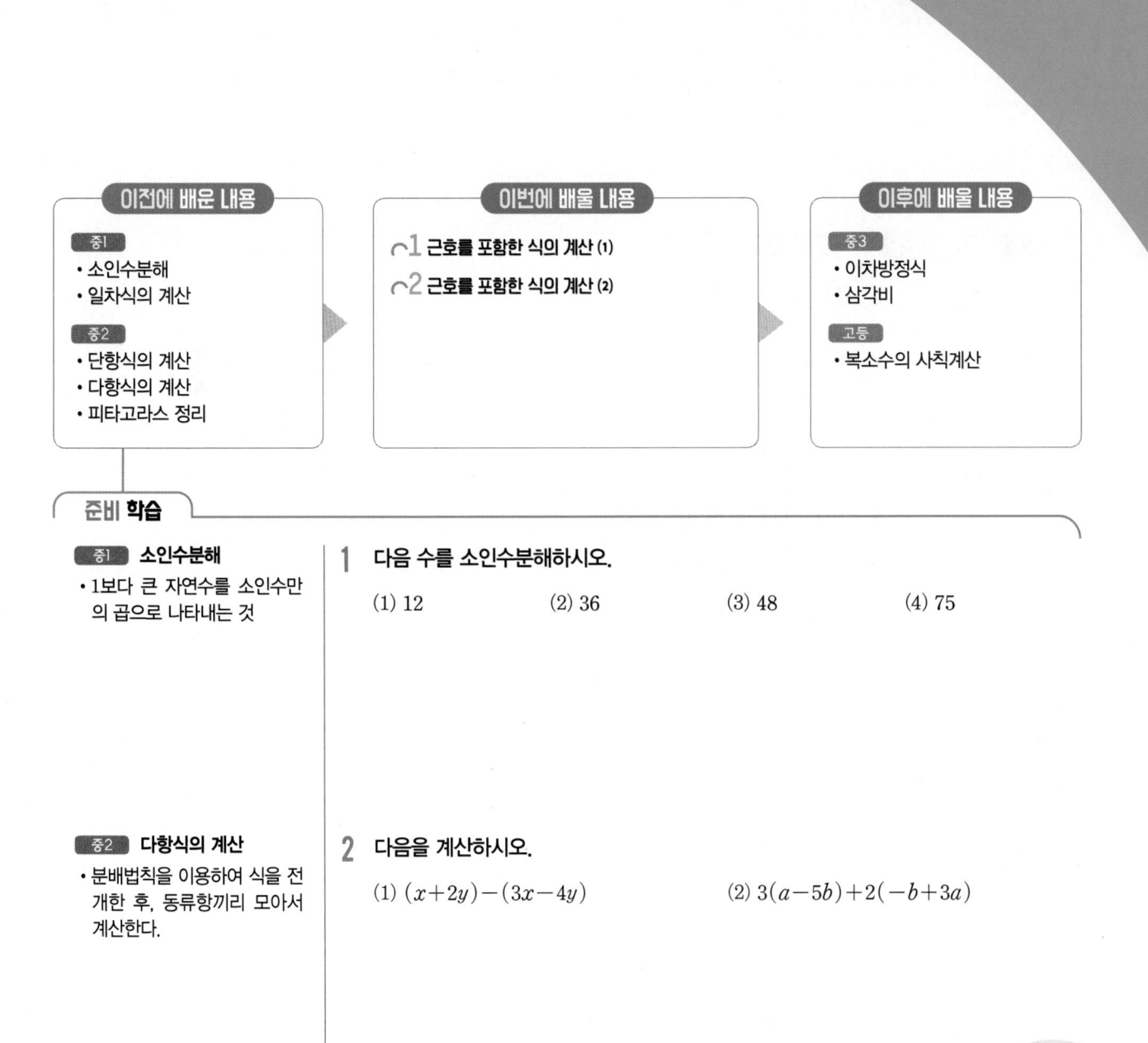

## 준비 **학습**

중1 **소인수분해**
- 1보다 큰 자연수를 소인수만
의 곱으로 나타내는 것

**1** 다음 수를 소인수분해하시오.

(1) 12  (2) 36  (3) 48  (4) 75

중2 **다항식의 계산**
- 분배법칙을 이용하여 식을 전
개한 후, 동류항끼리 모아서
계산한다.

**2** 다음을 계산하시오.

(1) $(x+2y)-(3x-4y)$  (2) $3(a-5b)+2(-b+3a)$

# 근호를 포함한 식의 계산 (1)

● 정답과 해설 24쪽

## 1 제곱근의 곱셈과 나눗셈

(1) 제곱근의 곱셈: $a>0$, $b>0$이고, $m$, $n$이 유리수일 때

① $\sqrt{a} \times \sqrt{b} = \sqrt{a}\sqrt{b} = \sqrt{ab}$  [예] $\sqrt{2} \times \sqrt{3} = \sqrt{2}\sqrt{3} = \sqrt{2 \times 3} = \sqrt{6}$  ← 근호 안의 수끼리 곱한다.

② $m\sqrt{a} \times n\sqrt{b} = mn\sqrt{ab}$  [예] $4\sqrt{2} \times 2\sqrt{3} = (4 \times 2) \times \sqrt{2 \times 3} = 8\sqrt{6}$  ← 근호 밖의 수끼리, 근호 안의 수끼리 곱한다.

(2) 제곱근의 나눗셈: $a>0$, $b>0$이고, $m$, $n(n \neq 0)$이 유리수일 때

① $\sqrt{a} \div \sqrt{b} = \dfrac{\sqrt{a}}{\sqrt{b}} = \sqrt{\dfrac{a}{b}}$  [예] $\sqrt{2} \div \sqrt{3} = \dfrac{\sqrt{2}}{\sqrt{3}} = \sqrt{\dfrac{2}{3}}$  ← 근호 안의 수끼리 나눈다.

② $m\sqrt{a} \div n\sqrt{b} = \dfrac{m}{n}\sqrt{\dfrac{a}{b}}$  [예] $4\sqrt{2} \div 2\sqrt{3} = \dfrac{4}{2}\sqrt{\dfrac{2}{3}} = 2\sqrt{\dfrac{2}{3}}$  ← 근호 밖의 수끼리, 근호 안의 수끼리 나눈다.

---

**필수 문제 1**

제곱근의 곱셈

▸ $a>0$, $b>0$, $c>0$일 때,
$\sqrt{a}\sqrt{b}\sqrt{c} = \sqrt{abc}$

**다음을 간단히 하시오.**

(1) $\sqrt{3}\sqrt{5}$

(2) $\sqrt{2}\sqrt{3}\sqrt{7}$

(3) $3\sqrt{7} \times 2\sqrt{2}$

(4) $-\sqrt{3} \times \sqrt{\dfrac{5}{3}} \times \sqrt{\dfrac{2}{5}}$

**1-1** 다음을 간단히 하시오.

(1) $\sqrt{2}\sqrt{18}$

(2) $\sqrt{2}\sqrt{5}\sqrt{10}$

(3) $2\sqrt{15} \times 3\sqrt{\dfrac{2}{5}}$

(4) $-\sqrt{\dfrac{3}{5}} \times \sqrt{\dfrac{20}{7}} \times (-\sqrt{7})$

---

**필수 문제 2**

제곱근의 나눗셈

▸ 분수의 나눗셈은 역수의 곱셈으로 고쳐서 계산한다.

**다음을 간단히 하시오.**

(1) $\dfrac{\sqrt{12}}{\sqrt{6}}$

(2) $\sqrt{18} \div \sqrt{2}$

(3) $\sqrt{14} \div (-\sqrt{21})$

(4) $\dfrac{\sqrt{3}}{\sqrt{5}} \div \sqrt{15}$

**2-1** 다음을 간단히 하시오.

(1) $\dfrac{\sqrt{39}}{\sqrt{3}}$

(2) $\sqrt{20} \div \sqrt{5}$

(3) $4\sqrt{42} \div 2\sqrt{7}$

(4) $\sqrt{15} \div \sqrt{5} \div \left(-\sqrt{\dfrac{3}{10}}\right)$

## 2 근호가 있는 식의 변형

(1) 근호 안의 수에 제곱인 인수가 있으면 근호 밖으로 꺼낼 수 있다.

$a>0$, $b>0$일 때

① $\sqrt{a^2 b}=\sqrt{a^2}\sqrt{b}=a\sqrt{b}$ 예 $\sqrt{12}=\sqrt{2^2\times 3}=2\sqrt{3}$  ② $\sqrt{\dfrac{b}{a^2}}=\dfrac{\sqrt{b}}{\sqrt{a^2}}=\dfrac{\sqrt{b}}{a}$ 예 $\sqrt{\dfrac{6}{25}}=\sqrt{\dfrac{6}{5^2}}=\dfrac{\sqrt{6}}{5}$

(2) 근호 밖의 양수는 제곱하여 근호 안에 넣을 수 있다.

$a>0$, $b>0$일 때

① $a\sqrt{b}=\sqrt{a^2}\sqrt{b}=\sqrt{a^2 b}$ 예 $3\sqrt{5}=\sqrt{3^2\times 5}=\sqrt{45}$  ② $\dfrac{\sqrt{b}}{a}=\dfrac{\sqrt{b}}{\sqrt{a^2}}=\sqrt{\dfrac{b}{a^2}}$ 예 $\dfrac{\sqrt{7}}{2}=\sqrt{\dfrac{7}{2^2}}=\sqrt{\dfrac{7}{4}}$

**개념 확인**  $a>0$, $b>0$일 때, $\sqrt{a^2 b}=a\sqrt{b}$임을 이용하여 다음 ☐ 안에 알맞은 수를 쓰시오.

$$\sqrt{24}=\sqrt{2^3\times 3}=\sqrt{\boxed{\phantom{x}}\times 2\times 3}=\sqrt{\boxed{\phantom{x}}}\times\sqrt{6}=\boxed{\phantom{x}}\times\sqrt{6}=\boxed{\phantom{x}}$$

> **보충**
> • 근호 안의 수를 근호 밖으로 꺼낼 때, 근호 안의 수는 가장 작은 자연수가 되도록 한다.
> 예 $\sqrt{180}=\sqrt{6^2\times 5}=6\sqrt{5}\ (\bigcirc)$
> $\sqrt{180}=\sqrt{2^2\times 45}=2\sqrt{45}\ (\times)$
> • 근호 밖의 수가 음수일 때, 부호 '−'는 그대로 두고 양수만 제곱하여 근호 안에 넣는다.
> 예 $-2\sqrt{3}=-\sqrt{2^2\times 3}=-\sqrt{12}\ (\bigcirc)$
> $-2\sqrt{3}=\sqrt{(-2)^2\times 3}=\sqrt{12}\ (\times)$

---

**필수 문제 ③**

근호 안의 제곱인 인수 꺼내기

▸ $\sqrt{a^2 b}=a\sqrt{b}$
근호 밖으로
$\sqrt{\dfrac{b}{a^2}}=\dfrac{\sqrt{b}}{a}$
근호 밖으로

다음 수를 $a\sqrt{b}$ 꼴로 나타내시오. (단, $a$는 유리수이고 $b$는 가장 작은 자연수)

(1) $\sqrt{27}$  (2) $-\sqrt{50}$  (3) $\sqrt{\dfrac{3}{49}}$  (4) $\sqrt{0.11}$

**3-1** 다음 수를 $a\sqrt{b}$ 꼴로 나타내시오. (단, $a$는 유리수이고 $b$는 가장 작은 자연수)

(1) $\sqrt{54}$  (2) $\sqrt{80}$  (3) $-\sqrt{\dfrac{5}{64}}$  (4) $\sqrt{0.0007}$

---

**필수 문제 ④**

근호 밖의 수를 근호 안으로 넣기

▸ $a\sqrt{b}=\sqrt{a^2 b}$
근호 안으로
$\dfrac{\sqrt{b}}{a}=\sqrt{\dfrac{b}{a^2}}$
근호 안으로

다음 수를 $\sqrt{a}$ 또는 $-\sqrt{a}$ 꼴로 나타내시오.

(1) $2\sqrt{5}$  (2) $-2\sqrt{6}$  (3) $\dfrac{\sqrt{2}}{5}$  (4) $3\sqrt{\dfrac{3}{2}}$

**4-1** 다음 수를 $\sqrt{a}$ 또는 $-\sqrt{a}$ 꼴로 나타내시오.

(1) $3\sqrt{2}$  (2) $-5\sqrt{10}$  (3) $\dfrac{\sqrt{3}}{2}$  (4) $4\sqrt{\dfrac{2}{5}}$

## 3 제곱근표에 없는 수의 제곱근의 값

(1) 근호 안의 수가 100보다 큰 수의 제곱근의 값

$a$가 제곱근표에 있는 수일 때, $\sqrt{a \times 10^n}$ ($n$은 짝수) 꼴로 고친 후

$\sqrt{100a} = 10\sqrt{a}$, $\sqrt{10000a} = 100\sqrt{a}$, $\cdots$임을 이용한다.

[예] $\sqrt{2} = 1.414$일 때, $\sqrt{200} = \sqrt{2 \times 100} = 10\sqrt{2} = 10 \times 1.414 = 14.14$

(2) 근호 안의 수가 0보다 크고 1보다 작은 수의 제곱근의 값

$a$가 제곱근표에 있는 수일 때, $\sqrt{\dfrac{a}{10^n}}$ ($n$은 짝수) 꼴로 고친 후

$\sqrt{\dfrac{a}{100}} = \dfrac{\sqrt{a}}{10}$, $\sqrt{\dfrac{a}{10000}} = \dfrac{\sqrt{a}}{100}$, $\cdots$임을 이용한다.

[예] $\sqrt{2} = 1.414$일 때, $\sqrt{0.02} = \sqrt{\dfrac{2}{100}} = \dfrac{\sqrt{2}}{10} = \dfrac{1.414}{10} = 0.1414$

---

**필수 문제 5**

제곱근표에 없는 수의
제곱근의 값 구하기

▶제곱근표에 없는 수의 제곱근
의 값을 구할 때는 제곱근표
에 있는 수가 되도록 자연수
는 끝자리부터 두 자리씩 왼
쪽으로, 소수는 소수점부터
두 자리씩 오른쪽으로 이동하
여 본다.

두 자리씩
힘차게!

$\sqrt{3} = 1.732$, $\sqrt{30} = 5.477$일 때, 다음 $\square$ 안에 알맞은 수를 쓰시오.

(1) $\sqrt{300} = \sqrt{3 \times \boxed{\phantom{00}}} = \boxed{\phantom{00}}\sqrt{3} = \boxed{\phantom{00}} \times 1.732 = \boxed{\phantom{00}}$

(2) $\sqrt{3000} = \sqrt{30 \times \boxed{\phantom{00}}} = \boxed{\phantom{00}}\sqrt{30} = \boxed{\phantom{00}} \times 5.477 = \boxed{\phantom{00}}$

(3) $\sqrt{0.03} = \sqrt{\dfrac{3}{\boxed{\phantom{0}}}} = \dfrac{\sqrt{3}}{\boxed{\phantom{0}}} = \dfrac{1.732}{\boxed{\phantom{0}}} = \boxed{\phantom{00}}$

(4) $\sqrt{0.3} = \sqrt{\dfrac{\boxed{\phantom{0}}}{100}} = \dfrac{\sqrt{\boxed{\phantom{0}}}}{10} = \dfrac{\boxed{\phantom{0}}}{10} = \boxed{\phantom{00}}$

**5-1** $\sqrt{5} = 2.236$, $\sqrt{50} = 7.071$일 때, 다음 제곱근의 값을 구하시오.

(1) $\sqrt{5000}$                  (2) $\sqrt{500}$

(3) $\sqrt{0.5}$                   (4) $\sqrt{0.0005}$

## 4 분모의 유리화

(1) **분모의 유리화**: 분모가 근호가 있는 무리수일 때, 분모와 분자에 0이 아닌 같은 수를 곱하여
분모를 유리수로 고치는 것을 **분모의 유리화**라고 한다.

(2) 분모를 유리화하는 방법

① $\dfrac{b}{\sqrt{a}}=\dfrac{b\times\sqrt{a}}{\sqrt{a}\times\sqrt{a}}=\dfrac{b\sqrt{a}}{a}$ (단, $a>0$)   예 $\dfrac{1}{\sqrt{2}}=\dfrac{1\times\sqrt{2}}{\sqrt{2}\times\sqrt{2}}=\dfrac{\sqrt{2}}{2}$

② $\dfrac{\sqrt{b}}{\sqrt{a}}=\dfrac{\sqrt{b}\times\sqrt{a}}{\sqrt{a}\times\sqrt{a}}=\dfrac{\sqrt{ab}}{a}$ (단, $a>0,\ b>0$)   예 $\dfrac{\sqrt{3}}{\sqrt{2}}=\dfrac{\sqrt{3}\times\sqrt{2}}{\sqrt{2}\times\sqrt{2}}=\dfrac{\sqrt{6}}{2}$

③ $\dfrac{b}{c\sqrt{a}}=\dfrac{b\times\sqrt{a}}{c\sqrt{a}\times\sqrt{a}}=\dfrac{b\sqrt{a}}{ac}$ (단, $a>0,\ c\neq0$)   예 $\dfrac{5}{3\sqrt{2}}=\dfrac{5\times\sqrt{2}}{3\sqrt{2}\times\sqrt{2}}=\dfrac{5\sqrt{2}}{6}$

> **참고** 분모의 근호 안에 제곱인 인수가 있으면 $\sqrt{a^2b}=a\sqrt{b}$임을 이용하여 근호 안을 가장 작은 자연수로 만든 후
> 분모를 유리화한다.
>
> 예 $\dfrac{1}{\sqrt{24}}=\dfrac{1}{2\sqrt{6}}=\dfrac{1\times\sqrt{6}}{2\sqrt{6}\times\sqrt{6}}=\dfrac{\sqrt{6}}{12}$

---

**개념 확인**  다음은 수의 분모를 유리화하는 과정이다. ☐ 안에 알맞은 수를 쓰시오.

(1) $\dfrac{1}{\sqrt{3}}=\dfrac{1\times\boxed{\phantom{0}}}{\sqrt{3}\times\boxed{\phantom{0}}}=\boxed{\phantom{0}}$

(2) $\dfrac{2}{\sqrt{3}}=\dfrac{2\times\boxed{\phantom{0}}}{\sqrt{3}\times\boxed{\phantom{0}}}=\boxed{\phantom{0}}$

(3) $\dfrac{\sqrt{2}}{\sqrt{3}}=\dfrac{\sqrt{2}\times\boxed{\phantom{0}}}{\sqrt{3}\times\boxed{\phantom{0}}}=\boxed{\phantom{0}}$

(4) $\dfrac{\sqrt{7}}{\sqrt{12}}=\dfrac{\sqrt{7}}{2\sqrt{3}}=\dfrac{\sqrt{7}\times\boxed{\phantom{0}}}{2\sqrt{3}\times\boxed{\phantom{0}}}=\boxed{\phantom{0}}$

---

**필수 문제 ❻**

**분모의 유리화**

▶ 분모와 분자가 약분이 되는
경우, 약분을 먼저 한 후 분
모를 유리화하면 편리하다.
또 분모를 유리화한 후 약분
이 되는 것은 약분하여 간단
한 꼴로 나타낸다.

다음 수의 분모를 유리화하시오.

(1) $\dfrac{1}{\sqrt{5}}$

(2) $\dfrac{\sqrt{3}}{\sqrt{7}}$

(3) $\dfrac{5}{\sqrt{2}\sqrt{3}}$

(4) $\dfrac{\sqrt{5}}{3\sqrt{15}}$

**6-1**  다음 수의 분모를 유리화하시오.

(1) $\dfrac{6}{\sqrt{3}}$

(2) $-\dfrac{5}{\sqrt{20}}$

(3) $\dfrac{4}{\sqrt{5}\sqrt{7}}$

(4) $\dfrac{\sqrt{21}}{\sqrt{2}\sqrt{7}}$

# 제곱근의 곱셈과 나눗셈

● 정답과 해설 25쪽

**1** 다음을 간단히 하시오.

(1) $\sqrt{2}\sqrt{7}$

(2) $-\sqrt{2}\times\sqrt{3}\times\sqrt{5}$

(3) $2\sqrt{3}\times5\sqrt{3}$

(4) $\sqrt{\dfrac{6}{5}}\times\sqrt{\dfrac{10}{3}}\times3\sqrt{5}$

(5) $\dfrac{\sqrt{15}}{\sqrt{3}}$

(6) $\sqrt{33}\div(-\sqrt{11})$

(7) $4\sqrt{6}\div2\sqrt{3}$

(8) $-\sqrt{21}\div\sqrt{\dfrac{3}{7}}\div\sqrt{\dfrac{1}{5}}$

**2** 다음에서 $\sqrt{a}$ 꼴로 나타내어진 것은 $b\sqrt{c}$ 꼴로, $p\sqrt{q}$ 꼴로 나타내어진 것은 $\sqrt{r}$ 꼴로 나타내시오. (단, $b$는 유리수이고 $c$는 가장 작은 자연수)

(1) $\sqrt{20}$

(2) $\sqrt{75}$

(3) $\sqrt{32}$

(4) $\sqrt{\dfrac{5}{9}}$

(5) $\sqrt{\dfrac{2}{121}}$

(6) $\sqrt{0.03}$

(7) $2\sqrt{7}$

(8) $2\sqrt{3}$

(9) $-5\sqrt{2}$

(10) $\dfrac{\sqrt{5}}{4}$

(11) $-\dfrac{\sqrt{3}}{8}$

(12) $6\sqrt{\dfrac{2}{3}}$

**3** 다음 수의 분모를 유리화하시오.

(1) $\dfrac{1}{\sqrt{11}}$

(2) $\dfrac{\sqrt{5}}{\sqrt{2}}$

(3) $\dfrac{4}{\sqrt{48}}$

(4) $\dfrac{\sqrt{5}}{\sqrt{63}}$

(5) $\dfrac{14}{\sqrt{3}\sqrt{7}}$

(6) $\dfrac{\sqrt{35}}{\sqrt{5}\sqrt{6}}$

**4** 다음을 간단히 하시오.

(1) $3\sqrt{15}\times\sqrt{2}\div\sqrt{3}$

(2) $(-8\sqrt{5})\div2\sqrt{10}\times\sqrt{3}$

(3) $\sqrt{\dfrac{5}{2}}\div\dfrac{\sqrt{10}}{\sqrt{3}}\times\sqrt{\dfrac{14}{3}}$

(4) $5\sqrt{\dfrac{1}{10}}\div\sqrt{\dfrac{3}{2}}\times(-2\sqrt{5})$

# STEP 1 쏙쏙 개념 익히기

**1** 다음 중 옳지 <u>않은</u> 것을 모두 고르면? (정답 2개)

① $\sqrt{3}\sqrt{12}=6$

② $\sqrt{6}\sqrt{10}=2\sqrt{15}$

③ $\dfrac{\sqrt{10}}{\sqrt{3}} \div \sqrt{\dfrac{5}{24}}=\dfrac{5}{6}$

④ $2\sqrt{11}=\sqrt{22}$

⑤ $\sqrt{0.12}=\dfrac{\sqrt{3}}{5}$

**2** $\sqrt{1.23}=1.109$, $\sqrt{12.3}=3.507$일 때, 다음 중 옳은 것은?

① $\sqrt{12300}=35.07$

② $\sqrt{1230}=350.7$

③ $\sqrt{123}=11.09$

④ $\sqrt{0.123}=0.1109$

⑤ $\sqrt{0.0123}=0.3507$

**3** $\dfrac{10\sqrt{2}}{\sqrt{5}}=a\sqrt{10}$, $\dfrac{1}{\sqrt{18}}=b\sqrt{2}$를 만족시키는 유리수 $a$, $b$에 대하여 $ab$의 값을 구하시오.

**4** 오른쪽 그림과 같이 부피가 $36\sqrt{3}\,\text{cm}^3$인 직육면체의 가로, 세로의 길이가 각각 $\sqrt{18}\,\text{cm}$, $\sqrt{12}\,\text{cm}$일 때, 이 직육면체의 높이를 구하시오.

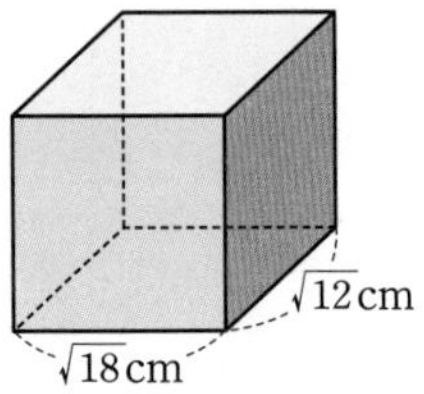

$\sqrt{12}\,\text{cm}$
$\sqrt{18}\,\text{cm}$

● 제곱근을 문자를 사용하여 나타내기
❶ 근호 안의 수를 소인수 분해한다.
❷ 제곱인 인수는 근호 밖으로 꺼낸다.
❸ 주어진 문자를 사용하여 나타낸다.

**5** $\sqrt{2}=a$, $\sqrt{3}=b$라고 할 때, $\sqrt{150}$을 $a$, $b$를 사용하여 나타내면?

① $2ab$

② $5ab$

③ $5ab^2$

④ $a^2b$

⑤ $2a^2b$

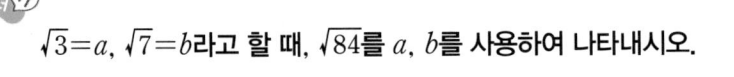

**6** $\sqrt{3}=a$, $\sqrt{7}=b$라고 할 때, $\sqrt{84}$를 $a$, $b$를 사용하여 나타내시오.

# 근호를 포함한 식의 계산 (2)

● 정답과 해설 26쪽

## 1 제곱근의 덧셈과 뺄셈

제곱근의 덧셈과 뺄셈은 근호 안의 수가 같은 것끼리 모아서 계산한다.

$l$, $m$, $n$이 유리수이고 $a>0$일 때

(1) $m\sqrt{a}+n\sqrt{a}=(m+n)\sqrt{a}$

(2) $m\sqrt{a}-n\sqrt{a}=(m-n)\sqrt{a}$

(3) $m\sqrt{a}+n\sqrt{a}-l\sqrt{a}=(m+n-l)\sqrt{a}$

> $m\sqrt{a}+n\sqrt{a}=(m+n)\sqrt{a}$ ← 근호를 포함한 식의 덧셈, 뺄셈
> $\vdots\quad\vdots\qquad\vdots$
> $m\,\boxed{x}+n\,\boxed{x}=(m+n)\,\boxed{x}$ ← 다항식에서 동류항의 덧셈, 뺄셈

예 $5\sqrt{3}+2\sqrt{3}=(5+2)\sqrt{3}=7\sqrt{3}$,　$5\sqrt{3}-2\sqrt{3}=(5-2)\sqrt{3}=3\sqrt{3}$,　$4\sqrt{3}-5\sqrt{3}+2\sqrt{3}=(4-5+2)\sqrt{3}=\sqrt{3}$

참고 $\sqrt{5}+\sqrt{2}$와 같이 근호 안의 수가 같지 않으면 더 이상 간단히 할 수 없다.
➡ $\sqrt{5}+\sqrt{2}\neq\sqrt{5+2}$,　$\sqrt{5}-\sqrt{2}\neq\sqrt{5-2}$

### 개념 확인

다음 그림에서 (㉠의 넓이)+(㉡의 넓이)=(㉢의 넓이)임을 이용하여 □ 안에 알맞은 수를 쓰시오.

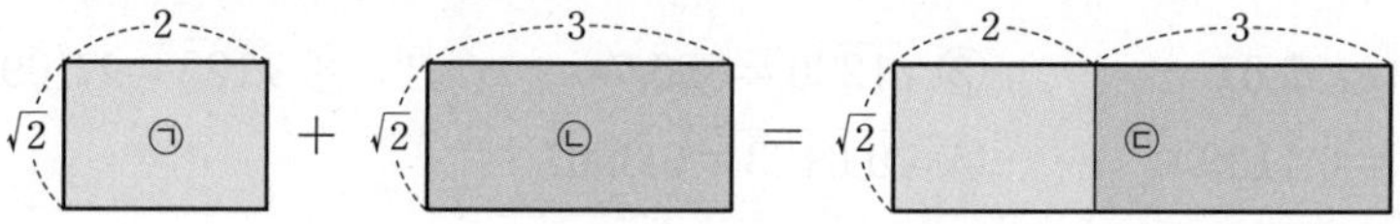

$$2\sqrt{2}\quad+\quad3\sqrt{2}\quad=\quad(\boxed{\ }+\boxed{\ })\sqrt{2}=\boxed{\ }\sqrt{2}$$

---

**필수 문제 1**

제곱근의 덧셈과 뺄셈

다음을 계산하시오.

(1) $2\sqrt{3}+4\sqrt{3}$

(2) $4\sqrt{5}-2\sqrt{5}-5\sqrt{5}$

(3) $\dfrac{3\sqrt{11}}{4}+\dfrac{\sqrt{11}}{2}$

(4) $2\sqrt{5}-\sqrt{6}-\sqrt{5}+5\sqrt{6}$

**1-1** 다음을 계산하시오.

(1) $-\sqrt{7}-2\sqrt{7}$

(2) $3\sqrt{2}+\sqrt{2}-2\sqrt{2}$

(3) $\dfrac{2\sqrt{5}}{3}-\dfrac{\sqrt{5}}{2}$

(4) $8\sqrt{3}+2\sqrt{13}-4\sqrt{13}-3\sqrt{3}$

---

**필수 문제 2**

$\sqrt{a^2b}$ 꼴이 포함된 제곱근의 덧셈과 뺄셈

▸$\sqrt{a^2b}$ 꼴은 $a\sqrt{b}$ 꼴로 고친 후 계산한다. 또 분모에 무리수가 있으면 분모를 유리화한 후 계산한다.

다음을 계산하시오.

(1) $\sqrt{3}+\sqrt{12}-\sqrt{27}$

(2) $\sqrt{5}-\sqrt{8}+\sqrt{20}+3\sqrt{2}$

(3) $\dfrac{4}{\sqrt{2}}-\dfrac{\sqrt{6}}{\sqrt{3}}$

(4) $\sqrt{63}+\sqrt{7}-\dfrac{14}{\sqrt{7}}$

**2-1** 다음을 계산하시오.

(1) $\sqrt{18}-\sqrt{8}+\sqrt{50}$

(2) $\sqrt{7}+\sqrt{28}+\sqrt{32}-5\sqrt{2}$

(3) $\dfrac{\sqrt{24}}{3}-\dfrac{\sqrt{2}}{\sqrt{27}}$

(4) $\sqrt{45}-\sqrt{5}-\dfrac{10}{\sqrt{5}}$

## 2 분배법칙을 이용한 제곱근의 덧셈과 뺄셈

괄호가 있으면 분배법칙을 이용하여 괄호를 푼 후 근호 안의 수가 같은 것끼리 모아서 계산한다.

$a>0$, $b>0$, $c>0$일 때

(1) $\sqrt{a}(\sqrt{b}+\sqrt{c})=\sqrt{a}\sqrt{b}+\sqrt{a}\sqrt{c}=\sqrt{ab}+\sqrt{ac}$ 　예 $\sqrt{2}(\sqrt{3}+\sqrt{5})=\sqrt{6}+\sqrt{10}$

(2) $(\sqrt{a}+\sqrt{b})\sqrt{c}=\sqrt{a}\sqrt{c}+\sqrt{b}\sqrt{c}=\sqrt{ac}+\sqrt{bc}$ 　예 $(\sqrt{3}-\sqrt{7})\sqrt{2}=\sqrt{6}-\sqrt{14}$

---

**필수 문제** **3**

분배법칙을 이용한
제곱근의 덧셈과 뺄셈

**다음을 계산하시오.**

(1) $\sqrt{2}(5-\sqrt{3})$

(2) $\sqrt{3}(\sqrt{6}+2\sqrt{3})$

(3) $5\sqrt{3}-\sqrt{2}(2+\sqrt{6})$

(4) $\sqrt{2}(3+\sqrt{6})+\sqrt{3}(2-\sqrt{6})$

**3-1** **다음을 계산하시오.**

(1) $2\sqrt{10}-\sqrt{2}(2+\sqrt{5})$

(2) $\sqrt{5}(\sqrt{10}-\sqrt{20})-\sqrt{2}$

(3) $\sqrt{3}(2-\sqrt{5})+\sqrt{5}(2\sqrt{3}-\sqrt{15})$

(4) $\sqrt{14}\left(\sqrt{7}+\dfrac{\sqrt{2}}{2}\right)-\sqrt{7}\left(4+\dfrac{2\sqrt{14}}{7}\right)$

---

**필수 문제** **4**

$\dfrac{\sqrt{b}+\sqrt{c}}{\sqrt{a}}$ 꼴의 분모의
유리화

▶분모에 무리수가 있으면 분모
를 유리화한 후, 분자는 분배
법칙을 이용하여 계산한다.

**다음 수의 분모를 유리화하시오.**

(1) $\dfrac{2+\sqrt{3}}{\sqrt{3}}$

(2) $\dfrac{\sqrt{2}-\sqrt{3}}{\sqrt{5}}$

(3) $\dfrac{3\sqrt{2}-\sqrt{3}}{2\sqrt{3}}$

(4) $\dfrac{\sqrt{12}+\sqrt{8}}{\sqrt{2}}$

**4-1** **다음 수의 분모를 유리화하시오.**

(1) $\dfrac{\sqrt{6}+1}{\sqrt{2}}$

(2) $\dfrac{\sqrt{10}-\sqrt{5}}{\sqrt{7}}$

(3) $\dfrac{5\sqrt{2}+2\sqrt{5}}{3\sqrt{5}}$

(4) $\dfrac{\sqrt{20}-3\sqrt{6}}{\sqrt{2}}$

## 3 근호를 포함한 복잡한 식의 계산

❶ 괄호가 있으면 분배법칙을 이용하여 괄호를 푼다.

❷ $\sqrt{a^2b}$ 꼴은 $a\sqrt{b}$ 꼴로 고친다.

❸ 분모에 무리수가 있으면 분모를 유리화한다.

❹ 곱셈, 나눗셈을 먼저 한 후 덧셈, 뺄셈을 한다.

$$\sqrt{5}(4+\sqrt{15})-\frac{6}{\sqrt{3}} \quad ❶$$
$$=4\sqrt{5}+\sqrt{75}-\frac{6}{\sqrt{3}} \quad ❷$$
$$=4\sqrt{5}+5\sqrt{3}-\frac{6}{\sqrt{3}} \quad ❸$$
$$=4\sqrt{5}+5\sqrt{3}-2\sqrt{3} \quad ❹$$
$$=3\sqrt{3}+4\sqrt{5}$$

---

**필수 문제 5**

근호를 포함한
복잡한 식의 계산

다음을 계산하시오.

(1) $\sqrt{42} \div \sqrt{6} + \sqrt{14} \times \sqrt{2}$

(2) $\sqrt{27} \times 2 - 2\sqrt{6} \div \sqrt{2}$

(3) $\dfrac{\sqrt{18}-\sqrt{2}}{\sqrt{3}} - \sqrt{12} \div \dfrac{4}{\sqrt{2}}$

(4) $\dfrac{3\sqrt{5}+12}{\sqrt{3}} + \dfrac{\sqrt{15}-\sqrt{75}}{\sqrt{5}}$

**5-1** 다음을 계산하시오.

(1) $\sqrt{2} \times \sqrt{10} + 5 \div \sqrt{5}$

(2) $4\sqrt{2} \div \dfrac{1}{\sqrt{2}} - \sqrt{28} \div \sqrt{7}$

(3) $\sqrt{2}(\sqrt{12}-\sqrt{6}) + \dfrac{3\sqrt{2}+2}{\sqrt{3}}$

(4) $\dfrac{4\sqrt{3}+\sqrt{50}}{\sqrt{2}} - \dfrac{12-\sqrt{30}}{\sqrt{6}}$

## 한번 더 연습 | 제곱근의 덧셈과 뺄셈

**[1~3]** 다음을 계산하시오.

**1**
(1) $\sqrt{2}-7\sqrt{2}$

(2) $3\sqrt{5}+2\sqrt{5}-6\sqrt{5}$

(3) $\dfrac{3\sqrt{3}}{4}-\dfrac{3\sqrt{3}}{2}+\sqrt{3}$

(4) $-2\sqrt{11}+3\sqrt{6}-6\sqrt{11}+5\sqrt{6}$

**2**
(1) $\sqrt{75}+\sqrt{48}$

(2) $\sqrt{3}-5\sqrt{6}-\sqrt{12}+3\sqrt{24}$

(3) $\dfrac{\sqrt{18}}{6}+\dfrac{\sqrt{6}}{\sqrt{12}}$

(4) $\dfrac{6}{\sqrt{27}}-\dfrac{4}{\sqrt{3}}$

**3**
(1) $\sqrt{2}(6+\sqrt{3})$

(2) $2\sqrt{3}(\sqrt{2}+\sqrt{12})$

(3) $4\sqrt{3}-\sqrt{2}(3-\sqrt{6})$

(4) $\sqrt{5}(3-\sqrt{10})+\sqrt{2}(4+\sqrt{10})$

**4** 다음 수의 분모를 유리화하시오.

(1) $\dfrac{2\sqrt{2}-4}{\sqrt{5}}$

(2) $\dfrac{\sqrt{2}-\sqrt{3}}{3\sqrt{6}}$

(3) $\dfrac{2\sqrt{5}-\sqrt{6}}{\sqrt{24}}$

**5** 다음을 계산하시오.

(1) $\sqrt{12}\times\dfrac{\sqrt{3}}{2}+6\div2\sqrt{3}$

(2) $\sqrt{15}\times\dfrac{1}{\sqrt{3}}-\sqrt{10}\div\dfrac{3}{\sqrt{2}}$

(3) $5\sqrt{5}+(2\sqrt{21}-\sqrt{15})\div\sqrt{3}$

(4) $\sqrt{2}\left(\dfrac{2}{\sqrt{6}}-\dfrac{10}{\sqrt{12}}\right)+\sqrt{3}\left(\dfrac{1}{\sqrt{18}}-3\right)$

(5) $\dfrac{4-2\sqrt{3}}{\sqrt{2}}+\sqrt{3}(\sqrt{32}-\sqrt{6})$

(6) $\dfrac{6}{\sqrt{3}}(\sqrt{2}+\sqrt{3})-\dfrac{\sqrt{48}-\sqrt{72}}{\sqrt{2}}$

**STEP 1** 쏙쏙 개념 익히기

**1** 다음을 구하시오.

(1) $3\sqrt{3}-\sqrt{32}-\sqrt{12}+3\sqrt{2}=a\sqrt{2}+b\sqrt{3}$을 만족시킬 때, 유리수 $a$, $b$의 값

(2) $\dfrac{13}{\sqrt{10}}+\dfrac{\sqrt{5}}{\sqrt{2}}+\dfrac{\sqrt{2}}{\sqrt{5}}=a\sqrt{10}$을 만족시킬 때, 유리수 $a$의 값

**2** $A=\sqrt{3}-\sqrt{2}$, $B=\sqrt{3}+\sqrt{2}$일 때, $\sqrt{2}A-\sqrt{3}B$의 값을 구하시오.

**3** $\sqrt{24}\left(\dfrac{8}{\sqrt{3}}-\sqrt{3}\right)+\dfrac{\sqrt{48}-10}{\sqrt{2}}$을 계산하시오.

**4** 다음 그림과 같은 도형의 넓이를 구하시오.

(1)

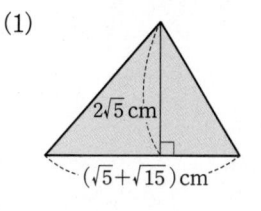

(2)

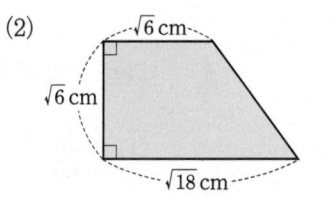

● 제곱근의 계산 결과가 유리수가 될 조건
$a$, $b$는 유리수이고 $\sqrt{x}$는 무리수일 때
⇨ $a+b\sqrt{x}$가 유리수가 될 조건은 $b=0$

**5** $2(3+a\sqrt{5})+4a-6\sqrt{5}$를 계산한 결과가 유리수가 되도록 하는 유리수 $a$의 값을 구하시오.

한번더 H

**6** $\sqrt{3}(5+4\sqrt{3})-\sqrt{2}(a\sqrt{6}-\sqrt{2})$를 계산한 결과가 유리수가 되도록 하는 유리수 $a$의 값을 구하시오.

## STEP 2 탄탄 단원 다지기

**1** 다음 중 옳지 <u>않은</u> 것은?

① $3\sqrt{5} \times 2\sqrt{3} = 6\sqrt{15}$

② $\sqrt{5} \div \sqrt{\dfrac{1}{2}} = \sqrt{10}$

③ $-\sqrt{\dfrac{6}{5}}\sqrt{\dfrac{35}{6}} = -7$

④ $\sqrt{3}\sqrt{6}\sqrt{7} = 3\sqrt{14}$

⑤ $-\sqrt{72} \div (-\sqrt{18}) = 2$

**2** 다음 보기 중 옳지 <u>않은</u> 것을 모두 고른 것은?

┌ 보기 ├
ㄱ. $\sqrt{27} = 3\sqrt{3}$   ㄴ. $\sqrt{50} = 5\sqrt{2}$
ㄷ. $-3\sqrt{2} = \sqrt{18}$   ㄹ. $\sqrt{98} = 7\sqrt{3}$
ㅁ. $5\sqrt{5} = \sqrt{125}$

① ㄱ, ㄴ   ② ㄴ, ㄷ   ③ ㄷ, ㄹ
④ ㄷ, ㅁ   ⑤ ㄹ, ㅁ

**3** $\sqrt{250} = a\sqrt{10}$, $\sqrt{0.32} = b\sqrt{2}$일 때, 유리수 $a$, $b$에 대하여 $ab$의 값을 구하시오.

**4** $\sqrt{2} \times \sqrt{3} \times \sqrt{4} \times \sqrt{5} \times \sqrt{6} = a\sqrt{5}$일 때, 유리수 $a$의 값은?

① 8   ② 9   ③ 10
④ 11   ⑤ 12

**5** 다음 표는 제곱근표의 일부이다. 이 표를 이용하여 $\sqrt{223} + \sqrt{0.211}$의 값을 구하시오.

| 수 | 0 | 1 | 2 | 3 | 4 |
|---|---|---|---|---|---|
| 2.1 | 1.449 | 1.453 | 1.456 | 1.459 | 1.463 |
| 2.2 | 1.483 | 1.487 | 1.490 | 1.493 | 1.497 |
| 2.3 | 1.517 | 1.520 | 1.523 | 1.526 | 1.530 |
| ⋮ | ⋮ | ⋮ | ⋮ | ⋮ | ⋮ |
| 21 | 4.583 | 4.593 | 4.604 | 4.615 | 4.626 |
| 22 | 4.690 | 4.701 | 4.712 | 4.722 | 4.733 |
| 23 | 4.796 | 4.806 | 4.817 | 4.827 | 4.837 |

**6** $\sqrt{2.7} = 1.643$일 때, $\sqrt{a} = 164.3$을 만족시키는 유리수 $a$의 값은?

① 0.00027   ② 0.027   ③ 270
④ 2700   ⑤ 27000

**7** $\sqrt{3} = a$, $\sqrt{5} = b$라고 할 때, $\sqrt{0.6}$을 $a$, $b$를 사용하여 나타내면?

① $\dfrac{1}{ab}$   ② $\dfrac{b}{a}$   ③ $\dfrac{a}{b}$
④ $ab$   ⑤ $ab^2$

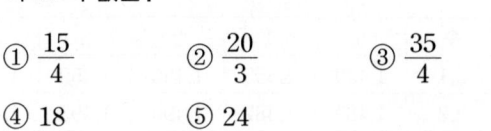

**8** $\dfrac{\sqrt{7}}{4\sqrt{2}}=a\sqrt{14}$, $\dfrac{\sqrt{6}}{\sqrt{45}}=\dfrac{\sqrt{b}}{15}$일 때, 유리수 $a$, $b$에 대하여 $ab$의 값은?

① $\dfrac{15}{4}$    ② $\dfrac{20}{3}$    ③ $\dfrac{35}{4}$

④ 18    ⑤ 24

**9** 다음 식을 만족시키는 유리수 $a$의 값을 구하시오.

$$\dfrac{\sqrt{125}}{3}\div(-\sqrt{60})\times\dfrac{6\sqrt{3}}{\sqrt{10}}=a\sqrt{10}$$

**10** 다음 그림의 삼각형의 넓이와 직사각형의 넓이가 서로 같을 때, 직사각형의 가로의 길이는?

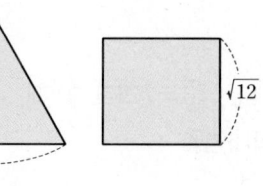

① 2    ② 4    ③ $4\sqrt{3}$

④ 8    ⑤ $8\sqrt{3}$

**11** $3\sqrt{20}-\sqrt{80}-\sqrt{48}+2\sqrt{27}$을 계산하면?

① $2\sqrt{3}+2\sqrt{5}$    ② $2\sqrt{3}-2\sqrt{5}$

③ $3\sqrt{2}+2\sqrt{5}$    ④ $3\sqrt{2}-2\sqrt{5}$

⑤ $5\sqrt{2}+2\sqrt{3}$

**12** $x>0$, $y>0$이고 $xy=36$일 때, $x\sqrt{\dfrac{27y}{x}}+y\sqrt{\dfrac{3x}{y}}$의 값을 구하시오.

**13** $\dfrac{\sqrt{3}}{\sqrt{2}}-\dfrac{\sqrt{2}}{\sqrt{3}}+\dfrac{\sqrt{5}}{\sqrt{2}}-\dfrac{\sqrt{2}}{\sqrt{5}}$를 계산하면?

① $\dfrac{\sqrt{6}}{6}+\dfrac{3\sqrt{10}}{10}$    ② $\dfrac{\sqrt{6}}{6}-\dfrac{3\sqrt{10}}{10}$

③ $\dfrac{\sqrt{6}}{6}-\dfrac{7\sqrt{10}}{10}$    ④ $\dfrac{\sqrt{6}}{3}+\dfrac{3\sqrt{10}}{10}$

⑤ $\dfrac{5\sqrt{6}}{6}+\dfrac{3\sqrt{10}}{10}$

**14** $x=3\sqrt{2}+\sqrt{7}$, $y=2\sqrt{7}-5\sqrt{2}$일 때, $\sqrt{7}x+\sqrt{2}y$의 값은?

① $-\sqrt{14}+8$    ② $3\sqrt{14}-1$    ③ $2\sqrt{14}+5$

④ $3\sqrt{14}+2$    ⑤ $5\sqrt{14}-3$

**15** $\sqrt{2}(a+3\sqrt{2})-\sqrt{3}(4\sqrt{3}+\sqrt{6})$을 계산한 결과가 유리수가 되도록 하는 유리수 $a$의 값은?

① $-3$  ② $-1$  ③ $0$
④ $1$  ⑤ $3$

**16** $\dfrac{\sqrt{8}+9}{\sqrt{3}}-\dfrac{\sqrt{3}-\sqrt{24}}{\sqrt{2}}=a\sqrt{3}+b\sqrt{6}$일 때, 유리수 $a$, $b$에 대하여 $ab$의 값을 구하시오.

**17** $\sqrt{7}$의 소수 부분을 $a$라고 할 때, $\dfrac{a-2}{a+2}$의 값을 구하시오.

**18** 다음 중 계산 결과가 옳은 것은?

① $3\times\sqrt{2}-5\div\sqrt{2}=-2\sqrt{2}$

② $\sqrt{2}(\sqrt{6}+\sqrt{8})=3\sqrt{2}+4$

③ $\sqrt{3}\left(\dfrac{\sqrt{6}}{3}-\dfrac{2\sqrt{3}}{\sqrt{2}}\right)=-2\sqrt{2}$

④ $3\sqrt{24}+2\sqrt{6}\times\sqrt{3}-\sqrt{7}=12\sqrt{2}-\sqrt{7}$

⑤ $(\sqrt{18}+\sqrt{3})\div\dfrac{1}{\sqrt{2}}+5\times\sqrt{6}=3\sqrt{2}+6\sqrt{6}$

**19** $\sqrt{27}+\sqrt{54}-\sqrt{2}\left(\dfrac{6}{\sqrt{12}}-\dfrac{3}{\sqrt{6}}\right)$을 계산하시오.

**20** 다음 그림과 같이 넓이가 각각 $3\,\text{cm}^2$, $12\,\text{cm}^2$, $27\,\text{cm}^2$인 정사각형 모양의 색종이를 겹치지 않게 이어 붙인 도형의 둘레의 길이를 구하시오.

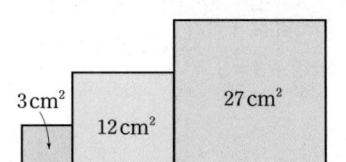

**21** 다음 중 두 실수의 대소 관계가 옳은 것은?

① $1+2\sqrt{5}<3+\sqrt{5}$

② $\sqrt{5}+\sqrt{2}>3\sqrt{2}$

③ $\sqrt{2}-1<2-\sqrt{2}$

④ $5\sqrt{3}-1<\sqrt{48}$

⑤ $3\sqrt{2}-1<2\sqrt{3}-1$

📌 유제를 따라 풀어 보고, 실전 문제로 연습해 보세요.

**따라 해보자**

**예제 1**

$\sqrt{5}(\sqrt{8}+\sqrt{10})-\sqrt{2}(3-\sqrt{5})=a\sqrt{2}+b\sqrt{10}$을 만족시키는 유리수 $a$, $b$에 대하여 $a+b$의 값을 구하시오.

**풀이 과정**

**1단계** 주어진 식의 좌변을 간단히 하기

$\sqrt{5}(\sqrt{8}+\sqrt{10})-\sqrt{2}(3-\sqrt{5})=\sqrt{5}(2\sqrt{2}+\sqrt{10})-3\sqrt{2}+\sqrt{10}$
$=2\sqrt{10}+5\sqrt{2}-3\sqrt{2}+\sqrt{10}$
$=2\sqrt{2}+3\sqrt{10}$

**2단계** $a$, $b$의 값 구하기

$2\sqrt{2}+3\sqrt{10}=a\sqrt{2}+b\sqrt{10}$이므로

$a=2$, $b=3$

**3단계** $a+b$의 값 구하기

$\therefore a+b=2+3=5$

**답** **5**

**유제 1**

$\sqrt{3}(\sqrt{27}-\sqrt{12})+\sqrt{5}(2\sqrt{5}-\sqrt{15})=a+b\sqrt{3}$을 만족시키는 유리수 $a$, $b$에 대하여 $a+b$의 값을 구하시오.

**풀이 과정**

**1단계** 주어진 식의 좌변을 간단히 하기

**2단계** $a$, $b$의 값 구하기

**3단계** $a+b$의 값 구하기

**답**

---

**예제 2**

다음 그림은 한 칸의 가로와 세로의 길이가 각각 1인 모눈종이 위에 수직선을 그린 것이다. $\overline{AB}=\overline{AP}$, $\overline{AC}=\overline{AQ}$이고, 두 점 P, Q에 대응하는 수를 각각 $a$, $b$라고 할 때, $a-b$의 값을 구하시오.

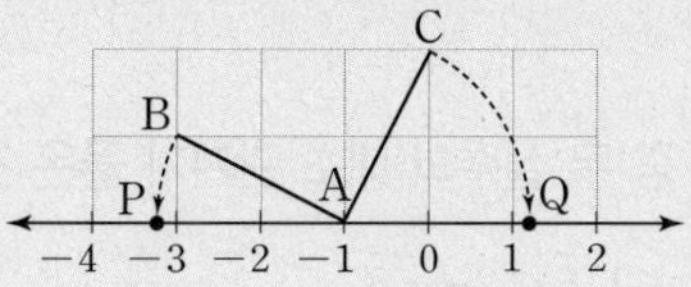

**풀이 과정**

**1단계** $\overline{AB}$, $\overline{AC}$의 길이 구하기

피타고라스 정리에 의해

$\overline{AB}=\sqrt{2^2+1^2}=\sqrt{5}$, $\overline{AC}=\sqrt{1^2+2^2}=\sqrt{5}$

**2단계** $a$, $b$의 값 구하기

$\overline{AP}=\overline{AB}=\sqrt{5}$, $\overline{AQ}=\overline{AC}=\sqrt{5}$이므로

$a=-1-\sqrt{5}$, $b=-1+\sqrt{5}$

**3단계** $a-b$의 값 구하기

$\therefore a-b=(-1-\sqrt{5})-(-1+\sqrt{5})$
$=-1-\sqrt{5}+1-\sqrt{5}=-2\sqrt{5}$

**답** $-2\sqrt{5}$

**유제 2**

다음 그림은 한 칸의 가로와 세로의 길이가 각각 1인 모눈종이 위에 수직선을 그린 것이다. $\overline{AB}=\overline{AP}$, $\overline{AC}=\overline{AQ}$이고, 두 점 P, Q에 대응하는 수를 각각 $a$, $b$라고 할 때, $2b-a$의 값을 구하시오.

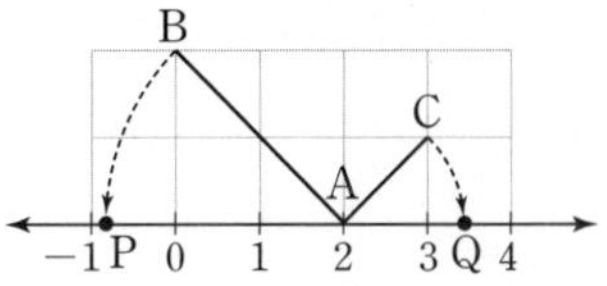

**풀이 과정**

**1단계** $\overline{AB}$, $\overline{AC}$의 길이 구하기

**2단계** $a$, $b$의 값 구하기

**3단계** $2b-a$의 값 구하기

**답**

**연습해 보자**

**1** 아래 표는 제곱근표의 일부이다. 이 표를 이용하여 다음 제곱근의 값을 구하시오.

| 수 | 1 | 2 | 3 | 4 | 5 |
|---|---|---|---|---|---|
| 5.3 | 2.304 | 2.307 | 2.309 | 2.311 | 2.313 |
| 5.4 | 2.326 | 2.328 | 2.330 | 2.332 | 2.335 |
| 5.5 | 2.347 | 2.349 | 2.352 | 2.354 | 2.356 |
| 5.6 | 2.369 | 2.371 | 2.373 | 2.375 | 2.377 |

(1) $\sqrt{564}$　　　　　(2) $\sqrt{0.0531}$

`풀이 과정`

(1)

(2)

`답` (1)　　　　　(2)

**2** 두 수 $A$, $B$가 다음과 같을 때, $\dfrac{A}{B}$의 값을 구하시오.

$$A = \sqrt{27} \div \sqrt{6} \times \sqrt{2}$$
$$B = \frac{4}{\sqrt{3}} \times \frac{\sqrt{15}}{\sqrt{8}} \div \frac{\sqrt{5}}{\sqrt{6}}$$

`풀이 과정`

`답`

**3** 오른쪽 그림과 같이 직사각형 ABCD에서 $\overline{AB}$, $\overline{BC}$를 각각 한 변으로 하는 두 정사각형을 그렸더니 그 넓이가 각각 $8\,\text{cm}^2$, $18\,\text{cm}^2$가 되었다. 이때 직사각형 ABCD의 둘레의 길이를 구하시오.

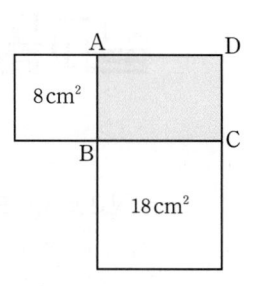

`풀이 과정`

`답`

**4** 다음 세 수 $A$, $B$, $C$의 대소 관계를 부등호를 써서 나타내시오.

$$A = \sqrt{180}, \quad B = 12 - 3\sqrt{5}, \quad C = \sqrt{5} + 8$$

`풀이 과정`

`답`

● 정답과 해설 31쪽

# 칠교놀이

칠교놀이는 오른쪽 그림과 같이 정사각형 모양의 판을 잘라 만든 7개의 조각을 이용하여 사람이나 동물, 사물 등 다양한 모양을 만드는 놀이이다. 칠교판 조각은 크기가 다양한 직각이등변삼각형 5개와 정사각형 1개, 평행사변형 1개로 이루어져 있다.

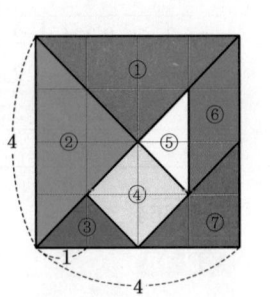

칠교놀이는 그 기원이 정확하지는 않지만 중국에서 오래 전부터 전해 내려온 놀이로 19세기 초부터는 미국, 유럽에서 탱그램(Tangram)이라는 이름으로 유행하였고, 우리나라에서도 전통 놀이 형태로 전해 오고 있다.

로켓 모양이다!

칠교놀이는 손님이 찾아왔을 때 음식을 준비하는 동안이나 사람을 기다리는 시간에 지루하지 않도록 주인이 놀이판을 내어놓기도 하여 '유객판', 여러 지혜를 짜내서 갖가지 모양을 만든다고 하여 '지혜의 판'이라고도 한다.

칠교놀이를 할 때는 7개의 조각을 모두 사용해야 하고, 다른 조각을 추가해서 사용할 수 없다.

## 기출문제는 이렇게!

 오른쪽 그림은 위에 제시된 한 변의 길이가 4인 정사각형의 칠교판을 이용하여 만든 물고기 모양의 도형이다. 이 도형의 둘레의 길이를 구하시오.

(단, 칠교판의 모든 한 눈금의 길이는 1이다.)

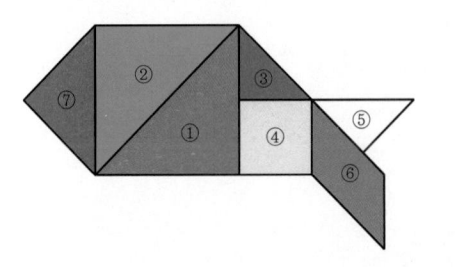

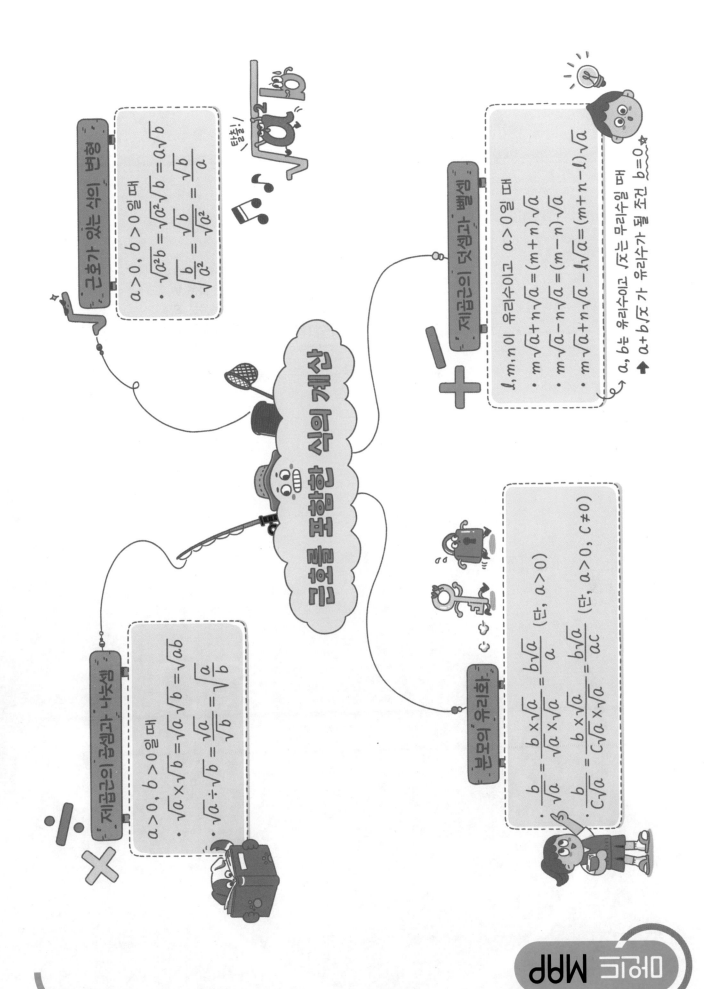

근호를 포함한 식의 계산

**제곱근의 덧셈과 뺄셈 +**

$l, m, n$이 유리수이고 $a>0$일 때
- $m\sqrt{a}+n\sqrt{a}=(m+n)\sqrt{a}$
- $m\sqrt{a}-n\sqrt{a}=(m-n)\sqrt{a}$
- $m\sqrt{a}+n\sqrt{a}-l\sqrt{a}=(m+n-l)\sqrt{a}$

→ $a, b$는 유리수이고 $\sqrt{a}$ 또는 $\sqrt{b}$는 무리수일 때

→ $a+b\sqrt{x}$가 유리수가 될 조건 $b=0$

**근호가 있는 식의 변형**

$a>0, b>0$일 때
- $\sqrt{a^2b}=\sqrt{a^2}\sqrt{b}=a\sqrt{b}$
- $\sqrt{\dfrac{b}{a^2}}=\dfrac{\sqrt{b}}{\sqrt{a^2}}=\dfrac{\sqrt{b}}{a}$

빵! $\sqrt{a^2}$ a

**제곱근의 곱셈과 나눗셈 ×÷**

$a>0, b>0$일 때
- $\sqrt{a}\times\sqrt{b}=\sqrt{a}\sqrt{b}=\sqrt{ab}$
- $\sqrt{a}\div\sqrt{b}=\dfrac{\sqrt{a}}{\sqrt{b}}=\sqrt{\dfrac{a}{b}}$

**분모의 유리화**

- $\dfrac{b}{\sqrt{a}}=\dfrac{b\times\sqrt{a}}{\sqrt{a}\times\sqrt{a}}=\dfrac{b\sqrt{a}}{a}$ (단, $a>0$)
- $\dfrac{b}{c\sqrt{a}}=\dfrac{b\times\sqrt{a}}{c\sqrt{a}\times\sqrt{a}}=\dfrac{b\sqrt{a}}{ac}$ (단, $a>0, c\neq0$)

마인드 MAP

# 3 다항식의 곱셈

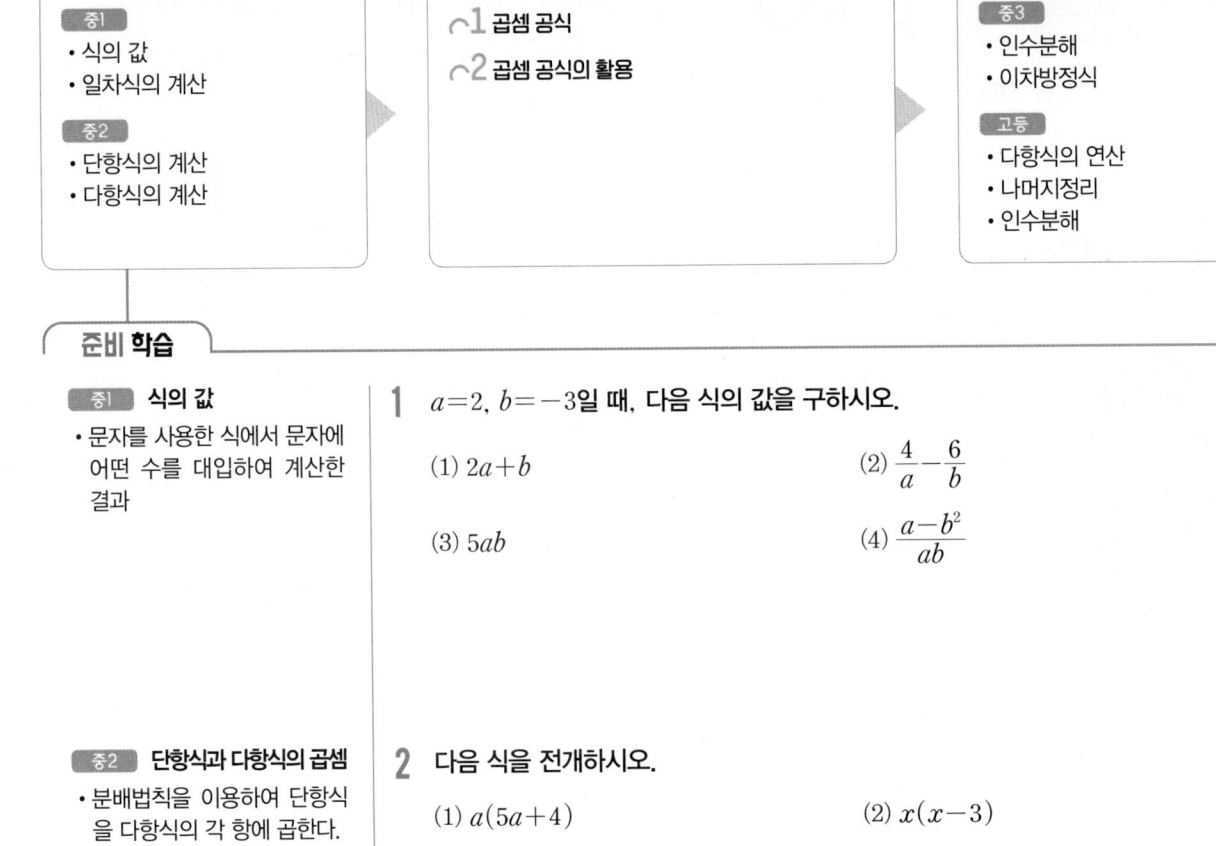

## 준비 **학습**

**중1** **식의 값**

• 문자를 사용한 식에서 문자에 어떤 수를 대입하여 계산한 결과

**1** $a=2$, $b=-3$일 때, 다음 식의 값을 구하시오.

(1) $2a+b$

(2) $\dfrac{4}{a}-\dfrac{6}{b}$

(3) $5ab$

(4) $\dfrac{a-b^2}{ab}$

**중2** **단항식과 다항식의 곱셈**

• 분배법칙을 이용하여 단항식을 다항식의 각 항에 곱한다.

➡ $\overset{\frown}{A(B+C)}=AB+AC$

**2** 다음 식을 전개하시오.

(1) $a(5a+4)$

(2) $x(x-3)$

(3) $-2a(a+b)$

(4) $(4xy-6x)\times\left(-\dfrac{1}{2}x\right)$

# 01 곱셈 공식

• 정답과 해설 32쪽

## 1 다항식과 다항식의 곱셈

분배법칙을 이용하여 식을 전개한 후 동류항이 있으면
동류항끼리 모아서 간단히 한다.

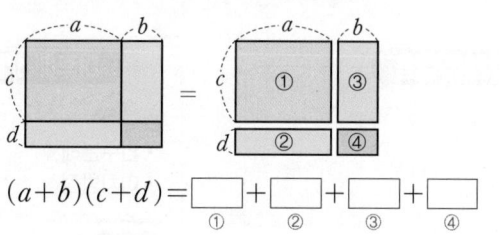

$$(a+b)(c+d)=\underset{①}{ac}+\underset{②}{ad}+\underset{③}{bc}+\underset{④}{bd}$$

$$(a+1)(a+2)=a^2+2a+a+2$$
$$=a^2+3a+2$$

**개념 확인**  다음은 $(a+b)(c+d)$를 전개하는 과정이다. ☐ 안에 알맞은 것을 쓰시오.

(1) 직사각형의 넓이를 이용하는 방법

$$(a+b)(c+d)=\boxed{\phantom{0}}_①+\boxed{\phantom{0}}_②+\boxed{\phantom{0}}_③+\boxed{\phantom{0}}_④$$

(2) 분배법칙을 이용하는 방법

$$(a+b)(c+d)$$
$$=(a+b)M \qquad \leftarrow c+d를 M으로 놓음$$
$$=\boxed{\phantom{0}}M+\boxed{\phantom{0}}M \qquad \leftarrow 분배법칙 이용$$
$$=\boxed{\phantom{0}}(c+d)+\boxed{\phantom{0}}(c+d) \qquad \leftarrow M에 c+d를 대입$$
$$=ac+\boxed{\phantom{0}}d+\boxed{\phantom{0}}c+\boxed{\phantom{0}}d \qquad \leftarrow 분배법칙 이용$$

**필수 문제 1**

다항식과 다항식의 곱셈

다항식과
다항식의 곱셈에는
내가 꼭 필요해.

분배법칙

다음 식을 전개하시오.

(1) $(a+2)(b+3)$

(2) $(x+5)(4x-1)$

(3) $(5a-b)(6a+2b)$

(4) $(2x+y)(x-y-3)$

**1-1**  다음 식을 전개하시오.

(1) $(a+1)(b-4)$

(2) $(3a-2b)(a-b)$

(3) $(2x-1)(5x+7)$

(4) $(x+4y-1)(x-3y)$

▶특정한 항의 계수를 구할 때는
필요한 항이 나오는 부분만 전
개하면 계산이 간단하다.

**1-2**  $(2x-y+1)(3x-2y+1)$을 전개하였을 때, $xy$의 계수를 구하시오.

## 2 곱셈 공식

(1) $(a+b)^2=a^2+2ab+b^2$　← 합의 제곱

　　$(a-b)^2=a^2-2ab+b^2$　← 차의 제곱

(2) $(a+b)(a-b)=a^2-b^2$　← 합과 차의 곱

(3) $(x+a)(x+b)=x^2+(a+b)x+ab$　← 일차항의 계수가 1인 두 일차식의 곱

(4) $(ax+b)(cx+d)=acx^2+(ad+bc)x+bd$　← 일차항의 계수가 1이 아닌 두 일차식의 곱

---

**개념 확인**　다음은 $(a+b)^2$과 $(a-b)^2$을 분배법칙을 이용하여 전개하는 과정이다. □ 안에 알맞은 것을 쓰시오.

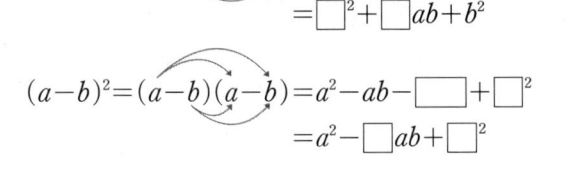

$$(a+b)^2=(a+b)(a+b)=\boxed{\phantom{a}}^2+ab+\boxed{\phantom{a}}+b^2$$
$$=\boxed{\phantom{a}}^2+\boxed{\phantom{a}}ab+b^2$$

$$(a-b)^2=(a-b)(a-b)=a^2-ab-\boxed{\phantom{a}}+\boxed{\phantom{a}}^2$$
$$=a^2-\boxed{\phantom{a}}ab+\boxed{\phantom{a}}^2$$

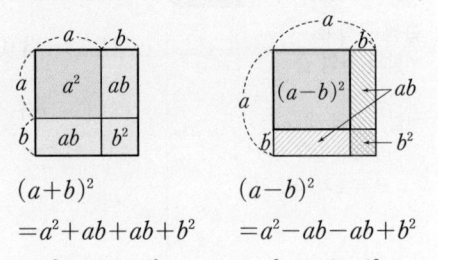

도형으로 이해하는 곱셈 공식

$(a+b)^2$
$=a^2+ab+ab+b^2$
$=a^2+2ab+b^2$

$(a-b)^2$
$=a^2-ab-ab+b^2$
$=a^2-2ab+b^2$

---

**필수 문제　2**

곱셈 공식 (1)
– 합의 제곱, 차의 제곱

▸전개식이 같은 다항식
　• $(-a+b)^2=\{-(a-b)\}^2$
　　　　　$=(a-b)^2$
　• $(-a-b)^2=\{-(a+b)\}^2$
　　　　　$=(a+b)^2$

다음 식을 전개하시오.

(1) $(x+1)^2$

(2) $(a-4)^2$

(3) $(2a+b)^2$

(4) $(-x+3y)^2$

**2-1**　다음 식을 전개하시오.

(1) $(x+5)^2$

(2) $(a-6)^2$

(3) $(2x-3y)^2$

(4) $(-5a-4b)^2$

---

**필수 문제　3**

곱셈 공식을 이용하여
계수 구하기

▸좌변을 곱셈 공식을 이용하여 전개한 후 우변과 계수를 비교한다.

다음 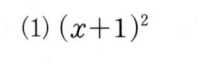 안에 알맞은 수를 쓰시오.

(1) $(a+\boxed{\phantom{a}})^2=a^2+14a+\boxed{\phantom{a}}$

(2) $(x-\boxed{\phantom{a}})^2=x^2-4x+\boxed{\phantom{a}}$

**3-1**　$(2x-a)^2=4x^2-bx+25$일 때, 상수 $a$, $b$의 값을 각각 구하시오. (단, $a>0$)

**개념 확인**

다음은 $(a+b)(a-b)$를 분배법칙을 이용하여 전개하는 과정
이다. □ 안에 알맞은 것을 쓰시오.

$$(a+b)(a-b)=\square^2-\square+ab-\square^2$$
$$=\square^2-\square^2$$

도형으로 이해하는 곱셈 공식

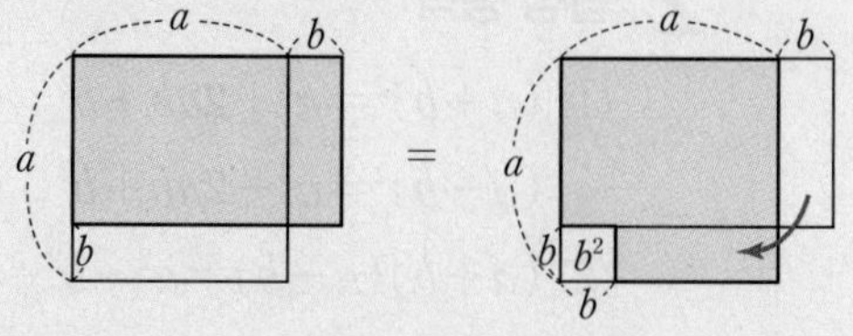

$$(a+b)(a-b)=a^2-b^2$$

---

**필수 문제** **4**

곱셈 공식 (2)
– 합과 차의 곱

▶ (합과 차의 곱)
 =(부호가 같은 것)²
   −(부호가 다른 것)²

다음 식을 전개하시오.

(1) $(x+3)(x-3)$

(2) $(2a+1)(2a-1)$

(3) $(-x+4y)(-x-4y)$

(4) $(-8a-b)(8a-b)$

**4-1** 다음 식을 전개하시오.

(1) $(a-5)(a+5)$

(2) $(x+6y)(x-6y)$

(3) $\left(-4x-\dfrac{1}{5}y\right)\left(-4x+\dfrac{1}{5}y\right)$

(4) $(-7a+3b)(7a+3b)$

---

**필수 문제** **5**

연속한 합과 차의 곱

▶ $(a+b)(a-b)=a^2-b^2$을 연
 속하여 적용한다.

다음 □ 안에 알맞은 수를 쓰시오.

$$(a-1)(a+1)(a^2+1)=(a^{\square}-1)(a^2+1)=a^{\square}-1$$

**5-1** $(x-2)(x+2)(x^2+4)$를 전개하시오.

**개념 확인**  다음은 $(x+a)(x+b)$와 $(ax+b)(cx+d)$를 분배법칙을 이용하여 전개하는 과정이다. □ 안에 알맞은 것을 쓰시오.

$(x+a)(x+b)=x^2+bx+\boxed{\phantom{x}}x+\boxed{\phantom{x}}$
$\qquad\qquad =x^2+(\boxed{\phantom{x}})x+\boxed{\phantom{x}}$
$(ax+b)(cx+d)=\boxed{\phantom{x}}x^2+adx+\boxed{\phantom{x}}x+\boxed{\phantom{x}}$
$\qquad\qquad\quad =\boxed{\phantom{x}}x^2+(ad+\boxed{\phantom{x}})x+\boxed{\phantom{x}}$

도형으로 이해하는 곱셈 공식

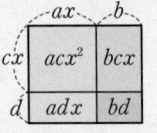

$(x+a)(x+b)$
$=x^2+ax+bx+ab$
$=x^2+(a+b)x+ab$

$(ax+b)(cx+d)$
$=acx^2+adx+bcx+bd$
$=acx^2+(ad+bc)x+bd$

---

**필수 문제 6**

곱셈 공식 (3)
- 일차항의 계수가 1인 두 일차식의 곱

다음 식을 전개하시오.

(1) $(x+2)(x+4)$

(2) $(a+5)(a-3)$

(3) $(a-b)(a+7b)$

(4) $(x-2y)(x-y)$

**6-1** 다음 식을 전개하시오.

(1) $(x+1)(x+5)$

(2) $(a-6)(a+2)$

(3) $(a-3b)(a-8b)$

(4) $(x+4y)(x-y)$

**6-2** $(x-a)(x+5)=x^2+bx-15$일 때, 상수 $a$, $b$의 값을 각각 구하시오.

---

**필수 문제 7**

곱셈 공식 (4)
- 일차항의 계수가 1이 아닌 두 일차식의 곱

다음 식을 전개하시오.

(1) $(x+3)(2x+1)$

(2) $(2a-3)(5a+4)$

(3) $(3a-b)(4a-6b)$

(4) $(5x-2y)(-x+3y)$

**7-1** 다음 식을 전개하시오.

(1) $(4a+3)(a+1)$

(2) $(3x+7)(4x-2)$

(3) $(-2a+b)(3a-5b)$

(4) $(x-3y)(-5x+6y)$

**7-2** $(7x-2)(3x+a)=21x^2+bx+4$일 때, 상수 $a$, $b$의 값을 각각 구하시오.

## 곱셈 공식

● 정답과 해설 33쪽

**[1~5]** 다음 식을 전개하시오.

**1** (1) $(x+y)(2x-y+3)$

(2) $(3a+b-2)(a-4b)$

**2** (1) $(x+3)^2$

(2) $\left(a-\dfrac{1}{4}\right)^2$

(3) $(2a-4b)^2$

(4) $\left(x+\dfrac{1}{x}\right)^2$

(5) $(-5a+b)^2$

(6) $(-3x-5y)^2$

**3** (1) $(a+8)(a-8)$

(2) $\left(-x+\dfrac{1}{4}y\right)\left(-x-\dfrac{1}{4}y\right)$

(3) $\left(4b-\dfrac{3}{2}a\right)\left(\dfrac{3}{2}a+4b\right)$

(4) $(1-a)(1+a)(1+a^2)(1+a^4)$

**4** (1) $(x+5)(x+4)$

(2) $\left(a+\dfrac{1}{2}\right)\left(a-\dfrac{1}{3}\right)$

(3) $(x-3y)(x-6y)$

(4) $\left(a-\dfrac{2}{3}b\right)\left(a+\dfrac{1}{4}b\right)$

**5** (1) $(5a+2)(4a+3)$

(2) $(7x-1)(2x+5)$

(3) $(2a-b)(a-6b)$

(4) $(-x+3y)(4x-y)$

**6** 다음 식을 간단히 하시오.

(1) $2(x+5)(x-5)-(x-4)(x-1)$

(2) $(5a-2)(3a-4)-3(2a-5)^2$

# STEP 1  꼼꼼 개념 익히기

**1** $(x-y+3)(x+2y-1)$을 전개했을 때에서 $xy$의 계수를 $a$, $y$의 계수를 $b$라 할 때, $a+b$의 값을 구하시오.

**2** 다음 중 옳은 것을 모두 고르면? (정답 2개)
① $(a+4)^2=a^2+16$
② $(x-3y)^2=x^2-6xy-9y^2$
③ $(a+9)(a-9)=a^2-81$
④ $(x-2)(x+5)=x^2-3x-10$
⑤ $(2a+1)(a-3)=2a^2-5a-3$

**3** 다음 □ 안에 알맞은 수를 쓰시오.
(1) $(x-□)^2=x^2-6x+□$
(2) $(2x+7)(2x-□)=□x^2-49$
(3) $(x-y)(x+□y)=x^2+□xy-3y^2$
(4) $(□x+4)(2x+□)=6x^2+□x+20$

**4** 다음 보기에서 $(a-b)^2$과 전개식이 같은 것을 모두 고르시오.

보기
ㄱ. $(a+b)^2$          ㄴ. $(b-a)^2$          ㄷ. $(-a+b)^2$
ㄹ. $(-a-b)^2$         ㅁ. $-(a+b)^2$         ㅂ. $-(a-b)^2$

**5** $a^2=8$, $b^2=9$일 때, $\left(\dfrac{1}{2}a+\dfrac{2}{3}b\right)\left(\dfrac{1}{2}a-\dfrac{2}{3}b\right)$의 값을 구하시오.

**6** 다음 그림에서 색칠한 직사각형의 넓이를 구하시오.

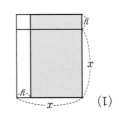

(1)

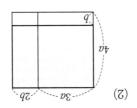

(2)

 **2 곱셈 공식의 활용**

● 정답과 해설 34쪽

## 1 곱셈 공식을 이용한 수의 계산

(1) 수의 제곱의 계산

곱셈 공식 $(a+b)^2=a^2+2ab+b^2$ 또는 $(a-b)^2=a^2-2ab+b^2$을 이용한다.

예 $101^2=(100+1)^2=100^2+2\times100\times1+1^2=10201$ ← $(a+b)^2=a^2+2ab+b^2$ 이용

$99^2=(100-1)^2=100^2-2\times100\times1+1^2=9801$ ← $(a-b)^2=a^2-2ab+b^2$ 이용

(2) 두 수의 곱의 계산

곱셈 공식 $(a+b)(a-b)=a^2-b^2$ 또는 $(x+a)(x+b)=x^2+(a+b)x+ab$를 이용한다.

예 $101\times99=(100+1)(100-1)=100^2-1^2=9999$ ← $(a+b)(a-b)=a^2-b^2$ 이용

$101\times102=(100+1)(100+2)=100^2+(1+2)\times100+1\times2=10302$ ← $(x+a)(x+b)=x^2+(a+b)x+ab$ 이용

**개념 확인** 다음은 곱셈 공식을 이용하여 수를 계산하는 과정이다. ☐ 안에 알맞은 수를 쓰시오.

(1) $49^2=(50-1)^2$

$=\boxed{\phantom{0}}^2-2\times\boxed{\phantom{0}}\times1+\boxed{\phantom{0}}^2$ ⟩ $(a-b)^2=a^2-2ab+b^2$ 이용

$=\boxed{\phantom{0}}$

(2) $93\times87=(90+\boxed{\phantom{0}})(90-\boxed{\phantom{0}})$

$=90^2-\boxed{\phantom{0}}^2$ ⟩ $(a+b)(a-b)=a^2-b^2$ 이용

$=\boxed{\phantom{0}}$

---

**필수 문제 1**

곱셈 공식을 이용한 수의 계산

곱셈 공식을 이용하여 다음을 계산하시오.

(1) $51^2$ (2) $79^2$

(3) $55\times45$ (4) $102\times105$

**1-1** 곱셈 공식을 이용하여 다음을 계산하시오.

(1) $92^2$ (2) $298^2$

(3) $64\times76$ (4) $199\times202$

## 2 곱셈 공식을 이용한 무리수의 계산

제곱근을 문자로 생각하고 곱셈 공식을 이용하여 계산한다.

예 $(\sqrt{2}+1)^2=(\sqrt{2})^2+2\times\sqrt{2}\times1+1^2=3+2\sqrt{2}$ ← $(a+b)^2=a^2+2ab+b^2$ 이용

## 3 곱셈 공식을 이용한 분모의 유리화

분모가 두 수의 합 또는 차로 되어 있는 무리수이면 곱셈 공식 $(a+b)(a-b)=a^2-b^2$을 이용하여 분모를 유리화한다.

$$\frac{c}{\sqrt{a}+\sqrt{b}}=\frac{c(\sqrt{a}-\sqrt{b})}{(\sqrt{a}+\sqrt{b})(\sqrt{a}-\sqrt{b})}=\frac{c(\sqrt{a}-\sqrt{b})}{(\sqrt{a})^2-(\sqrt{b})^2}=\frac{c\sqrt{a}-c\sqrt{b}}{a-b}\ (\text{단},\ a>0,\ b>0,\ a\neq b)$$

부호 반대    $(a+b)(a-b)=a^2-b^2$ 이용

예 $\dfrac{2}{\sqrt{3}+\sqrt{2}}=\dfrac{2(\sqrt{3}-\sqrt{2})}{(\sqrt{3}+\sqrt{2})(\sqrt{3}-\sqrt{2})}=\dfrac{2(\sqrt{3}-\sqrt{2})}{(\sqrt{3})^2-(\sqrt{2})^2}=2\sqrt{3}-2\sqrt{2}$

---

**필수 문제** ▸ **2**

곱셈 공식을 이용한
무리수의 계산

다음을 계산하시오.

(1) $(2+\sqrt{7})^2$

(2) $(3+\sqrt{5})(3-\sqrt{5})$

(3) $(\sqrt{2}+1)(\sqrt{2}+4)$

(4) $(3\sqrt{3}-2)(2\sqrt{3}+1)$

**2-1** 다음을 계산하시오.

(1) $(\sqrt{6}-\sqrt{3})^2$

(2) $(2\sqrt{3}-\sqrt{11})(2\sqrt{3}+\sqrt{11})$

(3) $(\sqrt{5}+4)(\sqrt{5}-7)$

(4) $(5\sqrt{2}+3)(2\sqrt{2}-1)$

---

**필수 문제** ▸ **3**

곱셈 공식을 이용한
분모의 유리화

| 분모 | 분모, 분자에<br>곱해야 할 수 |
|---|---|
| $a+\sqrt{b}$ | $a-\sqrt{b}$ |
| $a-\sqrt{b}$ | $a+\sqrt{b}$ |
| $\sqrt{a}+\sqrt{b}$ | $\sqrt{a}-\sqrt{b}$ |
| $\sqrt{a}-\sqrt{b}$ | $\sqrt{a}+\sqrt{b}$ |

부호 반대

다음 수의 분모를 유리화하시오.

(1) $\dfrac{1}{\sqrt{2}+1}$

(2) $\dfrac{4}{\sqrt{7}-\sqrt{3}}$

(3) $\dfrac{\sqrt{2}}{2+\sqrt{3}}$

(4) $\dfrac{\sqrt{5}+2}{\sqrt{5}-2}$

**3-1** 다음 수의 분모를 유리화하시오.

(1) $\dfrac{1}{1-\sqrt{3}}$

(2) $\dfrac{3}{\sqrt{5}+\sqrt{2}}$

(3) $\dfrac{\sqrt{3}}{2\sqrt{3}+3}$

(4) $\dfrac{\sqrt{6}+\sqrt{2}}{\sqrt{6}-\sqrt{2}}$

## 쏙쏙 개념 익히기

**1** 곱셈 공식을 이용하여 다음을 계산하시오.

(1) $53^2$

(2) $4.6^2$

(3) $94 \times 86$

(4) $102 \times 103$

**2** 다음은 곱셈 공식을 이용하여 $\dfrac{2020 \times 2022 + 1}{2021}$ 을 계산하는 과정이다. 상수 $a$, $b$, $c$의 값을 각각 구하시오. (단, $a > 0$)

$$\frac{2020 \times 2022 + 1}{2021} = \frac{(2021-a)(2021+a)+1}{2021} = \frac{2021^2 - b + 1}{2021} = c$$

**3** 다음을 계산하시오.

(1) $(2\sqrt{5}+3)^2$

(2) $(\sqrt{5}+\sqrt{6})(\sqrt{5}-\sqrt{6})$

(3) $(\sqrt{10}-3)(\sqrt{10}+5)$

(4) $(7\sqrt{5}+1)(\sqrt{5}-3)$

**4** 다음을 계산하시오.

$$(\sqrt{2}-1)^2 - (2-\sqrt{3})(2+\sqrt{3})$$

**5** 다음 수의 분모를 유리화하시오.

(1) $\dfrac{6}{3-\sqrt{3}}$

(2) $\dfrac{1}{2\sqrt{2}-3}$

(3) $\dfrac{3\sqrt{2}}{\sqrt{5}+\sqrt{2}}$

(4) $\dfrac{\sqrt{3}-\sqrt{2}}{\sqrt{3}+\sqrt{2}}$

**6** $\dfrac{1}{\sqrt{10}+3}+\dfrac{1}{\sqrt{10}-3}$ 을 계산하면?

① $-2\sqrt{10}$

② $6-2\sqrt{10}$

③ $2\sqrt{10}$

④ $6+\sqrt{10}$

⑤ $6+2\sqrt{10}$

● 분모의 유리화를 이용하여
식의 값 구하기
• (무리수)
  =(정수 부분)+(소수 부분)
• (소수 부분)
  =(무리수)−(정수 부분)

**7** $\sqrt{3}$의 정수 부분을 $a$, 소수 부분을 $b$라고 할 때, $\dfrac{a}{b}$의 값을 구하시오.

한번 더 +

**8** $4-\sqrt{2}$의 정수 부분을 $a$, 소수 부분을 $b$라고 할 때, $\dfrac{a}{b}$의 값을 구하시오.

## 4 곱셈 공식의 변형

(1) $(a+b)^2=a^2+2ab+b^2$ ➡ $a^2+b^2=(a+b)^2-2ab$

   $(a-b)^2=a^2-2ab+b^2$ ➡ $a^2+b^2=(a-b)^2+2ab$

(2) $(a+b)^2=(a-b)^2+4ab$, $\quad$ $(a-b)^2=(a+b)^2-4ab$

   $\underbrace{(a+b)^2}_{a^2+2ab+b^2}=\underbrace{(a-b)^2}_{a^2-2ab+b^2}+4ab$, $\quad$ $\underbrace{(a-b)^2}_{a^2-2ab+b^2}=\underbrace{(a+b)^2}_{a^2+2ab+b^2}-4ab$

(3) $a^2+\dfrac{1}{a^2}=\left(a+\dfrac{1}{a}\right)^2-2=\left(a-\dfrac{1}{a}\right)^2+2$

   $\left(a+\dfrac{1}{a}\right)^2=\left(a-\dfrac{1}{a}\right)^2+4$, $\quad$ $\left(a-\dfrac{1}{a}\right)^2=\left(a+\dfrac{1}{a}\right)^2-4$

---

**필수 예제 4**   곱셈 공식의 변형

$a+b=6$, $ab=3$일 때, 다음 식의 값을 구하시오.

(1) $a^2+b^2$         (2) $(a-b)^2$

> • 두 수의 합(차)과 곱이 주어진 경우 곱셈 공식의 변형을 이용한다.

**4-1**   $x-y=3\sqrt{2}$, $xy=8$일 때, 다음 식의 값을 구하시오.

(1) $x^2+y^2$         (2) $(x+y)^2$

**4-2**   $x=\dfrac{1}{\sqrt{2}+1}$, $y=\dfrac{1}{\sqrt{2}-1}$일 때, 다음 식의 값을 구하시오.

(1) $x+y$      (2) $xy$      (3) $x^2+y^2$

> • 먼저 분모를 유리화한다.

---

**필수 예제 5**   곱셈 공식의 변형 — 두 수의 곱이 1인 경우

$x+\dfrac{1}{x}=3$일 때, 다음 식의 값을 구하시오.

(1) $x^2+\dfrac{1}{x^2}$         (2) $\left(x-\dfrac{1}{x}\right)^2$

> • 곱이 1인 두 수의 합 또는 차가 주어진 경우 곱셈 공식의 변형을 이용한다.

**5-1**   $a-\dfrac{1}{a}=5$일 때, 다음 식의 값을 구하시오.

(1) $a^2+\dfrac{1}{a^2}$         (2) $\left(a+\dfrac{1}{a}\right)^2$

## 5 $x=a\pm\sqrt{b}$ 꼴이 주어진 경우 식의 값 구하기

[방법1] 주어진 조건을 변형하여 식의 값을 구한다.

$$x=a+\sqrt{b} \Rightarrow x-a=\sqrt{b} \Rightarrow (x-a)^2=b$$

[방법2] $x$의 값을 직접 대입하여 식의 값을 구한다.

[예] $x=1+\sqrt{3}$일 때, $x^2-2x$의 값 구하기

[방법1] $x=1+\sqrt{3} \Rightarrow x-1=\sqrt{3} \Rightarrow (x-1)^2=(\sqrt{3})^2$, $\underline{x^2-2x}+1=3$ ∴ $x^2-2x=2$

[방법2] $x^2-2x=(1+\sqrt{3})^2-2(1+\sqrt{3})=1+2\sqrt{3}+3-2-2\sqrt{3}=2$

**개념 확인**

다음은 $x=2-\sqrt{3}$일 때, $x^2-4x+6$의 값을 구하는 과정이다. ☐ 안에 알맞은 수를 쓰시오.

[방법1] $x=2-\sqrt{3}$에서 $x-\boxed{\phantom{0}}=-\sqrt{3}$이므로

이 식의 양변을 제곱하면 $(x-\boxed{\phantom{0}})^2=(-\sqrt{3})^2$

$x^2-4x+\boxed{\phantom{0}}=3$, $x^2-4x=\boxed{\phantom{0}}$ ∴ $x^2-4x+6=\boxed{\phantom{0}}+6=\boxed{\phantom{0}}$

[방법2] $x=2-\sqrt{3}$을 $x^2-4x+6$에 대입하면

$(2-\sqrt{3})^2-4(2-\sqrt{3})+6=4-\boxed{\phantom{0}}+3-8+4\sqrt{3}+6=\boxed{\phantom{0}}$

**필수 문제** ⑥

$x=a\pm\sqrt{b}$ 꼴이 주어진 경우 식의 값 구하기

$x=-1+\sqrt{5}$일 때, 다음 식의 값을 구하시오.

(1) $x^2+2x-5$

(2) $(x+3)(x-1)$

**6-1** $x=2+\sqrt{7}$일 때, 다음 식의 값을 구하시오.

(1) $x^2-4x+1$

(2) $(x+1)(x-5)$

**6-2** $x=\dfrac{1}{5-2\sqrt{6}}$일 때, 다음 물음에 답하시오.

(1) $x$의 분모를 유리화하시오.

(2) $x^2-10x+3$의 값을 구하시오.

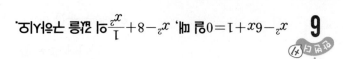

## STEP 1 쏙쏙 개념 익히기

**1** $a+b=2$, $ab=-8$일 때, 다음 식의 값을 구하시오.

(1) $a^2+b^2$　　　　(2) $(a-b)^2$　　　　(3) $\dfrac{a}{b}+\dfrac{b}{a}$

**2** $x=\dfrac{1}{2-\sqrt{3}}$, $y=\dfrac{1}{2+\sqrt{3}}$일 때, $x^2+y^2+3xy$의 값을 구하시오.

**3** $x-\dfrac{1}{x}=3$일 때, 다음 식의 값을 구하시오.

(1) $x^2+\dfrac{1}{x^2}$　　　　(2) $\left(x+\dfrac{1}{x}\right)^2$

**4** $x=\sqrt{3}-1$일 때, $x^2+2x-1$의 값을 구하시오.

**5** $x^2-4x+1=0$일 때, 다음 식의 값을 구하시오.

● 문자의 값을 변형하여 식의 값 구하기

$x^2+ax+1=0(a\neq0)$일 때

$x\neq0$이므로

양변을 $x$로 나누면

$x+a+\dfrac{1}{x}=0$

$\therefore x+\dfrac{1}{x}=-a$

(1) $x+\dfrac{1}{x}$　　　　(2) $x^2+\dfrac{1}{x^2}$

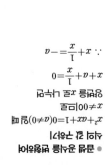

**6** $x^2-6x+1=0$일 때, $x^2-8+\dfrac{1}{x^2}$의 값을 구하시오.

**탄탄 단원 다지기**

⭐ 중요

**1** $(-3x+ay-1)(x-2y-3)$의 전개식에서 $xy$의 계수가 $-8$일 때, 상수 $a$의 값은?

① $-14$  ② $-2$  ③ $3$
④ $8$  ⑤ $10$

**2** $(5x+a)^2=bx^2-20x+c$일 때, 상수 $a$, $b$, $c$에 대하여 $a+b+c$의 값을 구하시오.

**3** 다음 보기에서 전개식이 서로 같은 것끼리 모두 짝지으시오.

┌── 보기 ──
ㄱ. $(2a+b)^2$  ㄴ. $(2a-b)^2$
ㄷ. $-(2a+b)^2$  ㄹ. $-(2a-b)^2$
ㅁ. $(-2a-b)^2$  ㅂ. $(-2a+b)^2$
└──

**4** $a^2=45$, $b^2=32$일 때, $\left(\dfrac{2}{3}a+\dfrac{3}{4}b\right)\left(\dfrac{2}{3}a-\dfrac{3}{4}b\right)$의 값을 구하시오.

**5** $(3x-1)(3x+1)(9x^2+1)$을 전개하면?

① $9x^2+1$  ② $9x^2-1$  ③ $9x^4-1$
④ $81x^2+1$  ⑤ $81x^4-1$

**6** $(2x-a)(5x+3)$의 전개식에서 $x$의 계수와 상수항이 같을 때, 상수 $a$의 값은?

① $3$  ② $4$  ③ $5$
④ $6$  ⑤ $7$

**7** $4x+a$에 $3x+5$를 곱해야 할 것을 잘못하여 $5x+3$을 곱했더니 $20x^2+7x-3$이 되었다. 이때 바르게 전개한 식을 구하시오. (단, $a$는 상수)

**8** 다음 중 옳은 것은?

① $(a-5)^2=a^2-10a-25$
② $(3x+5y)^2=9x^2+25y^2$
③ $(-x+7)(-x-7)=x^2-49$
④ $(x+4)(x-2)=x^2-2x-8$
⑤ $(2a-3b)(3a+4b)=6a^2-a-12b^2$

**9** 다음 중 □ 안에 알맞은 수가 나머지 넷과 다른 하나는?

① $(a-\square b)^2=a^2-4ab+4b^2$

② $(x+4)(x+\square)=x^2+6x+8$

③ $(a+3)(a-5)=a^2-\square a-15$

④ $(x+\square y)(x-5y)=x^2-3xy-10y^2$

⑤ $\left(x+\dfrac{5}{2}y\right)\left(-x-\dfrac{1}{2}y\right)=-x^2-\square xy-\dfrac{5}{4}y^2$

**10** $(2x+3y)^2-(4x-y)(3x+5y)$를 간단히 한 식에서 $x^2$의 계수를 $m$, $xy$의 계수를 $n$이라고 할 때, $m-n$의 값을 구하시오.

**11** 다음 그림은 가로의 길이가 $4x+3$, 세로의 길이가 $3x+2$인 직사각형 모양의 잔디밭에 폭이 1로 일정한 길을 만든 것이다. 이때 길을 제외한 잔디밭의 넓이는?

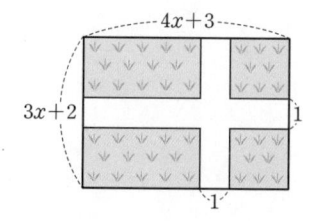

① $12x^2-6x-1$　　② $12x^2+6x+1$

③ $12x^2+10x-1$　　④ $12x^2+10x+1$

⑤ $12x^2+10x+2$

**12** 다음 중 $9.3\times10.7$을 계산하는 데 이용되는 가장 편리한 곱셈 공식은?

① $(a+b)^2=a^2+2ab+b^2$ (단, $a>0$, $b>0$)

② $(a-b)^2=a^2-2ab+b^2$ (단, $a>0$, $b>0$)

③ $(a+b)(a-b)=a^2-b^2$

④ $(x+a)(x+b)=x^2+(a+b)x+ab$

⑤ $(ax+b)(cx+d)=acx^2+(ad+bc)x+bd$

**13** $(2+1)(2^2+1)(2^4+1)(2^8+1)$을 전개하면?

① $2^8-1$　　② $2^{14}-1$　　③ $2^{14}+1$

④ $2^{16}-1$　　⑤ $2^{16}+1$

**14** 다음 중 옳지 않은 것은?

① $(\sqrt{5}-\sqrt{3})^2=8-2\sqrt{15}$

② $(3\sqrt{2}-\sqrt{11})^2=29-6\sqrt{22}$

③ $(1+\sqrt{6})(1-\sqrt{6})=-5$

④ $(\sqrt{10}+3)(\sqrt{10}-5)=-5+2\sqrt{10}$

⑤ $(4\sqrt{7}+2)(\sqrt{7}-1)=26-2\sqrt{7}$

**15** $(2-4\sqrt{3})(3+a\sqrt{3})$을 계산한 결과가 유리수일 때, 유리수 $a$의 값을 구하시오.

**16** 다음 그림은 한 칸의 가로와 세로의 길이가 각각 1인 모눈종이 위에 수직선과 정사각형 ABCD를 그린 것이다. $\overline{AB}=\overline{AP}$, $\overline{AD}=\overline{AQ}$이고 두 점 P, Q에 대응하는 수를 각각 $a$, $b$라고 할 때, $ab$의 값을 구하시오.

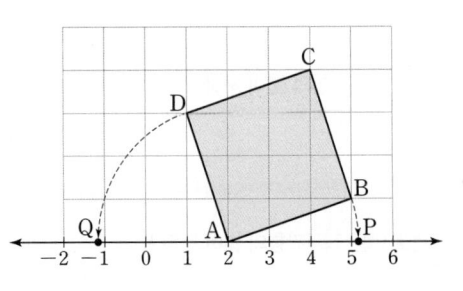

**17** $\dfrac{4-\sqrt{15}}{4+\sqrt{15}}+\dfrac{4+\sqrt{15}}{4-\sqrt{15}}$ 를 계산하면?

① $-8\sqrt{15}$  ② $8\sqrt{15}$  ③ $31$
④ $62$  ⑤ $31+8\sqrt{15}$

**18** $\dfrac{3}{\sqrt{2}+\sqrt{5}}+\dfrac{1}{\sqrt{2}}+\sqrt{5}(\sqrt{5}-1)$을 계산하면?

① $\dfrac{5-\sqrt{2}}{2}$  ② $5-\dfrac{\sqrt{2}}{2}$  ③ $\dfrac{5+\sqrt{2}}{2}$
④ $5+\dfrac{\sqrt{2}}{2}$  ⑤ $5+\sqrt{2}$

**19** $4-\sqrt{7}$의 정수 부분을 $a$, 소수 부분을 $b$라고 할 때, $\dfrac{1}{2a-b}$의 값을 구하시오.

**20** $a^2+b^2=13$, $a-b=5$일 때, $ab$의 값은?

① $-10$  ② $-6$  ③ $-2$
④ $2$  ⑤ $6$

**21** $x^2-3x-1=0$일 때, $x^2+6+\dfrac{1}{x^2}$의 값은?

① $15$  ② $17$  ③ $19$
④ $21$  ⑤ $23$

**22** $x=\dfrac{2}{2+\sqrt{3}}$일 때, $x^2-8x+8$의 값은?

① $-4$  ② $-2$  ③ $0$
④ $2$  ⑤ $4$

🏵 유제를 따라 풀어 보고, 실전 문제로 연습해 보세요.

따라 해보자

**예제 1**

한 변의 길이가 $4x-1$인 정사각형 모양의 꽃밭이 있다. 이 꽃밭의 가로의 길이는 5만큼 줄이고, 세로의 길이는 2만큼 늘여서 직사각형 모양의 꽃밭을 만들었다. 처음 꽃밭의 넓이를 $P$, 새로 만든 꽃밭의 넓이를 $Q$라고 할 때, $P-Q$를 구하시오.

**풀이 과정**

[1단계] 처음 꽃밭의 넓이 $P$ 구하기

$P=(4x-1)^2=16x^2-8x+1$

[2단계] 새로 만든 꽃밭의 넓이 $Q$ 구하기

새로 만든 꽃밭의 가로의 길이는 $(4x-1)-5=4x-6$,
세로의 길이는 $(4x-1)+2=4x+1$이므로

$Q=(4x-6)(4x+1)=16x^2-20x-6$

[3단계] $P-Q$ 구하기

$\therefore P-Q=(16x^2-8x+1)-(16x^2-20x-6)=12x+7$

🖹 $12x+7$

**유제 1**

한 변의 길이가 $3a-1$인 정사각형이 있다. 이 정사각형의 가로의 길이는 2만큼 늘이고, 세로의 길이는 2만큼 줄여서 새로운 직사각형을 만들었다. 처음 정사각형과 새로 만든 직사각형의 넓이의 차를 구하시오.

**풀이 과정**

[1단계] 처음 정사각형의 넓이 구하기

[2단계] 새로 만든 직사각형의 넓이 구하기

[3단계] 넓이의 차 구하기

🖹

**예제 2**

$x=\dfrac{1}{\sqrt{5}-2}$, $y=\dfrac{1}{\sqrt{5}+2}$일 때, $x^2+xy+y^2$의 값을 구하시오.

**풀이 과정**

[1단계] $x$, $y$의 분모를 유리화하기

$x=\dfrac{1}{\sqrt{5}-2}=\dfrac{\sqrt{5}+2}{(\sqrt{5}-2)(\sqrt{5}+2)}=\sqrt{5}+2$

$y=\dfrac{1}{\sqrt{5}+2}=\dfrac{\sqrt{5}-2}{(\sqrt{5}+2)(\sqrt{5}-2)}=\sqrt{5}-2$

[2단계] $x+y$, $xy$의 값 구하기

$x+y=(\sqrt{5}+2)+(\sqrt{5}-2)=2\sqrt{5}$

$xy=(\sqrt{5}+2)(\sqrt{5}-2)=5-4=1$

[3단계] 주어진 식의 값 구하기

$\therefore x^2+xy+y^2=(x+y)^2-2xy+xy=(x+y)^2-xy$
$=(2\sqrt{5})^2-1=19$

🖹 19

**유제 2**

$x=\dfrac{2}{\sqrt{7}+\sqrt{5}}$, $y=\dfrac{2}{\sqrt{7}-\sqrt{5}}$일 때, $x^2-xy+y^2$의 값을 구하시오.

**풀이 과정**

[1단계] $x$, $y$의 분모를 유리화하기

[2단계] $x+y$, $xy$의 값 구하기

[3단계] 주어진 식의 값 구하기

🖹

## 연습해 보자

▶ 모든 문제는 풀이 과정을 자세히 서술한 후 답을 쓰세요.

**1** 곱셈 공식을 이용하여 $\dfrac{1026\times1030+4}{1028}$ 를 계산하시오.

풀이 과정

답

**2** 다음 그림과 같은 도형의 넓이를 구하시오.

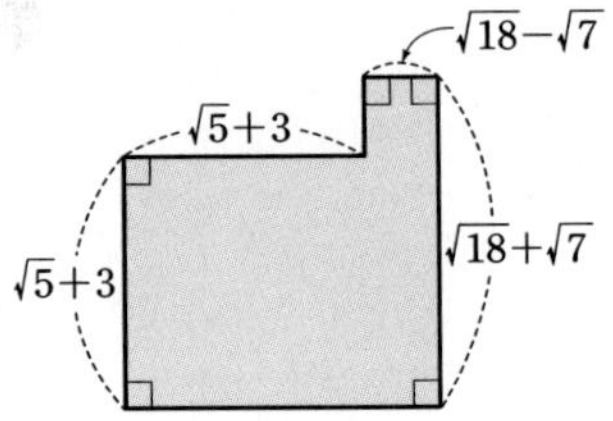


풀이 과정

답

**3** 다음을 계산하시오.

$$\frac{1}{\sqrt{1}+\sqrt{2}}+\frac{1}{\sqrt{2}+\sqrt{3}}+\cdots+\frac{1}{\sqrt{99}+\sqrt{100}}$$

풀이 과정

답

**4** 다음 그림은 수직선 위에 한 변의 길이가 1인 두 정사각형을 그린 것이다. $\overline{PQ}=\overline{PA}$, $\overline{RS}=\overline{RB}$일 때, 물음에 답하시오.

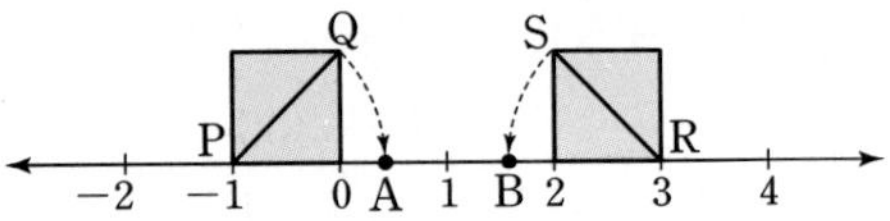


(1) 두 점 A, B의 좌표를 각각 구하시오.

(2) 두 점 A, B에 대응하는 수를 각각 $a$, $b$라고 할 때, $\dfrac{a}{b}$의 값을 구하시오.

풀이 과정

(1)

(2)

답 (1) (2)

• 정답과 해설 39쪽

# 신비한 곱셈 공식

인도의 수학은 천문학과 밀접한 관련이 있고, 특히 대수와 산수는 독자적인 발전을 이룩하였다. 이미 기원전 2세기 무렵에 영(0)의 개념을 발견했으며, 십진법, 아라비아 숫자, 분수기호법도 인도에서 비롯되었다. 아래 그림은 인도의 베다 수학에서 설명하는 방식을 나타낸 것이다. 베다 수학은 인도 지역에서 전통적으로 발전되어 온 수학으로 베다어로 된 고대의 베다 경전에 바탕을 두고 있다. 베다 수학은 20세기에 와서야 힌두 학자이며 수학자인 바라티 크리슈나 티르타지(Bharati Krishna Tirthaji, 1884~1960)에 의해 체계적으로 재구성되었다.

위의 그림과 같이 십의 자리의 숫자가 같고, 일의 자리의 숫자가 5인 두 자리의 자연수의 곱셈은 어떤 원리에 의해서 계산된 것일까?

$35 \times 35$는 $(30+5)^2$이므로

$$(30+5)^2 = 30^2 + 2 \times 30 \times 5 + 5^2 \leftarrow \text{곱셈 공식 } (a+b)^2 = a^2 + 2ab + b^2 \text{ 이용}$$
$$= 900 + 300 + 25$$
$$= 300(3+1) + 25$$
$$= 100 \times 3 \times (3+1) + 25$$

이다. 따라서 $35 \times 35$를 바르게 계산하기 위해서는 $3 \times (3+1)$의 값을 먼저 적고, 그 뒤에는 $5^2$인 25를 적으면 된다.

## 기출문제는 이렇게!

$Q$ 위와 같은 방법을 이용하여 다음을 계산하시오.

(1) $45^2 = \boxed{\phantom{000}}$        (2) $75^2 = \boxed{\phantom{000}}$        (3) $95^2 = \boxed{\phantom{000}}$

곱셈 공식

다항식의
곱셈

$$(a+b)(c+d) = \underset{①}{ac} + \underset{②}{ad} + \underset{③}{bc} + \underset{④}{bd}$$

곱셈 공식

(1) $(a+b)^2 = a^2 + 2ab + b^2$ → 합의 제곱
 $(a-b)^2 = a^2 - 2ab + b^2$ → 차의 제곱
(2) $(a+b)(a-b) = a^2 - b^2$ → 합과 차의 곱
(3) $(x+a)(x+b) = x^2 + (a+b)x + ab$
(4) $(ax+b)(cx+d) = acx^2 + (ad+bc)x + bd$

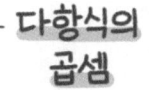

다항식의 곱셈

수의 계산

$$101^2 = (100+1)^2$$
$$= 100^2 + 2 \times 100 \times 1 + 1^2$$
$$= 10000 + 200 + 1$$
$$= 10201$$

곱셈 공식의 활용

분모의
유리화

$$\frac{1}{\sqrt{2}+1} = \frac{1 \times (\sqrt{2}-1)}{(\sqrt{2}+1) \times (\sqrt{2}-1)} = \frac{\sqrt{2}-1}{2-1} = \boxed{\sqrt{2}-1}$$

곱셈 공식 $(a+b)(a-b) = a^2 - b^2$을 이용

변형

· $x^2 + y^2 = (x+y)^2 - 2xy = (x-y)^2 + 2xy$
· $(x+y)^2 = (x-y)^2 + 4xy$
· $a^2 + \dfrac{1}{a^2} = \left(a + \dfrac{1}{a}\right)^2 - 2 = \left(a - \dfrac{1}{a}\right)^2 + 2$
· $\left(a + \dfrac{1}{a}\right)^2 = \left(a - \dfrac{1}{a}\right)^2 + 4$

# 4 인수분해

II 다항식의 곱셈과 인수분해

## 문제 정답

**유형 ①  소인수분해**
• 1보다 큰 자연수를 소인수만의 곱으로 나타내는 것

**1** 다음 수를 소인수분해하시오.

(1) 64   (2) 80   (3) 169   (4) 576

**유형 ②  다항식의 계산**
• 분배법칙을 이용하여 식을 전개한 후 동류항끼리 모아서 계산한다.

**2** 다음을 간단히 하시오.

(1) $a(a+5)$

(2) $a(7b-1)$

(3) $\dfrac{1}{2}x(2x-4)$

(4) $x(2x+3)+4x(x-1)$

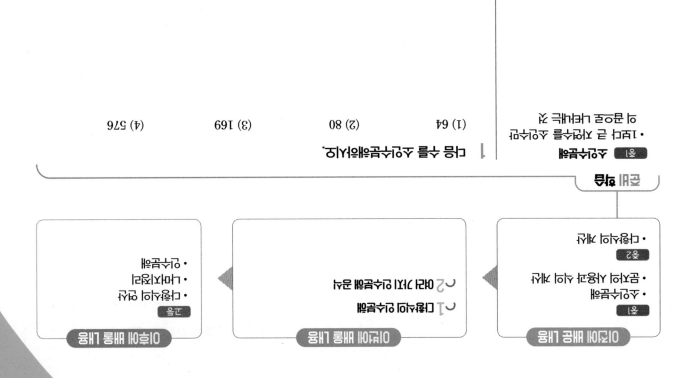

# 다항식의 인수분해

• 정답과 해설 40쪽

## 1 인수와 인수분해

(1) **인수**: 하나의 다항식을 두 개 이상의 다항식의 곱으로 나타낼 때, 각각의 식을 처음 식의 인수라고 한다.

(2) **인수분해**: 하나의 다항식을 두 개 이상의 인수의 곱으로 나타내는 것을 그 다항식을 인수분해한다고 한다. ← 전개와 서로 반대의 과정

$$x^2+3x+2 \xleftarrow[\text{전개}]{\text{인수분해}} (x+1)(x+2)$$
인수

참고 소인수분해와 인수분해의 비교

| 소인수분해 | 인수분해 |
|---|---|
| 자연수를 소수의 곱으로 표현 | 다항식을 인수의 곱으로 표현 |
| 예 $18=2 \times 3^2$ | 예 $x^2-3x=x(x-3)$ |

**개념 확인** 다음 식은 어떤 다항식을 인수분해한 것인지 구하시오.

(1) $2a(a+1)$          (2) $(x+5)^2$

(3) $(x+1)(x-3)$       (4) $(3a+1)(4a-1)$

---

**필수 문제 ① 1**
인수와 인수분해

다음에서 $ab(a-b)$의 인수를 모두 고르시오.

$$a, \quad b^2, \quad ab, \quad a-b, \quad a(a+b), \quad b(a-b)$$

**1-1** 다음에서 $5y(x-2)(x+3)$의 인수를 모두 고르시오.

$$x^2, \quad y^2, \quad x+3, \quad 2x+1, \quad 5(x-2), \quad y^2(x+3)$$

**1-2** 다음 보기 중 $2x$를 인수로 갖는 것을 모두 고르시오.

┤ 보기 ├

ㄱ. $2(x-1)$             ㄴ. $2xy(x-y)$

ㄷ. $(x-y)(-2x+3y)$     ㄹ. $6x(x-2)(x+3)$

## 2 공통인 인수를 이용한 인수분해

다항식의 각 항에 공통인 인수가 있을 때는 분배법칙을 이용하여
공통인 인수를 묶어 내어 인수분해한다.

예 $x^2+2x=x\times x+x\times 2=x(x+2)$

$$ma+mb=m(a+b)$$
공통인 인수

**개념 확인**  다음 다항식에서 각 항의 공통인 인수를 구하고, 인수분해하시오.

(1) $3a^2-6a$ ➡ 공통인 인수: _____ , 인수분해: _____

(2) $6xy-2xy^2$ ➡ 공통인 인수: _____ , 인수분해: _____

---

**필수 문제** **2**

공통인 인수를 묶어
인수분해하기

▶다항식을 인수분해할 때는 괄
호 안에 공통인 인수가 남지
않도록 모두 묶어 낸다.
$4a^2-2a$의 인수분해
$$\Rightarrow \begin{cases} a(4a-2) \quad (\times) \\ 2(2a^2-a) \quad (\times) \\ 2a(2a-1) \quad (\bigcirc) \end{cases}$$

**다음 식을 인수분해하시오.**

(1) $ab-ac$

(2) $-4a^2-8a$

(3) $2ab-ay+3az$

(4) $6a^2b+3ab-9b^2$

**2-1**  다음 식을 인수분해하시오.

(1) $8ax+2a$

(2) $5xy^2-10y^2$

(3) $ab^2-a^2+3ab$

(4) $4x^2y-8xy^2+6xy$

**2-2**  다음 식을 인수분해하시오.

(1) $a(x+y)+b(x+y)$

(2) $x(2a-b)+2y(2a-b)$

(3) $a(x-y)+3b(y-x)$

(4) $2x(a-5b)+y(5b-a)$

## STEP 1 쏙쏙 개념 익히기

**1** 다음 중 오른쪽 식에 대한 설명으로 옳지 <u>않은</u> 것은?

$$2x^2y-4xy \underset{\textcircled{\tiny L}}{\overset{\textcircled{\tiny ㄱ}}{\rightleftarrows}} 2xy(x-2)$$

① ㉠의 과정을 인수분해한다고 한다.
② ㉡의 과정을 전개한다고 한다.
③ ㉡의 과정에서 분배법칙이 이용된다.
④ $xy$는 $2x^2y-4xy$의 인수이다.
⑤ $x-2$는 $2x^2y$와 $-4xy$의 공통인 인수이다.

**2** 다음 중 $ab(a+b)(a-b)$의 인수가 <u>아닌</u> 것은?

① $a$               ② $b$               ③ $a^2+b^2$
④ $a^2-b^2$          ⑤ $b(a+b)(a-b)$

**3** $16x^2y-4xy^2$을 인수분해하면?

① $4x(4x-y)$        ② $xy(16x-y)$       ③ $4xy(4x-y)$
④ $4xy(x-4y)$       ⑤ $4xy^2(4x-y)$

**4** 다음 두 다항식의 공통인 인수는?

$$b(a-3)+2(a-3), \qquad ab-3b$$

① $a$               ② $b$               ③ $a-3$
④ $a+2$             ⑤ $b+3$

● 공통인 인수를 묶어
인수분해하기

**5** $(x-2)(x+5)-3(2-x)$가 $x$의 계수가 1인 두 일차식의 곱으로 인수분해될 때, 두 일차식의 합을 구하시오.

한번 더 ✗

**6** $x(x-3)-2x+6$이 $x$의 계수가 1인 두 일차식의 곱으로 인수분해될 때, 두 일차식의 합을 구하시오.

# 여러 가지 인수분해 공식

● 정답과 해설 40쪽

## 1 인수분해 공식

(1) $a^2+2ab+b^2=(a+b)^2$ ← 완전제곱식: 다항식의 제곱으로 이루어진 식 또는 그 식에 수를 곱한 식
$a^2-2ab+b^2=(a-b)^2$ ← 예 $(x+y)^2$, $3(a-2)^2$

(2) $a^2-b^2=(a+b)(a-b)$ ← 제곱의 차

(3) $x^2+(a+b)x+ab=(x+a)(x+b)$ ← 이차항의 계수가 1인 이차식

(4) $acx^2+(ad+bc)x+bd=(ax+b)(cx+d)$ ← 이차항의 계수가 1이 아닌 이차식

참고 모든 항에 공통인 인수가 있으면 그 인수를 먼저 묶어 낸 후 인수분해 공식을 이용한다.

**개념 확인** 다음 ☐ 안에 알맞은 것을 쓰시오.

(1) $a^2+2a+1=a^2+2\times a\times\boxed{\phantom{x}}+\boxed{\phantom{x}}^2=(a+\boxed{\phantom{x}})^2$

(2) $x^2-4xy+4y^2=x^2-2\times x\times\boxed{\phantom{x}}+(\boxed{\phantom{x}})^2=(x-\boxed{\phantom{x}})^2$

---

**필수 문제 1**

인수분해 공식 (1)
$a^2+2ab+b^2=(a+b)^2$
$a^2-2ab+b^2=(a-b)^2$

다음 식을 인수분해하시오.

(1) $x^2+8x+16$

(2) $4x^2-4x+1$

(3) $a^2+\dfrac{1}{2}a+\dfrac{1}{16}$

(4) $-2x^2+24x-72$

**1-1** 다음 식을 인수분해하시오.

(1) $x^2+16x+64$

(2) $9x^2-6x+1$

(3) $a^2+ab+\dfrac{b^2}{4}$

(4) $ax^2-18axy+81ay^2$

---

**필수 문제 2**

완전제곱식이 될 조건

▶ 다음과 같은 방법으로 완전제곱식 $(a\pm b)^2$을 만들 수 있다.

(1) $a^2\pm 2\textcircled{a}\textcircled{b}+b^2$
제곱 제곱

(2) $\textcircled{a}^2\pm 2ab+(\pm\textcircled{b})^2$
곱의 2배

다음은 주어진 식이 완전제곱식이 되도록 하는 상수 $A$의 값을 구하는 과정이다. ☐ 안에 알맞은 수를 쓰시오.

(1) $x^2+6x+A=x^2+2\times\textcircled{x}\times\textcircled{3}+A$ → $(x+3)^2$
제곱 제곱

$\Rightarrow A=\boxed{\phantom{x}}^2=\boxed{\phantom{x}}$

(2) $x^2+Ax+9=\textcircled{x}^2+Ax\times(\textcircled{\pm 3})^2$ → $(x\pm 3)^2$
곱의 2배

$\Rightarrow A=\pm 2\times 1\times\boxed{\phantom{x}}=\boxed{\phantom{x}}$

▶ $x^2+ax+b$가 완전제곱식이 되기 위한 조건 ← $x^2$의 계수가 1인 경우

$\Rightarrow b=\left(\dfrac{a}{2}\right)^2$

**2-1** 다음 식이 완전제곱식이 되도록 ☐ 안에 알맞은 수를 쓰시오.

(1) $x^2+10x+\boxed{\phantom{x}}$

(2) $4x^2-28x+\boxed{\phantom{x}}$

(3) $a^2+(\boxed{\phantom{x}})ab+36b^2$

(4) $25x^2+(\boxed{\phantom{x}})x+4$

● 정답과 해설 41쪽

**개념 확인** 다음 ☐ 안에 알맞은 수를 쓰시오.

(1) $a^2-4=a^2-\boxed{}^2=(a+\boxed{})(a-\boxed{})$

(2) $9x^2-y^2=(\boxed{}x)^2-y^2=(\boxed{}x+y)(\boxed{}x-y)$

---

**필수 문제** **3**

인수분해 공식 (2)
$a^2-b^2=(a+b)(a-b)$

다음 식을 인수분해하시오.

(1) $x^2-1$

(2) $16a^2-b^2$

(3) $4x^2-\dfrac{y^2}{81}$

(4) $-x^2+25y^2$

**3-1** 다음 식을 인수분해하시오.

(1) $x^2-36$

(2) $4x^2-49y^2$

(3) $x^2-\dfrac{1}{x^2}$

(4) $-64a^2+b^2$

▶특별한 조건이 없으면 인수분
해는 유리수의 범위에서 더
이상 인수분해할 수 없을 때
까지 계속한다.

**3-2** $x^4-1$을 인수분해하시오.

---

**필수 문제** **4**

인수분해 공식 (2)
−공통인 인수로 묶은 후
인수분해하기

다음 식을 인수분해하시오.

(1) $3x^2-27$

(2) $5x^2-5y^2$

(3) $2a^3-2a$

(4) $4ax^2-16ay^2$

**4-1** 다음 식을 인수분해하시오.

(1) $6x^2-24$

(2) $36x^2-4y^2$

(3) $a^4-a^2$

(4) $6ab-54a^3b^3$

[1~2] 다음 식을 인수분해하시오.

**1** (1) $x^2+10x+25$

(2) $a^2-14ab+49b^2$

(3) $x^2+x+\dfrac{1}{4}$

(4) $4x^2-36x+81$

**2** (1) $2x^2+16x+32$

(2) $3x^2y-12xy+12y$

(3) $27x^2+18xy+3y^2$

(4) $8ax^2-40axy+50ay^2$

**3** 다음 식이 완전제곱식이 되도록 ☐ 안에 알맞은 수를 쓰시오.

(1) $x^2+12x+\boxed{\phantom{00}}$

(2) $9x^2-24x+\boxed{\phantom{00}}$

(3) $a^2+\left(\boxed{\phantom{00}}\right)a+\dfrac{25}{16}$

(4) $4x^2+\left(\boxed{\phantom{00}}\right)xy+16y^2$

[4~5] 다음 식을 인수분해하시오.

**4** (1) $x^2-49$

(2) $25a^2-81b^2$

(3) $\dfrac{1}{4}x^2-y^2$

(4) $-9a^2+\dfrac{1}{16}b^2$

**5** (1) $x^4-9x^2$

(2) $(a+b)x^2-(a+b)y^2$

(3) $-25a+a^3$

(4) $4x^3-64xy^2$

**개념 확인** **1** 합과 곱이 각각 다음과 같은 두 정수를 구하시오.

(1) 합: 6, 곱: 8                                         (2) 합: $-5$, 곱: 4

(3) 합: 3, 곱: $-10$                            (4) 합: $-4$, 곱: $-12$

**2** 다음은 $x^2+4x+3$을 인수분해하는 과정이다. ☐ 안에 알맞은 수를 쓰시오.

$x^2+4x+3$에서

❶ 곱해서 3이 되는 두 정수를 모두 찾는다.

❷ ❶의 두 정수 중 합이 4인 두 정수를 고른다.

| 곱이 3인 두 정수 | 두 정수의 합 |
|---|---|
| $-1$, $-3$ | $-4$ |
| 1, ☐ | ☐ |

➡ $x^2+4x+3=(x+1)(x+$☐$)$

**$x^2+(a+b)x+ab$의 인수분해**

❶ 곱해서 상수항이 되는 두 정수를 모두 찾는다.

❷ ❶의 두 정수 중 합이 일차항의 계수가 되는 것을 고른다.

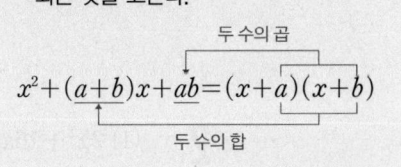

---

**필수 문제** **5**

인수분해 공식 (3)
$x^2+(a+b)x+ab$
$=(x+a)(x+b)$

다음 식을 인수분해하시오.

(1) $x^2+3x+2$                             (2) $x^2-7x+10$

(3) $x^2+xy-6y^2$                         (4) $x^2-5xy-14y^2$

**5-1** 다음 식을 인수분해하시오.

(1) $x^2+8x+15$                           (2) $y^2-11y+28$

(3) $x^2+5xy-24y^2$                    (4) $x^2-7xy-30y^2$

---

**필수 문제** **6**

인수분해 공식 (3)
– 인수분해하여 두 일차식
  구하기

$x^2+x-20$이 $(x+a)(x+b)$로 인수분해될 때, 상수 $a$, $b$에 대하여 $a-b$의 값을 구하시오.

**(단, $a>b$)**

**6-1** $x^2-9x-36$이 $x$의 계수가 1인 두 일차식의 곱으로 인수분해될 때, 이 두 일차식의 합을 구하시오.

**개념 확인**    다음은 $3x^2+2x-5$를 인수분해하는 과정이다. □ 안에 알맞은 것을 쓰시오.

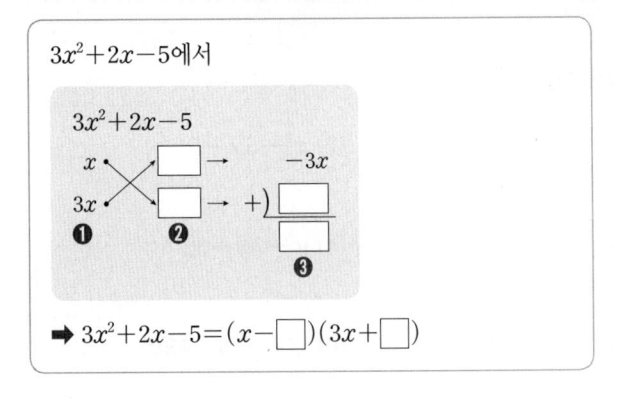

$3x^2+2x-5$에서

➡ $3x^2+2x-5=(x-\boxed{\phantom{0}})(3x+\boxed{\phantom{0}})$

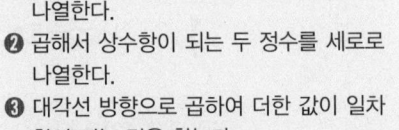

$acx^2+(ad+bc)x+bd$의 인수분해

❶ 곱해서 이차항이 되는 두 식을 세로로 나열한다.

❷ 곱해서 상수항이 되는 두 정수를 세로로 나열한다.

❸ 대각선 방향으로 곱하여 더한 값이 일차항이 되는 것을 찾는다.

$$acx^2+(ad+bc)x+bd$$

➡ $(ax+b)(cx+d)$

---

**필수 문제 ⑦**

인수분해 공식 (4)
$acx^2+(ad+bc)x+bd$
$=(ax+b)(cx+d)$

다음 식을 인수분해하시오.

(1) $2x^2+5x+2$

(2) $4x^2-8x+3$

(3) $3x^2+7xy-6y^2$

(4) $8x^2-10xy-3y^2$

**7-1**   다음 식을 인수분해하시오.

(1) $3x^2+10x+8$

(2) $6x^2-7x+2$

(3) $5x^2+2xy-3y^2$

(4) $15x^2-xy-2y^2$

---

**필수 문제 ⑧**

인수분해 공식 (4)
− 인수가 주어질 때,
   미지수의 값 구하기

▶ $x$에 대한 일차식 $mx+n$이
이차식 $ax^2+bx+c$의 인수
이면
⇨ $ax^2+bx+c$
   $=(mx+n)(\square x+\triangle)$
     $\underbrace{\phantom{(mx+n)(\square}}_{m\times\square=a}$

$3x^2-16x+a$가 $x-5$를 인수로 가질 때, 상수 $a$의 값을 구하시오.

**8-1**   $2x^2+ax-6$이 $x-3$을 인수로 가질 때, 상수 $a$의 값을 구하시오.

# 인수분해 공식 (3), (4)

● 정답과 해설 42쪽

**[1~4] 다음 식을 인수분해하시오.**

**1** (1) $x^2+5x+4$　　　　　　　　(2) $x^2-6x+5$

(3) $x^2+x-30$　　　　　　　　　(4) $y^2-4y-32$

(5) $x^2+10xy+21y^2$　　　　　　(6) $x^2+7xy-18y^2$

(7) $x^2-12xy+35y^2$　　　　　　(8) $x^2-xy-12y^2$

**2** (1) $2x^2+12x+16$　　　　　　(2) $3x^2+3x-18$

(3) $ax^2-9ax+14a$　　　　　　(4) $2x^2y^2-8xy^2-10y^2$

**3** (1) $2x^2+3x+1$　　　　　　　(2) $4x^2-15x+9$

(3) $3x^2+11x-4$　　　　　　　(4) $6y^2-7y-3$

(5) $2x^2+7xy+6y^2$　　　　　　(6) $3x^2-10xy+8y^2$

(7) $8x^2+6xy-5y^2$　　　　　　(8) $10x^2-11xy-6y^2$

**4** (1) $4x^2+10x+6$　　　　　　　(2) $9a^2+15a-6$

(3) $4ax^2+9ax-9a$　　　　　　(4) $2x^3y-9x^2y-5xy$

## 쏙쏙 개념 익히기

**1** 다음 보기 중 완전제곱식으로 인수분해되는 것을 모두 고르시오.

┌ 보기 ├─────────────────────────────
ㄱ. $x^2+6x+9$              ㄴ. $4x^2-12xy+9y^2$

ㄷ. $9x^2+3x+1$            ㄹ. $x^2-\dfrac{1}{2}x+\dfrac{1}{16}$
────────────────────────────────────

**2** $\dfrac{1}{4}x^2-2xy+4y^2$이 $(ax+by)^2$으로 인수분해될 때, 상수 $a$, $b$에 대하여 $a-b$의 값을 구하시오. (단, $a>0$)

**3** $25x^2+Axy+9y^2$이 완전제곱식이 되도록 하는 상수 $A$의 값을 모두 구하시오.

**4** $27x^2-75y^2=a(bx+cy)(bx-cy)$가 성립할 때, 정수 $a$, $b$, $c$에 대하여 $a+b+c$의 값을 구하시오. (단, $b>0$, $c>0$)

● 근호 안의 식이 완전제곱식으로 인수분해되는 식
근호 안의 식을 완전제곱식으로 인수분해한 후
$\sqrt{a^2}=\begin{cases} a\,(a\geq 0) \\ -a\,(a<0) \end{cases}$
임을 이용하여 근호를 없앤다.

**5** $0<x<2$일 때, $\sqrt{x^2+4x+4}+\sqrt{x^2-4x+4}$를 간단히 하시오.

한번 더

**6** $-3<a<1$일 때, $\sqrt{a^2-2a+1}+\sqrt{a^2+6a+9}$를 간단히 하시오.

## STEP 1 개념 익히기

**7** 다음 두 다항식의 일차 이상의 공통인 인수를 구하시오.

$$x^2-5x+6, \quad 2x^2-3x-2$$

**8** $6x^2+ax-12=(2x+3)(3x+b)$일 때, 상수 $a$, $b$에 대하여 $a+b$의 값을 구하시오.

**9** $x^2+ax+24$가 $x-4$를 인수로 가질 때, 상수 $a$의 값은?

① $-12$  ② $-10$  ③ $-8$
④ $-6$  ⑤ $-4$

**10** 다음 그림의 모든 직사각형들을 빈틈없이 겹치지 않게 붙여 하나의 큰 직사각형을 만들 때, 새로 만든 직사각형의 둘레의 길이를 구하시오.

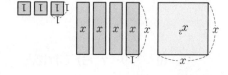

● 인수분해 공식과 사이에 이용
직사각형의 넓이가 이차식일 때 이차식을 인수분해로 나타낸 후 인수분해한다.

**11** 다음 그림의 모든 직사각형들을 빈틈없이 겹치지 않게 붙여 하나의 큰 직사각형을 만들 때, 새로 만든 직사각형의 둘레의 길이를 구하시오.

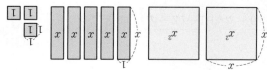
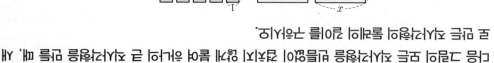

## 2 복잡한 식의 인수분해

(1) 공통부분이 있으면 공통부분을 한 문자로 놓는다.

⟮예⟯ $(x+y)^2+4(x+y)+3=A^2+4A+3=(A+1)(A+3)=(x+y+1)(x+y+3)$

$x+y=A$로 놓는다.　　　　　　　$A=x+y$를 대입한다.

(2) 항이 여러 개 있으면 적당한 항끼리 묶는다.

① 공통인 인수가 생기도록 (2항)+(2항)으로 묶는다.

⟮예⟯ $xy+x-y-1=x(y+1)-(y+1)=(x-1)(y+1)$

② $A^2-B^2$ 꼴이 되도록 (3항)+(1항) 또는 (1항)+(3항)으로 묶는다.

⟮예⟯ $x^2+2x-y^2+1=(x^2+2x+1)-y^2=(x+1)^2-y^2$
$=(x+1+y)(x+1-y)=(x+y+1)(x-y+1)$

(3) 항이 5개 이상이고, 문자가 2개 이상 있으면 차수가 낮은 한 문자에 대하여 내림차순으로 정리한다.

⟮예⟯ $x^2+xy-x+y-2=(x+1)y+(x^2-x-2)=(x+1)y+(x+1)(x-2)$
$=(x+1)(y+x-2)=(x+1)(x+y-2)$

⟮참고⟯ 다항식을 한 문자에 대하여 차수가 높은 항부터 낮은 항의 순서대로 나열하는 것을 내림차순으로 정리한다고 한다.

---

**개념 확인** 다음 식을 주어진 과정에 따라 인수분해하시오.

(1) $\underset{A}{\underline{(x+3)}}^2+3\underset{A}{\underline{(x+3)}}+2$ ➡ $A^2+3A+2$ ➡

(2) $\underline{xy+2x-y-2}$ ➡ $(xy-y)+(2x-2)$ ➡

(3) $\underline{x^2-y^2-2y-1}$ ➡ $x^2-(y^2+2y+1)$ ➡

(4) $\underline{x^2+xy+x-2y-6}$ ➡ $(x-2)y+(x^2+x-6)$ ➡

---

**필수 문제　9**

공통부분을 한 문자로 놓고 인수분해하기

공통부분을 $A$로 놓기
⇩
인수분해하기
⇩
$A$에 원래의 식을 대입하여 정리하기

다음 식을 인수분해하시오.

(1) $(a+b)^2-2(a+b)+1$

(2) $(2x-y+1)(2x-y)-30$

(3) $(a-1)^2-(b-1)^2$

(4) $(3x+1)^2+2(3x+1)(y-2)+(y-2)^2$

**9-1** 다음 식을 인수분해하시오.

(1) $(x-2)^2-4(x-2)-12$

(2) $(x-3y)(x-3y-7)-18$

(3) $(x+2)^2-(y-3)^2$

(4) $2(x-2y)^2-5(x-2y)(x+2y)-3(x+2y)^2$

적당한 항끼리 묶어
인수분해하기

▶항이 4개인 다항식의 경우
• 두 항씩 묶었을 때, 공통인
  인수가 있으면 공통인 인수
  로 묶어 인수분해한다.
• 완전제곱식 꼴이 있으면
  ( )²−( )² 꼴로 만들어 인
  수분해한다.

다음 식을 인수분해하시오.

(1) $xy - x - y + 1$

(2) $x^2 y - 2x^2 - 4y + 8$

(3) $x^2 - y^2 - 6x + 9$

(4) $1 - x^2 + 4xy - 4y^2$

**10-1** 다음 식을 인수분해하시오.

(1) $xy + yz + x + z$

(2) $x^2 y - y + x^2 - 1$

(3) $x^2 - y^2 + 8y - 16$

(4) $x^2 + 10xy - 9 + 25y^2$

내림차순으로 정리하여
인수분해하기

▶항이 5개 이상이고, 문자가 2
  개 이상인 경우
• 문자의 차수가 다르면
  ⇨ 차수가 가장 낮은 문자에
     대하여 내림차순으로 정리
• 문자의 차수가 같으면
  ⇨ 어느 한 문자에 대하여 내
     림차순으로 정리

다음 식을 인수분해하시오.

(1) $x^2 + xy - 4x - 2y + 4$

(2) $x^2 - y^2 + 6x + 2y + 8$

**11-1** 다음 식을 인수분해하시오.

(1) $x^2 + xy - 6x - 3y + 9$

(2) $x^2 - y^2 + 4x - 2y + 3$

## STEP 1 쏙쏙 개념 익히기

**1** 다음 식을 인수분해하시오.

(1) $(x+3)^2-4(x+3)+4$

(2) $(2x-5y)(2x-5y-3)-10$

(3) $(3x-1)^2-4(y+1)^2$

(4) $4(x+y)^2-4(x+y)(x-y)+(x-y)^2$

**2** $2(5x-1)^2+7(5x-1)+6=(5x+a)(bx+1)$일 때, 상수 $a$, $b$에 대하여 $a+b$의 값을 구하시오.

**3** 다음 식을 인수분해하시오.

(1) $ab+2a-6b-12$

(2) $a^2x-x+a^2-1$

(3) $x^2+6xy+9y^2-16$

(4) $9x^2-y^2+4y-4$

**4** 다음 두 다항식의 공통인 인수는?

$$a^2-a+2b-4b^2, \qquad ab^2-4a-2b^3+8b$$

① $a-2$     ② $a-2b$     ③ $b-2$     ④ $b+2$     ⑤ $a+2b-1$

**5** 다음 식을 인수분해하시오.

(1) $x^2+2xy+2y+3+4x$

(2) $x^2-y^2+8x+2y+15$

**6** $x^2-y^2-8x+14y-33$이 $x$의 계수가 1인 두 일차식의 곱으로 인수분해될 때, 두 일차식의 합을 구하시오.

## 3 인수분해 공식을 이용한 수의 계산과 식의 값

(1) **수의 계산**: 인수분해 공식을 이용할 수 있도록 수의 모양을 바꾸어 계산한다.

① 공통인 인수로 묶기 ➡ $ma+mb=m(a+b)$ 이용

> 예 $15 \times 25 + 15 \times 75 = 15(25+75) = 15 \times 100 = 1500$

② 완전제곱식 이용하기 ➡ $a^2+2ab+b^2=(a+b)^2$, $a^2-2ab+b^2=(a-b)^2$ 이용

> 예 $21^2 + 2 \times 21 \times 9 + 9^2 = (21+9)^2 = 30^2 = 900$

③ 제곱의 차 이용하기 ➡ $a^2-b^2=(a+b)(a-b)$ 이용

> 예 $97^2 - 3^2 = (97+3)(97-3) = 100 \times 94 = 9400$

(2) **식의 값 구하기**: 주어진 식을 인수분해한 후 문자에 수를 대입하거나 주어진 조건을 대입하여 식의 값을 구한다.

> 예 $x=\sqrt{2}+1$, $y=\sqrt{2}-1$일 때, $x^2+2xy+y^2$의 값
> ➡ $x+y=2\sqrt{2}$이므로 $x^2+2xy+y^2=(x+y)^2=(2\sqrt{2})^2=8$

**개념 확인** 다음 ☐ 안에 알맞은 수를 쓰시오.

(1) $25 \times 36 - 25 \times 32 = 25(\boxed{\phantom{0}} - 32) = 25 \times \boxed{\phantom{0}} = \boxed{\phantom{0}}$

(2) $14^2 + 2 \times 14 \times 6 + 6^2 = (\boxed{\phantom{0}} + 6)^2 = \boxed{\phantom{0}}^2 = \boxed{\phantom{0}}$

(3) $23^2 - 17^2 = (23 + \boxed{\phantom{0}})(23 - \boxed{\phantom{0}}) = 40 \times \boxed{\phantom{0}} = \boxed{\phantom{0}}$

---

**필수 문제 12**

인수분해 공식을 이용한 수의 계산

▶복잡한 수를 직접 계산하는 것보다 인수분해 공식을 이용하면 편리하다.

**인수분해 공식을 이용하여 다음을 계산하시오.**

(1) $37 \times 52 + 37 \times 48$
(2) $49^2 + 2 \times 49 + 1$
(3) $102^2 - 98^2$

**12-1** 인수분해 공식을 이용하여 다음을 계산하시오.

(1) $91 \times 119 - 91 \times 19$
(2) $52^2 - 4 \times 52 + 4$
(3) $12 \times 65^2 - 12 \times 35^2$

---

**필수 문제 13**

인수분해 공식을 이용한 식의 값 구하기

▶주어진 식을 인수분해한 후, 문자의 값 또는 식의 값을 바로 대입하거나 변형하여 대입한다.

**인수분해 공식을 이용하여 다음 식의 값을 구하시오.**

(1) $x=\sqrt{2}+1$일 때, $x^2-5x+4$

(2) $x=\sqrt{3}+\sqrt{5}$, $y=\sqrt{3}-\sqrt{5}$일 때, $x^2-2xy+y^2$

**13-1** 인수분해 공식을 이용하여 다음 식의 값을 구하시오.

(1) $x=\sqrt{7}-2$, $y=\sqrt{7}+2$일 때, $x^2-y^2$

(2) $x=\dfrac{1}{\sqrt{10}-3}$, $y=\dfrac{1}{\sqrt{10}+3}$일 때, $x^2+2xy+y^2$

## 쏙쏙 개념 익히기

**1** 인수분해 공식을 이용하여 다음을 계산하시오.

(1) $94 \times 1.9 + 94 \times 0.1$

(2) $43^2 - 6 \times 43 + 9$

(3) $98^2 - 4$

(4) $\dfrac{1}{2} \times 101^2 - \dfrac{1}{2} \times 99^2$

**2** 인수분해 공식을 이용하여 $\dfrac{64 \times 48 + 36 \times 48}{49^2 - 1}$ 을 계산하시오.

**3** 다음 식의 값을 구하시오.

(1) $x = 2 + \sqrt{5}$, $y = 2 - \sqrt{5}$일 때, $x^2 y - x y^2$

(2) $x = \dfrac{\sqrt{2} - \sqrt{3}}{\sqrt{2} + \sqrt{3}}$, $y = \dfrac{\sqrt{2} + \sqrt{3}}{\sqrt{2} - \sqrt{3}}$일 때, $x^2 + y^2 - 2xy$

**4** $x = \sqrt{3} - 1$일 때, $\dfrac{x^2 - 2x - 3}{x - 3}$ 의 값을 구하시오.

● 인수분해 공식을 이용한
식의 값 구하기
주어진 식을 인수분해한 후
조건을 대입한다.

**5** $x + y = 3$, $x - y = 4$일 때, $x^2 - y^2 + 3x - 3y$의 값을 구하시오.

한 번 더 ✓

**6** $x + y = 3$, $x - y = -4$일 때, $x^2 - y^2 + 2y - 1$의 값을 구하시오.

**1** 다음 중 $xy^2-3xy$의 인수가 <u>아닌</u> 것은?

① $x$        ② $y$        ③ $y-1$

④ $y-3$        ⑤ $x(y-3)$

**2** $x(y-2)-2y+4$를 인수분해하면?

① $x(y-4)$        ② $y(x-2)$

③ $(x-2)(y-2)$        ④ $(x+2)(y-2)$

⑤ $(x-2)(y+2)$

**3** 다음 중 완전제곱식으로 인수분해할 수 <u>없는</u> 것은?

① $x^2+14x+49$        ② $1+2y+y^2$

③ $\dfrac{1}{4}x^2+x+1$        ④ $4x^2-\dfrac{1}{2}x+\dfrac{1}{36}$

⑤ $9x^2-30x+25$

**4** 다음 식이 모두 완전제곱식으로 인수분해될 때, ☐ 안에 알맞은 양수 중 가장 작은 것은?

① $\Box x^2+4x+1$        ② $x^2-x+\Box$

③ $x^2+\dfrac{2}{5}x+\Box$        ④ $9x^2+6x+\Box$

⑤ $x^2+\Box xy+\dfrac{1}{9}y^2$

**5** $1<x<5$일 때, $\sqrt{x^2-10x+25}+\sqrt{x^2-2x+1}$을 간단히 하면?

① $-4$        ② $2x-6$        ③ $2x-4$

④ $4$        ⑤ $6$

**6** $a^6-a^2$을 인수분해하시오.

**7** $(x-4)(x+2)+4x$를 인수분해하면?

① $(x-2)(x+4)$        ② $(x-2)(x-4)$

③ $(x+2)(x+3)$        ④ $(x+2)(x+4)$

⑤ $(x+3)(x-3)$

**8** $x^2+Ax-10$이 $(x+a)(x+b)$로 인수분해될 때, 다음 중 상수 $A$의 값이 될 수 <u>없는</u> 것은?

(단, $a$, $b$는 정수)

① $-9$　　② $-3$　　③ $3$

④ $7$　　⑤ $9$

**9** $6x^2-13x+5$는 $x$의 계수가 자연수이고 상수항이 정수인 두 일차식의 곱으로 인수분해된다. 이때 두 일차식의 합은?

① $5x-6$　　② $5x+4$　　③ $5x+6$

④ $7x-6$　　⑤ $7x+6$

**10** $4x^2+ax+9$가 $(x-3)(4x+b)$로 인수분해될 때, 상수 $a$, $b$에 대하여 $b-a$의 값은?

① $-18$　　② $-15$　　③ $-10$

④ $12$　　⑤ $13$

**11** 다음 중 인수분해한 것이 옳은 것은?

① $-2x^2+6x=-2x(x+3)$

② $9x^2-169=(9x+13)(9x-13)$

③ $x^2-xy-56y^2=(x+7)(x-8)$

④ $7x^2+18x-9=(x-3)(7x+3)$

⑤ $16x^2-4xy-6y^2=2(2x+y)(4x-3y)$

**12** 다음 두 다항식의 공통인 인수는?

$$x^2+4x-5, \quad 2x^2+x-3$$

① $2x+3$　　② $x+5$　　③ $x+2$

④ $x-1$　　⑤ $x-5$

**13** 두 다항식 $x^2-4x+a$와 $2x^2+bx-15$의 공통인 인수가 $x+3$일 때, 상수 $a$, $b$에 대하여 $a+b$의 값을 구하시오.

**14** 오른쪽 그림과 같이 넓이가 $3x^2+11x+10$이고, 가로의 길이가 $3x+5$인 직사각형의 둘레의 길이는?

$3x^2+11x+10$

$3x+5$

① $4x$　　② $4x+7$　　③ $8x+7$

④ $8x+10$　　⑤ $8x+14$

## STEP 2 단원 마무리하기

**15**
다음 그림에서 두 도형 A, B의 넓이가 서로 같을 때, 도형 B의 가로의 길이를 구하시오.

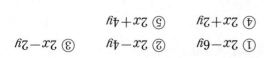

**16**
$(2x-y)^2-(2x-y-4)-6$을 인수분해하면 $(2x-y+a)(2x-y+b)$일 때, 상수 $a$, $b$에 대하여 $a+b$의 값은?

① $-2$ ② $-1$ ③ $1$
④ $2$ ⑤ $3$

**17**
다음 보기 중 $a^2b-a^2-4b+4$의 인수를 모두 고른 것은?

| 보기 | | |
|---|---|---|
| ㄱ. $a-2$ | ㄴ. $a+2$ | ㄷ. $a-b$ |
| ㄹ. $a+b$ | ㅁ. $b-1$ | ㅂ. $a^2+2$ |

① ㄱ, ㄷ ② ㄴ, ㅂ ③ ㄱ, ㄴ, ㅁ
④ ㄱ, ㄴ, ㄹ ⑤ ㄴ, ㄷ, ㅁ

**18**
$x^2-4xy+4y^2-16$이 $x$의 계수가 1인 두 일차식의 곱으로 인수분해될 때, 두 일차식의 합은?

① $2x-6y$ ② $2x-4y$ ③ $2x-2y$
④ $2x+2y$ ⑤ $2x+4y$

**19**
$x^2-y^2+10x+2y+24$를 인수분해하면?

① $(x-4)(x+y-6)$
② $(x+4)(x-y+6)$
③ $(x+y-6)(x-y-4)$
④ $(x+y+4)(x-y+6)$
⑤ $(x+2y+4)(x-3y+6)$

**20**
다음 중 $\sqrt{68^2-32^2}$을 계산하는 데 이용되는 가장 편리한 인수분해 공식은?

① $a^2+2ab+b^2=(a+b)^2$
② $a^2-2ab+b^2=(a-b)^2$
③ $a^2-b^2=(a+b)(a-b)$
④ $x^2+(a+b)x+ab=(x+a)(x+b)$
⑤ $acx^2+(ad+bc)x+bd=(ax+b)(cx+d)$

**21** 인수분해 공식을 이용하여 $\dfrac{99^2+2\times99+1}{55^2-45^2}$ 을 계산하면?

① $\dfrac{1}{2}$  ② 1  ③ 5

④ 10  ⑤ 100

**22** 인수분해 공식을 이용하여 다음을 계산하면?

$$1^2-2^2+3^2-4^2+5^2-6^2+7^2-8^2$$

① $-36$  ② $-18$  ③ 0

④ 18  ⑤ 36

**23** $x=3\sqrt{2}+4,\ y=3\sqrt{2}-4$일 때, $\dfrac{x^2-y^2}{xy}$의 값은?

① $-24\sqrt{2}$  ② $-12\sqrt{2}$  ③ $6\sqrt{2}$

④ $12\sqrt{2}$  ⑤ $24\sqrt{2}$

**24** $\sqrt{3}$의 소수 부분을 $x$라고 할 때, $(x+4)^2-6(x+4)+9$의 값은?

① 1  ② $2-\sqrt{3}$  ③ 3

④ $7-4\sqrt{3}$  ⑤ 5

**25** $x+5y=14,\ x^2-25y^2=56$일 때, $x-5y$의 값은?

① $-8$  ② $-7$  ③ $-4$

④ 4  ⑤ 7

**26** $x+y=9,\ x^2-y^2-2x+1=40$일 때, $x-y$의 값은?

① 3  ② 4  ③ 5

④ 6  ⑤ 7

따라 해보자

**예제 1**

$2x^2+ax-21$이 $(x-3)(bx+c)$로 인수분해될 때, 상수 $a$, $b$, $c$에 대하여 $a+b+c$의 값을 구하시오.

**유제 1**

$5x^2-3x+a$가 $(x+b)(cx+2)$로 인수분해될 때, 상수 $a$, $b$, $c$에 대하여 $a-b+c$의 값을 구하시오.

**풀이 과정**

**1단계** 인수분해 결과를 전개하기

$(x-3)(bx+c)=bx^2+(c-3b)x-3c$

**2단계** $a$, $b$, $c$의 값 구하기

즉, $2x^2+ax-21=bx^2+(c-3b)x-3c$이므로

$x^2$의 계수에서 $2=b$

상수항에서 $-21=-3c$  ∴ $c=7$

$x$의 계수에서 $a=c-3b=7-3\times2=1$

**3단계** $a+b+c$의 값 구하기

∴ $a+b+c=1+2+7=10$

**답** 10

**풀이 과정**

**1단계** 인수분해 결과를 전개하기

**2단계** $a$, $b$, $c$의 값 구하기

**3단계** $a-b+c$의 값 구하기

**답**

**예제 2**

$x=\dfrac{2}{\sqrt{3}-1}$, $y=\dfrac{2}{\sqrt{3}+1}$일 때, $x^2-y^2$의 값을 구하시오.

**유제 2**

$x=\dfrac{2}{1+\sqrt{2}}$, $y=\dfrac{2}{1-\sqrt{2}}$일 때, $x^3y-xy^3$의 값을 구하시오.

**풀이 과정**

**1단계** $x$, $y$의 분모를 유리화하기

$x=\dfrac{2(\sqrt{3}+1)}{(\sqrt{3}-1)(\sqrt{3}+1)}=\sqrt{3}+1$

$y=\dfrac{2(\sqrt{3}-1)}{(\sqrt{3}+1)(\sqrt{3}-1)}=\sqrt{3}-1$

**2단계** 주어진 식을 인수분해하기

$x^2-y^2=(x+y)(x-y)$

**3단계** 주어진 식의 값 구하기

$x+y=(\sqrt{3}+1)+(\sqrt{3}-1)=2\sqrt{3}$

$x-y=(\sqrt{3}+1)-(\sqrt{3}-1)=2$

∴ $x^2-y^2=(x+y)(x-y)$
$\qquad=2\sqrt{3}\times2=4\sqrt{3}$

**답** $4\sqrt{3}$

**풀이 과정**

**1단계** $x$, $y$의 분모를 유리화하기

**2단계** 주어진 식을 인수분해하기

**3단계** 주어진 식의 값 구하기

**답**

**연습해 보자**

**1** 다음 두 다항식이 모두 완전제곱식이 되도록 하는 양수 $a$, $b$에 대하여 $a+b$의 값을 구하시오.

$$x^2-12x+a, \quad 9x^2+bxy+4y^2$$

**풀이 과정**

**답**

**2** $x$에 대한 이차식 $x^2+Ax+B$를 민이는 $x$의 계수를 잘못 보고 $(x-3)(x+8)$로 인수분해하였고, 혜나는 상수항을 잘못 보고 $(x-10)(x+12)$로 인수분해하였다. 다음 물음에 답하시오.

(1) 상수 $A$, $B$의 값을 구하시오.

(2) $x^2+Ax+B$를 바르게 인수분해하시오.

**풀이 과정**

(1)

(2)

**답** (1)         (2)

**3** 오른쪽 그림과 같이 윗변의 길이가 $x+3$, 아랫변의 길이가 $x+5$인 사다리꼴의 넓이가 $5x^2+23x+12$일 때, 이 사다리꼴의 높이를 구하시오.

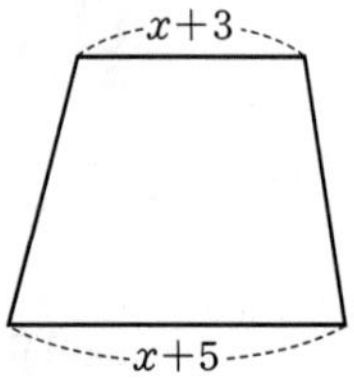

$x+3$

$x+5$

**풀이 과정**

**답**

**4** 인수분해 공식을 이용하여 다음 두 수 $A$, $B$를 계산할 때, $A+B$의 값을 구하시오.

$$A=9\times 8.5^2-9\times 1.5^2$$
$$B=\sqrt{28^2+4\times 28+4}$$

**풀이 과정**

**답**

# 공개키 암호 시스템

개인용 컴퓨터나 스마트폰에서 사용하는 전자 메일, 인터넷 은행 거래 등에서는 개인의 정보를 보호하기 위해 암호를 사용하고 있다.

최근 가장 일반적으로 사용되는 암호 시스템은 RSA 공개 키 암호 시스템이다. 이 시스템은 1977년 세 명의 수학자 론 리베스트(Ron Rivest), 아디 셰미르(Adi Shamir), 레오나르드 아델만(Leonard Adleman)이 만든 것으로, RSA라는 이름은 이들의 이름에서 따온 것이다.

이 시스템은 공개 키로 정보를 암호화하고, 개인 키로 암호를 해독하는데, 다음 원리에 따라 두 소수의 곱으로 공개 키를 만들고, 두 소수로 개인 키를 만든다.

> 두 소수의 곱은 쉽게 구할 수 있지만 어떤 수를 두 소수의 곱으로 분해하는 것은 어렵다.

예를 들어 공개 키를 6319로 한다면

$$6319 = 6400 - 81 = 80^2 - 9^2 = (80+9)(80-9) = 89 \times 71$$

이므로 개인 키는 두 소수 71, 89로 만든다.

실제로 이 시스템을 이용하여 암호를 만들 때는 매우 큰 소수를 사용하는데, 슈퍼컴퓨터로 $2^{1024}$ 크기의 두 소수의 곱을 인수분해하는 데에는 3486년이 걸리므로 안전성이 높아 오늘날 정보 보안이 필요한 곳에서 널리 사용되고 있다.

## 기출문제는 이렇게!

**Q** 공개 키가 아래와 같이 주어졌을 때, 인수분해를 이용하여 개인 키를 찾기 위해 필요한 두 소수를 구하시오.

(1) 4891                               (2) 9991

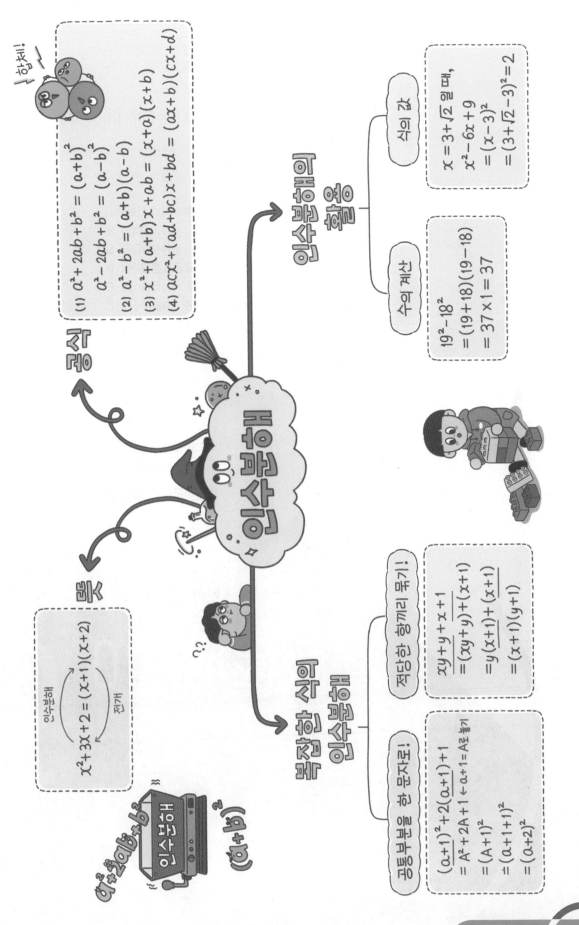

# 마인드맵 MAP

**인수분해**

공식!

공식

(1) $a^2 + 2ab + b^2 = (a+b)^2$
$a^2 - 2ab + b^2 = (a-b)^2$
(2) $a^2 - b^2 = (a+b)(a-b)$
(3) $x^2 + (a+b)x + ab = (x+a)(x+b)$
(4) $acx^2 + (ad+bc)x + bd = (ax+b)(cx+d)$

**순서**

인수분해
$x^2 + 3x + 2 = (x+1)(x+2)$
전개

인수분해
$a^2 + 2ab + b^2$
$(a+b)^2$

**인수분해의 활용**

식의 값
$x = 3+\sqrt{2}$ 일 때,
$x^2 - 6x + 9$
$= (x-3)^2$
$= (3+\sqrt{2}-3)^2 = 2$

수의 계산
$19^2 - 18^2$
$= (19+18)(19-18)$
$= 37 \times 1 = 37$

**복잡한 식의 인수분해**

적당한 항끼리 묶기!
$xy + y + x + 1$
$= (xy+y) + (x+1)$
$= y(x+1) + (x+1)$
$= (x+1)(y+1)$

공통부분을 한 문자로!
$(a+1)^2 + 2(a+1) + 1$
$= A^2 + 2A + 1$ ← $a+1 = A$로 놓기
$= (A+1)^2$
$= (a+1+1)^2$
$= (a+2)^2$

| 이전에 배운 내용 | 이번에 배울 내용 | 이후에 배울 내용 |

**이전에 배운 내용**

중1
• 일차방정식

중2
• 연립방정식

**이번에 배울 내용**

⌒1 이차방정식과 그 해
⌒2 이차방정식의 풀이
⌒3 이차방정식의 활용

**이후에 배울 내용**

고등
• 삼차방정식과 사차방정식
• 연립이차방정식

## 준비 학습

중1 **일차방정식의 풀이**
• 등식의 성질과 이항을 이용하여 $x=$(수) 꼴로 나타낸다.

**1** 다음 일차방정식을 푸시오.

(1) $2-3x=-x-6$

(2) $2(x+8)=-3(x-2)$

(3) $\dfrac{1}{2}x+\dfrac{2}{3}=\dfrac{1}{6}$

(4) $0.5x-1=0.2(x+1)$

중1 **일차방정식의 활용**
• 구하는 것을 미지수로 놓고 수량 사이의 관계를 일차방정식으로 나타낸다.

**2** 연속하는 세 자연수의 합이 39일 때, 이 세 자연수를 구하시오.

# 1 이차방정식과 그 해

• 정답과 해설 50쪽

## 1 이차방정식

등식의 모든 항을 좌변으로 이항하여 정리한 식이

(x에 대한 이차식)=0

꼴로 나타나는 방정식을 x에 대한 **이차방정식**이라고 한다.

➡ $ax^2+bx+c=0$ ($a$, $b$, $c$는 상수, $\underline{a\neq0}$)

            └─➤ $ax^2+bx+c=0$이 이차방정식이 될 조건은 $a\neq0$이다.

## 2 이차방정식의 해(근)

(1) **이차방정식의 해(근):** 이차방정식 $ax^2+bx+c=0$을 참이 되게 하는 미지수 $x$의 값

    **참고**    $x=k$가 이차방정식 $x^2+3x+1=0$의 해이다.

         ➡ $x=k$를 $x^2+3x+1=0$에 대입하면 등식이 성립한다.

         ➡ $k^2+3k+1=0$

(2) **이차방정식을 푼다.:** 이차방정식의 해(근)를 모두 구하는 것

---

**필수 문제 1**

이차방정식의 뜻

▸ 이차방정식 찾기
① 등식인가?
② 모든 항을 좌변으로 이항
하여 정리한 식이
(이차식)=0 꼴인가?

다음 중 $x$에 대한 이차방정식인 것은 ○표, 이차방정식이 <u>아닌</u> 것은 ×표를 ( ) 안에 쓰시오.

(1) $2x+1=0$        (    )     (2) $x^2=0$               (    )

(3) $2x^2-3x+5$      (    )     (4) $x^2-x=(x-1)(x+1)$    (    )

(5) $x^3-3x^2+4=x^3-6$   (    )     (6) $\dfrac{3}{x^2}=7$         (    )

**1-1** 다음 보기 중 $x$에 대한 이차방정식을 모두 고르시오.

    ┌ **보기** ├─────────────────────────────

     ㄱ. $x(x-4)=0$          ㄴ. $x-2x^2$          ㄷ. $x^2+4=(x-2)^2$

     ㄹ. $\dfrac{x(x-3)}{3}=20$      ㅁ. $\dfrac{1}{x^2}+4=0$       ㅂ. $(x+1)^2=-x^2-1$

---

**필수 문제 2**

이차방정식의 해

$x$의 값이 $-2$, $-1$, $0$, $1$, $2$일 때, 이차방정식 $x^2-x-2=0$의 해를 구하시오.

**2-1** 다음 보기의 이차방정식 중 $x=2$를 해로 갖는 것을 모두 고르시오.

    ┌ **보기** ├─────────────────────────────

     ㄱ. $x^2-2x-8=0$      ㄴ. $x(x-2)=0$       ㄷ. $(x+2)(2x-1)=0$

     ㄹ. $3x^2-12=0$        ㅁ. $(2x-1)^2=4x$      ㅂ. $2x^2+x-6=0$

## STEP 1 ✦✦✦ 개념 익히기

**1** 다음 중 $x$에 대한 이차방정식인 것은? (정답 2개)
① $-2x+3=2x^2$
② $2x^2+3x-2=x+2x^2$
③ $x(x-2)=x(x+1)$
④ $x^2+3x=x^3-2$
⑤ $(x+1)(x-1)=-x^2+1$

**2** $ax^2+3=(x-2)(2x+1)$이 $x$에 대한 이차방정식일 때, 다음 중 상수 $a$의 값이 될 수 없는 것은?
① $-2$　② $-1$　③ $0$　④ $1$　⑤ $2$

**3** 다음 중 [ ] 안의 수가 주어진 이차방정식의 해인 것은?
① $x^2-8=0$ [ 4 ]
② $x^2-4x=0$ [ 3 ]
③ $x^2-2x+1=0$ [ 2 ]
④ $x^2-x-20=0$ [ 5 ]
⑤ $-x^2+3x+4=0$ [ 1 ]

**4** 이차방정식 $2x^2+ax-3=0$의 한 근이 $x=-3$일 때, 상수 $a$의 값을 구하시오.

**5** 이차방정식 $x^2-6x+1=0$의 한 근이 $x=a$일 때, 다음 식의 값을 구하시오.
(1) $a^2-6a+10$
(2) $a+\dfrac{1}{a}$

> ● 이차방정식의 한 근이
> 곱으로 주어질 때, 식의 값
> 구하기
> 이차방정식 $x^2+ax+b=0$
> 의 한 근이 $x=m$이면
> ⇨ $m^2+am+b=0$ 성립

**6** 이차방정식 $x^2+4x-1=0$의 한 근이 $x=a$일 때, 다음 식의 값을 구하시오.
(1) $a^2+4a-5$
(2) $a-\dfrac{1}{a}$

# 2 이차방정식의 풀이

● 정답과 해설 51쪽

## 1 $AB=0$의 성질

두 수 또는 두 식 $A$, $B$에 대하여

$$AB=0\text{이면 } A=0 \text{ 또는 } B=0$$

참고 '$A=0$ 또는 $B=0$'은 다음 세 가지 중 하나가 성립함을 의미한다.
  ① $A=0$, $B=0$  ② $A=0$, $B\neq0$  ③ $A\neq0$, $B=0$

$\underset{A}{(x-2)}\underset{B}{(x-3)}=0$이면

$\underset{A}{x-2}=0$ 또는 $\underset{B}{x-3}=0$

## 2 인수분해를 이용한 이차방정식의 풀이

❶ 이차방정식을 정리한다.  ➡ $ax^2+bx+c=0$

❷ 좌변을 인수분해한다.  ➡ $a(x-\alpha)(x-\beta)=0$

❸ $AB=0$의 성질을 이용한다. ➡ $x-\alpha=0$ 또는 $x-\beta=0$

❹ 해를 구한다.  ➡ $x=\alpha$ 또는 $x=\beta$

❶ $x^2-4x+3=0$

❷ $(x-1)(x-3)=0$

❸ $x-1=0$ 또는 $x-3=0$

❹ $x=1$ 또는 $x=3$

---

**필수 문제 1**

$AB=0$의 성질을 이용한 이차방정식의 풀이

▶이차방정식
$(ax-b)(cx-d)=0$의 해
$\Rightarrow x=\dfrac{b}{a}$ 또는 $x=\dfrac{d}{c}$

**다음 이차방정식을 푸시오.**

(1) $x(x-2)=0$

(2) $(x+3)(x-1)=0$

(3) $(3x+1)(x-4)=0$

(4) $(3x+2)(2x-3)=0$

**1-1** 다음 이차방정식을 푸시오.

(1) $(x+4)(x+1)=0$

(2) $(x+2)(x-5)=0$

(3) $\left(x-\dfrac{1}{3}\right)\left(x-\dfrac{1}{2}\right)=0$

(4) $(2x+5)(3x-1)=0$

---

**필수 문제 2**

인수분해를 이용한 이차방정식의 풀이

▶인수분해를 이용하여 이차방정식을 풀 때는 반드시 우변을 0으로 만들고 푼다.

**다음 이차방정식을 인수분해를 이용하여 푸시오.**

(1) $x^2-x=0$

(2) $x^2+2x-8=0$

(3) $6x^2=x+12$

(4) $(x+4)(x-3)=-6$

**2-1** 다음 이차방정식을 인수분해를 이용하여 푸시오.

(1) $2x^2+10x=0$

(2) $x^2+x-30=0$

(3) $3x^2-7x=6$

(4) $(x-1)(x-8)=18$

## **3** 이차방정식의 중근

(1) 이차방정식의 두 해가 중복될 때, 이 해를 **중근**이라고 한다.

> 예 $x^2-6x+9=0$에서 $(x-3)^2=0$, 즉 $(x-3)(x-3)=0$    $\therefore \underline{x=3}$ 또는 $\underline{x=3}$    $\therefore x=3$ ←중근
>
> 해가 중복된다.

(2) 이차방정식이 중근을 가질 조건

① 이차방정식이 **(완전제곱식)=0** 꼴로 나타내어지면 이 이차방정식은 중근을 가진다.

② 이차방정식 $x^2+ax+b=0$이 중근을 가지려면 좌변이 완전제곱식이어야 하므로

➡ $b=\left(\dfrac{a}{2}\right)^2$ ← (상수항)$=\left(\dfrac{x의\ 계수}{2}\right)^2$

> 예 이차방정식 $x^2+6x+\square=0$이 중근을 가지려면 $\square=\left(\dfrac{6}{2}\right)^2=9$

---

**필수 문제** **3**

이차방정식의 중근

▶이차방정식이 $a(x-m)^2=0$ 꼴로 나타내어지면 이 이차방정식은 중근 $x=m$을 갖는다.

다음 보기의 이차방정식 중 중근을 갖는 것을 모두 고르시오.

> 보기
>
> ㄱ. $x^2+x-2=0$     ㄴ. $x^2-8x+16=0$     ㄷ. $x^2-16=0$
>
> ㄹ. $9x^2-6x+1=0$     ㅁ. $3x^2-10x-8=0$     ㅂ. $x(x-10)=-25$

**3-1** 다음 이차방정식 중 중근을 갖지 <u>않는</u> 것은?

① $x^2+4x+4=0$     ② $8x^2-8x+2=0$     ③ $3-x^2=6(x+2)$

④ $x^2-3x=-5x+15$     ⑤ $x^2+\dfrac{1}{16}=\dfrac{1}{2}x$

---

**필수 문제** **4**

이차방정식이 중근을 가질 조건

다음 이차방정식이 중근을 가질 때, 상수 $a$의 값을 구하시오.

(1) $x^2+8x+4+a=0$        (2) $x^2+ax+1=0$

**4-1** 다음 이차방정식이 중근을 가질 때, 상수 $a$의 값과 그 중근을 각각 구하시오.

(1) $x^2-14x+45-a=0$        (2) $x^2+ax+16=0$

## STEP 1 쏙쏙 개념 익히기

**1** 다음 이차방정식 중 해가 $x = \frac{1}{2}$ 또는 $x = -3$인 것은?

① $(2x+1)(x-3)=0$  　② $(2x-1)(x-3)=0$  　③ $2(x+1)(x+3)=0$

④ $2(x-1)(x+3)=0$  　⑤ $3(2x-1)(x+3)=0$

**2** 다음 이차방정식을 인수분해를 이용하여 푸시오.

(1) $x^2-6x+8=0$

(2) $2x^2-12x+18=0$

(3) $6x^2-7x=3$

(4) $(x+1)(x-1)=2x^2-5$

방정식을 풀면
해가 되는 거지?

**3** 이차방정식 $x^2+8x+a=0$의 한 근이 $x=-3$일 때, 상수 $a$의 값과 다른 한 근을 각각 구하시오.

**4** 다음 이차방정식 중 중근을 갖지 <u>않는</u> 것을 모두 고르면? (정답 2개)

① $x^2-4x+3=0$  　② $x^2+10x+25=0$  　③ $x^2+\frac{1}{9}=\frac{2}{3}x$

④ $x(x-1)=6$  　⑤ $-x^2-7=2x-6$

**5** 이차방정식 $x^2+3ax+a+7=0$이 중근을 가질 때, 양수 $a$의 값을 구하시오.

## 4 제곱근을 이용한 이차방정식의 풀이

(1) 이차방정식 $x^2=q\,(q\geq0)$의 해

$$x^2=q \;\Rightarrow\; x=\pm\sqrt{q} \;\;\text{← } x \text{는 } q \text{의 제곱근이다.}$$

예 $x^2=2 \;\Rightarrow\; x=\pm\sqrt{2}$

(2) 이차방정식 $(x-p)^2=q\,(q\geq0)$의 해

$$(x-p)^2=q \;\Rightarrow\; \underline{x-p=\pm\sqrt{q}} \;\Rightarrow\; x=p\pm\sqrt{q}$$
$$\qquad\qquad\quad \text{← } x-p \text{는 } q \text{의 제곱근이다.}$$

예 $(x-2)^2=5 \;\Rightarrow\; x-2=\pm\sqrt{5} \;\Rightarrow\; x=2\pm\sqrt{5}$

---

**필수 문제** 5

제곱근을 이용한
이차방정식의 풀이

다음 이차방정식을 제곱근을 이용하여 푸시오.

(1) $x^2=8$

(2) $25-9x^2=0$

(3) $(x+3)^2=5$

(4) $2(x-1)^2=18$

**5-1** 다음 이차방정식을 제곱근을 이용하여 푸시오.

(1) $x^2-6=0$

(2) $4x^2-49=0$

(3) $3-(2x+1)^2=0$

(4) $-9(x+1)^2+16=0$

**5-2** 이차방정식 $3(x+a)^2=15$의 해가 $x=2\pm\sqrt{b}$일 때, 유리수 $a$, $b$에 대하여 $a+b$의 값을 구하시오.

## 5 완전제곱식을 이용한 이차방정식의 풀이

이차방정식을 $(x-p)^2=q$ 꼴로 고쳐 제곱근을 이용하여 푼다.
└ 완전제곱식

❶ $x^2$의 계수를 1로 만든다.

❷ 상수항을 우변으로 이항한다.

❸ 양변에 $\left(\dfrac{x의 계수}{2}\right)^2$을 더한다.

❹ 좌변을 완전제곱식으로 고친다.

❺ 제곱근을 이용하여 해를 구한다.

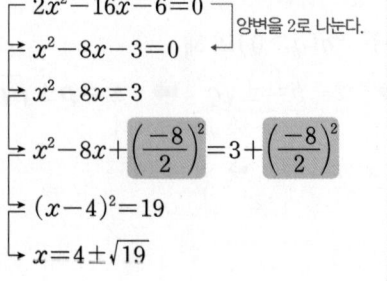

$$2x^2-16x-6=0 \quad \text{양변을 2로 나눈다.}$$
$$x^2-8x-3=0$$
$$x^2-8x=3$$
$$x^2-8x+\left(\dfrac{-8}{2}\right)^2=3+\left(\dfrac{-8}{2}\right)^2$$
$$(x-4)^2=19$$
$$x=4\pm\sqrt{19}$$

**참고** 이차방정식 $ax^2+bx+c=0$에서 좌변을 인수분해할 수 없을 때는 완전제곱식을 이용하여 해를 구할 수 있다.

---

**필수 문제 ⑥**

완전제곱식을 이용한 이차방정식의 풀이

▶ $x^2$의 계수가 1이 아닐 때는 그 계수로 양변을 나누어 $x^2$의 계수를 1로 만든다.

다음은 완전제곱식을 이용하여 이차방정식의 해를 구하는 과정이다. ☐ 안에 알맞은 수를 쓰시오.

(1)

$$x^2-6x+2=0$$
$$x^2-6x=-2$$
$$x^2-6x+\boxed{\phantom{0}}=-2+\boxed{\phantom{0}}$$
$$(x-\boxed{\phantom{0}})^2=\boxed{\phantom{0}}$$
$$\therefore x=\boxed{\phantom{0}}$$

(2)

$$3x^2-6x+1=0$$
$$x^2-2x+\dfrac{1}{3}=0$$
$$x^2-2x=-\dfrac{1}{3}$$
$$x^2-2x+\boxed{\phantom{0}}=-\dfrac{1}{3}+\boxed{\phantom{0}}$$
$$(x-\boxed{\phantom{0}})^2=\boxed{\phantom{0}}$$
$$\therefore x=\boxed{\phantom{0}}$$

**6-1** 다음 이차방정식을 $(x-p)^2=q$ 꼴로 나타낼 때, 상수 $p$, $q$의 값을 각각 구하시오.

(1) $x^2-2x=2$

(2) $2x^2+8x-9=0$

**6-2** 다음 이차방정식을 완전제곱식을 이용하여 푸시오.

(1) $x^2-10x+5=0$

(2) $3x^2+15x-6=0$

(3) $4x^2+8x=3$

(4) $x^2-\dfrac{8}{3}x+\dfrac{2}{3}=0$

## STEP 1 쏙쏙 개념 익히기

**1** 다음 이차방정식을 제곱근을 이용하여 푸시오.

(1) $9x^2-5=0$

(2) $(x+2)^2=9$

(3) $(2x-5)^2-5=0$

(4) $2(3x-4)^2-50=0$

**2** 이차방정식 $2(x+a)^2=b$의 해가 $x=4\pm\sqrt{5}$일 때, 유리수 $a$, $b$에 대하여 $a+b$의 값을 구하시오.

**3** 다음은 완전제곱식을 이용하여 이차방정식 $2x^2+4x-3=0$을 푸는 과정이다. 상수 $A$, $B$, $C$의 값을 각각 구하시오.

|  |  |
|---|---|
|  | $2x^2+4x-3=0$ |
| 양변을 2로 나누면 | $x^2+2x-\dfrac{3}{2}=0$ |
| 상수항을 우변으로 이항하면 | $x^2+2x=\dfrac{3}{2}$ |
| 양변에 $A$를 더하면 | $x^2+2x+A=\dfrac{3}{2}+A$ |
| 좌변을 완전제곱식으로 고치면 | $(x+B)^2=C$ |
| 따라서 이차방정식의 해는 | $x=-B\pm\sqrt{C}$ |

**4** 이차방정식 $(x-1)(x-3)=6$을 $(x-p)^2=q$ 꼴로 나타낼 때, 상수 $p$, $q$에 대하여 $p-q$의 값을 구하시오.

**5** 이차방정식 $x^2-6x+a=0$을 완전제곱식을 이용하여 풀었더니 해가 $x=3\pm\sqrt{2}$이었다. 이때 상수 $a$의 값을 구하시오.

## 6 이차방정식의 근의 공식

$x$에 대한 이차방정식 $ax^2+bx+c=0(a\neq0)$의 해는

$$x=\frac{-b\pm\sqrt{b^2-4ac}}{2a} \ (\text{단}, \ b^2-4ac\geq0)$$

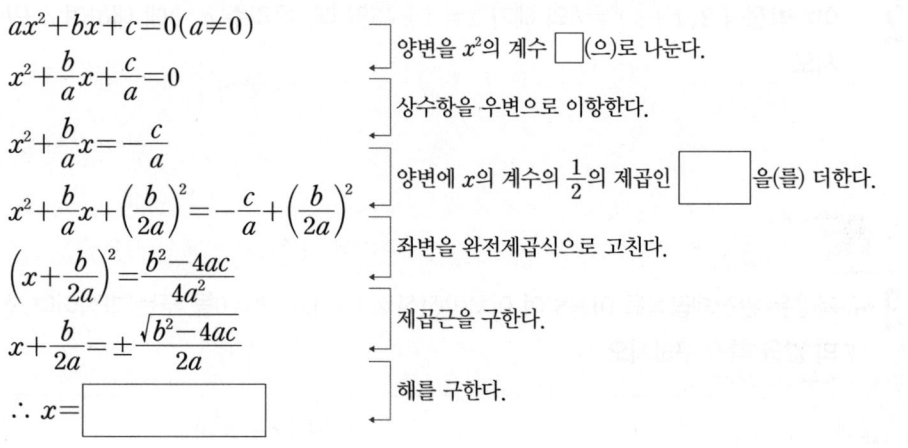

이차방정식 $2x^2-3x-1=0$의 해는

$$x=\frac{-(-3)\pm\sqrt{(-3)^2-4\times2\times(-1)}}{2\times2}$$

참고 $x$에 대한 이차방정식 $ax^2+bx+c=0(a\neq0)$에서 $x$의 계수가 짝수, 즉 $b=2b'$일 때,

이차방정식 $ax^2+2b'x+c=0$의 해는 $x=\dfrac{-b'\pm\sqrt{b'^2-ac}}{a}$ (단, $b'^2-ac\geq0$) ← 짝수 공식

---

**개념 확인** 다음은 이차방정식의 근의 공식을 유도하는 과정이다. ☐ 안에 알맞은 것을 쓰시오.

$ax^2+bx+c=0(a\neq0)$ ┐ 양변을 $x^2$의 계수 ☐(으)로 나눈다.

$x^2+\dfrac{b}{a}x+\dfrac{c}{a}=0$ ┐ 상수항을 우변으로 이항한다.

$x^2+\dfrac{b}{a}x=-\dfrac{c}{a}$ ┐ 양변에 $x$의 계수의 $\dfrac{1}{2}$의 제곱인 ☐ 을(를) 더한다.

$x^2+\dfrac{b}{a}x+\left(\dfrac{b}{2a}\right)^2=-\dfrac{c}{a}+\left(\dfrac{b}{2a}\right)^2$ ┐ 좌변을 완전제곱식으로 고친다.

$\left(x+\dfrac{b}{2a}\right)^2=\dfrac{b^2-4ac}{4a^2}$ ┐ 제곱근을 구한다.

$x+\dfrac{b}{2a}=\pm\dfrac{\sqrt{b^2-4ac}}{2a}$ ┐ 해를 구한다.

$\therefore x=$ ☐

---

**필수 문제 7**

근의 공식을 이용한 이차방정식의 풀이

이차방정식을 풀 때는 이게 최고야!

다음 이차방정식을 근의 공식을 이용하여 푸시오.

(1) $3x^2+5x+1=0$  (2) $x^2+4x-4=0$  (3) $2x^2-6x=3$

**7-1** 다음 이차방정식을 근의 공식을 이용하여 푸시오.

(1) $x^2+x-8=0$  (2) $4x^2-2x-1=0$  (3) $3x^2=7x-3$

**7-2** 이차방정식 $2x^2+3x-4=0$의 해가 $x=\dfrac{A\pm\sqrt{B}}{4}$일 때, 유리수 $A$, $B$의 값을 각각 구하시오.

## 7 여러 가지 이차방정식의 풀이

(1) 괄호가 있으면 전개하여 $ax^2+bx+c=0$ 꼴로 정리한다.

예 $(x+1)(x-1)=2x$ ──괄호를 푼 후 정리하면──▶ $x^2-2x-1=0$

(2) 계수가 소수 또는 분수이면 양변에 적당한 수를 곱하여 계수를 정수로 고친다.

① 계수가 소수인 경우: 양변에 10의 거듭제곱을 곱한다.

② 계수가 분수인 경우: 양변에 분모의 최소공배수를 곱한다.

예 ① $0.2x^2+0.3x-1=0$ ──양변에 10을 곱하면──▶ $2x^2+3x-10=0$

② $\frac{1}{2}x^2-x-\frac{5}{4}=0$ ──양변에 4를 곱하면──▶ $2x^2-4x-5=0$

> 인수분해 또는 근의 공식을 이용하여 해를 구한다.

(3) 공통부분이 있으면 공통부분을 한 문자로 놓는다.

예 $(x+2)^2-3(x+2)+2=0$ ──$x+2=A$로 놓으면──▶ $A^2-3A+2=0$

---

**필수 문제 8**

여러 가지 이차방정식의 풀이 – 괄호, 소수, 분수

▶양변에 어떤 수를 곱할 때는 모든 항에 빠짐없이 곱해 주어야 한다.

예 $\frac{3}{4}x^2-2x+\frac{1}{2}=0$의 양변에 4를 곱하면

$\left(\frac{3}{4}x^2-2x+\frac{1}{2}\right)\times 4=0\times 4$

⇨ $3x^2-2x+2=0$ (×)

⇨ $3x^2-8x+2=0$ (○)

**다음 이차방정식을 푸시오.**

(1) $(x-1)(x+2)=1$

(2) $0.5x^2-2.5x+3=0$

(3) $\frac{1}{4}x^2+\frac{1}{2}x-2=0$

**8-1** 다음 이차방정식을 푸시오.

(1) $(3x-2)(x-2)=2x(x-1)$

(2) $0.6x^2+3.2x=-1$

(3) $\frac{x^2-2}{3}-\frac{x^2-1}{2}=-2$

---

**필수 문제 9**

여러 가지 이차방정식의 풀이 – 공통부분

▶❶ (공통부분)$=A$로 놓고 $A$에 대한 이차방정식을 푼다.

❷ $A$에 원래 식을 대입한다.
⇨ $x$의 값 구하기

**다음 이차방정식을 푸시오.**

(1) $(x-3)^2-3(x-3)=4$

(2) $(x+2)^2-5(x+2)+6=0$

**9-1** 다음 이차방정식을 푸시오.

(1) $(2x+1)^2-9(2x+1)+20=0$

(2) $(x-2)^2-3(x-2)-28=0$

**[1~4]** 다음 이차방정식을 푸시오.

**1**
(1) $x^2+7x+11=0$

(2) $x^2-5=-3x$

(3) $x^2+2x-4=0$

(4) $x^2+6x=4$

(5) $2x^2-5x-1=0$

(6) $3x^2+8x-1=0$

**2**
(1) $(x-1)(x-4)=2$

(2) $x(x+3)=2x^2-3$

(3) $(x+1)(5x-2)=x^2-x+3$

(4) $(2x+1)(x-3)=(x-1)^2$

**3**
(1) $0.01x^2-0.12x+0.11=0$

(2) $\dfrac{1}{2}x^2+\dfrac{1}{3}x-\dfrac{1}{12}=0$

(3) $\dfrac{2}{5}x^2+x-0.1=0$

(4) $\dfrac{(x+1)(x-3)}{2}=\dfrac{x(x+2)}{3}$

**4**
(1) $3(x-1)^2-4(x-1)-4=0$

(2) $\dfrac{1}{2}(x+1)^2-\dfrac{1}{3}(x+1)-\dfrac{1}{6}=0$

## 쏙쏙 개념 익히기

**1** 이차방정식 $2x^2-7x-2=0$의 근이 $x=\dfrac{A\pm\sqrt{B}}{4}$일 때, 유리수 $A$, $B$에 대하여 $A+B$의 값은?

① 33      ② 40      ③ 65      ④ 70      ⑤ 72

**2** 이차방정식 $\dfrac{2}{5}x^2-0.6x=0.1$의 근이 $x=\dfrac{a\pm\sqrt{b}}{4}$일 때, 유리수 $a$, $b$에 대하여 $a+b$의 값을 구하시오.

**3** 이차방정식 $(2x-3)^2=8(2x-3)+65$의 두 근의 합을 구하시오.

● 이차방정식의 근이 주어
질 때, 유리수의 값 구하기
이차방정식을 푼 후 주어
진 근과 비교하여 유리수
의 값을 구한다.

**4** 이차방정식 $3x^2-4x+a=0$의 근이 $x=\dfrac{b\pm\sqrt{13}}{3}$일 때, 유리수 $a$, $b$에 대하여 $a$, $b$의 값을 각각 구하시오.

**5** 이차방정식 $2x^2-ax-3=0$의 근이 $x=\dfrac{3\pm\sqrt{b}}{4}$일 때, 유리수 $a$, $b$에 대하여 $a$, $b$의 값을 각각 구하시오.

 **이차방정식의 활용**

• 정답과 해설 55쪽

## 1 이차방정식의 근의 개수

이차방정식 $ax^2+bx+c=0(a\neq0)$의 근의 개수는

근의 공식 $x=\dfrac{-b\pm\sqrt{b^2-4ac}}{2a}$에서 $\boldsymbol{b^2-4ac}$의 부호에 의해 결정된다.

(1) $\boldsymbol{b^2-4ac>0}$ ➡ 서로 다른 두 근을 가진다. ➡ 근이 2개 ┐ 근이 존재할 조건 ➡ $b^2-4ac\geq0$

(2) $\boldsymbol{b^2-4ac=0}$ ➡ 한 근(중근)을 가진다. ➡ 근이 1개 ┘

(3) $\boldsymbol{b^2-4ac<0}$ ➡ 근이 없다. ➡ 근이 0개 → 음수의 제곱근은 없다.

참고 $x$의 계수가 짝수인 이차방정식 $ax^2+2b'x+c=0$에서는 $b^2-4ac$ 대신 $b'^2-ac$를 이용할 수 있다.

---

**개념 확인** 다음은 이차방정식의 근의 개수를 구하는 과정이다. 표를 완성하시오.

| $ax^2+bx+c=0$ | $a$, $b$, $c$의 값 | $b^2-4ac$의 값 | 근의 개수 |
|---|---|---|---|
| (1) $x^2+3x-2=0$ | $a=1$, $b=3$, $c=-2$ | $3^2-4\times1\times(-2)=17$ | |
| (2) $4x^2-4x+1=0$ | | | |
| (3) $2x^2-5x+4=0$ | | | |

---

**필수 문제 1**

이차방정식의 근의 개수

▶주어진 이차방정식에 괄호가 있으면 괄호를 풀어 전개하고, 계수가 소수 또는 분수인 경우 계수를 정수로 만든 후 근을 파악한다.

다음 보기의 이차방정식 중 서로 다른 두 근을 갖는 것을 모두 고르시오.

┤ 보기 ├

ㄱ. $x^2-3x+5=0$  ㄴ. $x^2+6x+9=0$  ㄷ. $3x^2-7x-2=0$

ㄹ. $2x^2+5x-2=0$  ㅁ. $(x+3)^2=4x+9$  ㅂ. $\dfrac{1}{3}x^2-\dfrac{1}{6}x+\dfrac{1}{12}=0$

**1-1** 다음 이차방정식 중 근이 존재하지 <u>않는</u> 것은?

① $x^2-3x=0$  ② $2x^2-5x+4=0$  ③ $3x^2+x-2=0$

④ $5x^2-2x-1=0$  ⑤ $0.9x^2-0.6x+0.1=0$

---

**필수 문제 2**

근의 개수에 따른 상수의 값의 범위

이차방정식 $x^2-3x+2k=0$의 근이 다음과 같을 때, 상수 $k$의 값 또는 범위를 구하시오.

(1) 서로 다른 두 근  (2) 중근  (3) 근이 없다.

**2-1** 이차방정식 $x^2-2x+k-5=0$의 근이 다음과 같을 때, 상수 $k$의 값 또는 범위를 구하시오.

(1) 서로 다른 두 근  (2) 중근  (3) 근이 없다.

## 2 이차방정식 구하기

(1) 두 근이 $\alpha$, $\beta$이고 $x^2$의 계수가 $a\,(a\neq 0)$인 이차방정식은

$$a(x-\alpha)(x-\beta)=0$$

   예 두 근이 ②, 3이고 $x^2$의 계수가 ⑤인 이차방정식

   ➡ ⑤$(x-②)(x-③)=0$    ∴ $5x^2-25x+30=0$

(2) 중근이 $\alpha$이고 $x^2$의 계수가 $a\,(a\neq 0)$인 이차방정식은

$$a(x-\alpha)^2=0 \;\leftarrow\; \text{(완전제곱식)}=0$$

   예 중근이 ①이고 $x^2$의 계수가 ②인 이차방정식

   ➡ ②$(x-①)^2=0$    ∴ $2x^2-4x+2=0$

---

**필수 문제 ③**

근이 주어질 때,
이차방정식 구하기

**다음 이차방정식을 구하시오.**

(1) 두 근이 $-1$, 5이고 $x^2$의 계수가 1인 이차방정식

(2) 두 근이 $-3$, $-4$이고 $x^2$의 계수가 2인 이차방정식

(3) 중근이 3이고 $x^2$의 계수가 $-1$인 이차방정식

**3-1** 다음 이차방정식을 구하시오.

(1) 두 근이 $-2$, 1이고 $x^2$의 계수가 $-4$인 이차방정식

(2) 두 근이 $\dfrac{1}{2}$, $\dfrac{1}{3}$이고 $x^2$의 계수가 6인 이차방정식

(3) 중근이 $-2$이고 $x^2$의 계수가 3인 이차방정식

**3-2** 이차방정식 $2x^2+ax+b=0$의 두 근이 $-5$, 6일 때, 상수 $a$, $b$의 값을 각각 구하시오.

**1** 다음 이차방정식 중 근의 개수가 나머지 넷과 <u>다른</u> 하나는?

① $x^2-8x+5=0$      ② $2x^2-9x-3=0$      ③ $3x^2+4x-1=0$

④ $4x^2+2x-1=0$      ⑤ $5x^2+7x+8=0$

**2** 이차방정식 $2x^2-4x+2k-3=0$이 근을 갖도록 하는 상수 $k$의 값의 범위를 구하시오.

**3** 이차방정식 $x^2-6x+k-3=0$이 중근을 가질 때, 상수 $k$의 값과 그 중근을 각각 구하시오.

**4** 이차방정식 $4x^2+ax+b=0$의 두 근이 $-\dfrac{1}{2}$, 1일 때, 상수 $a$, $b$에 대하여 $ab$의 값을 구하시오.

● 이차방정식 구하기
두 근이 $\alpha$, $\beta$이고 $x^2$의 계수가 $a$인 이차방정식
⇨ $a(x-\alpha)(x-\beta)=0$

**5** 이차방정식 $x^2+ax+b=0$의 두 근이 $-2$, 3일 때, 이차방정식 $bx^2+ax+1=0$의 해를 구하시오. (단, $a$, $b$는 상수)

한 번 더 치

**6** 이차방정식 $3x^2+ax+b=0$의 두 근이 $-1$, $\dfrac{1}{3}$일 때, 이차방정식 $ax^2+3x-b=0$의 해를 구하시오. (단, $a$, $b$는 상수)

## 3 이차방정식을 활용하여 문제를 해결하는 과정

❶ 문제의 뜻을 이해하고 구하려는 값을 미지수로 놓는다.

❷ 문제의 뜻에 맞게 이차방정식을 세운다.

❸ 이차방정식을 푼다.

❹ 구한 해가 문제의 뜻에 맞는지 확인한다.

주의 이차방정식의 모든 해가 문제의 답이 되는 것은 아니므로 문제의 조건에 맞는지 확인하는 것이 중요하다.

미지수 정하기

↓

이차방정식 세우기

↓

이차방정식 풀기

↓

확인하기

**개념 확인** 다음은 어떤 자연수의 3배에 4를 더한 수는 어떤 자연수에서 2를 뺀 수의 제곱과 같다고 할 때, 어떤 자연수를 구하는 과정이다. ☐ 안에 알맞은 수를 쓰시오.

| ❶ 미지수 정하기 | 어떤 자연수를 $x$라고 하자. |
|---|---|
| ❷ 이차방정식 세우기 | 어떤 자연수의 3배에 4를 더한 수는 $3x+4$이고,<br>어떤 자연수에서 2를 뺀 수의 제곱은 $(\boxed{\phantom{xx}})^2$이므로<br>$3x+4=(\boxed{\phantom{xx}})^2$ |
| ❸ 이차방정식 풀기 | 이 이차방정식을 풀면 $x=0$ 또는 $x=\boxed{\phantom{x}}$<br>이때 $x$는 자연수이므로 $x=\boxed{\phantom{x}}$ |
| ❹ 확인하기 | 어떤 자연수가 $\boxed{\phantom{x}}$이면<br>$3\times\boxed{\phantom{x}}+4=(\boxed{\phantom{x}}-2)^2$<br>이므로 구한 해는 문제의 뜻에 맞는다. |

**필수 문제 4**     식이 주어진 문제

$n$각형의 대각선의 개수는 $\dfrac{n(n-3)}{2}$개일 때, 대각선의 개수가 20개인 다각형을 구하시오.

**4-1**   자연수 1부터 $n$까지의 합은 $\dfrac{n(n+1)}{2}$이다. 합이 120이 되려면 1부터 얼마까지의 자연수를 더해야 하는지 구하시오.

**필수 문제 5**

수에 대한 문제

▶연속하는 두 짝수(홀수)
  ⇨ $x$, $x+2$
▶연속하는 두 자연수
  ⇨ $x$, $x+1$
▶연속하는 세 자연수
  ⇨ $x-1$, $x$, $x+1$

연속하는 두 홀수의 곱이 195일 때, 이 두 홀수를 구하시오.

**5-1**   차가 5인 두 자연수의 곱이 104일 때, 이 두 자연수 중 작은 수를 구하시오.

**필수 문제** **6**

실생활에 대한 문제

사탕 165개를 남김없이 학생들에게 똑같이 나누어 주려고 한다. 한 학생이 받는 사탕의 개수는 학생 수보다 4만큼 적을 때, 학생 수를 구하시오.

**6-1** 쿠키 130개를 남김없이 특별활동반 학생들에게 똑같이 나누어 주려고 한다. 한 학생이 받는 쿠키의 개수가 학생 수보다 3만큼 많을 때, 특별활동반의 학생 수를 구하시오.

**필수 문제** **7**

쏘아 올린 물체에 대한 문제

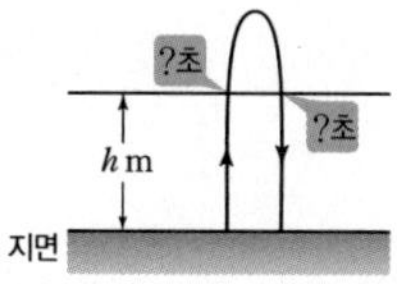

지면에서 지면에 수직인 방향으로 초속 25 m로 쏘아 올린 물 로켓의 $t$초 후의 지면으로부터의 높이는 $(-5t^2+25t)$ m라고 한다. 다음 물음에 답하시오.

(1) 물 로켓의 높이가 처음으로 30 m가 되는 것은 쏘아 올린 지 몇 초 후인지 구하시오.

(2) 이 물 로켓이 지면에 떨어지는 것은 쏘아 올린 지 몇 초 후인지 구하시오.

**7-1** 지면으로부터 8 m 높이의 건물 옥상에서 초속 35 m로 똑바로 위로 쏘아 올린 공의 $x$초 후의 지면으로부터의 높이는 $(-5x^2+35x+8)$ m라고 한다. 이 공의 높이가 처음으로 68 m가 되는 것은 쏘아 올린 지 몇 초 후인지 구하시오.

**필수 문제** **8**

도형에 대한 문제

오른쪽 그림과 같이 정사각형의 가로의 길이를 2 cm만큼 늘이고, 세로의 길이를 4 cm만큼 줄여서 만든 직사각형의 넓이가 72 cm²일 때, 처음 정사각형의 한 변의 길이를 구하시오.

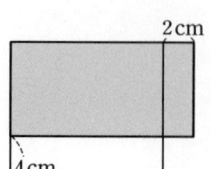

▶도로를 제외한 땅의 넓이

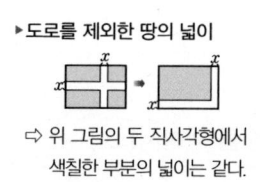

⇨ 위 그림의 두 직사각형에서 색칠한 부분의 넓이는 같다.

**8-1** 오른쪽 그림과 같이 직사각형 모양의 땅에 폭이 일정한 도로를 만들었다. 도로를 제외한 땅의 넓이가 204 m²일 때, 도로의 폭을 구하시오.

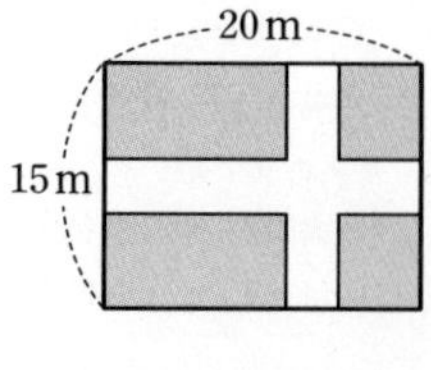

## 쏙쏙 개념 익히기

**1** 어떤 자연수를 제곱해야 할 것을 잘못하여 2배를 하였더니 제곱을 한 것보다 15만큼 작아졌다고 한다. 이때 어떤 자연수를 구하시오.

**2** 연속하는 두 자연수의 제곱의 합이 145일 때, 이 두 자연수를 구하시오.

**3** 형이 동생보다 3살이 많고 형의 나이의 6배가 동생의 나이의 제곱보다 22만큼 적을 때, 동생의 나이를 구하시오.

**4** 지면으로부터 8 m 높이의 건물 옥상에서 초속 18 m로 똑바로 위로 던져 올린 물체의 $t$초 후의 지면으로부터의 높이는 $(-5t^2+18t+8)$ m라고 한다. 이 물체가 지면에 떨어지는 것은 던져 올린 지 몇 초 후인지 구하시오.

**5** 오른쪽 그림과 같이 길이가 12 cm인 $\overline{AB}$ 위에 점 C를 잡아 $\overline{AC}$, $\overline{BC}$를 각각 한 변으로 하는 크기가 서로 다른 두 개의 정사각형을 만들었다. 두 정사각형의 넓이의 합이 90 cm²일 때, 큰 정사각형의 한 변의 길이를 구하시오.

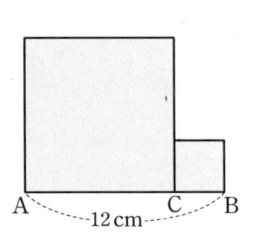

**1** 다음 중 $x$에 대한 이차방정식이 <u>아닌</u> 것을 모두 고르면? (정답 2개)

① $3x^2 = x^2 - x + 1$

② $x^2 + 4x + 3$

③ $x^2 + 1 = x(x+1)$

④ $x^2 + 2x + 3 = 0$

⑤ $3x^3 - 2x^2 + 5 = 3x^3 - 1$

**2** $3x(x-5) = ax^2 - 5$가 $x$에 대한 이차방정식일 때, 다음 중 상수 $a$의 값이 될 수 <u>없는</u> 것은?

① 0      ② 1      ③ 2

④ 3      ⑤ 4

**3** 다음 중 [   ] 안의 수가 주어진 이차방정식의 해인 것은?

① $x^2 - 2x = 0$      [ 1 ]

② $x^2 - 6x + 5 = 0$      [ -1 ]

③ $x^2 - x - 20 = 0$      [ -5 ]

④ $2x^2 + 3x - 2 = 0$      $\left[ \dfrac{1}{2} \right]$

⑤ $3x^2 - 3x - 2 = 0$      $\left[ \dfrac{1}{3} \right]$

**4** 다음 두 이차방정식의 공통인 해가 $x=4$일 때, 상수 $a$, $b$에 대하여 $a+b$의 값을 구하시오.

$$x^2 + ax - 8 = 0, \quad x^2 - 4x - b = 0$$

**5** 이차방정식 $x^2 + 5x - 1 = 0$의 한 근이 $x=a$일 때, 다음 중 옳지 <u>않은</u> 것은?

① $a^2 + 5a - 1 = 0$      ② $2a^2 + 10a = 2$

③ $a^2 + 5a + 3 = 4$      ④ $a - \dfrac{1}{a} = -5$

⑤ $a^2 + \dfrac{1}{a^2} = 25$

**6** 이차방정식 $(x+3)(2x-1) = 0$의 해와 이차방정식 $(3x-2)(x+4) = 0$의 해를 모두 곱하면?

① $-4$      ② $-2$      ③ 1

④ 2      ⑤ 4

**7** 이차방정식 $x^2 = 9x - 18$의 두 근 중 작은 근이 이차방정식 $3x^2 + ax - 6 = 0$의 한 근일 때, 상수 $a$의 값을 구하시오.

**8**  다음 보기의 이차방정식 중 중근을 갖는 것을 모두 고른 것은?

보기
ㄱ. $x(x-4)=0$

ㄴ. $x^2-x+\dfrac{1}{4}=0$

ㄷ. $x^2=1$

ㄹ. $(x+2)(x-4)=-9$

ㅁ. $x^2-3x=-5x+15$

① ㄱ, ㄷ     ② ㄱ, ㄹ     ③ ㄴ, ㄹ

④ ㄴ, ㅁ     ⑤ ㄷ, ㅁ

**9** 이차방정식 $4(x-3)^2=20$을 풀면?

① $x=-3\pm\sqrt{5}$     ② $x=-3\pm2\sqrt{5}$

③ $x=3\pm\sqrt{5}$     ④ $x=3\pm2\sqrt{5}$

⑤ $x=-2$ 또는 $x=8$

**10** 이차방정식 $2(x+a)^2-14=0$의 해가 $x=-6\pm\sqrt{b}$ 일 때, 유리수 $a$, $b$에 대하여 $a+b$의 값을 구하시오.

**11**  다음은 이차방정식 $x^2-5x-4=0$을 완전제곱식을 이용하여 푸는 과정이다. ①~⑤에 들어갈 수로 알맞지 <u>않은</u> 것은?

$$x^2-5x-4=0$$
$$x^2-5x=4$$
$$x^2-5x+\boxed{①}=4+\boxed{①}$$
$$(x-\boxed{②})^2=\boxed{③}$$
$$x-\boxed{②}=\boxed{④}$$
$$\therefore x=\boxed{⑤}$$

① $\dfrac{25}{4}$     ② $\dfrac{5}{2}$     ③ $\dfrac{41}{4}$

④ $\dfrac{\sqrt{41}}{2}$     ⑤ $\dfrac{5\pm\sqrt{41}}{2}$

**12** 이차방정식 $2x^2-8x+5=0$을 $(x-p)^2=q$ 꼴로 나타낼 때, 상수 $p$, $q$에 대하여 $pq$의 값은?

① $-3$     ② $-\dfrac{4}{3}$     ③ $\dfrac{4}{3}$

④ $2$     ⑤ $3$

**13** 이차방정식 $5x^2-x-2=0$의 해가 $x=\dfrac{a\pm\sqrt{b}}{10}$일 때, 유리수 $a$, $b$에 대하여 $a+b$의 값을 구하시오.

**14** 이차방정식 $2x^2-Ax+1=0$의 해가 $x=\dfrac{5\pm\sqrt{B}}{4}$ 일 때, 유리수 $A$, $B$에 대하여 $A+B$의 값을 구하시오.

**15** 이차방정식 $x^2+(k+2)x+k=0$에서 일차항의 계수와 상수항을 서로 바꾸어 풀었더니 한 근이 $x=-2$였다. 이때 처음 이차방정식의 해를 구하시오. (단, $k$는 상수)

**16** 이차방정식 $x^2-3x+a=0$의 해가 모두 유리수가 되도록 하는 자연수 $a$의 값은?

① 1      ② 2      ③ 3
④ 4      ⑤ 5

**17** 이차방정식 $\dfrac{2}{3}x^2-\dfrac{5}{6}x-0.5=0$을 풀면?

① $x=\dfrac{5\pm\sqrt{23}}{4}$      ② $x=\dfrac{5\pm\sqrt{73}}{8}$

③ $x=\dfrac{5\pm\sqrt{23}}{8}$      ④ $x=\dfrac{-5\pm\sqrt{73}}{4}$

⑤ $x=\dfrac{-5\pm\sqrt{73}}{8}$

**18** $(x-y)(x-y-2)=8$일 때, $x-y$의 값은?
(단, $x>y$)

① 2      ② 3      ③ 4
④ 5      ⑤ 6

**19** 이차방정식 $x^2+(2k-1)x+k^2-2=0$이 해를 갖도록 하는 가장 큰 정수 $k$의 값을 구하시오.

**20** 이차방정식 $x^2+2(k-2)x+k=0$이 중근을 갖도록 하는 상수 $k$의 값을 모두 고르면? (정답 2개)

① 1      ② 2      ③ 4
④ 6      ⑤ 8

**21** 이차방정식 $2x^2+7x+3=0$의 두 근을 $p$, $q$라고 할 때, $p+1$, $q+1$을 두 근으로 하고 $x^2$의 계수가 2인 이차방정식은 $2x^2+ax+b=0$이다. 이때 $a-b$의 값은? (단, $a$, $b$는 상수)

① 1      ② 2      ③ 3
④ 4      ⑤ 5

**22** 다음 그림과 같이 단계가 올라갈 때마다 바둑돌의 개수를 늘려가며 삼각형 모양을 만들었을 때, $n$단계에서 사용한 바둑돌의 개수는 $\dfrac{n(n+1)}{2}$개이다. 120개의 바둑돌로 만든 삼각형 모양은 몇 단계인지 구하시오.

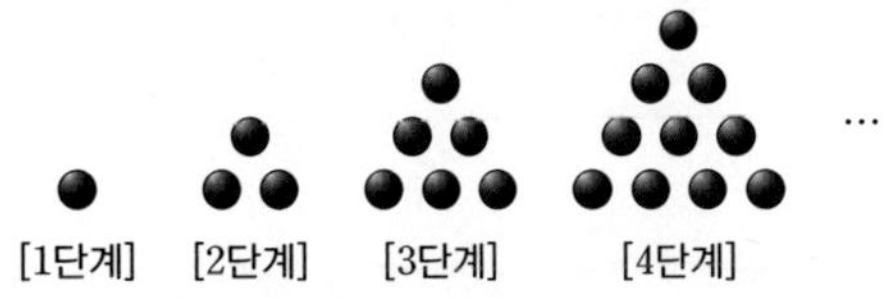

[1단계]　[2단계]　[3단계]　[4단계]

**23** 연속하는 세 자연수가 있다. 가장 큰 수의 제곱이 다른 두 수의 제곱의 합보다 12만큼 작을 때, 이 세 자연수의 합은?

① 9　　　　② 12　　　　③ 15
④ 18　　　　⑤ 21

**24** 어떤 책을 펼쳤더니 펼쳐진 두 면의 쪽수의 곱이 462였다고 한다. 이때 두 면의 쪽수를 각각 구하시오.

**25** 지면에서 지면에 수직인 방향으로 초속 50 m로 쏘아 올린 야구공의 $t$초 후의 지면으로부터의 높이는 $(50t-5t^2)$ m라고 한다. 이 야구공이 지면으로부터의 높이가 120 m 이상인 지점을 지나는 것은 몇 초 동안인지 구하시오.

**26** 인도의 수학자 바스카라가 쓴 책 "릴라바티"에는 다음과 같은 시가 있다. 숲속에 있는 원숭이는 모두 몇 마리인지 구하시오.

> 숲속에 있는 원숭이 무리들이 신나게 놀고 있다네.
> 그 무리의 $\dfrac{1}{8}$의 제곱은 숲속을 돌아다닌다네.
> 산들바람이 불 때마다 캬~ 캬~ 소리를 외친다네.
> 돌아다니지 않고 남아 있는 원숭이는 12마리.
> 숲속에 있는 원숭이는 모두 몇 마리인지……

**27** 오른쪽 그림과 같이 가로의 길이가 세로의 길이보다 3 cm만큼 더 긴 직사각형 모양의 종이의 네 귀퉁이에서 한 변의 길이가 2 cm인 정사각형을 잘라 내고, 나머지로 윗면이 없는 직육면체 모양의 상자를 만들었더니 그 부피가 36 cm³가 되었다. 이때 처음 직사각형 모양의 종이의 세로의 길이를 구하시오.

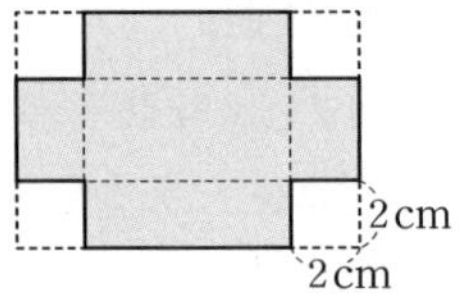

2 cm
2 cm

유제를 따라 풀어 보고, 실전 문제로 연습해 보세요.

**따라 해보자**

**예제 1** 이차방정식 $x^2+ax+a-1=0$의 한 근이 $x=-2$일 때, 다른 한 근을 구하시오. (단, $a$는 상수)

**유제 1** 이차방정식 $(a-1)x^2-(2a+1)x+6=0$의 한 근이 $x=3$일 때, 다른 한 근을 구하시오. (단, $a \ne 1$인 상수)

**풀이 과정**

**1단계** 주어진 근을 대입하여 $a$의 값 구하기

$x=-2$를 주어진 이차방정식에 대입하면

$(-2)^2+a\times(-2)+a-1=0,\ -a+3=0$

$\therefore a=3$

**2단계** $a$의 값을 대입하여 이차방정식 풀기

$a=3$을 주어진 이차방정식에 대입하면

$x^2+3x+2=0,\ (x+2)(x+1)=0$

$\therefore x=-2$ 또는 $x=-1$

**3단계** 다른 한 근 구하기

따라서 다른 한 근은 $x=-1$이다.

**답** $x=-1$

**풀이 과정**

**1단계** 주어진 근을 대입하여 $a$의 값 구하기

**2단계** $a$의 값을 대입하여 이차방정식 풀기

**3단계** 다른 한 근 구하기

**답**

---

**예제 2** 이차방정식 $x^2+ax+b=0$을 민호와 연아가 푸는데 민호는 상수항을 잘못 보고 풀어서 $x=-5$ 또는 $x=3$을 해로 얻었고, 연아는 $x$의 계수를 잘못 보고 풀어서 $x=-8$ 또는 $x=1$을 해로 얻었다. 처음 이차방정식의 해를 구하시오. (단, $a$, $b$는 상수)

**유제 2** 이차방정식 $x^2+ax+b=0$을 준기와 선미가 푸는데 준기는 일차항의 계수를 잘못 보고 풀어서 $x=-4$ 또는 $x=7$을 해로 얻었고, 선미는 상수항을 잘못 보고 풀어서 $x=4$ 또는 $x=8$을 해로 얻었다. 처음 이차방정식의 해를 구하시오. (단, $a$, $b$는 상수)

**풀이 과정**

**1단계** $a$의 값 구하기

민호는 $-5$, $3$을 해로 얻었으므로 민호가 푼 이차방정식은

$(x+5)(x-3)=0 \quad \therefore x^2+2x-15=0$

민호는 $x$의 계수를 제대로 보았으므로 $a=2$

**2단계** $b$의 값 구하기

연아는 $-8$, $1$을 해로 얻었으므로 연아가 푼 이차방정식은

$(x+8)(x-1)=0 \quad \therefore x^2+7x-8=0$

연아는 상수항을 제대로 보았으므로 $b=-8$

**3단계** 처음 이차방정식의 해 구하기

따라서 처음 이차방정식은 $x^2+2x-8=0$이므로

$(x+4)(x-2)=0 \quad \therefore x=-4$ 또는 $x=2$

**답** $x=-4$ 또는 $x=2$

**풀이 과정**

**1단계** $b$의 값 구하기

**2단계** $a$의 값 구하기

**3단계** 처음 이차방정식의 해 구하기

**답**

● 정답과 해설 60쪽

## 연습해 보자

▶ 모든 문제는 풀이 과정을 자세히 서술한 후 답을 쓰세요.

**1** 다음 두 이차방정식을 동시에 만족시키는 해를 구하시오.

$$2x^2-5x-3=0, \quad x^2+3x-18=0$$

풀이 과정

답

**2** 이차방정식 $3x^2+8x+1=0$의 해를 완전제곱식을 이용하여 구하시오.

풀이 과정

답

**3** 이차방정식 $x^2-5x+m+6=0$이 중근을 가질 때, 이차방정식 $4mx^2+3x-1=0$의 해를 구하시오. (단, $m$은 상수)

풀이 과정

답

**4** 다음 조건을 모두 만족시키는 두 자리의 자연수를 구하시오.

조건
(가) 일의 자리의 숫자는 십의 자리의 숫자의 3배이다.
(나) 처음 수는 각 자리 숫자의 곱보다 14만큼 크다.

풀이 과정

답

# 밀로의 비너스 조각상에 숨어 있는 황금비

황금비는 선분을 둘로 나누었을 때, 짧은 부분과 긴 부분의 길이의 비가 긴 부분과 전체의 길이의 비와 같은 경우를 말한다.

즉, 오른쪽 그림에서

(짧은 부분의 길이) : (긴 부분의 길이) = (긴 부분의 길이) : (전체의 길이)

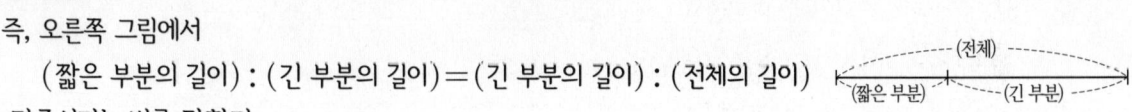

를 만족시키는 비를 말한다.

황금비는 고대 그리스 시대부터 균형과 조화를 나타내는 가장 아름다운 비율로 여겨져서 건축물이나 예술품 등에 널리 사용되었다.

현재 프랑스 루브르 박물관에 소장되어 있는 '밀로의 비너스'는 이러한 황금비를 찾아볼 수 있는 대표적인 조각상이다.

밀로의 비너스 조각상에서 배꼽을 중심으로 상반신과 하반신의 길이의 비가 황금비를 이루고 있다. 또 상반신에서 목을 기준으로 머리 부분의 길이와 그 아래 배꼽까지의 길이의 비, 하반신에서 무릎을 기준으로 배꼽까지의 길이와 그 아래 발까지의 길이의 비도 황금비를 이루고 있다.

## 기출문제는 이렇게!

Q 오른쪽 그림과 같이 '밀로의 비너스'에서 일직선 상의 머리끝, 발끝, 배꼽의 위치를 각각 A, B, C라고 하면 $\overline{AB} : \overline{BC} = \overline{BC} : \overline{AC}$가 성립한다고 한다. $\overline{AC}=1$, $\overline{BC}=x$라고 할 때, $x$의 값을 구하시오.

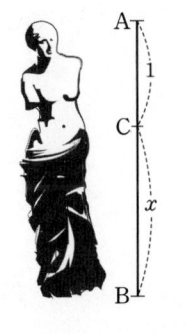

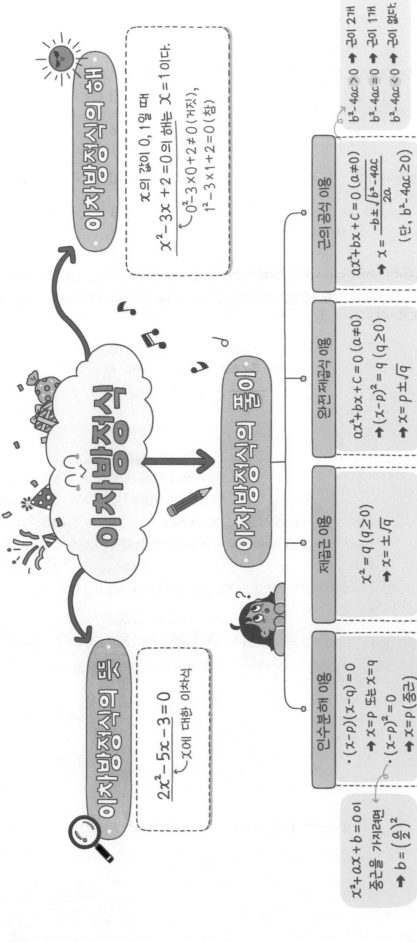

**이차방정식 뜻과 풀이**

**이차방정식의 해**

$x$의 값이 $0$, $1$일 때

$\underline{x^2 - 3x + 2 = 0}$의 해는 $x = 1$이다.

$0^2 - 3 \times 0 + 2 \neq 0$ (거짓),
$1^2 - 3 \times 1 + 2 = 0$ (참)

**이차방정식의 뜻**

$\underline{2x^2 - 5x - 3 = 0}$
$x$에 대한 이차식

**이차방정식의 풀이**

**인수분해 이용**

- $(x-p)(x-q) = 0$
→ $x = p$ 또는 $x = q$
- $(x-p)^2 = 0$
→ $x = p$ (중근)

$x^2 + ax + b = 0$이 중근을 가지려면
→ $b = \left(\dfrac{a}{2}\right)^2$

**제곱근 이용**

$x^2 = q$ $(q \geq 0)$
→ $x = \pm\sqrt{q}$

**완전제곱식 이용**

$ax^2 + bx + c = 0$ $(a \neq 0)$
→ $(x-p)^2 = q$ $(q \geq 0)$
→ $x = p \pm \sqrt{q}$

**근의 공식 이용**

$ax^2 + bx + c = 0$ $(a \neq 0)$
→ $x = \dfrac{-b \pm \sqrt{b^2 - 4ac}}{2a}$
(단, $b^2 - 4ac \geq 0$)

$b^2 - 4ac > 0$ → 근이 2개
$b^2 - 4ac = 0$ → 근이 1개
$b^2 - 4ac < 0$ → 근이 없다.

**활용**

① 미지수 정하기 → ② 이차방정식 세우기 → ③ 이차방정식 풀기 → ④ 문제의 뜻에 맞는 해 찾기

마인드 MAP

# 6 이차함수와 그 그래프

Ⅲ
이차함수

**이전에 배운 내용**

중1
- 좌표와 그래프
- 정비례와 반비례

중2
- 일차함수와 그 그래프

**이번에 배울 내용**

1 이차함수의 뜻
2 이차함수 $y=ax^2$의 그래프
3 이차함수 $y=a(x-p)^2+q$의 그래프
4 이차함수 $y=ax^2+bx+c$의 그래프
5 이차함수의 식 구하기

**이후에 배울 내용**

고등
- 이차방정식과 이차함수
- 함수
- 유리함수와 무리함수

## 준비 학습

**중2 일차함수**

- 함수 $y=f(x)$에서 $y$가 $x$에 대한 일차식 $y=ax+b$($a$, $b$는 상수, $a\neq0$)로 나타날 때, 이 함수를 $x$에 대한 일차함수라고 한다.

**1** 다음 보기 중 일차함수인 것을 모두 고르시오.

보기

ㄱ. $y=\frac{1}{3}x$ ㄴ. $y=\frac{12}{x}$ ㄷ. $y=5$
ㄹ. $y=2x(x-1)$ ㅁ. $y=5x+4$ ㅂ. $y+x=x+1$

**중2 일차함수의 그래프의 평행이동**

- 일차함수 $y=ax$의 그래프를 $y$축의 방향으로 $b$만큼 평행이동한 직선을 $y=ax+b$라고 한다.

**2** 다음 일차함수의 그래프를 $y$축의 방향으로 [ ] 안의 수만큼 평행이동한 그래프를 나타내는 일차함수의 식을 구하시오.

(1) $y=3x$ [5] (2) $y=-7x$ [$-3$] (3) $y=\frac{1}{2}x+1$ [$-4$]

정답 1. ㄱ, ㅁ 2. (1) $y=3x+5$ (2) $y=-7x-3$ (3) $y=\frac{1}{2}x-3$

# 1 이차함수의 뜻

● 정답과 해설 62쪽

## 1 이차함수의 뜻

함수 $y=f(x)$에서 $y$가 $x$에 대한 이차식

$$y=ax^2+bx+c\ (a,\ b,\ c는\ 상수,\ \underline{a\neq0})$$

$\quad\longrightarrow y=ax^2+bx+c$가 이차함수가 되는 조건은 $a\neq0$이다.

로 나타날 때, 이 함수를 $x$에 대한 **이차함수**라고 한다.

예 ① $y=\dfrac{1}{2}x^2$, $y=-2x^2-1$, $y=3x^2+2x+1$은 이차함수이다.

② $\underline{y=-x+1}$, $\underline{y=\dfrac{1}{x}}$은 이차함수가 아니다.

$\quad\quad\longrightarrow x$에 대한 이차식이 아니다.

---

**필수 문제 1**

이차함수 찾기

▶❶ $y=(x$에 대한 식) 꼴로 정리한다.
❷ 우변을 전개하여 간단히 한 후 우변이 $x$에 대한 이차식인지 확인한다.

다음 보기 중 $y$가 $x$에 대한 이차함수인 것을 모두 고르시오.

┌ 보기 ├

ㄱ. $y=2$        ㄴ. $y=x^2(2-x)$        ㄷ. $y=(x+2)^2-4x$

ㄹ. $y+2x=1$        ㅁ. $y=\dfrac{1}{x^2}$        ㅂ. $y=-2(x-2)(x+2)$

---

**1-1** 다음 중 $y$가 $x$에 대한 이차함수인 것은?

① $y=\dfrac{1}{x^2}+2$        ② $y=x^2(x+1)$        ③ $y=-(x-1)+6$

④ $y=x^2-x(x+4)$        ⑤ $y=(x+1)(x-1)$

---

**1-2** 다음에서 $y$를 $x$에 대한 식으로 나타내고, $y$가 $x$에 대한 이차함수인 것을 모두 고르시오.

(1) 한 변의 길이가 $x\,\mathrm{cm}$인 정사각형의 둘레의 길이 $y\,\mathrm{cm}$

(2) 한 모서리의 길이가 $x\,\mathrm{cm}$인 정육면체의 부피 $y\,\mathrm{cm}^3$

(3) 가로와 세로의 길이가 각각 $(x+1)\,\mathrm{cm}$, $(x+3)\,\mathrm{cm}$인 직사각형의 넓이 $y\,\mathrm{cm}^2$

(4) 반지름의 길이가 $x\,\mathrm{cm}$인 원의 넓이 $y\,\mathrm{cm}^2$

---

**필수 문제 2**

이차함수의 함숫값

▶함숫값 $f(a)$
$f(x)=x^2+2x-5$에서
$x$ 대신 $a$를 대입
$\Rightarrow f(a)=a^2+2a-5$

이차함수 $f(x)=x^2+2x-5$에 대하여 $f(2)$의 값을 구하시오.

---

**2-1** 이차함수 $f(x)=\dfrac{1}{3}x^2-x+2$에 대하여 $f(-3)+f(0)$의 값을 구하시오.

**쏙쏙 개념 익히기**

**1** 다음 중 $y$가 $x$에 대한 이차함수인 것은?

① $y=2x-2$  ② $y=x(x+2)-x^2$  ③ $(2x+1)(x-3)+4=0$

④ $y=\dfrac{3}{x}+2$  ⑤ $y=\dfrac{1}{3}-\dfrac{2}{5}x^2$

**2** 다음 중 $y$가 $x$에 대한 이차함수인 것은?

① 한 자루에 1000원인 볼펜 $x$자루의 가격 $y$원

② 시속 $x\,\mathrm{km}$로 2시간 동안 달린 거리 $y\,\mathrm{km}$

③ 한 변의 길이가 $x\,\mathrm{cm}$인 정육각형의 둘레의 길이 $y\,\mathrm{cm}$

④ 밑면의 반지름의 길이가 $x\,\mathrm{cm}$, 높이가 $3\,\mathrm{cm}$인 원기둥의 부피 $y\,\mathrm{cm}^3$

⑤ 밑변의 길이가 $x\,\mathrm{cm}$, 높이가 $8\,\mathrm{cm}$인 삼각형의 넓이 $y\,\mathrm{cm}^2$

**3** 다음 중 $y=2x^2+2x(ax-1)-5$가 $x$에 대한 이차함수가 되기 위한 상수 $a$의 값이 <u>아닌</u> 것은?

① $-2$  ② $-1$  ③ $0$

④ $1$  ⑤ $2$

**4** 이차함수 $f(x)=-2x^2+3x-1$에 대하여 $\dfrac{1}{2}f(3)-2f\left(-\dfrac{1}{2}\right)$의 값을 구하시오.

● 함숫값이 주어질 때, 상수의 값 구하기
이차함수에 주어진 함숫값을 대입하여 상수의 값을 구한다.

**5** 이차함수 $f(x)=x^2-2x+a$에 대하여 $f(3)=4$일 때, 상수 $a$의 값을 구하시오.

한번더 ✕

**6** 이차함수 $f(x)=ax^2+3x-6$에 대하여 $f(-2)=4$일 때, $f(1)+f(2)$의 값을 구하시오.
(단, $a$는 상수)

# 이차함수 $y=ax^2$의 그래프

● 정답과 해설 62쪽

## 1 이차함수 $y=x^2$의 그래프

(1) 원점 O(0, 0)을 지나고, 아래로 볼록한 곡선이다.

(2) $y$축에 대칭이다.

(3) $x<0$일 때, $x$의 값이 증가하면 $y$의 값은 감소한다.

　$x>0$일 때, $x$의 값이 증가하면 $y$의 값도 증가한다.

(4) 이차함수 $y=-x^2$의 그래프와 $x$축에 서로 대칭이다.

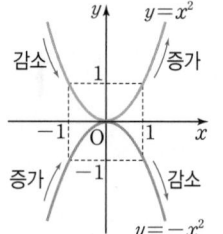

참고　좌표축에 대한 대칭

① 오른쪽 그림의 두 그래프 A, B는 각각 $y$축에 대칭이다.

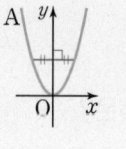

② 오른쪽 그림의 두 그래프 C, D는 $x$축에 서로 대칭이다.

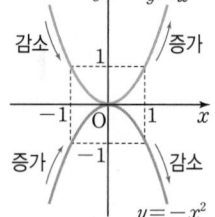

## 2 포물선

이차함수 $y=x^2$, $y=-x^2$의 그래프와 같은 모양의 곡선을 **포물선**이라고 한다.

(1) **축**: 포물선은 선대칭도형이고, 그 대칭축을 포물선의 **축**이라고 한다.

(2) **꼭짓점**: 포물선과 축의 교점을 포물선의 **꼭짓점**이라고 한다.

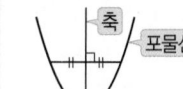

예　두 이차함수 $y=x^2$, $y=-x^2$의 그래프에서

(1) 축의 방정식: $x=0$($y$축)　　(2) 꼭짓점의 좌표: $(0, 0)$

참고　특별한 말이 없으면 이차함수에서 $x$의 값의 범위는 실수 전체로 생각한다.

용어

**포물선**(抛 던지다, 物 물체, 線 선)
물건을 비스듬히 던질 때 그려지는 곡선

---

**필수 문제 1**

이차함수 $y=x^2$의 그래프

이차함수 $y=x^2$에 대하여 다음 물음에 답하시오.

(1) 다음 표를 완성하고, $x$의 값의 범위가 실수 전체일 때 이차함수 $y=x^2$의 그래프를 오른쪽 좌표평면 위에 그리시오.

| $x$ | $\cdots$ | $-3$ | $-2$ | $-1$ | $0$ | $1$ | $2$ | $3$ | $\cdots$ |
|---|---|---|---|---|---|---|---|---|---|
| $y$ | $\cdots$ | $9$ | | | | | | $9$ | $\cdots$ |

(2) 다음은 이차함수 $y=x^2$의 그래프에 대한 설명이다. ☐ 안에 알맞은 것을 쓰시오.

ㄱ. 꼭짓점의 좌표는 (☐, ☐)이고, ☐로 볼록한 곡선이다.

ㄴ. $y$축에 대칭이다. 즉, 축의 방정식은 ☐이다.

ㄷ. 이차함수 $y=-x^2$의 그래프와 ☐축에 서로 대칭이다.

ㄹ. $x>0$일 때, $x$의 값이 증가하면 $y$의 값은 ☐한다.

ㅁ. 점 $(-4, ☐)$을(를) 지난다.

이차함수 $y=-x^2$에 대하여 다음 물음에 답하시오.

(1) 다음 표를 완성하고, $x$의 값의 범위가 실수 전체일 때 이차함수 $y=-x^2$의 그래프를 오른쪽 좌표평면 위에 그리시오.

| $x$ | $\cdots$ | $-3$ | $-2$ | $-1$ | $0$ | $1$ | $2$ | $3$ | $\cdots$ |
|---|---|---|---|---|---|---|---|---|---|
| $y$ | $\cdots$ | $-9$ | | | | | | $-9$ | $\cdots$ |

(2) 다음은 이차함수 $y=-x^2$의 그래프에 대한 설명이다. ☐ 안에 알맞은 것을 쓰시오.

ㄱ. 꼭짓점의 좌표는 (☐, ☐)이고, ☐로 볼록한 곡선이다.

ㄴ. $y$축에 대칭이다. 즉, 축의 방정식은 ☐이다.

ㄷ. 이차함수 $y=x^2$의 그래프와 ☐축에 서로 대칭이다.

ㄹ. $x>0$일 때, $x$의 값이 증가하면 $y$의 값은 ☐한다.

ㅁ. 점 $(7,$ ☐$)$을(를) 지난다.

● 정답과 해설 63쪽

## 3 이차함수 $y=ax^2$의 그래프

(1) 원점 $O(0, 0)$을 꼭짓점으로 하는 포물선이다.

(2) $y$축에 대칭이다. ➡ 축의 방정식: $x=0$($y$축)

(3) $a$의 부호: 그래프의 모양을 결정

① $a>0$ ➡ 아래로 볼록

② $a<0$ ➡ 위로 볼록

(4) $a$의 절댓값: 그래프의 폭을 결정

➡ $a$의 절댓값이 클수록 폭이 좁아진다.
└▸ 그래프가 $y$축에 가까워진다.

(5) 이차함수 $y=-ax^2$의 그래프와 $x$축에 서로 대칭이다.

[그래프의 모양]   [그래프의 폭]

**개념 확인** 다음 표를 완성하고, 이차함수 $y=x^2$의 그래프와 아래 표를 이용하여 이차함수 $y=2x^2$의 그래프를 오른쪽 좌표평면 위에 그리시오.

| $x$ | $\cdots$ | $-3$ | $-2$ | $-1$ | $0$ | $1$ | $2$ | $3$ | $\cdots$ |
|---|---|---|---|---|---|---|---|---|---|
| $y=x^2$ | $\cdots$ | $9$ | $4$ | $1$ | $0$ | $1$ | $4$ | $9$ | $\cdots$ |
| $y=2x^2$ | $\cdots$ | | | | | | | | $\cdots$ |

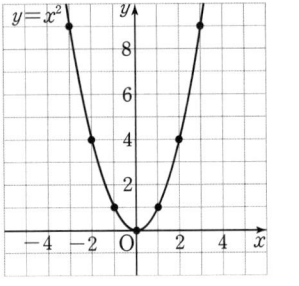

**필수 문제** 3

이차함수 $y=ax^2$의 그래프

▸$y=ax^2$의 그래프의 증가·감소

$a>0$
$x=0$(축)

감소  증가
$(x<0)$ $(x>0)$

$a<0$
$x=0$(축)

증가  감소
$(x<0)$ $(x>0)$

다음은 이차함수 $y=-2x^2$의 그래프에 대한 설명이다. ☐ 안에 알맞은 것을 쓰시오.

ㄱ. 꼭짓점의 좌표는 (☐, ☐)이고, ☐로 볼록한 곡선이다.

ㄴ. ☐축을 축으로 하는 포물선이다. 즉, 축의 방정식은 ☐이다.

ㄷ. 이차함수 ☐의 그래프와 $x$축에 서로 대칭이다.

ㄹ. $x<0$일 때, $x$의 값이 증가하면 $y$의 값은 ☐한다.

ㅁ. 점 $(-2,$ ☐$)$을(를) 지난다.

**3-1** 다음 보기의 이차함수의 그래프에 대하여 물음에 답하시오.

| 보기 |

ㄱ. $y=4x^2$    ㄴ. $y=-4x^2$    ㄷ. $y=-\dfrac{1}{3}x^2$    ㄹ. $y=\dfrac{1}{5}x^2$    ㅁ. $y=6x^2$

(1) 그래프가 위로 볼록한 것을 모두 고르시오.

(2) 그래프의 폭이 가장 넓은 것을 고르시오.

(3) 그래프가 $x$축에 서로 대칭인 것끼리 짝 지으시오.

(4) $x>0$일 때, $x$의 값이 증가하면 $y$의 값도 증가하는 것을 모두 고르시오.

(5) 점 $(2, -16)$을 지나는 그래프를 고르시오.

**필수 문제** 4

이차함수 $y=ax^2$의
그래프가 지나는 점

▸$y=ax^2$의 그래프가 점 $(p, q)$
를 지난다.
⇨ $y=ax^2$에 $x=p$, $y=q$를
대입하면 등식이 성립한다.

이차함수 $y=\dfrac{1}{2}x^2$의 그래프가 점 $(2, a)$를 지날 때, $a$의 값을 구하시오.

**4-1** 이차함수 $y=ax^2$의 그래프가 점 $(3, -9)$를 지날 때, 상수 $a$의 값을 구하시오.

## STEP 1 쏙쏙 개념 익히기

**1** 다음 중 이차함수 $y=\frac{1}{4}x^2$의 그래프에 대한 설명으로 옳지 <u>않은</u> 것을 모두 고르면? (정답 2개)

① 아래로 볼록한 포물선이다.
② 꼭짓점의 좌표는 $(0, 0)$이다.
③ 점 $(4, 1)$을 지난다.
④ $x>0$일 때, $x$의 값이 증가하면 $y$의 값도 증가한다.
⑤ $x$축에 대칭이다.

**2** 다음 이차함수 중 그 그래프의 폭이 가장 좁은 것은?

① $y=-\frac{1}{2}x^2$　② $y=-x^2$　③ $y=-\frac{2}{3}x^2$　④ $y=2x^2$　⑤ $y=\frac{4}{3}x^2$

**3** 이차함수 $y=ax^2$의 그래프가 두 점 $(-3, 12)$, $\left(\frac{1}{4}, b\right)$를 지날 때, $ab$의 값을 구하시오.

(단, $a$는 상수)

● 꼭짓점이 원점인 포물선을 그래프로 하는 이차함수의 식 구하기
❶ $y=ax^2 (a\neq0)$으로 놓는다.
❷ ❶의 식에 그래프가 지나는 점의 좌표를 대입하여 $a$의 값을 구한다.

**4** 원점을 꼭짓점으로 하고 점 $(2, 6)$을 지나는 포물선을 그래프로 하는 이차함수의 식은?

① $y=\frac{1}{3}x^2$　② $y=\frac{1}{2}x^2$　③ $y=\frac{2}{3}x^2$　④ $y=\frac{4}{3}x^2$　⑤ $y=\frac{3}{2}x^2$

한번더 ✕

**5** 오른쪽 그림과 같이 원점을 꼭짓점으로 하고 점 $(2, 2)$를 지나는 포물선을 그래프로 하는 이차함수의 식을 구하시오.

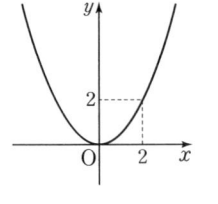

# 3 이차함수 $y=a(x-p)^2+q$의 그래프

• 정답과 해설 64쪽

## 1 이차함수 $y=ax^2+q$의 그래프 ← $y=ax^2$에 $y$ 대신 $y-q$를 대입

이차함수 $y=ax^2+q$의 그래프는 이차함수 $y=ax^2$의 그래프를
$y$축의 방향으로 $q$만큼 평행이동한 것이다.

$$y=ax^2 \xrightarrow[\text{$q$만큼 평행이동}]{\text{$y$축의 방향으로}} y=ax^2+q$$

(1) 축의 방정식: $x=0$($y$축)

(2) 꼭짓점의 좌표: $(0,\ q)$

참고 이차함수의 그래프를 평행이동하면 그래프의 모양과 폭은 변하지 않고 위치만
바뀐다. 따라서 그래프의 모양과 폭을 결정하는 $x^2$의 계수 $a$는 변하지 않는다.

**개념 확인**  이차함수 $y=x^2$의 그래프와 아래 표를 이용하여 오른쪽 좌표평면 위에 이차함수
$y=x^2+3$의 그래프를 그리고, 다음 □ 안에 알맞은 수를 쓰시오.

| $x$ | $\cdots$ | $-2$ | $-1$ | $0$ | $1$ | $2$ | $\cdots$ |
|---|---|---|---|---|---|---|---|
| $y=x^2$ | $\cdots$ | $4$ ⤸+3 | $1$ ⤸+3 | $0$ ⤸+3 | $1$ ⤸+3 | $4$ ⤸+3 | $\cdots$ |
| $y=x^2+3$ | $\cdots$ | $7$ | $4$ | $3$ | $4$ | $7$ | $\cdots$ |

$$y=x^2 \xrightarrow[\text{3만큼 평행이동}]{\text{$y$축의 방향으로}}$$

(1) $y=x^2+$□

(2) 축의 방정식: $x=$□

(3) 꼭짓점의 좌표: (□, □)

---

**필수 문제 1**

이차함수 $y=ax^2+q$의
그래프

▶$y=ax^2$의 그래프를 $y$축의 방
향으로 $q$만큼 평행이동하면

| | 평행이동<br>전 | 평행이동<br>후 |
|---|---|---|
| 식 | $y=ax^2$ | $y=ax^2+q$ |
| 축 | $x=0$ | $x=0$ |
| 꼭짓점 | $(0, 0)$ | $(0, q)$ |

다음 이차함수의 그래프를 $y$축의 방향으로 [ ] 안의 수만큼 평행이동한 그래프를 나타내
는 이차함수의 식을 구하고, 축의 방정식과 꼭짓점의 좌표를 차례로 구하시오.

(1) $y=-3x^2$ [ 2 ]

(2) $y=\dfrac{2}{3}x^2$ [ $-4$ ]

**1-1** 이차함수 $y=-2x^2$의 그래프를 $y$축의 방향으로 4만큼 평행이동한 그래프에 대하여
다음 □ 안에 알맞은 것을 쓰시오.

(1) 평행이동한 그래프를 나타내는 이차함수의 식은 □

(2) 축의 방정식은 □, 꼭짓점의 좌표는 (□, □)이다.

(3) 그래프의 모양은 □로 볼록하다.

(4) $x>0$일 때, $x$의 값이 증가하면 $y$의 값은 □한다.

**1-2** 이차함수 $y=5x^2$의 그래프를 $y$축의 방향으로 $-1$만큼 평행이동한 그래프가 점
$(-2, k)$를 지날 때, $k$의 값을 구하시오.

## 2 이차함수 $y=a(x-p)^2$의 그래프 ← $y=ax^2$에 $x$ 대신 $x-p$를 대입

이차함수 $y=a(x-p)^2$의 그래프는 이차함수 $y=ax^2$의
그래프를 $x$축의 방향으로 $p$만큼 평행이동한 것이다.

$$y=ax^2 \xrightarrow[p\text{만큼 평행이동}]{x\text{축의 방향으로}} y=a(x-p)^2$$

(1) 축의 방정식: $x=p$

(2) 꼭짓점의 좌표: $(p, 0)$

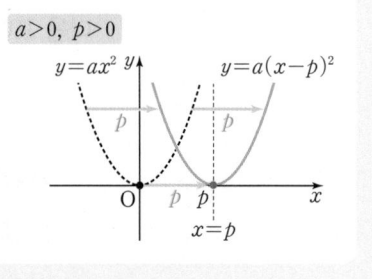

[참고] 이차함수 $y=ax^2$의 그래프를 $x$축의 방향으로 $p$만큼 평행이동하면
축의 방정식이 $x=p$가 되므로 그래프의 증가·감소의 범위도
$x=p$를 기준으로 생각해야 한다.

**개념 확인**

이차함수 $y=x^2$의 그래프와 아래 표를 이용하여 오른쪽 좌표평면 위에 이차함수
$y=(x-2)^2$의 그래프를 그리고, 다음 ☐ 안에 알맞은 수를 쓰시오.

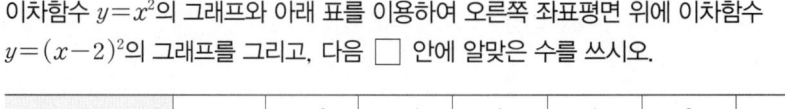

| $x$ | $\cdots$ | $-2$ | $-1$ | $0$ | $1$ | $2$ | $\cdots$ |
|---|---|---|---|---|---|---|---|
| $y=x^2$ | $\cdots$ | $4$ | $1$ | $0$ | $1$ | $4$ | $\cdots$ |
| $y=(x-2)^2$ | $\cdots$ | $16$ | $9$ | $4$ | $1$ | $0$ | $\cdots$ |

$$y=x^2 \xrightarrow[2\text{만큼 평행이동}]{x\text{축의 방향으로}}$$

(1) $y=(x-☐)^2$

(2) 축의 방정식: $x=☐$

(3) 꼭짓점의 좌표: $(☐, ☐)$

---

**필수 문제 2**

이차함수 $y=a(x-p)^2$의
그래프

▶ $y=ax^2$의 그래프를 $x$축의 방향으로 $p$만큼 평행이동하면

| | 평행이동 전 | 평행이동 후 |
|---|---|---|
| 식 | $y=ax^2$ | $y=a(x-p)^2$ |
| 축 | $x=0$ | $x=p$ |
| 꼭짓점 | $(0, 0)$ | $(p, 0)$ |

▶ $y=a(x-p)^2$의 그래프의 증가·감소

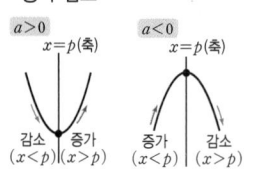

다음 이차함수의 그래프를 $x$축의 방향으로 [ ] 안의 수만큼 평행이동한 그래프를 나타내는 이차함수의 식을 구하고, 축의 방정식과 꼭짓점의 좌표를 차례로 구하시오.

(1) $y=3x^2$ [$-1$]

(2) $y=-\dfrac{1}{2}x^2$ [ 3 ]

**2-1** 이차함수 $y=\dfrac{1}{3}x^2$의 그래프를 $x$축의 방향으로 $-2$만큼 평행이동한 그래프에 대하여 다음 ☐ 안에 알맞은 것을 쓰시오.

(1) 평행이동한 그래프를 나타내는 이차함수의 식은 ☐

(2) 축의 방정식은 ☐, 꼭짓점의 좌표는 $(☐, ☐)$이다.

(3) 그래프의 모양은 ☐로 볼록하다.

(4) $x<-2$일 때, $x$의 값이 증가하면 $y$의 값은 ☐한다.

**2-2** 이차함수 $y=ax^2$의 그래프를 $x$축의 방향으로 $-3$만큼 평행이동한 그래프가 점 $(-5, -1)$을 지날 때, 상수 $a$의 값을 구하시오.

**1** 다음 표에 주어진 이차함수의 그래프에 대하여 ☐ 안에 알맞은 것을 쓰시오.

| | (1) $y=2x^2-1$ | (2) $y=-\dfrac{2}{3}(x-3)^2$ | (3) $y=-x^2+4$ |
|---|---|---|---|
| 축의 방정식 | $x=$☐ | $x=$☐ | $x=$☐ |
| 꼭짓점의 좌표 | (☐, ☐) | (☐, ☐) | (☐, ☐) |
| 그래프의 모양 | ☐로 볼록 | ☐로 볼록 | ☐로 볼록 |
| 그래프의 폭 | (1)~(3)을 그래프의 폭이 좁은 것부터 차례로 나열하면 ☐, ☐, ☐이다. | | |

**2** 이차함수 $y=\dfrac{3}{2}x^2$의 그래프를 $y$축의 방향으로 $a$만큼 평행이동한 그래프가 점 $(-4, 16)$을 지날 때, $a$의 값을 구하시오.

**3** 다음 중 이차함수 $y=3x^2+1$의 그래프에 대한 설명으로 옳지 <u>않은</u> 것은?

① $y=3x^2$의 그래프를 $y$축의 방향으로 1만큼 평행이동한 그래프이다.
② 축의 방정식은 $x=1$이다.
③ 꼭짓점의 좌표는 $(0, 1)$이다.
④ $x<0$일 때, $x$의 값이 증가하면 $y$의 값은 감소한다.
⑤ 점 $(1, 4)$를 지난다.

**4** 이차함수 $y=-2x^2$의 그래프를 $x$축의 방향으로 $-3$만큼 평행이동한 그래프가 점 $(k, -32)$를 지날 때, 양수 $k$의 값을 구하시오.

**5** 다음 중 이차함수 $y=-\dfrac{1}{4}(x-2)^2$의 그래프에 대한 설명으로 옳은 것은?

① $y=-\dfrac{1}{4}x^2$의 그래프를 평행이동한 그래프이다.
② 아래로 볼록한 포물선이다.
③ 꼭짓점의 좌표는 $(0, 0)$이다.
④ 축의 방정식은 $x=-2$이다.
⑤ $x>2$일 때, $x$의 값이 증가하면 $y$의 값도 증가한다.

## 3 이차함수 $y=a(x-p)^2+q$의 그래프 ← $y=ax^2$에 $x$ 대신 $x-p$, $y$ 대신 $y-q$를 대입

이차함수 $y=a(x-p)^2+q$의 그래프는 이차함수 $y=ax^2$의
그래프를 $x$축의 방향으로 $p$만큼, $y$축의 방향으로 $q$만큼 평
행이동한 것이다.

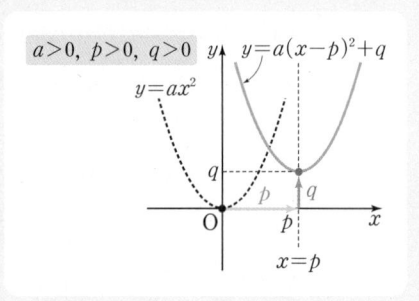

$$y=ax^2 \xrightarrow[\text{$y$축의 방향으로 $q$만큼 평행이동}]{\text{$x$축의 방향으로 $p$만큼,}} y=a(x-p)^2+q$$

(1) 축의 방정식: $x=p$

(2) 꼭짓점의 좌표: $(p, q)$

참고  $y=a(x-p)^2+q$ 꼴을 이차함수의 표준형이라고 한다.

---

**개념 확인**  이차함수 $y=x^2$의 그래프를 이용하여 오른쪽 좌표평면 위에 이차함수
$y=(x-2)^2+3$의 그래프를 그리고, 다음 ☐ 안에 알맞은 수를 쓰시오.

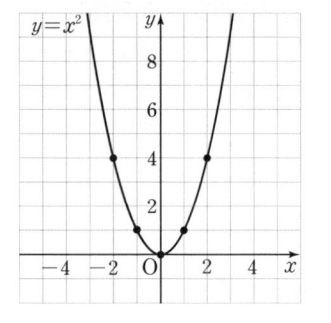

$$y=x^2 \xrightarrow[\text{$y$축의 방향으로 3만큼 평행이동}]{\text{$x$축의 방향으로 2만큼,}}$$

(1) $y=(x-\boxed{\phantom{x}})^2+\boxed{\phantom{x}}$

(2) 축의 방정식: $x=\boxed{\phantom{x}}$

(3) 꼭짓점의 좌표: $(\boxed{\phantom{x}}, \boxed{\phantom{x}})$

---

**필수 문제  3**

이차함수 $y=a(x-p)^2+q$의 그래프

▶ $y=ax^2$의 그래프를 $x$축의 방향으로 $p$만큼, $y$축의 방향으로 $q$만큼 평행이동하면

| | 평행이동 전 | 평행이동 후 |
|---|---|---|
| 식 | $y=ax^2$ | $y=a(x-p)^2+q$ |
| 축 | $x=0$ | $x=p$ |
| 꼭짓점 | $(0, 0)$ | $(p, q)$ |

다음 이차함수의 그래프를 $x$축, $y$축의 방향으로 각각 [  ] 안의 수만큼 평행이동한 그래프를 나타내는 이차함수의 식을 구하고, 축의 방정식과 꼭짓점의 좌표를 차례로 구하시오.

(1) $y=2x^2$  [ 2, 6 ]

(2) $y=-x^2$  [ -4, 1 ]

**3-1**  이차함수 $y=\dfrac{1}{2}x^2$의 그래프를 $x$축의 방향으로 $-3$만큼, $y$축의 방향으로 1만큼 평행이동한 그래프에 대하여 다음 ☐ 안에 알맞은 것을 쓰시오.

(1) 평행이동한 그래프를 나타내는 이차함수의 식은 $\boxed{\phantom{xxxx}}$

(2) 축의 방정식은 $\boxed{\phantom{x}}$, 꼭짓점의 좌표는 $(\boxed{\phantom{x}}, \boxed{\phantom{x}})$이다.

(3) 그래프의 모양은 $\boxed{\phantom{x}}$로 볼록하다.

(4) $x>-3$일 때, $x$의 값이 증가하면 $y$의 값은 $\boxed{\phantom{x}}$한다.

(5) 그래프가 지나는 사분면은 제$\boxed{\phantom{x}}$, $\boxed{\phantom{x}}$사분면이다.

**3-2**  이차함수 $y=-\dfrac{1}{3}x^2$의 그래프를 $x$축의 방향으로 3만큼, $y$축의 방향으로 $-4$만큼 평행이동한 그래프가 점 $(6, k)$를 지날 때, $k$의 값을 구하시오.

### 4 이차함수 $y=a(x-p)^2+q$의 그래프의 평행이동

이차함수 $y=a(x-p)^2+q$의 그래프를

$x$축의 방향으로 $m$만큼, $y$축의 방향으로 $n$만큼 평행이동하면

(1) 이차함수의 식: $y=a(x-p)^2+q$

$\Rightarrow y=a(x-m-p)^2+q+n$　　$x$ 대신 $x-m$, $y$ 대신 $y-n$을 대입

$\therefore y=a\{x-(p+m)\}^2+q+n$

(2) 축의 방정식: $x=p \longrightarrow x=p+m$

(3) 꼭짓점의 좌표: $(p,\ q) \longrightarrow (p+m,\ q+n)$

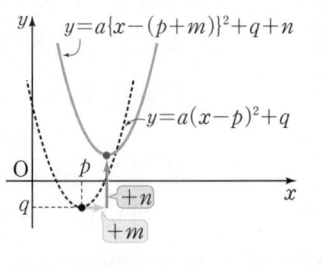

**개념 확인** 이차함수 $y=(x-2)^2+1$의 그래프를 이용하여 오른쪽 좌표평면 위에 이차함수 $y=(x-4)^2+4$의 그래프를 그리고, 다음 □ 안에 알맞은 수를 쓰시오.

$y=(x-2)^2+1$ $\xrightarrow[\substack{y축의 방향으로 3만큼 평행이동}]{x축의 방향으로 2만큼,}$ (1) $y=(x-\Box)^2+\Box$

(2) 축의 방정식: $x=\Box$

(3) 꼭짓점의 좌표: $(\Box,\ \Box)$

**필수 문제 4**

이차함수 $y=a(x-p)^2+q$의 그래프의 평행이동

이차함수 $y=2(x-1)^2+7$의 그래프를 다음과 같이 평행이동한 그래프를 나타내는 이차함수의 식을 구하고, 축의 방정식과 꼭짓점의 좌표를 차례로 구하시오.

(1) $x$축의 방향으로 2만큼 평행이동

(2) $y$축의 방향으로 $-6$만큼 평행이동

(3) $x$축의 방향으로 2만큼, $y$축의 방향으로 $-6$만큼 평행이동

**4-1** 이차함수 $y=-3(x+1)^2+3$의 그래프를 $x$축의 방향으로 $-1$만큼, $y$축의 방향으로 5만큼 평행이동한 그래프를 나타내는 이차함수의 식을 구하고, 축의 방정식과 꼭짓점의 좌표를 차례로 구하시오.

## 5 이차함수 $y=a(x-p)^2+q$의 그래프에서 $a$, $p$, $q$의 부호

(1) $a$의 부호: 그래프의 모양에 따라 결정

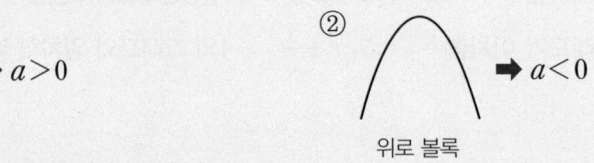

① 아래로 볼록 ➡ $a>0$   ② 위로 볼록 ➡ $a<0$

(2) $p$, $q$의 부호: 꼭짓점의 위치에 따라 결정

① 꼭짓점이 제1사분면 위에 있으면 ➡ $p>0$, $q>0$
② 꼭짓점이 제2사분면 위에 있으면 ➡ $p<0$, $q>0$
③ 꼭짓점이 제3사분면 위에 있으면 ➡ $p<0$, $q<0$
④ 꼭짓점이 제4사분면 위에 있으면 ➡ $p>0$, $q<0$

| 제2사분면 $(-, +)$ | 제1사분면 $(+, +)$ |
| --- | --- |
| 제3사분면 $(-, -)$ | 제4사분면 $(+, -)$ |

---

**필수 문제 5**

이차함수 $y=a(x-p)^2+q$의 그래프에서 $a$, $p$, $q$의 부호

▶ 주어진 그래프에서 다음을 확인하여 $a$, $p$, $q$의 부호를 구한다.
(1) 그래프의 모양
  ⇨ $a$의 부호
(2) 꼭짓점의 위치
  ⇨ $p$, $q$의 부호

이차함수 $y=a(x-p)^2+q$의 그래프가 오른쪽 그림과 같을 때, 다음 ☐ 안에 알맞은 것을 쓰시오. (단, $a$, $p$, $q$는 상수)

(1) 그래프가 ☐로 볼록하므로 $a$☐$0$이다.

(2) 꼭짓점 $(p, q)$가 제☐사분면 위에 있으므로 $p$☐$0$, $q$☐$0$이다.

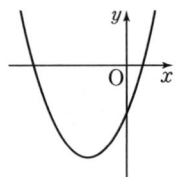

**5-1** 이차함수 $y=a(x-p)^2+q$의 그래프가 오른쪽 그림과 같을 때, 상수 $a$, $p$, $q$의 부호를 각각 구하시오.

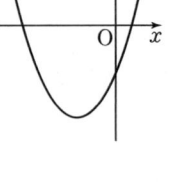

**5-2** 이차함수 $y=a(x-p)^2+q$의 그래프가 오른쪽 그림과 같을 때, 다음 보기 중 옳은 것을 모두 고르시오. (단, $a$, $p$, $q$는 상수)

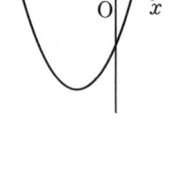

| 보기 |
| --- |

ㄱ. $a<0$    ㄴ. $p<0$    ㄷ. $q>0$
ㄹ. $aq<0$    ㅁ. $a+p>0$    ㅂ. $a+p-q>0$

**1** 이차함수 $y=5x^2$의 그래프를 $x$축의 방향으로 $m$만큼, $y$축의 방향으로 $n$만큼 평행이동한 그래프가 이차함수 $y=5\left(x+\dfrac{1}{5}\right)^2-4$의 그래프와 일치할 때, $m$, $n$의 값을 각각 구하시오.

**2** 다음 중 이차함수 $y=-2(x-1)^2+1$의 그래프에 대한 설명으로 옳지 <u>않은</u> 것을 모두 고르면? (정답 2개)

① $y=-2x^2$의 그래프를 $x$축의 방향으로 1만큼, $y$축의 방향으로 1만큼 평행이동한 그래프이다.

② 축의 방정식은 $x=1$이고, 꼭짓점의 좌표는 $(1, 1)$이다.

③ $x<1$일 때, $x$의 값이 증가하면 $y$의 값은 감소한다.

④ $y=2x^2$의 그래프와 폭이 같다.

⑤ 제3사분면을 지나지 않는다.

**3** 이차함수 $y=5(x-2)^2+4$의 그래프를 $x$축의 방향으로 $-3$만큼, $y$축의 방향으로 $-1$만큼 평행이동한 그래프의 꼭짓점의 좌표를 $(p, q)$, 축의 방정식을 $x=m$이라고 할 때, $p+q+m$의 값을 구하시오.

**4** 이차함수 $y=-3(x-1)^2+2$의 그래프를 $x$축의 방향으로 1만큼, $y$축의 방향으로 4만큼 평행이동한 그래프가 점 $(4, m)$을 지날 때, $m$의 값은?

① $-10$      ② $-8$      ③ $-6$      ④ $-4$      ⑤ $-2$

**5** 이차함수 $y=a(x-p)^2+q$의 그래프가 오른쪽 그림과 같을 때, 상수 $a$, $p$, $q$의 부호는?

① $a>0$, $p>0$, $q>0$      ② $a>0$, $p<0$, $q<0$

③ $a>0$, $p<0$, $q>0$      ④ $a<0$, $p>0$, $q>0$

⑤ $a<0$, $p>0$, $q<0$

**6** $a<0$, $p>0$, $q<0$일 때, 다음 중 이차함수 $y=a(x-p)^2+q$의 그래프로 적당한 것은?

(단, $a$, $p$, $q$는 상수)

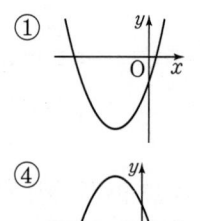
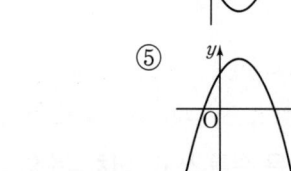

• 이차함수의 그래프의 꼭 짓점이 직선 위에 있을 때, 상수의 값 구하기
$y=a(x-p)^2+q$의 그래프의 꼭짓점 $(p, q)$가 직선 $y=mx+n$ 위에 있을 때는 꼭짓점의 좌표를 직선에 대입하면 등식이 성립한다.
$\Rightarrow q=mp+n$

**7** 이차함수 $y=2(x-p)^2+2p$의 그래프의 꼭짓점이 직선 $y=3x-4$ 위에 있을 때, 상수 $p$의 값은?

① $-4$      ② $-3$      ③ $-2$      ④ $3$      ⑤ $4$

**8** 이차함수 $y=-\dfrac{1}{3}(x-p)^2+3p^2$의 그래프의 꼭짓점이 직선 $y=5x+2$ 위에 있을 때, 상수 $p$의 값은? (단, $p<0$)

① $-5$      ② $-3$      ③ $-\dfrac{1}{2}$      ④ $-\dfrac{1}{3}$      ⑤ $-\dfrac{1}{4}$

# 4 이차함수 $y=ax^2+bx+c$의 그래프

● 정답과 해설 66쪽

## 1 이차함수 $y=ax^2+bx+c$의 그래프

이차함수 $y=ax^2+bx+c$의 그래프는 $y=a(x-p)^2+q$ 꼴로 고친 후 $a$의 부호, 꼭짓점의 좌표, 축의 방정식, $y$축과 만나는 점의 좌표를 이용하여 그린다.

$$y=ax^2+bx+c \quad \Rightarrow \quad y=a\left(x+\frac{b}{2a}\right)^2-\frac{b^2-4ac}{4a}$$

참고 $y=ax^2+bx+c$
$\quad =a\left(x^2+\dfrac{b}{a}x\right)+c$ ────── ❶ $x^2$의 계수 $a$로 이차항과 일차항을 묶는다.

$\quad =a\left\{x^2+\dfrac{b}{a}x+\left(\dfrac{b}{2a}\right)^2-\left(\dfrac{b}{2a}\right)^2\right\}+c$ ──── ❷ 괄호 안에서 $\left(\dfrac{x의 계수}{2}\right)^2$을 더하고 뺀다.

$\quad =a\left\{x^2+\dfrac{b}{a}x+\left(\dfrac{b}{2a}\right)^2\right\}-a\left(\dfrac{b}{2a}\right)^2+c$ ── ❸ ❷에서 뺀 수를 괄호 밖으로 꺼낸다.

$\quad =a\left(x+\dfrac{b}{2a}\right)^2-\dfrac{b^2-4ac}{4a}$ ────── ❹ $y=$(완전제곱식)+(상수) 꼴로 정리한다.

(1) 축의 방정식: $x=-\dfrac{b}{2a}$

(2) 꼭짓점의 좌표: $\left(-\dfrac{b}{2a},\ -\dfrac{b^2-4ac}{4a}\right)$

(3) $y$축과 만나는 점의 좌표: $(0,\ c)$ ◀── $y=ax^2+bx+c$에서 $x=0$일 때, $y=c$이므로 $y$축과 만나는 점의 좌표는 $(0,\ c)$이다.

참고 $y=ax^2+bx+c$ 꼴을 이차함수의 일반형이라고 한다.

---

**필수 문제 1**

이차함수 $y=ax^2+bx+c$의 그래프 그리기

▶ ❶ 이차함수 $y=ax^2+bx+c$ 를 $y=a(x-p)^2+q$ 꼴로 고쳐서 꼭짓점의 좌표를 구한다.

❷ $a$의 부호에 따라 그래프의 모양을 결정한다.

❸ $y$축과 만나는 점의 좌표를 구해 그 점을 지나도록 그래프를 그린다.

다음 □ 안에 알맞은 수를 쓰고, 이차함수의 그래프를 오른쪽 좌표평면 위에 그리시오.

(1) $y=2x^2-4x+5$
$\quad =2(x^2-2x)+5$
$\quad =2(x^2-2x+\square-\square)+5$
$\quad =2(x^2-2x+\square)-\square+5$
$\quad =2(x-\square)^2+\square$
$\quad \Rightarrow$ 꼭짓점의 좌표: $(\square,\ \square)$
$\quad \Rightarrow$ 그래프의 모양: $\square$로 볼록
$\quad \Rightarrow$ $y$축과 만나는 점: $(\square,\ \square)$

(2) $y=-2x^2-8x-1$
$\quad =-2(x^2+4x)-1$
$\quad =-2(x^2+4x+\square-\square)-1$
$\quad =-2(x^2+4x+\square)+\square-1$
$\quad =-2(x+\square)^2+\square$
$\quad \Rightarrow$ 꼭짓점의 좌표: $(\square,\ \square)$
$\quad \Rightarrow$ 그래프의 모양: $\square$로 볼록
$\quad \Rightarrow$ $y$축과 만나는 점: $(\square,\ \square)$

▶$y=ax^2+bx+c$의 그래프를 그리려면 $y=a(x-p)^2+q$ 꼴로 고친다.

**1-1** 다음 이차함수의 그래프의 꼭짓점의 좌표, $y$축과 만나는 점의 좌표를 차례로 구하고, 그 그래프를 주어진 좌표평면 위에 그리시오.

(1) $y=x^2-4x+3$

(2) $y=-\dfrac{1}{3}x^2+2x-1$

---

**필수 문제 2**

이차함수 $y=ax^2+bx+c$의 그래프의 성질

**이차함수 $y=x^2+10x+15$의 그래프에 대하여 다음 □ 안에 알맞은 것을 쓰시오.**

(1) 꼭짓점의 좌표는 (□, □)이다.

(2) $y$축과 만나는 점의 좌표는 (□, □)이다.

(3) 제□사분면을 지나지 않는다.

(4) $x<-5$일 때, $x$의 값이 증가하면 $y$의 값은 □한다.

**2-1** 다음 보기 중 이차함수 $y=-3x^2+12x-8$의 그래프에 대한 설명으로 옳은 것을 모두 고르시오.

┌ 보기 ┐

ㄱ. 아래로 볼록하다.　　　　　ㄴ. 꼭짓점의 좌표는 $(2, 4)$이다.

ㄷ. 축의 방정식은 $x=2$이다.　　ㄹ. 모든 사분면을 지난다.

ㅁ. $x>2$일 때, $x$의 값이 증가하면 $y$의 값도 증가한다.

---

**필수 문제 3**

이차함수 $y=ax^2+bx+c$의 그래프가 $x$축과 만나는 점

▶이차함수 $y=ax^2+bx+c$의 그래프가 $x$축과 만나는 점의 $x$좌표는 이차방정식 $ax^2+bx+c=0$의 해와 같다.
⇨ $y=0$일 때, $x$의 값을 구한다.

**이차함수 $y=x^2-7x+10$의 그래프가 $x$축과 만나는 점의 좌표를 구하시오.**

**3-1** 이차함수 $y=-2x^2+8x+10$의 그래프가 $x$축과 만나는 점의 좌표를 구하시오.

## 2 이차함수 $y=ax^2+bx+c$의 그래프에서 $a$, $b$, $c$의 부호

(1) $a$의 부호: 그래프의 모양에 따라 결정

   ① 아래로 볼록 ➡ $a>0$

   ② 위로 볼록   ➡ $a<0$

(2) $b$의 부호: 축의 위치에 따라 결정

   ① 축이 $y$축의 왼쪽  ➡ $a$, $b$는 서로 같은 부호$(ab>0)$

   ② 축이 $y$축       ➡ $b=0$

   ③ 축이 $y$축의 오른쪽 ➡ $a$, $b$는 서로 다른 부호$(ab<0)$

(3) $c$의 부호: $y$축과 만나는 점의 위치에 따라 결정

   ① $y$축과 만나는 점이 $x$축보다 위쪽 ➡ $c>0$

   ② $y$축과 만나는 점이 원점       ➡ $c=0$

   ③ $y$축과 만나는 점이 $x$축보다 아래쪽 ➡ $c<0$

> 참고 $y=ax^2+bx+c=a\left(x+\dfrac{b}{2a}\right)^2-\dfrac{b^2-4ac}{4a}$ 에서 축의 방정식은 $x=-\dfrac{b}{2a}$ 이므로
>
> ① 축이 $y$축의 왼쪽에 있으면 $-\dfrac{b}{2a}<0$에서 $\dfrac{b}{2a}>0$    ∴ $ab>0$ ➡ $a$, $b$는 서로 같은 부호
>
> ② 축이 $y$축이면 $-\dfrac{b}{2a}=0$    ∴ $b=0$
>
> ③ 축이 $y$축의 오른쪽에 있으면 $-\dfrac{b}{2a}>0$에서 $\dfrac{b}{2a}<0$    ∴ $ab<0$ ➡ $a$, $b$는 서로 다른 부호

---

**필수 문제 4**

이차함수 $y=ax^2+bx+c$의 그래프에서 $a$, $b$, $c$의 부호

▶ 주어진 그래프에서 다음을 확인하여 $a$, $b$, $c$의 부호를 구한다.

(1) 그래프의 모양
   ⇨ $a$의 부호

(2) 축의 위치와 $a$의 부호
   ⇨ $b$의 부호

(3) $y$축과 만나는 점의 위치
   ⇨ $c$의 부호

이차함수 $y=ax^2+bx+c$의 그래프가 오른쪽 그림과 같을 때, ☐ 안에 알맞은 것을 쓰시오. (단, $a$, $b$, $c$는 상수)

(1) 그래프가 ☐로 볼록하므로 $a$☐0이다.

(2) 축이 $y$축의 ☐쪽에 있으므로 $ab$☐0, 즉 $b$☐0이다.

(3) $y$축과 만나는 점이 $x$축보다 ☐쪽에 있으므로 $c$☐0이다.

---

**4-1** 이차함수 $y=ax^2+bx+c$의 그래프가 다음 그림과 같을 때, 상수 $a$, $b$, $c$의 부호를 각각 구하시오.

(1)

(2)

**1** 다음 이차함수의 식을 $y=a(x-p)^2+q$ 꼴로 나타내고, 축의 방정식과 꼭짓점의 좌표를 각각 구하시오. (단, $a$, $p$, $q$는 상수)

| 이차함수의 식 | $y=a(x-p)^2+q$ 꼴 | 축의 방정식 | 꼭짓점의 좌표 |
|---|---|---|---|
| (1) $y=-x^2-6x-12$ | | | |
| (2) $y=3x^2-6x-4$ | | | |
| (3) $y=-\dfrac{1}{4}x^2+x+5$ | | | |

**2** 다음 중 이차함수 $y=-x^2-2x-2$의 그래프는?

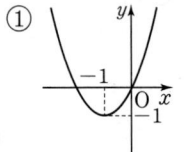

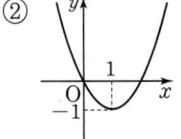
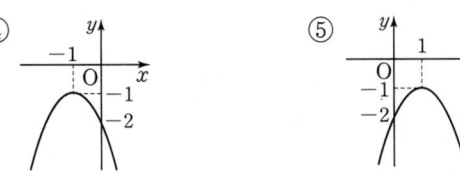

**3** 다음 중 이차함수 $y=-\dfrac{1}{2}x^2-5x+\dfrac{5}{2}$의 그래프에 대한 설명으로 옳지 <u>않은</u> 것을 모두 고르면? (정답 2개)

① 위로 볼록한 포물선이다.

② 꼭짓점의 좌표는 $\left(\dfrac{5}{2},\ \dfrac{5}{2}\right)$이다.

③ $y$축과 만나는 점의 좌표는 $\left(0,\ \dfrac{5}{2}\right)$이다.

④ $y=\dfrac{1}{2}x^2$의 그래프를 평행이동한 그래프이다.

⑤ $x>-5$일 때, $x$의 값이 증가하면 $y$의 값은 감소한다.

**4** 이차함수 $y=-x^2-6x-11$의 그래프를 $x$축의 방향으로 $m$만큼, $y$축의 방향으로 $n$만큼 평행이동하였더니 이차함수 $y=-x^2-4x-5$의 그래프와 일치하였다. 이때 $m+n$의 값은?

① 1          ② 2          ③ 3          ④ 4          ⑤ 5

• 정답과 해설 67쪽

## STEP 1 쏙쏙 개념 익히기

**5** 이차함수 $y=ax^2+bx+c$의 그래프가 오른쪽 그림과 같을 때, 상수 $a$, $b$, $c$의 부호는?

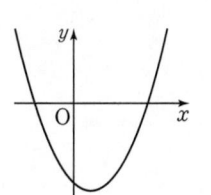

① $a>0$, $b>0$, $c>0$
② $a>0$, $b<0$, $c>0$
③ $a>0$, $b<0$, $c<0$
④ $a<0$, $b>0$, $c<0$
⑤ $a<0$, $b<0$, $c<0$

**6** 이차함수 $y=ax^2+bx+c$의 그래프가 오른쪽 그림과 같을 때, 다음 보기 중 옳은 것을 모두 고른 것은? (단, $a$, $b$, $c$는 상수)

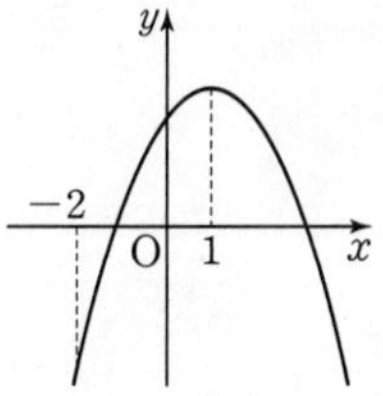

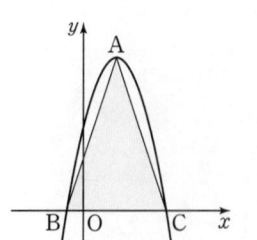

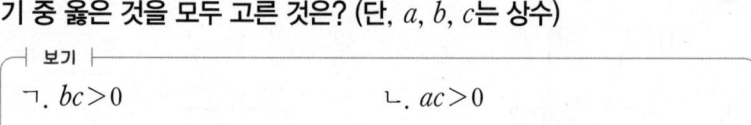

보기
ㄱ. $bc>0$
ㄴ. $ac>0$
ㄷ. $a+b+c>0$
ㄹ. $4a-2b+c>0$

① ㄱ, ㄴ
② ㄱ, ㄷ
③ ㄴ, ㄷ
④ ㄱ, ㄷ, ㄹ
⑤ ㄴ, ㄷ, ㄹ

• $y=ax^2+bx+c$의 그래프와 삼각형의 넓이
❶ $y=a(x-p)^2+q$ 꼴로 고쳐서 꼭짓점 A의 좌표를 구한다.
❷ $ax^2+bx+c=0$의 해를 구하여 두 점 B, C의 좌표를 구한다.
❸ △ABC의 넓이를 구한다.

**7** 오른쪽 그림과 같이 이차함수 $y=-x^2+4x+5$의 그래프의 꼭짓점을 A, $x$축과 만나는 두 점을 각각 B, C라고 할 때, 다음 물음에 답하시오.

(1) 세 점 A, B, C의 좌표를 각각 구하시오.

(2) △ABC의 넓이를 구하시오.

한번 더

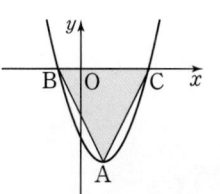

**8** 오른쪽 그림과 같이 이차함수 $y=x^2-2x-3$의 그래프의 꼭짓점을 A, $x$축과 만나는 두 점을 각각 B, C라고 할 때, △ACB의 넓이를 구하시오.

# 5 이차함수의 식 구하기

● 정답과 해설 67쪽

## 1 꼭짓점과 다른 한 점이 주어질 때

꼭짓점의 좌표 $(p, q)$와 그래프가 지나는 다른 한 점이 주어질 때

❶ 이차함수의 식을 $y=a(x-p)^2+q$로 놓는다.

❷ 주어진 다른 한 점의 좌표를 ❶의 식에 대입하여 $a$의 값을 구한다.

[참고] 꼭짓점의 좌표에 따라 이차함수의 식을 다음과 같이 놓을 수 있다.

(1) $(0, 0)$ ➡ $y=ax^2$
(2) $(0, q)$ ➡ $y=ax^2+q$
(3) $(p, 0)$ ➡ $y=a(x-p)^2$
(4) $(p, q)$ ➡ $y=a(x-p)^2+q$

**개념 확인**  다음은 꼭짓점의 좌표가 $(1, 2)$이고 점 $(2, 5)$를 지나는 포물선을 그래프로 하는 이차함수의 식을 $y=a(x-p)^2+q$ 꼴로 나타내는 과정이다. ☐ 안에 알맞은 것을 쓰시오. (단, $a$, $p$, $q$는 상수)

❶ 구하는 이차함수의 식을 $y=a(\boxed{\phantom{xx}})^2+\boxed{\phantom{x}}$(으)로 놓으면

❷ 점 $(2, 5)$를 지나므로 $5=a+\boxed{\phantom{x}}$    ∴ $a=\boxed{\phantom{x}}$

➡ 따라서 구하는 이차함수의 식은 $y=\boxed{\phantom{xxxxx}}$이다.

---

**필수 문제** ①

이차함수의 식 구하기
– 꼭짓점과 다른 한 점이 주어질 때

꼭짓점의 좌표가 $(-3, -1)$이고 점 $(-5, 15)$를 지나는 포물선을 그래프로 하는 이차함수의 식을 $y=a(x-p)^2+q$ 꼴로 나타내시오. (단, $a$, $p$, $q$는 상수)

**1-1** 꼭짓점의 좌표가 $(2, 0)$이고 점 $(1, -3)$을 지나는 포물선을 그래프로 하는 이차함수의 식은?

① $y=-3x^2+2$
② $y=-3(x+2)^2$
③ $y=-3(x-2)^2$
④ $y=3(x+2)^2$
⑤ $y=3(x-2)^2$

**1-2** 오른쪽 그림과 같은 포물선을 그래프로 하는 이차함수의 식은?

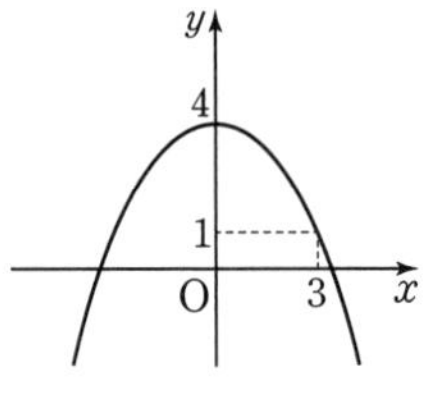

① $y=\dfrac{1}{3}x^2+4$
② $y=3x^2+4$
③ $y=-\dfrac{1}{3}x^2+4$
④ $y=-3x^2+4$
⑤ $y=-9x^2+3$

## 2 축의 방정식과 두 점이 주어질 때

축의 방정식 $x=p$와 그래프가 지나는 서로 다른 두 점이 주어질 때

❶ 이차함수의 식을 $y=a(x-p)^2+q$로 놓는다.

❷ 주어진 두 점의 좌표를 ❶의 식에 각각 대입하여 $a$와 $q$의 값을 구한다.

> 참고 축의 방정식에 따라 이차함수의 식을 다음과 같이 놓을 수 있다.
> (1) $x=0 \Rightarrow y=ax^2+q$
> (2) $x=p \Rightarrow y=a(x-p)^2+q$

**개념 확인** 다음은 축의 방정식이 $x=1$이고 두 점 $(0, 3)$, $(3, 9)$를 지나는 포물선을 그래프로 하는 이차함수의 식을 $y=a(x-p)^2+q$ 꼴로 나타내는 과정이다. ☐ 안에 알맞은 것을 쓰시오. (단, $a$, $p$, $q$는 상수)

> ❶ 구하는 이차함수의 식을 $y=a(\boxed{\phantom{xx}})^2+q$로 놓으면
>
> ❷ 두 점 $(0, 3)$, $(3, 9)$를 지나므로
>
> $\boxed{\phantom{x}}=a+q$, $9=\boxed{\phantom{x}}+q$
>
> 위의 두 식을 연립하여 풀면 $a=\boxed{\phantom{x}}$, $q=\boxed{\phantom{x}}$
>
> ➡ 따라서 구하는 이차함수의 식은 $y=\boxed{\phantom{xxx}}$이다.

**필수 문제 2**

이차함수의 식 구하기
– 축의 방정식과 두 점이 주어질 때

축의 방정식이 $x=4$이고 두 점 $(2, 3)$, $(3, -3)$을 지나는 포물선을 그래프로 하는 이차함수의 식을 $y=a(x-p)^2+q$ 꼴로 나타내시오. (단, $a$, $p$, $q$는 상수)

**2-1** 축의 방정식이 $x=-3$이고 두 점 $(-1, 4)$, $(0, -1)$을 지나는 포물선을 그래프로 하는 이차함수의 식을 $y=a(x-p)^2+q$라고 할 때, $a+p+q$의 값을 구하시오.

(단, $a$, $p$, $q$는 상수)

**2-2** 이차함수 $y=a(x-p)^2+q$의 그래프가 오른쪽 그림과 같을 때, $2a+p+q$의 값은? (단, $a$, $p$, $q$는 상수)

① $-2$  ② $6$  ③ $8$
④ $9$  ⑤ $12$

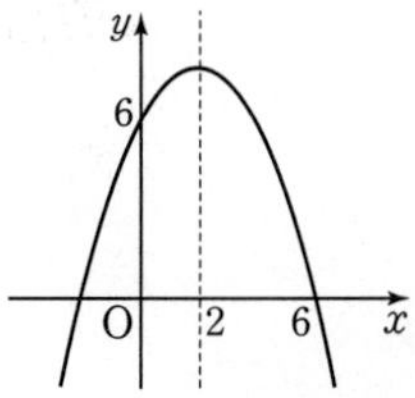

## 3 서로 다른 세 점이 주어질 때

그래프가 지나는 서로 다른 세 점이 주어질 때

❶ 이차함수의 식을 $y=ax^2+bx+c$로 놓는다.

❷ 주어진 세 점의 좌표를 식에 각각 대입하여 $a$, $b$, $c$의 값을 구한다.

[참고] 그래프가 지나는 세 점 중 $x$좌표가 0인 점의 좌표를 먼저 대입하여 $c$의 값을 구한 후 나머지 점의 좌표를 대입하면 편리하다.

**개념 확인**  다음은 세 점 $(-1, 4)$, $(0, 2)$, $(1, 6)$을 지나는 포물선을 그래프로 하는 이차함수의 식을 $y=ax^2+bx+c$ 꼴로 나타내는 과정이다. ☐ 안에 알맞은 것을 쓰시오. (단, $a$, $b$, $c$는 상수)

❶ 구하는 이차함수의 식을 $y=ax^2+bx+c$로 놓으면

❷ 점 $(0, 2)$를 지나므로 $c=$☐

즉, $y=ax^2+bx+$☐의 그래프가 두 점 $(-1, 4)$, $(1, 6)$을 지나므로

$4=a-b+$☐, $6=a+b+$☐

위의 두 식을 연립하여 풀면 $a=$☐, $b=$☐

➡ 따라서 구하는 이차함수의 식은 $y=$☐☐☐☐☐이다.

**필수 문제 ③**

이차함수의 식 구하기
– 서로 다른 세 점이 주어
질 때

세 점 $(-1, 9)$, $(0, 4)$, $(1, 1)$을 지나는 포물선을 그래프로 하는 이차함수의 식을 $y=ax^2+bx+c$ 꼴로 나타내시오. (단, $a$, $b$, $c$는 상수)

**3-1** 세 점 $(0, 5)$, $(1, -1)$, $(2, -3)$을 지나는 포물선을 그래프로 하는 이차함수의 식을 $y=ax^2+bx+c$라고 할 때, $a-b+c$의 값을 구하시오. (단, $a$, $b$, $c$는 상수)

**3-2** 오른쪽 그림과 같은 포물선을 그래프로 하는 이차함수의 식은?

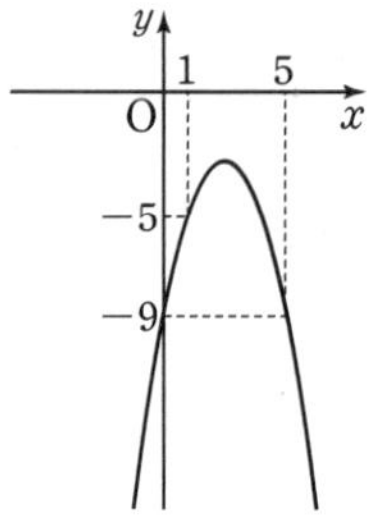

① $y=-x^2-5x-9$　　② $y=-x^2-5x+9$

③ $y=-x^2+5x-9$　　④ $y=x^2-9x+5$

⑤ $y=x^2+9x+5$

## 4 $x$축과 만나는 두 점과 다른 한 점이 주어질 때

$x$축과 만나는 두 점 $(\alpha, 0)$, $(\beta, 0)$과 그래프가 지나는 다른 한 점이 주어질 때

❶ 이차함수의 식을 $y=a(x-\alpha)(x-\beta)$로 놓는다.

❷ 주어진 다른 한 점의 좌표를 식에 대입하여 $a$의 값을 구한다.

참고 $x$축과 만나는 두 점과 다른 한 점이 주어질 때는 서로 다른 세 점이 주어진 때와 같은 방법으로도 이차함수의 식을 구할 수 있다.

**개념 확인**  다음은 $x$축과 두 점 $(1, 0)$, $(2, 0)$에서 만나고, 점 $(3, 4)$를 지나는 포물선을 그래프로 하는 이차함수의 식을 $y=ax^2+bx+c$ 꼴로 나타내는 과정이다. ☐ 안에 알맞은 것을 쓰시오. (단, $a$, $b$, $c$는 상수)

> ❶ 구하는 이차함수의 식을 $y=a(x-\boxed{\phantom{0}})(x-\boxed{\phantom{0}})$로 놓으면
>
> ❷ 점 $(3, 4)$를 지나므로 $4=2a$ ∴ $a=2$
>
> ➡ 따라서 구하는 이차함수의 식은 $y=\boxed{\phantom{0000000}}$이다.

**필수 문제**  **4**

이차함수의 식 구하기
– $x$축과 만나는 두 점과
   다른 한 점이 주어질 때

$x$축과 두 점 $(1, 0)$, $(4, 0)$에서 만나고, 점 $(3, -2)$를 지나는 포물선을 그래프로 하는 이차함수의 식을 $y=ax^2+bx+c$ 꼴로 나타내시오. (단, $a$, $b$, $c$는 상수)

**4-1**  $x$축과 두 점 $(-5, 0)$, $(2, 0)$에서 만나고, 점 $(1, 12)$를 지나는 포물선을 그래프로 하는 이차함수의 식을 $y=ax^2+bx+c$라고 할 때, $a-b-c$의 값을 구하시오.

(단, $a$, $b$, $c$는 상수)

**4-2**  이차함수 $y=ax^2+bx+c$의 그래프가 오른쪽 그림과 같을 때, $abc$의 값은? (단, $a$, $b$, $c$는 상수)

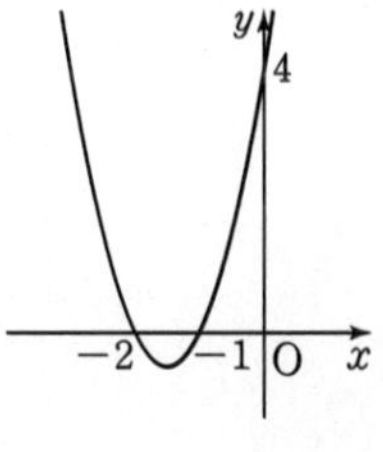

① 24  ② 36  ③ 48

④ 51  ⑤ 64

## 쏙쏙 개념 익히기

**1** 다음 포물선을 그래프로 하는 이차함수의 식을 $y=ax^2+bx+c$ 꼴로 나타내시오.

(단, $a$, $b$, $c$는 상수)

(1) 꼭짓점의 좌표가 $(3, 2)$이고 점 $(4, 4)$를 지나는 포물선

(2) 축의 방정식이 $x=-1$이고 두 점 $(0, 5)$, $(1, 2)$를 지나는 포물선

(3) 세 점 $(0, 5)$, $(1, 8)$, $(-1, 0)$을 지나는 포물선

(4) $x$축과 두 점 $(-2, 0)$, $(3, 0)$에서 만나고 점 $(0, -3)$을 지나는 포물선

**2** 다음 포물선을 그래프로 하는 이차함수의 식을 $y=ax^2+bx+c$ 꼴로 나타내시오.

(단, $a$, $b$, $c$는 상수)

(1)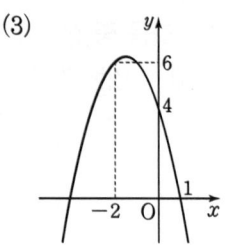

(2)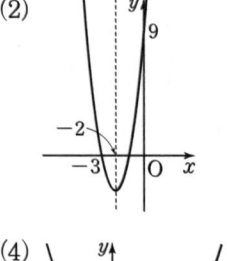

(3)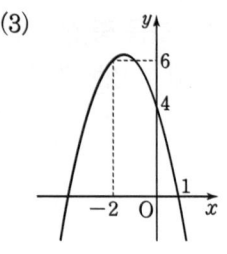

(4)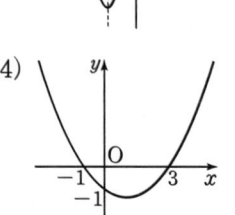

**3** 다음 중 이차함수 $y=-x^2+2x+7$의 그래프와 꼭짓점의 좌표가 같고, 점 $(-2, -10)$을 지나는 포물선을 그래프로 하는 이차함수의 식은?

① $y=-x^2+7$  ② $y=-\dfrac{1}{2}x^2+x+7$  ③ $y=\dfrac{2}{3}x^2+7$

④ $y=-2x^2+4x+6$  ⑤ $y=2x^2+8x+17$

**1** 다음 중 $y$가 $x$에 대한 이차함수인 것은?

① 지름의 길이가 $x$ cm인 원의 둘레의 길이 $y$ cm
② 한 개에 1200원인 빵을 $x$개 샀을 때의 가격 $y$원
③ 한 모서리의 길이가 $2x$ cm인 정육면체의 부피 $y$ cm$^3$
④ 시속 $8$ km로 $x$ km를 가는 데 걸리는 $y$시간
⑤ 윗변의 길이가 $x$ cm, 아랫변의 길이가 $2x$ cm, 높이가 $x$ cm인 사다리꼴의 넓이 $y$ cm$^2$

**2** $y=(2x+1)^2-x(ax+3)$이 $x$에 대한 이차함수가 되기 위한 상수 $a$의 조건은?

① $a>2$     ② $a>3$     ③ $a<5$
④ $a=4$     ⑤ $a\neq4$

**3** 이차함수 $f(x)=2x^2+3x-7$에 대하여 $f(2)+f(-2)$의 값은?

① $1$     ② $2$     ③ $3$
④ $4$     ⑤ $5$

**4** 다음 중 보기의 이차함수의 그래프에 대한 설명으로 옳은 것은?

| 보기 |

ㄱ. $y=\dfrac{1}{2}x^2$     ㄴ. $y=-6x^2$
ㄷ. $y=-\dfrac{1}{2}x^2$     ㄹ. $y=\dfrac{1}{6}x^2$
ㅁ. $y=-4x^2$     ㅂ. $y=2x^2$

① 아래로 볼록한 그래프는 ㄴ, ㄷ, ㅁ이다.
② $x$축에 서로 대칭인 그래프는 ㄱ과 ㅂ이다.
③ 그래프의 폭이 가장 좁은 것은 ㄹ이다.
④ 그래프의 폭이 가장 넓은 것은 ㄴ이다.
⑤ $x>0$일 때, $x$의 값이 증가하면 $y$의 값도 증가하는 그래프는 ㄱ, ㄹ, ㅂ이다.

**5** 세 이차함수 $y=\dfrac{1}{2}x^2$, $y=ax^2$, $y=\dfrac{7}{3}x^2$의 그래프가 오른쪽 그림과 같을 때, 다음 중 상수 $a$의 값이 될 수 <u>없는</u> 것은?

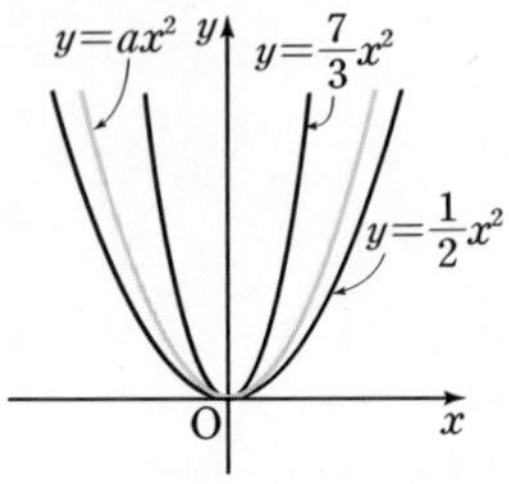

① $\dfrac{1}{3}$     ② $\dfrac{2}{3}$     ③ $1$
④ $\dfrac{3}{2}$     ⑤ $2$

**6** 이차함수 $y=ax^2$의 그래프가 두 점 $(-2, 3)$, $(3, b)$를 지날 때, $b-a$의 값을 구하시오.
(단, $a$는 상수)

**7** 이차함수 $y=-2x^2$의 그래프를 $y$축의 방향으로 $a$만큼 평행이동한 그래프가 점 $(1, 1)$을 지날 때, $a$의 값은?

① 1    ② 2    ③ 3
④ 4    ⑤ 5

**8** 이차함수 $y=(x+2)^2$의 그래프에서 $x$의 값이 증가할 때, $y$의 값은 감소하는 $x$의 값의 범위는?

① $x<-2$    ② $x>-2$    ③ $x<0$
④ $x>0$    ⑤ $x<2$

**9** 오른쪽 그림은 이차함수 $y=ax^2$의 그래프를 평행이동한 것이다. 이 그래프가 점 $(-8, k)$를 지날 때, $k$의 값은? (단, $a$는 상수)

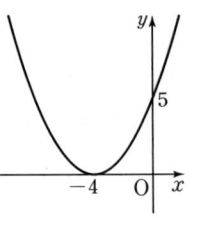

① 2    ② 3    ③ 4
④ 5    ⑤ 6

**10** 오른쪽 그림과 같이 이차함수 $y=a(x-p)^2$의 그래프와 이차함수 $y=-x^2+4$의 그래프가 서로의 꼭짓점을 지날 때, 상수 $a$, $p$에 대하여 $ap$의 값은? (단, $p>0$)

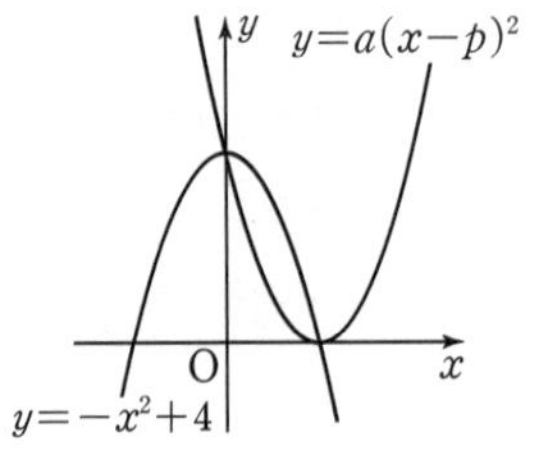

① 1    ② 2    ③ 3
④ 4    ⑤ 5

**11** 다음 보기의 이차함수 중 그 그래프를 평행이동하여 완전히 포갤 수 있는 것끼리 바르게 짝 지은 것은?

┌ 보기 ┐
ㄱ. $y=5-2x^2$         ㄴ. $y=2x^2+3$
ㄷ. $y=-(x+1)^2$      ㄹ. $y=(x+1)^2-3$
ㅁ. $y=-2(x-2)^2+4$
└────────────┘

① ㄱ과 ㄴ    ② ㄱ과 ㅁ    ③ ㄴ과 ㅁ
④ ㄷ과 ㄹ    ⑤ ㄹ과 ㅁ

**12** 이차함수 $y=6x^2+4$의 그래프를 $x$축의 방향으로 $p$만큼, $y$축의 방향으로 $q$만큼 평행이동하면 이차함수 $y=6(x-2)^2+\dfrac{1}{2}$의 그래프와 일치한다. 이때 $pq$의 값을 구하시오.

**13** 일차함수 $y=ax+b$의 그래프가 오른쪽 그림과 같을 때, 다음 중 이차함수 $y=a(x+b)^2$의 그래프로 적당한 것은?

(단, $a$, $b$는 상수)

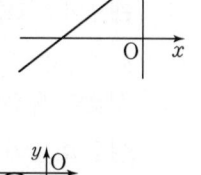

①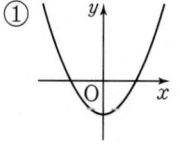

②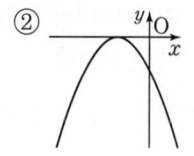

③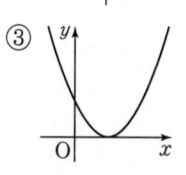

④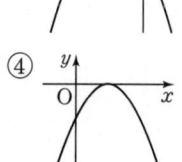

⑤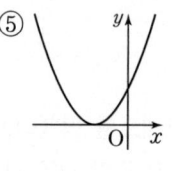

**14** 두 이차함수

$$y=-\frac{1}{2}(x-4)^2,$$

$$y=-\frac{1}{2}(x-4)^2+8$$의 그래프가 오른쪽 그림과 같을 때, 색칠한 부분의 넓이를 구하시오.

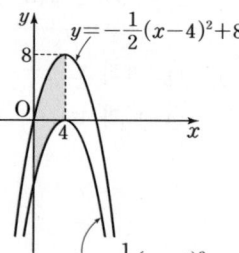

**15** 이차함수 $y=-3x^2+2x+6$을 $y=a(x-p)^2+q$ 꼴로 나타낼 때, 상수 $a$, $p$, $q$에 대하여 $a+p+q$의 값은?

① 3  ② $\frac{10}{3}$  ③ $\frac{11}{3}$

④ 4  ⑤ $\frac{13}{3}$

**16** 다음 이차함수의 그래프 중 이차함수 $y=\frac{1}{3}x^2+5x+1$의 그래프를 평행이동하여 완전히 포갤 수 있는 것은?

① $y=-3x^2+6x+1$

② $y=-\frac{1}{3}x^2+x+2$

③ $y=5x^2-2x+3$

④ $y=\frac{1}{3}x^2-7x+5$

⑤ $y=3x^2+5x+1$

**17** 이차함수 $y=3x^2+9x+4$의 그래프가 지나지 <u>않는</u> 사분면은?

① 제1사분면  ② 제3사분면

③ 제4사분면  ④ 제2, 3사분면

⑤ 제3, 4사분면

**18** 다음 중 이차함수 $y=-2x^2+4x-5$의 그래프에 대한 설명으로 옳은 것은?

① 아래로 볼록한 포물선이다.

② 직선 $x=2$를 축으로 한다.

③ 꼭짓점의 좌표는 $(1, -5)$이다.

④ $y$축과 만나는 점의 좌표는 $(0, -3)$이다.

⑤ $y=-2x^2$의 그래프를 $x$축의 방향으로 1만큼, $y$축의 방향으로 $-3$만큼 평행이동한 그래프이다.

**19** 두 이차함수 $y=2x^2-4x+a$, $y=-3x^2+6x+3a$의 그래프의 꼭짓점이 일치할 때, 상수 $a$의 값은?

① $-4$  ② $-\dfrac{5}{2}$  ③ $\dfrac{1}{2}$

④ $\dfrac{3}{2}$  ⑤ $2$

**20** 이차함수 $y=x^2+6x+3m+3$의 꼭짓점이 직선 $3x+y=-3$ 위에 있을 때, 상수 $m$의 값은?

① $1$  ② $2$  ③ $3$

④ $4$  ⑤ $5$

**21** 이차함수 $y=ax^2+bx+c$의 그래프가 오른쪽 그림과 같을 때, 상수 $a$, $b$, $c$의 부호는?

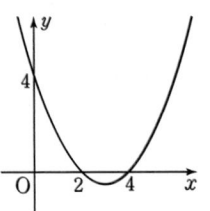

① $a>0$, $b>0$, $c>0$
② $a>0$, $b<0$, $c>0$
③ $a<0$, $b>0$, $c>0$
④ $a<0$, $b<0$, $c>0$
⑤ $a<0$, $b<0$, $c<0$

**22** 이차함수 $y=ax^2+bx+c$의 그래프가 오른쪽 그림과 같을 때, 다음 중 이차함수 $y=bx^2+cx+a$의 그래프로 적당한 것은? (단, $a$, $b$, $c$는 상수)

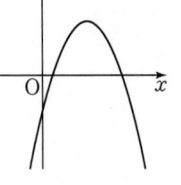

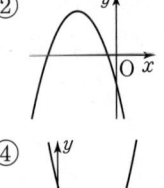

**23** 이차함수 $y=2(x+p)^2+q$의 그래프가 $x=2$를 축으로 하고 점 $(1, -3)$을 지날 때, 상수 $p$, $q$에 대하여 $p+q$의 값은?

① $-9$  ② $-7$  ③ $-3$

④ $1$  ⑤ $5$

**24** 오른쪽 그림과 같은 이차함수의 그래프의 꼭짓점의 좌표를 구하시오.

## STEP 3 쓱쓱 서술형 완성하기

유제를 따라 풀어 보고, 실전 문제로 연습해 보세요.

**예제 1** 이차함수 $y=4x^2$의 그래프를 $x$축의 방향으로 1만큼, $y$축의 방향으로 2만큼 평행이동한 그래프가 점 $(2, a)$를 지날 때, $a$의 값을 구하시오.

풀이 과정

**1단계** 평행이동한 그래프를 나타내는 이차함수의 식 구하기

평행이동한 그래프를 나타내는 이차함수의 식은

$y=4(x-1)^2+2$

**2단계** $a$의 값 구하기

$y=4(x-1)^2+2$의 그래프가 점 $(2, a)$를 지나므로

$a=4\times(2-1)^2+2=6$

답 6

따라 해보자

**유제 1** 이차함수 $y=-3x^2$의 그래프를 $x$축의 방향으로 $-4$만큼, $y$축의 방향으로 $-1$만큼 평행이동한 그래프가 점 $(-3, k)$를 지날 때, $k$의 값을 구하시오.

풀이 과정

**1단계** 평행이동한 그래프를 나타내는 이차함수의 식 구하기

**2단계** $k$의 값 구하기

답

**예제 2** 이차함수 $y=ax^2+bx+c$의 그래프의 꼭짓점의 좌표가 $(2, 8)$이고 점 $(4, 6)$을 지날 때, 상수 $a$, $b$, $c$에 대하여 $a+b+c$의 값을 구하시오.

풀이 과정

**1단계** 이차함수의 식 구하기

꼭짓점의 좌표가 $(2, 8)$이므로

이차함수의 식을 $y=a(x-2)^2+8$로 놓자.

이 그래프가 점 $(4, 6)$을 지나므로

$6=a\times(4-2)^2+8$　　$\therefore a=-\frac{1}{2}$

$\therefore y=-\frac{1}{2}(x-2)^2+8$

**2단계** $a$, $b$, $c$의 값 구하기

$y=-\frac{1}{2}(x-2)^2+8=-\frac{1}{2}x^2+2x+6$이므로

$a=-\frac{1}{2}$, $b=2$, $c=6$

**3단계** $a+b+c$의 값 구하기

$\therefore a+b+c=-\frac{1}{2}+2+6=\frac{15}{2}$

답 $\frac{15}{2}$

**유제 2** 이차함수 $y=ax^2+bx+c$의 그래프의 꼭짓점의 좌표가 $(-3, -4)$이고 점 $(-1, 0)$을 지날 때, 상수 $a$, $b$, $c$에 대하여 $a+b+c$의 값을 구하시오.

풀이 과정

**1단계** 이차함수의 식 구하기

**2단계** $a$, $b$, $c$의 값 구하기

**3단계** $a+b+c$의 값 구하기

답

● 정답과 해설 72쪽

## 연습해 보자

▶ 모든 문제는 풀이 과정을 자세히 서술한 후 답을 쓰세요.

**1** 이차함수 $f(x)=3x^2-x+a$에 대하여 $f(-1)=2$, $f(2)=b$일 때, $a+b$의 값을 구하시오. (단, $a$는 상수)

풀이 과정

답

**2** 오른쪽 그림과 같이 이차함수 $y=-x^2+2x+8$의 그래프가 $y$축과 만나는 점을 A, $x$축과 만나는 두 점을 각각 B, C라고 할 때, △ABC의 넓이를 구하시오.

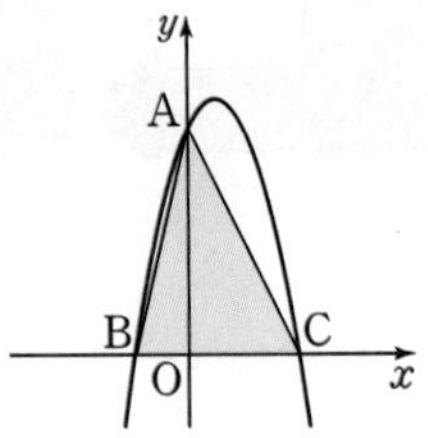


풀이 과정

답

**3** 이차함수 $y=-3x^2+12x-5$의 그래프를 $x$축의 방향으로 $m$만큼, $y$축의 방향으로 $n$만큼 평행이동하였더니 이차함수 $y=-3x^2+5$의 그래프와 완전히 포개어졌다. 이때 $m+n$의 값을 구하시오.

풀이 과정

답

**4** 세 점 $(-1,\ 3)$, $(0,\ 2)$, $(3,\ 5)$를 지나는 포물선을 그래프로 하는 이차함수의 식을 $y=ax^2+bx+c$ 꼴로 나타내시오. (단, $a$, $b$, $c$는 상수)

풀이 과정

답

# 과학 속 수학

# 안전 운전을 위한 자동차의 안전거리 확보

운전 중 장애물을 발견하면 재빨리 브레이크를 밟아 자동차를 세워야 한다. 그런데 장애물을 발견한 후 자동차를 세우기까지 얼마간의 시간이 걸리기 때문에 운전자는 앞차와 안전거리를 항상 유지해야 한다.

안전거리는 장애물을 발견한 운전자가 브레이크를 밟을 때까지 자동차가 진행한 거리인 공주 거리와 운전자가 브레이크를 밟은 후 자동차가 멈추기까지 움직인 거리인 제동 거리의 합 이상이어야 한다.

제동 거리는 자동차의 무게, 타이어의 마모 상태, 도로면의 종류, 날씨 등에 영향을 받지만 같은 조건에서라면 달리던 속력의 제곱에 비례한다. 이를 이용하여 제동 거리를 구하면 각 상황에서 적절한 안전거리를 정할 수 있다.

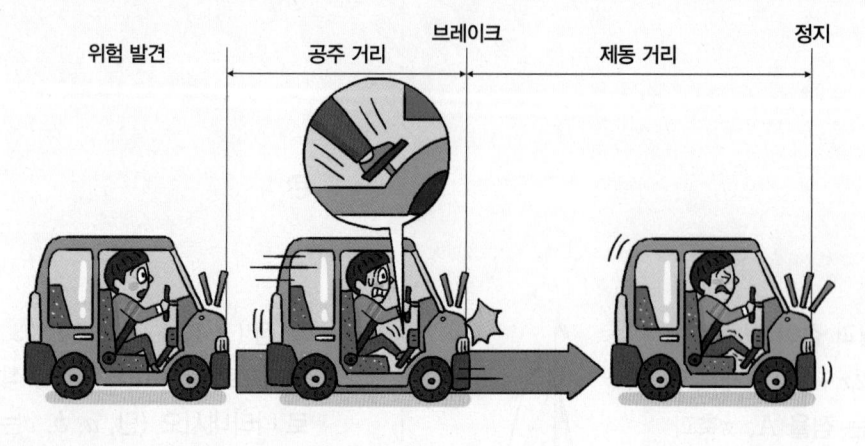

### 기출문제는 이렇게!

**Q** 운전 중 운전자가 브레이크를 밟은 후부터 자동차가 완전히 멈출 때까지 자동차가 움직인 거리를 제동 거리라고 한다. 자동차가 마찰력이 일정한 도로를 시속 $x\,$km로 달릴 때의 제동 거리를 $y\,$m라고 할 때, $y$는 $x$의 제곱에 정비례한다고 한다. 시속 60 km로 달리는 어느 자동차의 제동 거리가 24 m라고 할 때, 다음 물음에 답하시오.

(1) $y$를 $x$에 대한 식으로 나타내시오.

(2) 이 자동차의 운전자가 시속 75 km로 운전하다가 위험을 감지하고 1초 후에 브레이크를 밟아 차를 세웠다. 운전자가 위험을 감지한 후부터 자동차가 완전히 멈출 때까지 자동차가 움직인 거리를 구하시오. (단, 시속 1 km는 초속 0.28 m로 계산한다.)

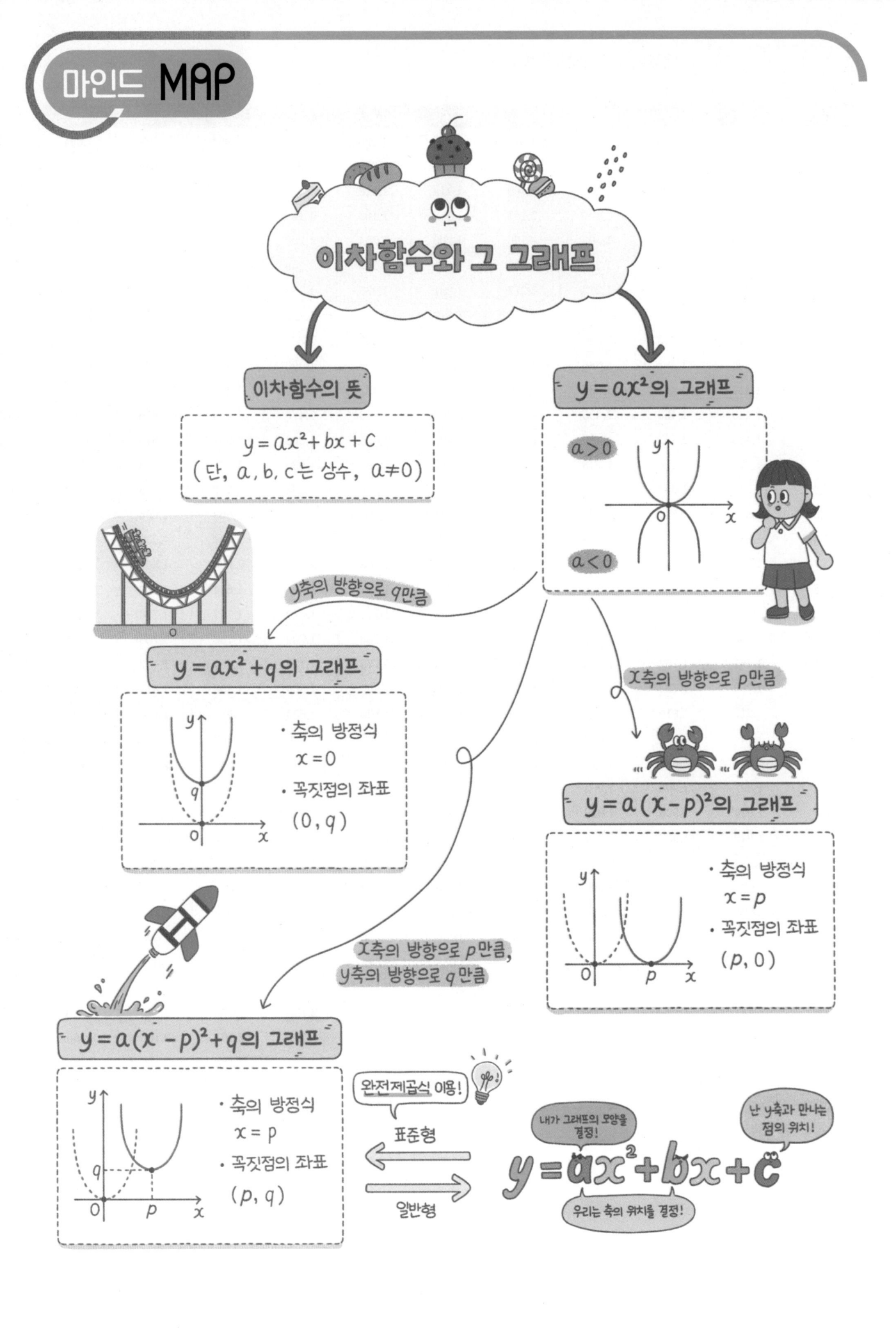

# 마인드 MAP

## 이차함수와 그 그래프

### 이차함수의 뜻

$y = ax^2 + bx + c$
( 단, $a$ , $b$ , $c$ 는 상수, $a \neq 0$ )

### $y = ax^2$의 그래프

$a > 0$

$a < 0$

$y$축의 방향으로 $q$만큼

### $y = ax^2 + q$의 그래프

· 축의 방정식
  $x = 0$
· 꼭짓점의 좌표
  $(0, q)$

$x$축의 방향으로 $p$만큼

### $y = a(x - p)^2$의 그래프

· 축의 방정식
  $x = p$
· 꼭짓점의 좌표
  $(p, 0)$

$x$축의 방향으로 $p$만큼,
$y$축의 방향으로 $q$만큼

### $y = a(x - p)^2 + q$의 그래프

· 축의 방정식
  $x = p$
· 꼭짓점의 좌표
  $(p, q)$

완전제곱식 이용!

표준형

일반형

내가 그래프의 모양을 결정!

난 $y$축과 만나는 점의 위치!

$$y = ax^2 + bx + c$$

우리는 축의 위치를 결정!

# 제곱근표 (1) 1.00부터 5.49까지의 수

| 수 | 0 | 1 | 2 | 3 | 4 | 5 | 6 | 7 | 8 | 9 |
|---|---|---|---|---|---|---|---|---|---|---|
| 1.0 | 1,000 | 1,005 | 1,010 | 1,015 | 1,020 | 1,025 | 1,030 | 1,034 | 1,039 | 1,044 |
| 1.1 | 1,049 | 1,054 | 1,058 | 1,063 | 1,068 | 1,072 | 1,077 | 1,082 | 1,086 | 1,091 |
| 1.2 | 1,095 | 1,100 | 1,105 | 1,109 | 1,114 | 1,118 | 1,122 | 1,127 | 1,131 | 1,136 |
| 1.3 | 1,140 | 1,145 | 1,149 | 1,153 | 1,158 | 1,162 | 1,166 | 1,170 | 1,175 | 1,179 |
| 1.4 | 1,183 | 1,187 | 1,192 | 1,196 | 1,200 | 1,204 | 1,208 | 1,212 | 1,217 | 1,221 |
| 1.5 | 1,225 | 1,229 | 1,233 | 1,237 | 1,241 | 1,245 | 1,249 | 1,253 | 1,257 | 1,261 |
| 1.6 | 1,265 | 1,269 | 1,273 | 1,277 | 1,281 | 1,285 | 1,288 | 1,292 | 1,296 | 1,300 |
| 1.7 | 1,304 | 1,308 | 1,311 | 1,315 | 1,319 | 1,323 | 1,327 | 1,330 | 1,334 | 1,338 |
| 1.8 | 1,342 | 1,345 | 1,349 | 1,353 | 1,356 | 1,360 | 1,364 | 1,367 | 1,371 | 1,375 |
| 1.9 | 1,378 | 1,382 | 1,386 | 1,389 | 1,393 | 1,396 | 1,400 | 1,404 | 1,407 | 1,411 |
| 2.0 | 1,414 | 1,418 | 1,421 | 1,425 | 1,428 | 1,432 | 1,435 | 1,439 | 1,442 | 1,446 |
| 2.1 | 1,449 | 1,453 | 1,456 | 1,459 | 1,463 | 1,466 | 1,470 | 1,473 | 1,476 | 1,480 |
| 2.2 | 1,483 | 1,487 | 1,490 | 1,493 | 1,497 | 1,500 | 1,503 | 1,507 | 1,510 | 1,513 |
| 2.3 | 1,517 | 1,520 | 1,523 | 1,526 | 1,530 | 1,533 | 1,536 | 1,539 | 1,543 | 1,546 |
| 2.4 | 1,549 | 1,552 | 1,556 | 1,559 | 1,562 | 1,565 | 1,568 | 1,572 | 1,575 | 1,578 |
| 2.5 | 1,581 | 1,584 | 1,587 | 1,591 | 1,594 | 1,597 | 1,600 | 1,603 | 1,606 | 1,609 |
| 2.6 | 1,612 | 1,616 | 1,619 | 1,622 | 1,625 | 1,628 | 1,631 | 1,634 | 1,637 | 1,640 |
| 2.7 | 1,643 | 1,646 | 1,649 | 1,652 | 1,655 | 1,658 | 1,661 | 1,664 | 1,667 | 1,670 |
| 2.8 | 1,673 | 1,676 | 1,679 | 1,682 | 1,685 | 1,688 | 1,691 | 1,694 | 1,697 | 1,700 |
| 2.9 | 1,703 | 1,706 | 1,709 | 1,712 | 1,715 | 1,718 | 1,720 | 1,723 | 1,726 | 1,729 |
| 3.0 | 1,732 | 1,735 | 1,738 | 1,741 | 1,744 | 1,746 | 1,749 | 1,752 | 1,755 | 1,758 |
| 3.1 | 1,761 | 1,764 | 1,766 | 1,769 | 1,772 | 1,775 | 1,778 | 1,780 | 1,783 | 1,786 |
| 3.2 | 1,789 | 1,792 | 1,794 | 1,797 | 1,800 | 1,803 | 1,806 | 1,808 | 1,811 | 1,814 |
| 3.3 | 1,817 | 1,819 | 1,822 | 1,825 | 1,828 | 1,830 | 1,833 | 1,836 | 1,838 | 1,841 |
| 3.4 | 1,844 | 1,847 | 1,849 | 1,852 | 1,855 | 1,857 | 1,860 | 1,863 | 1,865 | 1,868 |
| 3.5 | 1,871 | 1,873 | 1,876 | 1,879 | 1,881 | 1,884 | 1,887 | 1,889 | 1,892 | 1,895 |
| 3.6 | 1,897 | 1,900 | 1,903 | 1,905 | 1,908 | 1,910 | 1,913 | 1,916 | 1,918 | 1,921 |
| 3.7 | 1,924 | 1,926 | 1,929 | 1,931 | 1,934 | 1,936 | 1,939 | 1,942 | 1,944 | 1,947 |
| 3.8 | 1,949 | 1,952 | 1,954 | 1,957 | 1,960 | 1,962 | 1,965 | 1,967 | 1,970 | 1,972 |
| 3.9 | 1,975 | 1,977 | 1,980 | 1,982 | 1,985 | 1,987 | 1,990 | 1,992 | 1,995 | 1,997 |
| 4.0 | 2,000 | 2,002 | 2,005 | 2,007 | 2,010 | 2,012 | 2,015 | 2,017 | 2,020 | 2,022 |
| 4.1 | 2,025 | 2,027 | 2,030 | 2,032 | 2,035 | 2,037 | 2,040 | 2,042 | 2,045 | 2,047 |
| 4.2 | 2,049 | 2,052 | 2,054 | 2,057 | 2,059 | 2,062 | 2,064 | 2,066 | 2,069 | 2,071 |
| 4.3 | 2,074 | 2,076 | 2,078 | 2,081 | 2,083 | 2,086 | 2,088 | 2,090 | 2,093 | 2,095 |
| 4.4 | 2,098 | 2,100 | 2,102 | 2,105 | 2,107 | 2,110 | 2,112 | 2,114 | 2,117 | 2,119 |
| 4.5 | 2,121 | 2,124 | 2,126 | 2,128 | 2,131 | 2,133 | 2,135 | 2,138 | 2,140 | 2,142 |
| 4.6 | 2,145 | 2,147 | 2,149 | 2,152 | 2,154 | 2,156 | 2,159 | 2,161 | 2,163 | 2,166 |
| 4.7 | 2,168 | 2,170 | 2,173 | 2,175 | 2,177 | 2,179 | 2,182 | 2,184 | 2,186 | 2,189 |
| 4.8 | 2,191 | 2,193 | 2,195 | 2,198 | 2,200 | 2,202 | 2,205 | 2,207 | 2,209 | 2,211 |
| 4.9 | 2,214 | 2,216 | 2,218 | 2,220 | 2,223 | 2,225 | 2,227 | 2,229 | 2,232 | 2,234 |
| 5.0 | 2,236 | 2,238 | 2,241 | 2,243 | 2,245 | 2,247 | 2,249 | 2,252 | 2,254 | 2,256 |
| 5.1 | 2,258 | 2,261 | 2,263 | 2,265 | 2,267 | 2,269 | 2,272 | 2,274 | 2,276 | 2,278 |
| 5.2 | 2,280 | 2,283 | 2,285 | 2,287 | 2,289 | 2,291 | 2,293 | 2,296 | 2,298 | 2,300 |
| 5.3 | 2,302 | 2,304 | 2,307 | 2,309 | 2,311 | 2,313 | 2,315 | 2,317 | 2,319 | 2,322 |
| 5.4 | 2,324 | 2,326 | 2,328 | 2,330 | 2,332 | 2,335 | 2,337 | 2,339 | 2,341 | 2,343 |

# 제곱근표 (2) 5.50부터 9.99까지의 수

| 수 | 0 | 1 | 2 | 3 | 4 | 5 | 6 | 7 | 8 | 9 |
|---|---|---|---|---|---|---|---|---|---|---|
| 5.5 | 2.345 | 2.347 | 2.349 | 2.352 | 2.354 | 2.356 | 2.358 | 2.360 | 2.362 | 2.364 |
| 5.6 | 2.366 | 2.369 | 2.371 | 2.373 | 2.375 | 2.377 | 2.379 | 2.381 | 2.383 | 2.385 |
| 5.7 | 2.387 | 2.390 | 2.392 | 2.394 | 2.396 | 2.398 | 2.400 | 2.402 | 2.404 | 2.406 |
| 5.8 | 2.408 | 2.410 | 2.412 | 2.415 | 2.417 | 2.419 | 2.421 | 2.423 | 2.425 | 2.427 |
| 5.9 | 2.429 | 2.431 | 2.433 | 2.435 | 2.437 | 2.439 | 2.441 | 2.443 | 2.445 | 2.447 |
| 6.0 | 2.449 | 2.452 | 2.454 | 2.456 | 2.458 | 2.460 | 2.462 | 2.464 | 2.466 | 2.468 |
| 6.1 | 2.470 | 2.472 | 2.474 | 2.476 | 2.478 | 2.480 | 2.482 | 2.484 | 2.486 | 2.488 |
| 6.2 | 2.490 | 2.492 | 2.494 | 2.496 | 2.498 | 2.500 | 2.502 | 2.504 | 2.506 | 2.508 |
| 6.3 | 2.510 | 2.512 | 2.514 | 2.516 | 2.518 | 2.520 | 2.522 | 2.524 | 2.526 | 2.528 |
| 6.4 | 2.530 | 2.532 | 2.534 | 2.536 | 2.538 | 2.540 | 2.542 | 2.544 | 2.546 | 2.548 |
| 6.5 | 2.550 | 2.551 | 2.553 | 2.555 | 2.557 | 2.559 | 2.561 | 2.563 | 2.565 | 2.567 |
| 6.6 | 2.569 | 2.571 | 2.573 | 2.575 | 2.577 | 2.579 | 2.581 | 2.583 | 2.585 | 2.587 |
| 6.7 | 2.588 | 2.590 | 2.592 | 2.594 | 2.596 | 2.598 | 2.600 | 2.602 | 2.604 | 2.606 |
| 6.8 | 2.608 | 2.610 | 2.612 | 2.613 | 2.615 | 2.617 | 2.619 | 2.621 | 2.623 | 2.625 |
| 6.9 | 2.627 | 2.629 | 2.631 | 2.632 | 2.634 | 2.636 | 2.638 | 2.640 | 2.642 | 2.644 |
| 7.0 | 2.646 | 2.648 | 2.650 | 2.651 | 2.653 | 2.655 | 2.657 | 2.659 | 2.661 | 2.663 |
| 7.1 | 2.665 | 2.666 | 2.668 | 2.670 | 2.672 | 2.674 | 2.676 | 2.678 | 2.680 | 2.681 |
| 7.2 | 2.683 | 2.685 | 2.687 | 2.689 | 2.691 | 2.693 | 2.694 | 2.696 | 2.698 | 2.700 |
| 7.3 | 2.702 | 2.704 | 2.706 | 2.707 | 2.709 | 2.711 | 2.713 | 2.715 | 2.717 | 2.718 |
| 7.4 | 2.720 | 2.722 | 2.724 | 2.726 | 2.728 | 2.729 | 2.731 | 2.733 | 2.735 | 2.737 |
| 7.5 | 2.739 | 2.740 | 2.742 | 2.744 | 2.746 | 2.748 | 2.750 | 2.751 | 2.753 | 2.755 |
| 7.6 | 2.757 | 2.759 | 2.760 | 2.762 | 2.764 | 2.766 | 2.768 | 2.769 | 2.771 | 2.773 |
| 7.7 | 2.775 | 2.777 | 2.778 | 2.780 | 2.782 | 2.784 | 2.786 | 2.787 | 2.789 | 2.791 |
| 7.8 | 2.793 | 2.795 | 2.796 | 2.798 | 2.800 | 2.802 | 2.804 | 2.805 | 2.807 | 2.809 |
| 7.9 | 2.811 | 2.812 | 2.814 | 2.816 | 2.818 | 2.820 | 2.821 | 2.823 | 2.825 | 2.827 |
| 8.0 | 2.828 | 2.830 | 2.832 | 2.834 | 2.835 | 2.837 | 2.839 | 2.841 | 2.843 | 2.844 |
| 8.1 | 2.846 | 2.848 | 2.850 | 2.851 | 2.853 | 2.855 | 2.857 | 2.858 | 2.860 | 2.862 |
| 8.2 | 2.864 | 2.865 | 2.867 | 2.869 | 2.871 | 2.872 | 2.874 | 2.876 | 2.877 | 2.879 |
| 8.3 | 2.881 | 2.883 | 2.884 | 2.886 | 2.888 | 2.890 | 2.891 | 2.893 | 2.895 | 2.897 |
| 8.4 | 2.898 | 2.900 | 2.902 | 2.903 | 2.905 | 2.907 | 2.909 | 2.910 | 2.912 | 2.914 |
| 8.5 | 2.915 | 2.917 | 2.919 | 2.921 | 2.922 | 2.924 | 2.926 | 2.927 | 2.929 | 2.931 |
| 8.6 | 2.933 | 2.934 | 2.936 | 2.938 | 2.939 | 2.941 | 2.943 | 2.944 | 2.946 | 2.948 |
| 8.7 | 2.950 | 2.951 | 2.953 | 2.955 | 2.956 | 2.958 | 2.960 | 2.961 | 2.963 | 2.965 |
| 8.8 | 2.966 | 2.968 | 2.970 | 2.972 | 2.973 | 2.975 | 2.977 | 2.978 | 2.980 | 2.982 |
| 8.9 | 2.983 | 2.985 | 2.987 | 2.988 | 2.990 | 2.992 | 2.993 | 2.995 | 2.997 | 2.998 |
| 9.0 | 3.000 | 3.002 | 3.003 | 3.005 | 3.007 | 3.008 | 3.010 | 3.012 | 3.013 | 3.015 |
| 9.1 | 3.017 | 3.018 | 3.020 | 3.022 | 3.023 | 3.025 | 3.027 | 3.028 | 3.030 | 3.032 |
| 9.2 | 3.033 | 3.035 | 3.036 | 3.038 | 3.040 | 3.041 | 3.043 | 3.045 | 3.046 | 3.048 |
| 9.3 | 3.050 | 3.051 | 3.053 | 3.055 | 3.056 | 3.058 | 3.059 | 3.061 | 3.063 | 3.064 |
| 9.4 | 3.066 | 3.068 | 3.069 | 3.071 | 3.072 | 3.074 | 3.076 | 3.077 | 3.079 | 3.081 |
| 9.5 | 3.082 | 3.084 | 3.085 | 3.087 | 3.089 | 3.090 | 3.092 | 3.094 | 3.095 | 3.097 |
| 9.6 | 3.098 | 3.100 | 3.102 | 3.103 | 3.105 | 3.106 | 3.108 | 3.110 | 3.111 | 3.113 |
| 9.7 | 3.114 | 3.116 | 3.118 | 3.119 | 3.121 | 3.122 | 3.124 | 3.126 | 3.127 | 3.129 |
| 9.8 | 3.130 | 3.132 | 3.134 | 3.135 | 3.137 | 3.138 | 3.140 | 3.142 | 3.143 | 3.145 |
| 9.9 | 3.146 | 3.148 | 3.150 | 3.151 | 3.153 | 3.154 | 3.156 | 3.158 | 3.159 | 3.161 |

| 수 | 0 | 1 | 2 | 3 | 4 | 5 | 6 | 7 | 8 | 9 |
|---|---|---|---|---|---|---|---|---|---|---|
| 10 | 3.162 | 3.178 | 3.194 | 3.209 | 3.225 | 3.240 | 3.256 | 3.271 | 3.286 | 3.302 |
| 11 | 3.317 | 3.332 | 3.347 | 3.362 | 3.376 | 3.391 | 3.406 | 3.421 | 3.435 | 3.450 |
| 12 | 3.464 | 3.479 | 3.493 | 3.507 | 3.521 | 3.536 | 3.550 | 3.564 | 3.578 | 3.592 |
| 13 | 3.606 | 3.619 | 3.633 | 3.647 | 3.661 | 3.674 | 3.688 | 3.701 | 3.715 | 3.728 |
| 14 | 3.742 | 3.755 | 3.768 | 3.782 | 3.795 | 3.808 | 3.821 | 3.834 | 3.847 | 3.860 |
| 15 | 3.873 | 3.886 | 3.899 | 3.912 | 3.924 | 3.937 | 3.950 | 3.962 | 3.975 | 3.987 |
| 16 | 4.000 | 4.012 | 4.025 | 4.037 | 4.050 | 4.062 | 4.074 | 4.087 | 4.099 | 4.111 |
| 17 | 4.123 | 4.135 | 4.147 | 4.159 | 4.171 | 4.183 | 4.195 | 4.207 | 4.219 | 4.231 |
| 18 | 4.243 | 4.254 | 4.266 | 4.278 | 4.290 | 4.301 | 4.313 | 4.324 | 4.336 | 4.347 |
| 19 | 4.359 | 4.370 | 4.382 | 4.393 | 4.405 | 4.416 | 4.427 | 4.438 | 4.450 | 4.461 |
| 20 | 4.472 | 4.483 | 4.494 | 4.506 | 4.517 | 4.528 | 4.539 | 4.550 | 4.561 | 4.572 |
| 21 | 4.583 | 4.593 | 4.604 | 4.615 | 4.626 | 4.637 | 4.648 | 4.658 | 4.669 | 4.680 |
| 22 | 4.690 | 4.701 | 4.712 | 4.722 | 4.733 | 4.743 | 4.754 | 4.764 | 4.775 | 4.785 |
| 23 | 4.796 | 4.806 | 4.817 | 4.827 | 4.837 | 4.848 | 4.858 | 4.868 | 4.879 | 4.889 |
| 24 | 4.899 | 4.909 | 4.919 | 4.930 | 4.940 | 4.950 | 4.960 | 4.970 | 4.980 | 4.990 |
| 25 | 5.000 | 5.010 | 5.020 | 5.030 | 5.040 | 5.050 | 5.060 | 5.070 | 5.079 | 5.089 |
| 26 | 5.099 | 5.109 | 5.119 | 5.128 | 5.138 | 5.148 | 5.158 | 5.167 | 5.177 | 5.187 |
| 27 | 5.196 | 5.206 | 5.215 | 5.225 | 5.235 | 5.244 | 5.254 | 5.263 | 5.273 | 5.282 |
| 28 | 5.292 | 5.301 | 5.310 | 5.320 | 5.329 | 5.339 | 5.348 | 5.357 | 5.367 | 5.376 |
| 29 | 5.385 | 5.394 | 5.404 | 5.413 | 5.422 | 5.431 | 5.441 | 5.450 | 5.459 | 5.468 |
| 30 | 5.477 | 5.486 | 5.495 | 5.505 | 5.514 | 5.523 | 5.532 | 5.541 | 5.550 | 5.559 |
| 31 | 5.568 | 5.577 | 5.586 | 5.595 | 5.604 | 5.612 | 5.621 | 5.630 | 5.639 | 5.648 |
| 32 | 5.657 | 5.666 | 5.675 | 5.683 | 5.692 | 5.701 | 5.710 | 5.718 | 5.727 | 5.736 |
| 33 | 5.745 | 5.753 | 5.762 | 5.771 | 5.779 | 5.788 | 5.797 | 5.805 | 5.814 | 5.822 |
| 34 | 5.831 | 5.840 | 5.848 | 5.857 | 5.865 | 5.874 | 5.882 | 5.891 | 5.899 | 5.908 |
| 35 | 5.916 | 5.925 | 5.933 | 5.941 | 5.950 | 5.958 | 5.967 | 5.975 | 5.983 | 5.992 |
| 36 | 6.000 | 6.008 | 6.017 | 6.025 | 6.033 | 6.042 | 6.050 | 6.058 | 6.066 | 6.075 |
| 37 | 6.083 | 6.091 | 6.099 | 6.107 | 6.116 | 6.124 | 6.132 | 6.140 | 6.148 | 6.156 |
| 38 | 6.164 | 6.173 | 6.181 | 6.189 | 6.197 | 6.205 | 6.213 | 6.221 | 6.229 | 6.237 |
| 39 | 6.245 | 6.253 | 6.261 | 6.269 | 6.277 | 6.285 | 6.293 | 6.301 | 6.309 | 6.317 |
| 40 | 6.325 | 6.332 | 6.340 | 6.348 | 6.356 | 6.364 | 6.372 | 6.380 | 6.387 | 6.395 |
| 41 | 6.403 | 6.411 | 6.419 | 6.427 | 6.434 | 6.442 | 6.450 | 6.458 | 6.465 | 6.473 |
| 42 | 6.481 | 6.488 | 6.496 | 6.504 | 6.512 | 6.519 | 6.527 | 6.535 | 6.542 | 6.550 |
| 43 | 6.557 | 6.565 | 6.573 | 6.580 | 6.588 | 6.595 | 6.603 | 6.611 | 6.618 | 6.626 |
| 44 | 6.633 | 6.641 | 6.648 | 6.656 | 6.663 | 6.671 | 6.678 | 6.686 | 6.693 | 6.701 |
| 45 | 6.708 | 6.716 | 6.723 | 6.731 | 6.738 | 6.745 | 6.753 | 6.760 | 6.768 | 6.775 |
| 46 | 6.782 | 6.790 | 6.797 | 6.804 | 6.812 | 6.819 | 6.826 | 6.834 | 6.841 | 6.848 |
| 47 | 6.856 | 6.863 | 6.870 | 6.877 | 6.885 | 6.892 | 6.899 | 6.907 | 6.914 | 6.921 |
| 48 | 6.928 | 6.935 | 6.943 | 6.950 | 6.957 | 6.964 | 6.971 | 6.979 | 6.986 | 6.993 |
| 49 | 7.000 | 7.007 | 7.014 | 7.021 | 7.029 | 7.036 | 7.043 | 7.050 | 7.057 | 7.064 |
| 50 | 7.071 | 7.078 | 7.085 | 7.092 | 7.099 | 7.106 | 7.113 | 7.120 | 7.127 | 7.134 |
| 51 | 7.141 | 7.148 | 7.155 | 7.162 | 7.169 | 7.176 | 7.183 | 7.190 | 7.197 | 7.204 |
| 52 | 7.211 | 7.218 | 7.225 | 7.232 | 7.239 | 7.246 | 7.253 | 7.259 | 7.266 | 7.273 |
| 53 | 7.280 | 7.287 | 7.294 | 7.301 | 7.308 | 7.314 | 7.321 | 7.328 | 7.335 | 7.342 |
| 54 | 7.348 | 7.355 | 7.362 | 7.369 | 7.376 | 7.382 | 7.389 | 7.396 | 7.403 | 7.409 |

| 수 | 0 | 1 | 2 | 3 | 4 | 5 | 6 | 7 | 8 | 9 |
|----|-----|-----|-----|-----|-----|-----|-----|-----|-----|-----|
| 55 | 7.416 | 7.423 | 7.430 | 7.436 | 7.443 | 7.450 | 7.457 | 7.463 | 7.470 | 7.477 |
| 56 | 7.483 | 7.490 | 7.497 | 7.503 | 7.510 | 7.517 | 7.523 | 7.530 | 7.537 | 7.543 |
| 57 | 7.550 | 7.556 | 7.563 | 7.570 | 7.576 | 7.583 | 7.589 | 7.596 | 7.603 | 7.609 |
| 58 | 7.616 | 7.622 | 7.629 | 7.635 | 7.642 | 7.649 | 7.655 | 7.662 | 7.668 | 7.675 |
| 59 | 7.681 | 7.688 | 7.694 | 7.701 | 7.707 | 7.714 | 7.720 | 7.727 | 7.733 | 7.740 |
| 60 | 7.746 | 7.752 | 7.759 | 7.765 | 7.772 | 7.778 | 7.785 | 7.791 | 7.797 | 7.804 |
| 61 | 7.810 | 7.817 | 7.823 | 7.829 | 7.836 | 7.842 | 7.849 | 7.855 | 7.861 | 7.868 |
| 62 | 7.874 | 7.880 | 7.887 | 7.893 | 7.899 | 7.906 | 7.912 | 7.918 | 7.925 | 7.931 |
| 63 | 7.937 | 7.944 | 7.950 | 7.956 | 7.962 | 7.969 | 7.975 | 7.981 | 7.987 | 7.994 |
| 64 | 8.000 | 8.006 | 8.012 | 8.019 | 8.025 | 8.031 | 8.037 | 8.044 | 8.050 | 8.056 |
| 65 | 8.062 | 8.068 | 8.075 | 8.081 | 8.087 | 8.093 | 8.099 | 8.106 | 8.112 | 8.118 |
| 66 | 8.124 | 8.130 | 8.136 | 8.142 | 8.149 | 8.155 | 8.161 | 8.167 | 8.173 | 8.179 |
| 67 | 8.185 | 8.191 | 8.198 | 8.204 | 8.210 | 8.216 | 8.222 | 8.228 | 8.234 | 8.240 |
| 68 | 8.246 | 8.252 | 8.258 | 8.264 | 8.270 | 8.276 | 8.283 | 8.289 | 8.295 | 8.301 |
| 69 | 8.307 | 8.313 | 8.319 | 8.325 | 8.331 | 8.337 | 8.343 | 8.349 | 8.355 | 8.361 |
| 70 | 8.367 | 8.373 | 8.379 | 8.385 | 8.390 | 8.396 | 8.402 | 8.408 | 8.414 | 8.420 |
| 71 | 8.426 | 8.432 | 8.438 | 8.444 | 8.450 | 8.456 | 8.462 | 8.468 | 8.473 | 8.479 |
| 72 | 8.485 | 8.491 | 8.497 | 8.503 | 8.509 | 8.515 | 8.521 | 8.526 | 8.532 | 8.538 |
| 73 | 8.544 | 8.550 | 8.556 | 8.562 | 8.567 | 8.573 | 8.579 | 8.585 | 8.591 | 8.597 |
| 74 | 8.602 | 8.608 | 8.614 | 8.620 | 8.626 | 8.631 | 8.637 | 8.643 | 8.649 | 8.654 |
| 75 | 8.660 | 8.666 | 8.672 | 8.678 | 8.683 | 8.689 | 8.695 | 8.701 | 8.706 | 8.712 |
| 76 | 8.718 | 8.724 | 8.729 | 8.735 | 8.741 | 8.746 | 8.752 | 8.758 | 8.764 | 8.769 |
| 77 | 8.775 | 8.781 | 8.786 | 8.792 | 8.798 | 8.803 | 8.809 | 8.815 | 8.820 | 8.826 |
| 78 | 8.832 | 8.837 | 8.843 | 8.849 | 8.854 | 8.860 | 8.866 | 8.871 | 8.877 | 8.883 |
| 79 | 8.888 | 8.894 | 8.899 | 8.905 | 8.911 | 8.916 | 8.922 | 8.927 | 8.933 | 8.939 |
| 80 | 8.944 | 8.950 | 8.955 | 8.961 | 8.967 | 8.972 | 8.978 | 8.983 | 8.989 | 8.994 |
| 81 | 9.000 | 9.006 | 9.011 | 9.017 | 9.022 | 9.028 | 9.033 | 9.039 | 9.044 | 9.050 |
| 82 | 9.055 | 9.061 | 9.066 | 9.072 | 9.077 | 9.083 | 9.088 | 9.094 | 9.099 | 9.105 |
| 83 | 9.110 | 9.116 | 9.121 | 9.127 | 9.132 | 9.138 | 9.143 | 9.149 | 9.154 | 9.160 |
| 84 | 9.165 | 9.171 | 9.176 | 9.182 | 9.187 | 9.192 | 9.198 | 9.203 | 9.209 | 9.214 |
| 85 | 9.220 | 9.225 | 9.230 | 9.236 | 9.241 | 9.247 | 9.252 | 9.257 | 9.263 | 9.268 |
| 86 | 9.274 | 9.279 | 9.284 | 9.290 | 9.295 | 9.301 | 9.306 | 9.311 | 9.317 | 9.322 |
| 87 | 9.327 | 9.333 | 9.338 | 9.343 | 9.349 | 9.354 | 9.359 | 9.365 | 9.370 | 9.375 |
| 88 | 9.381 | 9.386 | 9.391 | 9.397 | 9.402 | 9.407 | 9.413 | 9.418 | 9.423 | 9.429 |
| 89 | 9.434 | 9.439 | 9.445 | 9.450 | 9.455 | 9.460 | 9.466 | 9.471 | 9.476 | 9.482 |
| 90 | 9.487 | 9.492 | 9.497 | 9.503 | 9.508 | 9.513 | 9.518 | 9.524 | 9.529 | 9.534 |
| 91 | 9.539 | 9.545 | 9.550 | 9.555 | 9.560 | 9.566 | 9.571 | 9.576 | 9.581 | 9.586 |
| 92 | 9.592 | 9.597 | 9.602 | 9.607 | 9.612 | 9.618 | 9.623 | 9.628 | 9.633 | 9.638 |
| 93 | 9.644 | 9.649 | 9.654 | 9.659 | 9.664 | 9.670 | 9.675 | 9.680 | 9.685 | 9.690 |
| 94 | 9.695 | 9.701 | 9.706 | 9.711 | 9.716 | 9.721 | 9.726 | 9.731 | 9.737 | 9.742 |
| 95 | 9.747 | 9.752 | 9.757 | 9.762 | 9.767 | 9.772 | 9.778 | 9.783 | 9.788 | 9.793 |
| 96 | 9.798 | 9.803 | 9.808 | 9.813 | 9.818 | 9.823 | 9.829 | 9.834 | 9.839 | 9.844 |
| 97 | 9.849 | 9.854 | 9.859 | 9.864 | 9.869 | 9.874 | 9.879 | 9.884 | 9.889 | 9.894 |
| 98 | 9.899 | 9.905 | 9.910 | 9.915 | 9.920 | 9.925 | 9.930 | 9.935 | 9.940 | 9.945 |
| 99 | 9.950 | 9.955 | 9.960 | 9.965 | 9.970 | 9.975 | 9.980 | 9.985 | 9.990 | 9.995 |

memo

개념⁺유형

유형편

실력향상 POWER

중등 수학 ──

3·1

## How

### 어떻게 만들어졌나요?

전국 250여 개 학교의 기출문제들을 모두 모아 유형별로 분석하여 정리하였답니다.
기출문제를 유형별로 정리하였기 때문에 문제를 통해 핵심을 알 수 있어요!

## When

### 언제 활용할까요?

개념편 진도를 나간 후 한 번 더 정리하고 싶을 때! 유형편 라이트를 공부한 후 다양한 실전 문제를 접하고 싶을 때!
시험 기간에 공부한 내용을 확인하고 싶을 때! 어떤 문제가 시험에 자주 출제되는지 궁금할 때!

## Why

### 왜 유형편 파워를 보아야 하나요?

전국의 기출문제들을 분석·정리하여 쉬운 문제부터 까다로운 문제까지 다양한 유형으로 구성하였으므로
수학 성적을 올리고자 하는 친구라면 누구나 꼭 갖고 있어야 할 교재입니다.
이 한 권을 내 것으로 만든다면 내신 만점~. 자신감 UP~!!

---

## 유형편 파워 의 구성

● 문제 풀이의 비법을 담은
   내용 정리

● 틀리기 쉬운 유형과
   까다로운 유형

● 난이도와 출제율을 반영한 단원 마무리 문제

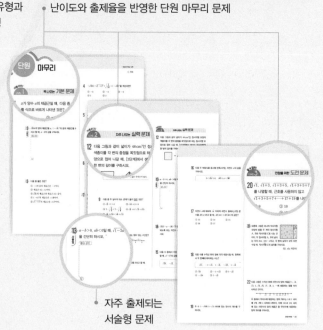

● 자주 출제되는
   서술형 문제

차례 ••• # CONTENTS

# 1

# 제곱근과 실수

# 1 제곱근과 실수

● 정답과 해설 5쪽

⭐ 중요

## 유형 1 | 제곱근의 뜻
개념편 8~9쪽

어떤 수 $x$를 제곱하여 $a$가 될 때, 즉 $x^2=a$일 때 $x$를 $a$의 제곱근이라고 한다.

참고 $x$는 $a$의 제곱근이다. (단, $a \geq 0$)
➡ $x$를 제곱하면 $a$가 된다.
➡ $x$는 $x^2=a$를 만족시킨다.

예 $2^2=4$, $(-2)^2=4$이므로 4의 제곱근은 2, $-2$이다.

**1** $x$가 5의 제곱근일 때, 다음 중 옳은 것은?

① $\sqrt{x}=\sqrt{5}$    ② $\sqrt{x}=5$    ③ $x=5$

④ $x^2=\sqrt{5}$    ⑤ $x^2=5$

**2** 다음 중 제곱근이 <u>없는</u> 수는?

① 0    ② 64    ③ 0.01

④ $-16$    ⑤ $\dfrac{1}{31}$

**3** 13의 제곱근을 $a$, 49의 제곱근을 $b$라고 할 때, $a^2+b^2$의 값은?

① 13    ② 20    ③ 49

④ 62    ⑤ 70

## 유형 2 | 제곱근 구하기
개념편 8~9쪽

(1) $a>0$일 때, $a$의 제곱근은 $\pm\sqrt{a}$
➡ $a$의 양의 제곱근은 $\sqrt{a}$,
$a$의 음의 제곱근은 $-\sqrt{a}$

참고 제곱근을 나타낼 때, 근호 안의 수가 어떤 유리수의 제곱이면 근호를 사용하지 않고 나타낼 수 있다.
예 9의 제곱근: $\pm\sqrt{9}=\pm3$

(2) (어떤 수)$^2$ 꼴 또는 근호를 포함한 수의 제곱근을 구할 때는 먼저 주어진 수를 간단히 한다.
예 $(-2)^2$의 제곱근 ➡ 4의 제곱근 ➡ $\pm2$
$\sqrt{4}$의 제곱근 ➡ 2의 제곱근 ➡ $\pm\sqrt{2}$

**4** 다음 중 옳은 것은?

① 6의 제곱근 ⇨ 3

② 0.04의 제곱근 ⇨ $\pm0.02$

③ $(-3)^2$의 제곱근 ⇨ $\pm\sqrt{3}$

④ $\sqrt{25}$의 제곱근 ⇨ $\pm5$

⑤ $\sqrt{\dfrac{16}{81}}$의 제곱근 ⇨ $\pm\dfrac{2}{3}$

**5** 다음을 구하시오.

(1) $(-10)^2$의 양의 제곱근을 $a$, $\dfrac{25}{4}$의 음의 제곱근을 $b$라고 할 때, $ab$의 값

(2) $\sqrt{16}$의 양의 제곱근을 $m$, $5.\dot{4}$의 음의 제곱근을 $n$이라고 할 때, $m+3n$의 값

**6** 81의 두 제곱근을 각각 $a$, $b$라고 할 때, $\sqrt{a-3b}$의 제곱근은? (단, $a>b$)

① $\pm\sqrt{3}$    ② $\pm\sqrt{6}$    ③ $\pm3$

④ $\pm6$    ⑤ $\pm9$

**7** 오른쪽 그림과 같이 한 변의 길이가 각각 2 m, 3 m인 정사각형 모양의 땅이 나란히 붙어 있다. 이 두 땅의 넓이의 합과 넓이가 같은 정사각형 모양의 땅을 하나 만들 때, 새로 만든 땅의 한 변의 길이는?

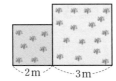

① $\sqrt{10}$ m      ② $\sqrt{11}$ m      ③ $\sqrt{13}$ m

④ $\sqrt{14}$ m      ⑤ $\sqrt{15}$ m

**8** 오른쪽 그림과 같이 $\angle C = 90°$인 직각삼각형 ABC에서 $\overline{AC} = 7$ cm, $\overline{BC} = 5$ cm일 때, $x$의 값을 구하시오.

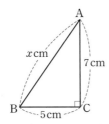

**9** 다음 중 근호를 사용하지 않고 나타낼 수 <u>없는</u> 수는 모두 몇 개인가?

$$\sqrt{\frac{49}{36}}, \quad \sqrt{12}, \quad \sqrt{0.1}, \quad \sqrt{0.\dot{4}}, \quad \sqrt{\frac{9}{250}}, \quad \sqrt{200}$$

① 1개      ② 2개      ③ 3개

④ 4개      ⑤ 5개

**10** 다음 수의 제곱근 중에서 근호를 사용하지 않고 나타낼 수 있는 것은?

① 0.001      ② $0.0\dot{4}$      ③ $\dfrac{25}{144}$

④ 48      ⑤ 125

---

**유형 3**   제곱근에 대한 이해      개념편 8~9쪽

**(1) $a$의 값의 범위에 따른 $a$의 제곱근**

|  | $a>0$ | $a=0$ | $a<0$ |
|---|---|---|---|
| $a$의 제곱근 | $\pm\sqrt{a}$ | 0 | 없다. |
| 제곱근의 개수 | 2개 | 1개 | 0개 |

**(2) $a$의 제곱근과 제곱근 $a$의 차이 (단, $a>0$)**

① $a$의 제곱근 ➡ 제곱하여 $a$가 되는 수 ➡ $\pm\sqrt{a}$

② 제곱근 $a$ ➡ $a$의 양의 제곱근 ➡ $\sqrt{a}$

**11** 다음 중 옳은 것을 모두 고르면? (정답 2개)

① 0의 제곱근은 없다.

② 3의 제곱근은 $\pm\sqrt{3}$이다.

③ $\sqrt{49}$의 양의 제곱근은 $\sqrt{7}$이다.

④ 제곱근 64는 $\pm 8$이다.

⑤ $-2$는 $-4$의 음의 제곱근이다.

**12** 다음 보기의 설명 중 옳지 <u>않은</u> 것을 모두 고른 것은?

┤ 보기 ├

ㄱ. 모든 자연수의 제곱근은 2개이다.

ㄴ. $\sqrt{(-4)^2}$의 두 제곱근의 합은 0이다.

ㄷ. $-5$의 음의 제곱근은 $-\sqrt{5}$이다.

ㄹ. 0.09의 제곱근은 0.3이다.

① ㄱ, ㄴ      ② ㄱ, ㄷ      ③ ㄷ, ㄹ

④ ㄱ, ㄴ, ㄷ      ⑤ ㄴ, ㄷ, ㄹ

**13** 다음 중 그 값이 나머지 넷과 <u>다른</u> 하나는?

① 9의 제곱근

② 제곱하여 9가 되는 수

③ $x^2 = 9$를 만족시키는 $x$의 값

④ $\sqrt{81}$의 제곱근

⑤ 제곱근 9

## 유형 4 제곱근의 성질 개념편 11쪽

$a>0$일 때

(1) $(\sqrt{a})^2=a$, $(-\sqrt{a})^2=a$

  예 $(\sqrt{3})^2=3$, $(-\sqrt{3})^2=3$

(2) $\sqrt{a^2}=a$, $\sqrt{(-a)^2}=a$

  예 $\sqrt{3^2}=3$, $\sqrt{(-3)^2}=3$

**14** 다음 중 그 값이 나머지 넷과 <u>다른</u> 하나는?

① $\sqrt{4}$　　　　② $\sqrt{(-2)^2}$　　　③ $(-\sqrt{2})^2$

④ $-(-\sqrt{2})^2$　　⑤ $-(-\sqrt{2^2})$

**15** 다음 중 옳지 <u>않은</u> 것은?

① $(\sqrt{0.2})^2=0.2$　　　② $-(-\sqrt{7})^2=-7$

③ $\sqrt{\left(\dfrac{2}{3}\right)^2}=\dfrac{2}{3}$　　　④ $\sqrt{\left(-\dfrac{5}{16}\right)^2}=-\dfrac{5}{16}$

⑤ $-\sqrt{\left(\dfrac{1}{11}\right)^2}=-\dfrac{1}{11}$

**16** 다음 수를 크기가 작은 것부터 차례로 니열할 때, 네 번째에 오는 수를 구하시오.

$$\sqrt{3^2},\ -\sqrt{5^2},\ -(\sqrt{7})^2,\ -(-\sqrt{10})^2,\ \sqrt{(-13)^2}$$

**17** $(-\sqrt{9})^2$의 양의 제곱근을 $a$, $\sqrt{(-25)^2}$의 음의 제곱근을 $b$라고 할 때, $a-b$의 값을 구하시오.

## 유형 5 제곱근의 성질을 이용한 식의 계산 개념편 11쪽

제곱근을 포함한 식을 계산할 때는 제곱근의 성질을 이용하여 근호를 사용하지 않고 나타낸 후 계산한다.

예 $\sqrt{(-2)^2}-(\sqrt{2})^2=2-2=0$

**18** 다음 중 계산 결과가 옳지 <u>않은</u> 것은?

① $-(\sqrt{3})^2+\sqrt{(-4)^2}=1$

② $(-\sqrt{5})^2-(-\sqrt{2^2})=7$

③ $\sqrt{16}\times\sqrt{\left(-\dfrac{1}{2}\right)^2}=2$

④ $\sqrt{(-9)^2}\div\sqrt{\dfrac{9}{4}}=6$

⑤ $-(-\sqrt{10})^2\times\sqrt{0.36}=6$

**19** 다음을 계산하시오.

$$(-\sqrt{8})^2-\sqrt{(-6)^2}-\sqrt{\left(\dfrac{1}{2}\right)^2}-\sqrt{(-3)^2}$$

**20** $\sqrt{(-2)^4}\times\sqrt{\left(-\dfrac{3}{2}\right)^2}\div\left(-\sqrt{\dfrac{3}{4}}\right)^2$ 을 계산하면?

① $-8$　　　　② $-4$　　　　③ $1$

④ $4$　　　　⑤ $8$

**21** 두 수 $A$, $B$가 다음과 같을 때, $A+B$의 값을 구하시오.

$$A=\sqrt{144}+\sqrt{(-5)^2}-\sqrt{(-3)^4}$$
$$B=\sqrt{16}+(-\sqrt{11})^2-(\sqrt{7})^2\times\sqrt{\left(-\dfrac{4}{7}\right)^2}$$

## 유형 6 $\sqrt{a^2}$ 꼴을 포함한 식을 간단히 하기   개념편 12쪽

(1) $\sqrt{a^2}=|a|=\begin{cases} a\geq 0일\ 때, & a \\ a<0일\ 때, & -a \end{cases}$   $\sqrt{a^2}$은 항상 0 또는 양수
$\longrightarrow \sqrt{(음수)^2}=-(음수)$

(2) $\sqrt{a^2}$ 꼴을 포함한 식을 간단히 할 때는 먼저 $a$의 부호를 판단한다.
  ① $a>0$이면 ➡ $\sqrt{a^2}=a$   ← 부호 그대로
  ② $a<0$이면 ➡ $\sqrt{a^2}=-a$   ← 부호 반대로

**22** $a>0$일 때, 다음 중 옳지 <u>않은</u> 것은?

① $\sqrt{(-a)^2}=a$
② $-\sqrt{(3a)^2}=-3a$
③ $\sqrt{(-5a)^2}=5a$
④ $-\sqrt{9a^2}=-3a$
⑤ $-\sqrt{(-4a)^2}=4a$

**23** $a<0$일 때, $\sqrt{(-a)^2}-\sqrt{(5a)^2}+\sqrt{4a^2}$을 간단히 하면?

① $-2a$    ② $-a$    ③ $0$
④ $a$    ⑤ $2a$

**24** $a-b>0$, $ab<0$일 때, $\sqrt{16a^2}-\sqrt{(-3b)^2}+\sqrt{b^2}$을 간단히 하시오.

$\sqrt{a^2}=a$, $\sqrt{(-b)^2}=-b$에서 $a$, $b$의 부호를 먼저 판단해야 해.

까다로운 기출문제

**25** $\sqrt{a^2}=a$, $\sqrt{(-b)^2}=-b$일 때, $(-\sqrt{a})^2-\sqrt{(-a)^2}+\sqrt{9b^2}$을 간단히 하면?

① $2a$    ② $-2a$    ③ $-3b$
④ $2a+3b$    ⑤ $2a-3b$

## 유형 7 $\sqrt{(a-b)^2}$ 꼴을 포함한 식을 간단히 하기   개념편 12쪽

$\sqrt{(a-b)^2}$ 꼴을 포함한 식을 간단히 할 때는 먼저 $a-b$의 부호를 판단한다.
(1) $a-b>0$이면 ➡ $\sqrt{(a-b)^2}=a-b$   ← 부호 그대로
(2) $a-b<0$이면 ➡ $\sqrt{(a-b)^2}=-(a-b)$   ← 부호 반대로

**26** 다음 식을 간단히 하시오.

(1) $0<a<1$일 때, $\sqrt{(a-1)^2}+\sqrt{(-a)^2}$

(2) $1<x<3$일 때, $\sqrt{(x-1)^2}+\sqrt{(x-3)^2}$

(3) $-2<a<2$일 때, $\sqrt{(a+2)^2}-\sqrt{(a-2)^2}$

**27** $1<a<2$일 때, $\sqrt{(4-2a)^2}-\sqrt{(1-a)^2}$을 간단히 하면?

① $-3a+5$    ② $-a-3$    ③ $-a+3$
④ $3a+5$    ⑤ $(5-3a)^2$

**28** $a<b$, $ab<0$일 때, 다음 식을 간단히 하시오.

$$\sqrt{a^2}-\sqrt{(-2a)^2}+\sqrt{(b-a)^2}$$

**29** $a>b>c>0$일 때, $\sqrt{(a-b)^2}-\sqrt{(b-a)^2}-\sqrt{(c-a)^2}$을 간단히 하면?

① $a-c$    ② $b-c$    ③ $c-a$
④ $3a-c$    ⑤ $-a-2b+c$

개념편 13쪽

## 유형 8 $\sqrt{Ax}$가 자연수가 되도록 하는 자연수 $x$의 값 구하기

$A$가 자연수일 때, $\sqrt{Ax}$가 자연수가 되려면

➡ $Ax$는 (자연수)$^2$ 꼴인 수이어야 한다.
└─ 소인수의 지수가 모두 짝수

❶ $A$를 소인수분해한다.

❷ $A$의 소인수의 지수가 모두 짝수가 되도록 하는 자연수 $x$의 값을 구한다.

**30** $\sqrt{108x}$가 자연수가 되도록 하는 가장 작은 자연수 $x$의 값은?

① 2     ② 3     ③ 4

④ 6     ⑤ 8

**31** $\sqrt{28x}$가 자연수가 되도록 하는 두 자리의 자연수 $x$는 모두 몇 개인가?

① 1개     ② 2개     ③ 3개

④ 4개     ⑤ 5개

**32** $30 \le a \le 100$일 때, $\sqrt{48a}$가 자연수가 되도록 하는 모든 자연수 $a$의 값의 합은?

① 27     ② 48     ③ 75

④ 123     ⑤ 180

## 유형 9 $\sqrt{\dfrac{A}{x}}$가 자연수가 되도록 하는 자연수 $x$의 값 구하기

개념편 13쪽

$A$가 자연수일 때, $\sqrt{\dfrac{A}{x}}$가 자연수가 되려면

➡ $\dfrac{A}{x}$는 (자연수)$^2$ 꼴인 수이어야 한다.
└─ 소인수의 지수가 모두 짝수

❶ $A$를 소인수분해한다.

❷ $A$의 약수이면서 $A$의 소인수의 지수가 모두 짝수가 되도록 하는 자연수 $x$의 값을 구한다.

**33** $\sqrt{\dfrac{60}{a}}$이 자연수가 되도록 하는 가장 작은 자연수 $a$의 값을 구하시오.

**34** $\sqrt{\dfrac{90}{x}}$이 자연수가 되도록 하는 모든 자연수 $x$의 값의 합을 구하시오.

서술형

풀이 과정

답

**35** $\sqrt{\dfrac{540}{x}}$과 $\sqrt{150y}$가 각각 자연수가 되도록 하는 가장 작은 자연수 $x$, $y$에 대하여 $x+y$의 값을 구하시오.

## 유형 10 $\sqrt{A+x}$ 가 자연수가 되도록 하는 자연수 $x$의 값 구하기
개념편 13쪽

$A$가 자연수일 때, $\sqrt{A+x}$가 자연수가 되려면
➡ $A+x$는 $A$보다 큰 (자연수)$^2$ 꼴인 수이어야 한다.

**36** $\sqrt{40+x}$가 자연수가 되도록 하는 가장 작은 자연수 $x$의 값은?

① 5      ② 9      ③ 11
④ 24      ⑤ 41

**37** 다음 중 $\sqrt{27+x}$가 자연수가 되도록 하는 자연수 $x$의 값이 아닌 것은?

① 9      ② 13      ③ 22
④ 73      ⑤ 94

**38** $\sqrt{20+a}=b$라고 할 때, $b$가 자연수가 되도록 하는 가장 작은 자연수 $a$에 대하여 $a+b$의 값을 구하시오.

## 유형 11 $\sqrt{A-x}$ 가 자연수가 되도록 하는 자연수 $x$의 값 구하기
개념편 13쪽

(1) $A$가 자연수일 때, $\sqrt{A-x}$가 자연수가 되려면
➡ $A-x$는 $A$보다 작은 (자연수)$^2$ 꼴인 수이어야 한다.

(2) $A$가 자연수일 때, $\sqrt{A-x}$가 정수가 되려면
➡ $A-x$는 0 또는 $A$보다 작은 (자연수)$^2$ 꼴인 수이어야 한다.

**39** 다음 중 $\sqrt{17-n}$이 자연수가 되도록 하는 자연수 $n$의 값이 아닌 것은?

① 1      ② 8      ③ 9
④ 13      ⑤ 16

**40** $\sqrt{14-n}$이 정수가 되도록 하는 자연수 $n$의 개수는?

① 1개      ② 2개      ③ 3개
④ 4개      ⑤ 5개

**41** $\sqrt{64-3n}$이 자연수가 되도록 하는 자연수 $n$의 값 중 가장 큰 수를 $A$, 가장 작은 수를 $B$라고 할 때, $A+B$의 값은?

① 24      ② 25      ③ 26
④ 27      ⑤ 28

## 한 걸음 더 연습 유형 8~11

**42** $\sqrt{\dfrac{72}{5}x}$ 가 자연수가 되도록 하는 가장 작은 자연수 $x$의 값은?

① 3      ② 5      ③ 10
④ 15      ⑤ 20

**43** $\sqrt{\dfrac{n}{27}}$ 이 유리수가 되도록 하는 자연수 $n$의 값을 가장 작은 것부터 차례로 $a$, $b$, $c$라고 할 때, $a+b+c$의 값은?

① 27      ② 42      ③ 84
④ 240      ⑤ 378

**44** $\sqrt{\dfrac{61-n}{2}}$ 이 정수가 되도록 하는 자연수 $n$의 개수를 구하시오.

> $\sqrt{71-a}$가 가장 큰 자연수, $\sqrt{b+13}$이 가장 작은 자연수이어야 해.

**까다로운** 기출문제

**45** $\sqrt{71-a}-\sqrt{b+13}$을 계산한 결과가 가장 큰 자연수가 되도록 하는 자연수 $a$, $b$에 대하여 $ab$의 값을 구하시오.

## 유형12 제곱근의 대소 관계 개념편 14쪽

$a>0$, $b>0$일 때
(1) $a<b$이면 ➡ $\sqrt{a}<\sqrt{b}$
(2) $\sqrt{a}<\sqrt{b}$이면 ➡ $a<b$
(3) $\sqrt{a}<\sqrt{b}$이면 ➡ $-\sqrt{a}>-\sqrt{b}$

**참고** $a$와 $\sqrt{b}$의 대소 비교 (단, $a>0$, $b>0$)
➡ 근호가 없는 수를 근호가 있는 수로 바꾸어 비교한다.
➡ $\sqrt{a^2}$과 $\sqrt{b}$의 대소를 비교한다.

**보기 다 多 모아~**

**46** 다음 중 두 수의 대소 관계가 옳지 <u>않은</u> 것을 모두 고르면?

① $\sqrt{26}<\sqrt{29}$      ② $-\sqrt{8}>-\sqrt{7}$
③ $4>\sqrt{12}$      ④ $-\sqrt{5}<-2$
⑤ $\dfrac{\sqrt{2}}{6}<\dfrac{\sqrt{3}}{6}$      ⑥ $\sqrt{\dfrac{1}{3}}>\dfrac{1}{2}$
⑦ $-\dfrac{1}{3}<-\sqrt{\dfrac{1}{10}}$      ⑧ $\sqrt{0.5}<0.5$

**47** 다음 수를 크기가 작은 것부터 차례로 나열할 때, 네 번째에 오는 수를 구하시오.

$$0.2, \quad \sqrt{0.2}, \quad \sqrt{\dfrac{1}{7}}, \quad \sqrt{0.25}, \quad 0.7$$

**48** $0<a<1$일 때, 다음 중 그 값이 가장 큰 것은?

① $a$      ② $a^2$      ③ $\sqrt{a}$
④ $\dfrac{1}{a}$      ⑤ $\sqrt{\dfrac{1}{a}}$

## 유형 13 제곱근을 포함하는 부등식
**틀리기 쉬운**    개념편 14쪽

제곱근을 포함하는 부등식을 만족시키는 자연수 $x$의 값을 구할 때는 다음을 이용한다.

$a>0$, $b>0$, $x>0$일 때

$a<\sqrt{x}<b$ ➡ $\sqrt{a^2}<\sqrt{x}<\sqrt{b^2}$

　　　　 ➡ $a^2<x<b^2$

**예** $2<\sqrt{x}<3$이면 $\sqrt{2^2}<\sqrt{x}<\sqrt{3^2}$

$\sqrt{4}<\sqrt{x}<\sqrt{9}$

즉, $4<x<9$이므로 자연수 $x$의 값은 5, 6, 7, 8이다.

**49** 부등식 $3\le\sqrt{2x}<4$를 만족시키는 자연수 $x$의 개수는?

① 2개　　② 3개　　③ 4개

④ 5개　　⑤ 6개

**50** 다음 중 부등식 $-5<-\sqrt{2x-1}<-4$를 만족시키는 자연수 $x$의 값이 <u>아닌</u> 것은?

① 9　　② 10　　③ 11

④ 12　　⑤ 13

**51** 부등식 $4<\sqrt{x+4}\le6$을 만족시키는 자연수 $x$의 값 중에서 가장 큰 수를 $M$, 가장 작은 수를 $m$이라고 할 때, $M+m$의 값을 구하시오.

**52** 부등식 $\sqrt{6}<x<\sqrt{31}$을 만족시키는 모든 자연수 $x$의 값의 합은?

① 9　　② 12　　③ 14

④ 20　　⑤ 22

## 유형 14 $\sqrt{x}$ 이하의 자연수 구하기
**까다로운**    개념편 14쪽

$\sqrt{x}$ 이하의 자연수를 구할 때는 $x$보다 작은 (자연수)$^2$ 꼴인 수 중 가장 큰 수와 $x$보다 큰 (자연수)$^2$ 꼴인 수 중 가장 작은 수를 찾은 후 $\sqrt{x}$의 값의 범위를 구한다.

➡ $a>0$, $b>0$일 때, $a^2<x<b^2$이면 $a<\sqrt{x}<b$

**예** $\sqrt{5}$ 이하의 자연수는

❶ $4<5<9$, 즉 $\sqrt{4}<\sqrt{5}<\sqrt{9}$이므로 $2<\sqrt{5}<3$

❷ $2<\sqrt{5}<3$에서 $\sqrt{5}$ 이하의 자연수는 1, 2이다.

**53** 자연수 $x$에 대하여 $\sqrt{x}$ 이하의 자연수의 개수를 $N(x)$라고 할 때, $N(10)+N(11)+\cdots+N(20)$의 값은?

① 32　　② 34　　③ 36

④ 38　　⑤ 40

**54** 자연수 $x$에 대하여 $f(x)=(\sqrt{x}$ 이하의 자연수의 개수)라고 할 때, $f(224)-f(168)$의 값을 구하시오.

**서술형**

풀이 과정

답

**55** 자연수 $a$에 대하여 $\sqrt{a}$ 이하의 자연수의 개수를 $f(a)$라고 할 때, $f(1)+f(2)+f(3)+\cdots+f(x)=80$을 만족시키는 자연수 $x$의 값을 구하시오.

## 유형 15 유리수와 무리수 구분하기 개념편 16쪽

(1) 유리수: $\dfrac{(정수)}{(0이\ 아닌\ 정수)}$ 꼴로 나타낼 수 있는 수

  ① 정수, 유한소수, 순환소수는 유리수이다.

    [예] $-3,\ 0.1,\ 1.\dot{5}$

  ② 근호가 있는 수를 근호를 사용하지 않고 나타낼 수 있으면 유리수이다.   [예] $\sqrt{9}=\sqrt{3^2}=3$

(2) 무리수: 유리수가 아닌 수

  ① 순환소수가 아닌 무한소수는 무리수이다.

    [예] $\pi,\ 0.12345\cdots$

  ② 근호가 있는 수를 근호를 사용하지 않고 나타낼 수 없으면 무리수이다.   [예] $\sqrt{2}$

**56** 다음 중 무리수인 것은?

① $5.41$      ② $3.14$      ③ $0.4\dot{5}\dot{5}$

④ $\sqrt{49}$      ⑤ $0.232232223\cdots$

**57** 다음 수 중 소수로 나타내었을 때 순환소수가 아닌 무한소수가 되는 것은 모두 몇 개인가?

$$\sqrt{0.9},\quad \sqrt{9}-\sqrt{4},\quad \pi,\quad \sqrt{(-5)^2},$$
$$-\dfrac{\sqrt{3}}{3},\quad \sqrt{0.\dot{4}},\quad -\sqrt{100},\quad \sqrt{2}+1$$

① 2개      ② 3개      ③ 4개

④ 5개      ⑤ 6개

> 먼저 $\sqrt{a}$가 유리수가 되도록 하는 $a$의 개수를 구해 봐.

**까다로운** 기출문제

**58** $a$가 20 이하의 자연수일 때, $\sqrt{a}$가 무리수가 되도록 하는 $a$의 개수는?

① 4개      ② 8개      ③ 10개

④ 12개      ⑤ 16개

## 유형 16 무리수에 대한 이해 개념편 16쪽

(1) 무리수는 $\dfrac{(정수)}{(0이\ 아닌\ 정수)}$ 꼴로 나타낼 수 없다.

(2) 무리수는 순환소수가 아닌 무한소수로 나타낼 수 있다.

  [참고] 무한소수 중 순환소수는 유리수이다.

(3) 유리수이면서 동시에 무리수인 수는 없다.

**59** 다음 보기 중 옳은 것을 모두 고른 것은?

> **보기**
> ㄱ. 무한소수는 무리수이다.
> ㄴ. 순환소수는 유리수이다.
> ㄷ. 유한소수는 유리수이다.
> ㄹ. 순환소수는 무한소수이다.

① ㄱ, ㄴ      ② ㄱ, ㄷ      ③ ㄷ, ㄹ

④ ㄱ, ㄴ, ㄷ      ⑤ ㄴ, ㄷ, ㄹ

**보기 다 多 모아~**

**60** 다음 중 옳은 것을 모두 고르면?

① 유리수이면서 무리수인 수도 있다.

② 무리수는 순환소수로 나타낼 수도 있다.

③ 근호를 사용하여 나타낸 수는 모두 무리수이다.

④ 무한소수 중에는 유리수도 있다.

⑤ 넓이가 9인 정사각형의 한 변의 길이는 무리수가 아니다.

⑥ 0은 유리수도 아니고 무리수도 아니다.

**61** 다음 중 $-\sqrt{5}$에 대한 설명으로 옳은 것을 모두 고르면? (정답 2개)

① 제곱근 5이다.

② $-3$보다 작은 수이다.

③ 근호를 사용하지 않고 나타낼 수 없다.

④ 순환소수가 아닌 무한소수로 나타낼 수 있다.

⑤ $\dfrac{(정수)}{(0이\ 아닌\ 정수)}$ 꼴로 나타낼 수 있다.

**유형17** 실수의 분류 　개념편 17쪽

유리수와 무리수를 통틀어 실수라고 한다.

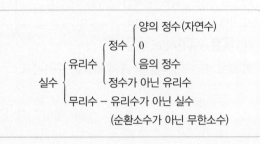

**62** 다음 중 □ 안에 해당하는 수는?

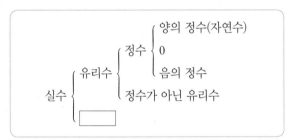

① $\sqrt{\dfrac{9}{64}}$　② $\sqrt{0.02}$　③ $5-\sqrt{4}$

④ $\sqrt{0.16}$　⑤ $-\dfrac{2}{\sqrt{25}}$

**63** 다음 보기의 수 중 실수의 개수를 $a$개, 유리수의 개수를 $b$개라고 할 때, $a-b$의 값은?

보기

$$1.333\cdots,\quad \frac{3}{4},\quad -\sqrt{36},\quad -\sqrt{4.9},$$
$$\sqrt{0.001},\quad \sqrt{\frac{16}{81}},\quad 0,\quad \sqrt{15}$$

① 1　② 2　③ 3
④ 4　⑤ 5

**유형18** 무리수를 수직선 위에 나타내기 　개념편 20쪽

❶ 기준점($p$)을 중심으로 하고 반지름의 길이가 직각삼각형의 빗변의 길이 $\sqrt{a}$와 같은 원을 그린다.
❷ 수직선과 만나는 점에 대응하는 수가

기준점($p$)의 ➡ {오른쪽에 있으면: $p+\sqrt{a}$
왼쪽에 있으면: $p-\sqrt{a}$

**[64~67]** $\sqrt{2}$를 수직선 위에 나타내기

**64** 오른쪽 그림은 수직선 위에 한 변의 길이가 1인 정사각형 ABCD를 그린 것이다. $\overline{AC}=\overline{AP}$일 때, 점 P에 대응하는 수를 구하시오.

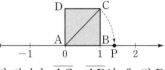

**65** 다음 그림에서 $1-\sqrt{2}$에 대응하는 점은?
(단, 모눈 한 칸의 가로와 세로의 길이는 각각 1이다.)

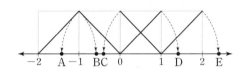

① 점 A　② 점 B　③ 점 C
④ 점 D　⑤ 점 E

**66** 다음 그림은 한 칸의 가로와 세로의 길이가 각각 1인 모눈종이 위에 수직선과 두 정사각형을 그린 것이다. 이때 네 점 A, B, C, D의 좌표를 각각 구하시오.

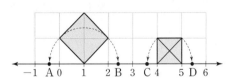

**67** 오른쪽 그림의 정사각형 ABCD에서 $\overline{AC}=\overline{PC}$, $\overline{BD}=\overline{BQ}$일 때, 다음 중 옳지 <u>않은</u> 것을 모두 고르면? (정답 2개)

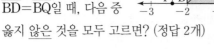

① $\overline{AC}=\sqrt{2}$     ② $P(1-\sqrt{2})$     ③ $Q(-2+\sqrt{2})$

④ $\overline{BQ}=\sqrt{2}$     ⑤ $\overline{PB}=\sqrt{2}+1$

---

**[68~72]** $a \neq 2$일 때, 무리수 $\sqrt{a}$를 수직선 위에 나타내기

**68** 다음 그림은 한 칸의 가로와 세로의 길이가 각각 1인 모눈종이 위에 수직선과 두 직각삼각형 ABC, AED를 그린 것이다. $\overline{AB}=\overline{AP}$, $\overline{AD}=\overline{AQ}$일 때, 두 점 P, Q에 대응하는 수를 차례로 구하시오.

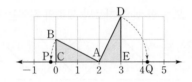

**69** 오른쪽 그림과 같이 수직선 위에 넓이가 7인 정사각형 ABCD가 있다. $\overline{AB}=\overline{AP}$이고 점 A에 대응하는 수가 $-6$일 때, 점 P에 대응하는 수를 구하시오.

**70** 오른쪽 그림은 한 칸의 가로와 세로의 길이가 각각 1인 모눈종이 위에 수직선과 직사각형을 그린 것이다. $\overline{AB}=\overline{AP}$이고 점 P의 좌표가 $-3$일 때, 점 A의 좌표를 구하시오.

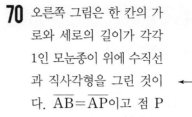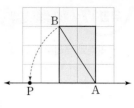

**71** 다음 그림은 한 칸의 가로와 세로의 길이가 각각 1인 모눈종이 위에 수직선을 그린 것이다. $\overline{AB}=\overline{AP}$, $\overline{AC}=\overline{AQ}$이고 점 Q에 대응하는 수는 $4+\sqrt{10}$이다. 점 P에 대응하는 수가 $a-\sqrt{b}$일 때, $a+b$의 값을 구하시오. (단, $a$, $b$는 자연수)

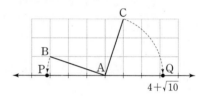

까다로운 기출문제    점 A와 점 P 사이의 거리는 원의 둘레의 길이와 같아!

**72** 다음 그림과 같이 지름의 길이가 4인 원이 수직선 위의 점에 접하고 있다. 이 접점을 A라 하고, 원을 수직선을 따라 시계 방향으로 한 바퀴 굴려 점 A가 다시 수직선과 만나는 점을 P라고 하자. 점 A에 대응하는 수가 3일 때, 점 P에 대응하는 수를 구하시오.

## 유형 19 실수와 수직선 개념편 21쪽

(1) 모든 실수는 각각 수직선 위의 한 점에 대응하고, 또 수직선 위의 한 점에는 한 실수가 반드시 대응한다.
(2) 서로 다른 두 실수 사이에는 무수히 많은 실수가 있다.
(3) 수직선은 실수에 대응하는 점들로 완전히 메울 수 있다.

**73** 다음 중 옳지 <u>않은</u> 것은?

① 수직선 위의 한 점에는 한 실수가 반드시 대응한다.
② 수직선은 무리수에 대응하는 점들로 완전히 메울 수 있다.
③ 서로 다른 두 자연수 사이에는 무수히 많은 유리수가 있다.
④ 서로 다른 두 실수 사이에는 무수히 많은 실수가 있다.
⑤ 서로 다른 두 유리수 사이에는 무수히 많은 무리수가 있다.

**74** 다음 보기 중 옳은 것을 모두 고르시오.

┌ 보기 ┐
ㄱ. $\sqrt{2}$와 $\sqrt{7}$ 사이의 정수는 1개뿐이다.
ㄴ. $\sqrt{3}$과 $\sqrt{6}$ 사이에는 무수히 많은 유리수가 있다.
ㄷ. $\sqrt{3}$과 2 사이에는 무수히 많은 무리수가 있다.
ㄹ. 무리수 중 수직선 위에 나타낼 수 없는 것도 있다.

**75** 다음은 4명의 학생이 실수와 수직선에 대하여 나눈 대화의 일부이다. 바르게 말한 학생을 모두 고른 것은?

지연: 0과 1 사이에는 무수히 많은 실수가 있어.
선우: 1과 $\sqrt{2}$ 사이에는 무리수가 없어.
혜나: 유리수에 대응하는 점들로 수직선을 완전히 메울 수 있어.
창민: 서로 다른 두 유리수 사이에는 무수히 많은 유리수가 있어.

① 지연, 선우   ② 지연, 창민   ③ 선우, 혜나
④ 선우, 창민   ⑤ 혜나, 창민

## 유형 20 제곱근표를 이용하여 제곱근의 값 구하기 개념편 22쪽

예 제곱근표에서 $\sqrt{1.54}$의 값을 구할 때, 1.5의 가로줄과 4의 세로줄이 만나는 곳의 수를 읽는다.
➡ $\sqrt{1.54} = 1.241$

| 수 | ... | 4 | ... |
|---|---|---|---|
| : | : | : | : |
| 1.5 | | 1.241 | |
| : | : | : | : |

**76** 다음 제곱근표에서 $\sqrt{4.65} = a$이고, $\sqrt{4.82} = b$일 때, $a+b$의 값을 구하시오.

| 수 | 1 | 2 | 3 | 4 | 5 |
|---|---|---|---|---|---|
| 4.5 | 2.124 | 2.126 | 2.128 | 2.131 | 2.133 |
| 4.6 | 2.147 | 2.149 | 2.152 | 2.154 | 2.156 |
| 4.7 | 2.170 | 2.173 | 2.175 | 2.177 | 2.179 |
| 4.8 | 2.193 | 2.195 | 2.198 | 2.200 | 2.202 |
| 4.9 | 2.216 | 2.218 | 2.220 | 2.223 | 2.225 |

**77** 다음 제곱근표에서 $\sqrt{71.4} = x$, $\sqrt{y} = 8.608$일 때, $1000x - 100y$의 값을 구하시오.

| 수 | 0 | 1 | 2 | 3 | 4 |
|---|---|---|---|---|---|
| 70 | 8.367 | 8.373 | 8.379 | 8.385 | 8.390 |
| 71 | 8.426 | 8.432 | 8.438 | 8.444 | 8.450 |
| 72 | 8.485 | 8.491 | 8.497 | 8.503 | 8.509 |
| 73 | 8.544 | 8.550 | 8.556 | 8.562 | 8.567 |
| 74 | 8.602 | 8.608 | 8.614 | 8.620 | 8.626 |
| 75 | 8.660 | 8.666 | 8.672 | 8.678 | 8.683 |

## 유형21 두 실수의 대소 관계 개념편 24쪽

두 실수의 대소를 비교할 때는 다음 중 하나를 이용한다.

(1) 두 수의 차를 이용한다. (단, $a$, $b$는 실수)

① $a-b>0$이면 $a>b$

② $a-b=0$이면 $a=b$ ┐ 두 실수 $a$, $b$의 대소 관계는 $a-b$의 부호로 알 수 있다.

③ $a-b<0$이면 $a<b$ ┘

(2) 부등식의 성질을 이용한다.

**78** 다음 중 두 실수의 대소 관계가 옳지 <u>않은</u> 것은?

① $\sqrt{2}+3>4$  ② $5-\sqrt{3}>3$

③ $\sqrt{6}+2<\sqrt{7}+2$  ④ $3-\sqrt{2}<-\sqrt{2}+\sqrt{5}$

⑤ $4+\sqrt{3}>\sqrt{3}+\sqrt{8}$

**79** 다음 중 □ 안에 알맞은 부등호의 방향이 나머지 넷과 <u>다른</u> 하나는?

① $\sqrt{7}-1 \square 2$  ② $\sqrt{5}+\sqrt{2} \square \sqrt{5}+\sqrt{3}$

③ $4-\sqrt{8} \square 3-\sqrt{8}$  ④ $\sqrt{10}-3 \square 1$

⑤ $-\sqrt{\dfrac{1}{3}}-5 \square -\sqrt{\dfrac{1}{4}}-5$

**80** 다음 보기 중 두 실수의 대소 관계가 옳은 것은 모두 몇 개인가?

| 보기 |

ㄱ. $\sqrt{3}+4<6$  ㄴ. $2+\sqrt{2}>2+\sqrt{3}$

ㄷ. $3<\sqrt{11}$  ㄹ. $\sqrt{\dfrac{1}{2}}<\dfrac{1}{3}$

ㅁ. $\sqrt{10}-3>\sqrt{10}-\sqrt{8}$  ㅂ. $3-\sqrt{\dfrac{1}{7}}>3-\sqrt{\dfrac{1}{6}}$

① 2개  ② 3개  ③ 4개

④ 5개  ⑤ 6개

## 유형22 세 실수의 대소 관계 개념편 24쪽

세 실수 $a$, $b$, $c$에 대하여

$a<b$이고 $b<c$이면 $a<b<c$이다.

**81** $a=3-\sqrt{2}$, $b=2$, $c=\sqrt{10}$일 때, 세 수 $a$, $b$, $c$의 대소 관계로 옳은 것은?

① $a<b<c$  ② $a<c<b$  ③ $b<a<c$

④ $b<c<a$  ⑤ $c<b<a$

**82** 다음 세 수 $a$, $b$, $c$의 대소 관계를 부등호를 사용하여 나타내시오.

서술형

$a=\sqrt{5}+2, \quad b=\sqrt{5}+\sqrt{7}, \quad c=3$

풀이 과정

답

**83** 다음 수를 크기가 큰 것부터 차례로 나열할 때, 두 번째에 오는 수를 구하시오.

$\sqrt{3}+\sqrt{6}, \quad -1-\sqrt{6}, \quad 3+\sqrt{6}, \quad 7$

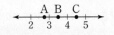

## 유형23 수직선에서 무리수에 대응하는 점 찾기

개념편 24쪽

오른쪽 수직선에서 $\sqrt{20}$에 대응하는 점을 찾아보면

A B C
2  3  4  5

❶ $16 < 20 < 25$, 즉 $\sqrt{16} < \sqrt{20} < \sqrt{25}$이므로

$4 < \sqrt{20} < 5$

❷ 따라서 수직선에서 $\sqrt{20}$에 대응하는 점은 점 C이다.

**84** 다음 수직선에서 $\sqrt{50}$에 대응하는 점이 있는 구간은?

**85** 다음 수직선 위의 점 중에서 $\sqrt{7}-4$에 대응하는 점은?

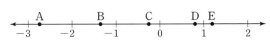

① 점 A     ② 점 B     ③ 점 C

④ 점 D     ⑤ 점 E

**86** 다음 수직선 위의 점 중에서 $\sqrt{8}$, $1-\sqrt{3}$, $\sqrt{6}+1$에 대응하는 점을 차례로 구하시오.

## 까다로운 유형24 두 실수 사이의 수

개념편 24쪽

(1) $\sqrt{c}$가 두 자연수 $a$, $b$ 사이의 수인지 알아보려면 $\sqrt{a^2} < \sqrt{c} < \sqrt{b^2}$인지 확인한다.

(2) 양수 $c$가 두 무리수 $\sqrt{a}$, $\sqrt{b}$ 사이의 수인지 알아보려면 $\sqrt{a} < \sqrt{c^2} < \sqrt{b}$인지 확인한다.

**87** 다음 중 $\sqrt{5}$와 $\sqrt{18}$ 사이에 있는 수가 **아닌** 것은?

① $\pi$     ② $\sqrt{5}+0.1$     ③ $\sqrt{10}$

④ $\dfrac{\sqrt{5}-3}{2}$     ⑤ $\dfrac{\sqrt{5}+\sqrt{18}}{2}$

**88** 두 수 $1-\sqrt{6}$과 $2+\sqrt{7}$ 사이에 있는 정수의 개수를 구하시오.

**89** 다음 중 옳지 **않은** 것은?

① $\sqrt{3}+0.1$은 $\sqrt{3}$과 $\sqrt{10}$ 사이에 있다.

② $4-\sqrt{10}$은 $\sqrt{3}$과 $\sqrt{10}$ 사이에 있다.

③ $\dfrac{\sqrt{3}+\sqrt{10}}{2}$은 $\sqrt{3}$과 $\sqrt{10}$ 사이에 있다.

④ $\sqrt{3}$과 $\sqrt{10}$ 사이에는 2개의 정수가 있다.

⑤ $\sqrt{3}$과 $\sqrt{10}$ 사이에는 무수히 많은 유리수가 있다.

**틀리기 쉬운**

**유형25** 무리수의 정수 부분과 소수 부분　개념편 25쪽

(1) 무리수는 순환소수가 아닌 무한소수로 나타내어지는 수이므로 정수 부분과 <u>소수 부분</u>으로 나눌 수 있다.
　　→ $0<$(소수 부분)$<1$
　즉, (무리수)=(정수 부분)+(소수 부분)
(2) 무리수의 소수 부분은 무리수에서 정수 부분을 뺀 것과 같다. 즉, (소수 부분)=(무리수)-(정수 부분)
　➡ 무리수 $\sqrt{a}$의 정수 부분이 $n$이면 소수 부분은 $\sqrt{a}-n$이다.

**90** $\sqrt{3}$의 정수 부분을 $a$, 소수 부분을 $b$라고 할 때, $2a+b$의 값은?

① $\sqrt{3}$　　② $1-\sqrt{3}$　　③ $1+\sqrt{3}$
④ $2-\sqrt{3}$　　⑤ $2+\sqrt{3}$

**91** 다음을 구하시오.

(1) $3+\sqrt{2}$의 정수 부분을 $a$, 소수 부분을 $b$라고 할 때, $b-a$의 값

(2) $4-\sqrt{3}$의 정수 부분을 $a$, 소수 부분을 $b$라고 할 때, $2a+b$의 값

**92** 서술형　$5-\sqrt{7}$의 정수 부분을 $a$, $5+\sqrt{7}$의 소수 부분을 $b$라고 할 때, $a+b$의 값을 구하시오.

풀이 과정

답

**93** $\sqrt{5}$의 소수 부분을 $a$라고 할 때, $5-\sqrt{5}$의 소수 부분을 $a$를 사용하여 나타내면?

① $a$　　② $1-a$　　③ $2-a$
④ $a-1$　　⑤ $a-2$

**톡톡 튀는 문제**

**94** 일차함수 $y=ax+b$의 그래프가 오른쪽 그림과 같을 때, $\sqrt{(3a)^2}-\sqrt{(-5b)^2}+\sqrt{(a-b)^2}$을 간단히 하면? (단, $a$, $b$는 상수)

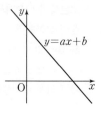

① $2a-4b$　　② $2a+4b$
③ $4a-6b$　　④ $-4a-4b$
⑤ $4a+4b$

**95** 다음 조건을 모두 만족시키는 수를 아래 보기에서 찾아 정육면체의 전개도에 적을 때, ㉢에 적힌 수는?

| 보기 |
$\sqrt{5}$,　$\sqrt{12}$,　3,　5,　12

| 조건 |
(개) 전개도에서 가로로 이웃하는 두 면에 적힌 수가 왼쪽부터 차례로 $a$, $b$이면 $a<b$이다.
(내) 정육면체를 만들었을 때 마주 보는 면에 적힌 두 수 중 한 수는 다른 한 수의 양의 제곱근이다.

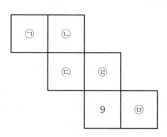

① $\sqrt{5}$　　② $\sqrt{12}$　　③ 3
④ 5　　⑤ 12

# 단원 마무리

아름이야!

LEVEL 1

## 꼭 나오는 기본 문제

**1** $x$가 양수 $a$의 제곱근일 때, 다음 중 $x$와 $a$ 사이의 관계를 식으로 바르게 나타낸 것은?

① $x=a$     ② $x=a^2$     ③ $x=2a$
④ $x=\pm\sqrt{a}$     ⑤ $a=\sqrt{x}$

**2** $\sqrt{256}$의 양의 제곱근을 $a$, $(-\sqrt{4})^2$의 음의 제곱근을 $b$
서술형 라고 할 때, $a-b$의 값을 구하시오.

풀이 과정

답

**3** 다음 중 옳은 것은?

① $-1$의 음의 제곱근은 $-1$이다.
② 제곱근 4는 $\pm2$이다.
③ $\sqrt{25}$의 제곱근과 제곱근 5는 같다.
④ $(-6)^2$의 제곱근은 $\pm\sqrt{6}$이다.
⑤ $\sqrt{(-7)^2}$의 제곱근은 $\pm\sqrt{7}$이다.

**4** $-\sqrt{225}\div\sqrt{(-3)^2}+\sqrt{\dfrac{1}{16}}\times(-\sqrt{8})^2$을 계산하면?

① $-5$     ② $-3$     ③ $-2$
④ $1$     ⑤ $2$

**5** $A=\sqrt{(x+1)^2}-\sqrt{(x-1)^2}$일 때, 다음 보기 중 옳은 것을 모두 고른 것은?

┌ 보기 ┐
ㄱ. $x<-1$이면 $A=-2$이다.
ㄴ. $-1<x<1$이면 $A=2x$이다.
ㄷ. $x>1$이면 $A=0$이다.

① ㄴ     ② ㄱ, ㄴ     ③ ㄱ, ㄷ
④ ㄴ, ㄷ     ⑤ ㄱ, ㄴ, ㄷ

**6** 자연수 $a$, $b$에 대하여 $\sqrt{75a}=b$일 때, $a+b$의 값 중 가장 작은 값은?

① 10     ② 14     ③ 18
④ 22     ⑤ 26

**7** 다음 중 오른쪽 ☐ 안에 해당하는 수로만 짝 지어진 것은?

실수 { 유리수
☐ }

① $0.1$, $\sqrt{2}$, $\sqrt{4}$
② $-\sqrt{16}$, $\sqrt{6}$, $\pi$
③ $\sqrt{1.\dot{7}}$, $\sqrt{3}$, $\sqrt{(-5)^2}$
④ $\sqrt{0.9}$, $\sqrt{7}$, $\pi$
⑤ $\sqrt{\dfrac{1}{36}}$, $\sqrt{11}$, $2\pi$

**8** 다음 그림은 한 칸의 가로와 세로의 길이가 각각 1인 모눈종이 위에 수직선과 두 정사각형을 그린 것이다. $\overline{AD}=\overline{AP}$, $\overline{EF}=\overline{EQ}$일 때, 보기 중 옳은 것을 모두 고르시오.

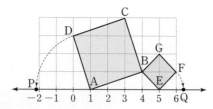

┤ 보기 ├
ㄱ. $\overline{EF}$의 길이는 $\sqrt{2}$이다.
ㄴ. 점 P에 대응하는 수는 $1-\sqrt{10}$이다.
ㄷ. 점 Q에 대응하는 수는 $5+\sqrt{5}$이다.
ㄹ. 점 P와 점 Q 사이에는 무수히 많은 무리수가 있다.

**9** 다음 중 두 실수의 대소 관계가 옳지 <u>않은</u> 것은?

① $\sqrt{3}+1>2$  　② $\sqrt{13}+2<6$

③ $7-\sqrt{\dfrac{1}{5}}<7-\sqrt{\dfrac{1}{6}}$  　④ $\sqrt{3}+4<\sqrt{3}+\sqrt{15}$

⑤ $\sqrt{6}+\sqrt{10}<\sqrt{6}+\sqrt{11}$

**10** 다음 수직선에서 $5-\sqrt{3}$에 대응하는 점이 있는 구간은?

**11** $5+\sqrt{3}$의 정수 부분을 $a$, 소수 부분을 $b$라고 할 때, $b-a$의 값을 구하시오.

**12** 다음 그림과 같이 넓이가 $48\,\text{cm}^2$인 정사각형 모양의 색종이를 각 변의 중점을 꼭짓점으로 하는 정사각형 모양으로 접어 나갈 때, [3단계]에서 생기는 정사각형의 한 변의 길이를 구하시오.

**13** 서술형 $a-b>0$, $ab<0$일 때, $\sqrt{(-2a)^2}-\sqrt{(2b-a)^2}+\sqrt{9b^2}$ 을 간단히 하시오.

풀이 과정

답

**14** $\sqrt{225-a}-\sqrt{81+b}$ 를 계산한 결과가 가장 큰 정수가 되도록 하는 자연수 $a$, $b$에 대하여 $a+b$의 값을 구하시오.

**15** 다음 수 중에서 가장 작은 수를 $a$, 가장 큰 수를 $b$라고 할 때, $a^2+b^2$의 값을 구하시오.

$$\sqrt{19}, \quad -\sqrt{5}, \quad -3, \quad \sqrt{(-4)^2}, \quad -\sqrt{11}, \quad \sqrt{\dfrac{7}{2}}$$

**16** 다음 두 부등식을 동시에 만족시키는 자연수 $x$의 값을 구하시오.

$$5<\sqrt{3x}\leq6,\quad \sqrt{45}\leq x<\sqrt{90}$$

**17** 자연수 $x$에 대하여 $\sqrt{x}$ 이하의 자연수 중에서 가장 큰 수를 $M(x)$라고 할 때, $M(40)+M(60)$의 값은?

① 13  ② 14  ③ 15
④ 16  ⑤ 17

**18** 다음 수를 수직선 위의 점에 각각 대응시킬 때, 왼쪽에서 두 번째에 위치하는 수는?

$$\sqrt{11},\quad -1+\sqrt{3},\quad 1-\sqrt{2},\quad -\sqrt{10},\quad 1-\sqrt{5}$$

① $\sqrt{11}$  ② $-1+\sqrt{3}$  ③ $1-\sqrt{2}$
④ $-\sqrt{10}$  ⑤ $1-\sqrt{5}$

**19** 두 수 $1-\sqrt{5}$와 $3-\sqrt{3}$ 사이에 있는 정수의 개수를 구하시오.

 LEVEL 3 **만점을 위한** 도전 문제

**20** $\sqrt{1}$, $\sqrt{1+3}$, $\sqrt{1+3+5}$, $\sqrt{1+3+5+7}$, …과 같이 수를 나열할 때, 근호를 사용하지 않고 $\sqrt{1+3+5+7+\cdots+17+19}$를 나타내면?

① 9  ② 10  ③ 11
④ 12  ⑤ 13

**21** 오른쪽 그림은 하나의 직사각형 모양의 밭을 두 개의 정사각형 A, B와 직사각형 C로 나눈 것이다. 두 정사각형 A, B의 넓이는 각각 $20x$, $109-x$이고, 각 변의 길이가 모두 자연수일 때, 직사각형 C의 넓이를 구하시오.

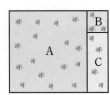

(단, $x$는 자연수)

**22** 다음 그림은 수직선 위에 자연수의 양의 제곱근 1, $\sqrt{2}$, $\sqrt{3}$, 2, $\sqrt{5}$, $\sqrt{6}$, $\sqrt{7}$, $\sqrt{8}$, 3, …에 대응하는 점을 각각 나타낸 것이다.

이 중에서 무리수에 대응하는 점의 개수는 1과 2 사이에 2개, 2와 3 사이에 4개이다. 이때 101과 102 사이에 있는 자연수의 양의 제곱근 중 무리수에 대응하는 점의 개수를 구하시오.

# 2 근호를 포함한 식의 계산

# 2 근호를 포함한 식의 계산

🌟 중요

개념편 36쪽

### 유형 1 | 제곱근의 곱셈

$a>0$, $b>0$이고, $m$, $n$이 유리수일 때
(1) $\sqrt{a} \times \sqrt{b} = \sqrt{ab}$
(2) $m\sqrt{a} \times n\sqrt{b} = mn\sqrt{ab}$

**1** 다음 중 옳지 <u>않은</u> 것은?

① $\sqrt{2}\sqrt{3} = \sqrt{6}$　　② $(-\sqrt{3}) \times (-\sqrt{12}) = 6$

③ $\sqrt{\dfrac{4}{3}}\sqrt{\dfrac{6}{4}} = \sqrt{2}$　　④ $\sqrt{6} \times \sqrt{\dfrac{1}{3}} = \sqrt{2}$

⑤ $5\sqrt{3} \times 2\sqrt{7} = 5\sqrt{21}$

**2** 다음을 간단히 하시오.

$$5\sqrt{2} \times 4\sqrt{5} \times \left(-\sqrt{\dfrac{3}{5}}\right)$$

**3** $2\sqrt{3} \times 3\sqrt{2} \times \sqrt{a} = 6\sqrt{42}$를 만족시키는 자연수 $a$의 값은?

① 6　　　② 7　　　③ 8

④ 9　　　⑤ 10

**4** $\sqrt{2} \times \sqrt{3} \times \sqrt{a} \times \sqrt{12} \times \sqrt{2a} = 48$을 만족시키는 자연수 $a$의 값을 구하시오.

### 유형 2 | 제곱근의 나눗셈

개념편 36쪽

$a>0$, $b>0$, $c>0$, $d>0$이고, $m$, $n$이 유리수일 때
(1) $\sqrt{a} \div \sqrt{b} = \sqrt{\dfrac{a}{b}}$

(2) $m\sqrt{a} \div n\sqrt{b} = \dfrac{m}{n}\sqrt{\dfrac{a}{b}}$ (단, $n \neq 0$)

(3) $\dfrac{\sqrt{a}}{\sqrt{b}} \div \dfrac{\sqrt{c}}{\sqrt{d}} = \underbrace{\dfrac{\sqrt{a}}{\sqrt{b}} \times \dfrac{\sqrt{d}}{\sqrt{c}}}_{\text{역수의 곱셈으로 고친다.}} = \sqrt{\dfrac{a}{b} \times \dfrac{d}{c}} = \sqrt{\dfrac{ad}{bc}}$

**5** 다음 중 옳지 <u>않은</u> 것은?

① $\dfrac{\sqrt{15}}{\sqrt{5}} = \sqrt{3}$　　② $-\dfrac{\sqrt{18}}{\sqrt{6}} = -\sqrt{3}$

③ $\sqrt{30} \div \sqrt{3} = \sqrt{10}$　　④ $(-\sqrt{45}) \div \sqrt{5} = 3$

⑤ $8\sqrt{14} \div (-2\sqrt{7}) = -4\sqrt{2}$

**6** 다음을 만족시키는 유리수 $a$, $b$에 대하여 $a+b$의 값을 구하시오.

$$\dfrac{\sqrt{70}}{\sqrt{5}} = \sqrt{a}, \qquad \dfrac{\sqrt{35}}{\sqrt{20}} \div \dfrac{\sqrt{7}}{\sqrt{8}} = \sqrt{b}$$

**7** $\dfrac{\sqrt{15}}{\sqrt{2}} \div \dfrac{\sqrt{20}}{\sqrt{6}} \div \sqrt{\dfrac{18}{24}}$ 을 간단히 하시오.

개념편 37쪽

### 유형 3 근호가 있는 식의 변형 (1)

$a>0$, $b>0$일 때

(1) $\sqrt{a^2 b}=\sqrt{a^2}\sqrt{b}=a\sqrt{b}$

(2) $a\sqrt{b}=\sqrt{a^2}\sqrt{b}=\sqrt{a^2 b}$

**8** 다음 중 옳지 <u>않은</u> 것은?

① $\sqrt{8}=2\sqrt{2}$   ② $\sqrt{45}=3\sqrt{5}$

③ $-\sqrt{27}=-3\sqrt{3}$   ④ $2\sqrt{7}=\sqrt{28}$

⑤ $-3\sqrt{2}=\sqrt{18}$

**9** $4\sqrt{6}=\sqrt{a}$, $\sqrt{75}=b\sqrt{3}$ 을 만족시키는 유리수 $a$, $b$에 대하여 $a-b$의 값을 구하시오.

**10** $\sqrt{2}\times\sqrt{3}\times\sqrt{4}\times\sqrt{5}\times\sqrt{6}\times\sqrt{7}=a\sqrt{35}$ 를 만족시키는 유리수 $a$의 값을 구하시오.

**11** 추운 겨울철에 야생 동물에게 먹이를 주기 위해 지면으로부터 $h$ m의 높이에 떠 있는 헬리콥터에서 먹이를 떨어뜨렸을 때, 먹이가 지면에 닿을 때까지 걸리는 시간은 $\sqrt{\dfrac{h}{4.9}}$ 초라고 한다. 지면으로부터 245 m의 높이에서 먹이를 떨어뜨렸을 때, 먹이가 지면에 닿을 때까지 걸리는 시간을 $a\sqrt{b}$초 꼴로 나타내면?

(단, $a$는 자연수, $b$는 가장 작은 자연수)

① $2\sqrt{2}$초   ② $3\sqrt{2}$초   ③ $2\sqrt{5}$초

④ $4\sqrt{2}$초   ⑤ $5\sqrt{2}$초

**12** 오른쪽 그림에서 색칠한 정사각형은 큰 정사각형의 각 변의 중점을 연결하여 만든 것이다. 큰 정사각형의 넓이가 1000일 때, 색칠한 정사각형의 한 변의 길이를 $a\sqrt{b}$ 꼴로 나타내시오.

(단, $a$는 자연수, $b$는 가장 작은 자연수)

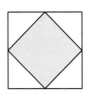

### 유형 4 근호가 있는 식의 변형 (2)

개념편 37쪽

$a>0$, $b>0$일 때

(1) $\sqrt{\dfrac{b}{a^2}}=\dfrac{\sqrt{b}}{\sqrt{a^2}}=\dfrac{\sqrt{b}}{a}$

(2) $\dfrac{\sqrt{b}}{a}=\dfrac{\sqrt{b}}{\sqrt{a^2}}=\sqrt{\dfrac{b}{a^2}}$

**13** 다음 보기 중 옳은 것을 모두 고르시오.

┌ 보기 ┐

ㄱ. $\sqrt{\dfrac{7}{25}}=\dfrac{\sqrt{7}}{5}$   ㄴ. $\sqrt{\dfrac{3}{100}}=\dfrac{\sqrt{3}}{10}$

ㄷ. $\sqrt{\dfrac{28}{18}}=\dfrac{\sqrt{7}}{3}$   ㄹ. $\sqrt{0.24}=\dfrac{\sqrt{6}}{5}$

**14** $\sqrt{0.005}=k\sqrt{2}$를 만족시키는 유리수 $k$의 값은?

① $\dfrac{1}{100}$   ② $\dfrac{1}{50}$   ③ $\dfrac{1}{20}$

④ $\dfrac{1}{5}$   ⑤ $\dfrac{1}{2}$

**15** $\dfrac{\sqrt{3}}{3\sqrt{2}}=\sqrt{a}$, $\dfrac{\sqrt{2}}{2\sqrt{5}}=\sqrt{b}$를 만족시키는 유리수 $a$, $b$에 대하여 $6a+10b$의 값을 구하시오.

## 유형 5 제곱근표에 없는 수의 제곱근의 값 구하기

개념편 38쪽

다음과 같이 $\sqrt{a^2 b}=a\sqrt{b}$, $\sqrt{\dfrac{b}{a^2}}=\dfrac{\sqrt{b}}{a}$임을 이용하여 근호 안의 수를 제곱근표에 있는 수로 바꾸어 구한다.

$a$가 제곱근표에 있는 수일 때

(1) 근호 안의 수가 100보다 큰 경우
➡ $\sqrt{100a}=10\sqrt{a}$, $\sqrt{10000a}=100\sqrt{a}$, …임을 이용한다.

**예** $\sqrt{1230}=\sqrt{12.3\times100}=10\sqrt{12.3}$

(2) 근호 안의 수가 0보다 크고 1보다 작은 경우
➡ $\sqrt{\dfrac{a}{100}}=\dfrac{\sqrt{a}}{10}$, $\sqrt{\dfrac{a}{10000}}=\dfrac{\sqrt{a}}{100}$, …임을 이용한다.

**예** $\sqrt{0.02}=\sqrt{\dfrac{2}{100}}=\dfrac{\sqrt{2}}{10}$

**16** $\sqrt{2}=1.414$, $\sqrt{20}=4.472$일 때, 다음 중 옳지 <u>않은</u> 것은?

① $\sqrt{20000}=141.4$  ② $\sqrt{2000}=44.72$

③ $\sqrt{0.2}=0.4472$  ④ $\sqrt{0.002}=0.1414$

⑤ $\sqrt{0.0002}=0.01414$

**17** $\sqrt{3.4}=1.844$일 때, 다음 보기 중 이를 이용하여 그 값을 구할 수 <u>없는</u> 것을 모두 고르시오.

┌ 보기 ┐
ㄱ. $\sqrt{0.034}$   ㄴ. $\sqrt{0.34}$
ㄷ. $\sqrt{340}$    ㄹ. $\sqrt{3400}$

**18** 다음 표는 제곱근표의 일부이다. 이 표를 이용하여 $\sqrt{0.314}+\sqrt{313}$의 값을 구하시오.

| 수 | 0 | 1 | 2 | 3 | 4 |
|---|---|---|---|---|---|
| 3.0 | 1.732 | 1.735 | 1.738 | 1.741 | 1.744 |
| 3.1 | 1.761 | 1.764 | 1.766 | 1.769 | 1.772 |
| ⋮ | ⋮ | ⋮ | ⋮ | ⋮ | ⋮ |
| 30 | 5.477 | 5.486 | 5.495 | 5.505 | 5.514 |
| 31 | 5.568 | 5.577 | 5.586 | 5.595 | 5.604 |

> $\sqrt{580}$을 $a\sqrt{b}$ ($a$는 자연수, $b$는 제곱근표에 있는 수) 꼴로 나타내 봐.

**까다로운 기출문제**

**19** 다음 표는 제곱근표의 일부이다. 이 표를 이용하여 $\sqrt{580}$의 값을 구하면?

| 수 | 0 | 1 | 2 | 3 | 4 | 5 |
|---|---|---|---|---|---|---|
| 1.2 | 1.095 | 1.100 | 1.105 | 1.109 | 1.114 | 1.118 |
| 1.3 | 1.140 | 1.145 | 1.149 | 1.153 | 1.158 | 1.162 |
| 1.4 | 1.183 | 1.187 | 1.192 | 1.196 | 1.200 | 1.204 |
| 1.5 | 1.225 | 1.229 | 1.233 | 1.237 | 1.241 | 1.245 |

① 22.36  ② 23.24  ③ 24

④ 24.08  ⑤ 24.9

> 29.27을 2.927과 10의 거듭제곱의 곱으로 나타내 봐.

**까다로운 기출문제**

**20** $\sqrt{8.57}=2.927$일 때, $\sqrt{a}=29.27$을 만족시키는 유리수 $a$의 값은?

① 85.7  ② 857  ③ 8570

④ 85700  ⑤ 8570000

## 유형 **6** 제곱근을 문자를 사용하여 나타내기

**개념편 37쪽**

제곱근을 주어진 문자를 사용하여 나타낼 때는

❶ 근호 안의 수를 소인수분해한다.
❷ 제곱인 인수는 근호 밖으로 꺼낸다.
❸ 주어진 문자를 사용하여 나타낸다.

예 $\sqrt{3}=a$, $\sqrt{5}=b$라고 할 때, $\sqrt{180}$을 $a$, $b$를 사용하여 나타내면

$$\sqrt{180}=\sqrt{2^2\times3^2\times5} \quad\quad ← ❶$$
$$=2\times\sqrt{3^2}\times\sqrt{5}=2\times(\sqrt{3})^2\times\sqrt{5} \quad ← ❷$$
$$=2a^2b \quad\quad\quad\quad ← ❸$$

**21** $\sqrt{2}=a$, $\sqrt{3}=b$라고 할 때, $\sqrt{108}$을 $a$, $b$를 사용하여 나타내면?

① $ab^2$  ② $a^2b^3$  ③ $a^3b^2$

④ $\sqrt{a^2b^3}$  ⑤ $\sqrt{a^3b^2}$

**22** $\sqrt{3}=a$, $\sqrt{7}=b$라고 할 때, $\sqrt{0.84}=\boxed{\phantom{x}}ab$이다. $\boxed{\phantom{x}}$ 안에 알맞은 수를 구하시오.

**23** $\sqrt{3}=x$, $\sqrt{5}=y$라고 할 때, $\sqrt{80}-\sqrt{0.6}$을 $x$, $y$를 사용하여 나타내면?

① $4x-\dfrac{x}{y}$  ② $2x-y$  ③ $2x-5y$

④ $4y-\dfrac{x}{y}$  ⑤ $4y-5x$

**24** $\sqrt{2.4}=a$, $\sqrt{24}=b$라고 할 때, 다음 중 옳지 <u>않은</u> 것은?

① $\sqrt{2400}=10b$  ② $\sqrt{3840}=40a$

③ $\sqrt{0.024}=\dfrac{1}{10}a$  ④ $\sqrt{0.096}=\dfrac{1}{5}b$

⑤ $\sqrt{0.0024}=\dfrac{1}{100}b$

## 유형 **7** 분모의 유리화

**개념편 39쪽**

(1) $\dfrac{b}{\sqrt{a}}=\dfrac{b\times\sqrt{a}}{\sqrt{a}\times\sqrt{a}}=\dfrac{b\sqrt{a}}{a}$ (단, $a>0$)

(2) $\dfrac{\sqrt{b}}{\sqrt{a}}=\dfrac{\sqrt{b}\times\sqrt{a}}{\sqrt{a}\times\sqrt{a}}=\dfrac{\sqrt{ab}}{a}$ (단, $a>0$, $b>0$)

(3) $\dfrac{c}{b\sqrt{a}}=\dfrac{c\times\sqrt{a}}{b\sqrt{a}\times\sqrt{a}}=\dfrac{c\sqrt{a}}{ab}$ (단, $a>0$, $b\ne0$)

**25** 다음 중 분모를 유리화한 것으로 옳은 것은?

① $\dfrac{3}{\sqrt{7}}=\dfrac{\sqrt{3}}{7}$  ② $\dfrac{\sqrt{5}}{\sqrt{2}}=\dfrac{\sqrt{10}}{2}$

③ $\dfrac{\sqrt{3}}{2\sqrt{5}}=\dfrac{\sqrt{15}}{2}$  ④ $\dfrac{4}{5\sqrt{2}}=\dfrac{4\sqrt{2}}{5}$

⑤ $\dfrac{\sqrt{6}}{\sqrt{3}\sqrt{5}}=\dfrac{\sqrt{2}}{5}$

**26** 서술형 $\dfrac{2\sqrt{5}}{\sqrt{3}}=a\sqrt{15}$, $\dfrac{3}{\sqrt{75}}=\dfrac{1}{5}\sqrt{b}$를 만족시키는 유리수 $a$, $b$에 대하여 $ab$의 값을 구하시오.

풀이 과정

답

**27** 다음 수를 크기가 작은 것부터 차례로 나열할 때, 세 번째에 오는 수를 구하시오.

$$\dfrac{\sqrt{2}}{3}, \quad \dfrac{\sqrt{2}}{\sqrt{3}}, \quad \dfrac{2}{3}, \quad \dfrac{2}{\sqrt{3}}, \quad \sqrt{3}$$

유형 **8** 제곱근의 곱셈과 나눗셈의 혼합 계산

개념편 36~37, 39쪽

❶ 나눗셈은 역수의 곱셈으로 고친다.
❷ 근호 안의 제곱인 인수를 근호 밖으로 꺼내고, 분모에 무리수가 있으면 분모의 유리화를 이용하여 간단히 한다.

**28** $\dfrac{3\sqrt{3}}{\sqrt{2}} \div \dfrac{\sqrt{6}}{\sqrt{5}} \times \dfrac{\sqrt{8}}{\sqrt{15}}$ 을 간단히 하시오.

**29** 다음 중 옳지 <u>않은</u> 것을 모두 고르면? (정답 2개)

① $\dfrac{5}{\sqrt{2}} \times \dfrac{4\sqrt{3}}{7} = \dfrac{10\sqrt{6}}{7}$

② $4\sqrt{12} \div (-2\sqrt{3}) = -4$

③ $5\sqrt{2} \times \sqrt{27} \div \sqrt{3} = 15\sqrt{2}$

④ $3\sqrt{12} \div \sqrt{6} \times \sqrt{2} = 3$

⑤ $3\sqrt{2} \div \sqrt{\dfrac{5}{8}} \times \sqrt{40} = 12\sqrt{2}$

**30** 다음 식을 만족시키는 유리수 $a$의 값을 구하시오.

$$\dfrac{4}{3\sqrt{5}} \times \dfrac{\sqrt{200}}{8} \div (-\sqrt{50}) = a\sqrt{5}$$

**31** 오른쪽 그림의 사각형에서 가로 또는 세로에 있는 세 수의 곱이 각각 $2\sqrt{15}$가 되도록 ㉠에 알맞은 수를 구하시오.

| $\sqrt{6}$ | | $\sqrt{30}$ |
|---|---|---|
| $\dfrac{\sqrt{5}}{5}$ | | ㉠ |
| | $\sqrt{3}$ | |

유형 **9** 제곱근의 곱셈과 나눗셈의 도형에의 활용 (1)

개념편 36~37, 39쪽

도형에서의 길이, 넓이, 부피 등을 구할 때는 조건에 맞게 식을 세운 후, 제곱근의 곱셈과 나눗셈을 이용한다.

**32** 오른쪽 그림과 같이 넓이가 각각 $27\,\text{m}^2$, $54\,\text{m}^2$인 두 정사각형 모양의 잔디밭에 이웃한 직사각형 모양의 화단의 넓이를 구하시오.

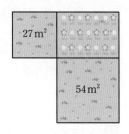

**33** 다음 그림의 삼각형의 넓이와 직사각형의 넓이가 서로 같을 때, 직사각형의 가로의 길이는?

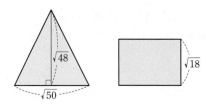

① $\dfrac{5\sqrt{3}}{3}$  ② $2\sqrt{3}$  ③ $3\sqrt{3}$

④ $\dfrac{10\sqrt{3}}{3}$  ⑤ $4\sqrt{3}$

**34** 반지름의 길이가 각각 $4\sqrt{5}\,\text{cm}$, $4\sqrt{7}\,\text{cm}$인 두 원의 넓이의 합과 넓이가 같은 원의 둘레의 길이를 구하시오.

**35** 오른쪽 그림과 같이 밑면의 가로, 세로의 길이가 각각 $4\sqrt{3}$ cm, $2\sqrt{5}$ cm인 직육면체의 부피가 $28\sqrt{30}$ cm³일 때, 이 직육면체의 높이를 구하시오.

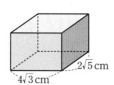

풀이 과정

답

**36** 오른쪽 그림과 같이 높이가 $\sqrt{6}$ cm인 사각뿔의 부피가 $12\sqrt{10}$ cm³일 때, 이 사각뿔의 밑면의 넓이를 구하시오.

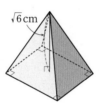

밑면인 원의 반지름의 길이를 먼저 구해 봐.

**37** 다음 그림과 같은 전개도로 만들어지는 원기둥의 부피를 구하시오.

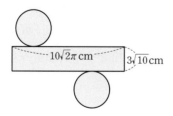

$10\sqrt{2\pi}$ cm    $3\sqrt{10}$ cm

---

**유형10** 제곱근의 곱셈과 나눗셈의 도형에의 활용 (2)

개념편 36~37, 39쪽

직사각형의 대각선의 길이, 직육면체의 대각선의 길이가 주어진 경우 피타고라스 정리를 이용한다.

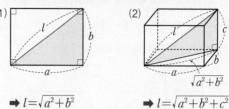

(1)
$\Rightarrow l=\sqrt{a^2+b^2}$

(2)
$\Rightarrow l=\sqrt{a^2+b^2+c^2}$

**38** 오른쪽 그림과 같은 직사각형 ABCD에서 대각선 AC의 길이가 $2\sqrt{5}$ cm이고 $\overline{AB}=\sqrt{11}$ cm일 때, □ABCD의 넓이를 구하시오.

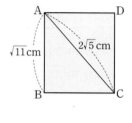

**39** 오른쪽 그림과 같이 대각선의 길이가 $6\sqrt{2}$ cm인 정육면체의 한 모서리의 길이는?

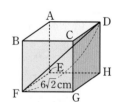

① $\sqrt{6}$ cm  ② 4 cm
③ $2\sqrt{6}$ cm  ④ 6 cm
⑤ $3\sqrt{6}$ cm

**40** 오른쪽 그림과 같이 모선의 길이가 $4\sqrt{3}$ cm이고, 높이가 $3\sqrt{5}$ cm인 원뿔의 부피를 구하시오.

## 한 걸음 더 연습  유형 9~10

**41** 다음 그림과 같이 한 변의 길이가 각각 $20\sqrt{3}$, $30\sqrt{3}$인 정사각형 모양의 두 종류의 색종이를 오린 후 겹치지 않게 이어 붙여 새로운 정사각형을 만들었다. 새로 만들어진 정사각형의 한 변의 길이는?

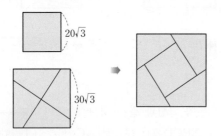

① $10\sqrt{39}$  ② $40\sqrt{3}$  ③ $50\sqrt{3}$
④ $20\sqrt{33}$  ⑤ $40\sqrt{87}$

피타고라스 정리를 이용하여 정삼각형의 높이를 구해 봐.

**42** 오른쪽 그림과 같이 한 변의 길이가 $4\sqrt{2}$ cm인 정삼각형 ABC의 넓이는?

① $4\sqrt{3}$ cm²  ② $6\sqrt{3}$ cm²
③ $8\sqrt{3}$ cm²  ④ $10\sqrt{3}$ cm²
⑤ $12\sqrt{3}$ cm²

**43** 오른쪽 그림과 같이 밑면의 가로, 세로의 길이가 각각 9 cm, 3 cm인 직육면체의 대각선 AG의 길이가 $7\sqrt{2}$ cm일 때, △AEG의 넓이를 구하시오.

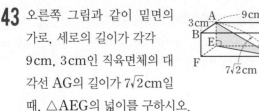

---

### 유형11  제곱근의 덧셈과 뺄셈  개념편 42쪽

근호 안의 수가 같은 것끼리 묶어 다항식에서 동류항의 계산과 같은 방법으로 계산한다.

$l$, $m$, $n$이 유리수이고, $a>0$일 때
(1) $m\sqrt{a}+n\sqrt{a}=(m+n)\sqrt{a}$
(2) $m\sqrt{a}-n\sqrt{a}=(m-n)\sqrt{a}$
(3) $m\sqrt{a}+n\sqrt{a}-l\sqrt{a}=(m+n-l)\sqrt{a}$

**44** 다음 중 옳은 것은?

① $\sqrt{5}+\sqrt{2}=\sqrt{7}$  ② $5\sqrt{3}-2\sqrt{3}=3$
③ $4\sqrt{3}+2\sqrt{2}=6\sqrt{5}$  ④ $\sqrt{10}-1=3$
⑤ $3\sqrt{6}-5\sqrt{6}=-2\sqrt{6}$

**45** $A=5\sqrt{3}+2\sqrt{3}-\sqrt{3}$, $B=2\sqrt{7}-4\sqrt{7}+5\sqrt{7}$일 때, $AB$의 값은?

① $9\sqrt{5}$  ② $9\sqrt{7}$  ③ $18\sqrt{5}$
④ $18\sqrt{7}$  ⑤ $18\sqrt{21}$

**46** $\dfrac{3\sqrt{2}}{2}+\dfrac{\sqrt{6}}{5}-\dfrac{4\sqrt{2}}{3}+\sqrt{6}=a\sqrt{2}+b\sqrt{6}$을 만족시키는 유리수 $a$, $b$에 대하여 $ab$의 값을 구하시오.

## 유형 **12** $\sqrt{a^2b}$ 꼴이 포함된 제곱근의 덧셈과 뺄셈

개념편 **42**쪽

❶ $\sqrt{a^2b}=a\sqrt{b}$임을 이용하여 근호 안의 제곱인 인수는 근호 밖으로 꺼내어 간단히 한다.

❷ 근호 안의 수가 같은 것끼리 묶어 덧셈, 뺄셈을 한다.

**47** 다음을 계산하시오.

(1) $\sqrt{28}-3\sqrt{7}+\sqrt{112}$

(2) $\sqrt{50}+\sqrt{48}-\sqrt{98}-\sqrt{12}$

**48** 다음을 만족시키는 유리수 $a$의 값을 구하시오.

(1) $\sqrt{80}-3\sqrt{20}+a\sqrt{5}=3\sqrt{5}$

(2) $\sqrt{54}+2\sqrt{24}-a\sqrt{6}=0$

**49** $7\sqrt{5}+\sqrt{72}-\sqrt{45}-\sqrt{32}=a\sqrt{2}+b\sqrt{5}$를 만족시키는 유리수 $a$, $b$에 대하여 $3a-b$의 값을 구하시오.

**50** $a>0$, $b>0$이고 $ab=2$일 때, $a\sqrt{\dfrac{6b}{a}}+b\sqrt{\dfrac{24a}{b}}$의 값은?

① $2\sqrt{3}$      ② $3\sqrt{3}$      ③ 6

④ $6\sqrt{3}$      ⑤ 18

---

## 한 걸음 **더** 연습

유형 **11~12**

**51** $x=\dfrac{\sqrt{5}+\sqrt{3}}{2}$, $y=\dfrac{\sqrt{5}-\sqrt{3}}{2}$일 때, $(x+y)(x-y)$의 값을 구하시오.

> 두 수 $A$, $B$의 대소를 비교하여 $\sqrt{(A-B)^2}$ 꼴을 포함한 식을 간단히 한 후, 근호 안의 수가 같은 것끼리 묶어 덧셈, 뺄셈을 해 봐.

**52** $\sqrt{(2-\sqrt{3})^2}+\sqrt{(3-2\sqrt{3})^2}$을 계산하면?

① $-3-3\sqrt{3}$    ② $3-2\sqrt{3}$    ③ $-1$

④ $-1+\sqrt{3}$    ⑤ $1+\sqrt{3}$

**53** 다음 그림은 눈금 0에서부터 자연수 $x$까지의 거리가 $\sqrt{x}$인 곳에 눈금 $x$를 표시하여 만든 자이다. 그림과 같이 한 자의 눈금 0, 27의 위치와 다른 자의 눈금 3, $x$의 위치가 각각 일치하도록 붙여 놓을 때, $x$의 값은?

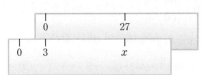

① $3\sqrt{3}$      ② $\sqrt{30}$      ③ $4\sqrt{3}$

④ 30      ⑤ 48

---

**유형13** 분모의 유리화를 이용한 제곱근의 덧셈과 뺄셈

개념편 42쪽

❶ 분모에 무리수가 있으면 분모를 유리화한다.
❷ 근호 안의 수가 같은 것끼리 묶어 덧셈, 뺄셈을 한다.

---

**54** 다음을 계산하시오.

(1) $2\sqrt{5} + \dfrac{2}{\sqrt{5}}$

(2) $\dfrac{2}{\sqrt{2}} - \dfrac{6}{\sqrt{8}}$

(3) $\sqrt{50} - (-\sqrt{3})^2 + \dfrac{10}{\sqrt{2}}$

(4) $\sqrt{48} - 6\sqrt{2} - \sqrt{27} + \dfrac{6}{\sqrt{2}}$

---

**55** 다음을 만족시키는 유리수 $a$의 값을 구하시오.

(1) $\sqrt{75} + \dfrac{3}{\sqrt{3}} - \sqrt{12} = a\sqrt{3}$

(2) $\dfrac{1}{\sqrt{8}} - \sqrt{32} + \dfrac{6}{\sqrt{18}} = a\sqrt{2}$

---

**56** $2\sqrt{6} - \dfrac{35}{\sqrt{5}} - \sqrt{54} + \sqrt{80} = a\sqrt{5} + b\sqrt{6}$ 을 만족시키는 유리수 $a$, $b$에 대하여 $ab$의 값은?

① $-6$      ② $-3$      ③ $-2$

④ $3$      ⑤ $6$

---

**57** $x = \sqrt{5}$일 때, $x - \dfrac{1}{x}$의 값은?

① $\dfrac{3\sqrt{5}}{5}$      ② $\dfrac{4\sqrt{5}}{5}$      ③ $\sqrt{5}$

④ $\dfrac{6\sqrt{5}}{5}$      ⑤ $5\sqrt{5}$

---

**유형14** 분배법칙을 이용한 제곱근의 덧셈과 뺄셈

개념편 43쪽

괄호가 있으면 분배법칙을 이용하여 괄호를 푼 후 근호 안의 수가 같은 것끼리 묶어 덧셈, 뺄셈을 한다.
$a > 0$, $b > 0$, $c > 0$일 때

(1) $\sqrt{a}(\sqrt{b} + \sqrt{c}) = \sqrt{ab} + \sqrt{ac}$

(2) $(\sqrt{a} + \sqrt{b})\sqrt{c} = \sqrt{ac} + \sqrt{bc}$

---

**58** 다음을 계산하시오.

(1) $\sqrt{2}(\sqrt{8} + 2\sqrt{2} + \sqrt{3})$

(2) $\dfrac{4}{\sqrt{2}} - \sqrt{2}(2 - \sqrt{2})$

(3) $(2\sqrt{27} + 3\sqrt{6}) \div \sqrt{3} - 5\sqrt{2}$

(4) $\sqrt{(-6)^2} + (-2\sqrt{2})^2 - \sqrt{3}\left(2\sqrt{48} - \sqrt{\dfrac{1}{3}}\right)$

---

**59** $\sqrt{32} - 2\sqrt{24} - \sqrt{2}(1 + 2\sqrt{3}) = a\sqrt{2} + b\sqrt{6}$ 을 만족시키는 유리수 $a$, $b$에 대하여 $a - b$의 값은?

① $-9$      ② $-3$      ③ $0$

④ $3$      ⑤ $9$

---

**60** $A = \sqrt{5} - \sqrt{3}$, $B = \sqrt{5} + \sqrt{3}$일 때, $\sqrt{3}A - \sqrt{5}B$의 값을 구하시오.

## 유형15 $\dfrac{\sqrt{b}+\sqrt{c}}{\sqrt{a}}$ 꼴의 분모의 유리화 　개념편 43쪽

$a>0,\ b>0,\ c>0$일 때

(1) $\dfrac{\sqrt{b}+\sqrt{c}}{\sqrt{a}}=\dfrac{(\sqrt{b}+\sqrt{c})\times\sqrt{a}}{\sqrt{a}\times\sqrt{a}}=\dfrac{\sqrt{ab}+\sqrt{ac}}{a}$

(2) $\dfrac{\sqrt{b}-\sqrt{c}}{\sqrt{a}}=\dfrac{(\sqrt{b}-\sqrt{c})\times\sqrt{a}}{\sqrt{a}\times\sqrt{a}}=\dfrac{\sqrt{ab}-\sqrt{ac}}{a}$

참고 분모, 분자에 공통인 인수가 있으면 유리화하지 않고 약분하여 간단히 할 수 있다.

예 $\dfrac{\sqrt{6}+\sqrt{3}}{\sqrt{3}}=\dfrac{\sqrt{6}}{\sqrt{3}}+\dfrac{\sqrt{3}}{\sqrt{3}}=\sqrt{2}+1$

**61** $\dfrac{12+3\sqrt{6}}{\sqrt{3}}=a\sqrt{3}+b\sqrt{2}$를 만족시키는 유리수 $a$, $b$에 대하여 $a-b$의 값은?

① $-7$　　② $-1$　　③ $0$
④ $1$　　⑤ $7$

**62** $\dfrac{10-\sqrt{125}}{3\sqrt{5}}$ 의 분모를 유리화하시오.

**63** $\dfrac{\sqrt{12}-\sqrt{2}}{\sqrt{3}}-\dfrac{\sqrt{27}+\sqrt{8}}{\sqrt{2}}$ 을 계산하시오.

**64** $\sqrt{32}$의 정수 부분을 $a$, 소수 부분을 $b$라고 할 때, $\dfrac{a+\sqrt{2}}{b+5}$의 값을 구하시오.

## 유형16 근호를 포함한 복잡합 식의 계산 　개념편 44쪽

❶ 괄호가 있으면 분배법칙을 이용하여 괄호를 푼다.
❷ $\sqrt{a^2 b}$ 꼴은 $a\sqrt{b}$ 꼴로 고친다.
❸ 분모에 무리수가 있으면 분모를 유리화한다.
❹ 곱셈, 나눗셈을 먼저 한 후 덧셈, 뺄셈을 한다.

**65** $\sqrt{3}\left(\dfrac{1}{\sqrt{3}}+\dfrac{1}{\sqrt{5}}\right)-\sqrt{5}\left(\dfrac{1}{\sqrt{5}}-\dfrac{3\sqrt{3}}{5}\right)$을 계산하면?

① $1$　　② $\dfrac{4\sqrt{15}}{5}$　　③ $\sqrt{15}$
④ $\dfrac{6\sqrt{15}}{5}$　　⑤ $2\sqrt{15}$

**66** 다음 등식을 만족시키는 유리수 $a$, $b$에 대하여 $a+b$의 값을 구하시오.

$$4\sqrt{2}(\sqrt{3}-1)-2\sqrt{3}\left(\sqrt{2}+\dfrac{1}{\sqrt{6}}\right)=a\sqrt{2}+b\sqrt{6}$$

**67** 서술형 $A=\sqrt{18}+2$, $B=\sqrt{3}A-2\sqrt{6}$, $C=2\sqrt{6}-\dfrac{B}{\sqrt{2}}$일 때, $C$의 값을 구하시오.

풀이 과정

답

## 유형 17 제곱근의 계산 결과가 유리수가 될 조건
개념편 42~44쪽

$a$, $b$는 유리수, $\sqrt{x}$는 무리수일 때
(1) $a\sqrt{x}$가 유리수가 되려면 ➡ $a=0$
(2) $a+b\sqrt{x}$가 유리수가 되려면 ➡ $b=0$

**68** $\sqrt{8}-a\sqrt{2}+\sqrt{16}-\sqrt{32}$를 계산한 결과가 유리수가 되도록 하는 유리수 $a$의 값은?

① $-2$　　　② $-1$　　　③ $0$
④ $1$　　　⑤ $2$

**69** $\sqrt{2}(a+4\sqrt{2})-\sqrt{3}(\sqrt{3}+\sqrt{6})$을 계산한 결과가 유리수가 되도록 하는 유리수 $a$의 값은?

① $2$　　　② $3$　　　③ $4$
④ $5$　　　⑤ $6$

**70** $\dfrac{3-\sqrt{48}}{\sqrt{3}}+\sqrt{3}a(\sqrt{12}-2)$를 계산한 결과가 유리수가 되도록 하는 유리수 $a$의 값은?

① $\dfrac{1}{2}$　　　② $\dfrac{2}{3}$　　　③ $1$
④ $2$　　　⑤ $\dfrac{5}{2}$

## 유형 18 제곱근의 덧셈과 뺄셈의 도형에의 활용
개념편 42~44쪽

평면도형 또는 입체도형이 주어지면 길이, 넓이, 부피를 구하는 공식을 이용하여 알맞은 식을 세운 후, 제곱근의 덧셈과 뺄셈을 하여 식을 간단히 한다.

**71** 다음 그림과 같은 사다리꼴의 넓이를 구하시오.

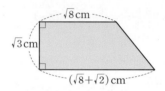

**72** 다음 그림과 같이 밑면의 가로, 세로의 길이가 각각 $(\sqrt{5}+\sqrt{7})$ cm, $\sqrt{7}$ cm이고, 높이가 $\sqrt{5}$ cm인 직육면체의 겉넓이를 구하시오.

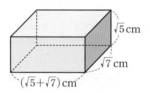

보조선을 그어 주어진 도형의 넓이를 구해 봐.

**73** 오른쪽 그림의 도형과 넓이가 같은 정사각형의 한 변의 길이는?

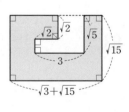

① $4$　　　② $\sqrt{17}$
③ $3\sqrt{2}$　　　④ $\sqrt{19}$
⑤ $2\sqrt{5}$

## 한 걸음 더 연습 유형 18

**74** 오른쪽 그림과 같이
넓이가 각각 $2\,cm^2$,
$8\,cm^2$, $18\,cm^2$인 정사
각형 모양의 색종이를
겹치지 않게 이어 붙인 도형의 둘레의 길이는?

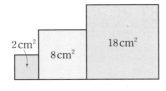

① $12\sqrt{2}\,cm$  ② $16\sqrt{2}\,cm$  ③ $18\sqrt{2}\,cm$

④ $22\sqrt{2}\,cm$  ⑤ $28\sqrt{2}\,cm$

**75** 오른쪽 그림과 같이 정사각형이
되도록 모으면 한 변의 길이가 4
인 정사각형이 되는 칠교판이 있
다. 이것을 이용하여 다음 그림과
같은 모양의 도형을 만들 때, 이
도형의 둘레의 길이는?

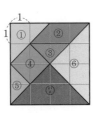

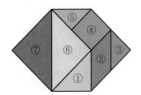

① $2+4\sqrt{2}$  ② $2+6\sqrt{2}$  ③ $4+8\sqrt{2}$

④ $8+4\sqrt{2}$  ⑤ $12+4\sqrt{2}$

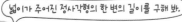
넓이가 주어진 정사각형의 한 변의 길이를 구해 봐.

**까다로운 기출문제**

**76** 전체 넓이가 240인 정사각형 모
양인 땅을 오른쪽 그림과 같이
5개의 직사각형과 1개의 정사
각형으로 분할하려고 한다. 땅
A와 E는 넓이가 각각 40인 직
사각형 모양이고, 땅 C는 넓이가 60인 정사각형 모양
일 때, 땅 B의 세로의 길이를 구하시오.

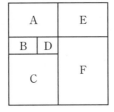

## 유형19 제곱근의 덧셈과 뺄셈의 수직선에의 활용

개념편 42~44쪽

정사각형의 대각선의 길이 또는 직각삼각형의 빗변의 길이
를 이용하여 주어진 점에 대응하는 수를 구한다.

**77** 다음 그림은 수직선 위에 한 변의 길이가 1인 두 정사
각형을 그린 것이다. $\overline{PQ}=\overline{PA}$, $\overline{RS}=\overline{RB}$이고 두 점
A, B에 대응하는 수를 각각 $a$, $b$라고 할 때, $a-b$의
값은?

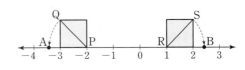

① $-3-2\sqrt{2}$  ② $-3-\sqrt{2}$  ③ $-3$

④ $3-2\sqrt{2}$  ⑤ $3+2\sqrt{2}$

**78** 다음 그림은 한 칸의 가로와 세로의 길이가 각각 1
인 모눈종이 위에 수직선을 그린 것이다. $\overline{AB}=\overline{AP}$,
$\overline{AC}=\overline{AQ}$이고 두 점 P, Q에 대응하는 수를 각각 $a$,
$b$라고 할 때, $\sqrt{5}a+5b$의 값을 구하시오.

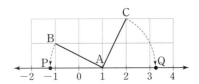

**79** 다음 그림은 수직선 위에 한 변의 길이가 1인 정사각
형 ABCD를 그린 것이다. $\overline{BD}=\overline{BP}$, $\overline{AC}=\overline{AQ}$일
때, $\overline{PQ}$의 길이를 구하시오.

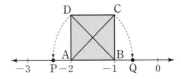

**유형20** 실수의 대소 관계 　　　개념편 42쪽

두 실수 $a$, $b$의 대소 관계는 $a-b$의 부호로 판단한다.

(1) $a-b>0$이면 ➡ $a>b$

(2) $a-b=0$이면 ➡ $a=b$

(3) $a-b<0$이면 ➡ $a<b$

**80** 다음 중 두 실수의 대소 관계가 옳은 것은?

① $2\sqrt{3}<\sqrt{2}+\sqrt{3}$

② $4\sqrt{2}<1+2\sqrt{2}$

③ $3\sqrt{2}<5-\sqrt{2}$

④ $2\sqrt{3}-1<3\sqrt{2}-1$

⑤ $4\sqrt{6}-3\sqrt{5}>\sqrt{5}+2\sqrt{6}$

**81** $a=3\sqrt{2}-2$, $b=1$, $c=2\sqrt{5}-2$일 때, 세 수 $a$, $b$, $c$의 대소 관계로 옳은 것은?

① $a<b<c$ 　　② $a<c<b$ 　　③ $b<a<c$

④ $b<c<a$ 　　⑤ $c<b<a$

**82** 다음 세 수를 작은 것부터 차례로 나열하시오.

$$5+\sqrt{3}, \quad 3+\sqrt{12}, \quad \sqrt{48}$$

[풀이 과정]

[답]

**톡톡 튀는 문제**

**83** 다음 그림과 같이 △ABC를 확대하여 △PQR를 만들었다. 이때 $x$의 값은?

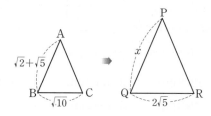

① $1+\sqrt{10}$ 　　② $2+\sqrt{10}$ 　　③ $2+2\sqrt{5}$

④ $1+2\sqrt{10}$ 　　⑤ $2+2\sqrt{10}$

**84** 다음 그림과 같이 밑면의 한 변의 길이가 각각 10 cm, 20 cm인 정사각형이고 높이는 모두 5 cm인 직육면체 모양의 두 상자가 있다. 작은 상자는 큰 상자의 한가운데에 올려놓고 그림과 같이 끈을 묶어 매듭을 매려고 한다. 매듭을 매는 데 필요한 끈의 길이가 $10\sqrt{2}$ cm일 때, 필요한 끈의 전체 길이를 구하시오. (단, 끈을 묶을 때는 팽팽하게 묶고, 남는 길이가 없다.)

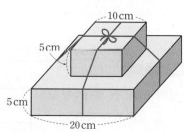

 단원 마무리

 중요

**LEVEL 1** 꼭 나오는 **기본 문제**

**1** 다음 중 옳지 <u>않은</u> 것은?

① $3\sqrt{3} \times 2\sqrt{5} = 6\sqrt{15}$

② $\sqrt{12} \div \sqrt{6} = \sqrt{2}$

③ $-\sqrt{24} \times \sqrt{\dfrac{1}{6}} = -2$

④ $\sqrt{5} \div \sqrt{\dfrac{1}{2}} = 10$

⑤ $-\sqrt{32} \div (-\sqrt{2}) = 4$

**2** $3\sqrt{5} = \sqrt{a}$, $\sqrt{52} = b\sqrt{c}$를 만족시키는 자연수 $a$, $b$, $c$에 대하여 $a+b+c$의 값은? (단, $b \neq 1$)

① 48      ② 54      ③ 60

④ 66      ⑤ 70

**3** 다음 중 $\sqrt{3} = 1.732$임을 이용하여 제곱근의 값을 구할 수 <u>없는</u> 것은?

① $\sqrt{0.03}$      ② $\sqrt{0.27}$      ③ $\sqrt{0.3}$

④ $\sqrt{12}$      ⑤ $\sqrt{300}$

**4** $\sqrt{5} = a$, $\sqrt{7} = b$라고 할 때, $\sqrt{140}$을 $a$, $b$를 사용하여 나타내면?

① $\sqrt{ab}$      ② $\sqrt{2ab}$      ③ $2\sqrt{ab}$

④ $ab$      ⑤ $2ab$

**5** $\dfrac{5}{\sqrt{18}} = a\sqrt{2}$, $\dfrac{1}{2\sqrt{3}} = b\sqrt{3}$을 만족시키는 유리수 $a$, $b$에 대하여 $a-b$의 값은?

① $\dfrac{1}{6}$      ② $\dfrac{3}{8}$      ③ $\dfrac{1}{2}$

④ $\dfrac{2}{3}$      ⑤ 1

**6** $8\sqrt{3} \times \left(-\dfrac{3}{\sqrt{2}}\right) \div 2\sqrt{12}$를 간단히 하시오.

**7** 오른쪽 그림과 같은 정사각형 ABCD에서 대각선 BD의 길이가 6 cm일 때, □ABCD의 둘레의 길이는?

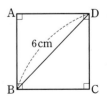

① $6\sqrt{2}$ cm      ② $8\sqrt{2}$ cm

③ $10\sqrt{2}$ cm      ④ $12\sqrt{2}$ cm

⑤ $14\sqrt{2}$ cm

**8** $8\sqrt{3}-\sqrt{24}-\sqrt{12}+\dfrac{\sqrt{54}}{3}$ 를 계산하면?

① $6\sqrt{3}-\sqrt{6}$    ② $6\sqrt{3}$    ③ $6\sqrt{3}+\sqrt{6}$

④ $4\sqrt{3}-\sqrt{6}$    ⑤ $4\sqrt{3}$

**9** $\dfrac{2-\sqrt{3}}{\sqrt{2}}-\sqrt{2}(3-2\sqrt{3})=a\sqrt{2}+b\sqrt{6}$ 을 만족시키는 유리수 $a$, $b$에 대하여 $a+2b$의 값을 구하시오.

**10** 오른쪽 그림과 같은 직사각형 ABCD에서 $\overline{\text{AB}}$, $\overline{\text{AD}}$를 각각 한 변으로 하는 두 정사각형을 그렸더니 그 넓이가 각각 12, 48 이었다. 이때 □ABCD의 둘레의 길이를 구하시오.

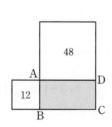

**11** 다음 중 두 실수의 대소 관계가 옳은 것은?

① $\sqrt{5}+\sqrt{10}<3+\sqrt{5}$    ② $2\sqrt{3}+1>\sqrt{3}+3$

③ $5-\sqrt{3}>2+\sqrt{3}$    ④ $\sqrt{7}+2>2\sqrt{7}-1$

⑤ $\sqrt{2}+1<2\sqrt{2}-1$

**12** $\sqrt{2}\times\sqrt{5}\times\sqrt{a}\times\sqrt{5a}\times\sqrt{50}=250$을 만족시키는 자연수 $a$의 값은?

① 2    ② 5    ③ 10

④ 15    ⑤ 20

**13** 다음 표는 제곱근표의 일부이다. 이 표를 이용하여 $\sqrt{22000}$의 값을 구하면?

| 수 | 0 | 1 | 2 | 3 | 4 |
|---|---|---|---|---|---|
| 54 | 7.348 | 7.355 | 7.362 | 7.369 | 7.376 |
| 55 | 7.416 | 7.423 | 7.430 | 7.436 | 7.443 |
| 56 | 7.483 | 7.490 | 7.497 | 7.503 | 7.510 |

① 7.416    ② 14.71    ③ 14.832

④ 147.1    ⑤ 148.32

**14** 오른쪽 그림과 같이 밑면의 반지름의 길이가 $3\sqrt{6}$ cm인 원뿔의 부피가 $72\sqrt{10}\,\pi$ cm³일 때, 이 원뿔의 높이를 구하시오.

$3\sqrt{6}$ cm

**15** 자연수 $n$에 대하여 $\sqrt{n}$의 소수 부분을 $f(n)$이라고 할
서술형 때, $f(50)-f(18)$의 값을 구하시오.

> 풀이 과정

> 답

**16** $a>0$, $b>0$이고 $ab=25$일 때, $\dfrac{5a\sqrt{b}}{\sqrt{a}}-\dfrac{2b\sqrt{a}}{\sqrt{b}}$의 값
은?

① 5       ② 10       ③ 15

④ 20       ⑤ 25

**17** $\sqrt{12}\left(\dfrac{1}{\sqrt{6}}+\sqrt{3}\right)-\dfrac{a}{\sqrt{2}}(\sqrt{8}-3)$을 계산한 결과가 유리
수가 되도록 하는 유리수 $a$의 값을 구하시오.

**18** 오른쪽 그림은 수직선 위에
한 변의 길이가 1인 정사각형
ABCD를 그린 것이다.
$\overline{BD}=\overline{BP}$, $\overline{AC}=\overline{AQ}$일 때,
다음 중 옳은 것은?

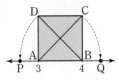

① $P(3-\sqrt{2})$       ② $Q(4+\sqrt{2})$

③ $\overline{AQ}=3+\sqrt{2}$       ④ $\overline{PA}=\sqrt{2}-1$

⑤ $\overline{PQ}=2\sqrt{2}-2$

**19** 다음 그림과 같은 네 직각이등변삼각형 A, B, C, D에
서 A의 넓이는 B의 넓이의 $\sqrt{3}$배, B의 넓이는 C의 넓
이의 $\sqrt{3}$배, C의 넓이는 D의 넓이의 $\sqrt{3}$배이다. 직각이
등변삼각형 A의 넓이가 $1\,\text{cm}^2$일 때, 직각이등변삼각형
D의 넓이를 구하시오.

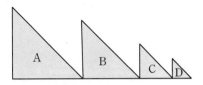

**20** 오른쪽 그림과 같이 밑면은 한
변의 길이가 $4\,\text{cm}$인 정사각형
이고 옆면의 모서리의 길이가
모두 $6\,\text{cm}$인 정사각뿔의 부피
를 구하시오.

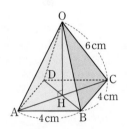

**21** 다음 그림은 넓이가 각각 3, 5, 12, 20인 정사각형을
한 정사각형의 대각선의 교점에 다른 정사각형의 한 꼭
짓점을 맞추고 겹치는 부분이 정사각형이 되도록 차례
로 이어 붙여 만든 것이다. 이 도형의 둘레의 길이를 구
하시오.

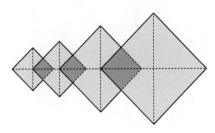

# 3 다항식의 곱셈

# 3 다항식의 곱셈

⭐ 중요

## 유형 1 다항식과 다항식의 곱셈    개념편 56쪽

- 분배법칙을 이용하여 전개하고 동류항이 있으면 간단히 한다.

$$\Rightarrow (a+b)(c+d)=\underset{①}{ac}+\underset{②}{ad}+\underset{③}{bc}+\underset{④}{bd}$$

- 특정한 항의 계수를 구할 때는 필요한 항이 나오는 부분만 전개한다.

**1** 다음 식을 전개하시오.

(1) $(3a+b)(4a-2b)$

(2) $(x-2y)(3x-2y)$

(3) $(2x-y)(5x+2y-4)$

**2** $(x+3y-5)(3x-2y+1)$을 전개한 식에서 $x^2$의 계수와 $xy$의 계수의 합은?

① $-10$    ② $-4$    ③ $-3$
④ $10$    ⑤ $12$

**3** $(ax-y)(2x-6y-1)$을 전개한 식에서 $xy$의 계수가 $16$일 때, 상수 $a$의 값은?

① $-3$    ② $-1$    ③ $1$
④ $3$    ⑤ $5$

## 유형 2 곱셈 공식 (1) – 합의 제곱, 차의 제곱    개념편 57쪽

$$(a+b)^2=a^2+2ab+b^2 \quad \leftarrow \text{합의 제곱}$$
곱의 2배

$$(a-b)^2=a^2-2ab+b^2 \quad \leftarrow \text{차의 제곱}$$
곱의 2배

**4** 다음 중 옳지 <u>않은</u> 것은?

① $(x+3)^2=x^2+6x+9$
② $(-x+4)^2=x^2-8x+16$
③ $(2x-3)^2=4x^2-6x+9$
④ $\left(\dfrac{1}{2}x+1\right)^2=\dfrac{1}{4}x^2+x+1$
⑤ $(5x-3y)^2=25x^2-30xy+9y^2$

**5** 다음 중 $(a-2b)^2$과 전개식이 같은 것은?

① $(a+2b)^2$    ② $(-a-2b)^2$
③ $(-a+2b)^2$    ④ $-(a-2b)^2$
⑤ $-(-a+2b)^2$

**6** 두 양수 $a$, $b$에 대하여 $(x-a)^2$을 전개한 식이 $x^2-bx+\dfrac{1}{16}$일 때, $a+b$의 값을 구하시오.

서술형

풀이 과정

답

## 유형 3  곱셈 공식 (2) – 합과 차의 곱   개념편 58쪽

$$\underset{\text{합}}{(a+b)}\underset{\text{차}}{(a-b)}=\underset{\text{제곱의 차}}{a^2-b^2} \leftarrow \text{합과 차의 곱}$$

**7** 다음 중 옳지 <u>않은</u> 것은?

① $(x+7)(x-7)=x^2-49$

② $(-3+x)(-3-x)=x^2-9$

③ $(-4a+6)(4a+6)=-16a^2+36$

④ $(-a-b)(a-b)=-a^2+b^2$

⑤ $\left(p+\dfrac{1}{4}\right)\left(\dfrac{1}{4}-p\right)=-p^2+\dfrac{1}{16}$

**8** $(ax+2y)(2y-ax)=-\dfrac{1}{25}x^2+4y^2$일 때, 양수 $a$의 값은?

① $\dfrac{1}{25}$  ② $\dfrac{1}{5}$  ③ $1$

④ $5$  ⑤ $25$

**9** 다음 중 전개식이 나머지 넷과 <u>다른</u> 하나는?

① $(x+y)(x-y)$

② $(x+y)(-x-y)$

③ $(-x+y)(-x-y)$

④ $-(x+y)(-x+y)$

⑤ $-(x-y)(-x-y)$

**10** $a^2=12$, $b^2=9$일 때, $\left(\dfrac{1}{2}a+\dfrac{4}{3}b\right)\left(\dfrac{1}{2}a-\dfrac{4}{3}b\right)$의 값은?

① $-17$  ② $-15$  ③ $-13$

④ $-11$  ⑤ $-9$

## 유형 4  연속한 합과 차의 곱   개념편 58쪽

$$\overline{(a-b)(a+b)}(a^2+b^2)=\overline{(a^2-b^2)}(a^2+b^2)$$
$$=a^4-b^4$$

**11** $(a-3)(a+3)(a^2+9)$를 전개하면?

① $a^2-9$  ② $a^4+27$  ③ $a^4-27$

④ $a^4+81$  ⑤ $a^4-81$

**12** $(1-x)(1+x)(1+x^2)(1+x^4)=1-x^{\square}$일 때, $\square$ 안에 알맞은 수는?

① $4$  ② $6$  ③ $8$

④ $9$  ⑤ $10$

**13** $(x-2)(x+2)(x^2+4)(x^4+16)$을 전개한 식이 $x^a-b$일 때, 상수 $a$, $b$에 대하여 $a+b$의 값을 구하시오.

> 서술형

풀이 과정

답

---

**유형 5**  곱셈 공식 (3) – 일차항의 계수가 1인
두 일차식의 곱   개념편 59쪽

$$(x+a)(x+b)=x^2+(a+b)x+ab$$

합, 곱

**14** $\left(x-\dfrac{1}{2}y\right)\left(x+\dfrac{1}{5}y\right)=x^2+axy+by^2$일 때, 상수 $a$, $b$
에 대하여 $a+b$의 값을 구하시오.

**15** 다음 중 ☐ 안에 알맞은 수가 나머지 넷과 <u>다른</u> 하나
는?

① $(x+6)(x-2)=x^2+$☐$x-12$
② $(x-8)(x+4)=x^2-$☐$x-32$
③ $(x+1)(x+4)=x^2+5x+$☐
④ $(x+y)(x-5y)=x^2-$☐$xy-5y^2$
⑤ $(x-y)(x-4y)=x^2-$☐$xy+4y^2$

**16** $(x-6)(x+a)=x^2+bx-18$일 때, 상수 $a$, $b$에 대
하여 $a+b$의 값을 구하시오.

> 주어진 조건을 만족시키는 순서쌍 $(A, B)$를 생각해 봐.

까다로운 기출문제

**17** $(x+A)(x+B)=x^2+Cx-12$일 때, 다음 중 $C$의
값이 될 수 <u>없는</u> 것은? (단, $A$, $B$, $C$는 정수)

① $-11$   ② $-1$   ③ $2$
④ $4$   ⑤ $11$

---

**유형 6**  곱셈 공식 (4) – 일차항의 계수가 1이 아닌
두 일차식의 곱   개념편 59쪽

$$(ax+b)(cx+d)=acx^2+(ad+bc)x+bd$$

곱, 곱

**18** $\left(3x+\dfrac{3}{5}y\right)\left(2x-\dfrac{1}{3}y\right)=ax^2+bxy+cy^2$일 때, 상수
$a$, $b$, $c$에 대하여 $a+b+c$의 값을 구하시오.

**19** $(2x+a)(bx-5)=-14x^2+cx+15$일 때, 상수 $a$, $b$,
$c$에 대하여 $a+b+c$의 값은?

① $-5$   ② $-3$   ③ $-1$
④ $1$   ⑤ $3$

**20** $(5x+3)(4x-a)$를 전개한 식에서 $x$의 계수와 상수
항이 같을 때, 상수 $a$의 값을 구하시오.

**21** $3x+a$에 $5x-1$을 곱해야 할 것을 잘못하여 $x-5$를
곱했더니 $3x^2-11x-20$이 되었다. 이때 바르게 계산
한 식을 구하시오. (단, $a$는 상수)

## 유형 **7** 곱셈 공식 – 종합
개념편 57~59쪽

(1) $(a+b)^2=a^2+2ab+b^2$
$(a-b)^2=a^2-2ab+b^2$
(2) $(a+b)(a-b)=a^2-b^2$
(3) $(x+a)(x+b)=x^2+(a+b)x+ab$
(4) $(ax+b)(cx+d)=acx^2+(ad+bc)x+bd$

**22** 다음 중 옳은 것은?

① $(-x+y)^2=x^2+2xy+y^2$
② $(2x-3y)^2=4x^2-9y^2$
③ $\left(-x+\dfrac{1}{3}\right)\left(-x-\dfrac{1}{3}\right)=x^2+\dfrac{1}{9}$
④ $(x-2)(x+3)=x^2+x-6$
⑤ $(2x+1)(3x-1)=6x^2-x-1$

**23** 다음 중 ☐ 안에 알맞은 수가 가장 작은 것은?

① $(x-2)^2=x^2-\boxed{\phantom{0}}x+4$
② $(-a+3b)^2=a^2-6ab+\boxed{\phantom{0}}b^2$
③ $(x-8)(x+3)=x^2-\boxed{\phantom{0}}x-24$
④ $(2x-3)(4x+1)=8x^2-\boxed{\phantom{0}}x-3$
⑤ $(2a+b)(3a-5b)=\boxed{\phantom{0}}a^2-7ab-5b^2$

**24** 다음 보기의 식을 전개하였을 때, $xy$의 계수가 가장 작은 것을 고르시오.

┌─ 보기 ┐
ㄱ. $(5x+3y)^2$　　ㄴ. $(2x-8y)(2x+8y)$
ㄷ. $(x-6y)^2$　　　ㄹ. $(2x-3y)(5x+3y)$
└─────────┘

**25** $(3x+2y)(3x-2y)-(x-2y)^2$을 간단히 하시오.

**26** $(3x+5)(x+4)-2(x-1)(x+5)$를 간단히 하였을 때, $x$의 계수와 상수항의 합을 구하시오.

**27** $(4x-y)(5x+6y)-(x-4y)(2x+3y)$를 간단히 하면 $Ax^2+Bxy+Cy^2$일 때, 상수 $A$, $B$, $C$에 대하여 $A+B-C$의 값을 구하시오.
서술형

┌ 풀이 과정 ┐

│

│

│

│

│

│

│

└ 답 ┘

**28** $2(x+a)^2+(3x-1)(4-x)$를 간단히 하면 $x$의 계수가 17일 때, 상수항을 구하시오. (단, $a$는 상수)

## 유형 8  곱셈 공식과 도형의 넓이  개념편 57~59쪽

직사각형의 넓이는 곱셈 공식을 이용하여 다음과 같은 순서대로 구한다.

❶ 가로, 세로의 길이를 각각 문자를 사용하여 나타낸다.

❷ (직사각형의 넓이)=(가로의 길이)×(세로의 길이)임을 이용하여 넓이를 구하는 식을 세운다.

❸ ❷에서 세운 식을 곱셈 공식을 이용하여 전개한다.

**29** 한 변의 길이가 $x$인 정사각형의 가로의 길이를 5만큼 늘이고, 세로의 길이를 2만큼 줄여서 만든 직사각형의 넓이를 구하시오.

**30** 오른쪽 그림에서 색칠한 직사각형의 넓이는?

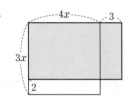

① $6x^2-x-6$

② $6x^2+x+6$

③ $12x^2-x-6$

④ $12x^2+x-6$

⑤ $12x^2+x+6$

**31** 오른쪽 그림과 같이 한 변의 길이가 $a$인 정사각형에서 가로의 길이를 $b$만큼 줄이고 세로의 길이를 $b$만큼 늘여서 만든 직사각형의 넓이는 처음 정사각형의 넓이에서 어떻게 변하는가?

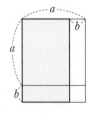

① $b$만큼 늘어난다.　　② $b$만큼 줄어든다.

③ $b^2$만큼 늘어난다.　　④ $b^2$만큼 줄어든다.

⑤ 변함이 없다.

**32** 다음 그림과 같이 가로의 길이가 $6x$, 세로의 길이가 $4x$인 직사각형 모양의 정원에 폭이 2로 일정한 길을 만들려고 한다. 이때 길을 제외한 정원의 넓이를 구하시오.

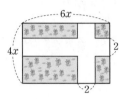

**33** 다음 그림과 같이 가로의 길이가 $a$, 세로의 길이가 $b$인 직사각형 모양의 종이를 접어 2개의 정사각형을 만들었다. 이 두 정사각형을 오려 내고 남은 색칠한 직사각형의 넓이를 구하시오. (단, $b<a<2b$)

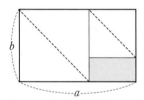

전체 직사각형의 넓이에서 나무 판자의 넓이를 빼 봐!

**까다로운 기출문제**

**34** 다음 그림과 같이 가로의 길이가 $x$, 세로의 길이가 $3y$인 합동인 직사각형 모양의 나무 판자 8개를 이용하여 두 종류의 액자를 만들었다. 두 액자에서 색칠한 부분의 넓이를 각각 $A$, $B$라고 할 때, $A-B$를 구하시오.

(단, $x<y$)

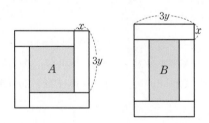

## 까다로운 유형 **9** 공통부분이 있는 식의 전개　개념편 57~59쪽

공통부분이 있는 식은 다음과 같은 순서대로 전개한다.

**❶** 공통부분 또는 식의 일부를 한 문자로 놓는다.

**❷** ❶의 식을 곱셈 공식을 이용하여 전개한다.

**❸** ❷의 식에 문자 대신 원래의 식을 대입하여 정리한다.

예 $(a+b-2)(a+b+3)$
　$=(A-2)(A+3)$ ┤ $a+b=A$로 놓기
　$=A^2+A-6$ ┤ 전개
　$=(a+b)^2+(a+b)-6$ ┤ $A=a+b$를 대입
　$=a^2+2ab+b^2+a+b-6$ ┤ 전개하여 정리

**35** 다음 식을 전개하시오.

(1) $(a+2b-3)(a+2b+4)$

(2) $(-2x+y+1)(-2x-y-1)$

**36** 다음은 $(x-2y+1)^2$을 전개하는 과정이다. ☐ 안에 알맞은 것을 쓰시오.

$x-2y=A$로 놓으면
$(x-2y+1)^2=(A+1)^2$
　$=A^2+$☐$+1$
　$=(x-2y)^2+$☐$+1$
　$=$☐

**37** $(4x+3y-z)^2$을 전개한 식에서 $xy$의 계수를 $a$, $yz$의 계수를 $b$라고 할 때, $a-b$의 값은?

① 18　　② 24　　③ 30

④ 32　　⑤ 36

## 유형 **10** 곱셈 공식을 이용한 수의 계산　개념편 62쪽

(1) 수의 제곱의 계산은 다음 곱셈 공식을 이용한다.

➡ $(a+b)^2=a^2+2ab+b^2$
　$(a-b)^2=a^2-2ab+b^2$

(2) 두 수의 곱의 계산은 다음 곱셈 공식을 이용한다.

➡ $(a+b)(a-b)=a^2-b^2$
　$(x+a)(x+b)=x^2+(a+b)x+ab$

**38** 다음 중 $43\times37$을 계산하는 데 이용되는 가장 편리한 곱셈 공식은?

① $(a+b)^2=a^2+2ab+b^2$ (단, $a>0$, $b>0$)

② $(a-b)^2=a^2-2ab+b^2$ (단, $a>0$, $b>0$)

③ $(a+b)(a-b)=a^2-b^2$

④ $(x+a)(x+b)=x^2+(a+b)x+ab$

⑤ $(ax+b)(cx+d)=acx^2+(ad+bc)x+bd$

**39** 다음은 $1003^2$과 $5.7\times6.3$을 곱셈 공식을 이용하여 계산하는 과정이다. 자연수 $a$, $b$, $c$에 대하여 $a+b+c$의 값은?

・$1003^2=(1000+3)^2=1000^2+a+3^2$

・$5.7\times6.3=(6-0.3)(6+0.3)=b^2-0.3^c$

① 2008　　② 3008　　③ 5008

④ 6008　　⑤ 8008

**40** 다음을 곱셈 공식을 이용하여 계산하시오.

$89\times87-88\times86$

**41** 곱셈 공식을 이용하여 $\dfrac{1009 \times 1011 + 1}{1010}$ 을 계산하시오.

**42** $999 \times 1001 + 1 = 10^a$일 때, 자연수 $a$의 값을 구하시오.

**43** 곱셈 공식을 이용하여 $\dfrac{2021^2 - 2015 \times 2027}{2020^2 - 2018 \times 2022}$ 을 계산하시오.

서술형

풀이 과정

답

$(a+b)(a-b) = a^2 - b^2$을 이용할 수 있도록 주어진 식에 적당한 식을 곱해 봐.

까다로운 기출문제

**44** 곱셈 공식 $(a+b)(a-b) = a^2 - b^2$을 이용하여
$$(2+1)(2^2+1)(2^4+1)(2^8+1)(2^{16}+1)$$
을 전개하시오.

유형 **11** **곱셈 공식을 이용한 무리수의 계산** 개념편 63쪽

제곱근을 문자로 생각하고 곱셈 공식을 이용하여 계산한다.

예 $(\sqrt{2}+3)^2 = (\sqrt{2})^2 + 2 \times \sqrt{2} \times 3 + 3^2$
$$= 2 + 6\sqrt{2} + 9 = 11 + 6\sqrt{2}$$

**45** 다음 중 옳은 것은?

① $(2\sqrt{3}+3)^2 = 12 + 12\sqrt{3}$
② $(5\sqrt{3}+\sqrt{2})(4\sqrt{3}-\sqrt{2}) = 58 - \sqrt{6}$
③ $(\sqrt{7}+3)(\sqrt{7}-3) = 4$
④ $(\sqrt{5}+2)(\sqrt{5}-7) = -14 - 5\sqrt{5}$
⑤ $(\sqrt{8}-\sqrt{12})^2 = 20 - 2\sqrt{6}$

**46** $(3\sqrt{2}+1)^2 - (\sqrt{2}-3)(2\sqrt{2}+5)$를 계산하시오.

**47** $(a-3\sqrt{3})(3-2\sqrt{3}) = 15 - b\sqrt{3}$을 만족시키는 유리수 $a$, $b$에 대하여 $a+b$의 값은?

① $-8$     ② $-7$     ③ $6$
④ $7$     ⑤ $8$

**48** $5-\sqrt{2}$의 소수 부분을 $a$라고 할 때, $a^2$의 값을 구하시오.

**49**  $(2+2\sqrt{3})(a-3\sqrt{3})$을 계산한 결과가 유리수가 되도록 하는 유리수 $a$의 값을 구하시오.

서술형

풀이 과정

답

**50** $(2-\sqrt{5})^{10}(2+\sqrt{5})^{11}=a+b\sqrt{5}$일 때, 유리수 $a$, $b$에 대하여 $ab$의 값을 구하시오.

**51** 다음 그림과 같은 도형의 넓이를 구하시오.

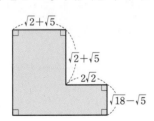

**유형12** **곱셈 공식을 이용한 분모의 유리화**  개념편 63쪽

분모가 두 수의 합 또는 차로 되어 있는 무리수이면 곱셈 공식 $(a+b)(a-b)=a^2-b^2$을 이용하여 분모를 유리화한다.

예 $\dfrac{1}{2+\sqrt{3}}=\dfrac{2-\sqrt{3}}{(2+\sqrt{3})(2-\sqrt{3})}=\dfrac{2-\sqrt{3}}{2^2-(\sqrt{3})^2}=2-\sqrt{3}$

부호 반대

**52** 다음 중 분모를 유리화한 것으로 옳은 것은?

① $\dfrac{3}{\sqrt{2}}=\dfrac{3}{2}$ 　　　　② $\dfrac{1}{\sqrt{5}-2}=-\sqrt{5}-2$

③ $\dfrac{1}{\sqrt{7}+\sqrt{5}}=\sqrt{7}-\sqrt{5}$ 　　④ $\dfrac{2}{2-\sqrt{2}}=2+\sqrt{2}$

⑤ $\dfrac{5}{\sqrt{7}+2\sqrt{3}}=\sqrt{7}-2\sqrt{3}$

**53** $x=8+3\sqrt{7}$이고 $x$의 역수를 $y$라고 할 때, $x+y$의 값은?

① $-16$ 　　　② $-6\sqrt{7}$ 　　　③ $6\sqrt{7}$

④ $16$ 　　　　⑤ $16+6\sqrt{7}$

**54** $\dfrac{2\sqrt{3}+3\sqrt{2}}{2\sqrt{3}-3\sqrt{2}}=a+b\sqrt{6}$일 때, 유리수 $a$, $b$에 대하여 $ab$의 값을 구하시오.

**55** $\dfrac{\sqrt{7}-\sqrt{3}}{\sqrt{7}+\sqrt{3}}+\dfrac{\sqrt{7}+\sqrt{3}}{\sqrt{7}-\sqrt{3}}$을 계산하시오.

**56** $7-\sqrt{3}$의 정수 부분을 $a$, 소수 부분을 $b$라고 할 때, $\dfrac{a}{b}$의 값을 구하시오.

**57** 서술형 다음 그림은 한 칸의 가로와 세로의 길이가 각각 1인 모눈종이 위에 수직선과 정사각형 ABCD를 그린 것이다. $\overline{AB}=\overline{AP}$, $\overline{AD}=\overline{AQ}$이고 두 점 P, Q에 대응하는 수를 각각 $a$, $b$라고 할 때, $\dfrac{b}{a}$의 값을 구하시오.

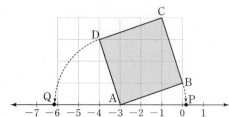

풀이 과정

답

까다로운 **기출문제**

주어진 $F(x)$에 $x=1, 2, 3, \cdots, 24$를 대입해 봐.

**58** 자연수 $x$에 대하여 $F(x)=\sqrt{x}+\sqrt{x+1}$일 때,
$$\dfrac{1}{F(1)}+\dfrac{1}{F(2)}+\dfrac{1}{F(3)}+\cdots+\dfrac{1}{F(24)}$$의 값은?

① 1    ② 2    ③ 3
④ 4    ⑤ 5

유형**13** 곱셈 공식의 변형 – 두 수의 합(또는 차)과 곱이 주어진 경우
개념편 66쪽

두 수의 합(또는 차)과 곱이 주어질 때, 다음과 같이 곱셈 공식을 변형한 식을 이용한다.
(1) $a^2+b^2=(a+b)^2-2ab$, $a^2+b^2=(a-b)^2+2ab$
(2) $(a+b)^2=(a-b)^2+4ab$, $(a-b)^2=(a+b)^2-4ab$

**59** $x+y=7$, $xy=3$일 때, $x^2+y^2$의 값은?

① 35    ② 40    ③ 43
④ 45    ⑤ 48

**60** $a-b=-4$, $a^2+b^2=6$일 때, $ab$의 값을 구하시오.

**61** $x+y=3$, $xy=-2$일 때, $\dfrac{y}{x}+\dfrac{x}{y}$의 값은?

① $-\dfrac{13}{2}$    ② $-\dfrac{3}{2}$    ③ $-\dfrac{2}{3}$
④ $\dfrac{2}{13}$    ⑤ $\dfrac{13}{2}$

**62** $x-y=-2\sqrt{6}$, $xy=3$일 때, $(x+y)^2$의 값을 구하시오.

**63** $a+b=4$, $a^2+b^2=10$일 때, $\dfrac{1}{a}+\dfrac{1}{b}$의 값을 구하시오.

**64** $x=\dfrac{1}{\sqrt{5}-2}$, $y=\dfrac{1}{\sqrt{5}+2}$일 때, $x^2+xy+y^2$의 값은?

① 14      ② 16      ③ 17

④ 18      ⑤ 19

**65**
서술형

$(x+2)(y+2)=4$, $xy=-2$일 때, $(x-y)^2$의 값을 구하시오.

[풀이 과정]

[답]

**까다로운 기출문제**

*길이와 넓이에 대한 식을 각각 세워 봐.*

**66** 길이가 40인 끈을 적당히 두 개로 잘라서 한 변의 길이가 각각 $x$, $y$인 두 개의 정사각형을 만들었다. 두 정사각형의 넓이의 합이 80일 때, $xy$의 값을 구하시오.
(단, 끈은 남김없이 모두 사용하였다.)

**틀리기 쉬운**

**유형14** 곱셈 공식의 변형 – 두 수의 곱이 1인 경우
**개념편 66쪽**

곱이 1인 두 수의 합 또는 차가 주어질 때, 다음과 같이 곱셈 공식을 변형한 식을 이용한다.

(1) $x^2+\dfrac{1}{x^2}=\left(x+\dfrac{1}{x}\right)^2\underset{\underset{2\times x\times\frac{1}{x}}{\uparrow}}{-2}=\left(x-\dfrac{1}{x}\right)^2\underset{\underset{2\times x\times\frac{1}{x}}{\uparrow}}{+2}$

(2) $\left(x+\dfrac{1}{x}\right)^2=\left(x-\dfrac{1}{x}\right)^2+4$,   $\left(x-\dfrac{1}{x}\right)^2=\left(x+\dfrac{1}{x}\right)^2-4$

**67** $x-\dfrac{1}{x}=2$일 때, 다음 식의 값을 구하시오.

(1) $x^2+\dfrac{1}{x^2}$        (2) $\left(x+\dfrac{1}{x}\right)^2$

**68** $a+\dfrac{1}{a}=2\sqrt{7}$일 때, $a^2+\dfrac{1}{a^2}$의 값은?

① 13      ② 22      ③ 26

④ $22\sqrt{7}$      ⑤ $26\sqrt{7}$

**69** $x^2-4x+1=0$일 때, 다음 식의 값을 구하시오.

(1) $x^2+\dfrac{1}{x^2}$        (2) $\left(x-\dfrac{1}{x}\right)^2$

**70** $x^2=5x+1$일 때, $x^2-10+\dfrac{1}{x^2}$의 값을 구하시오.

## 유형15  $x=a\pm\sqrt{b}$ 꼴이 주어진 경우 식의 값 구하기
개념편 67쪽

$x=a+\sqrt{b}$일 때, 주어진 식의 값을 구하는 경우

[방법1] $x=a+\sqrt{b}$를 $x-a=\sqrt{b}$로 변형한 후 양변을 제곱하여 정리한다.

$$x=a+\sqrt{b} \Rightarrow x-a=\sqrt{b} \Rightarrow (x-a)^2=b$$

[방법2] $x$의 값을 직접 대입하여 식의 값을 구한다.

**71** $x=2+\sqrt{3}$일 때, $x^2-4x+11$의 값은?

① 6　　　　② $4\sqrt{3}$　　　　③ 8

④ 10　　　　⑤ $6\sqrt{3}$

**72** $x=\dfrac{2}{\sqrt{3}+1}$일 때, $x^2+2x-5$의 값은?

① $-5$　　　　② $-3$　　　　③ $-1$

④ 1　　　　⑤ 3

**73** $4-\sqrt{5}$의 소수 부분을 $a$라고 할 때, $a^2-6a+5$의 값은?

① $-2$　　　　② $-1$　　　　③ 1

④ 2　　　　⑤ 5

## 톡톡 튀는 문제

**74** 다음 그림과 같이 보영이는 통로를 통과해서 마지막에 나오는 출구에서 친구를 만날 수 있다. 통로의 갈림길에서 주어진 식을 전개하였을 때 $(x-2)^2$의 전개식과 같으면 ➡ 방향으로 이동하고, 같지 않으면 ⬇ 방향으로 이동한다. 보영이가 출구에서 만나는 친구는 누구인지 말하시오.

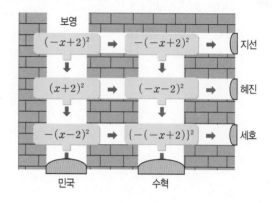

**75** 다음은 크기가 같은 직육면체 모양의 상자를 쌓아서 하나의 입체도형을 만든 후 각각 앞, 오른쪽 옆, 위에서 본 것이다. 상자 한 개의 밑면의 가로, 세로의 길이는 각각 $x-y$, $x+2y$이고 높이는 1일 때, 물음에 답하시오.

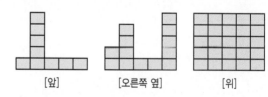

(1) 입체도형 전체를 이루는 상자의 개수를 구하시오.

(2) 입체도형의 부피를 $ax^2+bxy+cy^2$ 꼴로 나타내시오. (단, $a$, $b$, $c$는 상수)

 중요

이쯤이야!
LEVEL 1 **꼭 나오는 기본 문제**

**1** $(ax-4y)(2x+5y+3)$을 전개한 식에서 $xy$의 계수가 17일 때, 상수 $a$의 값을 구하시오.

**2** $(5x+2y)(Ax-y)$를 전개한 식이 $15x^2+Bxy-2y^2$ 일 때, 상수 $A$, $B$에 대하여 $A+B$의 값을 구하시오.

 다음 중 옳은 것을 모두 고르면? (정답 2개)

① $(-x-3y)^2=x^2-6xy+9y^2$

② $\left(x-\dfrac{1}{2}\right)^2=x^2-\dfrac{1}{2}x+\dfrac{1}{4}$

③ $(2x+7)(2x-7)=4x^2-49$

④ $(x+5)(x-8)=x^2+3x-40$

⑤ $(-2x+5)(3x-1)=-6x^2+17x-5$

**4** 오른쪽 그림에서 색칠한 직사각형의 넓이는?

① $a^2-ab-2b^2$

② $a^2-ab+2b^2$

③ $a^2+ab$

④ $a^2+2ab-2b^2$

⑤ $a^2+2ab+b^2$

**5** 다음 중 주어진 수를 계산하는 데 이용되는 가장 편리한 곱셈 공식으로 적절하지 <u>않은</u> 것은?

① $104^2 \Rightarrow (a+b)^2=a^2+2ab+b^2$ (단, $a>0$, $b>0$)

② $96^2 \Rightarrow (a-b)^2=a^2-2ab+b^2$ (단, $a>0$, $b>0$)

③ $19.7\times20.3 \Rightarrow (a+b)(a-b)=a^2-b^2$

④ $102\times103 \Rightarrow (x+a)(x+b)$
$=x^2+(a+b)x+ab$

⑤ $98\times102 \Rightarrow (ax+b)(cx+d)$
$=acx^2+(ad+bc)x+bd$

**6** $(\sqrt{3}-1)^2+(\sqrt{5}+2)(\sqrt{5}-2)$를 계산하면?

① $5+2\sqrt{3}$　　② $5-2\sqrt{3}$　　③ $3+2\sqrt{5}$

④ $3-2\sqrt{5}$　　⑤ $-4$

**7** $(a\sqrt{7}+3)(2\sqrt{7}-1)$을 계산한 결과가 유리수가 되도록 하는 유리수 $a$의 값과 그때의 식의 값을 차례로 구하면?

① $-6$, $-87$　　② $-6$, $-83$　　③ $-6$, $-81$

④ $6$, $81$　　⑤ $6$, $87$

**8** $\dfrac{\sqrt{3}-5}{2+\sqrt{3}}=a+b\sqrt{3}$일 때, 유리수 $a$, $b$에 대하여 $a+b$의 값은?

① $-6$  ② $-2$  ③ $0$
④ $3$  ⑤ $5$

**9** 서술형 $x=\dfrac{\sqrt{2}+1}{\sqrt{2}-1}$, $y=\dfrac{\sqrt{2}-1}{\sqrt{2}+1}$일 때, $\dfrac{x}{y}+\dfrac{y}{x}$의 값을 구하시오.

풀이 과정

답

**10** $x-\dfrac{1}{x}=4$일 때, $x^2+\dfrac{1}{x^2}$의 값은?

① $12$  ② $14$  ③ $16$
④ $18$  ⑤ $20$

**11** $x=\dfrac{1}{2\sqrt{6}-5}$일 때, $x^2+10x-3$의 값은?

① $-4$  ② $-2$  ③ $1$
④ $3$  ⑤ $5$

**12** 다음 보기의 식을 전개하였을 때, 전개식이 같은 것을 모두 고른 것은?

보기
ㄱ. $(x-y)^2$  ㄴ. $(y-x)^2$
ㄷ. $-(x-y)^2$  ㄹ. $(-x+y)^2$
ㅁ. $\{-(x-y)\}^2$  ㅂ. $(-x-y)^2$

① ㄱ, ㄴ  ② ㄱ, ㄷ, ㄹ
③ ㄱ, ㅁ, ㅂ  ④ ㄱ, ㄴ, ㄹ, ㅁ
⑤ ㄱ, ㄴ, ㄹ, ㅂ

**13** 다음 그림과 같이 한 변의 길이가 $a$인 정사각형을 대각선을 따라 자른 후 직각을 낀 변의 길이가 $b$인 직각이등변삼각형 2개를 잘라 낸 후 남은 부분으로 새로운 직사각형을 만들었다. 이때 새로 만든 직사각형의 넓이를 구하시오.

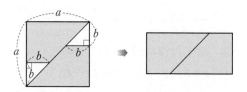

**14** 서술형 $(3+1)(3^2+1)(3^4+1)=\dfrac{1}{2}(3^a-1)$일 때, 자연수 $a$의 값을 구하시오.

풀이 과정

답

**15** 다음 그림은 한 칸의 가로와 세로의 길이가 각각 1인 모눈종이 위에 수직선과 두 정사각형을 그린 것이다. $\overline{AD}=\overline{AP}$, $\overline{AE}=\overline{AQ}$이고 두 점 P, Q에 대응하는 수를 각각 $a$, $b$라고 할 때, $a^2+2b^2$의 값을 구하시오.

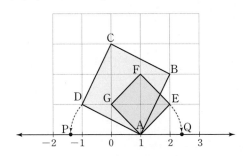

**16** $\dfrac{9}{4+\sqrt{7}}$의 정수 부분을 $a$, 소수 부분을 $b$라고 할 때, $\dfrac{1}{a-b}$의 값을 구하시오.

**17** 자연수 $x$에 대하여 $f(x)=\dfrac{1}{\sqrt{x+1}+\sqrt{x}}$일 때, $f(1)+f(2)+f(3)+\cdots+f(10)$의 값을 구하시오.

**18** $x^2-2x-1=0$일 때, $2x^2-4x+\dfrac{4}{x}+\dfrac{2}{x^2}$의 값을 구하시오.

**만점을 위한 도전 문제**

**19** 민준이는 $(x-7)(x+2)$를 전개하는데 $x-7$의 상수항 $-7$을 $A$로 잘못 보고 풀어서 $x^2+8x+B$로 전개하였고, 송이는 $(x-2)(3x+1)$을 전개하는데 $3x+1$의 $x$의 계수 3을 $C$로 잘못 보고 풀어서 $Cx^2+7x-2$로 전개하였다. 이때 상수 $A$, $B$, $C$에 대하여 $A+B+C$의 값을 구하시오.

**20** 가로의 길이가 $x$, 세로의 길이가 $y$인 직사각형 모양의 종이 ABCD를 다음 그림과 같이 $\overline{AB}$가 $\overline{BF}$에, $\overline{ED}$가 $\overline{EH}$에, $\overline{GC}$가 $\overline{GJ}$에 완전히 닿도록 접었다. $\square$HFIJ의 넓이를 구하시오. $\left(\text{단, } \dfrac{3}{2}y<x<2y\right)$

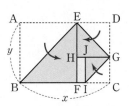

**21** 다음 식을 전개하시오.

$$(x-1)(x-2)(x+5)(x+6)$$

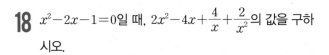

# 4 인수분해

# 4 인수분해

⭐ 중요

유형 **1** 인수와 인수분해     개념편 78쪽

(1) 인수: 하나의 다항식을 두 개 이상의 다항식의 곱으로 나타낼 때, 이들 각각의 식
(2) 인수분해: 하나의 다항식을 두 개 이상의 인수의 곱으로 나타내는 것

예 $x^2+5x+6 \underset{\text{전개}}{\overset{\text{인수분해}}{\rightleftarrows}} \underbrace{(x+2)(x+3)}_{\text{인수}}$

유형 **2** 공통인 인수를 이용한 인수분해     개념편 79쪽

❶ 각 항에서 공통인 인수를 찾는다.
❷ 공통인 인수를 묶어 내어 인수분해한다.
➡ $ma+mb-mc=m(a+b-c)$
                ↳공통인 인수

참고 공통인 인수를 찾을 때, 수는 각 항에 들어 있는 수의 최대공약수를 택하고 문자는 각 항의 같은 문자 중 차수가 가장 낮은 것을 택한다.

**1** 다음 식에 대한 설명 중 옳지 <u>않은</u> 것은?

$$x^3y+2xy^2 \underset{ⓛ}{\overset{㉠}{\rightleftarrows}} xy(x^2+2y)$$

① ㉠의 과정을 인수분해한다고 한다.
② ⓛ의 과정을 전개한다고 한다.
③ $x^2+2y$는 $x^3y$와 $2xy^2$의 공통인 인수이다.
④ ⓛ의 과정에서 분배법칙이 이용된다.
⑤ $x, y, xy, x^2+2y$는 모두 $x^3y+2xy^2$의 인수이다.

**2** $(3x^2+1)(y-2)$는 어떤 다항식을 인수분해한 것인가?

① $3x^2-6xy+x-2$     ② $3x^3-6x^2+x-2$
③ $3x^2y-6x^2+y-2$     ④ $3xy^2-6y^2+x-2$
⑤ $3y^2-6x+y-2$

**3** 다음 보기 중 $x(x+2)(x-2)$의 인수가 <u>아닌</u> 것을 모두 고른 것은?

| 보기 |
ㄱ. $x$     ㄴ. $x-2$     ㄷ. $x(x-4)$
ㄹ. $x^2(x-2)$     ㅁ. $(x+2)(x-2)$

① ㄱ, ㄷ     ② ㄴ, ㄹ     ③ ㄴ, ㅁ
④ ㄷ, ㄹ     ⑤ ㄷ, ㅁ

**4** 다음 중 인수분해한 것이 옳은 것은?

① $2xy+y^2=xy(2+y)$
② $4a^2-2a=2(2a^2-a)$
③ $m^2-3m=m(m+3)$
④ $-3x^2+6x=-3x(x-2)$
⑤ $x^2y-2xy^2=x(xy-2y^2)$

**5** 다음 중 $x^3-x^2y$의 인수가 <u>아닌</u> 것은?

① $x$     ② $x^2$     ③ $x-y$
④ $x(x+y)$     ⑤ $x(x-y)$

**6** 다음 보기 중 $ab$를 인수로 갖는 것을 모두 고르시오.

| 보기 |
ㄱ. $abc-2abc^2$     ㄴ. $a^2bx-a^2y$
ㄷ. $a^2b^2+ac$     ㄹ. $abx^2-abx+abc$

**7** 다음 식을 인수분해하시오.

(1) $(x+1)(a-3b)+(a-3b)$

(2) $x(2a-b)-y(b-2a)$

**유형 3** 인수분해 공식 (1)    개념편 81쪽

(1) $a^2+2ab+b^2=(a+b)^2$

(2) $a^2-2ab+b^2=(a-b)^2$

[참고] $(a+b)^2$, $2(a-b)^2$과 같이 다항식의 제곱으로 이루어진 식 또는 그 식에 수를 곱한 식을 완전제곱식이라고 한다.

**유형 4** 완전제곱식이 될 조건    개념편 81쪽

[참고] $x^2+ax+b$가 완전제곱식이 되기 위한 조건

$\Rightarrow b=\left(\dfrac{a}{2}\right)^2$ ←$x^2$의 계수가 1인 경우

**8** 다음 중 인수분해한 것이 옳지 <u>않은</u> 것은?

① $x^2-6x+9=(x-3)^2$

② $a^2+a+\dfrac{1}{4}=\left(a+\dfrac{1}{2}\right)^2$

③ $9a^2+6a+1=(3a+1)^2$

④ $4x^2-8xy+4y^2=4(x-y)^2$

⑤ $16a^2+24ab+9b^2=(4a+3)^2$

**9** 다음 보기 중 완전제곱식으로 인수분해되지 <u>않는</u> 것을 모두 고르시오.

┌ 보기 ┐

ㄱ. $x^2-8x+16$    ㄴ. $4x^2-12x+9$

ㄷ. $2x^2+4xy+2y^2$    ㄹ. $9x^2-6x-1$

ㅁ. $a^2+5a+\dfrac{25}{4}$    ㅂ. $a^2+\dfrac{1}{3}ab+\dfrac{4}{9}b^2$

**10** 다음 중 $25x^2-30x+9$의 인수인 것은?

① $x-5$    ② $3x-5$    ③ $3x-1$

④ $5x-3$    ⑤ $5x-4$

**11** $ax^2+12x+b=(2x+c)^2$이 성립할 때, 상수 $a$, $b$, $c$에 대하여 $a+b+c$의 값은?

① 16    ② 20    ③ 24

④ 28    ⑤ 30

**12** 다음 식이 모두 완전제곱식으로 인수분해될 때, □ 안에 알맞은 수 중 그 절댓값이 가장 큰 것은?

① $x^2-16x+$□    ② $x^2+20x+$□

③ $4x^2+$□$x+25$    ④ $x^2+$□$x+196$

⑤ $36x^2+$□$x+1$

**13** 다음 두 다항식이 완전제곱식이 되도록 하는 상수 $A$, $B$에 대하여 $A-B$의 값을 구하시오. (단, $B>0$)

$$9x^2+12x+A, \qquad x^2+Bx+\dfrac{9}{4}$$

**14** $9x^2+(m-1)xy+16y^2$이 완전제곱식이 되도록 하는 모든 상수 $m$의 값의 합은?

① 1    ② 2    ③ 3

④ 4    ⑤ 5

**15** $(2x-1)(2x+3)+k$가 완전제곱식이 되도록 하는 상수 $k$의 값을 구하시오.

### 유형 5 근호 안의 식이 완전제곱식으로 인수분해되는 경우

개념편 81쪽

**틀리기 쉬운**

❶ 근호 안의 식을 완전제곱식으로 인수분해하여 $\sqrt{a^2}$ 꼴로 만든다.

❷ $a$의 부호를 판단한다.

❸ $\sqrt{a^2} = \begin{cases} a & (a \geq 0) \\ -a & (a < 0) \end{cases}$ 임을 이용하여 근호를 없앤다.

**주의** 근호 안의 식을 인수분해하여 근호를 없앨 때, 부호에 주의하도록 한다.

**16** $3 < x < 5$일 때, $\sqrt{x^2-10x+25} - \sqrt{x^2-6x+9}$ 를 간단히 하면?

① $-2x-8$    ② $-2x+2$    ③ $-2x+8$

④ $2$       ⑤ $8$

**17** $a < 0$, $b > 0$일 때, $\sqrt{a^2} - \sqrt{a^2-2ab+b^2}$ 을 간단히 하면?

① $-2a+b$    ② $2a-b$    ③ $a-b$

④ $-b$       ⑤ $b$

**18** $0 < a < \dfrac{1}{2}$일 때, $\sqrt{a^2-a+\dfrac{1}{4}} - \sqrt{a^2+a+\dfrac{1}{4}}$ 을 간단히 하시오.

> 근호 안을 완전제곱식으로 바꿀 수 없으면 $x$에 식을 대입하여 완전제곱식으로 바꾼 후 간단히 해 봐.

**까다로운** 기출문제

**19** $1 < a < 3$인 $a$에 대하여 $\sqrt{x} = a-1$일 때, $\sqrt{x-4a+8} - \sqrt{x+6a+3}$ 을 간단히 하시오.

### 유형 6 인수분해 공식 (2)

개념편 81~82쪽

$\underset{\text{제곱의 차}}{a^2-b^2} = \underset{\text{합}}{(a+b)}\underset{\text{차}}{(a-b)}$

**예** $x^2-4 = x^2-2^2 = (x+2)(x-2)$

**20** 다음 중 인수분해한 것이 옳은 것을 모두 고르면?

(정답 2개)

① $x^2-25 = (x+5)(x-5)$

② $49x^2-9 = (7x+9)(7x-9)$

③ $-4x^2+y^2 = (2x+y)(2x-y)$

④ $a^2-\dfrac{1}{9}b^2 = \left(a+\dfrac{1}{3}\right)\left(a-\dfrac{1}{3}\right)$

⑤ $16x^2-81y^2 = (4x+9y)(4x-9y)$

**21** $49x^2-16$이 $x$의 계수가 자연수이고 상수항이 정수인 두 일차식의 곱으로 인수분해될 때, 이 두 일차식의 합을 구하시오.

**22** $ax^2-25 = (bx+5)(3x+c)$가 성립할 때, 상수 $a$, $b$, $c$에 대하여 $a+b+c$의 값은?

① $7$       ② $9$       ③ $11$

④ $17$      ⑤ $19$

> 인수분해는 유리수의 범위에서 더 이상 인수분해 할 수 없을 때까지 계속해야 해!

**까다로운** 기출문제

**23** 다음 중 $x^8-1$의 인수가 아닌 것은?

① $x-1$    ② $x+1$    ③ $x^2+1$

④ $x^3+1$    ⑤ $x^4+1$

## 유형 7 인수분해 공식 (3)  개념편 81, 84쪽

$$x^2 + \underset{\text{합}}{(a+b)}x + \underset{\text{곱}}{ab} = (x+a)(x+b)$$

❶ 합이 일차항의 계수, 곱이 상수항이 되는 두 정수를 찾는다.

❷ 두 정수를 각각 상수항으로 하는 두 일차식의 곱으로 나타낸다.

예 $x^2 - 3x + 2$에서 합이 $-3$, 곱이 2인 두 정수는 $-1$, $-2$이므로
$x^2 - 3x + 2 = (x-1)(x-2)$

**24** $x^2 + 4xy - 12y^2$을 인수분해하면?

① $(x-2y)(x-6y)$  ② $(x-2y)(x+6y)$

③ $(x+2y)(x+6y)$  ④ $(x-3y)(x-6y)$

⑤ $(x-3y)(x+6y)$

**25** 다음 보기 중 $x-2$를 인수로 갖는 다항식을 모두 고르시오.

┌─ 보기 ─────────────────────┐
ㄱ. $x^2 + x - 6$  ㄴ. $x^2 + 3x + 2$
ㄷ. $x^2 - 5x - 14$  ㄹ. $x^2 - 7x + 10$
└───────────────────────────┘

**26** 서술형 $x^2 + 2x - 3$이 $x$의 계수가 1인 두 일차식의 곱으로 인수분해될 때, 이 두 일차식의 합을 구하시오.

풀이 과정

답

**27** 서술형 $x^2 + Ax - 6 = (x+B)(x+3)$이 성립할 때, 상수 $A$, $B$에 대하여 $AB$의 값을 구하시오.

풀이 과정

답

**28** $(x+4)(x-6) - 8x$를 인수분해하면?

① $(x-2)(x-12)$  ② $(x+2)(x-12)$

③ $(x-2)(x+12)$  ④ $(x-4)(x-6)$

⑤ $(x+4)(x-6)$

곱해서 6이 되는 두 정수를 생각해 봐.

까다로운 기출문제

**29** $x$에 대한 이차식 $x^2 + kx + 6$이 $(x+a)(x+b)$로 인수분해될 때, 다음 중 상수 $k$의 값이 될 수 없는 것은?
(단, $a$, $b$는 정수)

① $-7$  ② $-5$  ③ 3

④ 5  ⑤ 7

## 유형 **8** 인수분해 공식 (4)  개념편 81, 85쪽

$$acx^2+(ad+bc)x+bd=(ax+b)(cx+d)$$

$ax \quad\searrow\quad b \longrightarrow \quad bcx$

$cx \quad\nearrow\quad d \longrightarrow +)\underline{\quad adx}$

$\qquad\qquad\qquad\qquad (ad+bc)x$

예 $2x^2+7x+3=(x+3)(2x+1)$

$x \quad\searrow\quad 3 \longrightarrow \quad 6x$

$2x \quad\nearrow\quad 1 \longrightarrow +)\underline{\quad x}$

$\qquad\qquad\qquad\qquad 7x$

**30** 다음 중 인수분해한 것이 옳지 <u>않은</u> 것은?

① $3x^2+8x+4=(x+2)(3x+2)$

② $6x^2+5x-4=(2x-1)(3x+4)$

③ $12x^2+2x-30=2(2x-3)(3x+5)$

④ $2x^2-xy-10y^2=(x+2y)(2x-5y)$

⑤ $4x^2+3xy-y^2=(x-y)(4x+y)$

**31** 다음 중 $6x^2-5x-6$의 인수를 모두 고르면?

(정답 2개)

① $2x-5$ 　　② $2x-3$ 　　③ $2x+3$

④ $3x+1$ 　　⑤ $3x+2$

**32** $12x^2-17xy-5y^2=(ax+by)(cx+y)$일 때, 정수 $a$, $b$, $c$에 대하여 $a-b+c$의 값을 구하시오.

**33** 서술형 $6x^2+7x-20$이 $x$의 계수가 자연수이고 상수항이 정수인 두 일차식의 곱으로 인수분해될 때, 이 두 일차식의 합을 구하시오.

[풀이 과정]

[답]

**34** $8x^2+(3a-1)x-15$가 $(2x+5)(4x-b)$로 인수분해될 때, 상수 $a$, $b$의 값을 각각 구하시오.

**35** $3x^2+ax-4=(3x+b)(cx+2)$일 때, 상수 $a$, $b$, $c$에 대하여 $abc$의 값은?

① $-10$ 　　② $-8$ 　　③ $6$

④ $8$ 　　⑤ $10$

> 곱해서 3이 되는 두 정수와 곱해서 $-2$가 되는 두 정수를 모두 생각해 봐.

까다로운 기출문제

**36** $3x^2+kx-2$가 $x$의 계수와 상수항이 모두 정수인 두 일차식의 곱으로 인수분해되도록 하는 정수 $k$의 값 중 가장 큰 수와 가장 작은 수의 차를 구하시오.

## 유형 9 · 인수분해 공식 – 종합 · 개념편 81~85쪽

(1) $a^2+2ab+b^2=(a+b)^2$, $a^2-2ab+b^2=(a-b)^2$

(2) $a^2-b^2=(a+b)(a-b)$

(3) $x^2+(a+b)x+ab=(x+a)(x+b)$

(4) $acx^2+(ad+bc)x+bd=(ax+b)(cx+d)$

## 유형 10 · 인수분해하여 공통인 인수 구하기 · 개념편 81~85쪽

❶ 각 다항식을 인수분해한다.

❷ 공통인 인수를 구한다.

예 두 다항식 $x^2-1$, $x^2+x-2$에서
$x^2-1=(x+1)(x-1)$, $x^2+x-2=(x-1)(x+2)$이므로
두 다항식의 일차 이상의 공통인 인수는 $x-1$이다.

**37** 다음 중 인수분해한 것이 옳은 것을 모두 고르면?

(정답 2개)

① $3ax-ay=a(3x-y)$

② $x^2y-2xy^2=2xy(x-y)$

③ $\dfrac{x^2}{4}-y^2=\left(\dfrac{x}{4}+y\right)\left(\dfrac{x}{4}-y\right)$

④ $a^2+a-30=(a-5)(a+6)$

⑤ $a(x+y)-4(x+y)=x+y(a-4)$

**40** 다음 두 다항식의 공통인 인수는?

$$x^2-x-12, \qquad 2x^2-5x-12$$

① $x-4$      ② $x-3$      ③ $x+3$

④ $2x-3$      ⑤ $2x+3$

**38** 다음 중 ☐ 안에 알맞은 수가 가장 큰 것은?

① $3x^2-75=3(x+5)(x-\boxed{\phantom{0}})$

② $4a^2-49=(2a+\boxed{\phantom{0}})(2a-7)$

③ $8x^2-2x-\boxed{\phantom{0}}=(2x+1)(4x-3)$

④ $3x^2-18x+27=\boxed{\phantom{0}}(x-3)^2$

⑤ $4ab^2-\boxed{\phantom{0}}ab+a=a(2b-1)^2$

**41** 다음 중 나머지 넷과 일차 이상의 공통인 인수를 갖지 않는 것은?

① $x^2-x-2$      ② $x^2-4x+4$

③ $x^2+x-6$      ④ $2x^2-3x+1$

⑤ $x^2-4$

**42** 다음 두 다항식의 공통인 인수가 $ax+by\,(a>0)$일 때, 정수 $a$, $b$에 대하여 $a-b$의 값을 구하시오.

$$4x^2-100y^2, \qquad x^2-xy-20y^2$$

풀이 과정

답

**39** 다음 보기 중 $x+1$을 인수로 갖는 것을 모두 고르시오.

┤ 보기 ├

ㄱ. $x^2-x$      ㄴ. $x^4-1$

ㄷ. $x^2-2x+1$      ㄹ. $x^2+4x-5$

ㅁ. $2x^2+7x+5$      ㅂ. $3x^2+2x-1$

## 유형11 인수가 주어질 때, 미지수의 값 구하기
개념편 84~85쪽

이차식 $ax^2+bx+c\,(a\neq0)$가 $x$에 대한 일차식 $mx+n$을 인수로 가질 때

➡ $ax^2+bx+c=(mx+n)(\square x+\triangle)$
                주어진 인수  다른 한 인수

으로 놓고 우변을 전개하여 계수를 비교한다.

**예** $x^2+ax-12$가 $x-4$를 인수로 가질 때,
$x^2+ax-12=(x-4)(x+m)$ ($m$은 상수)으로 놓으면
$x^2+ax-12=x^2+(-4+m)x-4m$
즉, $a=-4+m$, $-12=-4m$이므로 $m=3$, $a=-1$
따라서 $a=-1$이고, 다른 한 인수는 $x+3$이다.

**43** $x^2+3x+a$가 $x-2$를 인수로 가질 때, 상수 $a$의 값과 다른 한 인수를 차례로 구하시오.

**44** $2x^2+ax+6$이 $2x+3$을 인수로 가질 때, 상수 $a$의 값을 구하시오.

**45** $x-3$이 두 다항식 $x^2-4x+a$, $2x^2+bx-9$의 공통인 인수일 때, 상수 $a$, $b$에 대하여 $a+b$의 값은?
① $-6$  ② $-3$  ③ $0$
④ $3$  ⑤ $6$

> $a$가 없는 두 다항식을 인수분해하여 공통인 인수를 구해 봐.

**까다로운** 기출문제

**46** 다음 세 이차식이 $x$의 계수가 자연수인 일차식을 공통인 인수로 가질 때, 상수 $a$의 값을 구하시오.

$$x^2+2x-35, \quad 3x^2+ax+5, \quad 2x^2-7x-15$$

## 유형12 계수 또는 상수항을 잘못 보고 인수분해한 경우
개념편 84~85쪽

잘못 본 수를 제외한 나머지 값은 제대로 본 것임을 이용한다.

| 상수항을 잘못 본 식 | 일차항의 계수를 잘못 본 식 |
|---|---|
| $ax^2+bx+c$ 제대로 본 수 | $ax^2+dx+e$ 제대로 본 수 |

➡ 처음 이차식은 $ax^2+bx+e$

**47** $x^2$의 계수가 1인 어떤 이차식을 정훈이는 $x$의 계수를 잘못 보고 $(x-2)(x+10)$으로 인수분해하였고, 세린이는 상수항을 잘못 보고 $(x+3)(x-4)$로 인수분해하였다. 다음 물음에 답하시오.
(1) 처음 이차식을 구하시오.
(2) 처음 이차식을 바르게 인수분해하시오.

**48** $x^2$의 계수가 2인 어떤 이차식을 연주는 상수항을 잘못 보고 $(x+4)(2x-1)$로 인수분해하였고, 해준이는 $x$의 계수를 잘못 보고 $(x-3)(2x+5)$로 인수분해하였다. 처음 이차식을 바르게 인수분해하시오.

**49** 어떤 이차식을 인수분해하는 데 진아는 $x^2$의 계수를 잘못 보고 $2(x-1)(3x+4)$로 인수분해하였고, 준희는 상수항을 잘못 보고 $(x+1)^2$으로 인수분해하였다. 처음 이차식을 바르게 인수분해하시오.

**유형13** 인수분해의 도형에서의 활용 (1)  개념편 81~85쪽

주어진 식을 인수분해한 후 다음을 이용한다.
- (직사각형의 넓이)=(가로의 길이)×(세로의 길이)
- (정사각형의 넓이)=(한 변의 길이)$^2$
- (원의 넓이)=$\pi$×(반지름의 길이)$^2$

**50** 넓이가 $6x^2+7x+2$이고 가로의 길이가 $2x+1$인 직사각형의 세로의 길이는?

① $2x-3$　　② $2x-2$　　③ $3x-2$

④ $3x+2$　　⑤ $3x+4$

**51** 다음 그림의 모든 직사각형을 빈틈없이 겹치지 않게 붙여 하나의 큰 직사각형을 만들 때, 새로 만든 직사각형의 둘레의 길이를 구하시오.

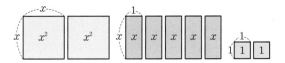

**52** 오른쪽 그림과 같이 윗변의 길이가 $a-3$, 아랫변의 길이가 $a+7$인 사다리꼴의 넓이가 $3a^2+5a-2$일 때, 이 사다리꼴의 높이를 구하시오.

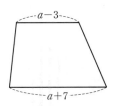

풀이 과정

답

**53** 오른쪽 그림과 같이 넓이가 각각 $(12a^2+4a-21)\,\text{m}^2$, $(4a+6)\,\text{m}^2$인 거실과 발코니를 합쳐 하나의 직사각형 모양으로 거실을 확장하였다. 확장된 거실의 가로의 길이가 $(2a+3)\,\text{m}$일 때, 확장된 거실의 세로의 길이를 구하시오.

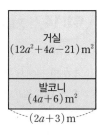

거실
$(12a^2+4a-21)\,\text{m}^2$

발코니
$(4a+6)\,\text{m}^2$

$(2a+3)\,\text{m}$

**54** 오른쪽 그림과 같이 지름의 길이가 $5b$인 원이 지름의 길이가 $17a$인 원에 내접하고 있다. 다음 중 색칠한 부분의 넓이를 바르게 나타낸 것은?

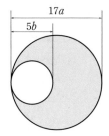

① $\pi(289a^2-25b^2)$

② $2\pi(17a+5b)$

③ $\pi(17a+5b)(17a-5b)$

④ $\dfrac{1}{2}\pi(17a+5b)(17a-5b)$

⑤ $\dfrac{1}{4}\pi(17a+5b)(17a-5b)$

**55** 다음 그림과 같이 한 변의 길이가 각각 $x$, $y$인 두 정사각형이 있다. 두 정사각형의 둘레의 길이의 합이 80이고 넓이의 차가 100일 때, 두 정사각형의 한 변의 길이의 차를 구하시오. (단, $x>y$)

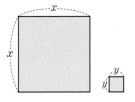

**유형14** 공통부분을 한 문자로 놓고 인수분해하기
개념편 89쪽

주어진 식에서 공통부분을 찾아 한 문자로 놓고 인수분해한 후 문자에 원래의 식을 대입하여 정리한다.

> 예 $(a-b)(a-b+2)+1$
> $=A(A+2)+1$ ← $a-b=A$로 놓기
> $=A^2+2A+1$
> $=(A+1)^2$ ← 인수분해
> $=(a-b+1)^2$ ← $A=a-b$를 대입

**56** $(x-2)^2-2(2-x)-24$가 $x$의 계수가 1인 두 일차식의 곱으로 인수분해될 때, 이 두 일차식의 합은?

① $2x-2$  ② $2x+2$  ③ $2x-6$
④ $2x+6$  ⑤ $2x-10$

**57** 다음 중 $(x-y)(x-y+2)-15$의 인수인 것은?

① $x-y-5$  ② $x-y-3$  ③ $x+2$
④ $x-y$  ⑤ $x-y+2$

**58** $(3x-2)^2-(x+1)^2=(ax+b)(2x-3)$일 때, 상수 $a$, $b$의 값을 각각 구하시오.

**59** $(x+1)^2-9(x+1)(x-3)+20(x-3)^2$이 $a(x+b)(3x+c)$로 인수분해될 때, 정수 $a$, $b$, $c$에 대하여 $a-b-c$의 값을 구하시오.

**까다로운 유형15** ( )( )( )( )+$k$ 꼴의 인수분해
개념편 89쪽

❶ 두 일차식의 상수항의 합 또는 곱이 같아지도록 ( )( )( )( )를 2개씩 묶어 전개한다.
❷ 공통부분을 한 문자로 놓고 정리한 후 인수분해한다.

> 예 $(x+1)(x+2)(x+3)(x+4)+1$
> $=\{(x+1)(x+4)\}\{(x+2)(x+3)\}+1$
>   상수항의 합이 5
> $=(x^2+5x+4)(x^2+5x+6)+1$
> $=(A+4)(A+6)+1$ ← $x^2+5x=A$로 놓기
> $=A^2+10A+25=(A+5)^2$
> $=(x^2+5x+5)^2$ ← $A=x^2+5x$를 대입

**60** $(x+1)(x+2)(x+5)(x+6)-12$를 인수분해하면?

① $(x^2+7x+4)(x+3)(x+4)$
② $(x^2+7x+4)(x+3)(x-4)$
③ $(x^2+7x+4)(x-3)(x+4)$
④ $(x^2+7x+8)(x+3)(x+4)$
⑤ $(x^2+7x+8)(x-3)(x-4)$

**61** 다음 식을 인수분해하시오.

$$x(x+1)(x+2)(x+3)-35$$

**62** $(x-5)(x-3)(x+1)(x+3)+36=(x^2+ax+b)^2$ 일 때, 상수 $a$, $b$에 대하여 $ab$의 값은?

① $-18$  ② $-6$  ③ $6$
④ $9$  ⑤ $18$

## 유형 16 적당한 항끼리 묶어 인수분해하기 (1)
### − (2항) + (2항)

개념편 89~90쪽

주어진 식의 항이 4개일 때,

두 항씩 묶어 공통인 인수가 생기면

➡ 공통인 인수를 묶어 내어 인수분해한다.

예 $xy+2x+y+2=(xy+2x)+(y+2)$
$$=x(y+2)+(y+2)$$
$$=(x+1)(y+2)$$

**63** 다음 식을 인수분해하시오.

(1) $ab+a-b-1$

(2) $a^3-a^2b-a+b$

(3) $a^2-ac-b^2-bc$

**64** 다음 중 $x^2y-4+x^2-4y$의 인수가 <u>아닌</u> 것을 모두 고르면? (정답 2개)

① $x+1$　　② $y+1$　　③ $x-2$

④ $x+2$　　⑤ $x^2+4$

**65** $x^3-3x^2-25x+75$가 $x$의 계수가 1인 세 일차식의 곱으로 인수분해될 때, 이 세 일차식의 합을 구하시오.

**66** 다음 두 다항식의 공통인 인수는?

$$ab+3a-b-3, \qquad a^2-ab-a+b$$

① $a-b$　　② $a-1$　　③ $a+1$

④ $b+1$　　⑤ $b+3$

## 유형 17 적당한 항끼리 묶어 인수분해하기 (2)
### − (3항) + (1항)

개념편 89~90쪽

주어진 식의 항이 4개일 때,

두 항씩 묶어 공통인 인수가 생기지 않으면

➡ 완전제곱식으로 인수분해되는 3개의 항과 나머지 1개의 항을 $A^2-B^2$ 꼴로 변형하여 인수분해한다.

예 $x^2-y^2+2x+1=(x^2+2x+1)-y^2$
$$=(x+1)^2-y^2$$
$$=(x+y+1)(x-y+1)$$

**67** 다음 식을 인수분해하시오.

(1) $x^2-4xy+4y^2-9$

(2) $x^2-y^2-z^2-2yz$

(3) $2xy+1-x^2-y^2$

**68** 다음 중 $4x^2-y^2-6y-9$의 인수인 것은?

① $2x-y-1$　　② $2x-y+1$　　③ $2x-y+3$

④ $2x+y+1$　　⑤ $2x+y+3$

**69** $x^2-y^2+14y-49$가 $x$의 계수가 1인 두 일차식의 곱으로 인수분해될 때, 이 두 일차식의 합을 구하시오.

**70** $25x^2-10xy-4+y^2$을 인수분해하면
서술형 $(ax+by+2)(ax-y+c)$일 때, 상수 $a$, $b$, $c$에 대하여 $a+b+c$의 값을 구하시오.

풀이 과정

답

## 유형 18 내림차순으로 정리하여 인수분해하기
개념편 89~90쪽

주어진 식의 항이 5개 이상이고 문자가 2개 이상일 때,

(1) 각 문자의 최고 차수가 다르면 ➡ 차수가 가장 낮은 문자에 대하여 내림차순으로 정리한 후 인수분해한다.

(2) 각 문자의 최고 차수가 같으면 ➡ 어느 한 문자에 대하여 내림차순으로 정리한 후 인수분해한다.

참고 다항식을 어떤 한 문자에 대하여 차수가 높은 항부터 낮은 항의 순서대로 나열하는 것을 내림차순으로 정리한다고 한다.

**71** $x^2+xy-5x-3y+6$을 인수분해하면?

① $(x+y)(x-6)$  　② $(x+y)(x+6)$

③ $(x-2)(y-3)$  　④ $(x-2)(x+y-3)$

⑤ $(x-3)(x+y-2)$

**72** $x^2-y^2+5x+3y+4=A(x-y+4)$일 때, 다항식 $A$를 구하시오.

**73** $x^2-2x+xy+y-3$이 $x$의 계수가 1인 두 일차식의 곱으로 인수분해될 때, 이 두 일차식의 합은?

① $2x+y+2$  　② $2x-y+2$

③ $2x+y-2$  　④ $2x-y-2$

⑤ $2x+2y-2$

먼저 $x$에 대하여 내림차순으로 정리해 봐.

**74** 다음 식을 인수분해하시오.

$$2x^2+5xy-3y^2+11y-x-6$$

## 유형 19 인수분해 공식을 이용한 수의 계산
개념편 92쪽

복잡한 수의 계산은 인수분해 공식을 이용하여 계산하면 편리하다.

예 $16^2-14^2=(16+14)(16-14)=30\times2=60$

**75** 다음 중 $163^2-162^2$을 계산하는 데 이용되는 가장 편리한 인수분해 공식은?

① $a^2+2ab+b^2=(a+b)^2$

② $a^2-2ab+b^2=(a-b)^2$

③ $a^2-b^2=(a+b)(a-b)$

④ $x^2+(a+b)x+ab=(x+a)(x+b)$

⑤ $acx^2+(ad+bc)x+bd=(ax+b)(cx+d)$

**76** 인수분해 공식을 이용하여 $\dfrac{2021\times2022+2021}{2022^2-1}$을 계산하면?

① $\dfrac{1}{2}$  　② $1$  　③ $2$

④ $\dfrac{999}{998}$  　⑤ $\dfrac{1009}{1010}$

**77** 인수분해 공식을 이용하여 다음 두 수 $A$, $B$를 계산할 때, $A+B$의 값을 구하시오.

$$A=72.5^2-5\times72.5+2.5^2$$
$$B=\sqrt{34^2-30^2}$$

**78** $2020 \times 2024 + 4$가 어떤 자연수의 제곱일 때, 이 자연수를 구하시오.

두 항씩 짝을 지어 인수분해 공식
$a^2 - b^2 = (a+b)(a-b)$를 이용해 봐.

**79** 인수분해 공식을 이용하여

$$1^2 - 2^2 + 3^2 - 4^2 + 5^2 - 6^2 + 7^2 - 8^2 + 9^2 - 10^2$$

을 계산하면?

① $-55$      ② $-25$      ③ $0$

④ $25$       ⑤ $55$

**80** 인수분해 공식을 이용하여 다음을 계산하시오.

서술형

$$\left(1 - \frac{1}{2^2}\right)\left(1 - \frac{1}{3^2}\right)\left(1 - \frac{1}{4^2}\right) \cdots \left(1 - \frac{1}{10^2}\right)\left(1 - \frac{1}{11^2}\right)$$

풀이 과정

답

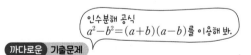

인수분해 공식
$a^2 - b^2 = (a+b)(a-b)$를 이용해 봐.

까다로운 기출문제

**81** 다음 중 $2^{16} - 1$의 약수가 <u>아닌</u> 것을 모두 고르면?

(정답 2개)

① $2$        ② $3$        ③ $15$

④ $95$       ⑤ $257$

---

**유형20** 문자의 값이 주어질 때, 식의 값 구하기

개념편 92쪽

❶ 구하는 식을 인수분해한다.

❷ 주어진 문자의 값을 바로 대입하거나 변형하여 대입한다.

예 $x = \sqrt{5} + 4$, $y = \sqrt{5} - 4$일 때,
$$x^2 + 2xy + y^2 = (x+y)^2$$
$$= \{(\sqrt{5}+4) + (\sqrt{5}-4)\}^2$$
$$= (2\sqrt{5})^2 = 20$$

참고 분모에 무리수가 있으면 먼저 분모를 유리화하여 간단한 꼴로 나타낸 후 대입한다.

**82** $x = \sqrt{3} + 2$일 때, $x^2 + 3x - 10$의 값을 구하시오.

**83** $x = \sqrt{7} - 2$, $y = \sqrt{7} + 2$일 때, $x^2 - y^2$의 값을 구하시오.

**84** $x = 1 + 2\sqrt{2}$, $y = -1 + 2\sqrt{2}$일 때, $\dfrac{4x - 12y}{x^2 - 6xy + 9y^2}$의 값은?

① $-1 - \sqrt{2}$    ② $-2$       ③ $-1$

④ $1 + \sqrt{2}$     ⑤ $4\sqrt{2}$

**85** $x = \dfrac{1}{\sqrt{5}+2}$, $y = \dfrac{1}{\sqrt{5}-2}$일 때, $x^2 - 2x + 1 - y^2$의 값을

서술형 구하시오.

풀이 과정

답

**86** 다음 그림은 한 칸의 가로와 세로의 길이가 각각 1인 모눈종이 위에 수직선을 그린 것이다. $\overline{AB}=\overline{AP}$, $\overline{AC}=\overline{AQ}$이고 두 점 P, Q에 대응하는 수를 각각 $a$, $b$라고 할 때, $a^3-a^2b-ab^2+b^3$의 값을 구하시오.

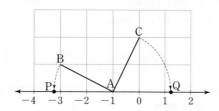

---

**87** $x=\dfrac{1}{\sqrt{2}-1}$일 때, $\dfrac{x^3-5x^2-x+5}{x^2-4x-5}$의 값을 구하시오.

---

**88** $\sqrt{5}$의 소수 부분을 $x$라고 할 때, $(x-3)^2+10(x-3)+25$의 값을 구하시오.

풀이 과정

답

---

**유형21** 식의 조건이 주어질 때, 식의 값 구하기

개념편 **92**쪽

❶ 구하는 식을 인수분해한다.

❷ 주어진 합, 차, 곱 등 문자를 포함한 식의 값을 대입한다.

**예** $x+y=3$, $xy=2$일 때,
$$x^3y+2x^2y^2+xy^3=xy(x^2+2xy+y^2)$$
$$=xy(x+y)^2=2\times3^2=18$$

---

**89** $x^2-25y^2=56$, $x-5y=14$일 때, $x-y$의 값을 구하시오.

---

**90** $x+y=11$, $x-y=5$일 때, $x^2-y^2-5x-5y$의 값은?

① $-5$　　② $-1$　　③ $0$

④ $1$　　⑤ $5$

---

**91** $a+b=-2$, $a^2-b^2-6a+9=-35$일 때, $a-b$의 값을 구하시오.

---

**92** $x+y=4$일 때, $x^2+2xy-2x+y^2-2y-3$의 값은?

① $2$　　② $3$　　③ $4$

④ $5$　　⑤ $6$

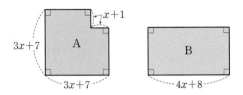

**유형22** 인수분해의 도형에서의 활용 (2)  개념편 89, 92쪽

주어진 조건에 따라 세운 다항식을 인수분해하여 다항식의 곱으로 나타낸다.

**93** 다음 그림에서 두 도형 A, B의 넓이가 서로 같을 때, 도형 B의 세로의 길이를 구하시오.

**94** 오른쪽 그림과 같이 속이 빈 원기둥 모양의 두루마리 화장지가 있다. 이 화장지의 밑면에서 바깥쪽 원의 반지름의 길이는 7.5 cm, 안쪽 원의 반지름의 길이는 2.5 cm일 때, 화장지의 부피를 인수분해 공식을 이용하여 구하시오.

**95** 오른쪽 그림과 같이 한 변의 길이가 각각 $a$, $b$인 두 정사각형이 있다. $\overline{AC}$의 중점을 D라고 할 때, $\overline{AD}$와 $\overline{BD}$를 각각 한 변으로 하는 정사각형의 넓이의 차를 $a$와 $b$를 사용하여 나타내시오. (단, $a>b$)

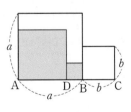

**톡톡 튀는 문제**

**96** 일차함수 $y=ax+b$의 그래프가 오른쪽 그림과 같을 때, $ax^2-7x-b$를 인수분해하시오. (단, $a$, $b$는 상수)

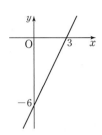

**97** 다음 그림과 같이 1단계는 오른쪽으로 1만큼, 2단계는 왼쪽으로 4만큼, 3단계는 다시 오른쪽으로 9만큼 이동하는 로봇이 있다. 이와 같은 방법으로 로봇이 각 단계마다 방향을 반대로 바꾸어 $n$단계에서는 $n^2$만큼 이동하도록 프로그램되어 있다고 하자. 수직선에서 로봇의 최초 출발 위치를 원점이라고 할 때, 20단계에서 로봇의 위치에 대응하는 수를 구하시오.

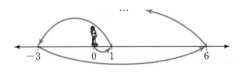

## 단원 마무리

### 꼭 나오는 기본 문제

**1** 다음 중 $2x^2y-3x^2y^2$의 인수가 <u>아닌</u> 것은?

① $x^2$      ② $x^2y$      ③ $x^2y^2$

④ $2-3y$      ⑤ $xy(2-3y)$

**2** 다음 중 완전제곱식으로 인수분해할 수 <u>없는</u> 것은?

① $x^2-16x+64$      ② $9y^2+6y+1$

③ $16x^2-8x+\dfrac{1}{4}$      ④ $3x^2+30x+75$

⑤ $49x^2-28xy+4y^2$

**3** $ax^2-16y^2=(bx+4y)(7x+cy)$일 때, 상수 $a$, $b$, $c$에 대하여 $a+b+c$의 값은?

① 42      ② 48      ③ 52

④ 56      ⑤ 60

**4** $(x-3)(x+5)-9$가 $(x+a)(x-b)$로 인수분해될 때, $x^2+ax+2b$를 인수분해하면? (단, $a$, $b$는 양수)

① $(x+2)(x+4)$      ② $(x+4)(x-4)$

③ $(x+4)(x-6)$      ④ $(x+6)(x-2)$

⑤ $(x+6)(x+4)$

**5** $3x^2+Ax-20$이 $(3x-4)(x+B)$로 인수분해될 때, 상수 $A$, $B$에 대하여 $A-B$의 값은?

① 4      ② 6      ③ 8

④ 10      ⑤ 12

**6** 다음 중 인수분해한 것이 옳지 <u>않은</u> 것은?

① $3a+6ab=3a(1+2b)$

② $-9x^2+y^2=(3x-y)(-3x+y)$

③ $2x^2+8x+8=2(x+2)^2$

④ $a^2b-3ab-28b=b(a+4)(a-7)$

⑤ $3x^2+xy-4y^2=(x-y)(3x+4y)$

**7**  서술형 다음 두 다항식의 일차 이상의 공통인 인수를 구하시오.

$$x^2-2x-15, \qquad 2x^2+7x+3$$

풀이 과정

답

**8** 다음 그림의 모든 직사각형을 빈틈없이 겹치지 않게 붙여 하나의 큰 직사각형을 만들 때, 새로 만든 직사각형의 둘레의 길이는?

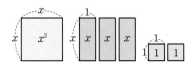

① $2x$      ② $2x+2$      ③ $2x+3$

④ $4x+4$      ⑤ $4x+6$

**9** $(2x-3y)(2x-3y+5)-24$를 인수분해하면?

① $(2x-3y+3)(2x-3y+8)$

② $(2x-3y-3)(2x-3y+8)$

③ $(2x-3y+3)(2x+3y+8)$

④ $(2x-3y-3)(2x+3y-8)$

⑤ $(2x+3y-3)(2x+3y-8)$

**10**  $4x^2-4xy+y^2-9=(2x+ay+b)(2x+cy+d)$가 성립할 때, 상수 $a$, $b$, $c$, $d$에 대하여 $a+b+c+d$의 값을 구하시오.

풀이 과정

답

**11** 인수분해 공식을 이용하여 $\sqrt{9\times11^2-9\times22+9}$를 계산하면?

① 25      ② $10\sqrt{7}$      ③ $12\sqrt{6}$

④ 30      ⑤ 36

**12** $x=\dfrac{\sqrt{3}-\sqrt{2}}{\sqrt{3}+\sqrt{2}}$, $y=\dfrac{\sqrt{3}+\sqrt{2}}{\sqrt{3}-\sqrt{2}}$일 때, $x^2+2xy+y^2$의 값은?

① 36      ② 49      ③ 64

④ 81      ⑤ 100

**13** $x-y=2$, $x^2-y^2+2y-1=12$일 때, $x+y$의 값은?

① 3      ② 5      ③ 7

④ 9      ⑤ 11

단원 **마무리**

가뿐하게!
LEVEL 2    자주 나오는 **실력 문제**

**14** $x^2+ax+36$, $4x^2+\dfrac{4}{3}xy+by^2$이 각각 완전제곱식이 되도록 하는 상수 $a$, $b$에 대하여 $3ab$의 값은?

(단, $a>0$)

① 4          ② 6          ③ 8

④ 12         ⑤ 16

**15** $0<a<1$일 때,

$$\sqrt{(-2a)^2}+\sqrt{\left(a+\frac{1}{a}\right)^2-4}-\sqrt{\left(a-\frac{1}{a}\right)^2+4}\text{를 간단}$$

히 하면?

① $-4a$        ② $-2a$        ③ 0

④ $2a$          ⑤ $4a$

**16** $3x^2+(a+12)xy+8y^2$이 $(3x+by)(cx+4y)$로 인수분해될 때, 상수 $a$, $b$, $c$에 대하여 $a+b+c$의 값은?

① 2          ② 3          ③ 4

④ 5          ⑤ 6

**17** $x-2$가 두 다항식 $x^2+ax-8$, $2x^2-3x+b$의 공통인 인수일 때, 상수 $a$, $b$에 대하여 $a-b$의 값은?

① $-4$         ② 0          ③ 2

④ 4           ⑤ 8

**18** $x^2$의 계수가 1인 어떤 이차식을 혜리는 $x$의 계수를 잘 못 보고 $(x-2)(x+3)$으로 인수분해하였고, 상우는 상수항을 잘못 보고 $(x+1)(x+4)$로 인수분해하였 다. 이때 처음 이차식을 바르게 인수분해하시오.

풀이 과정

답

**19** 다음 그림과 같은 두 직사각형 ㈎, ㈏의 둘레의 길이는 서로 같다. ㈎의 넓이가 $x^2+10x+21$일 때, ㈏의 한 변의 길이를 구하시오.

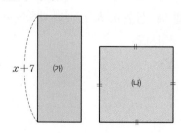

**20** $x^3+5x^2-4x-20$이 $x$의 계수가 1인 세 일차식의 곱
으로 인수분해될 때, 이 세 일차식의 합을 구하시오.

풀이 과정

답

**21** $2x^2+3xy+2x+y^2-4=A(x+y+2)$가 성립할 때,
다항식 $A$는?

① $2x-y-2$      ② $2x-y+2$

③ $2x+y-2$      ④ $2x-2y+1$

⑤ $2x+2y-1$

**22** 인수분해 공식을 이용하여 다음을 계산하면?

$$1^2-3^2+5^2-7^2+\cdots+17^2-19^2$$

① $-400$      ② $-250$      ③ $-200$

④ $-150$      ⑤ $-100$

**23** $x=5+2\sqrt{6}$, $y=5-2\sqrt{6}$일 때, $x^3y-xy^3-2x^2+2y^2$
의 값을 구하시오.

LEVEL 3 **만점을 위한 도전 문제**

**24** 자연수 $n$에 대하여 $n^2+2n-35$가 소수가 될 때, 이
소수를 구하시오.

**25** 자연수 $2^{20}-1$은 30보다 크고 40보다 작은 두 자연수
로 나누어떨어진다. 이 두 자연수의 합을 구하시오.

**26** 오른쪽 그림에서 세 원의 중심
은 모두 $\overline{AB}$ 위에 있고, 점 D
는 $\overline{BC}$의 중점이다. $\overline{AD}$를 지
름으로 하는 원의 둘레의 길이
는 $12\pi$ cm이고, 색칠한 부분
의 넓이가 $36\pi$ cm²이다. $\overline{CD}=a$ cm일 때, $a$의 값을
구하시오.

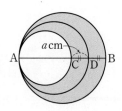

# 5

# 이차방정식

# 5 이차방정식

★ 중요

## 유형 1 이차방정식의 뜻
개념편 104쪽

등식의 모든 항을 좌변으로 이항하여 정리한 식이
  ($x$에 대한 이차식)$=0$
꼴로 나타나는 방정식을 $x$에 대한 **이차방정식**이라고 한다.
➡ $ax^2+bx+c=0$ (단, $a$, $b$, $c$는 상수, $a\neq0$)

**1** 다음 중 $x$에 대한 이차방정식인 것은?

① $x^2+x+1$  　　② $x^2+\dfrac{1}{2}x+4=x^2$

③ $x+1=0$  　　④ $(x-1)(x-2)=0$

⑤ $x^3-2x=0$

**2** 다음 보기 중 $x$에 대한 이차방정식이 <u>아닌</u> 것을 모두 고른 것은?

| 보기 |

ㄱ. $2x^2+5=0$ 　　ㄴ. $x^2=x-2$

ㄷ. $x(x-1)=x^2$ 　　ㄹ. $x^3+2x^2+1=x^3-x$

ㅁ. $\dfrac{6}{x^2}=4$ 　　ㅂ. $(1+x)(1-x)=x^2$

① ㄱ, ㄴ  　② ㄴ, ㄷ  　③ ㄷ, ㄹ

④ ㄷ, ㅁ  　⑤ ㅁ, ㅂ

**3** $(ax-1)(x+4)=3x^2$이 $x$에 대한 이차방정식이 되기 위한 상수 $a$의 조건은?

① $a\neq-3$  　② $a\neq\dfrac{1}{4}$  　③ $a\neq3$

④ $a=3$  　　⑤ $a\geq3$

## 유형 2 이차방정식의 해
개념편 104쪽

(1) 이차방정식의 해(근)
　이차방정식 $ax^2+bx+c=0(a,\ b,\ c$는 상수, $a\neq0)$을 참이 되게 하는 미지수 $x$의 값
(2) 이차방정식의 해(근)의 의미
　$x=p$가 이차방정식 $ax^2+bx+c=0$의 해(근)이다.
　➡ $x=p$를 $ax^2+bx+c=0$에 대입하면 등식이 성립한다.
　➡ $ap^2+bp+c=0$

**4** 다음 중 [ 　] 안의 수가 주어진 이차방정식의 해인 것은?

① $x^2-2x+1=0$ 　 $[\ -1\ ]$

② $x^2-3x-28=0$ 　 $[\ -7\ ]$

③ $2x^2-10x=0$ 　 $[\ -5\ ]$

④ $2x^2-5x+2=0$ 　 $\left[\ \dfrac{1}{2}\ \right]$

⑤ $3x^2+7x-2=0$ 　 $[\ -2\ ]$

**5** 다음 두 조건을 모두 만족시키는 방정식은?

| 조건 |

(개) 이차방정식이다.

(내) $x=3$을 해로 갖는다.

① $x(x-3)$  　　② $x^2-2x-3=0$

③ $x^3+2x-3=0$  　④ $x^2-2x-10=0$

⑤ $x^2-2x-6=x+12$

**6** $x$의 값이 $-2$, $-1$, $0$, $1$, $2$, $3$일 때, 이차방정식 $x^2+x-6=0$의 해를 구하시오.

**7** 자연수 $x$가 부등식 $3x-3\leq x+5$의 해일 때, 이차방정식 $x^2-5x+4=0$의 해를 구하시오.

## 유형 3 · 한 근이 주어질 때, 상수의 값 구하기
개념편 104쪽

이차방정식의 한 근이 주어지면 주어진 근을 이차방정식에 대입하여 상수의 값을 구한다.

예 이차방정식 $x^2+3x+a=0$의 한 근이 $x=2$일 때, 상수 $a$의 값은
➡ $x^2+3x+a=0$에 $x=2$를 대입하면
$2^2+3\times2+a=0$ ∴ $a=-10$

**8** 이차방정식 $ax^2-(a-3)x+a-17=0$의 한 근이 $x=-3$일 때, 상수 $a$의 값은?

① $-2$      ② $-1$      ③ $1$
④ $2$      ⑤ $3$

**9** 이차방정식 $x^2+ax-3=0$의 한 근이 $x=-1$이고, 이차방정식 $x^2+x+b=0$의 한 근이 $x=-4$일 때, 상수 $a$, $b$에 대하여 $ab$의 값을 구하시오.

**10** $x=2$가 이차방정식 $x^2+ax-2=0$의 근이면서 이차방정식 $2x^2-3x+b=0$의 근일 때, 상수 $a$, $b$에 대하여 $a-b$의 값을 구하시오.

서술형

풀이 과정

답

## 유형 4 · 한 근이 문자로 주어질 때, 식의 값 구하기
개념편 104쪽

이차방정식 $x^2+ax+b=0$의 한 근이 $x=m$이면
➡ $m^2+am+b=0$
(1) 상수항을 우변으로 이항하면
$m^2+am=-b$
(2) 양변을 $m(m\neq0)$으로 나누면
$m+a+\dfrac{b}{m}=0$에서 $m+\dfrac{b}{m}=-a$

**11** 이차방정식 $x^2+3x-1=0$의 한 근을 $x=a$라고 할 때, $a^2+3a+4$의 값을 구하시오.

**12** 이차방정식 $x^2+2x-4=0$의 한 근을 $x=a$, 이차방정식 $2x^2-3x-6=0$의 한 근을 $x=b$라고 할 때, $2a^2+4a-2b^2+3b+5$의 값은?

① $-1$      ② $1$      ③ $3$
④ $5$      ⑤ $7$

**13** 이차방정식 $x^2+5x-1=0$의 한 근을 $x=a$라고 할 때, $a-\dfrac{1}{a}$의 값을 구하시오.

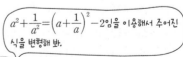
$a^2+\dfrac{1}{a^2}=\left(a+\dfrac{1}{a}\right)^2-2$임을 이용해서 주어진 식을 변형해 봐.

까다로운 기출문제

**14** 이차방정식 $x^2-4x+1=0$의 한 근이 $x=a$일 때, $a^2+a+\dfrac{1}{a}+\dfrac{1}{a^2}$의 값은?

① $6$      ② $10$      ③ $14$
④ $18$      ⑤ $22$

## 유형 5 $AB=0$의 성질

개념편 106쪽

두 수 또는 두 식 $A$, $B$에 대하여
  $AB=0$이면 $A=0$ 또는 $B=0$
[예] $(x+1)(x-1)=0$이면 $x+1=0$ 또는 $x-1=0$
  $\therefore x=-1$ 또는 $x=1$

**15** 이차방정식 $(x+5)(x+1)=0$을 풀면?

① $x=5$ 또는 $x=1$

② $x=5$ 또는 $x=-1$

③ $x=-\dfrac{1}{5}$ 또는 $x=-1$

④ $x=-5$ 또는 $x=1$

⑤ $x=-5$ 또는 $x=-1$

**16** 다음 이차방정식 중 해가 $x=-3$ 또는 $x=\dfrac{1}{2}$인 것은?

① $3x(2x-1)=0$   ② $-3x(2x+1)=0$

③ $(x+3)(2x-1)=0$   ④ $(x+3)(2x+1)=0$

⑤ $(x-3)(2x+1)=0$

**17** 다음 이차방정식 중 두 근의 합이 3인 것을 모두 고르면? (정답 2개)

① $x(x-3)=0$

② $(x+2)(x+1)=0$

③ $(x+4)(x-1)=0$

④ $(3x-1)(x-2)=0$

⑤ $(2x-1)(2x-5)=0$

## 유형 6 인수분해를 이용한 이차방정식의 풀이

개념편 106쪽

❶ 주어진 이차방정식을 $ax^2+bx+c=0$ 꼴로 정리한다.
❷ 좌변을 인수분해한다.
❸ $AB=0$이면 $A=0$ 또는 $B=0$임을 이용하여 해를 구한다.

**18** 다음 이차방정식을 인수분해를 이용하여 푸시오.

(1) $x^2-9x-10=0$

(2) $3x^2+5x-2=0$

**19** 다음 이차방정식의 해를 구하시오.

$$(x-3)(2x+1)-x^2=11$$

**20** 이차방정식 $6x^2-11x-30=0$의 두 근 사이에 있는 정수의 개수는?

① 1개   ② 2개   ③ 3개

④ 4개   ⑤ 5개

**21** 이차방정식 $x^2=3x+10$의 두 근을 $a$, $b(a>b)$라고 할 때, 이차방정식 $x^2+ax-2b=0$을 푸시오.

**22** 이차방정식 $x^2-2x-35=0$의 두 근 중 작은 근이 이
서
술
형 차방정식 $x^2+6x-k=0$의 근일 때, 상수 $k$의 값을
구하시오.

풀이 과정

답

**23** $x$에 대한 이차방정식
$(k-2)x^2+(k^2+k)x+20-4k=0$의 한 근이 $x=-2$
일 때, 상수 $k$의 값은?

① $-5$      ② $-3$      ③ $-1$

④ $2$      ⑤ $4$

일차함수의 식에 주어진 점의 좌표를 대입해 봐.

까다로운 기출문제

**24** 일차함수 $y=ax+1$의 그래프가 점
$(a-2, -a^2+5a+5)$를 지나고 제3사분면을 지나지
않을 때, 상수 $a$의 값은?

① $-2$      ② $-\dfrac{1}{2}$      ③ $1$

④ $2$      ⑤ $4$

유형 **7**    **한 근이 주어질 때, 다른 한 근 구하기**
개념편 106쪽

이차방정식의 한 근이 $x=p$일 때, 다른 한 근은 다음과 같
은 방법으로 구한다.
❶ $x=p$를 주어진 이차방정식에 대입하여 상수의 값을 구
한다.
❷ 구한 상수의 값을 이차방정식에 대입하여 푼다.
❸ 두 근 중 $x=p$를 제외한 다른 한 근을 구한다.

**25** 이차방정식 $3x^2+ax-4=0$의 한 근이 $x=-2$일 때,
상수 $a$의 값과 다른 한 근은?

① $a=-4$, $x=1$      ② $a=-4$, $x=2$

③ $a=4$, $x=\dfrac{2}{3}$      ④ $a=4$, $x=4$

⑤ $a=8$, $x=\dfrac{3}{2}$

**26** 이차방정식 $x^2-10x+a=0$의 한 근이 $x=6$일 때,
서
술
형 다른 한 근을 구하시오. (단, $a$는 상수)

풀이 과정

답

**27** 이차방정식 $3x^2-10x+2a=0$의 두 근이 $x=3$ 또는
$x=b$일 때, $ab$의 값은? (단, $a$는 상수)

① $-1$      ② $-\dfrac{1}{2}$      ③ $\dfrac{1}{2}$

④ $1$      ⑤ $2$

**28** 이차방정식 $x^2+x-42=0$의 두 근 중 큰 근이 이차 방정식 $x^2-ax-12=0$의 한 근일 때, 이 이차방정식의 다른 한 근은? (단, $a$는 상수)

① $x=-4$     ② $x=-2$     ③ $x=2$

④ $x=4$     ⑤ $x=6$

**29** <sup>서술형</sup> 이차방정식 $x^2+ax-6=0$의 한 근은 $x=-3$이고 다른 한 근은 이차방정식 $3x^2-8x+b=0$의 근일 때, $b$의 값을 구하시오. (단, $a$, $b$는 상수)

풀이 과정

답

**30** $x$에 대한 이차방정식 $(a-2)x^2+a^2x+4=0$의 한 근이 $x=-1$일 때, 상수 $a$의 값과 다른 한 근은?

① $a=-1$, $x=-\dfrac{4}{3}$     ② $a=-1$, $x=-1$

③ $a=-1$, $x=\dfrac{4}{3}$     ④ $a=2$, $x=-1$

⑤ $a=2$, $x=\dfrac{4}{3}$

---

**유형 8** 이차방정식의 중근     개념편 107쪽

(1) 이차방정식의 두 해가 중복될 때, 이 해를 **중근**이라고 한다.

(2) 이차방정식이 $a(x-p)^2=0$ 꼴로 나타내어지면 이 이차방정식은 중근 $x=p$를 가진다.

**31** 이차방정식 $x^2-x+\dfrac{1}{4}=0$이 $x=a$를 중근으로 갖고, 이차방정식 $4x^2+12x+9=0$이 $x=b$를 중근으로 가질 때, $a+b$의 값을 구하시오.

**32** 다음 이차방정식 중 중근을 갖지 <u>않는</u> 것은?

① $x^2=1$     ② $x^2=14x-49$

③ $9x^2-12x+4=0$     ④ $-8x+16=-x^2$

⑤ $x^2-16x=-64$

**33** 다음 보기의 이차방정식 중 중근을 갖는 것을 모두 고른 것은?

보기

ㄱ. $x^2-4=0$     ㄴ. $x(x-2)=-1$

ㄷ. $x^2=-12(x+3)$     ㄹ. $2x^2+2x=(x-3)^2$

① ㄱ, ㄴ     ② ㄴ, ㄷ     ③ ㄷ, ㄹ

④ ㄱ, ㄴ, ㄹ     ⑤ ㄴ, ㄷ, ㄹ

## 유형 9 이차방정식이 중근을 가질 조건 (1) 개념편 107쪽

이차방정식 $x^2+ax+b=0$이 중근을 가질 조건

➡ (완전제곱식)$=0$ 꼴로 나타낼 수 있어야 한다.

➡ $b=\left(\dfrac{a}{2}\right)^2$

**34** 다음 이차방정식이 중근을 가질 때, 상수 $a$의 값을 구하시오.

(1) $x^2+8x+15=a$

(2) $x^2+\dfrac{4}{3}x+a=0$

**35** 이차방정식 $x^2+2ax-7a+18=0$이 중근을 가질 때, 상수 $a$의 값을 모두 고르면? (정답 2개)

① $-9$      ② $-2$      ③ $1$

④ $2$      ⑤ $9$

**36** 이차방정식 $x^2-10x+a=0$이 중근 $x=b$를 가질 때, $a-3b$의 값을 구하시오. (단, $a$는 상수)

중근을 가질 조건을 이용하여 $a$와 $b$ 사이의 관계를 생각해 봐.

까다로운 기출문제

**37** 한 개의 주사위를 두 번 던져서 첫 번째 나온 눈의 수를 $a$, 두 번째 나온 눈의 수를 $b$라고 할 때, 이차방정식 $x^2+ax+b=0$이 중근을 가질 확률은?

① $\dfrac{1}{36}$      ② $\dfrac{1}{18}$      ③ $\dfrac{1}{9}$

④ $\dfrac{5}{36}$      ⑤ $\dfrac{5}{18}$

## 유형 10 두 이차방정식의 공통인 근 개념편 106~107쪽

이차방정식 $ax^2+bx+c=0$의 두 근이 $x=p$ 또는 $x=q$,
이차방정식 $a'x^2+b'x+c'=0$의 두 근이 $x=p$ 또는 $x=q'$

➡ 두 이차방정식의 공통인 근은 $x=p$ (단, $q\neq q'$)

**38** 두 이차방정식 $x^2+3x-18=0$, $2x^2-9x+9=0$을 동시에 만족시키는 해를 구하시오.

**39** 두 이차방정식 $2x^2-15x+a=0$, $x^2-bx-24=0$의 공통인 근이 $x=4$일 때, 상수 $a$, $b$에 대하여 $a+b$의 값은?

① $18$      ② $22$      ③ $26$

④ $30$      ⑤ $34$

**40**
서술형

이차방정식 $x^2+6x+k=0$이 중근을 가질 때, 다음 두 이차방정식의 공통인 근을 구하시오. (단, $k$는 상수)

$$x^2+(1-k)x+15=0,\ 2x^2-(2k-9)x-5=0$$

풀이 과정

답

## 유형 11 제곱근을 이용한 이차방정식의 풀이 개념편 109쪽

(1) 이차방정식 $x^2=q\,(q\geq0)$의 해
→ $x=\pm\sqrt{q}$

(2) 이차방정식 $(x-p)^2=q\,(q\geq0)$의 해
→ $x=p\pm\sqrt{q}$

**41** 이차방정식 $3x^2-24=0$을 제곱근을 이용하여 풀면?

① $x=2$ ② $x=\pm2$ ③ $x=2\sqrt{2}$
④ $x=\pm2\sqrt{2}$ ⑤ $x=\pm4$

**42** 이차방정식 $2(x-1)^2=14$의 해가 $x=a\pm\sqrt{b}$일 때, 유리수 $a$, $b$에 대하여 $b-a$의 값은?

① 4 ② 5 ③ 6
④ 7 ⑤ 8

**43** 이차방정식 $(x-A)^2=B$의 해가 $x=-2\pm\sqrt{13}$일 때, 유리수 $A$, $B$에 대하여 $A+B$의 값을 구하시오.

> 이차방정식의 해 $x=($정수$)\pm\sqrt{\triangle}$가 정수가 되려면 $\sqrt{\triangle}$가 정수가 되어야 해.

**까다로운 기출문제**

**44** 이차방정식 $(x+5)^2=3k$의 해가 모두 정수가 되도록 하는 가장 작은 자연수 $k$의 값을 구하시오.

## 유형 12 완전제곱식을 이용한 이차방정식의 풀이

개념편 110쪽

이차방정식 $ax^2+bx+c=0$의 좌변이 인수분해되지 않을 때에는 이차방정식을 $(x-p)^2=q$ 꼴로 고친 후 제곱근을 이용하여 해를 구한다.

**45** 다음은 완전제곱식을 이용하여 이차방정식 $5x^2+9x+3=0$을 푸는 과정이다. 유리수 $A$, $B$, $C$, $D$, $E$의 값을 각각 구하시오.

> 양변을 $A$로 나누면 $x^2+\dfrac{9}{5}x+\dfrac{3}{5}=0$
>
> 상수항을 우변으로 이항하면 $x^2+\dfrac{9}{5}x=B$
>
> $x^2+\dfrac{9}{5}x+\left(\dfrac{9}{10}\right)^2=B+\left(\dfrac{9}{10}\right)^2$
>
> $(x+C)^2=\dfrac{D}{100}$, $x+C=\pm\dfrac{\sqrt{D}}{10}$
>
> $\therefore x=\dfrac{E\pm\sqrt{D}}{10}$

**46** 이차방정식 $x^2+4x-3=0$을 $(x+a)^2=b$ 꼴로 나타낼 때, 상수 $a$, $b$에 대하여 $a+b$의 값을 구하시오.

**47** 이차방정식 $2x^2-8x+1=0$을 완전제곱식을 이용하여 푸시오.

**48** 이차방정식 $x^2-6x=k$를 완전제곱식을 이용하여 풀었더니 해가 $x=3\pm\sqrt{5}$이었다. 이때 상수 $k$의 값을 구하시오.

## 유형 **13** 이차방정식의 근의 공식     개념편 112쪽

(1) 이차방정식 $ax^2+bx+c=0$의 해는

$$x=\frac{-b\pm\sqrt{b^2-4ac}}{2a}\ \text{(단, }b^2-4ac\geq0\text{)}$$

(2) 이차방정식 $ax^2+2b'x+c=0$의 해는

               └─ $x$의 계수가 짝수

$$x=\frac{-b'\pm\sqrt{b'^2-ac}}{a}\ \text{(단, }b'^2-ac\geq0\text{)}$$

---

**49** 다음은 이차방정식 $ax^2+bx+c=0\,(a\neq0)$의 근을 구하는 과정이다. ㈎~㈐에 알맞은 식을 쓰시오.

> $ax^2+bx+c=0$에서
>
> 양변을 $x^2$의 계수로 나누면   | ㈎ |
>
> 상수항을 우변으로 이항하면   | ㈏ |
>
> 양변에 $\left(\dfrac{x\text{의 계수}}{2}\right)^2$을 더하면
>
> | ㈐ |
>
> 좌변을 완전제곱식으로 고치면
>
> | ㈑ | $=\dfrac{b^2-4ac}{4a^2}$
>
> $\therefore\ x=$ | ㈒ |

**50** 다음 이차방정식을 근의 공식을 이용하여 푸시오.

(1) $x^2+x-5=0$

(2) $9x^2-6x-1=0$

**51** 이차방정식 $x^2+3x+1=0$의 해가 $x=\dfrac{A\pm\sqrt{B}}{2}$일 때, 유리수 $A$, $B$에 대하여 $A-B$의 값은?

① $-8$      ② $-5$      ③ $-3$

④ $5$      ⑤ $8$

---

**52** 이차방정식 $3x^2-4x+p=0$의 해가 $x=\dfrac{q\pm\sqrt{13}}{3}$일 때, 유리수 $p$, $q$에 대하여 $p+q$의 값은?

① $-3$      ② $-1$      ③ $1$

④ $3$      ⑤ $5$

**53** 이차방정식 $x^2+2x-k=0$이 중근을 가질 때, 이차방정식 $(1-k)x^2-4x+1=0$의 해는? (단, $k$는 상수)

① $x=\dfrac{-1\pm\sqrt{2}}{2}$      ② $x=\dfrac{1\pm\sqrt{2}}{2}$

③ $x=\dfrac{-2\pm\sqrt{2}}{2}$      ④ $x=\dfrac{2\pm\sqrt{2}}{2}$

⑤ $x=\dfrac{1\pm\sqrt{3}}{2}$

**54** 이차방정식 $x^2-6x+4=0$의 두 근 사이에 있는 정수의 개수를 구하시오.

> 해가 유리수가 되려면 근의 공식을 적용했을 때, 근호 안의 수가 0 또는 (자연수)² 꼴이어야 해.

**까다로운 기출문제**

**55** 이차방정식 $2x^2-3x+a-2=0$의 해가 모두 유리수가 되도록 하는 자연수 $a$의 값을 모두 고르면? (정답 2개)

① $2$      ② $3$      ③ $5$

④ $7$      ⑤ $10$

**유형14** 여러 가지 이차방정식의 풀이    개념편 113쪽

(1) 괄호가 있으면 분배법칙이나 곱셈 공식을 이용하여 괄호를 푼다.

(2) 계수가 소수이면 양변에 10의 거듭제곱을 곱하여 모든 계수를 정수로 고친다.

(3) 계수가 분수이면 양변에 분모의 최소공배수를 곱하여 모든 계수를 정수로 고친다.

**56** 다음 이차방정식을 푸시오.

(1) $(x-2)^2 = 2(x+4)$

(2) $x^2 + 0.3x - 0.1 = 0$

(3) $\frac{1}{2}x^2 - 2x + \frac{1}{3} = 0$

**57** 이차방정식 $\frac{x(x-3)}{4} = \frac{x^2-4}{6}$ 의 두 근의 차를 구하시오.

**58** 이차방정식 $\frac{1}{5}x^2 - 0.4x - \frac{1}{3} = 0$ 의 해가 $x = \frac{A \pm 2\sqrt{B}}{3}$ 일 때, 유리수 $A$, $B$에 대하여 $B-A$의 값을 구하시오.

**59** 이차방정식 $2x - \frac{x^2-1}{3} = 0.5(x-1)$ 의 정수인 근이 이차방정식 $x^2 - 3x + k = 0$ 의 한 근일 때, 상수 $k$의 값을 구하시오.

**유형15** 공통부분이 있는 이차방정식의 풀이    개념편 113쪽

❶ 공통부분을 $A$로 놓는다.

❷ 인수분해 또는 근의 공식을 이용하여 $A$의 값을 구한다.

❸ $A$에 원래 식을 대입하여 이차방정식의 해를 구한다.

**60** 이차방정식 $(x-2)^2 - 2(x-2) - 24 = 0$ 의 해를 구하시오.

**61** 이차방정식 $0.5(2x+1)^2 - \frac{2}{5}(2x+1) = 0.1$ 의 음수인 해는?

① $x = -1$    ② $x = -\frac{4}{5}$    ③ $x = -\frac{3}{5}$

④ $x = -\frac{2}{5}$    ⑤ $x = -\frac{1}{5}$

**62** $2x < y$ 이고 $(2x-y)(2x-y+4) = 5$ 일 때, $2x-y$의 값은?

① $-5$    ② $-4$    ③ $-3$

④ $-2$    ⑤ $-1$

## 유형 16 이차방정식의 근의 개수 개념편 116쪽

이차방정식 $ax^2+bx+c=0$의 근의 개수는 $b^2-4ac$의 부호에 의해 결정된다.

(1) $b^2-4ac>0$ ➡ 서로 다른 두 근
(2) $b^2-4ac=0$ ➡ 한 근(중근) ⎱ 근이 존재한다.
(3) $b^2-4ac<0$ ➡ 근이 없다.

> 참고 $b$가 짝수($b=2b'$)일 때, $b'^2-ac$의 부호를 이용하면 더 편리하다.

**63** 다음 이차방정식 중 근의 개수가 나머지 넷과 <u>다른</u> 하나는?

① $x^2=4$
② $x^2-5x-3=0$
③ $x(x-6)=9$
④ $x^2-12x=0$
⑤ $x^2+8x+17=0$

**64** 다음 보기 중 서로 다른 두 근을 갖는 이차방정식의 개수를 구하시오.

┌ 보기 ┐
ㄱ. $9x^2-2=0$  ㄴ. $2x^2+3x-1=0$
ㄷ. $x^2-10x+25=0$  ㄹ. $x^2-5x+8=0$

**65** 이차방정식 $3x^2+5x=1$의 근의 개수를 $a$개, 이차방정식 $2x^2-x=3(x-7)$의 근의 개수를 $b$개라고 할 때, $a+b$의 값을 구하시오.

## 유형 17 근의 개수에 따른 상수의 값의 범위 구하기 개념편 116쪽

이차방정식 $ax^2+bx+c=0$에서 다음을 이용하여 부등식을 세운 후 상수의 값의 범위를 구한다.

(1) 서로 다른 두 근을 가질 때 ➡ $b^2-4ac>0$
(2) 중근을 가질 때        ➡ $b^2-4ac=0$
(3) 근을 갖지 않을 때      ➡ $b^2-4ac<0$

> 참고 이차방정식 $ax^2+bx+c=0$이 근을 가질 조건은
> ➡ $b^2-4ac\geq0$

**66** 이차방정식 $2x^2-4x+k=0$이 서로 다른 두 근을 가질 때, 상수 $k$의 값의 범위는?

① $k>-4$   ② $k>-2$   ③ $k>-1$
④ $k<2$    ⑤ $k<4$

**67** 서술형 이차방정식 $x^2+8x+2k-4=0$이 해를 갖도록 하는 가장 큰 정수 $k$의 값을 구하시오.

풀이 과정

답

**68** 이차방정식 $x^2+(2k-1)x+k^2+3=0$의 해가 없을 때, 다음 중 상수 $k$의 값이 될 수 있는 것은?

① $-4$   ② $-\dfrac{15}{4}$   ③ $-\dfrac{13}{4}$
④ $-3$   ⑤ $-2$

### 유형 18　이차방정식이 중근을 가질 조건 (2)　개념편 116쪽

이차방정식 $ax^2+bx+c=0$이 중근을 가질 조건

➡ $b^2-4ac=0 \rightarrow b=2b'$이면 $b'^2-ac=0$

**69** 이차방정식 $x^2+kx+3+k=0$이 중근을 갖도록 하는 상수 $k$의 값을 모두 구하시오.

**70** 이차방정식 $9x^2+12x+2k-5=0$이 중근 $x=p$를 가질 때, $kp$의 값은? (단, $k$는 상수)

① $-3$　　② $-1$　　③ $-\dfrac{1}{3}$

④ $1$　　⑤ $3$

**71** 이차방정식 $4x^2-mx+16=0$이 양수인 중근을 갖도록 하는 상수 $m$의 값은?

① $-16$　　② $-2$　　③ $2$

④ $16$　　⑤ $32$

**72** 이차방정식 $x^2+2kx+2k-1=0$이 중근을 가질 때, 이차방정식 $3x^2-2kx-5=0$을 푸시오.

(단, $k$는 상수)

### 유형 19　두 근이 주어질 때, 이차방정식 구하기

개념편 117쪽

(1) 두 근이 $\alpha$, $\beta$이고 $x^2$의 계수가 $a(a \neq 0)$인 이차방정식

➡ $a(x-\alpha)(x-\beta)=0$

(2) 중근이 $\alpha$이고 $x^2$의 계수가 $a(a \neq 0)$인 이차방정식

➡ $a(x-\alpha)^2=0$

**73** 두 근이 $-2$, $5$이고 $x^2$의 계수가 $-3$인 이차방정식을 $ax^2+bx+c=0$ 꼴로 나타내시오.

(단, $a$, $b$, $c$는 상수)

**74** 두 근이 $-\dfrac{1}{2}$, $\dfrac{1}{3}$이고 $x^2$의 계수가 $6$인 이차방정식은?

① $6x^2-\dfrac{1}{6}x+\dfrac{1}{6}=0$　　② $6x^2+\dfrac{1}{6}x-\dfrac{1}{6}=0$

③ $6x^2-x-1=0$　　④ $6x^2+x-1=0$

⑤ $6x^2+x+1=0$

**75** 이차방정식 $x^2+ax+b=0$의 두 근이 $-2$, $3$일 때, 상수 $a$, $b$에 대하여 $\dfrac{b}{a}$의 값을 구하시오.

**76** 이차방정식 $10x^2-ax-b=0$의 두 근이 $\dfrac{1}{5}$, $-\dfrac{1}{2}$일 때, 상수 $a$, $b$에 대하여 $a+b$의 값을 구하시오.

**77** 이차방정식 $4x^2+px+q=0$이 중근 1을 가질 때, 상수 $p$, $q$에 대하여 $p-q$의 값을 구하시오.

개념편 117쪽

**유형20** 계수 또는 상수항을 잘못 보고 푼 이차방정식

틀리기 쉬운

계수 또는 상수항을 잘못 보고 푼 이차방정식이
$x^2+ax+b=0$일 때

(1) $x$의 계수를 잘못 보고 푼 경우
➡ 상수항은 제대로 보았으므로 상수항은 $b$

(2) 상수항을 잘못 보고 푼 경우
➡ $x$의 계수는 제대로 보았으므로 $x$의 계수는 $a$

**78** 이차방정식 $x^2+ax-b=0$의 두 근이 $-1$, 5일 때, 이차방정식 $x^2+bx-a=0$을 풀면? (단, $a$, $b$는 상수)

① $x=-5$ 또는 $x=1$  ② $x=-4$ 또는 $x=-1$
③ $x=-1$  ④ $x=4$ 또는 $x=1$
⑤ $x=5$

**81** $x^2$의 계수가 1인 이차방정식을 푸는데 은수는 $x$의 계수를 잘못 보고 풀어서 $x=-1$ 또는 $x=6$을 해로 얻었고, 선희는 상수항을 잘못 보고 풀어서 $x=-4$ 또는 $x=3$을 해로 얻었다. 처음 이차방정식의 해를 구하시오.

**82** 이차방정식 $x^2+Ax+B=0$의 $x$의 계수와 상수항을 서로 바꾸어 풀었더니 해가 $x=-4$ 또는 $x=1$이었다. 처음 이차방정식의 해를 구하시오. (단, $A$, $B$는 상수)

서술형

풀이 과정

답

**79** 이차방정식 $2x^2+x-6=0$의 두 근을 $\alpha$, $\beta$라고 할 때, $\alpha+1$, $\beta+1$을 두 근으로 하고 $x^2$의 계수가 2인 이차방정식을 $ax^2+bx+c=0$ 꼴로 나타내시오.
(단, $a$, $b$, $c$는 상수)

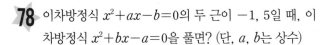

두 근의 차가 5 ⇨ 두 근: $\alpha$, $\alpha+5$

까다로운 기출문제

**80** 이차방정식 $x^2-3x+m=0$의 두 근의 차가 5일 때, 상수 $m$의 값은?

① $-6$  ② $-4$  ③ $-1$
④ 1  ⑤ 4

**83** 이차방정식 $x^2+ax+b=0$을 푸는데 지우는 $x$의 계수를 잘못 보고 풀어서 $x=-1$ 또는 $x=2$를 해로 얻었고, 예나는 상수항을 잘못 보고 풀어서 $x=-2\pm\sqrt{3}$을 해로 얻었다. 이때 유리수 $a$, $b$에 대하여 $a-b$의 값을 구하시오.

**유형21 식이 주어진 문제** 개념편 119쪽

주어진 식을 이용하여 이차방정식을 세운다.

**84** $n$각형의 대각선의 개수는 $\dfrac{n(n-3)}{2}$개이다. 이때 대각선의 개수가 27개인 다각형은?

① 칠각형　② 팔각형　③ 구각형
④ 십각형　⑤ 십일각형

**85** 자연수 1부터 $n$까지의 합은 $\dfrac{n(n+1)}{2}$이다. 이때 합이 105가 되려면 1부터 얼마까지의 자연수를 더해야 하는지 구하시오.

**86** 다음 그림과 같이 각 단계마다 바둑돌의 개수를 늘려가며 직사각형 모양으로 배열하려고 한다. 물음에 답하시오.

[1단계]　[2단계]　[3단계]　[4단계]

(1) $n$단계에서 사용된 바둑돌의 개수를 $n$에 대한 식으로 나타내시오.

(2) 99개의 바둑돌로 만든 직사각형 모양은 몇 단계인지 구하시오.

**유형22 수에 대한 문제** 개념편 119쪽

(1) 어떤 수에 대한 문제
어떤 수를 $x$로 놓고, 주어진 조건을 이용하여 이차방정식을 세운다.
(2) 자리의 숫자에 대한 문제
십의 자리의 숫자가 $x$, 일의 자리의 숫자가 $y$인 두 자리의 자연수 ➡ $10x+y$

**87** 어떤 자연수를 제곱해야 할 것을 잘못하여 3배를 하였더니 제곱한 것보다 10만큼 작아졌다고 한다. 이때 어떤 자연수를 구하시오.

**88** 차가 3인 두 자연수의 제곱의 합이 185일 때, 이 두 자연수를 구하시오.

**89** 두 자리의 자연수가 있다. 이 수의 십의 자리의 숫자와 일의 자리의 숫자의 합은 13이고, 십의 자리의 숫자와 일의 자리의 숫자의 곱은 이 수보다 25만큼 작다고 한다. 이 두 자리의 자연수를 구하시오.

풀이 과정

답

**유형23** 연속하는 수에 대한 문제 　　　　개념편 119쪽

(1) 연속하는 두 자연수 ➡ $x$, $x+1$ (단, $x$는 자연수)

(2) 연속하는 세 자연수

　➡ $x-1$, $x$, $x+1$ (단, $x$는 1보다 큰 자연수)

　　또는 $x$, $x+1$, $x+2$ (단, $x$는 자연수)

(3) 연속하는 두 짝수 ➡ $x$, $x+2$ (단, $x$는 짝수)

(4) 연속하는 두 홀수 ➡ $x$, $x+2$ (단, $x$는 홀수)

**90** 연속하는 두 자연수의 제곱의 합이 61일 때, 이 두 자연수를 구하시오.

**91** 연속하는 두 홀수의 곱이 255일 때, 이 두 홀수의 합을 구하시오.

**92** 연속하는 세 자연수 중 가장 큰 수의 제곱은 나머지
서술형 두 수의 제곱의 합보다 32만큼 작다고 할 때, 가장 큰
수를 구하시오.

　풀이 과정

　답

**유형24** 실생활에 대한 문제 　　　　개념편 119~120쪽

나이, 사람 수, 날짜, 개수 등에 대한 문제는 구하는 것을 $x$
로 놓고 이차방정식을 세운다.

주의 나이, 사람 수, 날짜, 개수 등은 자연수이어야 한다.

**93** 쿠키 250개를 남김없이 학생들에게 똑같이 나누어 주
려고 한다. 한 학생이 받는 쿠키의 개수는 학생 수보
다 15만큼 적을 때, 학생 수를 구하시오.

**94** 누나와 동생의 나이 차는 3살이고, 누나의 나이의 제
곱은 동생의 나이의 제곱의 2배보다 7만큼 적다. 이때
누나의 나이를 구하시오.

**95** 민재와 은교의 생일은 모두 5월이고 민재는 은교보다
1주 전 같은 요일에 태어났다고 한다. 두 사람의 생일
의 날짜의 곱이 120일 때, 민재의 생일을 구하시오.

　　　　　　　　　　$n$명의 대표 모두가 악수한 총횟수는 $n$명 중에서
　　　　　　　　　　자격이 같은 대표 2명을 뽑는 경우의 수와 같아!

까다로운 기출문제

**96** 어느 국제회의에 참석한 각국의 대표 모두가 서로 악
수를 한 번씩 하였더니 대표 모두가 악수한 총횟수는
105번이었을 때, 이 국제회의에 참석한 대표의 수를
구하시오.

## 유형 25 쏘아 올린 물체에 대한 문제 개념편 119~120쪽

주어진 이차식을 이용하여 이차방정식을 세운다.
이때 다음에 주의한다.

(1) 쏘아 올린 물체의 높이가 $h$ m인 경우는 올라갈 때와 내려올 때 두 번 생긴다.

　　　　　　　(단, 가장 높이 올라간 경우는 제외한다.)

(2) 물체가 지면에 떨어졌을 때의 높이는 0 m이다.

(3) 시각 $t$에 대한 식에서 $t \geq 0$이다.

**97** 지면에서 지면에 수직인 방향으로 초속 25 m로 쏘아 올린 물체의 $t$초 후의 지면으로부터의 높이는 $(25t - 5t^2)$ m라고 한다. 이 물체의 높이가 20 m가 되는 것은 물체를 쏘아 올린 지 몇 초 후인가?

① 1초 후 또는 4초 후　　② 1초 후 또는 5초 후

③ 2초 후 또는 3초 후　　④ 2초 후 또는 5초 후

⑤ 8초 후

**98** 지면으로부터 80 m 높이의 건물의 꼭대기에서 초속 30 m로 똑바로 위로 쏘아 올린 공의 $t$초 후의 지면으로부터의 높이는 $(30t - 5t^2 + 80)$ m라고 한다. 이 공이 지면에 떨어질 때까지 걸리는 시간은 몇 초인지 구하시오.

**99** 지면에서 지면에 수직인 방향으로 초속 35 m로 던져 올린 야구공의 $t$초 후의 지면으로부터의 높이는 $(35t - 5t^2)$ m라고 한다. 이 야구공이 지면으로부터 높이가 50 m 이상인 지점을 지나는 것은 몇 초 동안인가?

① 2초　　　② 3초　　　③ 4초

④ 5초　　　⑤ 6초

## 유형 26 도형에 대한 문제 개념편 119~120쪽

도형의 넓이를 구하는 공식을 이용하여 이차방정식을 세운다.

(1) (삼각형의 넓이)$= \dfrac{1}{2} \times$ (밑변의 길이)$\times$ (높이)

(2) (직사각형의 넓이)$=$ (가로의 길이)$\times$ (세로의 길이)

(3) (사다리꼴의 넓이)

　　$= \dfrac{1}{2} \times \{$(윗변의 길이)$+$(아랫변의 길이)$\} \times$ (높이)

(4) (원의 넓이)$= \pi \times$ (반지름의 길이)$^2$

**100** 가로의 길이가 세로의 길이보다 3 cm만큼 긴 직사각형의 넓이가 70 cm²일 때, 이 직사각형의 세로의 길이를 구하시오.

**101** 윗변의 길이가 3 cm이고 넓이가 20 cm²인 사다리꼴이 있다. 아랫변의 길이와 높이가 서로 같다고 할 때, 사다리꼴의 높이를 구하시오.

**102** 다음은 조선 시대의 수학책 "구일집(九一集)"에 있는 문제를 현대적으로 재구성한 것이다.

> 크고 작은 두 개의 정사각형이 있다. 두 정사각형의 넓이의 합은 468 m²이고, 큰 정사각형의 한 변의 길이는 작은 정사각형의 한 변의 길이보다 6 m만큼 길다.

위의 두 정사각형 중 작은 정사각형의 한 변의 길이를 구하시오.

**103**
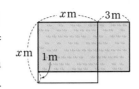
오른쪽 그림과 같이 한 변의 길이가 $x$ m인 정사각형 모양의 밭을 가로의 길이는 3 m만큼 늘이고, 세로의 길이는 1 m만큼 줄였더니 넓이가 45 m²인 직사각형 모양의 밭이 되었다. 이때 처음 정사각형 모양의 밭의 한 변의 길이를 구하시오.

> **풀이 과정**
>
>
>
>
>
> **답**

**104**
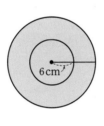
오른쪽 그림과 같이 반지름의 길이가 6 cm인 원에서 반지름의 길이를 늘였더니 원의 넓이가 처음 원의 넓이의 4배가 되었다. 이때 반지름의 길이를 얼마만큼 늘였는가?

① 2 cm  ② 3 cm  ③ 4 cm

④ 5 cm  ⑤ 6 cm

**105**
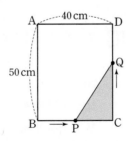
오른쪽 그림과 같이 가로와 세로의 길이가 각각 40 cm, 50 cm인 직사각형 ABCD가 있다. 점 P는 점 B에서 출발하여 점 C까지 $\overline{BC}$를 따라 매초 2 cm씩 움직이고, 점 Q는 점 C에서 출발하여 점 D까지 $\overline{CD}$를 따라 매초 3 cm씩 움직인다. 두 점 P, Q가 동시에 출발할 때, △PCQ의 넓이가 300 cm²가 되는 것은 출발한 지 몇 초 후인지 구하시오.

---

## 한 걸음 더 연습
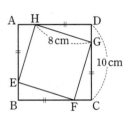
유형 26

**106** 길이가 15 cm인 끈을 두 도막으로 잘라서 크기가 다른 두 정삼각형을 만들려고 한다. 두 정삼각형의 넓이의 비가 3 : 2가 되도록 할 때, 작은 정삼각형의 한 변의 길이를 구하시오.

**107** 오른쪽 그림은 한 변의 길이가 10 cm인 정사각형 ABCD에서 $\overline{AE}=\overline{BF}=\overline{CG}=\overline{DH}$가 되도록 네 점 E, F, G, H를 잡아 □EFGH를 그린 것이다. □EFGH는 한 변의 길이가 8 cm인 정사각형일 때, $\overline{AH}$의 길이를 구하시오. (단, $\overline{AH}<\overline{DH}$)

> $\overline{BC}=x$ cm로 놓고 △ABC와 닮음인 이등변삼각형을 찾아봐.

**까다로운 기출문제**

**108** 오른쪽 그림에서 △ABC는 $\overline{AB}=\overline{AC}=10$ cm인 이등변삼각형이다. ∠C=72°, ∠ABD=∠CBD일 때, $\overline{BC}$의 길이를 구하시오.
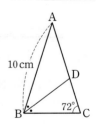

**유형27** 맞닿아 있는 도형에 대한 문제 　개념편 119~120쪽

오른쪽 그림과 같이 크기가 다른 두 정사각형이 맞닿아 있을 때
➜ 작은 정사각형의 한 변의 길이가 $x$이면 큰 정사각형의 한 변의 길이는 $a-x$이다.

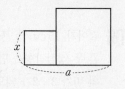

**109** 오른쪽 그림과 같이 길이가 8 cm인 $\overline{AB}$ 위에 점 C를 잡아 2개의 정사각형을 만들었다. 큰 정사각형의 넓이와 작은 정사각형의 넓이의 합이 34 cm²일 때, 큰 정사각형의 한 변의 길이는?

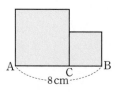

① 5 cm 　　② $4\sqrt{2}$ cm 　　③ 6 cm

④ $4\sqrt{3}$ cm 　　⑤ 7 cm

**110** 오른쪽 그림과 같이 세 반원으로 이루어진 도형에서 $\overline{AB}=20$ cm이고, 색칠한 부분의 넓이가 $21\pi$ cm²일 때, $\overline{AC}$의 길이를 구하시오. (단, $\overline{AC}<\overline{CB}$)

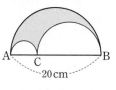

$\overline{BC}=x$로 놓고 닮은 두 도형에서 닮음비를 이용해 봐.

**까다로운 기출문제**

**111** 오른쪽 그림에서 두 직사각형 ABCD와 BCFE는 서로 닮은 도형이다. □AEFD는 정사각형이고 $\overline{AB}=2$일 때, $\overline{BC}$의 길이를 구하시오. (단, $\overline{AB}>\overline{BC}$)

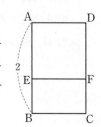

**유형28** 길의 폭에 대한 문제 　개념편 119~120쪽

다음 세 직사각형에서 색칠한 부분의 넓이는 모두 같다.

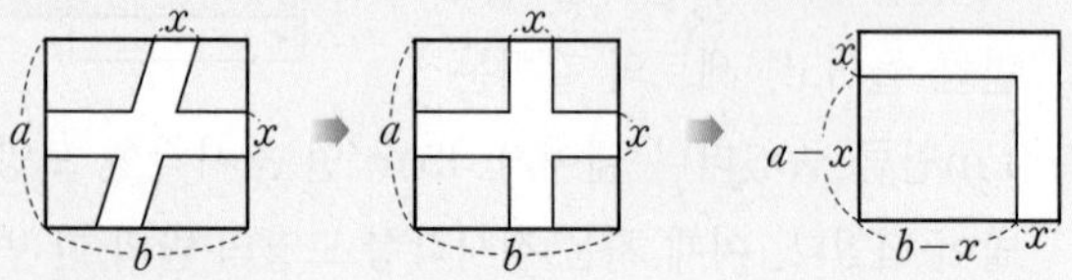

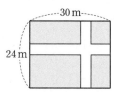

➜ (색칠한 부분의 넓이)$=(a-x)(b-x)$

**112** 오른쪽 그림과 같이 가로와 세로의 길이가 각각 30 m, 24 m인 직사각형 모양의 땅에 폭이 일정한 십자형의 길을 만들려고 한다. 길을 제외한 땅의 넓이가 520 m²가 되도록 할 때, 이 길의 폭을 구하시오.

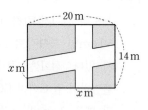

**서술형**

┌─ 풀이 과정 ─────────────┐

└─ 답 ──────────────────┘

**113** 오른쪽 그림과 같이 가로와 세로의 길이가 각각 20 m, 14 m인 직사각형 모양의 땅에 폭이 일정한 두 일직선의 길을 교차하도록 만들었다. 길을 제외한 땅의 넓이가 160 m²일 때, $x$의 값을 구하시오.

**유형29** 상자 만들기에 대한 문제     개념편 119~120쪽

구하는 길이를 $x$로 놓고 상자의 가로, 세로의 길이와 높이를 각각 $x$에 대한 식으로 나타낸 다음 직육면체의 부피를 구하는 공식을 이용하여 이차방정식을 세운다.

➡ (직육면체의 부피)=(가로의 길이)×(세로의 길이)×(높이)

**114** 다음 그림과 같이 정사각형 모양의 종이의 네 귀퉁이에서 한 변의 길이가 2 cm인 정사각형을 잘라 내고 나머지로 부피가 128 cm³인 뚜껑이 없는 직육면체 모양의 상자를 만들려고 한다. 이때 처음 정사각형 모양의 종이의 한 변의 길이는?

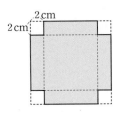

① 8 cm      ② 10 cm      ③ 12 cm

④ 14 cm      ⑤ 16 cm

**115** 아래 그림과 같이 폭이 48 cm인 양철판의 양쪽을 $x$ cm씩 수직으로 접어 올려 빗금 친 부분의 넓이가 280 cm²인 물받이를 만들려고 한다. 다음 중 $x$의 값이 될 수 있는 것은?

(단, 철판의 두께는 생각하지 않는다.)

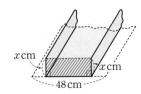

① 9      ② 11      ③ 12

④ 13      ⑤ 14

## 톡톡 튀는 문제

**116** 어떤 자연수를 장치 A에 입력하면 입력한 수의 제곱이 출력되고, 장치 B에 입력하면 입력한 수보다 2만큼 큰 수가 출력된다고 한다. 다음 그림과 같이 B, A의 순서로 연결된 장치에 $x$를 입력하여 얻은 값이 36일 때, $x$의 값을 구하시오. (단, $x>0$)

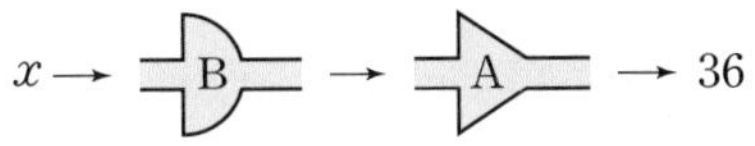

$$x \rightarrow \boxed{B} \rightarrow \boxed{A} \rightarrow 36$$

**117** 지구와 달에서 지면에 수직인 방향으로 초속 10 m의 속력으로 던진 공의 $x$초 후의 지면으로부터의 높이가 각각 다음과 같을 때, 던진 공이 지면에 떨어질 때까지 걸리는 시간이 더 긴 곳과 그때의 시간 차이를 차례로 구하시오.

지구: $(-5x^2+10x)$ m
달: $(-0.8x^2+10x)$ m

**꼭 나오는 기본 문제**

**1** 다음 보기 중 $x$에 대한 이차방정식을 모두 고르시오.

| 보기 |
ㄱ. $x^2=4$  ㄴ. $x^2+6x-7$

ㄷ. $x(x^2-1)=x^3+5x$  ㄹ. $x^2-\dfrac{1}{x^2}=x^2+3$

ㅁ. $2x(x-2)=x^2+2x+1$

**2** $2x^2+x-1=a(x-3)^2$이 $x$에 대한 이차방정식일 때, 다음 중 상수 $a$의 값이 될 수 <u>없는</u> 것은?

① $\dfrac{1}{2}$  ② $1$  ③ $\dfrac{3}{2}$

④ $2$  ⑤ $3$

**3** $x$의 값이 $-2$, $-1$, $0$, $1$, $2$일 때, 다음 중 이차방정식 $x^2+4x+3=0$의 해는?

① $-2$  ② $-1$  ③ $0$

④ $1$  ⑤ $2$

**4** 이차방정식 $(a+1)x^2+3(a-1)x-6=0$의 한 근이 $x=-2$일 때, 상수 $a$의 값을 구하시오.

**5** 이차방정식 $(2x+3)\left(\dfrac{1}{2}x-3\right)=0$을 풀면?

① $x=-3$ 또는 $x=-6$

② $x=-3$ 또는 $x=3$

③ $x=-\dfrac{3}{2}$ 또는 $x=3$

④ $x=-\dfrac{3}{2}$ 또는 $x=6$

⑤ $x=\dfrac{3}{2}$ 또는 $x=\dfrac{1}{2}$

**6** 이차방정식 $(x-3)(x-4)=-x^2+6$을 푸시오.

**7** 다음 이차방정식 중 중근을 갖는 것을 모두 고르면?

(정답 2개)

① $5x^2-45=0$  ② $4x^2-12x+9=0$

③ $3(x-3)^2=12$  ④ $x(x-8)=0$

⑤ $3-x^2=6(x+2)$

**8** 이차방정식 $x^2+2ax+4a+5=0$이 중근을 가질 때, 상수 $a$의 값을 모두 구하시오.

**9** 두 이차방정식 $x^2+3x-10=0$, $5x^2-7x=6$의 공통인 근을 구하시오.

서술형

풀이 과정

답

**10** 이차방정식 $6(x+a)^2=18$의 해가 $x=2\pm\sqrt{b}$일 때, 유리수 $a$, $b$에 대하여 $a+b$의 값을 구하시오.

**11** 이차방정식 $3x^2-2=x^2+8x-7$을 $(x+a)^2=b$ 꼴로 나타낼 때, 상수 $a$, $b$에 대하여 $ab$의 값은?

① $-3$          ② $-2$          ③ $-1$
④ $2$          ⑤ $3$

**12** 이차방정식 $3x^2-5x+a=0$의 해가 $x=\dfrac{b\pm\sqrt{13}}{6}$일 때, 유리수 $a$, $b$에 대하여 $a+b$의 값을 구하시오.

**13** 이차방정식 $\dfrac{1}{3}x^2-0.5x+\dfrac{1}{12}=0$의 해는?

① $x=\dfrac{2\pm\sqrt{2}}{4}$          ② $x=\dfrac{2\pm\sqrt{3}}{4}$

③ $x=\dfrac{3\pm\sqrt{2}}{4}$          ④ $x=\dfrac{3\pm\sqrt{3}}{4}$

⑤ $x=\dfrac{3\pm\sqrt{5}}{4}$

**14** 이차방정식 $3x^2+4x+k=0$이 해를 갖도록 하는 상수 $k$의 값의 범위를 구하시오.

**15** 이차방정식 $2x^2+ax+b=0$의 두 근이 $-4$, $2$일 때, 상수 $a$, $b$에 대하여 $a+b$의 값은?

① $-16$          ② $-12$          ③ $4$
④ $12$          ⑤ $16$

**16** 연속하는 세 짝수를 제곱하여 더한 것이 1208일 때, 세 짝수 중 가장 큰 수를 구하시오.

LEVEL 2

## 자주 나오는 **실력 문제**

**17** 이차방정식 $x^2+x-1=0$의 한 근을 $x=a$라고 할 때, $a^5+a^4-a^3+a^2+a+5$의 값을 구하시오.

**18** 이차방정식 $2x^2-x-10=0$의 두 근을 $a$, $b$라고 할 때, 이차방정식 $x^2-2ax-2b=0$을 풀면? (단, $a>b$)

① $x=-4$ 또는 $x=1$    ② $x=-2$ 또는 $x=4$

③ $x=-1$ 또는 $x=4$    ④ $x=1$ 또는 $x=4$

⑤ $x=2$ 또는 $x=4$

**19**
서술형

이차방정식 $x^2+ax-3=0$의 한 근이 $x=3$이고 다른 한 근이 이차방정식 $3x^2+8x+b=0$의 근일 때, 상수 $a$, $b$의 값을 각각 구하시오.

풀이 과정

답

**20** 이차방정식 $(x-1)(x+2)=-2x+8$의 두 근을 $a$, $b$라고 할 때, 이차방정식 $x^2+ax+b=0$의 해를 구하시오. (단, $a>b$)

**21** 이차방정식 $0.5(x+1)(x+3)=\dfrac{2x(x+2)}{3}$의 두 근 중 큰 근을 $a$라고 할 때, $n<a<n+1$을 만족시키는 정수 $n$의 값은?

① 5        ② 6        ③ 7

④ 8        ⑤ 9

**22** 이차방정식 $x^2-(k+5)x+1=0$이 중근을 가질 때의 상수 $k$의 값 중 큰 값이 이차방정식 $-2x^2+ax+a^2=0$의 한 근일 때, 양수 $a$의 값은?

① 5        ② 6        ③ 7

④ 8        ⑤ 9

**23** 이차방정식 $x^2+kx+(k-1)=0$의 일차항의 계수와 상수항을 바꾸어 풀었더니 한 근이 $x=-2$였다. 이때 처음 이차방정식을 푸시오. (단, $k$는 상수)

**24** $(a+b-1)(a+b+2)-18=0$을 만족시키는 서로 다른 두 자연수 $a$, $b$를 두 근으로 하고, $x^2$의 계수가 1인 이차방정식을 구하시오.

**25** 진우는 8월에 가족들과 2박 3일 동안 여행을 가기로 하였다. 3일간의 날짜를 각각 제곱하여 더했더니 245가 되었을 때, 여행이 시작되는 날짜는?

① 7일　　　　② 8일　　　　③ 9일

④ 10일　　　　⑤ 11일

**26** 오른쪽 그림과 같이 $\overline{AB} = \overline{BC} = 10\,\mathrm{cm}$인 직각이등변삼각형 ABC의 빗변 AC 위의 한 점 D에서 $\overline{AB}$, $\overline{BC}$에 내린 수선의 발을 각각 E, F라고 하자. □EBFD의 넓이가 $21\,\mathrm{cm}^2$일 때, $\overline{BF}$의 길이를 구하시오.

(단, $\overline{BF} > \overline{BE}$)

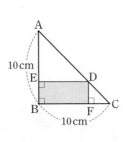

**27** 오른쪽 그림과 같이 가로와 세로의 길이가 각각 42 m, 30 m인 직사각형 모양의 땅에 폭이 일정한 길을 만들었다. 길을 제외한 땅의 넓이가 $440\,\mathrm{m}^2$일 때, 길의 폭은 몇 m인지 구하시오.

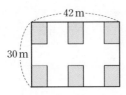

**28** 이차방정식 $x^2 - 4x - k = 0$의 해가 정수가 되도록 하는 두 자리의 자연수 $k$의 개수를 구하시오.

**29** 원가가 5000원인 물건에 원가의 $x\,\%$의 이윤을 붙여서 정가를 매겼더니 팔리지 않아 정가의 $x\,\%$를 할인하여 팔았더니 450원의 손해를 보았다. 이때 $x$의 값을 구하시오.

**30** 다음은 고대 중국의 수학책인 "구장산술"에 실려 있는 문제이다. 성벽의 한 변의 길이는 걸어서 몇 보인지 구하시오. (단, 보폭의 크기는 일정하다.)

정사각형 모양의 성벽으로 둘러싸인 동네가 있다. 이 성벽의 각 변의 중앙에 문이 하나씩 있는데, 북문을 나와 북쪽으로 20보를 걸어가면 나무 한 그루가 있다. 그리고 남문을 나와 남쪽으로 14보를 걸은 다음 직각으로 꺾어 서쪽으로 1775보를 걸어가면 비로소 이 나무가 보인다. 성벽의 한 변의 길이는 걸어서 몇 보가 되겠는가?

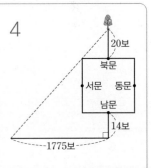

# 6 이차함수와 그 그래프

**이차함수와 그 그래프**

⭐ 중요

개념편 132쪽

## 유형 1 │ 이차함수의 뜻

함수 $y=f(x)$에서 $y$가 $x$에 대한 이차식
$$y=ax^2+bx+c \ (a, \ b, \ c는 \ 상수, \ a \neq 0)$$
로 나타날 때, 이 함수를 $x$에 대한 **이차함수**라고 한다.

**1** 다음 중 $y$가 $x$에 대한 이차함수인 것은?

① $y=3x+1$
② $(x+2)^2=x+3$
③ $y=5+x^2$
④ $y=x^2-x(x+1)$
⑤ $y=\dfrac{5}{x^2}$

**2** 다음 보기 중 $y$가 $x$에 대한 이차함수가 <u>아닌</u> 것을 모두 고르시오.

┤ 보기 ├
ㄱ. $y=3x(x+1)$
ㄴ. $y=2x^2-5x+1$
ㄷ. $y=x(x-4)-x^2$
ㄹ. $y=(x-2)(x+7)$
ㅁ. $y=\dfrac{x^2-1}{2}$
ㅂ. $x^2+3x=0$

**3** 다음 보기 중 $y$가 $x$에 대한 이차함수인 것을 모두 고른 것은?

┤ 보기 ├
ㄱ. 지름의 길이가 $x$ cm인 원의 넓이 $y$ cm²
ㄴ. 윗변의 길이가 $(x+1)$ cm, 아랫변의 길이가 $(x+3)$ cm, 높이가 $6$ cm인 사다리꼴의 넓이 $y$ cm²
ㄷ. 밑면의 반지름의 길이가 $x$ cm, 높이가 $12$ cm인 원뿔의 부피 $y$ cm³
ㄹ. 낮의 길이가 $x$시간일 때, 밤의 길이 $y$시간
ㅁ. $5$ km인 거리를 매분 $x$ km씩 갈 때, 걸리는 시간 $y$분

① ㄱ, ㄷ
② ㄴ, ㄹ
③ ㄱ, ㄴ, ㄷ
④ ㄴ, ㄹ, ㅁ
⑤ ㄷ, ㄹ, ㅁ

## 유형 2 │ 이차함수가 되도록 하는 조건

개념편 132쪽

$y=ax^2+bx+c$가 $x$에 대한 이차함수이려면
➡ $a \neq 0$

**4** $y=5-4x^2+ax(x+2)$가 $x$에 대한 이차함수가 되도록 하는 상수 $a$의 조건은?

① $a \neq -4$
② $a \neq -2$
③ $a \neq 0$
④ $a \neq 2$
⑤ $a \neq 4$

**5** $y=6x^2+ax(1-2x)+5$가 $x$에 대한 이차함수일 때, 다음 중 상수 $a$의 값이 될 수 <u>없는</u> 것은?

① $-6$
② $-3$
③ $-1$
④ $1$
⑤ $3$

**6** $y=k^2x^2+k(x-4)^2$이 $x$에 대한 이차함수일 때, 다음 중 상수 $k$의 값이 될 수 <u>없는</u> 것을 모두 고르면? (정답 2개)

① $-2$
② $-1$
③ $0$
④ $1$
⑤ $2$

## 유형 **3** 이차함수의 함숫값 개념편 132쪽

이차함수 $f(x)=ax^2+bx+c$에 대하여 함숫값 $f(k)$
➡ $f(x)=ax^2+bx+c$에 $x=k$를 대입하여 얻은 값
➡ $f(k)=ak^2+bk+c$ ← $x$ 대신 $k$ 대입

**7** 이차함수 $f(x)=-x^2-5x+7$에 대하여
$f(2)+f(-2)$의 값을 구하시오.

**8** 이차함수 $f(x)=4x^2-ax+1$에 대하여 $f(-1)=6$일
때, 상수 $a$의 값은?
① $-4$ ② $-3$ ③ $-2$
④ $1$ ⑤ $3$

**9** 이차함수 $f(x)=-\dfrac{1}{3}x^2+ax+b$에 대하여
$f(-6)=3$, $f(3)=-6$일 때, $f(-3)$의 값을 구하
시오. (단, $a$, $b$는 상수)

**10** 이차함수 $f(x)=2x^2-3x-1$에 대하여 $f(a)=1$일
때, 정수 $a$의 값은?
① $1$ ② $2$ ③ $3$
④ $4$ ⑤ $5$

## 유형 **4** 이차함수 $y=ax^2$의 그래프 개념편 135~136쪽

이차함수 $y=ax^2$에서
(1) $a$의 부호: 그래프의 모양을 결정
➡ $a>0$이면 아래로 볼록, $a<0$이면 위로 볼록
(2) $a$의 절댓값: 그래프의 폭을 결정
➡ $a$의 절댓값이 클수록 폭이 좁아진다.

**11** 다음 이차함수 중 그 그래프가 위로 볼록한 것은?
① $y=-5x^2$ ② $y=\dfrac{1}{4}x^2$ ③ $y=x^2$
④ $y=3x^2$ ⑤ $y=5x^2$

**12** 다음 이차함수 중 그래프가 아래로 볼록하면서 폭이
가장 넓은 것은?
① $y=-3x^2$ ② $y=-\dfrac{3}{2}x^2$ ③ $y=\dfrac{1}{4}x^2$
④ $y=x^2$ ⑤ $y=\dfrac{7}{3}x^2$

**13** 두 이차함수 $y=ax^2$,
$y=-2x^2$의 그래프가 오른
쪽 그림과 같을 때, 상수 $a$의
값의 범위를 구하시오.

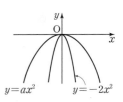

**14** 오른쪽 그림은 두 이차
함수 $y=x^2$, $y=-\dfrac{1}{2}x^2$
의 그래프이다. 다음 이
차함수 중 그 그래프가
색칠한 부분을 지나는
것을 모두 고르면? (정답 2개)

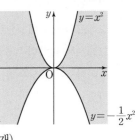

① $y=-x^2$ ② $y=-\dfrac{3}{4}x^2$ ③ $y=-\dfrac{1}{3}x^2$
④ $y=\dfrac{3}{4}x^2$ ⑤ $y=2x^2$

**유형 5** 두 이차함수 $y=ax^2$, $y=-ax^2$의 그래프 사이의 관계

개념편 135~136쪽

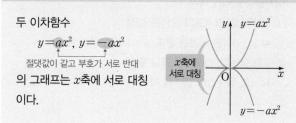

두 이차함수

$y=ax^2$, $y=-ax^2$

절댓값이 같고 부호가 서로 반대

의 그래프는 $x$축에 서로 대칭이다.

$x$축에 서로 대칭

---

**유형 6** 이차함수 $y=ax^2$의 그래프의 성질

개념편 135~136쪽

(1) 원점을 꼭짓점으로 하는 포물선이다.
(2) $y$축에 대칭이다. ➡ 축의 방정식: $x=0$ ($y$축)
(3) $a>0$이면 아래로 볼록하고, $a<0$이면 위로 볼록하다.
(4) $a$의 절댓값이 클수록 그래프의 폭이 좁아진다.
(5) $y=ax^2$, $y=-ax^2$의 그래프는 $x$축에 서로 대칭이다.

---

**15** 이차함수 $y=\dfrac{4}{3}x^2$의 그래프와 $x$축에 서로 대칭인 그래프를 나타내는 이차함수의 식은?

① $y=\dfrac{3}{4}x^2$    ② $y=-\dfrac{3}{4}x^2$    ③ $y=-\dfrac{4}{3}x^2$

④ $y=3x^2$    ⑤ $y=4x^2$

---

**18** 다음 중 이차함수 $y=\dfrac{2}{3}x^2$의 그래프에 대한 설명으로 옳지 <u>않은</u> 것은?

① 꼭짓점은 원점 $(0,\ 0)$이다.
② 축의 방정식은 $x=0$이다.
③ 아래로 볼록한 포물선이다.
④ $y=-\dfrac{2}{3}x^2$의 그래프와 $x$축에 서로 대칭이다.
⑤ $x>0$일 때, $x$의 값이 증가하면 $y$의 값은 감소한다.

---

**16** 다음 보기의 이차함수 중 그 그래프가 $x$축에 서로 대칭인 것은 모두 몇 쌍인지 구하시오.

┤ 보기 ├

$y=-3x^2$,   $y=-\dfrac{2}{3}x^2$,   $y=-\dfrac{1}{3}x^2$,   $y=-\dfrac{1}{4}x^2$,

$y=\dfrac{1}{3}x^2$,   $y=\dfrac{1}{2}x^2$,   $y=\dfrac{3}{2}x^2$,   $y=3x^2$

---

**19** 다음 중 보기의 이차함수의 그래프에 대한 설명으로 옳지 <u>않은</u> 것을 모두 고르면? (정답 2개)

┤ 보기 ├

ㄱ. $y=x^2$    ㄴ. $y=2x^2$    ㄷ. $y=3x^2$

ㄹ. $y=-x^2$    ㅁ. $y=-2x^2$    ㅂ. $y=-\dfrac{1}{3}x^2$

① 모두 원점을 꼭짓점으로 한다.
② 위로 볼록한 그래프는 ㄱ, ㄴ, ㄷ이다.
③ 그래프의 폭이 가장 좁은 것은 ㄷ이다.
④ 그래프의 폭이 가장 넓은 것은 ㅁ이다.
⑤ ㄱ과 ㄹ은 $x$축에 서로 대칭이다.

---

**17** 이차함수 $y=ax^2$의 그래프는 이차함수 $y=-\dfrac{1}{2}x^2$의 그래프와 $x$축에 서로 대칭이고, 이차함수 $y=7x^2$의 그래프는 이차함수 $y=bx^2$의 그래프와 $x$축에 서로 대칭이다. 이때 상수 $a$, $b$에 대하여 $4a-b$의 값을 구하시오.

---

**20** 다음 중 이차함수 $y=ax^2$의 그래프에 대한 설명으로 옳은 것은? (단, $a$는 상수)

① 꼭짓점의 좌표는 $(1,\ a)$이다.
② $a>0$일 때, 위로 볼록한 포물선이다.
③ $a<0$이면 $x<0$일 때, $x$의 값이 증가하면 $y$의 값도 증가한다.
④ $a$의 절댓값이 클수록 그래프의 폭이 넓어진다.
⑤ $a<0$일 때, 제1, 2사분면을 지난다.

## 유형 **7** 이차함수 $y=ax^2$의 그래프 위의 점

**개념편 135~136쪽**

점 $(p, q)$가 이차함수 $y=ax^2$의 그래프 위에 있다.

➡ $y=ax^2$의 그래프가 점 $(p, q)$를 지난다.

➡ $y=ax^2$에 $x=p$, $y=q$를 대입하면 등식이 성립한다.

➡ $q=ap^2$

**21** 다음 중 이차함수 $y=-2x^2$의 그래프 위의 점이 <u>아닌</u> 것은?

① $(-2, -8)$      ② $(-1, -2)$

③ $(0, -2)$      ④ $(1, -2)$

⑤ $(3, -18)$

**22** 이차함수 $y=\dfrac{1}{3}x^2$의 그래프가 점 $(6, k)$를 지날 때, $k$의 값은?

① 6      ② 8      ③ 12

④ 18      ⑤ 36

**23** 이차함수 $y=4x^2$의 그래프 위의 원점이 아닌 점 A의 $x$좌표와 $y$좌표가 같을 때, 점 A의 좌표는?

① $\left(\dfrac{1}{4}, \dfrac{1}{4}\right)$      ② $\left(\dfrac{1}{3}, \dfrac{1}{3}\right)$      ③ $(1, 1)$

④ $(2, 2)$      ⑤ $(4, 4)$

**24** 서술형 이차함수 $y=ax^2$의 그래프가 두 점 $(4, 8)$, $(-2, b)$를 지날 때, $ab$의 값을 구하시오. (단, $a$는 상수)

**풀이 과정**

**답**

**25** 이차함수 $y=5x^2$의 그래프는 점 $(-2, a)$를 지나고, 이차함수 $y=bx^2$의 그래프와 $x$축에 서로 대칭일 때, $a+b$의 값은? (단, $b$는 상수)

① 3      ② 5      ③ 8

④ 12      ⑤ 15

**26** 이차함수 $y=-3x^2$의 그래프와 $x$축에 서로 대칭인 그래프가 점 $(a, -3a)$를 지날 때, $a$의 값은? (단, $a \neq 0$)

① $-2$      ② $-1$      ③ 1

④ 2      ⑤ 3

**유형 8** 이차함수 $y=ax^2$의 식 구하기   개념편 135~136쪽

원점을 꼭짓점으로 하고 $y$축을 축으로 하는 포물선을 그래프로 하는 이차함수의 식은 다음과 같이 구한다.
❶ $y=ax^2$으로 놓는다.
❷ 지나는 점의 좌표를 대입하여 $a$의 값을 구한다.

**27** 원점을 꼭짓점으로 하고 점 $(3, -6)$을 지나는 포물선을 그래프로 하는 이차함수의 식은?

① $y=-2x^2$    ② $y=-\dfrac{3}{2}x^2$    ③ $y=-\dfrac{2}{3}x^2$

④ $y=\dfrac{2}{3}x^2$    ⑤ $y=2x^2$

**28** 원점을 꼭짓점으로 하는 포물선이 두 점 $(-1, 4)$, $(2, m)$을 지날 때, $m$의 값을 구하시오.

서술형

풀이 과정

답

**29** 다음 중 주어진 조건을 모두 만족시키는 포물선을 그래프로 하는 이차함수의 식은?

조건
(가) 위로 볼록한 포물선이다.
(나) 원점을 꼭짓점으로 하고, $y$축을 축으로 한다.
(다) $y=2x^2$의 그래프보다 폭이 좁다.

① $y=-4x^2$    ② $y=-x^2$    ③ $y=-\dfrac{1}{2}x^2$

④ $y=2x^2$    ⑤ $y=3x^2$

**유형 9** 까다로운   이차함수 $y=ax^2$의 그래프의 응용
개념편 135~136쪽

이차함수 $y=ax^2$의 그래프 위의 두 점 A, B에 대하여 선분 AB가 $x$축에 평행할 때, $y=ax^2$의 그래프는 $y$축에 대칭이므로
➡ 점 B의 $x$좌표를 $k$로 놓으면 점 A의 $x$좌표는 $-k$이다.
➡ 두 점 A, B의 $y$좌표는 같다.

**30** 다음 그림과 같이 이차함수 $y=ax^2$의 그래프 위에 두 점 $A(-2, -1)$, $D(2, -1)$이 있다. 이 그래프 위에 $y$좌표가 같고, 거리가 8인 두 점 B, C를 잡을 때, $\square ABCD$의 넓이를 구하시오.

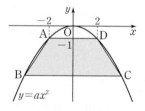

**31** 오른쪽 그림과 같이 직선 $y=12$가 이차함수 $y=ax^2$의 그래프와 만나는 점을 각각 A, E, 이차함수 $y=3x^2$의 그래프와 만나는 점을 각각 B, D, $y$축과 만나는 점을 C라고 하자. $\overline{AB}=\overline{BC}=\overline{CD}=\overline{DE}$일 때, 상수 $a$의 값을 구하시오.

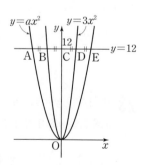

## 유형 10 이차함수 $y=ax^2+q$의 그래프  개념편 138쪽

(1) $y=ax^2$의 그래프를 $y$축의 방향으로 $q$만큼 평행이동한 그래프이다.
(2) 축의 방정식: $x=0$($y$축)
(3) 꼭짓점의 좌표: $(0, q)$

**32** 이차함수 $y=-x^2$의 그래프를 $y$축의 방향으로 3만큼 평행이동한 그래프를 나타내는 이차함수의 식은?

① $y=-x^2+3$  ② $y=-x^2-3$
③ $y=-(x+3)^2$  ④ $y=-(x-3)^2$
⑤ $y=x^2+3$

**33** 이차함수 $y=-2x^2$의 그래프를 $y$축의 방향으로 7만큼 평행이동한 그래프의 꼭짓점의 좌표와 축의 방정식을 차례로 구한 것은?

① $(-7, 0)$, $y=0$  ② $(0, 7)$, $y=0$
③ $(0, -7)$, $x=0$  ④ $(0, 7)$, $x=0$
⑤ $(-2, 7)$, $x=-2$

**34** 다음 중 이차함수 $y=2x^2+1$의 그래프로 적당한 것은?

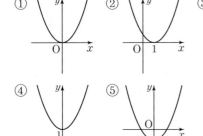

**35** 이차함수 $y=3x^2$의 그래프를 $y$축의 방향으로 $-2$만큼 평행이동한 그래프가 점 $(-1, k)$를 지날 때, $k$의 값을 구하시오.

**36** 이차함수 $y=\dfrac{2}{3}x^2$의 그래프를 $y$축의 방향으로 $a$만큼 평행이동한 그래프가 점 $(6, 19)$를 지날 때, $a$의 값을 구하시오.

**37** 서술형 이차함수 $y=ax^2+q$의 그래프가 두 점 $(1, -3)$, $(-2, 3)$을 지날 때, 상수 $a$, $q$에 대하여 $2a+q$의 값을 구하시오.

풀이 과정

답

보기 다 ❀ 모아~

**38** 다음 중 이차함수 $y=-x^2+5$의 그래프에 대한 설명으로 옳지 <u>않은</u> 것을 모두 고르면?

① 위로 볼록한 포물선이다.
② $y$축이 대칭축이다.
③ 꼭짓점의 좌표는 $(0, 5)$이다.
④ $x>0$일 때, $x$의 값이 증가하면 $y$의 값은 감소한다.
⑤ $y=x^2$의 그래프를 $y$축의 방향으로 5만큼 평행이동한 그래프이다.
⑥ 제3, 4사분면만을 지난다.

**39** 이차함수 $y=ax^2+q$의 그래프가 오른쪽 그림과 같을 때, 상수 $a$, $q$에 대하여 $aq$의 값을 구하시오.

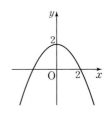

## 유형11 이차함수 $y=a(x-p)^2$의 그래프 개념편 139쪽

(1) $y=ax^2$의 그래프를 $x$축의 방향으로 $p$만큼 평행이동한 그래프이다.
(2) 축의 방정식: $x=p$
(3) 꼭짓점의 좌표: $(p, 0)$

**40** 이차함수 $y=-2x^2$의 그래프를 $x$축의 방향으로 $-3$ 만큼 평행이동한 그래프를 나타내는 이차함수의 식과 그 꼭짓점의 좌표를 차례로 구한 것은?

① $y=-2(x-3)^2$, $(3, 0)$
② $y=-2(x+3)^2$, $(-3, 0)$
③ $y=-2(x+3)^2$, $(3, 0)$
④ $y=-2x^2-3$, $(-3, 0)$
⑤ $y=2(x+3)^2$, $(-3, 0)$

**41** 다음 중 이차함수 $y=2(x+1)^2$의 그래프로 적당한 것은?

①  ②  ③

④  ⑤

**42** 이차함수 $y=3(x-1)^2$의 그래프에서 $x$의 값이 증가할 때, $y$의 값도 증가하는 $x$의 값의 범위는?

① $x<-1$    ② $x<1$    ③ $x<0$
④ $x>-1$    ⑤ $x>1$

**43** 이차함수 $y=5x^2$의 그래프를 $x$축의 방향으로 $-2$만 큼 평행이동한 그래프가 점 $(-3, k)$를 지날 때, $k$의 값을 구하시오.

보기 다 多 모아~

**44** 다음 중 이차함수 $y=-4(x-2)^2$의 그래프에 대한 설명으로 옳은 것을 모두 고르면?

① 위로 볼록한 포물선이다.
② 축의 방정식은 $x=-2$이다.
③ 꼭짓점의 좌표는 $(0, 2)$이다.
④ $x<2$일 때, $x$의 값이 증가하면 $y$의 값도 증가한다.
⑤ $y=-4x^2$의 그래프를 $x$축의 방향으로 $-2$만큼 평 행이동한 그래프이다.
⑥ 모든 사분면을 지난다.
⑦ $y=-4x^2$의 그래프와 폭이 같다.

**45** 이차함수 $y=a(x-p)^2$의 그래프 가 오른쪽 그림과 같을 때, 상수 $a$, $p$의 값을 각각 구하시오.

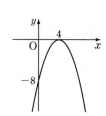

두 이차함수의 그래프의 꼭짓점의 좌표를 각각 구해 봐.

까다로운 기출문제

**46** 오른쪽 그림과 같이 이차함수 $y=-\dfrac{1}{2}x^2+8$ 의 그래프와 이차함수 $y=a(x-p)^2$의 그래프 가 서로의 꼭짓점을 지날 때, 상수 $a$, $p$에 대하여 $ap$의 값을 구하시오. (단, $p<0$)

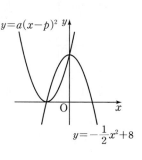

## 유형 12   이차함수 $y=a(x-p)^2+q$의 그래프

개념편 141쪽

(1) $y=ax^2$의 그래프를 $x$축의 방향으로 $p$만큼, $y$축의 방향으로 $q$만큼 평행이동한 그래프이다.

(2) 축의 방정식: $x=p$

(3) 꼭짓점의 좌표: $(p, q)$

**47** 이차함수 $y=x^2$의 그래프를 $x$축의 방향으로 3만큼, $y$축의 방향으로 $-1$만큼 평행이동한 그래프를 나타내는 이차함수의 식은?

① $y=-(x-3)^2-1$   ② $y=-(x+3)^2+1$

③ $y=(x-3)^2-1$   ④ $y=(x+3)^2-1$

⑤ $y=(x-1)^2+3$

**48** 이차함수 $y=-\dfrac{1}{12}(x+4)^2-3$의 그래프는 이차함수 $y=-\dfrac{1}{12}x^2$의 그래프를 $x$축의 방향으로 $m$만큼, $y$축의 방향으로 $n$만큼 평행이동한 것이다. 이때 $m+n$의 값은?

① $-7$   ② $-4$   ③ $-3$

④ 1   ⑤ 7

**49** 다음 이차함수 중 그 그래프가 아래로 볼록하고, 꼭짓점이 제3사분면 위에 있는 것은?

① $y=x^2-1$   ② $y=-(x+1)^2$

③ $y=(x-2)^2-2$   ④ $y=-(x-2)^2-2$

⑤ $y=(x+2)^2-2$

**50** 다음 중 이차함수 $y=(x-3)^2+4$의 그래프로 적당한 것은?

①    ②    ③

④    ⑤

**51** 이차함수 $y=-5(x-1)^2-1$의 그래프가 지나지 않는 사분면은?

① 제1, 2사분면   ② 제1, 4사분면

③ 제2, 3사분면   ④ 제2, 4사분면

⑤ 제3, 4사분면

**52** 이차함수 $y=-7(x+1)^2+5$의 그래프에서 $x$의 값이 증가할 때, $y$의 값도 증가하는 $x$의 값의 범위는?

① $x<-1$   ② $x<1$   ③ $x<5$

④ $x>-1$   ⑤ $x>1$

**53** 다음 이차함수의 그래프 중 이차함수 $y=-3x^2$의 그래프를 평행이동하여 완전히 포갤 수 있는 것은?

① $y=-(x+3)^2$   ② $y=3x^2-1$

③ $y=-\dfrac{1}{3}x^2$   ④ $y=3(x+1)^2-3$

⑤ $y=-3(x-2)^2-1$

**54** 이차함수 $y=2x^2$의 그래프를 $x$축의 방향으로 1만큼, $y$축의 방향으로 $-2$만큼 평행이동한 그래프가 점 $(3, a)$를 지날 때, $a$의 값을 구하시오.

**보기 다多모아~**

**55** 다음 중 이차함수 $y=\dfrac{1}{2}(x+3)^2-4$의 그래프에 대한 설명으로 옳지 <u>않은</u> 것을 모두 고르면?

① 아래로 볼록한 포물선이다.

② 축의 방정식은 $x=-3$이다.

③ 꼭짓점의 좌표는 $(3, -4)$이다.

④ $y=\dfrac{1}{2}x^2$의 그래프를 $x$축의 방향으로 $-3$만큼, $y$축의 방향으로 $-4$만큼 평행이동한 그래프이다.

⑤ $x>-3$일 때, $x$의 값이 증가하면 $y$의 값도 증가한다.

⑥ 제4사분면을 지난다.

**56** 다음 중 주어진 조건을 모두 만족시키는 포물선을 그래프로 하는 이차함수의 식은?

| 조건 |

(개) 아래로 볼록한 포물선이다.

(내) $y=-2(x-1)^2$의 그래프와 폭이 같다.

(대) 꼭짓점은 제3사분면 위에 있다.

① $y=(x+1)^2-1$  ② $y=2(x-1)^2-1$

③ $y=2(x+1)^2-1$  ④ $y=-2(x+1)^2-1$

⑤ $y=-2(x-1)^2-1$

> 꼭짓점의 좌표를 직선의 식에 대입해 봐.

**까다로운 기출문제**

**57** 이차함수 $y=-\dfrac{4}{3}(x+p)^2+2p^2-1$의 그래프의 꼭짓점이 직선 $y=5x+2$ 위에 있을 때, 상수 $p$의 값을 구하시오. (단, $p>0$)

**유형13** **이차함수 $y=a(x-p)^2+q$의 그래프의 평행이동** **개념편 142쪽**

이차함수 $y=a(x-p)^2+q$의 그래프를 $x$축의 방향으로 $m$만큼, $y$축의 방향으로 $n$만큼 평행이동하면

$$y-n=a(x-m-p)^2+q$$

$y$ 대신 $y-n$을 대입→ ┗$x$ 대신 $x-m$을 대입

$$\therefore y=a(x-m-p)^2+q+n$$

**58** 이차함수 $y=-\dfrac{1}{2}(x+1)^2+3$의 그래프를 $x$축의 방향으로 2만큼, $y$축의 방향으로 $-5$만큼 평행이동한 그래프의 축의 방정식과 꼭짓점의 좌표를 차례로 구하시오.

**59** 이차함수 $y=-3(x-2)^2+5$의 그래프를 $x$축의 방향으로 $a$만큼, $y$축의 방향으로 $b$만큼 평행이동하면 이차함수 $y=-3(x-1)^2+1$의 그래프와 일치한다. 이때 $a+b$의 값은?

① $-5$  ② $-2$  ③ $0$

④ $2$  ⑤ $5$

**60** 두 이차함수 $y=\dfrac{2}{3}(x+3)^2$, $y=\dfrac{2}{3}(x-3)^2$의 그래프가 오른쪽 그림과 같을 때, 색칠한 부분의 넓이를 구하시오. (단, $\overline{\mathrm{PQ}}$는 $x$축에 평행하다.)

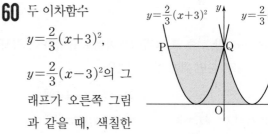

개념편 143쪽

## 유형 14 이차함수 $y=a(x-p)^2+q$의 그래프에서 $a$, $p$, $q$의 부호

(1) $a$의 부호 ➡ 그래프의 모양에 따라 결정
   ① 아래로 볼록하면 $a>0$
   ② 위로 볼록하면 $a<0$

(2) $p$, $q$의 부호 ➡ 꼭짓점의 위치에 따라 결정
   ① 꼭짓점이 제1사분면 위에 있으면 $p>0$, $q>0$
   ② 꼭짓점이 제2사분면 위에 있으면 $p<0$, $q>0$
   ③ 꼭짓점이 제3사분면 위에 있으면 $p<0$, $q<0$
   ④ 꼭짓점이 제4사분면 위에 있으면 $p>0$, $q<0$

**61** 이차함수 $y=a(x-p)^2+q$의 그래프가 오른쪽 그림과 같을 때, 상수 $a$, $p$, $q$의 부호는?

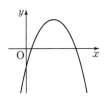

① $a<0$, $p>0$, $q<0$
② $a<0$, $p>0$, $q>0$
③ $a<0$, $p<0$, $q>0$
④ $a>0$, $p>0$, $q<0$
⑤ $a>0$, $p<0$, $q>0$

**62** 이차함수 $y=a(x-p)^2+q$의 그래프가 오른쪽 그림과 같을 때, 상수 $a$, $p$, $q$에 대하여 다음 중 옳지 <u>않은</u> 것은?

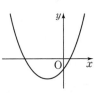

① $a>0$
② $p<0$
③ $pq>0$
④ $a+q^2<0$
⑤ $a(p+q)<0$

**63** $a>0$, $p>0$, $q<0$일 때, 다음 중 이차함수 $y=a(x-p)^2+q$의 그래프로 적당한 것은?
(단, $a$, $p$, $q$는 상수)

① 　② 　③

④ 　⑤

**64** 일차함수 $y=ax+b$의 그래프가 오른쪽 그림과 같을 때, 다음 중 이차함수 $y=bx^2-a$의 그래프로 적당한 것은? (단, $a$, $b$는 상수)

① 　② 　③ (그래프)

④ 　⑤

**65** 이차함수 $y=a(x+p)^2+q$의 그래프가 오른쪽 그림과 같을 때, 이차함수 $y=p(x-q)^2-a$의 그래프가 지나는 사분면은? (단, $a$, $p$, $q$는 상수)

① 제1, 2사분면
② 제3, 4사분면
③ 제1, 2, 4사분면
④ 제1, 3, 4사분면
⑤ 제2, 3, 4사분면

**66** 이차함수 $y=a(x-p)^2+q$의 그래프가 제1, 2, 3사분면만 지난다고 할 때, 다음 보기 중 옳지 <u>않은</u> 것을 모두 고르시오. (단, $a$, $p$, $q$는 상수)

┤ 보기 ├
ㄱ. 그래프는 위로 볼록한 포물선이다.
ㄴ. 그래프는 $x$축과 두 점에서 만난다.
ㄷ. 그래프의 꼭짓점은 제2사분면 위에 있다.
ㄹ. $apq>0$이다.

## 유형 15 이차함수 $y=ax^2+bx+c$를 $y=a(x-p)^2+q$ 꼴로 고치기
개념편 146~147쪽

이차함수 $y=ax^2+bx+c$를 완전제곱식을 이용하여
$y=a(x-p)^2+q$ 꼴로 고친다. → $y=$(완전제곱식)+(상수) 꼴

**예** $y=-x^2+2x-3$
$= -(x^2-2x)-3$
$= -(x^2-2x+1-1)-3$
$= -(x^2-2x+1)+1-3$
$= -(x-1)^2-2$

**67** 다음은 이차함수 $y=-2x^2+8x-5$를
$y=a(x-p)^2+q$ 꼴로 나타내는 과정이다. ☐ 안에
알맞은 수로 옳지 <u>않은</u> 것은? (단, $a$, $p$, $q$는 상수)

$$y=-2x^2+8x-5$$
$$=-2(x^2-\boxed{①}\,x)-5$$
$$=-2(x^2-\boxed{②}\,x+\boxed{③}-\boxed{③})-5$$
$$=-2(x-\boxed{④})^2+\boxed{⑤}$$

① 4      ② 4      ③ 4
④ 2      ⑤ 5

**68** 이차함수 $y=\dfrac{1}{3}x^2-6x+10$을 $y=a(x-p)^2+q$ 꼴로 나타낼 때, 상수 $a$, $p$, $q$에 대하여 $ap+q$의 값은?

① −20      ② −18      ③ −16
④ −14      ⑤ −12

**69** 이차함수 $y=3x^2-6x+5$의 그래프는 이차함수 $y=ax^2$의 그래프를 $x$축의 방향으로 $p$만큼, $y$축의 방향으로 $q$만큼 평행이동한 것이다. 이때 $apq$의 값을 구하시오. (단, $a$는 상수)

## 유형 16 이차함수 $y=ax^2+bx+c$의 그래프의 꼭짓점의 좌표와 축의 방정식
개념편 146~147쪽

이차함수 $y=ax^2+bx+c$를 $y=a(x-p)^2+q$ 꼴로 변형하여 구한다.
(1) 꼭짓점의 좌표: $(p, q)$
(2) 축의 방정식: $x=p$

**70** 이차함수 $y=-3x^2+12x-11$의 그래프의 꼭짓점의 좌표가 $(p, q)$일 때, $p+q$의 값은?

① −1      ② 0      ③ 1
④ 2      ⑤ 3

**71** 다음 이차함수 중 그 그래프의 축이 가장 왼쪽에 있는 것은?

① $y=x^2-3$      ② $y=-2(x-4)^2$
③ $y=x^2+4x$      ④ $y=2x^2-8x+7$
⑤ $y=3x^2+6x-7$

**72** 다음 보기의 이차함수 중 그 그래프의 꼭짓점이 제3사분면 위에 있는 것을 모두 고르시오.

| 보기 |
ㄱ. $y=x^2+6x+7$      ㄴ. $y=\dfrac{1}{2}x^2-3x-1$
ㄷ. $y=-x^2-6x$      ㄹ. $y=-4x^2-16x-17$

**73** 이차함수 $y=x^2-2ax-a+1$의 그래프의 꼭짓점이 직선 $y=x+2$ 위에 있을 때, 상수 $a$의 값은?

① −3      ② −1      ③ 1
④ 3      ⑤ 5

유형 16

## 한 걸음 더 연습

**74** 이차함수 $y=-x^2-2ax+6$의 그래프의 축의 방정식이 $x=2$일 때, 상수 $a$의 값을 구하시오.

**75** 두 이차함수 $y=x^2-2x+a$, $y=-x^2+bx+3$의 그래프의 꼭짓점이 일치할 때, 상수 $a$, $b$에 대하여 $a+b$의 값은?

① 3      ② $\dfrac{7}{2}$      ③ 5

④ $\dfrac{21}{4}$      ⑤ 7

**76** 이차함수 $y=-3x^2-12x+a$의 그래프의 꼭짓점이 $x$축 위에 있을 때, 상수 $a$의 값을 구하시오.

> 점 $(-2, 3)$의 좌표를 이차함수의 식에 대입하고
> 꼭짓점의 좌표를 직선의 식에 대입해 봐.

**까다로운** 기출문제

**77** 이차함수 $y=x^2+2ax+b$의 그래프가 점 $(-2, 3)$을 지나고 꼭짓점이 직선 $y=-2x$ 위에 있을 때, 상수 $a$, $b$에 대하여 $ab$의 값을 구하시오.

---

**유형 17** 이차함수 $y=ax^2+bx+c$의 그래프 그리기
개념편 146~147쪽

❶ $y=a(x-p)^2+q$ 꼴로 고쳐서 꼭짓점의 좌표를 구한다.
  ➡ 꼭짓점의 좌표: $(p, q)$
❷ $y$축과 만나는 점을 표시한다. ➡ 점 $(0, c)$
❸ $a$의 부호에 따라 그래프의 모양을 결정하여 그린다.
  ➡ $a>0$이면 아래로 볼록
    $a<0$이면 위로 볼록

**78** 다음 중 이차함수 $y=-x^2-4x-5$의 그래프는?

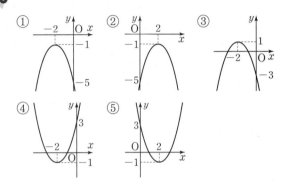

**79** 이차함수 $y=-2x^2+8x-3$의 그래프가 지나지 <u>않는</u> 사분면은?

① 제1사분면      ② 제2사분면
③ 제3사분면      ④ 제4사분면
⑤ 제1, 2사분면

> $y=a(x-p)^2+q$ 꼴로 변형한 후
> $a$의 값의 범위를 생각해 봐.

**까다로운** 기출문제

**80** 이차함수 $y=ax^2+bx+c$의 그래프의 꼭짓점의 좌표가 $(3, -5)$이고 이 그래프가 제3사분면을 지나지 않을 때, 상수 $a$의 값의 범위를 구하시오.

**유형18** 이차함수 $y=ax^2+bx+c$의 그래프에서 증가 또는 감소하는 범위   개념편 146~147쪽

이차함수 $y=ax^2+bx+c$의 그래프에서 증가 또는 감소하는 범위는 $y=a(x-p)^2+q$ 꼴로 고쳐서 그래프를 그렸을 때
➡ 축 $x=p$를 기준으로 바뀐다.

(1) $a>0$일 때      (2) $a<0$일 때

**81** 이차함수 $y=\dfrac{1}{3}x^2-2x+5$의 그래프에서 $x$의 값이 증가할 때, $y$의 값도 증가하는 $x$의 값의 범위는?

① $x>-2$     ② $x>0$     ③ $x>3$

④ $x<3$     ⑤ $x<2$

**82** 이차함수 $y=-x^2+kx+1$의 그래프가 점 $(1, -4)$를 지난다. 이 그래프에서 $x$의 값이 증가할 때, $y$의 값은 감소하는 $x$의 값의 범위를 구하시오. (단, $k$는 상수)

**83** 이차함수 $y=x^2+2ax+3a+1$의 그래프는 $x<2$이면 $x$의 값이 증가할 때 $y$의 값은 감소하고, $x>2$이면 $x$의 값이 증가할 때 $y$의 값도 증가한다. 이 그래프의 꼭짓점의 좌표를 구하시오. (단, $a$는 상수)

 **유형19** 이차함수 $y=ax^2+bx+c$의 그래프가 축과 만나는 점   개념편 146~147쪽

이차함수 $y=ax^2+bx+c$의 그래프가
(1) $x$축과 만나는 점의 $x$좌표
  ➡ $y=0$을 대입하면 이차방정식 $ax^2+bx+c=0$의 해가 $x$좌표이다.
(2) $y$축과 만나는 점의 $y$좌표
  ➡ $x=0$을 대입하면 $y$좌표는 $c$이다.

**84** 오른쪽 그림과 같이 이차함수 $y=x^2+2x-3$의 그래프가 $x$축과 만나는 두 점을 각각 A, B라고 할 때, $\overline{AB}$의 길이를 구하시오.

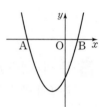

**85** 오른쪽 그림과 같이 이차함수 $y=x^2-6x+8$의 그래프가 $x$축과 만나는 두 점을 각각 A, C, 꼭짓점을 B, $y$축과 만나는 점을 D라고 할 때, 다음 중 옳지 않은 것은? (단, $\overline{DE}$는 $x$축에 평행하다.)

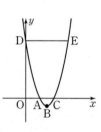

① A$(2, 0)$    ② B$(3, -1)$    ③ C$(4, 0)$

④ D$(0, 8)$    ⑤ E$(5, 8)$

**86** 이차함수 $y=x^2+4x+a$의 그래프가 $x$축과 두 점 A, B에서 만나고 두 점 A, B 사이의 거리가 6일 때, 상수 $a$의 값은?

① $-6$     ② $-5$     ③ $-4$

④ $-3$     ⑤ $-2$

## 유형 20 이차함수 $y=ax^2+bx+c$의 그래프의 평행이동
개념편 146~147쪽

이차함수 $y=ax^2+bx+c$의 그래프를 $x$축의 방향으로 $m$만큼, $y$축의 방향으로 $n$만큼 평행이동한 그래프를 나타내는 이차함수의 식은 다음과 같이 구한다.

❶ $y=a(x-p)^2+q$ 꼴로 고친다.

❷ $x$ 대신 $x-m$, $y$ 대신 $y-n$을 대입한다.

➡ $y-n=a(x-m-p)^2+q$

∴ $y=a(x-m-p)^2+q+n$

**87** 이차함수 $y=x^2+3x+1$의 그래프를 $x$축의 방향으로 2만큼 평행이동한 그래프를 나타내는 이차함수의 식은?

① $y=x^2+x-1$  ② $y=x^2+x+2$

③ $y=x^2-x-1$  ④ $y=x^2-x+2$

⑤ $y=x^2-\dfrac{1}{2}x+1$

**88** 이차함수 $y=2x^2-4x+3$의 그래프를 $x$축의 방향으로 $p$만큼, $y$축의 방향으로 $q$만큼 평행이동하면 이차함수 $y=2x^2-12x+3$의 그래프와 일치한다. 이때 $pq$의 값은?

① $-32$  ② $-28$  ③ $28$

④ $32$  ⑤ $34$

**89** 이차함수 $y=-x^2+6x-6$의 그래프를 $x$축의 방향으로 $-1$만큼, $y$축의 방향으로 $-1$만큼 평행이동한 그래프가 점 $(1, k)$를 지날 때, $k$의 값을 구하시오.

## 유형 21 이차함수 $y=ax^2+bx+c$의 그래프의 성질
개념편 146~147쪽

(1) 그래프의 모양 ➡ $a$의 부호로 판단

그래프의 폭 ➡ $a$의 절댓값으로 판단

(2) 꼭짓점의 좌표, 축의 방정식

➡ $y=a(x-p)^2+q$ 꼴로 고쳐서 구하기

(3) $y$축과 만나는 점 ➡ $(0, c)$

(4) 그래프가 증가 또는 감소하는 범위

➡ 축을 기준으로 그래프의 모양에 따라 판단

(5) $x$축과 만나는 점의 $x$좌표 ➡ $ax^2+bx+c=0$의 해

(6) 지나는 사분면 ➡ 그래프를 그려 보기

**90** 다음 이차함수 중 그 그래프가 위로 볼록하면서 폭이 가장 좁은 것은?

① $y=-x^2-8x$  ② $y=2x^2+6x-1$

③ $y=-3x^2+5$  ④ $y=-\dfrac{1}{2}x^2+2x-2$

⑤ $y=\dfrac{1}{4}x^2+x+4$

**91** 다음 이차함수의 그래프 중 이차함수 $y=\dfrac{1}{2}x^2-4x+3$의 그래프를 평행이동하여 완전히 포갤 수 있는 것은?

① $y=-2x^2+4x-3$  ② $y=-\dfrac{1}{2}x^2+5$

③ $y=\dfrac{1}{2}x(x-1)$  ④ $y=(x+2)^2-7$

⑤ $y=2x^2-4x+3$

**92** 이차함수 $y=-2x^2-x+a$의 그래프가 두 점 $(-1, 5)$, $(1, b)$를 지날 때, $a-2b$의 값을 구하시오.

(단, $a$는 상수)

• 정답과 해설 64쪽

보기 다 ⊙ 모아~

**93** 다음 중 이차함수 $y=-x^2+2x+3$의 그래프에 대한 설명으로 옳지 <u>않은</u> 것을 모두 고르면?

① 아래로 볼록한 포물선이다.

② 직선 $x=-1$을 축으로 한다.

③ 꼭짓점의 좌표는 $(1, 4)$이다.

④ $y$축과 만나는 점의 좌표는 $(0, 3)$이다.

⑤ 제2사분면을 지나지 않는다.

⑥ $x>-1$일 때, $x$의 값이 증가하면 $y$의 값은 감소한다.

⑦ $x$축과 두 점 $(-1, 0)$, $(3, 0)$에서 만난다.

⑧ $y=-x^2$의 그래프를 $x$축의 방향으로 1만큼, $y$축의 방향으로 4만큼 평행이동한 그래프이다.

**94** 다음은 은서가 이차함수 $y=ax^2+bx+c$의 그래프의 성질에 대하여 공부한 내용을 적어 놓은 것이다. 옳지 <u>않은</u> 것을 모두 고른 것은? (단, $a$, $b$, $c$는 상수)

> ㄱ. 축의 방정식은 $x=\dfrac{b}{2a}$이다.
>
> ㄴ. $y$축과 만나는 점의 좌표는 $(0, c)$이다.
>
> ㄷ. $a$의 절댓값은 그래프의 폭을 결정한다.
>
> ㄹ. $a>0$이면 아래로 볼록, $a<0$이면 위로 볼록한 포물선이다.
>
> ㅁ. $y=-ax^2$의 그래프를 평행이동하면 완전히 포개어진다.

① ㄱ, ㄴ     ② ㄱ, ㅁ     ③ ㄴ, ㄷ

④ ㄴ, ㄹ     ⑤ ㄹ, ㅁ

---

**유형22** 이차함수 $y=ax^2+bx+c$의 그래프에서 $a$, $b$, $c$의 부호     **개념편 148쪽**

(1) $a$의 부호: 그래프의 모양에 따라 결정

   ① 아래로 볼록 ➡ $a>0$

   ② 위로 볼록 ➡ $a<0$

(2) $b$의 부호: 축의 위치에 따라 결정

   ① $y$축의 왼쪽에 위치 ➡ $ab>0$($a$, $b$는 같은 부호)

   ② $y$축과 일치 ➡ $b=0$

   ③ $y$축의 오른쪽에 위치 ➡ $ab<0$($a$, $b$는 다른 부호)

(3) $c$의 부호: $y$축과 만나는 점의 위치에 따라 결정

   ① $x$축보다 위쪽에 위치 ➡ $c>0$

   ② 원점에 위치 ➡ $c=0$

   ③ $x$축보다 아래쪽에 위치 ➡ $c<0$

**95** 이차함수 $y=ax^2+bx+c$의 그래프가 오른쪽 그림과 같을 때, 상수 $a$, $b$, $c$의 부호는?

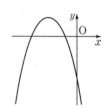

① $a<0$, $b<0$, $c<0$

② $a<0$, $b<0$, $c>0$

③ $a<0$, $b>0$, $c>0$

④ $a>0$, $b<0$, $c>0$

⑤ $a>0$, $b>0$, $c>0$

**96** 이차함수 $y=ax^2+bx+c$의 그래프가 오른쪽 그림과 같을 때, 다음 중 옳은 것은?

(단, $a$, $b$, $c$는 상수)

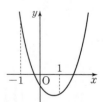

① $ab>0$     ② $ac>0$

③ $bc<0$     ④ $a-b+c<0$

⑤ $a+b+c<0$

**97** $a<0$, $ab>0$, $bc>0$일 때, 다음 중 이차함수 $y=ax^2-bx-c$의 그래프로 적당한 것은?

(단, $a$, $b$, $c$는 상수)

① 　② 　③

④ 　⑤

까다로운
**유형23** 이차함수 $y=ax^2+bx+c$의 그래프와 삼각형의 넓이 　　개념편 146~147쪽

이차함수 $y=ax^2+bx+c$의 그래프 위의 점을 꼭짓점으로 하는 삼각형의 넓이를 구할 때, 다음과 같이 필요한 점의 좌표를 구한다.

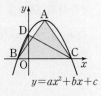

(1) 꼭짓점 A의 좌표
➡ $y=a(x-p)^2+q$ 꼴로 변형하면 A$(p, q)$

(2) $x$축과의 두 교점 B, C의 좌표
➡ 이차방정식 $ax^2+bx+c=0$의 해가 $\alpha$, $\beta$($\alpha<\beta$)이면 B$(\alpha, 0)$, C$(\beta, 0)$

(3) $y$축과의 교점 D의 좌표 ➡ D$(0, c)$

**98** 이차함수 $y=ax^2+bx+c$의 그래프가 오른쪽 그림과 같을 때, 일차함수 $y=ax+\dfrac{c}{b}$의 그래프가 지나지 <u>않는</u> 사분면은?

(단, $a$, $b$, $c$는 상수)

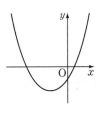

① 제1사분면　② 제2사분면　③ 제3사분면
④ 제4사분면　⑤ 제1, 2사분면

**100** 오른쪽 그림과 같이 이차함수 $y=-x^2+2x+8$의 그래프의 꼭짓점을 A, $x$축과의 두 교점을 각각 B, C라고 할 때, 다음을 구하시오.

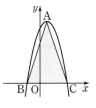

(1) 점 A의 좌표
(2) 두 점 B, C의 좌표
(3) △ABC의 넓이

**99** 일차함수 $y=ax+b$의 그래프가 오른쪽 그림과 같을 때, 다음 중 이차함수 $y=x^2+ax-b$의 그래프로 적당한 것은? (단, $a$, $b$는 상수)

① 　② 　③

④ 　⑤

**101** 서술형 오른쪽 그림과 같이 이차함수 $y=x^2+3x-4$의 그래프와 $x$축과의 두 교점을 각각 A, B, $y$축과의 교점을 C라고 할 때, △ACB의 넓이를 구하시오.

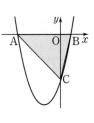

[풀이 과정]

[답]

**102** 오른쪽 그림과 같이 이차함수 $y=\dfrac{1}{3}x^2-\dfrac{4}{3}x-4$의 그래프와 $y$축과의 교점을 A, 꼭짓점을 B 라고 할 때, △OAB의 넓이를 구 하시오. (단, O는 원점)

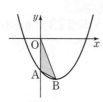

△ABC=△ABO+△AOC-△BOC로 구해 봐.

**103** 오른쪽 그림과 같이 이차함수 $y=-x^2+2x+3$의 그래프의 꼭 짓점을 A, $y$축과의 교점을 B, $x$축과의 교점 중 $x$좌표가 양수인 점을 C라고 할 때, △ABC의 넓 이를 구하시오.

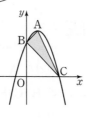

□ABCD=△BCO+△ABO+△AOD로 구해 봐.

**104** 오른쪽 그림과 같이 이차함수 $y=-x^2+4x+5$의 그래프의 꼭 짓점을 A, $y$축과의 교점을 B, $x$축과의 두 교점을 각각 C, D라 고 할 때, □ABCD의 넓이는?

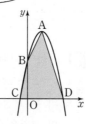

① 20　　② 30　　③ 36
④ 40　　⑤ 56

---

**유형24 이차함수의 식 구하기 – 꼭짓점과 다른 한 점이 주어질 때**　　개념편 151쪽

꼭짓점의 좌표 $(p, q)$와 그래프 위의 다른 한 점 $(x_1, y_1)$이 주어질 때

❶ 이차함수의 식을 $y=a(x-p)^2+q$로 놓는다.

❷ ❶의 식에 점 $(x_1, y_1)$의 좌표를 대입하여 $a$의 값을 구한 다.

**105** 이차함수 $y=ax^2+bx+c$의 그래프가 점 $(-3, 2)$를 지나고, 꼭짓점의 좌표가 $(-2, 1)$일 때, 상수 $a$, $b$, $c$에 대하여 $a+b-c$의 값은?

① $-2$　　② $-1$　　③ 0
④ 1　　⑤ 2

**106** 이차함수 $y=5(x-3)^2-2$의 그래프와 꼭짓점이 일치 하고 점 $(-1, 6)$을 지나는 이차함수의 그래프가 $y$축 과 만나는 점의 좌표는?

① $\left(0, \dfrac{5}{2}\right)$　　② $\left(0, \dfrac{1}{2}\right)$　　③ $(0, 0)$

④ $\left(0, -\dfrac{1}{2}\right)$　　⑤ $\left(0, -\dfrac{5}{2}\right)$

**107** 오른쪽 그림과 같은 이차함수의 그래프가 점 $(5, k)$를 지날 때, $k$의 값은?

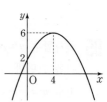

① $\dfrac{11}{4}$　　② 3

③ 4　　④ $\dfrac{21}{4}$

⑤ $\dfrac{23}{4}$

개념편 152쪽

**유형 25** 이차함수의 식 구하기 – 축의 방정식과 두 점이 주어질 때

축의 방정식 $x=p$와 그래프 위의 두 점 $(x_1, y_1)$, $(x_2, y_2)$가 주어질 때

❶ 이차함수의 식을 $y=a(x-p)^2+q$로 놓는다.

❷ ❶의 식에 두 점 $(x_1, y_1)$, $(x_2, y_2)$의 좌표를 각각 대입하여 $a$, $q$의 값을 구한다.

**108** 이차함수 $y=a(x-p)^2+q$의 그래프가 오른쪽 그림과 같이 직선 $x=-2$를 축으로 할 때, 상수 $a$, $p$, $q$에 대하여 $apq$의 값을 구하시오.

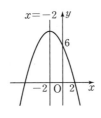

**109** 축의 방정식이 $x=1$이고 $y$축과 만나는 점의 $y$좌표가 $-2$인 이차함수의 그래프가 두 점 $(-2, 14)$, $(3, k)$를 지날 때, $k$의 값을 구하시오.

**110** 이차함수 $y=ax^2+bx+c$의 그래프가 다음 조건을 모두 만족시킬 때, 상수 $a$, $b$, $c$에 대하여 $a+b-c$의 값을 구하시오.

조건

㈎ $y=-2x^2$의 그래프를 평행이동하면 완전히 포개어진다.

㈏ 점 $(-1, -3)$을 지난다.

㈐ $x<-3$일 때, $x$의 값이 증가하면 $y$의 값도 증가하고 $x>-3$일 때, $x$의 값이 증가하면 $y$의 값은 감소한다.

개념편 153쪽

**유형 26** 이차함수의 식 구하기 – 서로 다른 세 점이 주어질 때

그래프 위의 서로 다른 세 점이 주어질 때

❶ 이차함수의 식을 $y=ax^2+bx+c$로 놓는다.

❷ ❶의 식에 세 점의 좌표를 각각 대입하여 $a$, $b$, $c$의 값을 구한다.

참고 세 점 중 $x$좌표가 0인 점의 좌표를 먼저 대입하여 $c$의 값을 구한 후 나머지 점의 좌표를 대입하면 편리하다.

**111** 세 점 $(-1, 6)$, $(0, 1)$, $(1, 2)$를 지나는 포물선을 그래프로 하는 이차함수의 식을 $y=ax^2+bx+c$라고 할 때, 상수 $a$, $b$, $c$에 대하여 $a-2b+3c$의 값을 구하시오.

**112** 서술형 세 점 $(0, 8)$, $(-1, 11)$, $(4, 16)$을 지나는 이차함수의 그래프의 꼭짓점의 좌표를 구하시오.

풀이 과정

답

**113** 오른쪽 그림과 같은 포물선을 그래프로 하는 이차함수의 식은?

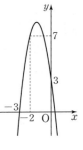

① $y=-x^2-4x+3$

② $y=-2x^2+4x+3$

③ $y=-3x^2-8x+3$

④ $y=x^2-4x+3$

⑤ $y=3x^2+8x+3$

**유형 27** 이차함수의 식 구하기 – $x$축과 만나는 두 점과 다른 한 점이 주어질 때
개념편 154쪽

$x$축과 만나는 두 점 $(m, 0)$, $(n, 0)$과 그래프 위의 다른 한 점 $(x_1, y_1)$이 주어질 때
❶ 이차함수의 식을 $y=a(x-m)(x-n)$으로 놓는다.
❷ ❶의 식에 점 $(x_1, y_1)$의 좌표를 대입하여 $a$의 값을 구한다.

**114** 이차함수 $y=ax^2+bx+c$의 그래프가 점 $(1, -12)$를 지나고, $x$축과 두 점 $(-2, 0)$, $(3, 0)$에서 만날 때, 상수 $a$, $b$, $c$에 대하여 $ab-c$의 값은?

① $-8$    ② $-6$    ③ $4$
④ $6$     ⑤ $8$

**115** 세 점 $(1, 0)$, $(5, 0)$, $(4, k)$를 지나는 포물선을 그래프로 하는 이차함수의 식을 $y=x^2+bx+c$라고 할 때, $b+c-k$의 값은? (단, $b$, $c$는 상수)

① $-2$    ② $-1$    ③ $0$
④ $1$     ⑤ $2$

**116** 오른쪽 그림과 같은 이차함수의 그래프의 꼭짓점의 좌표를 구하시오.

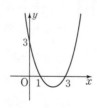

## 톡톡 튀는 문제

**117** 오른쪽 그림에서 이차함수 $y=ax^2$과 $y=dx^2$, $y=bx^2$과 $y=cx^2$의 그래프는 각각 $x$축에 서로 대칭이다. 다음 보기 중 옳은 것을 모두 고른 것은?

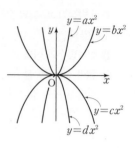

(단, $a$, $b$, $c$, $d$는 상수)

┌ 보기 ┐
ㄱ. $a>b$          ㄴ. $a+b+c+d=0$
ㄷ. $a+c>0$       ㄹ. $abc>0$

① ㄱ, ㄴ    ② ㄱ, ㄹ    ③ ㄴ, ㄷ
④ ㄱ, ㄴ, ㄷ    ⑤ ㄴ, ㄷ, ㄹ

**118** 오른쪽 그림과 같이 평평한 지면 위에 있는 두 지점 A, B 사이의 거리는 12 m이다. 두 지점 A, B에서 각각 9 m, 3 m 떨어진 C 지점에 지면과 수직으로 높이가 6 m인 기둥이 세워져 있다. A 지점에서 쏘아 올린 공이 포물선 모양으로 날아 기둥의 꼭대기에서 지면에 수직으로 6 m 위인 P 지점을 지나 B 지점에 떨어졌다. 이 공이 가장 높이 올라갔을 때의 지면으로부터의 높이를 구하시오. (단, 포물선의 축은 지면에 수직이고 공의 크기와 기둥의 굵기는 생각하지 않는다.)

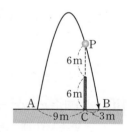

## 꼭 나오는 기본 문제

**1** 다음 중 $y$가 $x$에 대한 이차함수인 것은?

① 1 L에 1500원인 휘발유 $x$ L의 가격 $y$원
② 시속 35 km로 $x$시간 동안 달린 거리 $y$ km
③ 둘레의 길이가 10 cm이고, 가로의 길이가 $x$ cm인 직사각형의 넓이 $y$ cm²
④ 넓이가 8 cm²이고, 밑변의 길이가 $x$ cm인 삼각형의 높이 $y$ cm
⑤ 반지름의 길이가 $x$ cm인 구의 부피 $y$ cm³

**2** 두 이차함수 $y=x^2$, $y=-x^2$의 그래프가 오른쪽 그림과 같을 때, ㉠~㉣ 중 이차함수 $y=-3x^2$의 그래프로 적당한 것을 고르시오.

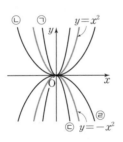

**3** 다음 중 이차함수 $y=-\dfrac{1}{2}x^2$의 그래프에 대한 설명으로 옳은 것은?

① $x$축과 한 점에서 만난다.
② $y=-x^2$의 그래프보다 폭이 좁다.
③ 제1, 2사분면을 지난다.
④ 원점을 꼭짓점으로 하고, 아래로 볼록한 포물선이다.
⑤ $x>0$일 때, $x$의 값이 증가하면 $y$의 값도 증가한다.

**4** 이차함수 $y=-\dfrac{2}{3}x^2$의 그래프와 $x$축에 서로 대칭인 그래프가 점 $(3, a)$를 지날 때, $a$의 값은?

① $-\dfrac{27}{2}$     ② $-6$     ③ $\dfrac{9}{2}$

④ $6$     ⑤ $\dfrac{27}{2}$

**5** 이차함수 $y=f(x)$의 그래프가 오른쪽 그림과 같을 때, $f(4)$의 값을 구하시오.

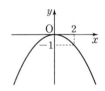

**6** 이차함수 $y=-\dfrac{1}{2}x^2$의 그래프를 $y$축의 방향으로 $a$만큼 평행이동한 그래프가 점 $(-2, -7)$을 지날 때, 평행이동한 그래프의 꼭짓점의 좌표를 구하시오.

서술형

풀이 과정

답

**7** 이차함수 $y=-3(x-2)^2$의 그래프에서 $x$의 값이 증가할 때, $y$의 값은 감소하는 $x$의 값의 범위를 구하시오.

**8** 이차함수 $y=a(x+p)^2+q$의 그래프가 오른쪽 그림과 같을 때, 상수 $a$, $p$, $q$의 부호는?

① $a<0$, $p>0$, $q<0$

② $a<0$, $p>0$, $q>0$

③ $a<0$, $p<0$, $q<0$

④ $a>0$, $p>0$, $q<0$

⑤ $a>0$, $p<0$, $q>0$

**9** 이차함수 $y=-3x^2+12x-6$의 그래프의 축의 방정식과 꼭짓점의 좌표를 차례로 구한 것은?

① $x=1$, $(1, 4)$     ② $x=1$, $(1, 6)$

③ $x=2$, $(2, 2)$     ④ $x=2$, $(2, 6)$

⑤ $x=4$, $(4, 6)$

**10** 다음 이차함수 중 그 그래프가 모든 사분면을 지나는 것은?

① $y=-x^2-8x-10$    ② $y=-x^2-2x+1$

③ $y=x^2+6x+9$       ④ $y=2x^2+4$

⑤ $y=3x^2-9x$

**11** 이차함수 $y=-x^2+10x-19$의 그래프를 $x$축의 방향으로 $-3$만큼, $y$축의 방향으로 $-6$만큼 평행이동한 그래프의 꼭짓점의 좌표를 $(p, q)$라고 할 때, $p+q$의 값을 구하시오.

**12** 다음 중 이차함수 $y=2x^2+4x-3$의 그래프에 대한 설명으로 옳지 <u>않은</u> 것을 모두 고르면? (정답 2개)

① 축의 방정식은 $x=1$이다.

② $y$축과 만나는 점의 좌표는 $(0, -3)$이다.

③ 모든 사분면을 지난다.

④ $y=2x^2$의 그래프를 $x$축의 방향으로 $-2$만큼, $y$축의 방향으로 $-5$만큼 평행이동한 그래프이다.

⑤ $x>-1$일 때, $x$의 값이 증가하면 $y$의 값도 증가한다.

**13** 오른쪽 그림과 같은 포물선을 그래프로 하는 이차함수의 식은?

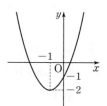

① $y=x^2+2x+1$

② $y=x^2+2x-1$

③ $y=x^2-2x+1$

④ $y=x^2-2x-1$

⑤ $y=x^2-x-1$

**14** 세 점 $(0, 16)$, $(1, 10)$, $(3, -14)$를 지나는 포물선을 그래프로 하는 이차함수의 식을 $y=ax^2+bx+c$라고 할 때, 상수 $a$, $b$, $c$에 대하여 $a-2b-c$의 값을 구하시오.

서술형

풀이 과정

답

LEVEL 2 가뿐하지! 자주 나오는 **실력 문제**

**15** 이차함수 $f(x)=3x^2-7x+2$에 대하여 $f(a)=-2$일 때, 정수 $a$의 값을 구하시오.

**16** 다음 중 주어진 조건을 모두 만족시키는 포물선을 그래프로 하는 이차함수의 식은?

┌ 조건 ┐
(가) 꼭짓점의 좌표가 $(0,\ -1)$이다.

(나) 제1, 2사분면을 지나지 않는다.

(다) $y=x^2$의 그래프보다 폭이 넓다.
└────────┘

① $y=-\dfrac{1}{3}(x+1)^2$　　② $y=3(x-1)^2$

③ $y=-3x^2-1$　　④ $y=-\dfrac{1}{3}x^2-1$

⑤ $y=\dfrac{1}{3}x^2-1$

**17** 오른쪽 그림과 같이 이차함수 $y=a(x-p)^2$의 그래프와 이차함수 $y=-\dfrac{1}{3}x^2+12$의 그래프가 서로의 꼭짓점을 지날 때, 상수 $a$, $p$에 대하여 $3a+p$의 값을 구하시오.
(단, $p>0$)

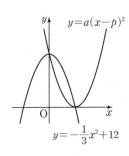

**18** 이차함수 $y=x^2-2ax+a+4$의 그래프의 꼭짓점이 직선 $y=4x$ 위에 있을 때, 상수 $a$의 값을 구하시오.
(단, $a>0$)

**19** 이차함수 $y=\dfrac{1}{4}x^2-x+k$의 그래프가 $x$축과 두 점 A, B에서 만나고 $\overline{AB}=12$일 때, 이 이차함수의 그래프의 꼭짓점의 좌표를 구하시오. (단, $k$는 상수)

**20** 두 이차함수 $y=x^2+4$, $y=x^2-3$의 그래프가 오른쪽 그림과 같을 때, 색칠한 부분의 넓이를 구하시오.

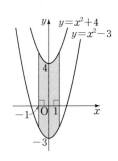

**21** 이차함수 $y=ax^2+bx+c$의 그래프가 오른쪽 그림과 같을 때, 다음 보기 중 옳은 것을 모두 고르시오. (단, $a$, $b$, $c$는 상수)

┌ 보기 ┐
ㄱ. $bc>0$　　　　　　ㄴ. $abc<0$

ㄷ. $\dfrac{a}{b}>0$　　　　　ㄹ. $\dfrac{1}{4}a-\dfrac{1}{2}b+c<0$

ㅁ. $4a+2b+c>0$
└────────┘

**22** 오른쪽 그림과 같이 이차함수
$y=-\dfrac{1}{2}x^2+x+4$의 그래프와
$x$축과의 두 교점을 각각 A, B,
$y$축과의 교점을 C, 꼭짓점을 D
라고 할 때, $\triangle$ABC와 $\triangle$ABD
의 넓이의 차를 구하시오.

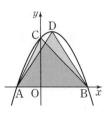

풀이 과정

답

**23** 이차함수 $y=4x^2+24x+41$의 그래프와 꼭짓점의 좌
표가 같고, 이차함수 $y=\dfrac{1}{3}x^2-x-4$의 그래프와 $y$축
에서 만나는 포물선을 그래프로 하는 이차함수의 식
은?

① $y=-x^2-6x-9$     ② $y=-x^2-6x-4$

③ $y=x^2-6x+4$     ④ $y=x^2+6x+4$

⑤ $y=x^2+6x+9$

**24** 이차함수 $y=ax^2+bx+c$의 그래프가 다음 조건을 모
두 만족시킬 때, 상수 $a$, $b$, $c$에 대하여 $ab+c$의 값을
구하시오.

조건

(가) $y=-2x^2$의 그래프를 평행이동하면 완전히 포
개어진다.

(나) 축의 방정식은 $x=1$이다.

(다) 점 $(-2, -7)$을 지난다.

**만점을 위한 도전 문제**

**25** 오른쪽 그림과 같이 이차함수
$y=-3x^2$의 그래프 위에 선분
AB가 $x$축과 평행하도록 두 점
A, B를 잡고, 이차함수 $y=ax^2$
의 그래프 위에 $\square$ABCD가 사
다리꼴이 되도록 두 점 C, D
를 잡았다. 점 B의 $x$좌표는 1,
$\overline{\text{CD}}=2\overline{\text{AB}}$이고 $\square$ABCD의 넓이가 24일 때, 상수 $a$
의 값을 구하시오.

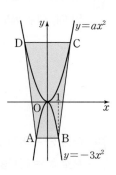

**26** 오른쪽 그림과 같이 직사각형
ABCD의 두 꼭짓점 A, D가 이
차함수 $y=-x^2+6x$의 그래프
위에 있고 두 꼭짓점 B, C가 $x$축
위에 있다. $\square$ABCD의 둘레의
길이가 18일 때, 점 A의 좌표를 구하시오.
    (단, 두 점 A, D는 제1사분면 위의 점이다.)

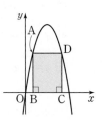

**27** 다음 그림과 같이 두 이차함수 $y=-x^2+2x+8$,
$y=-x^2+10x-16$의 그래프의 꼭짓점을 각각 A, B
라 하고, $x$축과의 두 교점 중 $x$좌표가 작은 점을 각각
C, D라고 할 때, $\square$ACDB의 넓이를 구하시오.

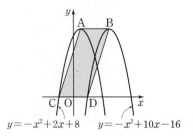

memo

# 1 제곱근과 실수

## 1 제곱근의 뜻과 성질

P. 8

**필수 문제 1** (1) 3, $-3$  (2) 5, $-5$  (3) 0

**1-1** (1) 8, $-8$  (2) 0.6, $-0.6$  (3) 없다.

**필수 문제 2** (1) 4, $-4$  (2) 0.1, $-0.1$

(3) $\dfrac{3}{5}$, $-\dfrac{3}{5}$  (4) 3, $-3$

**2-1** (1) 11, $-11$  (2) 0.2, $-0.2$

(3) $\dfrac{6}{7}$, $-\dfrac{6}{7}$  (4) 0.5, $-0.5$

P. 9

**개념 확인**

| $a$ | 1 | 2 | 3 | 4 | 5 |
|---|---|---|---|---|---|
| $a$의 양의 제곱근 | $\sqrt{1}=1$ | $\sqrt{2}$ | $\sqrt{3}$ | $\sqrt{4}=2$ | $\sqrt{5}$ |
| $a$의 음의 제곱근 | $-\sqrt{1}=-1$ | $-\sqrt{2}$ | $-\sqrt{3}$ | $-\sqrt{4}=-2$ | $-\sqrt{5}$ |
| $a$의 제곱근 | $\pm 1$ | $\pm\sqrt{2}$ | $\pm\sqrt{3}$ | $\pm 2$ | $\pm\sqrt{5}$ |
| 제곱근 $a$ | 1 | $\sqrt{2}$ | $\sqrt{3}$ | $\sqrt{4}=2$ | $\sqrt{5}$ |

| $a$ | 6 | 7 | 8 | 9 | 10 |
|---|---|---|---|---|---|
| $a$의 양의 제곱근 | $\sqrt{6}$ | $\sqrt{7}$ | $\sqrt{8}$ | $\sqrt{9}=3$ | $\sqrt{10}$ |
| $a$의 음의 제곱근 | $-\sqrt{6}$ | $-\sqrt{7}$ | $-\sqrt{8}$ | $-\sqrt{9}=-3$ | $-\sqrt{10}$ |
| $a$의 제곱근 | $\pm\sqrt{6}$ | $\pm\sqrt{7}$ | $\pm\sqrt{8}$ | $\pm 3$ | $\pm\sqrt{10}$ |
| 제곱근 $a$ | $\sqrt{6}$ | $\sqrt{7}$ | $\sqrt{8}$ | $\sqrt{9}=3$ | $\sqrt{10}$ |

**필수 문제 3** (1) $\sqrt{11}$  (2) $-\sqrt{\dfrac{5}{2}}$  (3) $\pm\sqrt{13}$  (4) $\sqrt{13}$

**3-1** (1) $\sqrt{17}$  (2) $-\sqrt{0.5}$  (3) $\pm\sqrt{\dfrac{3}{2}}$  (4) $\sqrt{26}$

**필수 문제 4** (1) 5  (2) $-0.3$  (3) $\pm 8$  (4) $\dfrac{1}{9}$

**4-1** (1) 4  (2) $-0.7$  (3) $\pm 10$  (4) $\dfrac{5}{6}$

STEP 1 쏙쏙 개념 익히기     P. 10

**1** (1) $\pm 1$  (2) $\pm\dfrac{1}{4}$  (3) $\pm 0.5$  (4) $\pm 13$

(5) $\pm\sqrt{11}$  (6) $\pm\sqrt{\dfrac{1}{3}}$  (7) $\pm\sqrt{0.7}$  (8) 없다.

(9) $\pm\sqrt{6}$  (10) $\pm\sqrt{\dfrac{1}{2}}$  (11) $\pm\sqrt{1.2}$  (12) $\pm\sqrt{\dfrac{3}{7}}$

**2** ㄷ, ㅁ, ㅂ  **3** ②  **4** 7

P. 11

**필수 문제 5** (1) 7  (2) 0.8  (3) $-10$  (4) 3

(5) 11  (6) $-\dfrac{2}{5}$

**5-1** (1) $-5$  (2) $\dfrac{1}{3}$  (3) $-13$  (4) $-9$

(5) 0.4  (6) $-\dfrac{3}{7}$

**필수 문제 6** (1) 5  (2) $-2$  (3) 17  (4) 0

**6-1** (1) $-2$  (2) 4  (3) 4  (4) $-5$

P. 12

**필수 문제 7** (1) $2x$, $-2x$  (2) $2x$, $-2x$

**7-1** (1) $5a$  (2) $-11a$  (3) $6a$  (4) $7a$

**필수 문제 8** (1) $x+1$, $-x-1$  (2) $x-5$, $-x+5$

**8-1** (1) $a-3$  (2) $-a+7$  (3) $a+2$  (4) $4-a$

P. 13

**필수 문제 9** 3, 5, 5, 5, 5

**9-1** (1) 6  (2) 2

**필수 문제 10** 10, 16, 25, 36, 6, 15, 26, 6

**10-1** (1) 3  (2) 3

**개념 확인** (1) 2, 8 (2) $\sqrt{2}$, $\sqrt{8}$ (3) $\sqrt{2}$, $\sqrt{8}$

**필수 문제 11** (1) $<$ (2) $>$ (3) $<$ (4) $>$

**11-1** (1) $\sqrt{0.7} < \sqrt{0.8}$ (2) $-3 < -\sqrt{8}$
(3) $\dfrac{1}{2} < \sqrt{\dfrac{2}{3}}$ (4) $-\sqrt{\dfrac{1}{10}} > -\sqrt{\dfrac{1}{2}}$

**필수 문제 12** (1) 1, 2, 3 (2) 4, 5, 6, 7, 8

**12-1** (1) 6, 7, 8, 9 (2) 4, 5, 6, 7, 8, 9

---

**STEP 1 쏙쏙 개념 익히기**

**1** 2개 **2** ㄴ, ㄹ **3** ③, ④ **4** 2개
**5** ⑤

---

**개념 확인** $\sqrt{5}$, $\sqrt{5}$, $\sqrt{5}$, $\sqrt{5}$, $\sqrt{5}$, $-\sqrt{5}$

**필수 문제 4** (1) $\sqrt{2}$ (2) $\sqrt{2}$ (3) P$(1-\sqrt{2})$ (4) Q$(1+\sqrt{2})$

**4-1** (1) $\overline{AC}$의 길이: $\sqrt{8}$, $\overline{DF}$의 길이: $\sqrt{10}$
(2) P: $-2-\sqrt{8}$, Q: $-1+\sqrt{10}$

---

**STEP 1 쏙쏙 개념 익히기**

**1** (1) 16 (2) 0 (3) 1 (4) 7 (5) 8 (6) $-5$
**2** $-\sqrt{5}$, $-\sqrt{2}$, $-1$, 0, $\sqrt{12}$, 4, $\sqrt{17}$
**3** (1) 7개 (2) 9개 **4** (1) 15 (2) 1
**5** $-2a+2$ **6** $-a+5$

---

**필수 문제 5** (1) ○ (2) × (3) × (4) ○ (5) × (6) ○
**5-1** ⑤

---

# 2 무리수와 실수

**필수 문제 1** ㄱ, ㅂ
**1-1** 3개
**필수 문제 2** (1) ○ (2) × (3) × (4) × (5) ○

---

**필수 문제 6** (1) 1.030 (2) 1.063 (3) 7.950 (4) 8.031
**6-1** 6.207

---

**STEP 1 쏙쏙 개념 익히기**

**1** ① $-2-\sqrt{5}$ ② $3-\sqrt{10}$ ③ $4+\sqrt{2}$
**2** P: $1-\sqrt{13}$, Q: $1+\sqrt{13}$
**3** ③, ⑤ **4** 3009

---

**필수 문제 3** (1) 5
(2) 5, $-3$, $-\sqrt{4}$
(3) 5, 1.3, $0.3\dot{4}$, $-3$, $-\sqrt{4}$
(4) $-\sqrt{7}$, $1+\sqrt{3}$
(5) 5, $-\sqrt{7}$, 1.3, $0.3\dot{4}$, $-3$, $-\sqrt{4}$, $1+\sqrt{3}$

**3-1** ③, ⑤

---

**필수 문제 7** (1) $>$ (2) $<$ (3) $<$ (4) $<$
**7-1** (1) $\sqrt{7}-5 > -3$ (2) $-2-\sqrt{8} > -5$
(3) $4+\sqrt{10} < 4+\sqrt{11}$ (4) $\sqrt{13}-4 < \sqrt{13}-\sqrt{15}$
**7-2** $c < a < b$

P. 25

**개념 확인**  ㉠ 4  ㉡ 9  ㉢ 2  ㉣ $\sqrt{5}-2$

**필수 문제 8** (1) 정수 부분: 2, 소수 부분: $\sqrt{6}-2$
              (2) 정수 부분: 3, 소수 부분: $\sqrt{10}-3$

**8-1** (1) 정수 부분: 3, 소수 부분: $\sqrt{15}-3$
      (2) 정수 부분: 4, 소수 부분: $\sqrt{21}-4$

**필수 문제 9** (1) 정수 부분: 3, 소수 부분: $\sqrt{3}-1$
              (2) 정수 부분: 3, 소수 부분: $2-\sqrt{2}$

**9-1** (1) 정수 부분: 2, 소수 부분: $\sqrt{2}-1$
      (2) 정수 부분: 1, 소수 부분: $2-\sqrt{3}$

---

**STEP 1  쓱쓱 개념 익히기**  P. 26

1  ②  2  $c, a$  3  점 D  4  $2-\sqrt{7}$

---

**STEP 2  탄탄 단원 다지기**  P. 27~29

1 ①, ③  2 ④  3 ②  4 ④  5 ④
6 ⑤  7 ③  8 $-3a+3b$  9 10
10 22  11 ②  12 $\dfrac{1}{2}$  13 ③  14 ③
15 ①  16 $-2-\sqrt{5}$  17 ②, ⑤  18 1520
19 ②, ⑤  20 ③

---

**STEP 3  쓱쓱 서술형 완성하기**  P. 30~31

〈과정은 풀이 참조〉

**따라 해보자**  유제 1  $-2x+9$  유제 2  $4-\sqrt{11}$

**연습해 보자**  1 $\dfrac{11}{4}$  2 $95\,\mathrm{cm}^2$  3 31
            4 $-2-\sqrt{7}$, $-2-\sqrt{6}$, 1, $3+\sqrt{2}$, $3+\sqrt{6}$

---

**역사 속 수학**  P. 32

답 16개

---

## 2 근호를 포함한 식의 계산

### 1 근호를 포함한 식의 계산 (1)

P. 36

**필수 문제 1** (1) $\sqrt{15}$  (2) $\sqrt{42}$  (3) $6\sqrt{14}$  (4) $-\sqrt{2}$
**1-1** (1) 6  (2) 10  (3) $6\sqrt{6}$  (4) $\sqrt{12}$
**필수 문제 2** (1) $\sqrt{2}$  (2) 3  (3) $-\sqrt{\dfrac{2}{3}}$  (4) $\dfrac{1}{5}$
**2-1** (1) $\sqrt{13}$  (2) 2  (3) $2\sqrt{6}$  (4) $-\sqrt{10}$

P. 37

**개념 확인**  $2^2, 2^2, 2, 2\sqrt{6}$

**필수 문제 3** (1) $3\sqrt{3}$  (2) $-5\sqrt{2}$  (3) $\dfrac{\sqrt{3}}{7}$  (4) $\dfrac{\sqrt{11}}{10}$

**3-1** (1) $3\sqrt{6}$  (2) $4\sqrt{5}$  (3) $-\dfrac{\sqrt{5}}{8}$  (4) $\dfrac{\sqrt{7}}{100}$

**필수 문제 4** (1) $\sqrt{20}$  (2) $-\sqrt{24}$  (3) $\sqrt{\dfrac{2}{25}}$  (4) $\sqrt{\dfrac{27}{2}}$

**4-1** (1) $\sqrt{18}$  (2) $-\sqrt{250}$  (3) $\sqrt{\dfrac{3}{4}}$  (4) $\sqrt{\dfrac{32}{5}}$

P. 38

**필수 문제 5** (1) 100, 10, 10, 17.32
              (2) 100, 10, 10, 54.77
              (3) 100, 10, 10, 0.1732
              (4) 30, 30, 5.477, 0.5477

**5-1** (1) 70.71  (2) 22.36
      (3) 0.7071  (4) 0.02236

P. 39

**개념 확인**  (1) $\sqrt{3}, \sqrt{3}, \dfrac{\sqrt{3}}{3}$  (2) $\sqrt{3}, \sqrt{3}, \dfrac{2\sqrt{3}}{3}$
           (3) $\sqrt{3}, \sqrt{3}, \dfrac{\sqrt{6}}{3}$  (4) $\sqrt{3}, \sqrt{3}, \dfrac{\sqrt{21}}{6}$

**필수 문제 6** (1) $\dfrac{\sqrt{5}}{5}$  (2) $\dfrac{\sqrt{21}}{7}$  (3) $\dfrac{5\sqrt{6}}{6}$  (4) $\dfrac{\sqrt{3}}{9}$

**6-1** (1) $2\sqrt{3}$  (2) $-\dfrac{\sqrt{5}}{2}$  (3) $\dfrac{4\sqrt{35}}{35}$  (4) $\dfrac{\sqrt{6}}{2}$

**1** (1) $\sqrt{14}$　(2) $-\sqrt{30}$　(3) $30$　(4) $6\sqrt{5}$
　(5) $\sqrt{5}$　(6) $-\sqrt{3}$　(7) $2\sqrt{2}$　(8) $-7\sqrt{5}$

**2** (1) $2\sqrt{5}$　(2) $5\sqrt{3}$　(3) $4\sqrt{2}$　(4) $\dfrac{\sqrt{5}}{3}$
　(5) $\dfrac{\sqrt{2}}{11}$　(6) $\dfrac{\sqrt{3}}{10}$　(7) $\sqrt{28}$　(8) $\sqrt{12}$
　(9) $-\sqrt{50}$　(10) $\sqrt{\dfrac{5}{16}}$　(11) $-\sqrt{\dfrac{3}{64}}$　(12) $\sqrt{24}$

**3** (1) $\dfrac{\sqrt{11}}{11}$　(2) $\dfrac{\sqrt{10}}{2}$　(3) $\dfrac{\sqrt{3}}{3}$　(4) $\dfrac{\sqrt{35}}{21}$
　(5) $\dfrac{2\sqrt{21}}{3}$　(6) $\dfrac{\sqrt{42}}{6}$

**4** (1) $3\sqrt{10}$　(2) $-2\sqrt{6}$　(3) $\dfrac{\sqrt{14}}{2}$　(4) $-\dfrac{10\sqrt{3}}{3}$

**1** ③, ④　　**2** ③　　**3** $\dfrac{1}{3}$
**4** $3\sqrt{2}$ cm　**5** ②　　**6** $2ab$

## ～2 근호를 포함한 식의 계산 (2)

**개념 확인**　2, 3, 5(또는 3, 2, 5)

**필수 문제 1**　(1) $6\sqrt{3}$　(2) $-3\sqrt{5}$　(3) $\dfrac{5\sqrt{11}}{4}$　(4) $\sqrt{5}+4\sqrt{6}$

　　**1-1**　(1) $-3\sqrt{7}$　(2) $2\sqrt{2}$　(3) $\dfrac{\sqrt{5}}{6}$　(4) $5\sqrt{3}-2\sqrt{13}$

**필수 문제 2**　(1) $0$　(2) $\sqrt{2}+3\sqrt{5}$　(3) $\sqrt{2}$　(4) $2\sqrt{7}$

　　**2-1**　(1) $6\sqrt{2}$　(2) $3\sqrt{7}-\sqrt{2}$　(3) $\dfrac{5\sqrt{6}}{9}$　(4) $0$

**필수 문제 3**　(1) $5\sqrt{2}-\sqrt{6}$　　(2) $3\sqrt{2}+6$
　　　　　　　(3) $3\sqrt{3}-2\sqrt{2}$　　(4) $4\sqrt{3}$

　　**3-1**　(1) $\sqrt{10}-2\sqrt{2}$　　(2) $4\sqrt{2}-10$
　　　　　　(3) $-3\sqrt{3}+\sqrt{15}$　　(4) $5\sqrt{2}-3\sqrt{7}$

**필수 문제 4**　(1) $\dfrac{2\sqrt{3}+3}{3}$　　　(2) $\dfrac{\sqrt{10}-\sqrt{15}}{5}$
　　　　　　　(3) $\dfrac{\sqrt{6}-1}{2}$　　　(4) $\sqrt{6}+2$

**4-1**　(1) $\dfrac{2\sqrt{3}+\sqrt{2}}{2}$　　(2) $\dfrac{\sqrt{70}-\sqrt{35}}{7}$
　　　(3) $\dfrac{\sqrt{10}+2}{3}$　　　(4) $\sqrt{10}-3\sqrt{3}$

**필수 문제 5**　(1) $3\sqrt{7}$　(2) $4\sqrt{3}$　(3) $\dfrac{\sqrt{6}}{6}$　(4) $5\sqrt{3}$

　　**5-1**　(1) $3\sqrt{5}$　(2) $6$　(3) $3\sqrt{6}-\dfrac{4\sqrt{3}}{3}$　(4) $5+\sqrt{5}$

**1** (1) $-6\sqrt{2}$　(2) $-\sqrt{5}$　(3) $\dfrac{\sqrt{3}}{4}$　(4) $8\sqrt{6}-8\sqrt{11}$

**2** (1) $9\sqrt{3}$　(2) $-\sqrt{3}+\sqrt{6}$　(3) $\sqrt{2}$　(4) $-\dfrac{2\sqrt{3}}{3}$

**3** (1) $6\sqrt{2}+\sqrt{6}$　　(2) $2\sqrt{6}+12$
　(3) $6\sqrt{3}-3\sqrt{2}$　　(4) $-\sqrt{2}+5\sqrt{5}$

**4** (1) $\dfrac{2\sqrt{10}-4\sqrt{5}}{5}$　(2) $\dfrac{2\sqrt{3}-3\sqrt{2}}{18}$　(3) $\dfrac{\sqrt{30}-3}{6}$

**5** (1) $3+\sqrt{3}$　　　(2) $\dfrac{\sqrt{5}}{3}$　　　(3) $4\sqrt{5}+2\sqrt{7}$
　(4) $-\dfrac{7\sqrt{3}}{3}-\dfrac{3\sqrt{6}}{2}$　(5) $-\sqrt{2}+3\sqrt{6}$　(6) $12$

**1** (1) $a=-1,\ b=1$　(2) $2$　　**2**　$-5$
**3** $5\sqrt{2}+2\sqrt{6}$
**4** (1) $(5+5\sqrt{3})$ cm$^2$　(2) $(3+3\sqrt{3})$ cm$^2$
**5** $3$　　　　　　　　　**6** $\dfrac{5}{2}$

**1** ③　**2** ③　**3** $2$　**4** ⑤　**5** $15.3893$
**6** ⑤　**7** ③　**8** ①　**9** $-\dfrac{1}{2}$　**10** ②
**11** ①　**12** $24\sqrt{3}$　**13** ①　**14** ⑤　**15** ⑤
**16** $\dfrac{5}{6}$　**17** $\dfrac{7-4\sqrt{7}}{7}$　**18** ③
**19** $4\sqrt{3}+2\sqrt{6}$　**20** $18\sqrt{3}$ cm　**21** ③

〈과정은 풀이 참조〉

**따라 해보자**　유제 1　8　　　　　유제 2　$2+4\sqrt{2}$

**연습해 보자**　**1**　(1) 23.75　(2) 0.2304

　　　　　**2**　$\dfrac{\sqrt{3}}{2}$　　　　**3**　$10\sqrt{2}\,\text{cm}$

　　　　　**4**　$B<C<A$

---

**놀이 속 수학**　　　　　　　　　　P. 52

답　$12+6\sqrt{2}$

---

# 3 다항식의 곱셈

## ⌐1 곱셈 공식

P. 56

**개념 확인**　(1) $ac$, $ad$, $bc$, $bd$　(2) $a$, $b$, $a$, $b$, $a$, $b$, $b$

**필수 문제 1**　(1) $ab+3a+2b+6$
　　　　　　(2) $4x^2+19x-5$
　　　　　　(3) $30a^2+4ab-2b^2$
　　　　　　(4) $2x^2-xy-6x-y^2-3y$

　　　　**1-1**　(1) $ab-4a+b-4$
　　　　　　(2) $3a^2-5ab+2b^2$
　　　　　　(3) $10x^2+9x-7$
　　　　　　(4) $x^2+xy-x-12y^2+3y$

　　　　**1-2**　$-7$

P. 57

**개념 확인**　$a$, $ab$, $a$, $2$, $ab$, $b$, $2$, $b$

**필수 문제 2**　(1) $x^2+2x+1$　　(2) $a^2-8a+16$
　　　　　　(3) $4a^2+4ab+b^2$　(4) $x^2-6xy+9y^2$

　　　　**2-1**　(1) $x^2+10x+25$　(2) $a^2-12a+36$
　　　　　　(3) $4x^2-12xy+9y^2$　(4) $25a^2+40ab+16b^2$

**필수 문제 3**　(1) 7, 49　　　　　(2) 2, 4

　　　　**3-1**　$a=5$, $b=20$

P. 58

**개념 확인**　$a$, $ab$, $b$, $a$, $b$

**필수 문제 4**　(1) $x^2-9$　　　　(2) $4a^2-1$
　　　　　　(3) $x^2-16y^2$　　(4) $-64a^2+b^2$

　　　　**4-1**　(1) $a^2-25$　　　(2) $x^2-36y^2$
　　　　　　(3) $16x^2-\dfrac{1}{25}y^2$　(4) $-49a^2+9b^2$

**필수 문제 5**　2, 4

　　　　**5-1**　$x^4-16$

P. 59

**개념 확인**　$a$, $ab$, $a+b$, $ab$,
　　　　　$ac$, $bc$, $bd$, $ac$, $bc$, $bd$

**필수 문제 6**　(1) $x^2+6x+8$　　(2) $a^2+2a-15$
　　　　　　(3) $a^2+6ab-7b^2$　(4) $x^2-3xy+2y^2$

　　　　**6-1**　(1) $x^2+6x+5$　　(2) $a^2-4a-12$
　　　　　　(3) $a^2-11ab+24b^2$　(4) $x^2+3xy-4y^2$

　　　　**6-2**　$a=3$, $b=2$

**필수 문제 7**　(1) $2x^2+7x+3$　　(2) $10a^2-7a-12$
　　　　　　(3) $12a^2-22ab+6b^2$
　　　　　　(4) $-5x^2+17xy-6y^2$

　　　　**7-1**　(1) $4a^2+7a+3$　　(2) $12x^2+22x-14$
　　　　　　(3) $-6a^2+13ab-5b^2$
　　　　　　(4) $-5x^2+21xy-18y^2$

　　　　**7-2**　$a=-2$, $b=-20$

---

**한 번 더 연습**　　　　　　　　　P. 60

**1**　(1) $2x^2+xy+3x-y^2+3y$
　　(2) $3a^2-11ab-2a-4b^2+8b$

**2**　(1) $x^2+6x+9$　　　　(2) $a^2-\dfrac{1}{2}a+\dfrac{1}{16}$
　　(3) $4a^2-16ab+16b^2$　(4) $x^2+2+\dfrac{1}{x^2}$
　　(5) $25a^2-10ab+b^2$　(6) $9x^2+30xy+25y^2$

**3**　(1) $a^2-64$　　　　　(2) $x^2-\dfrac{1}{16}y^2$
　　(3) $-\dfrac{9}{4}a^2+16b^2$　(4) $1-a^8$

**4**　(1) $x^2+9x+20$　　　(2) $a^2+\dfrac{1}{6}a-\dfrac{1}{6}$
　　(3) $x^2-9xy+18y^2$　(4) $a^2-\dfrac{5}{12}ab-\dfrac{1}{6}b^2$

**5**　(1) $20a^2+23a+6$　　(2) $14x^2+33x-5$
　　(3) $2a^2-13ab+6b^2$　(4) $-4x^2+13xy-3y^2$

**6**　(1) $x^2+5x-54$　　　(2) $3a^2+34a-67$

## STEP 1 쏙쏙 개념 익히기    P. 61

**1** 8    **2** ③, ⑤

**3** (1) 3, 9  (2) 7, 4  (3) 3, 2  (4) 3, 5, 23

**4** ㄴ, ㄷ    **5** $-2$

**6** (1) $x^2-y^2$  (2) $12a^2+5ab-2b^2$

**필수 문제 4**  (1) 30    (2) 24

**4-1**  (1) 34    (2) 50

**4-2**  (1) $2\sqrt{2}$    (2) 1    (3) 6

**필수 문제 5**  (1) 7    (2) 5

**5-1**  (1) 27    (2) 29

## 2 곱셈 공식의 활용

**개념 확인**  (1) 50, 50, 1, 2401    (2) 3, 3, 3, 8091

**필수 문제 1**  (1) 2601  (2) 6241  (3) 2475  (4) 10710

**1-1**  (1) 8464  (2) 88804  (3) 4864  (4) 40198

**개념 확인**  2, 2, 4, $-1$, $-1$, 5, $4\sqrt{3}$, 5

**필수 문제 6**  (1) $-1$    (2) 1

**6-1**  (1) 4    (2) $-2$

**6-2**  (1) $5+2\sqrt{6}$    (2) 2

**필수 문제 2**  (1) $11+4\sqrt{7}$    (2) 4
  (3) $6+5\sqrt{2}$    (4) $16-\sqrt{3}$

**2-1**  (1) $9-6\sqrt{2}$    (2) 1
  (3) $-23-3\sqrt{5}$    (4) $17+\sqrt{2}$

**필수 문제 3**  (1) $\sqrt{2}-1$    (2) $\sqrt{7}+\sqrt{3}$
  (3) $2\sqrt{2}-\sqrt{6}$    (4) $9+4\sqrt{5}$

**3-1**  (1) $-\dfrac{1+\sqrt{3}}{2}$    (2) $\sqrt{5}-\sqrt{2}$
  (3) $2-\sqrt{3}$    (4) $2+\sqrt{3}$

## STEP 1 쏙쏙 개념 익히기    P. 68

**1**  (1) 20  (2) 36  (3) $-\dfrac{5}{2}$

**2**  17    **3**  (1) 11  (2) 13

**4**  1    **5**  (1) 4  (2) 14    **6**  26

## STEP 2 탄탄 단원 다지기    P. 69~71

**1** ①    **2** 27    **3** ㄱ과 ㅁ, ㄴ과 ㅂ    **4** 2

**5** ⑤    **6** ①    **7** $12x^2+17x-5$    **8** ③

**9** ⑤    **10** $-3$    **11** ⑤    **12** ③    **13** ④

**14** ④    **15** 6    **16** $-6$    **17** ④    **18** ②

**19** $\dfrac{\sqrt{7}+1}{6}$    **20** ②    **21** ②    **22** ⑤

## STEP 1 쏙쏙 개념 익히기    P. 64~65

**1**  (1) 2809  (2) 21.16  (3) 8084  (4) 10506

**2**  $a=1$, $b=1$, $c=2021$

**3**  (1) $29+12\sqrt{5}$    (2) $-1$
  (3) $-5+2\sqrt{10}$    (4) $32-20\sqrt{5}$

**4**  $2-2\sqrt{2}$

**5**  (1) $3+\sqrt{3}$  (2) $-2\sqrt{2}-3$  (3) $\sqrt{10}-2$  (4) $5-2\sqrt{6}$

**6**  ③

**7**  $\dfrac{\sqrt{3}+1}{2}$    **8**  $2+\sqrt{2}$

## STEP 3 쏙쏙 서술형 완성하기    P. 72~73

〈과정은 풀이 참조〉

**따라 해보자**  유제 1  4    유제 2  22

**연습해 보자**  **1**  1028    **2**  $25+6\sqrt{5}$

**3**  9

**4**  (1) A$(-1+\sqrt{2})$, B$(3-\sqrt{2})$
  (2) $\dfrac{2\sqrt{2}-1}{7}$

답 (1) 2025   (2) 5625   (3) 9025

# 4 인수분해

## 1 다항식의 인수분해

### P. 78

**개념 확인**   (1) $2a^2+2a$     (2) $x^2+10x+25$

           (3) $x^2-2x-3$     (4) $12a^2+a-1$

**필수 문제 1**   $a$, $ab$, $a-b$, $b(a-b)$

     **1-1**   $x+3$, $5(x-2)$

     **1-2**   ㄴ, ㄹ

### P. 79

**개념 확인**   (1) $3a$, $3a(a-2)$

           (2) $2xy$, $2xy(3-y)$

**필수 문제 2**   (1) $a(b-c)$

              (2) $-4a(a+2)$

              (3) $a(2b-y+3z)$

              (4) $3b(2a^2+a-3b)$

     **2-1**   (1) $2a(4x+1)$

             (2) $5y^2(x-2)$

             (3) $a(b^2-a+3b)$

             (4) $2xy(2x-4y+3)$

     **2-2**   (1) $(x+y)(a+b)$

             (2) $(2a-b)(x+2y)$

             (3) $(x-y)(a-3b)$

             (4) $(a-5b)(2x-y)$

### STEP 1 쏙쏙 개념 익히기     P. 80

**1** ⑤     **2** ③     **3** ③

**4** ③     **5** $2x+6$     **6** $2x-5$

## 2 여러 가지 인수분해 공식

### P. 81

**개념 확인**   (1) 1, 1, 1     (2) $2y$, $2y$, $2y$

**필수 문제 1**   (1) $(x+4)^2$     (2) $(2x-1)^2$

             (3) $\left(a+\dfrac{1}{4}\right)^2$    (4) $-2(x-6)^2$

     **1-1**   (1) $(x+8)^2$     (2) $(3x-1)^2$

           (3) $\left(a+\dfrac{b}{2}\right)^2$    (4) $a(x-9y)^2$

**필수 문제 2**   (1) 3, 9   (2) 3, $\pm6$

     **2-1**   (1) 25   (2) 49   (3) $\pm12$   (4) $\pm20$

### P. 82

**개념 확인**   (1) 2, 2, 2   (2) 3, 3, 3

**필수 문제 3**   (1) $(x+1)(x-1)$    (2) $(4a+b)(4a-b)$

             (3) $\left(2x+\dfrac{y}{9}\right)\left(2x-\dfrac{y}{9}\right)$ (4) $(5y+x)(5y-x)$

     **3-1**   (1) $(x+6)(x-6)$    (2) $(2x+7y)(2x-7y)$

           (3) $\left(x+\dfrac{1}{x}\right)\left(x-\dfrac{1}{x}\right)$   (4) $(b+8a)(b-8a)$

     **3-2**   $(x^2+1)(x+1)(x-1)$

**필수 문제 4**   (1) $3(x+3)(x-3)$

             (2) $5(x+y)(x-y)$

             (3) $2a(a+1)(a-1)$

             (4) $4a(x+2y)(x-2y)$

     **4-1**   (1) $6(x+2)(x-2)$

           (2) $4(3x+y)(3x-y)$

           (3) $a^2(a+1)(a-1)$

           (4) $6ab(1+3ab)(1-3ab)$

### 한 번 더 연습     P. 83

**1** (1) $(x+5)^2$        (2) $(a-7b)^2$

   (3) $\left(x+\dfrac{1}{2}\right)^2$     (4) $(2x-9)^2$

**2** (1) $2(x+4)^2$       (2) $3y(x-2)^2$

   (3) $3(3x+y)^2$      (4) $2a(2x-5y)^2$

**3** (1) 36     (2) 16     (3) $\pm\dfrac{5}{2}$     (4) $\pm16$

**4** (1) $(x+7)(x-7)$     (2) $(5a+9b)(5a-9b)$

   (3) $\left(\dfrac{1}{2}x+y\right)\left(\dfrac{1}{2}x-y\right)$   (4) $\left(\dfrac{1}{4}b+3a\right)\left(\dfrac{1}{4}b-3a\right)$

**5** (1) $x^2(x+3)(x-3)$    (2) $(a+b)(x+y)(x-y)$

   (3) $a(a+5)(a-5)$      (4) $4x(x+4y)(x-4y)$

**개념 확인 1** (1) 2, 4  (2) $-1$, $-4$  (3) $-2$, 5  (4) 2, $-6$

**개념 확인 2** 3, 4, 3

**필수 문제 5** (1) $(x+1)(x+2)$  (2) $(x-2)(x-5)$
(3) $(x+3y)(x-2y)$  (4) $(x+2y)(x-7y)$

**5-1** (1) $(x+3)(x+5)$  (2) $(y-4)(y-7)$
(3) $(x+8y)(x-3y)$  (4) $(x+3y)(x-10y)$

**필수 문제 6** 9

**6-1** $2x-9$

**개념 확인** $-1$, 5, $5x$, $2x$, 1, 5

**필수 문제 7** (1) $(x+2)(2x+1)$  (2) $(2x-1)(2x-3)$
(3) $(x+3y)(3x-2y)$  (4) $(2x-3y)(4x+y)$

**7-1** (1) $(x+2)(3x+4)$  (2) $(2x-1)(3x-2)$
(3) $(x+y)(5x-3y)$  (4) $(3x+y)(5x-2y)$

**필수 문제 8** 5

**8-1** $-4$

### 한 번 더 연습

**1** (1) $(x+1)(x+4)$  (2) $(x-1)(x-5)$
(3) $(x+6)(x-5)$  (4) $(y+4)(y-8)$
(5) $(x+3y)(x+7y)$  (6) $(x+9y)(x-2y)$
(7) $(x-5y)(x-7y)$  (8) $(x+3y)(x-4y)$

**2** (1) $2(x+2)(x+4)$  (2) $3(x+3)(x-2)$
(3) $a(x-2)(x-7)$  (4) $2y^2(x+1)(x-5)$

**3** (1) $(x+1)(2x+1)$  (2) $(x-3)(4x-3)$
(3) $(x+4)(3x-1)$  (4) $(2y-3)(3y+1)$
(5) $(x+2y)(2x+3y)$  (6) $(x-2y)(3x-4y)$
(7) $(2x-y)(4x+5y)$  (8) $(2x-3y)(5x+2y)$

**4** (1) $2(x+1)(2x+3)$  (2) $3(a+2)(3a-1)$
(3) $a(x+3)(4x-3)$  (4) $xy(x-5)(2x+1)$

### STEP 1 쏙쏙 개념 익히기

**1** ㄱ, ㄴ, ㄹ  **2** $\dfrac{5}{2}$  **3** $-30$, 30
**4** 11  **5** 4  **6** 4
**7** $x-2$  **8** $-3$  **9** ②
**10** $4x+8$  **11** $6x+8$

**개념 확인** (1) $(x+4)(x+5)$
(2) $(x-1)(y+2)$
(3) $(x+y+1)(x-y-1)$
(4) $(x-2)(x+y+3)$

**필수 문제 9** (1) $(a+b-1)^2$
(2) $(2x-y-5)(2x-y+6)$
(3) $(a+b-2)(a-b)$
(4) $(3x+y-1)^2$

**9-1** (1) $x(x-8)$
(2) $(x-3y+2)(x-3y-9)$
(3) $(x+y-1)(x-y+5)$
(4) $-2(x+4y)(3x-2y)$

**필수 문제 10** (1) $(x-1)(y-1)$
(2) $(x+2)(x-2)(y-2)$
(3) $(x+y-3)(x-y-3)$
(4) $(1+x-2y)(1-x+2y)$

**10-1** (1) $(x+z)(y+1)$
(2) $(x+1)(x-1)(y+1)$
(3) $(x+y-4)(x-y+4)$
(4) $(x+5y+3)(x+5y-3)$

**필수 문제 11** (1) $(x-2)(x+y-2)$
(2) $(x-y+4)(x+y+2)$

**11-1** (1) $(x-3)(x+y-3)$
(2) $(x-y+1)(x+y+3)$

### STEP 1 쏙쏙 개념 익히기

**1** (1) $(x+1)^2$
(2) $(2x-5y+2)(2x-5y-5)$
(3) $(3x+2y+1)(3x-2y-3)$
(4) $(x+3y)^2$

**2** 11

**3** (1) $(a-6)(b+2)$
(2) $(a+1)(a-1)(x+1)$
(3) $(x+3y+4)(x+3y-4)$
(4) $(3x+y-2)(3x-y+2)$

**4** ②

**5** (1) $(x+1)(x+2y+3)$  (2) $(x+y+3)(x-y+5)$

**6** $2x-8$

**개념 확인**　(1) 36, 4, 100　　(2) 14, 20, 400
　　　　　　　(3) 17, 17, 6, 240

**필수 문제 12**　(1) 3700　(2) 2500　(3) 800

　　　**12-1**　(1) 9100　(2) 2500　(3) 36000

**필수 문제 13**　(1) $2-3\sqrt{2}$　(2) 20

　　　**13-1**　(1) $-8\sqrt{7}$　(2) 40

---

**STEP 1 쑥쑥 개념 익히기**　　　　　P. 93

**1** (1) 188　(2) 1600　(3) 9600　(4) 200

**2** 2

**3** (1) $-2\sqrt{5}$　(2) 96

**4** $\sqrt{3}$　　　　**5** 24　　　　**6** $-6$

---

**STEP 2 탄탄 단원 다지기**　　　　P. 94~97

**1** ③　　**2** ③　　**3** ④　　**4** ③　　**5** ④

**6** $a^2(a^2+1)(a+1)(a-1)$　　**7** ①　　**8** ④

**9** ①　　**10** ④　　**11** ⑤　　**12** ④　　**13** $-20$

**14** ⑤　　**15** $2x+9$　**16** ②　　**17** ③　　**18** ②

**19** ④　　**20** ③　　**21** ④　　**22** ①　　**23** ⑤

**24** ③　　**25** ④　　**26** ④

---

**STEP 3 쑥쑥 서술형 완성하기**　　　P. 98~99

〈과정은 풀이 참조〉

**[따라 해보자]**　유제 1　4　　　유제 2　$64\sqrt{2}$

**[연습해 보자]**　**1** 48

　　　　　　**2** (1) $A=2$, $B=-24$

　　　　　　　(2) $(x-4)(x+6)$

　　　　　　**3** $5x+3$

　　　　　　**4** 660

---

**공학 속 수학**　　　　　　　P. 100

답　(1) 67, 73　(2) 97, 103

---

## 5 이차방정식

### 1 이차방정식과 그 해

**필수 문제 1**　(1) ×　(2) ○　(3) ×　(4) ×　(5) ○　(6) ×

　　　**1-1**　ㄱ, ㄹ, ㅂ

**필수 문제 2**　$x=-1$ 또는 $x=2$

　　　**2-1**　ㄴ, ㄹ

---

**STEP 1 쑥쑥 개념 익히기**　　　　　P. 105

**1** ①, ⑤　　**2** ⑤　　**3** ④

**4** 5　　**5** (1) 9　(2) 6　　**6** (1) $-4$　(2) $-4$

---

### 2 이차방정식의 풀이

**필수 문제 1**　(1) $x=0$ 또는 $x=2$

　　　　　　(2) $x=-3$ 또는 $x=1$

　　　　　　(3) $x=-\dfrac{1}{3}$ 또는 $x=4$

　　　　　　(4) $x=-\dfrac{2}{3}$ 또는 $x=\dfrac{3}{2}$

　　　**1-1**　(1) $x=-4$ 또는 $x=-1$

　　　　　　(2) $x=-2$ 또는 $x=5$

　　　　　　(3) $x=\dfrac{1}{3}$ 또는 $x=\dfrac{1}{2}$

　　　　　　(4) $x=-\dfrac{5}{2}$ 또는 $x=\dfrac{1}{3}$

**필수 문제 2**　(1) $x=0$ 또는 $x=1$

　　　　　　(2) $x=-4$ 또는 $x=2$

　　　　　　(3) $x=-\dfrac{4}{3}$ 또는 $x=\dfrac{3}{2}$

　　　　　　(4) $x=-3$ 또는 $x=2$

　　　**2-1**　(1) $x=0$ 또는 $x=-5$

　　　　　　(2) $x=-6$ 또는 $x=5$

　　　　　　(3) $x=-\dfrac{2}{3}$ 또는 $x=3$

　　　　　　(4) $x=-1$ 또는 $x=10$

P. 107

**필수 문제 3**  ㄴ, ㄹ, ㅂ

**3-1**  ④

**필수 문제 4**  (1) 12  (2) $\pm 2$

**4-1**  (1) $a=-4$, $x=7$

(2) $a=8$일 때 $x=-4$, $a=-8$일 때 $x=4$

---

**STEP 1  쏙쏙 개념 익히기**  P. 108

**1**  ⑤

**2**  (1) $x=2$ 또는 $x=4$  (2) $x=3$

(3) $x=-\dfrac{1}{3}$ 또는 $x=\dfrac{3}{2}$  (4) $x=-2$ 또는 $x=2$

**3**  $a=15$, $x=-5$  **4**  ①, ④

**5**  2

---

P. 109

**필수 문제 5**  (1) $x=\pm 2\sqrt{2}$  (2) $x=\pm\dfrac{5}{3}$

(3) $x=-3\pm\sqrt{5}$  (4) $x=-2$ 또는 $x=4$

**5-1**  (1) $x=\pm\sqrt{6}$  (2) $x=\pm\dfrac{7}{2}$

(3) $x=\dfrac{-1\pm\sqrt{3}}{2}$  (4) $x=-\dfrac{7}{3}$ 또는 $x=\dfrac{1}{3}$

**5-2**  3

---

P. 110

**필수 문제 6**  (1) 9, 9, 3, 7, $3\pm\sqrt{7}$  (2) 1, 1, 1, $\dfrac{2}{3}$, $1\pm\dfrac{\sqrt{6}}{3}$

**6-1**  (1) $p=1$, $q=3$  (2) $p=-2$, $q=\dfrac{17}{2}$

**6-2**  (1) $x=5\pm 2\sqrt{5}$  (2) $x=\dfrac{-5\pm\sqrt{33}}{2}$

(3) $x=-1\pm\dfrac{\sqrt{7}}{2}$  (4) $x=\dfrac{4\pm\sqrt{10}}{3}$

---

**STEP 1  쏙쏙 개념 익히기**  P. 111

**1**  (1) $x=\pm\dfrac{\sqrt{5}}{3}$  (2) $x=-5$ 또는 $x=1$

(3) $x=\dfrac{5\pm\sqrt{5}}{2}$  (4) $x=-\dfrac{1}{3}$ 또는 $x=3$

**2**  6  **3**  $A=1$, $B=1$, $C=\dfrac{5}{2}$

**4**  $-5$  **5**  7

---

P. 112

**개념 확인**  $a$, $\left(\dfrac{b}{2a}\right)^2$, $\dfrac{-b\pm\sqrt{b^2-4ac}}{2a}$

**필수 문제 7**  (1) $x=\dfrac{-5\pm\sqrt{13}}{6}$  (2) $x=-2\pm 2\sqrt{2}$

(3) $x=\dfrac{3\pm\sqrt{15}}{2}$

**7-1**  (1) $x=\dfrac{-1\pm\sqrt{33}}{2}$  (2) $x=\dfrac{1\pm\sqrt{5}}{4}$

(3) $x=\dfrac{7\pm\sqrt{13}}{6}$

**7-2**  $A=-3$, $B=41$

---

P. 113

**필수 문제 8**  (1) $x=\dfrac{-1\pm\sqrt{13}}{2}$

(2) $x=2$ 또는 $x=3$

(3) $x=-4$ 또는 $x=2$

**8-1**  (1) $x=3\pm\sqrt{5}$  (2) $x=-5$ 또는 $x=-\dfrac{1}{3}$

(3) $x=\pm\sqrt{11}$

**필수 문제 9**  (1) $x=2$ 또는 $x=7$

(2) $x=0$ 또는 $x=1$

**9-1**  (1) $x=\dfrac{3}{2}$ 또는 $x=2$

(2) $x=-2$ 또는 $x=9$

---

**한 번 더 연습**  P. 114

**1**  (1) $x=\dfrac{-7\pm\sqrt{5}}{2}$  (2) $x=\dfrac{-3\pm\sqrt{29}}{2}$

(3) $x=-1\pm\sqrt{5}$  (4) $x=-3\pm\sqrt{13}$

(5) $x=\dfrac{5\pm\sqrt{33}}{4}$  (6) $x=\dfrac{-4\pm\sqrt{19}}{3}$

**2**  (1) $x=\dfrac{5\pm\sqrt{17}}{2}$  (2) $x=\dfrac{3\pm\sqrt{21}}{2}$

(3) $x=\dfrac{-1\pm\sqrt{6}}{2}$  (4) $x=-1$ 또는 $x=4$

**3**  (1) $x=1$ 또는 $x=11$  (2) $x=\dfrac{-2\pm\sqrt{10}}{6}$

(3) $x=\dfrac{-5\pm\sqrt{29}}{4}$  (4) $x=5\pm\sqrt{34}$

**4**  (1) $x=\dfrac{1}{3}$ 또는 $x=3$  (2) $x=-\dfrac{4}{3}$ 또는 $x=0$

---

| 개념 **확인** | $x-2$, $x-2$, 7, 7, 7, 7, 7 |
| --- | --- |
| 필수 **문제 4** | 팔각형 |
| **4-1** | 15 |
| 필수 **문제 5** | 13, 15 |
| **5-1** | 8 |
| 필수 **문제 6** | 15명 |
| **6-1** | 10명 |
| 필수 **문제 7** | (1) 2초 후   (2) 5초 후 |
| **7-1** | 3초 후 |
| 필수 **문제 8** | 10 cm |
| **8-1** | 3 m |

---

| **1** ⑤ | **2** 16 |
| --- | --- |
| **3** 7 | **4** $a=-3$, $b=2$ |
| **5** $a=3$, $b=33$ | |

## ⌒3 이차방정식의 활용

### 개념 **확인**

| $a$, $b$, $c$의 값 | $b^2-4ac$의 값 | 근의 개수 |
| --- | --- | --- |
| (1) $a=1$, $b=3$, $c=-2$ | $3^2-4\times1\times(-2)=17$ | 2개 |
| (2) $a=4$, $b=-4$, $c=1$ | $(-4)^2-4\times4\times1=0$ | 1개 |
| (3) $a=2$, $b=-5$, $c=4$ | $(-5)^2-4\times2\times4=-7$ | 0개 |

필수 **문제 1**   ㄷ, ㄹ, ㅁ

**1-1**   ②

필수 **문제 2**   (1) $k<\dfrac{9}{8}$   (2) $k=\dfrac{9}{8}$   (3) $k>\dfrac{9}{8}$

**2-1**   (1) $k<6$   (2) $k=6$   (3) $k>6$

필수 **문제 3**   (1) $x^2-4x-5=0$
(2) $2x^2+14x+24=0$
(3) $-x^2+6x-9=0$

**3-1**   (1) $-4x^2-4x+8=0$
(2) $6x^2-5x+1=0$
(3) $3x^2+12x+12=0$

**3-2**   $a=-2$, $b=-60$

| **1** ⑤ | **2** $k\leq\dfrac{5}{2}$ |
| --- | --- |
| **3** $k=12$, $x=3$ | **4** 4 |
| **5** $x=-\dfrac{1}{2}$ 또는 $x=\dfrac{1}{3}$ | **6** $x=-1$ 또는 $x=-\dfrac{1}{2}$ |

---

| **1** 5 | **2** 8, 9 | **3** 10살 |
| --- | --- | --- |
| **4** 4초 후 | **5** 9 cm | |

| **1** ②, ③ | **2** ④ | **3** ④ | **4** $-2$ | **5** ⑤ |
| --- | --- | --- | --- | --- |
| **6** ⑤ | **7** $-7$ | **8** ③ | **9** ③ | **10** 13 |
| **11** ④ | **12** ⑤ | **13** 42 | **14** 22 | |
| **15** $x=-4\pm\sqrt{10}$ | **16** ② | **17** ② | **18** ③ | |
| **19** 2 | **20** ①, ③ | **21** ⑤ | **22** 15단계 | |
| **23** ④ | **24** 21쪽, 22쪽 | **25** 2초 | | |
| **26** 16마리 또는 48마리 | | **27** 7 cm | | |

〈과정은 풀이 참조〉

따라 해보자   유제 1   $x=2$      유제 2   $x=-2$ 또는 $x=14$

연습해 보자   **1** $x=3$      **2** $x=\dfrac{-4\pm\sqrt{13}}{3}$

**3** $x=\dfrac{-3\pm\sqrt{13}}{2}$   **4** 26

답   $\dfrac{1+\sqrt{5}}{2}$

# 6 이차함수와 그 그래프

## 1 이차함수의 뜻

P. 132

**필수 문제 1**  ㄷ, ㅂ

**1-1**  ⑤

**1-2**  (1) $y=4x$　　(2) $y=x^3$
　　　(3) $y=x^2+4x+3$　(4) $y=\pi x^2$
　　　이차함수: (3), (4)

**필수 문제 2**  3

**2-1**  10

---

STEP **1**  쏙쏙 개념 익히기　　　　P. 133

**1** ⑤　　**2** ④　　**3** ②　　**4** 1
**5** 1　　**6** 17

---

## 2 이차함수 $y=ax^2$의 그래프

P. 134~135

**필수 문제 1**  (1)

| $x$ | $\cdots$ | $-3$ | $-2$ | $-1$ | $0$ | $1$ | $2$ | $3$ | $\cdots$ |
|---|---|---|---|---|---|---|---|---|---|
| $y$ | $\cdots$ | $9$ | $4$ | $1$ | $0$ | $1$ | $4$ | $9$ | $\cdots$ |

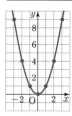

(2) ㄱ. 0, 0, 아래　　ㄴ. $x=0$　　ㄷ. $x$
　　ㄹ. 증가　　ㅁ. 16

**필수 문제 2**  (1)

| $x$ | $\cdots$ | $-3$ | $-2$ | $-1$ | $0$ | $1$ | $2$ | $3$ | $\cdots$ |
|---|---|---|---|---|---|---|---|---|---|
| $y$ | $\cdots$ | $-9$ | $-4$ | $-1$ | $0$ | $-1$ | $-4$ | $-9$ | $\cdots$ |

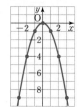

(2) ㄱ. 0, 0, 위　　ㄴ. $x=0$　　ㄷ. $x$
　　ㄹ. 감소　　ㅁ. $-49$

---

**개념 확인**

| $x$ | $\cdots$ | $-3$ | $-2$ | $-1$ | $0$ | $1$ | $2$ | $3$ | $\cdots$ |
|---|---|---|---|---|---|---|---|---|---|
| $y=x^2$ | $\cdots$ | $9$ | $4$ | $1$ | $0$ | $1$ | $4$ | $9$ | $\cdots$ |
| $y=2x^2$ | $\cdots$ | $18$ | $8$ | $2$ | $0$ | $2$ | $8$ | $18$ | $\cdots$ |

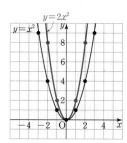

**필수 문제 3**  ㄱ. 0, 0, 위　　ㄴ. $y$, $x=0$　　ㄷ. $y=2x^2$
　　ㄹ. 증가　　ㅁ. $-8$

**3-1**  (1) ㄴ, ㄷ　(2) ㄹ　(3) ㄱ과 ㄴ　(4) ㄱ, ㄹ, ㅁ
　　(5) ㄴ

**필수 문제 4**  2

**4-1**  $-1$

---

STEP **1**  쏙쏙 개념 익히기　　　　P. 137

**1** ③, ⑤　　**2** ④　　**3** $\dfrac{1}{9}$
**4** ⑤　　**5** $y=\dfrac{1}{2}x^2$

---

## 3 이차함수 $y=a(x-p)^2+q$의 그래프

P. 138

**개념 확인**

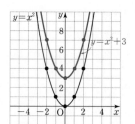

(1) 3
(2) 0
(3) 0, 3

**필수 문제 1**  (1) $y=-3x^2+2$, $x=0$, $(0, 2)$
　　(2) $y=\dfrac{2}{3}x^2-4$, $x=0$, $(0, -4)$

**1-1**  (1) $y=-2x^2+4$　　(2) $x=0$, $0, 4$
　　(3) 위　　　　　　(4) 감소

**1-2**  19

**개념 확인**

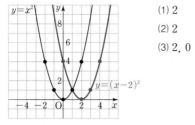

(1) 2
(2) 2
(3) 2, 0

**필수 문제 2** (1) $y=3(x+1)^2$, $x=-1$, $(-1, 0)$

(2) $y=-\dfrac{1}{2}(x-3)^2$, $x=3$, $(3, 0)$

**2-1** (1) $y=\dfrac{1}{3}(x+2)^2$ (2) $x=-2$, $-2$, $0$

(3) 아래 (4) 감소

**2-2** $-\dfrac{1}{4}$

---

**STEP 1 쏙쏙 개념 익히기** P. 140

**1**

| | (1) $y=2x^2-1$ | (2) $y=-\dfrac{2}{3}(x-3)^2$ | (3) $y=-x^2+4$ |
|---|---|---|---|
| | $x=0$ | $x=3$ | $x=0$ |
| | $(0, -1)$ | $(3, 0)$ | $(0, 4)$ |
| | 아래로 볼록 | 위로 볼록 | 위로 볼록 |

(1)~(3)을 그래프의 폭이 좁은 것부터 차례로 나열하면 (1), (3), (2)이다.

**2** $-8$　**3** ②　**4** $1$　**5** ①

---

**개념 확인**

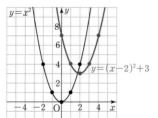

(1) 2, 3
(2) 2
(3) 2, 3

**필수 문제 3** (1) $y=2(x-2)^2+6$, $x=2$, $(2, 6)$

(2) $y=-(x+4)^2+1$, $x=-4$, $(-4, 1)$

**3-1** (1) $y=\dfrac{1}{2}(x+3)^2+1$ (2) $x=-3$, $-3$, $1$

(3) 아래 (4) 증가 (5) 1, 2

**3-2** $-7$

---

**개념 확인**

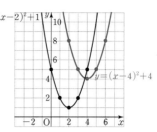

(1) 4, 4
(2) 4
(3) 4, 4

**필수 문제 4** (1) $y=2(x-3)^2+7$, $x=3$, $(3, 7)$

(2) $y=2(x-1)^2+1$, $x=1$, $(1, 1)$

(3) $y=2(x-3)^2+1$, $x=3$, $(3, 1)$

**4-1** $y=-3(x+2)^2+8$, $x=-2$, $(-2, 8)$

---

**필수 문제 5** (1) 아래, $>$ (2) 3, $<$, $<$

**5-1** $a<0$, $p<0$, $q>0$

**5-2** ㄹ, ㅁ, ㅂ

---

**STEP 1 쏙쏙 개념 익히기** P. 144~145

**1** $m=-\dfrac{1}{5}$, $n=-4$　**2** ③, ⑤　**3** $1$

**4** ③　**5** ③　**6** ③　**7** ⑤

**8** ④

---

## 4 이차함수 $y=ax^2+bx+c$의 그래프

**필수 문제 1** (1) 1, 1, 1, 2, 1, 3, 1, 3, 아래, 0, 5

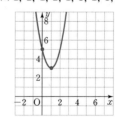

(2) 4, 4, 4, 8, 2, 7, $-2$, 7, 위, 0, $-1$

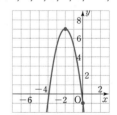

**1-1** (1) $(2, -1)$, $(0, 3)$

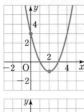

(2) $(3, 2)$, $(0, -1)$

**필수 문제 2** (1) $-5$, $-10$ (2) $0$, $15$ (3) $4$ (4) 감소

**2-1** ㄴ, ㄷ

**필수 문제 3** $(2, 0)$, $(5, 0)$

**3-1** $(-1, 0)$, $(5, 0)$

P. 148

**필수 문제 4** (1) 아래, $>$ (2) 왼, $>$, $>$ (3) 위, $>$

**4-1** (1) $a<0$, $b>0$, $c>0$ (2) $a>0$, $b>0$, $c<0$

---

**STEP 1 쏙쏙 개념 익히기** P. 149~150

**1** (1) $y=-(x+3)^2-3$, $x=-3$, $(-3, -3)$

(2) $y=3(x-1)^2-7$, $x=1$, $(1, -7)$

(3) $y=-\dfrac{1}{4}(x-2)^2+6$, $x=2$, $(2, 6)$

**2** ④ **3** ②, ④ **4** ②

**5** ③ **6** ②

**7** (1) $A(2, 9)$, $B(-1, 0)$, $C(5, 0)$ (2) $27$

**8** $8$

## 5 이차함수의 식 구하기

P. 151

**개념 확인** $x-1$, $2$, $2$, $3$, $3(x-1)^2+2$

**필수 문제 1** $y=4(x+3)^2-1$

**1-1** ③

**1-2** ③

P. 152

**개념 확인** $x-1$, $3$, $4a$, $2$, $1$, $2(x-1)^2+1$

**필수 문제 2** $y=2(x-4)^2-5$

**2-1** $4$ **2-2** ④

---

P. 153

**개념 확인** $2$, $2$, $2$, $2$, $3$, $1$, $3x^2+x+2$

**필수 문제 3** $y=x^2-4x+4$

**3-1** $15$ **3-2** ③

P. 154

**개념 확인** $1$, $2$, $2x^2-6x+4$

**필수 문제 4** $y=x^2-5x+4$

**4-1** $-16$ **4-2** ③

---

**STEP 1 쏙쏙 개념 익히기** P. 155

**1** (1) $y=2x^2-12x+20$ (2) $y=-x^2-2x+5$

(3) $y=-x^2+4x+5$ (4) $y=\dfrac{1}{2}x^2-\dfrac{1}{2}x-3$

**2** (1) $y=-2x^2-4x-1$ (2) $y=3x^2+12x+9$

(3) $y=-x^2-3x+4$ (4) $y=\dfrac{1}{3}x^2-\dfrac{2}{3}x-1$

**3** ④

---

**STEP 2 탄탄 단원 다지기** P. 156~159

| | | | | |
|---|---|---|---|---|
| **1** ⑤ | **2** ⑤ | **3** ② | **4** ⑤ | **5** ① |
| **6** $6$ | **7** ③ | **8** ① | **9** ④ | **10** ② |
| **11** ② | **12** $-7$ | **13** ⑤ | **14** $32$ | **15** ③ |
| **16** ④ | **17** ③ | **18** ⑤ | **19** ② | **20** ④ |
| **21** ④ | **22** ⑤ | **23** ② | **24** $\left(3, -\dfrac{1}{2}\right)$ | |

---

**STEP 3 쏙쏙 서술형 완성하기** P. 160~161

〈과정은 풀이 참조〉

**따라 해보자** 유제 1 $-4$ 유제 2 $12$

**연습해 보자** **1** $6$ **2** $24$ **3** $-4$

**4** $y=\dfrac{1}{2}x^2-\dfrac{1}{2}x+2$

---

**과학 속 수학** P. 162

답 (1) $y=\dfrac{1}{150}x^2$ (2) $58.5\,\mathrm{m}$

## 1 제곱근의 뜻과 성질

**필수 문제 1**  (1) $3, -3$  (2) $5, -5$  (3) $0$

(1) $3^2=9$, $(-3)^2=9$이므로 제곱하여 9가 되는 수는 $3, -3$이다.

(2) $5^2=25$, $(-5)^2=25$이므로 $x^2=25$를 만족시키는 $x$의 값은 $5, -5$이다.

참고 제곱근의 개수

| 수 | 제곱근의 개수 |
|---|---|
| 양수 | 2개 |
| 0 | 1개 |
| 음수 | 0개(생각하지 않는다.) |

**1-1**  (1) $8, -8$  (2) $0.6, -0.6$  (3) 없다.

(1) $8^2=64$, $(-8)^2=64$이므로 제곱하여 64가 되는 수는 $8, -8$이다.

(2) $0.6^2=0.36$, $(-0.6)^2=0.36$이므로 $x^2=0.36$을 만족시키는 $x$의 값은 $0.6, -0.6$이다.

(3) 제곱하여 음수가 되는 수는 없다.

**필수 문제 2**  (1) $4, -4$  (2) $0.1, -0.1$

(3) $\dfrac{3}{5}, -\dfrac{3}{5}$  (4) $3, -3$

(1) $4^2=16$, $(-4)^2=16$이므로 16의 제곱근은 $4, -4$이다.

(2) $0.1^2=0.01$, $(-0.1)^2=0.01$이므로 0.01의 제곱근은 $0.1, -0.1$이다.

(3) $\left(\dfrac{3}{5}\right)^2=\dfrac{9}{25}$, $\left(-\dfrac{3}{5}\right)^2=\dfrac{9}{25}$이므로 $\dfrac{9}{25}$의 제곱근은 $\dfrac{3}{5}, -\dfrac{3}{5}$이다.

(4) $(-3)^2=9$이고, $3^2=9$, $(-3)^2=9$이므로 $(-3)^2$의 제곱근은 $3, -3$이다.

**2-1**  (1) $11, -11$  (2) $0.2, -0.2$

(3) $\dfrac{6}{7}, -\dfrac{6}{7}$  (4) $0.5, -0.5$

(1) $11^2=121$, $(-11)^2=121$이므로 121의 제곱근은 $11, -11$이다.

(2) $0.2^2=0.04$, $(-0.2)^2=0.04$이므로 0.04의 제곱근은 $0.2, -0.2$이다.

(3) $\left(\dfrac{6}{7}\right)^2=\dfrac{36}{49}$이고, $\left(\dfrac{6}{7}\right)^2=\dfrac{36}{49}$, $\left(-\dfrac{6}{7}\right)^2=\dfrac{36}{49}$이므로 $\left(\dfrac{6}{7}\right)^2$의 제곱근은 $\dfrac{6}{7}, -\dfrac{6}{7}$이다.

(4) $(-0.5)^2=0.25$이고, $(0.5)^2=0.25$, $(-0.5)^2=0.25$이므로 $(-0.5)^2$의 제곱근은 $0.5, -0.5$이다.

**개념 확인**

| $a$ | 1 | 2 | 3 | 4 | 5 |
|---|---|---|---|---|---|
| $a$의 양의 제곱근 | $\sqrt{1}=1$ | $\sqrt{2}$ | $\sqrt{3}$ | $\sqrt{4}=2$ | $\sqrt{5}$ |
| $a$의 음의 제곱근 | $-\sqrt{1}=-1$ | $-\sqrt{2}$ | $-\sqrt{3}$ | $-\sqrt{4}=-2$ | $-\sqrt{5}$ |
| $a$의 제곱근 | $\pm1$ | $\pm\sqrt{2}$ | $\pm\sqrt{3}$ | $\pm2$ | $\pm\sqrt{5}$ |
| 제곱근 $a$ | 1 | $\sqrt{2}$ | $\sqrt{3}$ | $\sqrt{4}=2$ | $\sqrt{5}$ |

| $a$ | 6 | 7 | 8 | 9 | 10 |
|---|---|---|---|---|---|
| $a$의 양의 제곱근 | $\sqrt{6}$ | $\sqrt{7}$ | $\sqrt{8}$ | $\sqrt{9}=3$ | $\sqrt{10}$ |
| $a$의 음의 제곱근 | $-\sqrt{6}$ | $-\sqrt{7}$ | $-\sqrt{8}$ | $-\sqrt{9}=-3$ | $-\sqrt{10}$ |
| $a$의 제곱근 | $\pm\sqrt{6}$ | $\pm\sqrt{7}$ | $\pm\sqrt{8}$ | $\pm3$ | $\pm\sqrt{10}$ |
| 제곱근 $a$ | $\sqrt{6}$ | $\sqrt{7}$ | $\sqrt{8}$ | $\sqrt{9}=3$ | $\sqrt{10}$ |

**필수 문제 3**  (1) $\sqrt{11}$  (2) $-\sqrt{\dfrac{5}{2}}$  (3) $\pm\sqrt{13}$  (4) $\sqrt{13}$

**3-1**  (1) $\sqrt{17}$  (2) $-\sqrt{0.5}$  (3) $\pm\sqrt{\dfrac{3}{2}}$  (4) $\sqrt{26}$

**필수 문제 4**  (1) $5$  (2) $-0.3$  (3) $\pm8$  (4) $\dfrac{1}{9}$

(1) $\sqrt{25}$는 25의 양의 제곱근이므로 5이다.

(2) $-\sqrt{0.09}$는 0.09의 음의 제곱근이므로 $-0.3$이다.

(3) $\pm\sqrt{64}$는 64의 제곱근이므로 $\pm8$이다.

(4) $\sqrt{\dfrac{1}{81}}$은 $\dfrac{1}{81}$의 양의 제곱근이므로 $\dfrac{1}{9}$이다.

**4-1**  (1) $4$  (2) $-0.7$  (3) $\pm10$  (4) $\dfrac{5}{6}$

(1) $\sqrt{16}$은 16의 양의 제곱근이므로 4이다.

(2) $-\sqrt{0.49}$는 0.49의 음의 제곱근이므로 $-0.7$이다.

(3) $\pm\sqrt{100}$은 100의 제곱근이므로 $\pm10$이다.

(4) $\sqrt{\dfrac{25}{36}}$는 $\dfrac{25}{36}$의 양의 제곱근이므로 $\dfrac{5}{6}$이다.

**1**
(1) $\pm 1$　(2) $\pm \dfrac{1}{4}$　(3) $\pm 0.5$　(4) $\pm 13$

(5) $\pm \sqrt{11}$　(6) $\pm \sqrt{\dfrac{1}{3}}$　(7) $\pm \sqrt{0.7}$　(8) 없다.

(9) $\pm \sqrt{6}$　(10) $\pm \sqrt{\dfrac{1}{2}}$　(11) $\pm \sqrt{1.2}$　(12) $\pm \sqrt{\dfrac{3}{7}}$

**2** ㄷ, ㅁ, ㅂ　**3** ②　**4** 7

**1**
(9) $\sqrt{36}=6$이므로 6의 제곱근은 $\pm \sqrt{6}$이다.

(10) $\sqrt{\dfrac{1}{4}}=\dfrac{1}{2}$이므로 $\dfrac{1}{2}$의 제곱근은 $\pm \sqrt{\dfrac{1}{2}}$이다.

(11) $\sqrt{1.44}=1.2$이므로 1.2의 제곱근은 $\pm \sqrt{1.2}$이다.

(12) $\sqrt{\dfrac{9}{49}}=\dfrac{3}{7}$이므로 $\dfrac{3}{7}$의 제곱근은 $\pm \sqrt{\dfrac{3}{7}}$이다.

**2**
ㄱ. 10의 제곱근은 $\pm \sqrt{10}$이다.

ㄴ. $\sqrt{64}$는 8이다.

ㄷ. 0의 제곱근은 0의 1개뿐이다.

ㄹ. 음수의 제곱근은 없다.

ㅁ. $(-5)^2=25$, $5^2=25$이므로 두 수의 제곱근은 $\pm 5$로 같다.

ㅂ. 양수 $a$의 제곱근은 $\pm \sqrt{a}$이므로 절댓값이 같은 양수와 음수 2개이다.

따라서 옳은 것은 ㄷ, ㅁ, ㅂ이다.

**3**
① (4의 제곱근)=(제곱하여 4가 되는 수) (③)

　　　　　　　$=(\pm 2)$ (④)

　　　　　　　$=(x^2=4$를 만족시키는 $x$의 값) (⑤)

② (제곱근 4)$=\sqrt{4}=2$

따라서 나머지 넷과 다른 하나는 ②이다.

**4**
$\sqrt{16}=4$이므로 4의 음의 제곱근 $a=-2$

$(-9)^2=81$이므로 81의 양의 제곱근 $b=9$

$\therefore a+b=-2+9=7$

**필수 문제 5**　(1) 7　(2) 0.8　(3) $-10$　(4) 3　(5) 11　(6) $-\dfrac{2}{5}$

**5-1**　(1) $-5$　(2) $\dfrac{1}{3}$　(3) $-13$　(4) $-9$　(5) 0.4　(6) $-\dfrac{3}{7}$

**필수 문제 6**　(1) 5　(2) $-2$　(3) 17　(4) 0
(1) $(\sqrt{2})^2+(-\sqrt{3})^2=2+3=5$

(2) $\sqrt{3^2}-\sqrt{(-5)^2}=3-5=-2$

(3) $\sqrt{4^2}\times(-\sqrt{6})^2-(-\sqrt{7})^2=4\times 6-7=17$

(4) $(-\sqrt{8})^2\times \sqrt{0.5^2}-\sqrt{9}\div \sqrt{\left(\dfrac{3}{4}\right)^2}=8\times 0.5-3\div \dfrac{3}{4}$

　　　　　　　　$=4-3\times \dfrac{4}{3}$

　　　　　　　　$=4-4=0$

**6-1**　(1) $-2$　(2) 4　(3) 4　(4) $-5$
(1) $(\sqrt{5})^2-(-\sqrt{7})^2=5-7=-2$

(2) $\sqrt{12^2}\div \sqrt{(-3)^2}=12\div 3=4$

(3) $(-\sqrt{2})^2+\sqrt{\left(-\dfrac{1}{3}\right)^2}\times \sqrt{36}=2+\dfrac{1}{3}\times 6$

　　　　　　　　$=2+2=4$

(4) $\sqrt{(-2)^2}\div \sqrt{\left(\dfrac{2}{3}\right)^2}-\sqrt{0.64}\times(-\sqrt{10})^2$

　　$=2\div \dfrac{2}{3}-0.8\times 10$

　　$=2\times \dfrac{3}{2}-8$

　　$=3-8=-5$

**필수 문제 7**　(1) $2x$, $-2x$　(2) $2x$, $-2x$
(1) $x>0$일 때, $2x>0$이므로 $\sqrt{(2x)^2}=2x$

　$x<0$일 때, $2x<0$이므로 $\sqrt{(2x)^2}=-2x$

(2) $x>0$일 때, $-2x<0$이므로 $\sqrt{(-2x)^2}=-(-2x)=2x$

　$x<0$일 때, $-2x>0$이므로 $\sqrt{(-2x)^2}=-2x$

**7-1**　(1) $5a$　(2) $-11a$　(3) $6a$　(4) $7a$
(1) $a>0$일 때, $5a>0$이므로 $\sqrt{(5a)^2}=5a$

(2) $a<0$일 때, $-11a>0$이므로 $\sqrt{(-11a)^2}=-11a$

(3) $a>0$일 때, $-6a<0$이므로

　$\sqrt{(-6a)^2}=-(-6a)=6a$

(4) $a<0$일 때, $7a<0$이므로

　$-\sqrt{(7a)^2}=-(-7a)=7a$

**필수 문제 8**　(1) $x+1$, $-x-1$　(2) $x-5$, $-x+5$
(1) $x>-1$일 때, $x+1>0$이므로 $\sqrt{(x+1)^2}=x+1$

　$x<-1$일 때, $x+1<0$이므로

　$\sqrt{(x+1)^2}=-(x+1)=-x-1$

(2) $x>5$일 때, $x-5>0$이므로 $\sqrt{(x-5)^2}=x-5$

　$x<5$일 때, $x-5<0$이므로

　$\sqrt{(x-5)^2}=-(x-5)=-x+5$

**8-1** (1) $a-3$  (2) $-a+7$  (3) $a+2$  (4) $4-a$

(1) $a>3$일 때, $a-3>0$이므로 $\sqrt{(a-3)^2}=a-3$

(2) $a<7$일 때, $a-7<0$이므로
$$\sqrt{(a-7)^2}=-(a-7)=-a+7$$

(3) $a>-2$일 때, $a+2>0$이므로 $\sqrt{(a+2)^2}=a+2$

(4) $a<4$일 때, $4-a>0$이므로 $\sqrt{(4-a)^2}=4-a$

---

**P. 13**

**필수 문제 9**  $3,\ 5,\ 5,\ 5,\ 5$

**9-1** (1) 6  (2) 2

(1) $\sqrt{24x}=\sqrt{2^3\times3\times x}$가 자연수가 되려면
$x=2\times3\times(자연수)^2$ 꼴이어야 한다.
따라서 가장 작은 자연수 $x$의 값은 $2\times3=6$

(2) $\sqrt{\dfrac{98}{x}}=\sqrt{\dfrac{2\times7^2}{x}}$이 자연수가 되려면 $x$는 98의 약수이면서 $x=2\times(자연수)^2$ 꼴이어야 한다.
따라서 가장 작은 자연수 $x$의 값은 2이다.

**필수 문제 10**  $10,\ 16,\ 25,\ 36,\ 6,\ 15,\ 26,\ 6$

**10-1** (1) 3  (2) 3

(1) $\sqrt{6+x}$가 자연수가 되려면 $6+x$는 6보다 큰 $(자연수)^2$ 꼴인 수이어야 하므로
$6+x=9,\ 16,\ 25,\ \cdots$  $\therefore\ x=3,\ 10,\ 19,\ \cdots$
따라서 가장 작은 자연수 $x$의 값은 3이다.

(2) $\sqrt{12-x}$가 자연수가 되려면 $12-x$는 12보다 작은 $(자연수)^2$ 꼴인 수이어야 하므로
$12-x=1,\ 4,\ 9$  $\therefore\ x=11,\ 8,\ 3$
따라서 가장 작은 자연수 $x$의 값은 3이다.

---

**P. 14**

**개념 확인**  (1) $2,\ 8$  (2) $\sqrt{2},\ \sqrt{8}$  (3) $\sqrt{2},\ \sqrt{8}$

**필수 문제 11**  (1) $<$  (2) $>$  (3) $<$  (4) $>$

(1) $5<7$이므로 $\sqrt{5}<\sqrt{7}$

(2) $4=\sqrt{16}$이므로 $\sqrt{16}>\sqrt{15}$에서 $4>\sqrt{15}$

(3) $0.1=\sqrt{0.01}$이므로 $\sqrt{0.01}<\sqrt{0.1}$에서 $0.1<\sqrt{0.1}$

(4) $\dfrac{2}{3}<\dfrac{3}{4}$이고 $\sqrt{\dfrac{2}{3}}<\sqrt{\dfrac{3}{4}}$이므로 $-\sqrt{\dfrac{2}{3}}>-\sqrt{\dfrac{3}{4}}$

**11-1** (1) $\sqrt{0.7}<\sqrt{0.8}$  (2) $-3<-\sqrt{8}$
(3) $\dfrac{1}{2}<\sqrt{\dfrac{2}{3}}$  (4) $-\sqrt{\dfrac{1}{10}}>-\sqrt{\dfrac{1}{2}}$

(1) $0.7<0.8$이므로 $\sqrt{0.7}<\sqrt{0.8}$

(2) $3=\sqrt{9}$이므로 $\sqrt{9}>\sqrt{8}$에서 $3>\sqrt{8}$  $\therefore\ -3<-\sqrt{8}$

(3) $\dfrac{1}{4}<\dfrac{2}{3}$이고 $\sqrt{\dfrac{1}{4}}<\sqrt{\dfrac{2}{3}}$이므로 $\dfrac{1}{2}<\sqrt{\dfrac{2}{3}}$

(4) $\dfrac{1}{10}<\dfrac{1}{2}$이고 $\sqrt{\dfrac{1}{10}}<\sqrt{\dfrac{1}{2}}$이므로 $-\sqrt{\dfrac{1}{10}}>-\sqrt{\dfrac{1}{2}}$

**필수 문제 12**  (1) $1,\ 2,\ 3$  (2) $4,\ 5,\ 6,\ 7,\ 8$

(1) $1\leq\sqrt{x}<2$에서 $\sqrt{1}\leq\sqrt{x}<\sqrt{4}$이므로 $1\leq x<4$
따라서 자연수 $x$의 값은 1, 2, 3이다.

[다른 풀이]
$1\leq\sqrt{x}<2$에서 $1^2\leq(\sqrt{x})^2<2^2$  $\therefore\ 1\leq x<4$
따라서 자연수 $x$의 값은 1, 2, 3이다.

(2) $3<\sqrt{3x}<5$에서 $\sqrt{9}<\sqrt{3x}<\sqrt{25}$이므로
$9<3x<25$  $\therefore\ 3<x<\dfrac{25}{3}\left(=8\dfrac{1}{3}\right)$
따라서 자연수 $x$의 값은 4, 5, 6, 7, 8이다.

**12-1** (1) $6,\ 7,\ 8,\ 9$  (2) $4,\ 5,\ 6,\ 7,\ 8,\ 9$

(1) $5<\sqrt{5x}<7$에서 $\sqrt{25}<\sqrt{5x}<\sqrt{49}$이므로
$25<5x<49$  $\therefore\ 5<x<\dfrac{49}{5}\left(=9\dfrac{4}{5}\right)$
따라서 자연수 $x$의 값은 6, 7, 8, 9이다.

(2) $-3\leq-\sqrt{x}\leq-2$에서 $2\leq\sqrt{x}\leq3$, $\sqrt{4}\leq\sqrt{x}\leq\sqrt{9}$이므로
$4\leq x\leq9$
따라서 자연수 $x$의 값은 4, 5, 6, 7, 8, 9이다.

---

**STEP 1  쏙쏙 개념 익히기**  P. 15

**1** (1) 16  (2) 0  (3) 1  (4) 7  (5) 8  (6) $-5$
**2** $-\sqrt{5},\ -\sqrt{2},\ -1,\ 0,\ \sqrt{12},\ 4,\ \sqrt{17}$
**3** (1) 7개  (2) 9개  **4** (1) 15  (2) 1
**5** $-2a+2$  **6** $-a+5$

**1** (1) $(\sqrt{3})^2+\sqrt{(-13)^2}=3+13=16$

(2) $\left(-\sqrt{\dfrac{3}{2}}\right)^2-\sqrt{\left(\dfrac{3}{2}\right)^2}=\dfrac{3}{2}-\dfrac{3}{2}=0$

(3) $\sqrt{0.36}\times(\sqrt{10})^2\div\sqrt{(-6)^2}=0.6\times10\div6$
$$=6\times\dfrac{1}{6}=1$$

(4) $\sqrt{121}-(\sqrt{14})^2\times\sqrt{\left(\dfrac{2}{7}\right)^2}=11-14\times\dfrac{2}{7}=11-4=7$

(5) $\sqrt{(-7)^2}-\sqrt{\dfrac{64}{9}}\times\sqrt{\left(-\dfrac{3}{4}\right)^2}+\sqrt{3^2}=7-\dfrac{8}{3}\times\dfrac{3}{4}+3$
$$=7-2+3=8$$

(6) $\left(-\sqrt{\dfrac{5}{9}}\right)^2+\sqrt{\dfrac{16}{81}}-(\sqrt{2})^2\div\sqrt{\left(-\dfrac{1}{3}\right)^2}$
$$=\dfrac{5}{9}+\dfrac{4}{9}-2\div\dfrac{1}{3}=1-2\times3$$
$$=1-6=-5$$

**2** (음수)$<0<$(양수)이고 $4=\sqrt{16}$, $-1=-\sqrt{1}$이므로
$-\sqrt{5}<-\sqrt{2}<-\sqrt{1}<0<\sqrt{12}<\sqrt{16}<\sqrt{17}$에서
$-\sqrt{5}<-\sqrt{2}<-1<0<\sqrt{12}<4<\sqrt{17}$

> 참고 (1) (음수)$<0<$(양수)
>
> (2) 두 양수에서는 절댓값이 큰 수가 크다.
>
> (3) 두 음수에서는 절댓값이 큰 수가 작다.
>
> ⇨ 먼저 수를 양수와 음수로 나눈 후 양수는 양수끼리,
> 음수는 음수끼리 대소를 비교한다.

**3** (1) $3\le\sqrt{x+1}<4$에서 $\sqrt{9}\le\sqrt{x+1}<\sqrt{16}$이므로
$9\le x+1<16$    ∴ $8\le x<15$
따라서 자연수 $x$는 8, 9, 10, 11, 12, 13, 14의 7개이다.

(2) $4<\sqrt{2x}<6$에서 $\sqrt{16}<\sqrt{2x}<\sqrt{36}$이므로
$16<2x<36$    ∴ $8<x<18$
따라서 자연수 $x$는 9, 10, 11, 12, 13, 14, 15, 16, 17의 9개이다.

> 참고 **부등식을 만족시키는 자연수의 개수**
>
> $m$, $n(m<n)$이 자연수일 때, $x$의 값의 범위에 따른 자연수 $x$의 개수는 다음과 같다.
>
> (1) $m<x<n$이면 $(n-m-1)$개
>
> (2) $m\le x<n$ 또는 $m<x\le n$이면 $(n-m)$개
>
> (3) $m\le x\le n$이면 $(n-m+1)$개

**4** (1) $\sqrt{240x}=\sqrt{2^4\times3\times5\times x}$가 자연수가 되려면
$x=3\times5\times$(자연수)$^2$ 꼴이어야 한다.
따라서 가장 작은 자연수 $x$의 값은 $3\times5=15$

(2) $\sqrt{50-x}$가 자연수가 되려면 $50-x$는 50보다 작은 (자연수)$^2$ 꼴인 수이어야 하므로
$50-x=1$, 4, 9, 16, 25, 36, 49
∴ $x=49$, 46, 41, 34, 25, 14, 1
따라서 가장 작은 자연수 $x$의 값은 1이다.

**5** $-1<a<3$일 때, $a-3<0$, $a+1>0$이므로
$\sqrt{(a-3)^2}-\sqrt{(a+1)^2}=-(a-3)-(a+1)$
$=-a+3-a-1$
$=-2a+2$

**6** $2<a<3$일 때, $3-a>0$, $2-a<0$, $-a<0$이므로
$\sqrt{(3-a)^2}-\sqrt{(2-a)^2}+\sqrt{(-a)^2}$
$=3-a-\{-(2-a)\}-(-a)$
$=3-a+2-a+a$
$=-a+5$

## ~2 무리수와 실수

P. 16

**필수 문제 1** ㄱ, ㅂ

ㄴ. $\sqrt{9}=3$ ⇨ 유리수

ㄹ. $0.\dot{1}=\dfrac{1}{9}$ ⇨ 유리수

ㅁ. $\sqrt{0.49}=0.7$ ⇨ 유리수

ㅂ. $\sqrt{25}=5$이므로 5의 제곱근은 $\pm\sqrt{5}$ ⇨ 무리수

따라서 무리수인 것은 ㄱ, ㅂ이다.

**1-1** 3개

$\sqrt{1.44}=1.2$ ⇨ 유리수

$\sqrt{0.\dot{4}}=\sqrt{\dfrac{4}{9}}=\dfrac{2}{3}$ ⇨ 유리수

따라서 무리수는 $\sqrt{\dfrac{1}{5}}$, $\pi$, $-\sqrt{15}$의 3개이다.

**필수 문제 2** (1) ○ (2) × (3) × (4) × (5) ○

(2) 무리수는 순환소수가 아닌 무한소수로 나타내어지므로 순환소수로 나타낼 수 없다.

(3) $\sqrt{4}$는 근호를 사용하여 나타낸 수이지만 $\sqrt{4}=2$이므로 유리수이다.

(4) 순환소수는 무한소수이지만 유리수이다.

P. 17

**필수 문제 3** (1) 5

(2) 5, $-3$, $-\sqrt{4}$

(3) 5, 1.3, $0.3\dot{4}\dot{i}$, $-3$, $-\sqrt{4}$

(4) $-\sqrt{7}$, $1+\sqrt{3}$

(5) 5, $-\sqrt{7}$, 1.3, $0.3\dot{4}\dot{i}$, $-3$, $-\sqrt{4}$, $1+\sqrt{3}$

**3-1** ③, ⑤

□ 안에 해당하는 수는 무리수이다.

① $\sqrt{\dfrac{9}{16}}=\dfrac{3}{4}$ ⇨ 유리수

② $-1.5$ ⇨ 유리수

③ $\sqrt{4}=2$이므로 2의 양의 제곱근은 $\sqrt{2}$ ⇨ 무리수

④ $2.\dot{4}=\dfrac{24-2}{9}=\dfrac{22}{9}$ ⇨ 유리수

⑤ $3-\sqrt{2}$ ⇨ 무리수

> 참고 (유리수)$\pm$(무리수)는 무리수이다.

## STEP 1 쏙쏙 개념 익히기  P. 18

**1** 2개  **2** ㄴ, ㄹ  **3** ③, ④  **4** 2개
**5** ⑤

**1** 소수로 나타내었을 때 순환소수가 아닌 무한소수가 되는 수는 무리수이다.

$0.3\dot{4}=\dfrac{34}{99}$, $\sqrt{1.96}=1.4$이므로 무리수인 것은 $\sqrt{10}$, $-\sqrt{3}$의 2개이다.

**2** 정사각형의 한 변의 길이를 각각 구하면
ㄱ. $\sqrt{4}=2$ ⇨ 유리수　　ㄴ. $\sqrt{8}$ ⇨ 무리수
ㄷ. $\sqrt{9}=3$ ⇨ 유리수　　ㄹ. $\sqrt{15}$ ⇨ 무리수
따라서 한 변의 길이가 무리수인 것은 ㄴ, ㄹ이다.

**3** $\sqrt{3}$은 무리수이므로
③ 근호를 사용하지 않고 나타낼 수 없다.
④ $\dfrac{(정수)}{(0이\ 아닌\ 정수)}$ 꼴로 나타낼 수 없다.

**4** ㄱ. 양수 4의 제곱근은 $\pm 2$이다.
ㄴ. 0은 $0=\dfrac{0}{1}=\dfrac{0}{2}=\dfrac{0}{3}=\cdots$과 같이 나타낼 수 있으므로 유리수이다.
**참고** 유리수이면서 무리수인 수는 없다.
ㄹ. 유리수와 무리수의 합은 무리수이다.
따라서 옳은 것은 ㄷ, ㅁ의 2개이다.

**5** ㈎에 해당하는 수는 무리수이다.
① 3.14 ⇨ 유리수, $\sqrt{8}$ ⇨ 무리수
② $\sqrt{25}=5$, $\dfrac{1}{7}$ ⇨ 유리수
③ $\sqrt{\dfrac{1}{81}}=\dfrac{1}{9}$ ⇨ 유리수, $\sqrt{0.9}$ ⇨ 무리수
④ $0.1\dot{3}\dot{5}=\dfrac{135}{999}$ ⇨ 유리수, $\pi$ ⇨ 무리수
따라서 무리수로만 짝 지어진 것은 ⑤이다.

### P. 20

**개념 확인**　$\sqrt{5}$, $\sqrt{5}$, $\sqrt{5}$, $\sqrt{5}$, $\sqrt{5}$, $-\sqrt{5}$

**필수 문제 4**　(1) $\sqrt{2}$　(2) $\sqrt{2}$　(3) $P(1-\sqrt{2})$　(4) $Q(1+\sqrt{2})$
(1) $\overline{AC}=\sqrt{1^2+1^2}=\sqrt{2}$
(2) $\overline{AE}=\sqrt{1^2+1^2}=\sqrt{2}$
(3) 점 P는 1에 대응하는 점에서 왼쪽으로 $\overline{AP}=\overline{AC}=\sqrt{2}$만큼 떨어진 점이므로 $P(1-\sqrt{2})$
(4) 점 Q는 1에 대응하는 점에서 오른쪽으로 $\overline{AQ}=\overline{AE}=\sqrt{2}$만큼 떨어진 점이므로 $Q(1+\sqrt{2})$

**4-1**　(1) $\overline{AC}$의 길이: $\sqrt{8}$, $\overline{DF}$의 길이: $\sqrt{10}$
(2) P: $-2-\sqrt{8}$, Q: $-1+\sqrt{10}$
(1) $\overline{AC}=\sqrt{2^2+2^2}=\sqrt{8}$
$\overline{DF}=\sqrt{3^2+1^2}=\sqrt{10}$
(2) $\overline{AP}=\overline{AC}=\sqrt{8}$이므로 점 P에 대응하는 수는 $-2-\sqrt{8}$
이고, $\overline{DQ}=\overline{DF}=\sqrt{10}$이므로 점 Q에 대응하는 수는 $-1+\sqrt{10}$이다.

### P. 21

**필수 문제 5**　(1) ○　(2) ×　(3) ×　(4) ○　(5) ×　(6) ○
(2) $\sqrt{2}$와 $\sqrt{3}$ 사이에는 무수히 많은 무리수가 있다.
(3) $\sqrt{3}$과 $\sqrt{7}$ 사이에는 무수히 많은 유리수가 있다.
(5) 실수는 유리수와 무리수로 이루어져 있고, 수직선은 실수에 대응하는 점들로 완전히 메울 수 있으므로 유리수와 무리수에 대응하는 점들로 수직선을 완전히 메울 수 있다.

**5-1**　⑤
ㄱ, ㄴ. 서로 다른 두 실수 사이에는 무수히 많은 유리수와 무리수가 있다.
ㄷ. $\sqrt{2}<\sqrt{4}<\sqrt{5}$이고 $\sqrt{4}=2$이므로 $\sqrt{2}$와 $\sqrt{5}$ 사이에는 1개의 정수 2가 있다.
ㄹ. 수직선 위의 모든 점은 그 좌표를 실수로 나타낼 수 있다.
ㅁ. 수직선은 유리수와 무리수에 대응하는 점들로 완전히 메울 수 있다.
따라서 옳은 것은 ㄱ, ㄷ, ㅁ이다.

### P. 22

**필수 문제 6**　(1) 1.030　(2) 1.063　(3) 7.950　(4) 8.031

**6-1**　6.207
$\sqrt{9.54}=3.089$, $\sqrt{9.72}=3.118$이므로
$\sqrt{9.54}+\sqrt{9.72}=3.089+3.118=6.207$

## STEP 1 쏙쏙 개념 익히기  P. 23

**1** ① $-2-\sqrt{5}$　② $3-\sqrt{10}$　③ $4+\sqrt{2}$
**2** P: $1-\sqrt{13}$, Q: $1+\sqrt{13}$
**3** ③, ⑤　　　　　　　　　**4** 3009

**1** ① $\overline{AC}=\sqrt{2^2+1^2}=\sqrt{5}$이므로

$\overline{PC}=\overline{AC}=\sqrt{5}$

따라서 점 P에 대응하는 수는 $-2-\sqrt{5}$이다.

② $\overline{DF}=\sqrt{1^2+3^2}=\sqrt{10}$이므로

$\overline{QF}=\overline{DF}=\sqrt{10}$

따라서 점 Q에 대응하는 수는 $3-\sqrt{10}$이다.

③ $\overline{HG}=\sqrt{1^2+1^2}=\sqrt{2}$이므로

$\overline{HR}=\overline{HG}=\sqrt{2}$

따라서 점 R에 대응하는 수는 $4+\sqrt{2}$이다.

**2** $\overline{AB}=\sqrt{3^2+2^2}=\sqrt{13}$이고 $\overline{BP}=\overline{BA}=\sqrt{13}$이므로

점 P에 대응하는 수는 $1-\sqrt{13}$이고,

$\overline{BC}=\sqrt{2^2+3^2}=\sqrt{13}$이고 $\overline{BQ}=\overline{BC}=\sqrt{13}$이므로

점 Q에 대응하는 수는 $1+\sqrt{13}$이다.

**3** ③ 서로 다른 두 무리수 사이에는 무수히 많은 무리수가 있다.

⑤ 수직선은 유리수와 무리수, 즉 실수에 대응하는 점으로 완전히 메울 수 있다.

**4** $\sqrt{5.84}=2.417$이므로 $a=2.417$

$\sqrt{5.92}=2.433$이므로 $b=5.92$

$\therefore 1000a+100b=1000\times 2.417+100\times 5.92$

$=2417+592=3009$

**필수 문제 7** (1) > (2) < (3) < (4) <

(1) $(\sqrt{6}+1)-3=\sqrt{6}-2=\sqrt{6}-\sqrt{4}>0$

$\therefore \sqrt{6}+1>3$

(2) $(5-\sqrt{2})-4=1-\sqrt{2}=\sqrt{1}-\sqrt{2}<0$

$\therefore 5-\sqrt{2}<4$

(3) $\sqrt{7}<\sqrt{8}$이므로 양변에 3을 더하면

$\sqrt{7}+3<\sqrt{8}+3$

(4) $3<\sqrt{10}$이므로 양변에서 $\sqrt{3}$을 빼면

$3-\sqrt{3}<\sqrt{10}-\sqrt{3}$

**7-1** (1) $\sqrt{7}-5>-3$   (2) $-2-\sqrt{8}>-5$

(3) $4+\sqrt{10}<4+\sqrt{11}$   (4) $\sqrt{13}-4<\sqrt{13}-\sqrt{15}$

(1) $(\sqrt{7}-5)-(-3)=\sqrt{7}-2=\sqrt{7}-\sqrt{4}>0$

$\therefore \sqrt{7}-5>-3$

(2) $(-2-\sqrt{8})-(-5)=3-\sqrt{8}=\sqrt{9}-\sqrt{8}>0$

$\therefore -2-\sqrt{8}>-5$

(3) $\sqrt{10}<\sqrt{11}$이므로 양변에 4를 더하면

$4+\sqrt{10}<4+\sqrt{11}$

(4) $4>\sqrt{15}$에서 $-4<-\sqrt{15}$이므로 양변에 $\sqrt{13}$을 더하면

$\sqrt{13}-4<\sqrt{13}-\sqrt{15}$

**7-2** $c<a<b$

두 수씩 짝 지어 대소를 비교한다.

$a=2-\sqrt{7}$, $b=2-\sqrt{6}$에서

$-\sqrt{7}<-\sqrt{6}$이므로 양변에 2를 더하면

$2-\sqrt{7}<2-\sqrt{6}$

$\therefore a<b$

$b-c=(2-\sqrt{6})-(-1)=3-\sqrt{6}=\sqrt{9}-\sqrt{6}>0$   $\therefore b>c$

$a-c=(2-\sqrt{7})-(-1)=3-\sqrt{7}=\sqrt{9}-\sqrt{7}>0$   $\therefore a>c$

따라서 $c<a<b$이다.

**개념 확인**   ㉠ 4   ㉡ 9   ㉢ 2   ㉣ $\sqrt{5}-2$

**필수 문제 8** (1) 정수 부분: 2, 소수 부분: $\sqrt{6}-2$

(2) 정수 부분: 3, 소수 부분: $\sqrt{10}-3$

(1) $2<\sqrt{6}<3$이므로 $\sqrt{6}$의 정수 부분은 2,

소수 부분은 $\sqrt{6}-2$

(2) $3<\sqrt{10}<4$이므로 $\sqrt{10}$의 정수 부분은 3,

소수 부분은 $\sqrt{10}-3$

**8-1** (1) 정수 부분: 3, 소수 부분: $\sqrt{15}-3$

(2) 정수 부분: 4, 소수 부분: $\sqrt{21}-4$

(1) $3<\sqrt{15}<4$이므로 $\sqrt{15}$의 정수 부분은 3,

소수 부분은 $\sqrt{15}-3$

(2) $4<\sqrt{21}<5$이므로 $\sqrt{21}$의 정수 부분은 4,

소수 부분은 $\sqrt{21}-4$

**필수 문제 9** (1) 정수 부분: 3, 소수 부분: $\sqrt{3}-1$

(2) 정수 부분: 3, 소수 부분: $2-\sqrt{2}$

(1) $1<\sqrt{3}<2$이므로 $3<2+\sqrt{3}<4$

따라서 $2+\sqrt{3}$의 정수 부분은 3,

소수 부분은 $(2+\sqrt{3})-3=\sqrt{3}-1$

(2) $1<\sqrt{2}<2$이므로 $-2<-\sqrt{2}<-1$에서

$3<5-\sqrt{2}<4$

따라서 $5-\sqrt{2}$의 정수 부분은 3,

소수 부분은 $(5-\sqrt{2})-3=2-\sqrt{2}$

**9-1** (1) 정수 부분: 2, 소수 부분: $\sqrt{2}-1$

(2) 정수 부분: 1, 소수 부분: $2-\sqrt{3}$

(1) $1<\sqrt{2}<2$이므로 $2<1+\sqrt{2}<3$

따라서 $1+\sqrt{2}$의 정수 부분은 2,

소수 부분은 $(1+\sqrt{2})-2=\sqrt{2}-1$

(2) $1<\sqrt{3}<2$이므로 $-2<-\sqrt{3}<-1$에서

$1<3-\sqrt{3}<2$

따라서 $3-\sqrt{3}$의 정수 부분은 1,

소수 부분은 $(3-\sqrt{3})-1=2-\sqrt{3}$

**STEP 1  쏙쏙 개념 익히기**  P. 26

| 1 ② | 2 $c, a$ | 3 점 D | 4 $2-\sqrt{7}$ |
| --- | --- | --- | --- |

**1**
① $3-(\sqrt{3}+1)=2-\sqrt{3}=\sqrt{4}-\sqrt{3}>0$
$\quad \therefore 3 \boxed{>} \sqrt{3}+1$
② $(\sqrt{6}-1)-2=\sqrt{6}-3=\sqrt{6}-\sqrt{9}<0$
$\quad \therefore \sqrt{6}-1 \boxed{<} 2$
③ $-\sqrt{2}>-\sqrt{3}$이므로 양변에 4를 더하면
$\quad -\sqrt{2}+4 \boxed{>} -\sqrt{3}+4$
④ $\sqrt{2}>1$이므로 양변에 $\sqrt{5}$를 더하면
$\quad \sqrt{2}+\sqrt{5} \boxed{>} 1+\sqrt{5}$
⑤ $4>\sqrt{15}$이므로 양변에서 $\sqrt{10}$을 빼면
$\quad 4-\sqrt{10} \boxed{>} \sqrt{15}-\sqrt{10}$
따라서 부등호의 방향이 나머지 넷과 다른 하나는 ②이다.

**2**
$a-b=(1+\sqrt{3})-2=\sqrt{3}-1>0$
$\therefore a>b$
$b-c=2-(\sqrt{5}-1)=3-\sqrt{5}=\sqrt{9}-\sqrt{5}>0$
$\therefore b>c$
$\therefore c<b<a$
따라서 가장 작은 수는 $c$, 가장 큰 수는 $a$이다.

**3**
$\sqrt{9}<\sqrt{10}<\sqrt{16}$에서 $3<\sqrt{10}<4$이므로
$-4<-\sqrt{10}<-3$  $\therefore 1<5-\sqrt{10}<2$
따라서 $5-\sqrt{10}$에 대응하는 점은 D이다.

**4**
$2<\sqrt{7}<3$이므로 $-3<-\sqrt{7}<-2$에서
$1<4-\sqrt{7}<2$
즉, $4-\sqrt{7}$의 정수 부분 $a=1$
소수 부분 $b=(4-\sqrt{7})-1=3-\sqrt{7}$
$\therefore b-a=(3-\sqrt{7})-1=2-\sqrt{7}$

**STEP 2  탄탄 단원 다지기**  P. 27~29

| 1 ①, ③ | 2 ④ | 3 ② | 4 ④ | 5 ④ |
| --- | --- | --- | --- | --- |
| 6 ⑤ | 7 ③ | 8 $-3a+3b$ | | 9 10 |
| 10 22 | 11 ② | 12 $\frac{1}{2}$ | 13 ③ | 14 ③ |
| 15 ① | 16 $-2-\sqrt{5}$ | | 17 ②, ⑤ | 18 1520 |
| 19 ②, ⑤ | 20 ③ | | | |

**1**
② $(-5)^2=25$의 제곱근은 $\pm 5$의 2개이다.
④ 0의 제곱근은 0이다.
⑤ 제곱근 6은 $\sqrt{6}$이고, 36의 양의 제곱근은 6이다.
따라서 옳은 것은 ①, ③이다.

**2**
$\sqrt{81}=9$의 음의 제곱근은 $-3$이므로 $a=-3$
제곱근 100은 $\sqrt{100}=10$이므로 $b=10$
$(-7)^2=49$의 양의 제곱근은 7이므로 $c=7$
$\therefore a+b+c=-3+10+7=14$

**3**
어떤 수가 유리수의 제곱인 수일 때, 그 제곱근을 근호를 사용하지 않고 나타낼 수 있다.
$8=2^3$, $0.1=\frac{1}{10}$, $1.69=1.3^2$, $\frac{160}{25}=\frac{32}{5}=\frac{2^5}{5}$,
$1000=10^3$, $\frac{64}{121}=\left(\frac{8}{11}\right)^2$
이때 유리수의 제곱인 수는 $1.69$, $\frac{64}{121}$이므로 근호를 사용하지 않고 제곱근을 나타낼 수 있는 것은 $1.69$, $\frac{64}{121}$의 2개이다.

**4**
(두 정사각형의 넓이의 합)$=3^2+5^2=34(\text{cm}^2)$
새로 만든 정사각형의 한 변의 길이를 $x$ cm라고 하면
$x^2=34$
이때 $x>0$이므로 $x=\sqrt{34}$

**5**
①, ②, ③, ⑤ $-7$  ④ 7

**6**
① $(\sqrt{2})^2+(-\sqrt{5})^2=2+5=7$
② $\sqrt{6^2}-\sqrt{(-4)^2}=6-4=2$
③ $\left(\sqrt{\frac{1}{2}}\right)^2 \times \sqrt{\left(-\frac{4}{3}\right)^2}=\frac{1}{2} \times \frac{4}{3}=\frac{2}{3}$
④ $\sqrt{\frac{9}{16}} \times \sqrt{(-4)^2} \div \left(-\sqrt{\frac{1}{2}}\right)^2=\frac{3}{4} \times 4 \div \frac{1}{2}$
$\qquad\qquad =\frac{3}{4} \times 4 \times 2=6$
⑤ $\sqrt{3^4} \div (-\sqrt{3})^2-\sqrt{(-2)^2} \times \left(\sqrt{\frac{3}{2}}\right)^2=3^2 \div 3-2 \times \frac{3}{2}$
$\qquad\qquad =3-3=0$
따라서 계산 결과가 옳지 않은 것은 ⑤이다.

**7**
$a<0$일 때, $-2a>0$이므로
$\sqrt{(-2a)^2}-\sqrt{a^2}=-2a-(-a)=-a$

**8**
$a<b$, $ab<0$일 때, $a<0$, $b>0$이므로
$-4a>0$, $4b>0$, $a-b<0$
$\therefore \sqrt{(-4a)^2}+\sqrt{16b^2}-\sqrt{(a-b)^2}$
$\quad =-4a+\sqrt{(4b)^2}-\{-(a-b)\}$
$\quad =-4a+4b+a-b$
$\quad =-3a+3b$

**9** $\sqrt{\dfrac{45}{2}x}=\sqrt{\dfrac{3^2\times5\times x}{2}}$ 가 자연수가 되려면

$x=2\times5\times$(자연수)$^2$ 꼴이어야 한다.

따라서 가장 작은 자연수 $x$의 값은 $2\times5=10$

**10** $\sqrt{19-x}$ 가 정수가 되려면 $19-x$가 0 또는 19보다 작은 (자연수)$^2$ 꼴인 수이어야 하므로

$19-x=0,\ 1,\ 4,\ 9,\ 16$ $\quad\therefore\ x=19,\ 18,\ 15,\ 10,\ 3$

따라서 $x$의 값 중 가장 큰 수 $a=19$, 가장 작은 수 $b=3$이므로

$a+b=19+3=22$

**11** ① $5=\sqrt{25}$이므로 $\sqrt{25}>\sqrt{24}$에서 $5>\sqrt{24}$

② $\dfrac{5}{2}=\sqrt{\dfrac{25}{4}}$이고 $\sqrt{6}=\sqrt{\dfrac{24}{4}}$이므로

$\sqrt{\dfrac{24}{4}}<\sqrt{\dfrac{25}{4}}$ $\quad\therefore\ \sqrt{6}<\dfrac{5}{2}$

③ $0.4=\sqrt{0.16}$이므로 $\sqrt{0.16}<\sqrt{0.2}$에서

$0.4<\sqrt{0.2}$ $\quad\therefore\ -0.4>-\sqrt{0.2}$

④ $\dfrac{1}{3}=\sqrt{\dfrac{1}{9}}$이므로 $\sqrt{\dfrac{1}{9}}<\sqrt{\dfrac{1}{5}}$에서

$\dfrac{1}{3}<\sqrt{\dfrac{1}{5}}$ $\quad\therefore\ -\dfrac{1}{3}>-\sqrt{\dfrac{1}{5}}$

⑤ $\dfrac{3}{5}=\sqrt{\dfrac{9}{25}}=\sqrt{\dfrac{18}{50}},\ \dfrac{3}{10}=\sqrt{\dfrac{9}{100}}=\sqrt{\dfrac{15}{50}}$이므로

$\sqrt{\dfrac{18}{50}}>\sqrt{\dfrac{15}{50}}$에서 $\dfrac{3}{5}>\sqrt{\dfrac{3}{10}}$

따라서 옳은 것은 ②이다.

**12** (음수)$<0<$(양수)이고 $\dfrac{1}{2}=\sqrt{\dfrac{1}{4}}$, $2=\sqrt{4}$이므로

주어진 수를 작은 것부터 차례로 나열하면

$-\sqrt{7},\ -\sqrt{2},\ -\sqrt{\dfrac{1}{3}},\ 0,\ \dfrac{1}{2},\ \sqrt{3},\ 2$

따라서 다섯 번째에 오는 수는 $\dfrac{1}{2}$이다.

**13** $\sqrt{4}<\sqrt{8}<\sqrt{9}$, 즉 $2<\sqrt{8}<3$이므로

$f(8)=(\sqrt{8}$ 이하의 자연수의 개수$)=2$

$\sqrt{9}<\sqrt{12}<\sqrt{16}$, 즉 $3<\sqrt{12}<4$이므로

$f(12)=(\sqrt{12}$ 이하의 자연수의 개수$)=3$

$\therefore\ f(8)+f(12)=2+3=5$

**14** $\sqrt{0.01}=0.1=\dfrac{1}{10}$ ⇨ 유리수

$0.4\dot{5}=\dfrac{41}{90}$ ⇨ 유리수

$\pi-1,\ \dfrac{\sqrt{2}}{3},\ \dfrac{3}{\sqrt{5}}$ ⇨ 무리수

따라서 무리수인 것은 3개이다.

**15** ② $B(-1+\sqrt{2})$ ③ $C(2-\sqrt{2})$

④ $D(3-\sqrt{2})$ ⑤ $E(2+\sqrt{2})$

따라서 옳은 것은 ①이다.

**16** $\overline{AD}=\sqrt{2^2+1^2}=\sqrt{5}$이므로 $\overline{AQ}=\overline{AD}=\sqrt{5}$

점 Q에 대응하는 수가 $\sqrt{5}-2$이므로 점 A에 대응하는 수는 $-2$이다.

$\overline{AB}=\sqrt{1^2+2^2}=\sqrt{5}$이므로 $\overline{AP}=\overline{AB}=\sqrt{5}$

따라서 점 P에 대응하는 수는 $-2-\sqrt{5}$이다.

**17** ② 무한소수 중 순환소수는 유리수이고, 순환소수가 아닌 무한소수는 무리수이다.

⑤ 서로 다른 두 실수 사이에는 무수히 많은 무리수가 있다.

**18** $\sqrt{55.2}=7.430$이므로 $a=7.430$

$\sqrt{59.1}=7.688$이므로 $b=59.1$

$\therefore\ 1000a-100b=1000\times7.430-100\times59.1$

$=7430-5910=1520$

**19** ① $4-(\sqrt{3}+2)=2-\sqrt{3}=\sqrt{4}-\sqrt{3}>0$

$\therefore\ 4>\sqrt{3}+2$

② $1-(3-\sqrt{2})=-2+\sqrt{2}=-\sqrt{4}+\sqrt{2}<0$

$\therefore\ 1<3-\sqrt{2}$

③ $\sqrt{3}>\sqrt{2}$이므로 양변에 2를 더하면

$\sqrt{3}+2>\sqrt{2}+2$

④ $\sqrt{5}<\sqrt{7}$이므로 양변에서 3을 빼면

$\sqrt{5}-3<\sqrt{7}-3$

⑤ $\sqrt{5}>2$이므로 양변에서 $\sqrt{10}$을 빼면

$-\sqrt{10}+\sqrt{5}>2-\sqrt{10}$

따라서 옳은 것은 ②, ⑤이다.

**20** $9<\sqrt{90}<10$이므로 $7<\sqrt{90}-2<8$

따라서 $\sqrt{90}-2$에 대응하는 점이 있는 구간은 C이다.

---

**STEP 3** 쑥쑥 **서술형 완성하기** P. 30～31

〈과정은 풀이 참조〉

**따라 해보자** 유제 1 $-2x+9$ 유제 2 $4-\sqrt{11}$

**연습해 보자** 1 $\dfrac{11}{4}$ 2 $95\,\mathrm{cm}^2$ 3 31

4 $-2-\sqrt{7},\ -2-\sqrt{6},\ 1,\ 3+\sqrt{2},\ 3+\sqrt{6}$

---

**따라 해보자**

유제 1 **1단계** $x<6$이므로 $x-6<0$ ···(ⅰ)

**2단계** $3<x$이므로 $3-x<0$ ···(ⅱ)

**3단계** $\sqrt{(x-6)^2}-\sqrt{(3-x)^2}$

$=-(x-6)-\{-(3-x)\}$

$=-x+6+3-x$

$=-2x+9$ ···(ⅲ)

| 채점 기준 | 비율 |
|---|---|
| (i) $x-6$의 부호 구하기 | 30 % |
| (ii) $3-x$의 부호 구하기 | 30 % |
| (iii) $\sqrt{(x-6)^2}-\sqrt{(3-x)^2}$을 간단히 하기 | 40 % |

**유제 2** **1단계** $3<\sqrt{11}<4$이므로 $1<\sqrt{11}-2<2$에서
$\sqrt{11}-2$의 정수 부분은 1이다.
$\therefore a=1$ $\cdots$ (i)
**2단계** $\sqrt{11}-2$의 소수 부분은
$(\sqrt{11}-2)-1=\sqrt{11}-3$이다.
$\therefore b=\sqrt{11}-3$ $\cdots$ (ii)
**3단계** $\therefore a-b=1-(\sqrt{11}-3)$
$=4-\sqrt{11}$ $\cdots$ (iii)

| 채점 기준 | 비율 |
|---|---|
| (i) $a$의 값 구하기 | 40 % |
| (ii) $b$의 값 구하기 | 40 % |
| (iii) $a-b$의 값 구하기 | 20 % |

**연습해 보자**

**1** $\sqrt{(-3)^4}\div(-\sqrt{3})^2-\sqrt{\left(\dfrac{2}{3}\right)^2\times\left(\sqrt{\dfrac{3}{8}}\right)^2}$
$=\sqrt{81}\div3-\dfrac{2}{3}\times\dfrac{3}{8}$ $\cdots$ (i)
$=9\div3-\dfrac{1}{4}$
$=3-\dfrac{1}{4}=\dfrac{11}{4}$ $\cdots$ (ii)

| 채점 기준 | 비율 |
|---|---|
| (i) 주어진 식 간단히 하기 | 50 % |
| (ii) 답 구하기 | 50 % |

**2** A 부분의 한 변의 길이는 $\sqrt{48n}\,\mathrm{cm}$이므로
$\sqrt{48n}=\sqrt{2^4\times3\times n}$이 자연수가 되려면 자연수 $n$은
$n=3\times(\text{자연수})^2$ 꼴이어야 한다.
즉, $n=3,\ 12,\ 27,\ 48,\ \cdots$ $\cdots\ \bigcirc$ $\cdots$ (i)
B 부분의 한 변의 길이는 $\sqrt{37-n}\,\mathrm{cm}$이므로
$\sqrt{37-n}$이 자연수가 되려면
$37-n=1,\ 4,\ 9,\ 16,\ 25,\ 36$이어야 한다.
즉, $n=36,\ 33,\ 28,\ 21,\ 12,\ 1$ $\cdots\ \bigcirc$ $\cdots$ (ii)
$\bigcirc$, $\bigcirc$을 모두 만족시키는 자연수 $n$의 값은 12이므로
A 부분의 한 변의 길이는
$\sqrt{48n}=\sqrt{48\times12}=\sqrt{576}=24(\mathrm{cm})$
B 부분의 한 변의 길이는
$\sqrt{37-n}=\sqrt{37-12}=\sqrt{25}=5(\mathrm{cm})$
따라서 C 부분의 넓이는
$5\times(24-5)=5\times19=95(\mathrm{cm}^2)$ $\cdots$ (iii)

| 채점 기준 | 비율 |
|---|---|
| (i) $\sqrt{48n}$이 자연수가 되도록 하는 자연수 $n$의 값 구하기 | 35 % |
| (ii) $\sqrt{37-n}$이 자연수가 되도록 하는 자연수 $n$의 값 구하기 | 35 % |
| (iii) C 부분의 넓이 구하기 | 30 % |

**3** $7\le\sqrt{3x+5}<12$에서
$\sqrt{49}\le\sqrt{3x+5}<\sqrt{144}$이므로
$49\le3x+5<144,\ 44\le3x<139$
$\therefore \dfrac{44}{3}\left(=14\dfrac{2}{3}\right)\le x<\dfrac{139}{3}\left(=46\dfrac{1}{3}\right)$ $\cdots$ (i)
따라서 $M=46,\ m=15$이므로 $\cdots$ (ii)
$M-m=46-15=31$ $\cdots$ (iii)

| 채점 기준 | 비율 |
|---|---|
| (i) $x$의 값의 범위 구하기 | 60 % |
| (ii) $M$, $m$의 값 구하기 | 30 % |
| (iii) $M-m$의 값 구하기 | 10 % |

**4** 주어진 수 중 음수는 $-2-\sqrt{7}$, $-2-\sqrt{6}$이고
$\sqrt{7}>\sqrt{6}$에서 $-\sqrt{7}<-\sqrt{6}$이므로 양변에서 2를 빼면
$-2-\sqrt{7}<-2-\sqrt{6}$ $\cdots$ (i)
양수는 1, $3+\sqrt{6}$, $3+\sqrt{2}$이고
$\sqrt{6}>\sqrt{2}$이므로 양변에 3을 더하면
$3+\sqrt{6}>3+\sqrt{2}$
$1-(3+\sqrt{2})=-2-\sqrt{2}<0$
$\therefore 1<3+\sqrt{2}$ $\cdots$ (ii)
따라서 $-2-\sqrt{7}<-2-\sqrt{6}<1<3+\sqrt{2}<3+\sqrt{6}$이므로 수
직선 위의 점에 대응시킬 때 왼쪽에 있는 것부터 차례로 나
열하면
$-2-\sqrt{7},\ -2-\sqrt{6},\ 1,\ 3+\sqrt{2},\ 3+\sqrt{6}$ $\cdots$ (iii)

| 채점 기준 | 비율 |
|---|---|
| (i) 음수끼리 대소 비교하기 | 30 % |
| (ii) 양수끼리 대소 비교하기 | 40 % |
| (iii) 왼쪽에 있는 것부터 차례로 나열하기 | 30 % |

**역사 속 수학** P. 32

답 16개
20개의 정사각형의 한 변의 길이는 각각
$\sqrt{1}\,\mathrm{cm}$, $\sqrt{2}\,\mathrm{cm}$, $\sqrt{3}\,\mathrm{cm}$, $\cdots$, $\sqrt{20}\,\mathrm{cm}$이다.
이때 한 변의 길이가 유리수인 경우는 근호 안의 수가 제곱수
인 $\sqrt{1}\,\mathrm{cm}$, $\sqrt{4}\,\mathrm{cm}$, $\sqrt{9}\,\mathrm{cm}$, $\sqrt{16}\,\mathrm{cm}$의 4개이다.
따라서 한 변의 길이가 무리수인 정사각형의 개수는
$20-4=16(\text{개})$

## 1 근호를 포함한 식의 계산 (1)

P. 36

**필수 문제 1** (1) $\sqrt{15}$ (2) $\sqrt{42}$ (3) $6\sqrt{14}$ (4) $-\sqrt{2}$

(2) $\sqrt{2}\sqrt{3}\sqrt{7}=\sqrt{2\times3\times7}=\sqrt{42}$

(4) $-\sqrt{3}\times\sqrt{\dfrac{5}{3}}\times\sqrt{\dfrac{2}{5}}=-\sqrt{3\times\dfrac{5}{3}\times\dfrac{2}{5}}=-\sqrt{2}$

**1-1** (1) 6 (2) 10 (3) $6\sqrt{6}$ (4) $\sqrt{12}$

(1) $\sqrt{2}\sqrt{18}=\sqrt{2\times18}=\sqrt{36}=6$

(2) $\sqrt{2}\sqrt{5}\sqrt{10}=\sqrt{2\times5\times10}=\sqrt{100}=10$

(3) $2\sqrt{15}\times3\sqrt{\dfrac{2}{5}}=6\sqrt{15\times\dfrac{2}{5}}=6\sqrt{6}$

(4) $-\sqrt{\dfrac{3}{5}}\times\sqrt{\dfrac{20}{7}}\times(-\sqrt{7})=\sqrt{\dfrac{3}{5}\times\dfrac{20}{7}\times7}=\sqrt{12}$

**필수 문제 2** (1) $\sqrt{2}$ (2) 3 (3) $-\sqrt{\dfrac{2}{3}}$ (4) $\dfrac{1}{5}$

(2) $\sqrt{18}\div\sqrt{2}=\dfrac{\sqrt{18}}{\sqrt{2}}=\sqrt{\dfrac{18}{2}}=\sqrt{9}=3$

(3) $\sqrt{14}\div(-\sqrt{21})=-\dfrac{\sqrt{14}}{\sqrt{21}}=-\sqrt{\dfrac{14}{21}}=-\sqrt{\dfrac{2}{3}}$

(4) $\dfrac{\sqrt{3}}{\sqrt{5}}\div\sqrt{15}=\dfrac{\sqrt{3}}{\sqrt{5}}\times\dfrac{1}{\sqrt{15}}=\sqrt{\dfrac{3}{5}\times\dfrac{1}{15}}=\sqrt{\dfrac{1}{25}}=\dfrac{1}{5}$

**2-1** (1) $\sqrt{13}$ (2) 2 (3) $2\sqrt{6}$ (4) $-\sqrt{10}$

(2) $\sqrt{20}\div\sqrt{5}=\dfrac{\sqrt{20}}{\sqrt{5}}=\sqrt{\dfrac{20}{5}}=\sqrt{4}=2$

(3) $4\sqrt{42}\div2\sqrt{7}=\dfrac{4\sqrt{42}}{2\sqrt{7}}=2\sqrt{\dfrac{42}{7}}=2\sqrt{6}$

(4) $\sqrt{15}\div\sqrt{5}\div\left(-\sqrt{\dfrac{3}{10}}\right)=\sqrt{15}\div\sqrt{5}\div\left(-\dfrac{\sqrt{3}}{\sqrt{10}}\right)$

$=\sqrt{15}\times\dfrac{1}{\sqrt{5}}\times\left(-\dfrac{\sqrt{10}}{\sqrt{3}}\right)$

$=-\sqrt{15\times\dfrac{1}{5}\times\dfrac{10}{3}}=-\sqrt{10}$

P. 37

**개념 확인** $2^2$, $2^2$, 2, $2\sqrt{6}$

**필수 문제 3** (1) $3\sqrt{3}$ (2) $-5\sqrt{2}$ (3) $\dfrac{\sqrt{3}}{7}$ (4) $\dfrac{\sqrt{11}}{10}$

(1) $\sqrt{27}=\sqrt{3^2\times3}=\sqrt{3^2}\sqrt{3}=3\sqrt{3}$

(2) $-\sqrt{50}=-\sqrt{5^2\times2}=-\sqrt{5^2}\sqrt{2}=-5\sqrt{2}$

(3) $\sqrt{\dfrac{3}{49}}=\sqrt{\dfrac{3}{7^2}}=\dfrac{\sqrt{3}}{\sqrt{7^2}}=\dfrac{\sqrt{3}}{7}$

(4) $\sqrt{0.11}=\sqrt{\dfrac{11}{100}}=\dfrac{\sqrt{11}}{\sqrt{10^2}}=\dfrac{\sqrt{11}}{10}$

**3-1** (1) $3\sqrt{6}$ (2) $4\sqrt{5}$ (3) $-\dfrac{\sqrt{5}}{8}$ (4) $\dfrac{\sqrt{7}}{100}$

(1) $\sqrt{54}=\sqrt{3^2\times6}=\sqrt{3^2}\sqrt{6}=3\sqrt{6}$

(2) $\sqrt{80}=\sqrt{4^2\times5}=\sqrt{4^2}\sqrt{5}=4\sqrt{5}$

(3) $-\sqrt{\dfrac{5}{64}}=-\sqrt{\dfrac{5}{8^2}}=-\dfrac{\sqrt{5}}{\sqrt{8^2}}=-\dfrac{\sqrt{5}}{8}$

(4) $\sqrt{0.0007}=\sqrt{\dfrac{7}{10000}}=\dfrac{\sqrt{7}}{\sqrt{100^2}}=\dfrac{\sqrt{7}}{100}$

**필수 문제 4** (1) $\sqrt{20}$ (2) $-\sqrt{24}$ (3) $\sqrt{\dfrac{2}{25}}$ (4) $\sqrt{\dfrac{27}{2}}$

(1) $2\sqrt{5}=\sqrt{2^2}\sqrt{5}=\sqrt{2^2\times5}=\sqrt{20}$

(2) $-2\sqrt{6}=-\sqrt{2^2}\sqrt{6}=-\sqrt{2^2\times6}=-\sqrt{24}$

(3) $\dfrac{\sqrt{2}}{5}=\dfrac{\sqrt{2}}{\sqrt{5^2}}=\sqrt{\dfrac{2}{5^2}}=\sqrt{\dfrac{2}{25}}$

(4) $3\sqrt{\dfrac{3}{2}}=\sqrt{3^2}\sqrt{\dfrac{3}{2}}=\sqrt{3^2\times\dfrac{3}{2}}=\sqrt{\dfrac{27}{2}}$

**4-1** (1) $\sqrt{18}$ (2) $-\sqrt{250}$ (3) $\sqrt{\dfrac{3}{4}}$ (4) $\sqrt{\dfrac{32}{5}}$

(1) $3\sqrt{2}=\sqrt{3^2}\sqrt{2}=\sqrt{3^2\times2}=\sqrt{18}$

(2) $-5\sqrt{10}=-\sqrt{5^2}\sqrt{10}=-\sqrt{5^2\times10}=-\sqrt{250}$

(3) $\dfrac{\sqrt{3}}{2}=\dfrac{\sqrt{3}}{\sqrt{2^2}}=\sqrt{\dfrac{3}{2^2}}=\sqrt{\dfrac{3}{4}}$

(4) $4\sqrt{\dfrac{2}{5}}=\sqrt{4^2}\sqrt{\dfrac{2}{5}}=\sqrt{4^2\times\dfrac{2}{5}}=\sqrt{\dfrac{32}{5}}$

P. 38

**필수 문제 5** (1) 100, 10, 10, 17.32
(2) 100, 10, 10, 54.77
(3) 100, 10, 10, 0.1732
(4) 30, 30, 5.477, 0.5477

**5-1** (1) 70.71 (2) 22.36 (3) 0.7071 (4) 0.02236

(1) $\sqrt{5000}=\sqrt{50\times100}=10\sqrt{50}$
$=10\times7.071=70.71$

(2) $\sqrt{500}=\sqrt{5\times100}=10\sqrt{5}$
$=10\times2.236=22.36$

(3) $\sqrt{0.5}=\sqrt{\dfrac{50}{100}}=\dfrac{\sqrt{50}}{10}=\dfrac{7.071}{10}=0.7071$

(4) $\sqrt{0.0005}=\sqrt{\dfrac{5}{10000}}=\dfrac{\sqrt{5}}{100}=\dfrac{2.236}{100}=0.02236$

P. 39

**개념 확인** (1) $\sqrt{3}$, $\sqrt{3}$, $\dfrac{\sqrt{3}}{3}$ (2) $\sqrt{3}$, $\sqrt{3}$, $\dfrac{2\sqrt{3}}{3}$

(3) $\sqrt{3}$, $\sqrt{3}$, $\dfrac{\sqrt{6}}{3}$ (4) $\sqrt{3}$, $\sqrt{3}$, $\dfrac{\sqrt{21}}{6}$

**필수 문제 6** (1) $\dfrac{\sqrt{5}}{5}$ (2) $\dfrac{\sqrt{21}}{7}$ (3) $\dfrac{5\sqrt{6}}{6}$ (4) $\dfrac{\sqrt{3}}{9}$

(1) $\dfrac{1}{\sqrt{5}}=\dfrac{1\times\sqrt{5}}{\sqrt{5}\times\sqrt{5}}=\dfrac{\sqrt{5}}{5}$

(2) $\dfrac{\sqrt{3}}{\sqrt{7}}=\dfrac{\sqrt{3}\times\sqrt{7}}{\sqrt{7}\times\sqrt{7}}=\dfrac{\sqrt{21}}{7}$

(3) $\dfrac{5}{\sqrt{2}\sqrt{3}}=\dfrac{5}{\sqrt{6}}=\dfrac{5\times\sqrt{6}}{\sqrt{6}\times\sqrt{6}}=\dfrac{5\sqrt{6}}{6}$

(4) $\dfrac{\sqrt{5}}{3\sqrt{15}}=\dfrac{1}{3\sqrt{3}}=\dfrac{1\times\sqrt{3}}{3\sqrt{3}\times\sqrt{3}}=\dfrac{\sqrt{3}}{9}$

**6-1** (1) $2\sqrt{3}$ (2) $-\dfrac{\sqrt{5}}{2}$ (3) $\dfrac{4\sqrt{35}}{35}$ (4) $\dfrac{\sqrt{6}}{2}$

(1) $\dfrac{6}{\sqrt{3}}=\dfrac{6\times\sqrt{3}}{\sqrt{3}\times\sqrt{3}}=\dfrac{6\sqrt{3}}{3}=2\sqrt{3}$

(2) $-\dfrac{5}{\sqrt{20}}=-\dfrac{5}{2\sqrt{5}}=-\dfrac{5\times\sqrt{5}}{2\sqrt{5}\times\sqrt{5}}=-\dfrac{5\sqrt{5}}{10}=-\dfrac{\sqrt{5}}{2}$

(3) $\dfrac{4}{\sqrt{5}\sqrt{7}}=\dfrac{4}{\sqrt{35}}=\dfrac{4\times\sqrt{35}}{\sqrt{35}\times\sqrt{35}}=\dfrac{4\sqrt{35}}{35}$

(4) $\dfrac{\sqrt{21}}{\sqrt{2}\sqrt{7}}=\dfrac{\sqrt{3}}{\sqrt{2}}=\dfrac{\sqrt{3}\times\sqrt{2}}{\sqrt{2}\times\sqrt{2}}=\dfrac{\sqrt{6}}{2}$

### 한 번 더 연습

P. 40

**1** (1) $\sqrt{14}$ (2) $-\sqrt{30}$ (3) $30$ (4) $6\sqrt{5}$
(5) $\sqrt{5}$ (6) $-\sqrt{3}$ (7) $2\sqrt{2}$ (8) $-7\sqrt{5}$

**2** (1) $2\sqrt{5}$ (2) $5\sqrt{3}$ (3) $4\sqrt{2}$ (4) $\dfrac{\sqrt{5}}{3}$
(5) $\dfrac{\sqrt{2}}{11}$ (6) $\dfrac{\sqrt{3}}{10}$ (7) $\sqrt{28}$ (8) $\sqrt{12}$
(9) $-\sqrt{50}$ (10) $\sqrt{\dfrac{5}{16}}$ (11) $-\sqrt{\dfrac{3}{64}}$ (12) $\sqrt{24}$

**3** (1) $\dfrac{\sqrt{11}}{11}$ (2) $\dfrac{\sqrt{10}}{2}$ (3) $\dfrac{\sqrt{3}}{3}$ (4) $\dfrac{\sqrt{35}}{21}$
(5) $\dfrac{2\sqrt{21}}{3}$ (6) $\dfrac{\sqrt{42}}{6}$

**4** (1) $3\sqrt{10}$ (2) $-2\sqrt{6}$ (3) $\dfrac{\sqrt{14}}{2}$ (4) $-\dfrac{10\sqrt{3}}{3}$

**1** (4) $\sqrt{\dfrac{6}{5}}\times\sqrt{\dfrac{10}{3}}\times3\sqrt{5}=3\sqrt{\dfrac{6}{5}\times\dfrac{10}{3}\times5}=3\sqrt{20}$
$\qquad\qquad\qquad\qquad\qquad =3\sqrt{2^{2}\times5}=6\sqrt{5}$

(5) $\dfrac{\sqrt{15}}{\sqrt{3}}=\sqrt{\dfrac{15}{3}}=\sqrt{5}$

(6) $\sqrt{33}\div(-\sqrt{11})=-\dfrac{\sqrt{33}}{\sqrt{11}}=-\sqrt{\dfrac{33}{11}}=-\sqrt{3}$

(7) $4\sqrt{6}\div2\sqrt{3}=\dfrac{4\sqrt{6}}{2\sqrt{3}}=2\sqrt{\dfrac{6}{3}}=2\sqrt{2}$

(8) $-\sqrt{21}\div\sqrt{\dfrac{3}{7}}\div\sqrt{\dfrac{1}{5}}=-\sqrt{21}\div\dfrac{\sqrt{3}}{\sqrt{7}}\div\dfrac{1}{\sqrt{5}}$
$\qquad\qquad\qquad\qquad =-\sqrt{21}\times\dfrac{\sqrt{7}}{\sqrt{3}}\times\sqrt{5}$
$\qquad\qquad\qquad\qquad =-\sqrt{21\times\dfrac{7}{3}\times5}=-7\sqrt{5}$

**3** (1) $\dfrac{1}{\sqrt{11}}=\dfrac{1\times\sqrt{11}}{\sqrt{11}\times\sqrt{11}}=\dfrac{\sqrt{11}}{11}$

(2) $\dfrac{\sqrt{5}}{\sqrt{2}}=\dfrac{\sqrt{5}\times\sqrt{2}}{\sqrt{2}\times\sqrt{2}}=\dfrac{\sqrt{10}}{2}$

(3) $\dfrac{4}{\sqrt{48}}=\dfrac{4}{4\sqrt{3}}=\dfrac{1}{\sqrt{3}}=\dfrac{1\times\sqrt{3}}{\sqrt{3}\times\sqrt{3}}=\dfrac{\sqrt{3}}{3}$

(4) $\dfrac{\sqrt{5}}{\sqrt{63}}=\dfrac{\sqrt{5}}{3\sqrt{7}}=\dfrac{\sqrt{5}\times\sqrt{7}}{3\sqrt{7}\times\sqrt{7}}=\dfrac{\sqrt{35}}{21}$

(5) $\dfrac{14}{\sqrt{3}\sqrt{7}}=\dfrac{14}{\sqrt{21}}=\dfrac{14\times\sqrt{21}}{\sqrt{21}\times\sqrt{21}}=\dfrac{14\sqrt{21}}{21}=\dfrac{2\sqrt{21}}{3}$

(6) $\dfrac{\sqrt{35}}{\sqrt{5}\sqrt{6}}=\dfrac{\sqrt{7}}{\sqrt{6}}=\dfrac{\sqrt{7}\times\sqrt{6}}{\sqrt{6}\times\sqrt{6}}=\dfrac{\sqrt{42}}{6}$

**4** (1) $3\sqrt{15}\times\sqrt{2}\div\sqrt{3}=3\sqrt{15}\times\sqrt{2}\times\dfrac{1}{\sqrt{3}}$
$\qquad\qquad\qquad\quad =3\sqrt{15\times2\times\dfrac{1}{3}}=3\sqrt{10}$

(2) $(-8\sqrt{5})\div2\sqrt{10}\times\sqrt{3}=-8\sqrt{5}\times\dfrac{1}{2\sqrt{10}}\times\sqrt{3}$
$\qquad\qquad\qquad\qquad\quad =-\dfrac{4}{\sqrt{2}}\times\sqrt{3}$
$\qquad\qquad\qquad\qquad\quad =-2\sqrt{2}\times\sqrt{3}=-2\sqrt{6}$

(3) $\sqrt{\dfrac{5}{2}}\div\dfrac{\sqrt{10}}{\sqrt{3}}\times\sqrt{\dfrac{14}{3}}=\sqrt{\dfrac{5}{2}}\times\dfrac{\sqrt{3}}{\sqrt{10}}\times\sqrt{\dfrac{14}{3}}$
$\qquad\qquad\qquad\qquad\quad =\sqrt{\dfrac{5}{2}\times\dfrac{3}{10}\times\dfrac{14}{3}}$
$\qquad\qquad\qquad\qquad\quad =\sqrt{\dfrac{7}{2}}=\dfrac{\sqrt{14}}{2}$

(4) $5\sqrt{\dfrac{1}{10}}\div\sqrt{\dfrac{3}{2}}\times(-2\sqrt{5})=5\sqrt{\dfrac{1}{10}}\div\dfrac{\sqrt{3}}{\sqrt{2}}\times(-2\sqrt{5})$
$\qquad\qquad\qquad\qquad\qquad =5\sqrt{\dfrac{1}{10}}\times\dfrac{\sqrt{2}}{\sqrt{3}}\times(-2\sqrt{5})$
$\qquad\qquad\qquad\qquad\qquad =-10\sqrt{\dfrac{1}{10}\times\dfrac{2}{3}\times5}$
$\qquad\qquad\qquad\qquad\qquad =-10\sqrt{\dfrac{1}{3}}=-\dfrac{10}{\sqrt{3}}=-\dfrac{10\sqrt{3}}{3}$

### STEP 1 쏙쏙 개념 익히기

P. 41

**1** ③, ④  **2** ③  **3** $\dfrac{1}{3}$
**4** $3\sqrt{2}\,\text{cm}$  **5** ②  **6** $2ab$

**1** ① $\sqrt{3}\sqrt{12}=\sqrt{36}=6$

② $\sqrt{6}\sqrt{10}=\sqrt{60}=2\sqrt{15}$

③ $\dfrac{\sqrt{10}}{\sqrt{3}}\div\sqrt{\dfrac{5}{24}}=\dfrac{\sqrt{10}}{\sqrt{3}}\div\dfrac{\sqrt{5}}{\sqrt{24}}=\dfrac{\sqrt{10}}{\sqrt{3}}\times\dfrac{\sqrt{24}}{\sqrt{5}}$
$\qquad\qquad\qquad =\sqrt{\dfrac{10}{3}\times\dfrac{24}{5}}=\sqrt{16}=4$

④ $2\sqrt{11}=\sqrt{2^{2}\times11}=\sqrt{44}$

⑤ $\sqrt{0.12}=\sqrt{\dfrac{12}{100}}=\sqrt{\dfrac{2^{2}\times3}{10^{2}}}=\dfrac{2\sqrt{3}}{10}=\dfrac{\sqrt{3}}{5}$

따라서 옳지 않은 것은 ③, ④이다.

**2** ① $\sqrt{12300}=\sqrt{1.23\times10000}=100\sqrt{1.23}$
$\qquad\qquad=100\times1.109=110.9$
  ② $\sqrt{1230}=\sqrt{12.3\times100}=10\sqrt{12.3}$
$\qquad\qquad=10\times3.507=35.07$
  ③ $\sqrt{123}=\sqrt{1.23\times100}=10\sqrt{1.23}$
$\qquad\qquad=10\times1.109=11.09$
  ④ $\sqrt{0.123}=\sqrt{\dfrac{12.3}{100}}=\dfrac{\sqrt{12.3}}{10}=\dfrac{3.507}{10}=0.3507$
  ⑤ $\sqrt{0.0123}=\sqrt{\dfrac{1.23}{100}}=\dfrac{\sqrt{1.23}}{10}=\dfrac{1.109}{10}=0.1109$
  따라서 옳은 것은 ③이다.

**3** $\dfrac{10\sqrt{2}}{\sqrt{5}}=\dfrac{10\sqrt{10}}{5}=2\sqrt{10}$에서 $2\sqrt{10}=a\sqrt{10}$이므로 $a=2$
  $\dfrac{1}{\sqrt{18}}=\dfrac{1}{3\sqrt{2}}=\dfrac{\sqrt{2}}{6}$에서 $\dfrac{\sqrt{2}}{6}=b\sqrt{2}$이므로 $b=\dfrac{1}{6}$
  $\therefore ab=2\times\dfrac{1}{6}=\dfrac{1}{3}$

**4** 직육면체의 높이를 $h$ cm라고 하면 직육면체의 부피는
  $\sqrt{18}\times\sqrt{12}\times h=36\sqrt{3}$
  $3\sqrt{2}\times2\sqrt{3}\times h=36\sqrt{3}$, $6\sqrt{6}h=36\sqrt{3}$
  $\therefore h=\dfrac{36\sqrt{3}}{6\sqrt{6}}=\dfrac{6}{\sqrt{2}}=3\sqrt{2}$
  따라서 직육면체의 높이는 $3\sqrt{2}$ cm이다.

**5** $\sqrt{150}=\sqrt{2\times3\times5^2}=5\times\sqrt{2}\times\sqrt{3}=5ab$

**6** $\sqrt{84}=\sqrt{2^2\times3\times7}=2\times\sqrt{3}\times\sqrt{7}=2ab$

## ⌒2 근호를 포함한 식의 계산 (2)

P. 42

**개념 확인**   $2, 3, 5$(또는 $3, 2, 5$)

**필수 문제 1**   (1) $6\sqrt{3}$   (2) $-3\sqrt{5}$   (3) $\dfrac{5\sqrt{11}}{4}$   (4) $\sqrt{5}+4\sqrt{6}$
  (1) $2\sqrt{3}+4\sqrt{3}=(2+4)\sqrt{3}=6\sqrt{3}$
  (2) $4\sqrt{5}-2\sqrt{5}-5\sqrt{5}=(4-2-5)\sqrt{5}=-3\sqrt{5}$
  (3) $\dfrac{3\sqrt{11}}{4}+\dfrac{\sqrt{11}}{2}=\left(\dfrac{3}{4}+\dfrac{1}{2}\right)\sqrt{11}$
$\qquad\qquad\qquad=\left(\dfrac{3}{4}+\dfrac{2}{4}\right)\sqrt{11}=\dfrac{5\sqrt{11}}{4}$
  (4) $2\sqrt{5}-\sqrt{6}-\sqrt{5}+5\sqrt{6}=(2-1)\sqrt{5}+(-1+5)\sqrt{6}$
$\qquad\qquad\qquad\qquad=\sqrt{5}+4\sqrt{6}$

**1-1**   (1) $-3\sqrt{7}$   (2) $2\sqrt{2}$   (3) $\dfrac{\sqrt{5}}{6}$   (4) $5\sqrt{3}-2\sqrt{13}$
  (1) $-\sqrt{7}-2\sqrt{7}=(-1-2)\sqrt{7}=-3\sqrt{7}$

  (2) $3\sqrt{2}+\sqrt{2}-2\sqrt{2}=(3+1-2)\sqrt{2}=2\sqrt{2}$
  (3) $\dfrac{2\sqrt{5}}{3}-\dfrac{\sqrt{5}}{2}=\left(\dfrac{2}{3}-\dfrac{1}{2}\right)\sqrt{5}=\left(\dfrac{4}{6}-\dfrac{3}{6}\right)\sqrt{5}=\dfrac{\sqrt{5}}{6}$
  (4) $8\sqrt{3}+2\sqrt{13}-4\sqrt{13}-3\sqrt{3}=(8-3)\sqrt{3}+(2-4)\sqrt{13}$
$\qquad\qquad\qquad\qquad=5\sqrt{3}-2\sqrt{13}$

**필수 문제 2**   (1) $0$   (2) $\sqrt{2}+3\sqrt{5}$   (3) $\sqrt{2}$   (4) $2\sqrt{7}$
  (1) $\sqrt{3}+\sqrt{12}-\sqrt{27}=\sqrt{3}+2\sqrt{3}-3\sqrt{3}=0$
  (2) $\sqrt{5}-\sqrt{8}+\sqrt{20}+3\sqrt{2}=\sqrt{5}-2\sqrt{2}+2\sqrt{5}+3\sqrt{2}$
$\qquad\qquad\qquad\qquad=\sqrt{2}+3\sqrt{5}$
  (3) $\dfrac{4}{\sqrt{2}}-\dfrac{\sqrt{6}}{\sqrt{3}}=2\sqrt{2}-\sqrt{2}=\sqrt{2}$
  (4) $\sqrt{63}+\sqrt{7}-\dfrac{14}{\sqrt{7}}=3\sqrt{7}+\sqrt{7}-2\sqrt{7}=2\sqrt{7}$

**2-1**   (1) $6\sqrt{2}$   (2) $3\sqrt{7}-\sqrt{2}$   (3) $\dfrac{5\sqrt{6}}{9}$   (4) $0$
  (1) $\sqrt{18}-\sqrt{8}+\sqrt{50}=3\sqrt{2}-2\sqrt{2}+5\sqrt{2}=6\sqrt{2}$
  (2) $\sqrt{7}+\sqrt{28}+\sqrt{32}-5\sqrt{2}=\sqrt{7}+2\sqrt{7}+4\sqrt{2}-5\sqrt{2}$
$\qquad\qquad\qquad\qquad=3\sqrt{7}-\sqrt{2}$
  (3) $\dfrac{\sqrt{24}}{3}-\dfrac{\sqrt{2}}{\sqrt{27}}=\dfrac{2\sqrt{6}}{3}-\dfrac{\sqrt{2}}{3\sqrt{3}}=\dfrac{6\sqrt{6}}{9}-\dfrac{\sqrt{6}}{9}=\dfrac{5\sqrt{6}}{9}$
  (4) $\sqrt{45}-\sqrt{5}-\dfrac{10}{\sqrt{5}}=3\sqrt{5}-\sqrt{5}-2\sqrt{5}=0$

P. 43

**필수 문제 3**   (1) $5\sqrt{2}-\sqrt{6}$   (2) $3\sqrt{2}+6$
  (3) $3\sqrt{3}-2\sqrt{2}$   (4) $4\sqrt{3}$
  (1) $\sqrt{2}(5-\sqrt{3})=5\sqrt{2}-\sqrt{2}\sqrt{3}=5\sqrt{2}-\sqrt{6}$
  (2) $\sqrt{3}(\sqrt{6}+2\sqrt{3})=\sqrt{3}\sqrt{6}+\sqrt{3}\times2\sqrt{3}$
$\qquad\qquad\qquad=\sqrt{18}+6=3\sqrt{2}+6$
  (3) $5\sqrt{3}-\sqrt{2}(2+\sqrt{6})=5\sqrt{3}-2\sqrt{2}-\sqrt{2}\sqrt{6}$
$\qquad\qquad\qquad=5\sqrt{3}-2\sqrt{2}-\sqrt{12}$
$\qquad\qquad\qquad=5\sqrt{3}-2\sqrt{2}-2\sqrt{3}$
$\qquad\qquad\qquad=3\sqrt{3}-2\sqrt{2}$
  (4) $\sqrt{2}(3+\sqrt{6})+\sqrt{3}(2-\sqrt{6})=3\sqrt{2}+\sqrt{2}\sqrt{6}+2\sqrt{3}-\sqrt{3}\sqrt{6}$
$\qquad\qquad\qquad=3\sqrt{2}+\sqrt{12}+2\sqrt{3}-\sqrt{18}$
$\qquad\qquad\qquad=3\sqrt{2}+2\sqrt{3}+2\sqrt{3}-3\sqrt{2}$
$\qquad\qquad\qquad=4\sqrt{3}$

**3-1**   (1) $\sqrt{10}-2\sqrt{2}$   (2) $4\sqrt{2}-10$
  (3) $-3\sqrt{3}+\sqrt{15}$   (4) $5\sqrt{2}-3\sqrt{7}$
  (1) $2\sqrt{10}-\sqrt{2}(2+\sqrt{5})=2\sqrt{10}-2\sqrt{2}-\sqrt{2}\sqrt{5}$
$\qquad\qquad\qquad=2\sqrt{10}-2\sqrt{2}-\sqrt{10}$
$\qquad\qquad\qquad=\sqrt{10}-2\sqrt{2}$

(2) $\sqrt{5}(\sqrt{10}-\sqrt{20})-\sqrt{2}=\sqrt{5}(\sqrt{10}-2\sqrt{5})-\sqrt{2}$
$\qquad\qquad\qquad\qquad\quad =\sqrt{5}\sqrt{10}-\sqrt{5}\times2\sqrt{5}-\sqrt{2}$
$\qquad\qquad\qquad\qquad\quad =\sqrt{50}-10-\sqrt{2}$
$\qquad\qquad\qquad\qquad\quad =5\sqrt{2}-10-\sqrt{2}$
$\qquad\qquad\qquad\qquad\quad =4\sqrt{2}-10$

(3) $\sqrt{3}(2-\sqrt{5})+\sqrt{5}(2\sqrt{3}-\sqrt{15})$
$\quad =2\sqrt{3}-\sqrt{3}\sqrt{5}+2\sqrt{5}\sqrt{3}-\sqrt{5}\sqrt{15}$
$\quad =2\sqrt{3}-\sqrt{15}+2\sqrt{15}-5\sqrt{3}$
$\quad =-3\sqrt{3}+\sqrt{15}$

(4) $\sqrt{14}\left(\sqrt{7}+\dfrac{\sqrt{2}}{2}\right)-\sqrt{7}\left(4+\dfrac{2\sqrt{14}}{7}\right)$
$\quad =\sqrt{14}\sqrt{7}+\dfrac{\sqrt{14}\sqrt{2}}{2}-4\sqrt{7}-\dfrac{2\sqrt{7}\sqrt{14}}{7}$
$\quad =7\sqrt{2}+\sqrt{7}-4\sqrt{7}-2\sqrt{2}$
$\quad =5\sqrt{2}-3\sqrt{7}$

**필수 문제 4**   (1) $\dfrac{2\sqrt{3}+3}{3}$      (2) $\dfrac{\sqrt{10}-\sqrt{15}}{5}$
$\qquad\qquad\qquad$ (3) $\dfrac{\sqrt{6}-1}{2}$      (4) $\sqrt{6}+2$

(1) $\dfrac{2+\sqrt{3}}{\sqrt{3}}=\dfrac{(2+\sqrt{3})\times\sqrt{3}}{\sqrt{3}\times\sqrt{3}}=\dfrac{2\sqrt{3}+3}{3}$

(2) $\dfrac{\sqrt{2}-\sqrt{3}}{\sqrt{5}}=\dfrac{(\sqrt{2}-\sqrt{3})\times\sqrt{5}}{\sqrt{5}\times\sqrt{5}}=\dfrac{\sqrt{10}-\sqrt{15}}{5}$

(3) $\dfrac{3\sqrt{2}-\sqrt{3}}{2\sqrt{3}}=\dfrac{(3\sqrt{2}-\sqrt{3})\times\sqrt{3}}{2\sqrt{3}\times\sqrt{3}}=\dfrac{3\sqrt{6}-3}{6}=\dfrac{\sqrt{6}-1}{2}$

(4) $\dfrac{\sqrt{12}+\sqrt{8}}{\sqrt{2}}=\dfrac{2\sqrt{3}+2\sqrt{2}}{\sqrt{2}}=\dfrac{(2\sqrt{3}+2\sqrt{2})\times\sqrt{2}}{\sqrt{2}\times\sqrt{2}}$
$\qquad\qquad\quad =\dfrac{2\sqrt{6}+4}{2}=\sqrt{6}+2$

**다른 풀이**

$\dfrac{\sqrt{12}+\sqrt{8}}{\sqrt{2}}=\dfrac{\sqrt{12}}{\sqrt{2}}+\dfrac{\sqrt{8}}{\sqrt{2}}=\sqrt{6}+2$

**4-1**   (1) $\dfrac{2\sqrt{3}+\sqrt{2}}{2}$        (2) $\dfrac{\sqrt{70}-\sqrt{35}}{7}$
$\qquad\quad$ (3) $\dfrac{\sqrt{10}+2}{3}$        (4) $\sqrt{10}-3\sqrt{3}$

(1) $\dfrac{\sqrt{6}+1}{\sqrt{2}}=\dfrac{(\sqrt{6}+1)\times\sqrt{2}}{\sqrt{2}\times\sqrt{2}}=\dfrac{\sqrt{12}+\sqrt{2}}{2}=\dfrac{2\sqrt{3}+\sqrt{2}}{2}$

(2) $\dfrac{\sqrt{10}-\sqrt{5}}{\sqrt{7}}=\dfrac{(\sqrt{10}-\sqrt{5})\times\sqrt{7}}{\sqrt{7}\times\sqrt{7}}=\dfrac{\sqrt{70}-\sqrt{35}}{7}$

(3) $\dfrac{5\sqrt{2}+2\sqrt{5}}{3\sqrt{5}}=\dfrac{(5\sqrt{2}+2\sqrt{5})\times\sqrt{5}}{3\sqrt{5}\times\sqrt{5}}=\dfrac{5\sqrt{10}+10}{15}=\dfrac{\sqrt{10}+2}{3}$

(4) $\dfrac{\sqrt{20}-3\sqrt{6}}{\sqrt{2}}=\dfrac{2\sqrt{5}-3\sqrt{6}}{\sqrt{2}}=\dfrac{(2\sqrt{5}-3\sqrt{6})\times\sqrt{2}}{\sqrt{2}\times\sqrt{2}}$
$\qquad\qquad\qquad =\dfrac{2\sqrt{10}-3\sqrt{12}}{2}=\dfrac{2\sqrt{10}-6\sqrt{3}}{2}$
$\qquad\qquad\qquad =\sqrt{10}-3\sqrt{3}$

P. 44

**필수 문제 5**   (1) $3\sqrt{7}$   (2) $4\sqrt{3}$   (3) $\dfrac{\sqrt{6}}{6}$   (4) $5\sqrt{3}$

(1) $\sqrt{42}\div\sqrt{6}+\sqrt{14}\times\sqrt{2}=\dfrac{\sqrt{42}}{\sqrt{6}}+\sqrt{28}$
$\qquad\qquad\qquad\qquad\qquad\quad =\sqrt{7}+2\sqrt{7}$
$\qquad\qquad\qquad\qquad\qquad\quad =3\sqrt{7}$

(2) $\sqrt{27}\times2-2\sqrt{6}\div\sqrt{2}=3\sqrt{3}\times2-\dfrac{2\sqrt{6}}{\sqrt{2}}$
$\qquad\qquad\qquad\qquad\qquad =6\sqrt{3}-2\sqrt{3}$
$\qquad\qquad\qquad\qquad\qquad =4\sqrt{3}$

(3) $\dfrac{\sqrt{18}-\sqrt{2}}{\sqrt{3}}-\sqrt{12}\div\dfrac{4}{\sqrt{2}}=\dfrac{3\sqrt{2}-\sqrt{2}}{\sqrt{3}}-2\sqrt{3}\times\dfrac{\sqrt{2}}{4}$
$\qquad\qquad\qquad\qquad\qquad\qquad =\dfrac{2\sqrt{2}}{\sqrt{3}}-\dfrac{\sqrt{6}}{2}$
$\qquad\qquad\qquad\qquad\qquad\qquad =\dfrac{2\sqrt{6}}{3}-\dfrac{\sqrt{6}}{2}$
$\qquad\qquad\qquad\qquad\qquad\qquad =\dfrac{4\sqrt{6}}{6}-\dfrac{3\sqrt{6}}{6}$
$\qquad\qquad\qquad\qquad\qquad\qquad =\dfrac{\sqrt{6}}{6}$

(4) $\dfrac{3\sqrt{5}+12}{\sqrt{3}}+\dfrac{\sqrt{15}-\sqrt{75}}{\sqrt{5}}$
$\quad =\dfrac{(3\sqrt{5}+12)\times\sqrt{3}}{\sqrt{3}\times\sqrt{3}}+\dfrac{(\sqrt{15}-5\sqrt{3})\times\sqrt{5}}{\sqrt{5}\times\sqrt{5}}$
$\quad =\dfrac{3\sqrt{15}+12\sqrt{3}}{3}+\dfrac{5\sqrt{3}-5\sqrt{15}}{5}$
$\quad =\sqrt{15}+4\sqrt{3}+\sqrt{3}-\sqrt{15}$
$\quad =5\sqrt{3}$

**5-1**   (1) $3\sqrt{5}$   (2) $6$   (3) $3\sqrt{6}-\dfrac{4\sqrt{3}}{3}$   (4) $5+\sqrt{5}$

(1) $\sqrt{2}\times\sqrt{10}+5\div\sqrt{5}=\sqrt{20}+\dfrac{5}{\sqrt{5}}$
$\qquad\qquad\qquad\qquad\qquad =2\sqrt{5}+\sqrt{5}=3\sqrt{5}$

(2) $4\sqrt{2}\div\dfrac{1}{\sqrt{2}}-\sqrt{28}\div\sqrt{7}=4\sqrt{2}\times\sqrt{2}-\dfrac{2\sqrt{7}}{\sqrt{7}}$
$\qquad\qquad\qquad\qquad\qquad\qquad =8-2=6$

(3) $\sqrt{2}(\sqrt{12}-\sqrt{6})+\dfrac{3\sqrt{2}+2}{\sqrt{3}}$
$\quad =2\sqrt{6}-2\sqrt{3}+\dfrac{(3\sqrt{2}+2)\times\sqrt{3}}{\sqrt{3}\times\sqrt{3}}$
$\quad =2\sqrt{6}-2\sqrt{3}+\dfrac{3\sqrt{6}+2\sqrt{3}}{3}$
$\quad =3\sqrt{6}-\dfrac{4\sqrt{3}}{3}$

(4) $\dfrac{4\sqrt{3}+\sqrt{50}}{\sqrt{2}}-\dfrac{12-\sqrt{30}}{\sqrt{6}}$
$\quad =\dfrac{(4\sqrt{3}+5\sqrt{2})\times\sqrt{2}}{\sqrt{2}\times\sqrt{2}}-\dfrac{(12-\sqrt{30})\times\sqrt{6}}{\sqrt{6}\times\sqrt{6}}$
$\quad =\dfrac{4\sqrt{6}+10}{2}-\dfrac{12\sqrt{6}-6\sqrt{5}}{6}$
$\quad =2\sqrt{6}+5-2\sqrt{6}+\sqrt{5}$
$\quad =5+\sqrt{5}$

**1** (1) $-6\sqrt{2}$    (2) $-\sqrt{5}$    (3) $\dfrac{\sqrt{3}}{4}$    (4) $8\sqrt{6}-8\sqrt{11}$

**2** (1) $9\sqrt{3}$    (2) $-\sqrt{3}+\sqrt{6}$   (3) $\sqrt{2}$    (4) $-\dfrac{2\sqrt{3}}{3}$

**3** (1) $6\sqrt{2}+\sqrt{6}$    (2) $2\sqrt{6}+12$

    (3) $6\sqrt{3}-3\sqrt{2}$    (4) $-\sqrt{2}+5\sqrt{5}$

**4** (1) $\dfrac{2\sqrt{10}-4\sqrt{5}}{5}$   (2) $\dfrac{2\sqrt{3}-3\sqrt{2}}{18}$   (3) $\dfrac{\sqrt{30}-3}{6}$

**5** (1) $3+\sqrt{3}$        (2) $\dfrac{\sqrt{5}}{3}$      (3) $4\sqrt{5}+2\sqrt{7}$

    (4) $-\dfrac{7\sqrt{3}}{3}-\dfrac{3\sqrt{6}}{2}$   (5) $-\sqrt{2}+3\sqrt{6}$   (6) $12$

---

**1** (3) $\dfrac{3\sqrt{3}}{4}-\dfrac{3\sqrt{3}}{2}+\sqrt{3}=\dfrac{3\sqrt{3}}{4}-\dfrac{6\sqrt{3}}{4}+\dfrac{4\sqrt{3}}{4}=\dfrac{\sqrt{3}}{4}$

**2** (1) $\sqrt{75}+\sqrt{48}=5\sqrt{3}+4\sqrt{3}=9\sqrt{3}$

   (2) $\sqrt{3}-5\sqrt{6}-\sqrt{12}+3\sqrt{24}=\sqrt{3}-5\sqrt{6}-2\sqrt{3}+6\sqrt{6}$
$$=-\sqrt{3}+\sqrt{6}$$

   (3) $\dfrac{\sqrt{18}}{6}+\dfrac{\sqrt{6}}{\sqrt{12}}=\dfrac{3\sqrt{2}}{6}+\dfrac{1}{\sqrt{2}}=\dfrac{\sqrt{2}}{2}+\dfrac{\sqrt{2}}{2}=\sqrt{2}$

   (4) $\dfrac{6}{\sqrt{27}}-\dfrac{4}{\sqrt{3}}=\dfrac{6}{3\sqrt{3}}-\dfrac{4}{\sqrt{3}}=\dfrac{2}{\sqrt{3}}-\dfrac{4\sqrt{3}}{3}$
$$=\dfrac{2\sqrt{3}}{3}-\dfrac{4\sqrt{3}}{3}=-\dfrac{2\sqrt{3}}{3}$$

**3** (2) $2\sqrt{3}(\sqrt{2}+\sqrt{12})=2\sqrt{3}(\sqrt{2}+2\sqrt{3})=2\sqrt{6}+12$

   (3) $4\sqrt{3}-\sqrt{2}(3-\sqrt{6})=4\sqrt{3}-3\sqrt{2}+\sqrt{12}$
$$=4\sqrt{3}-3\sqrt{2}+2\sqrt{3}$$
$$=6\sqrt{3}-3\sqrt{2}$$

   (4) $\sqrt{5}(3-\sqrt{10})+\sqrt{2}(4+\sqrt{10})$
$$=3\sqrt{5}-\sqrt{50}+4\sqrt{2}+\sqrt{20}$$
$$=3\sqrt{5}-5\sqrt{2}+4\sqrt{2}+2\sqrt{5}$$
$$=-\sqrt{2}+5\sqrt{5}$$

**4** (1) $\dfrac{2\sqrt{2}-4}{\sqrt{5}}=\dfrac{(2\sqrt{2}-4)\times\sqrt{5}}{\sqrt{5}\times\sqrt{5}}=\dfrac{2\sqrt{10}-4\sqrt{5}}{5}$

   (2) $\dfrac{\sqrt{2}-\sqrt{3}}{3\sqrt{6}}=\dfrac{(\sqrt{2}-\sqrt{3})\times\sqrt{6}}{3\sqrt{6}\times\sqrt{6}}=\dfrac{\sqrt{12}-\sqrt{18}}{18}=\dfrac{2\sqrt{3}-3\sqrt{2}}{18}$

   (3) $\dfrac{2\sqrt{5}-\sqrt{6}}{\sqrt{24}}=\dfrac{2\sqrt{5}-\sqrt{6}}{2\sqrt{6}}=\dfrac{(2\sqrt{5}-\sqrt{6})\times\sqrt{6}}{2\sqrt{6}\times\sqrt{6}}$
$$=\dfrac{2\sqrt{30}-6}{12}=\dfrac{\sqrt{30}-3}{6}$$

**5** (1) $\sqrt{12}\times\dfrac{\sqrt{3}}{2}+6\div2\sqrt{3}=\dfrac{\sqrt{36}}{2}+\dfrac{6}{2\sqrt{3}}=3+\dfrac{3}{\sqrt{3}}$
$$=3+\dfrac{3\sqrt{3}}{3}=3+\sqrt{3}$$

   (2) $\sqrt{15}\times\dfrac{1}{\sqrt{3}}-\sqrt{10}\div\dfrac{3}{\sqrt{2}}=\sqrt{5}-\sqrt{10}\times\dfrac{\sqrt{2}}{3}=\sqrt{5}-\dfrac{\sqrt{20}}{3}$
$$=\sqrt{5}-\dfrac{2\sqrt{5}}{3}=\dfrac{\sqrt{5}}{3}$$

---

   (3) $5\sqrt{5}+(2\sqrt{21}-\sqrt{15})\div\sqrt{3}=5\sqrt{5}+(2\sqrt{21}-\sqrt{15})\times\dfrac{1}{\sqrt{3}}$
$$=5\sqrt{5}+2\sqrt{7}-\sqrt{5}$$
$$=4\sqrt{5}+2\sqrt{7}$$

   (4) $\sqrt{2}\left(\dfrac{2}{\sqrt{6}}-\dfrac{10}{\sqrt{12}}\right)+\sqrt{3}\left(\dfrac{1}{\sqrt{18}}-3\right)$
$$=\dfrac{2}{\sqrt{3}}-\dfrac{10}{\sqrt{6}}+\dfrac{1}{\sqrt{6}}-3\sqrt{3}$$
$$=\dfrac{2\sqrt{3}}{3}-\dfrac{10\sqrt{6}}{6}+\dfrac{\sqrt{6}}{6}-3\sqrt{3}$$
$$=-\dfrac{7\sqrt{3}}{3}-\dfrac{9\sqrt{6}}{6}=-\dfrac{7\sqrt{3}}{3}-\dfrac{3\sqrt{6}}{2}$$

   (5) $\dfrac{4-2\sqrt{3}}{\sqrt{2}}+\sqrt{3}(\sqrt{32}-\sqrt{6})$
$$=\dfrac{(4-2\sqrt{3})\times\sqrt{2}}{\sqrt{2}\times\sqrt{2}}+\sqrt{3}(4\sqrt{2}-\sqrt{6})$$
$$=\dfrac{4\sqrt{2}-2\sqrt{6}}{2}+4\sqrt{6}-\sqrt{18}$$
$$=2\sqrt{2}-\sqrt{6}+4\sqrt{6}-3\sqrt{2}$$
$$=-\sqrt{2}+3\sqrt{6}$$

   (6) $\dfrac{6}{\sqrt{3}}(\sqrt{2}+\sqrt{3})-\dfrac{\sqrt{48}-\sqrt{72}}{\sqrt{2}}$
$$=\dfrac{6\sqrt{2}}{\sqrt{3}}+6-\dfrac{4\sqrt{3}-6\sqrt{2}}{\sqrt{2}}$$
$$=\dfrac{6\sqrt{6}}{3}+6-\dfrac{(4\sqrt{3}-6\sqrt{2})\times\sqrt{2}}{\sqrt{2}\times\sqrt{2}}$$
$$=2\sqrt{6}+6-\dfrac{4\sqrt{6}-12}{2}$$
$$=2\sqrt{6}+6-2\sqrt{6}+6=12$$

---

**STEP 1** 쏙쏙 개념 익히기      **P. 46**

**1** (1) $a=-1$, $b=1$   (2) $2$     **2**   $-5$

**3** $5\sqrt{2}+2\sqrt{6}$

**4** (1) $(5+5\sqrt{3})\,\text{cm}^2$   (2) $(3+3\sqrt{3})\,\text{cm}^2$

**5**   $3$                 **6**   $\dfrac{5}{2}$

---

**1** (1) $3\sqrt{3}-\sqrt{32}-\sqrt{12}+3\sqrt{2}=3\sqrt{3}-4\sqrt{2}-2\sqrt{3}+3\sqrt{2}$
$$=-\sqrt{2}+\sqrt{3}$$
$$\therefore a=-1,\ b=1$$

   (2) $\dfrac{13}{\sqrt{10}}+\dfrac{\sqrt{5}}{\sqrt{2}}+\dfrac{\sqrt{2}}{\sqrt{5}}=\dfrac{13\sqrt{10}}{10}+\dfrac{\sqrt{10}}{2}+\dfrac{\sqrt{10}}{5}$
$$=\dfrac{13\sqrt{10}}{10}+\dfrac{5\sqrt{10}}{10}+\dfrac{2\sqrt{10}}{10}$$
$$=\dfrac{20\sqrt{10}}{10}=2\sqrt{10}$$
$$\therefore a=2$$

**2**  $\sqrt{2}A - \sqrt{3}B = \sqrt{2}(\sqrt{3} - \sqrt{2}) - \sqrt{3}(\sqrt{3} + \sqrt{2})$
$\qquad\qquad\quad = \sqrt{6} - 2 - 3 - \sqrt{6}$
$\qquad\qquad\quad = -5$

**3**  $\sqrt{24}\left(\dfrac{8}{\sqrt{3}} - \sqrt{3}\right) + \dfrac{\sqrt{48} - 10}{\sqrt{2}}$

$= 2\sqrt{6}\left(\dfrac{8}{\sqrt{3}} - \sqrt{3}\right) + \dfrac{4\sqrt{3} - 10}{\sqrt{2}}$

$= 16\sqrt{2} - 2\sqrt{18} + \dfrac{(4\sqrt{3} - 10) \times \sqrt{2}}{\sqrt{2} \times \sqrt{2}}$

$= 16\sqrt{2} - 6\sqrt{2} + \dfrac{4\sqrt{6} - 10\sqrt{2}}{2}$

$= 10\sqrt{2} + 2\sqrt{6} - 5\sqrt{2}$

$= 5\sqrt{2} + 2\sqrt{6}$

**4**  (1) (삼각형의 넓이) $= \dfrac{1}{2} \times (\sqrt{5} + \sqrt{15}) \times 2\sqrt{5}$
$\qquad\qquad\qquad\quad = (\sqrt{5} + \sqrt{15}) \times \sqrt{5}$
$\qquad\qquad\qquad\quad = 5 + \sqrt{75} = 5 + 5\sqrt{3}\,(\text{cm}^2)$

(2) (사다리꼴의 넓이) $= \dfrac{1}{2} \times (\sqrt{6} + \sqrt{18}) \times \sqrt{6}$
$\qquad\qquad\qquad\qquad = \dfrac{1}{2} \times (\sqrt{6} + 3\sqrt{2}) \times \sqrt{6}$
$\qquad\qquad\qquad\qquad = \dfrac{1}{2} \times (6 + 3\sqrt{12})$
$\qquad\qquad\qquad\qquad = \dfrac{1}{2} \times (6 + 6\sqrt{3})$
$\qquad\qquad\qquad\qquad = 3 + 3\sqrt{3}\,(\text{cm}^2)$

**5**  $2(3 + a\sqrt{5}) + 4a - 6\sqrt{5} = 6 + 2a\sqrt{5} + 4a - 6\sqrt{5}$
$\qquad\qquad\qquad\qquad\qquad = 6 + 4a + (2a - 6)\sqrt{5}$
이 식이 유리수가 되려면 $2a - 6 = 0$이어야 하므로
$a = 3$

**6**  $\sqrt{3}(5 + 4\sqrt{3}) - \sqrt{2}(a\sqrt{6} - \sqrt{2}) = 5\sqrt{3} + 12 - 2a\sqrt{3} + 2$
$\qquad\qquad\qquad\qquad\qquad\qquad = 14 + (5 - 2a)\sqrt{3}$
이 식이 유리수가 되려면 $5 - 2a = 0$이어야 하므로
$a = \dfrac{5}{2}$

---

**STEP 2  탄탄 단원 다지기**  P. 47~49

| | | | | |
|---|---|---|---|---|
| **1** ③ | **2** ③ | **3** 2 | **4** ⑤ | **5** 15.3893 |
| **6** ⑤ | **7** ③ | **8** ① | **9** $-\dfrac{1}{2}$ | **10** ② |
| **11** ① | **12** $24\sqrt{3}$ | **13** ① | **14** ⑤ | **15** ⑤ |
| **16** $\dfrac{5}{6}$ | **17** $\dfrac{7 - 4\sqrt{7}}{7}$ | **18** ③ | | |
| **19** $4\sqrt{3} + 2\sqrt{6}$ | | **20** $18\sqrt{3}$ cm | | **21** ③ |

---

**1**  ③  $-\sqrt{\dfrac{6}{5}}\sqrt{\dfrac{35}{6}} = -\sqrt{\dfrac{6}{5} \times \dfrac{35}{6}} = -\sqrt{7}$

**2**  ㄱ. $\sqrt{27} = \sqrt{3^2 \times 3} = 3\sqrt{3}$
　　ㄴ. $\sqrt{50} = \sqrt{5^2 \times 2} = 5\sqrt{2}$
　　ㄷ. $-3\sqrt{2} = -\sqrt{3^2 \times 2} = -\sqrt{18}$
　　ㄹ. $\sqrt{98} = \sqrt{7^2 \times 2} = 7\sqrt{2}$
　　ㅁ. $5\sqrt{5} = \sqrt{5^2 \times 5} = \sqrt{125}$
따라서 옳지 않은 것은 ㄷ, ㄹ이다.

**3**  $\sqrt{250} = \sqrt{5^2 \times 10} = 5\sqrt{10}$이므로 $a = 5$
$\sqrt{0.32} = \sqrt{\dfrac{32}{100}} = \dfrac{4\sqrt{2}}{10} = \dfrac{2\sqrt{2}}{5}$이므로 $b = \dfrac{2}{5}$
$\therefore ab = 5 \times \dfrac{2}{5} = 2$

**4**  $\sqrt{2} \times \sqrt{3} \times \sqrt{4} \times \sqrt{5} \times \sqrt{6} = \sqrt{2 \times 3 \times 4 \times 5 \times 6}$
$\qquad\qquad\qquad\qquad\qquad\qquad = \sqrt{2 \times 3 \times 2^2 \times 5 \times 2 \times 3}$
$\qquad\qquad\qquad\qquad\qquad\qquad = \sqrt{(2^2 \times 3)^2 \times 5}$
$\qquad\qquad\qquad\qquad\qquad\qquad = 12\sqrt{5}$
$\therefore a = 12$

**5**  $\sqrt{223} = \sqrt{2.23 \times 100} = 10\sqrt{2.23}$
$\qquad\quad = 10 \times 1.493 = 14.93$
$\sqrt{0.211} = \sqrt{\dfrac{21.1}{100}} = \dfrac{\sqrt{21.1}}{10} = \dfrac{4.593}{10} = 0.4593$
$\therefore \sqrt{223} + \sqrt{0.211} = 14.93 + 0.4593 = 15.3893$

**6**  $164.3 = 1.643 \times 100$이므로
$\sqrt{a} = \sqrt{2.7 \times 100} = \sqrt{2.7 \times 100^2} = \sqrt{27000}$
$\therefore a = 27000$

**7**  $\sqrt{0.6} = \sqrt{\dfrac{6}{10}} = \sqrt{\dfrac{3}{5}} = \dfrac{\sqrt{3}}{\sqrt{5}} = \dfrac{a}{b}$

**8**  $\dfrac{\sqrt{7}}{4\sqrt{2}} = \dfrac{\sqrt{7} \times \sqrt{2}}{4\sqrt{2} \times \sqrt{2}} = \dfrac{\sqrt{14}}{8}$이므로 $a = \dfrac{1}{8}$
$\dfrac{\sqrt{6}}{\sqrt{45}} = \dfrac{\sqrt{6}}{3\sqrt{5}} = \dfrac{\sqrt{6} \times \sqrt{5}}{3\sqrt{5} \times \sqrt{5}} = \dfrac{\sqrt{30}}{15}$이므로 $b = 30$
$\therefore ab = \dfrac{1}{8} \times 30 = \dfrac{15}{4}$

**9**  $\dfrac{\sqrt{125}}{3} \div (-\sqrt{60}) \times \dfrac{6\sqrt{3}}{\sqrt{10}} = \dfrac{\sqrt{125}}{3} \times \left(-\dfrac{1}{\sqrt{60}}\right) \times \dfrac{6\sqrt{3}}{\sqrt{10}}$
$\qquad\qquad\qquad\qquad\qquad\qquad = \dfrac{5\sqrt{5}}{3} \times \left(-\dfrac{1}{2\sqrt{15}}\right) \times \dfrac{6\sqrt{3}}{\sqrt{10}}$
$\qquad\qquad\qquad\qquad\qquad\qquad = -\dfrac{5}{\sqrt{10}} = -\dfrac{5\sqrt{10}}{10}$
$\qquad\qquad\qquad\qquad\qquad\qquad = -\dfrac{\sqrt{10}}{2}$

$\therefore a = -\dfrac{1}{2}$

**10** (삼각형의 넓이)$=\dfrac{1}{2}\times\sqrt{32}\times\sqrt{24}=\dfrac{1}{2}\times4\sqrt{2}\times2\sqrt{6}$
$\qquad\qquad\qquad\quad=4\sqrt{12}=8\sqrt{3}$
직사각형의 가로의 길이를 $x$라고 하면
(직사각형의 넓이)$=x\times\sqrt{12}=2\sqrt{3}x$
삼각형의 넓이와 직사각형의 넓이가 서로 같으므로
$8\sqrt{3}=2\sqrt{3}x$ $\quad\therefore x=\dfrac{8\sqrt{3}}{2\sqrt{3}}=4$
따라서 직사각형의 가로의 길이는 4이다.

**11** $3\sqrt{20}-\sqrt{80}-\sqrt{48}+2\sqrt{27}=6\sqrt{5}-4\sqrt{5}-4\sqrt{3}+6\sqrt{3}$
$\qquad\qquad\qquad\qquad\qquad\qquad\quad=2\sqrt{3}+2\sqrt{5}$

**12** $x\sqrt{\dfrac{27y}{x}}+y\sqrt{\dfrac{3x}{y}}=\sqrt{x^2\times\dfrac{27y}{x}}+\sqrt{y^2\times\dfrac{3x}{y}}$
$\qquad\qquad\qquad\quad=\sqrt{27xy}+\sqrt{3xy}$
$\qquad\qquad\qquad\quad=\sqrt{27\times36}+\sqrt{3\times36}$
$\qquad\qquad\qquad\quad=18\sqrt{3}+6\sqrt{3}=24\sqrt{3}$

**13** $\dfrac{\sqrt{3}}{\sqrt{2}}-\dfrac{\sqrt{2}}{\sqrt{3}}+\dfrac{\sqrt{5}}{\sqrt{2}}-\dfrac{\sqrt{2}}{\sqrt{5}}=\dfrac{\sqrt{6}}{2}-\dfrac{\sqrt{6}}{3}+\dfrac{\sqrt{10}}{2}-\dfrac{\sqrt{10}}{5}$
$\qquad\qquad\qquad\qquad\qquad\quad=\dfrac{3\sqrt{6}-2\sqrt{6}}{6}+\dfrac{5\sqrt{10}-2\sqrt{10}}{10}$
$\qquad\qquad\qquad\qquad\qquad\quad=\dfrac{\sqrt{6}}{6}+\dfrac{3\sqrt{10}}{10}$

**14** $\sqrt{7}x+\sqrt{2}y=\sqrt{7}(3\sqrt{2}+\sqrt{7})+\sqrt{2}(2\sqrt{7}-5\sqrt{2})$
$\qquad\qquad\quad=3\sqrt{14}+7+2\sqrt{14}-10=5\sqrt{14}-3$

**15** $\sqrt{2}(a+3\sqrt{2})-\sqrt{3}(4\sqrt{3}+\sqrt{6})=a\sqrt{2}+6-12-3\sqrt{2}$
$\qquad\qquad\qquad\qquad\qquad\qquad\qquad=-6+(a-3)\sqrt{2}$
이 식이 유리수가 되려면 $a-3=0$이어야 하므로 $a=3$

**16** $\dfrac{\sqrt{8}+9}{\sqrt{3}}-\dfrac{\sqrt{3}-\sqrt{24}}{\sqrt{2}}=\dfrac{2\sqrt{2}+9}{\sqrt{3}}-\dfrac{\sqrt{3}-2\sqrt{6}}{\sqrt{2}}$
$\qquad\qquad\qquad\qquad\quad=\dfrac{(2\sqrt{2}+9)\times\sqrt{3}}{\sqrt{3}\times\sqrt{3}}-\dfrac{(\sqrt{3}-2\sqrt{6})\times\sqrt{2}}{\sqrt{2}\times\sqrt{2}}$
$\qquad\qquad\qquad\qquad\quad=\dfrac{2\sqrt{6}+9\sqrt{3}}{3}-\dfrac{\sqrt{6}-2\sqrt{12}}{2}$
$\qquad\qquad\qquad\qquad\quad=\dfrac{2\sqrt{6}}{3}+3\sqrt{3}-\dfrac{\sqrt{6}}{2}+2\sqrt{3}$
$\qquad\qquad\qquad\qquad\quad=5\sqrt{3}+\dfrac{\sqrt{6}}{6}$
따라서 $a=5$, $b=\dfrac{1}{6}$이므로 $ab=5\times\dfrac{1}{6}=\dfrac{5}{6}$

**17** $2<\sqrt{7}<3$이므로
$\sqrt{7}$의 정수 부분은 2, 소수 부분은 $\sqrt{7}-2$
따라서 $a=\sqrt{7}-2$이므로
$\dfrac{a-2}{a+2}=\dfrac{(\sqrt{7}-2)-2}{(\sqrt{7}-2)+2}=\dfrac{\sqrt{7}-4}{\sqrt{7}}$
$\qquad\quad=\dfrac{(\sqrt{7}-4)\times\sqrt{7}}{\sqrt{7}\times\sqrt{7}}=\dfrac{7-4\sqrt{7}}{7}$

**18** ① $3\times\sqrt{2}-5\div\sqrt{2}=3\sqrt{2}-\dfrac{5}{\sqrt{2}}=3\sqrt{2}-\dfrac{5\sqrt{2}}{2}=\dfrac{\sqrt{2}}{2}$
② $\sqrt{2}(\sqrt{6}+\sqrt{8})=\sqrt{12}+\sqrt{16}=2\sqrt{3}+4$
③ $\sqrt{3}\left(\dfrac{\sqrt{6}}{3}-\dfrac{2\sqrt{3}}{\sqrt{2}}\right)=\dfrac{\sqrt{18}}{3}-\dfrac{6}{\sqrt{2}}=\sqrt{2}-3\sqrt{2}=-2\sqrt{2}$
④ $3\sqrt{24}+2\sqrt{6}\times\sqrt{3}-\sqrt{7}=6\sqrt{6}+6\sqrt{2}-\sqrt{7}$
⑤ $(\sqrt{18}+\sqrt{3})\div\dfrac{1}{\sqrt{2}}+5\times\sqrt{6}=(\sqrt{18}+\sqrt{3})\times\sqrt{2}+5\sqrt{6}$
$\qquad\qquad\qquad\qquad\qquad\qquad\quad=\sqrt{36}+\sqrt{6}+5\sqrt{6}$
$\qquad\qquad\qquad\qquad\qquad\qquad\quad=6+6\sqrt{6}$
따라서 옳은 것은 ③이다.

**19** $\sqrt{27}+\sqrt{54}-\sqrt{2}\left(\dfrac{6}{\sqrt{12}}-\dfrac{3}{\sqrt{6}}\right)=\sqrt{27}+\sqrt{54}-\dfrac{6}{\sqrt{6}}+\dfrac{3}{\sqrt{3}}$
$\qquad\qquad\qquad\qquad\qquad\qquad\qquad=3\sqrt{3}+3\sqrt{6}-\sqrt{6}+\sqrt{3}$
$\qquad\qquad\qquad\qquad\qquad\qquad\qquad=4\sqrt{3}+2\sqrt{6}$

**20** 세 정사각형의 넓이가 각
각 $3\,\text{cm}^2$, $12\,\text{cm}^2$,
$27\,\text{cm}^2$이므로 한 변의 길
이는 각각
$\sqrt{3}\,\text{cm}$, $\sqrt{12}=2\sqrt{3}(\text{cm})$,
$\sqrt{27}=3\sqrt{3}(\text{cm})$
$\therefore$ (둘레의 길이)$=2(\sqrt{3}+2\sqrt{3}+3\sqrt{3})+2\times3\sqrt{3}$
$\qquad\qquad\qquad\quad=12\sqrt{3}+6\sqrt{3}=18\sqrt{3}(\text{cm})$

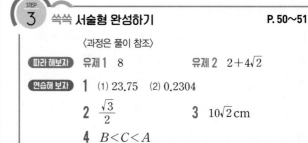

**21** ① $(1+2\sqrt{5})-(3+\sqrt{5})=-2+\sqrt{5}=-\sqrt{4}+\sqrt{5}>0$
$\qquad\therefore 1+2\sqrt{5}>3+\sqrt{5}$
② $(\sqrt{5}+\sqrt{2})-3\sqrt{2}=\sqrt{5}-2\sqrt{2}=\sqrt{5}-\sqrt{8}<0$
$\qquad\therefore \sqrt{5}+\sqrt{2}<3\sqrt{2}$
③ $(\sqrt{2}-1)-(2-\sqrt{2})=2\sqrt{2}-3=\sqrt{8}-\sqrt{9}<0$
$\qquad\therefore \sqrt{2}-1<2-\sqrt{2}$
④ $(5\sqrt{3}-1)-\sqrt{48}=5\sqrt{3}-1-4\sqrt{3}=\sqrt{3}-1>0$
$\qquad\therefore 5\sqrt{3}-1>\sqrt{48}$
⑤ $(3\sqrt{2}-1)-(2\sqrt{3}-1)=3\sqrt{2}-2\sqrt{3}=\sqrt{18}-\sqrt{12}>0$
$\qquad\therefore 3\sqrt{2}-1>2\sqrt{3}-1$
따라서 옳은 것은 ③이다.

**STEP 3** 쓱쓱 **서술형 완성하기**     **P. 50~51**

〈과정은 풀이 참조〉

**따라 해보자** 유제 1   8        유제 2   $2+4\sqrt{2}$

**연습해 보자** **1** (1) 23.75   (2) 0.2304

      **2** $\dfrac{\sqrt{3}}{2}$         **3** $10\sqrt{2}\,\text{cm}$

      **4** $B<C<A$

**따라 해보자**

유제 1  **1단계**  $\sqrt{3}(\sqrt{27}-\sqrt{12})+\sqrt{5}(2\sqrt{5}-\sqrt{15})$

$\qquad =\sqrt{3}(3\sqrt{3}-2\sqrt{3})+10-\sqrt{75}$

$\qquad =\sqrt{3}\times\sqrt{3}+10-5\sqrt{3}$

$\qquad =3+10-5\sqrt{3}$

$\qquad =13-5\sqrt{3}$ $\qquad\qquad\qquad\cdots$ (i)

**2단계**  $13-5\sqrt{3}=a+b\sqrt{3}$이므로

$\qquad a=13,\ b=-5$ $\qquad\qquad\cdots$ (ii)

**3단계**  $\therefore\ a+b=13+(-5)=8$ $\qquad\cdots$ (iii)

| 채점 기준 | 비율 |
|---|---|
| (i) 주어진 식의 좌변을 간단히 하기 | 60 % |
| (ii) $a$, $b$의 값 구하기 | 20 % |
| (iii) $a+b$의 값 구하기 | 20 % |

유제 2  **1단계**  피타고라스 정리에 의해

$\qquad\overline{AB}=\sqrt{2^2+2^2}=\sqrt{8}=2\sqrt{2}$,

$\qquad\overline{AC}=\sqrt{1^2+1^2}=\sqrt{2}$ $\qquad\cdots$ (i)

**2단계**  $\overline{AP}=\overline{AB}=2\sqrt{2}$, $\overline{AQ}=\overline{AC}=\sqrt{2}$이므로

$\qquad a=2-2\sqrt{2},\ b=2+\sqrt{2}$ $\qquad\cdots$ (ii)

**3단계**  $2b-a=2(2+\sqrt{2})-(2-2\sqrt{2})$

$\qquad\qquad =4+2\sqrt{2}-2+2\sqrt{2}$

$\qquad\qquad =2+4\sqrt{2}$ $\qquad\qquad\qquad\cdots$ (iii)

| 채점 기준 | 비율 |
|---|---|
| (i) $\overline{AB}$, $\overline{AC}$의 길이 구하기 | 20 % |
| (ii) $a$, $b$의 값 구하기 | 40 % |
| (iii) $2b-a$의 값 구하기 | 40 % |

**연습해 보자**

1  (1)  $\sqrt{564}=\sqrt{5.64\times100}=10\sqrt{5.64}$

$\qquad\qquad =10\times2.375=23.75$ $\qquad\cdots$ (i)

(2)  $\sqrt{0.0531}=\sqrt{\dfrac{5.31}{100}}=\dfrac{\sqrt{5.31}}{10}=\dfrac{2.304}{10}=0.2304$ $\quad\cdots$ (ii)

| 채점 기준 | 비율 |
|---|---|
| (i) $\sqrt{564}$의 값 구하기 | 50 % |
| (ii) $\sqrt{0.0531}$의 값 구하기 | 50 % |

2  $A=\sqrt{27}\div\sqrt{6}\times\sqrt{2}=3\sqrt{3}\times\dfrac{1}{\sqrt{6}}\times\sqrt{2}$

$\qquad =3\sqrt{3\times\dfrac{1}{6}\times2}=3$ $\qquad\qquad\cdots$ (i)

$B=\dfrac{4}{\sqrt{3}}\times\dfrac{\sqrt{15}}{\sqrt{8}}\div\dfrac{\sqrt{5}}{\sqrt{6}}=\dfrac{4}{\sqrt{3}}\times\dfrac{\sqrt{15}}{2\sqrt{2}}\times\dfrac{\sqrt{6}}{\sqrt{5}}$

$\qquad =2\sqrt{\dfrac{1}{3}\times\dfrac{15}{2}\times\dfrac{6}{5}}=2\sqrt{3}$ $\qquad\cdots$ (ii)

$\therefore\ \dfrac{A}{B}=\dfrac{3}{2\sqrt{3}}=\dfrac{3\times\sqrt{3}}{2\sqrt{3}\times\sqrt{3}}=\dfrac{\sqrt{3}}{2}$ $\qquad\cdots$ (iii)

| 채점 기준 | 비율 |
|---|---|
| (i) $A$를 간단히 하기 | 40 % |
| (ii) $B$를 간단히 하기 | 40 % |
| (iii) $\dfrac{A}{B}$의 값 구하기 | 20 % |

3  $\overline{AB}=\sqrt{8}=2\sqrt{2}\,(\mathrm{cm})$, $\overline{BC}=\sqrt{18}=3\sqrt{2}\,(\mathrm{cm})$ $\quad\cdots$ (i)

$\therefore\ (\square ABCD\text{의 둘레의 길이})=2(\overline{AB}+\overline{BC})$

$\qquad\qquad\qquad\qquad\qquad =2(2\sqrt{2}+3\sqrt{2})$

$\qquad\qquad\qquad\qquad\qquad =2\times5\sqrt{2}$

$\qquad\qquad\qquad\qquad\qquad =10\sqrt{2}\,(\mathrm{cm})$ $\qquad\cdots$ (ii)

| 채점 기준 | 비율 |
|---|---|
| (i) $\overline{AB}$, $\overline{BC}$의 길이 구하기 | 50 % |
| (ii) $\square ABCD$의 둘레의 길이 구하기 | 50 % |

4  $A-C=\sqrt{180}-(\sqrt{5}+8)=6\sqrt{5}-\sqrt{5}-8$

$\qquad\quad =5\sqrt{5}-8=\sqrt{125}-\sqrt{64}>0$

$\therefore\ A>C$ $\qquad\qquad\qquad\qquad\qquad\cdots$ (i)

$B-C=(12-3\sqrt{5})-(\sqrt{5}+8)$

$\qquad\quad =12-3\sqrt{5}-\sqrt{5}-8$

$\qquad\quad =4-4\sqrt{5}=\sqrt{16}-\sqrt{80}<0$

$\therefore\ B<C$ $\qquad\qquad\qquad\qquad\qquad\cdots$ (ii)

$\therefore\ B<C<A$ $\qquad\qquad\qquad\qquad\cdots$ (iii)

| 채점 기준 | 비율 |
|---|---|
| (i) $A$, $C$의 대소 관계 나타내기 | 40 % |
| (ii) $B$, $C$의 대소 관계 나타내기 | 40 % |
| (iii) $A$, $B$, $C$의 대소 관계 나타내기 | 20 % |

**놀이 속 수학**  P. 52

답  $12+6\sqrt{2}$

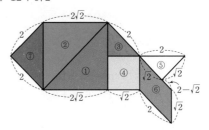

$\therefore\ (\text{물고기 모양 도형의 둘레의 길이})$

$\quad =2+2\sqrt{2}+2+2+\sqrt{2}+(2-\sqrt{2})+\sqrt{2}+2+\sqrt{2}+2\sqrt{2}+2$

$\quad =12+6\sqrt{2}$

# 1 곱셈 공식

P. 56

**개념 확인** (1) $ac$, $ad$, $bc$, $bd$ (2) $a$, $b$, $a$, $b$, $a$, $b$, $b$

**필수 문제 1** (1) $ab+3a+2b+6$
(2) $4x^2+19x-5$
(3) $30a^2+4ab-2b^2$
(4) $2x^2-xy-6x-y^2-3y$

(1) $(a+2)(b+3)=ab+3a+2b+6$
(2) $(x+5)(4x-1)=4x^2-x+20x-5$
$=4x^2+19x-5$
(3) $(5a-b)(6a+2b)=30a^2+10ab-6ab-2b^2$
$=30a^2+4ab-2b^2$
(4) $(2x+y)(x-y-3)$
$=2x^2-2xy-6x+xy-y^2-3y$
$=2x^2-xy-6x-y^2-3y$

**1-1** (1) $ab-4a+b-4$ (2) $3a^2-5ab+2b^2$
(3) $10x^2+9x-7$ (4) $x^2+xy-x-12y^2+3y$

(1) $(a+1)(b-4)=ab-4a+b-4$
(2) $(3a-2b)(a-b)=3a^2-3ab-2ab+2b^2$
$=3a^2-5ab+2b^2$
(3) $(2x-1)(5x+7)=10x^2+14x-5x-7$
$=10x^2+9x-7$
(4) $(x+4y-1)(x-3y)=x^2-3xy+4xy-12y^2-x+3y$
$=x^2+xy-x-12y^2+3y$

**1-2** $-7$

$xy$항이 나오는 부분만 전개하면
$(2x-y+1)(3x-2y+1)$에서
$2x\times(-2y)+(-y)\times3x=-7xy$
따라서 $xy$의 계수는 $-7$이다.

P. 57

**개념 확인** $a$, $ab$, $a$, $2$, $ab$, $b$, $2$, $b$

**필수 문제 2** (1) $x^2+2x+1$ (2) $a^2-8a+16$
(3) $4a^2+4ab+b^2$ (4) $x^2-6xy+9y^2$

(1) $(x+1)^2=x^2+2\times x\times1+1^2=x^2+2x+1$
(2) $(a-4)^2=a^2-2\times a\times4+4^2=a^2-8a+16$
(3) $(2a+b)^2=(2a)^2+2\times2a\times b+b^2=4a^2+4ab+b^2$
(4) $(-x+3y)^2=(-x)^2+2\times(-x)\times3y+(3y)^2$
$=x^2-6xy+9y^2$

**2-1** (1) $x^2+10x+25$ (2) $a^2-12a+36$
(3) $4x^2-12xy+9y^2$ (4) $25a^2+40ab+16b^2$

(3) $(2x-3y)^2=(2x)^2-2\times2x\times3y+(3y)^2$
$=4x^2-12xy+9y^2$
(4) $(-5a-4b)^2=(-5a)^2-2\times(-5a)\times4b+(4b)^2$
$=25a^2+40ab+16b^2$

**필수 문제 3** (1) 7, 49 (2) 2, 4
(1) $(a+\boxed{A})^2=a^2+2Aa+A^2=a^2+14a+\boxed{B}$
이므로 $2A=14$, $A^2=B$ $\therefore A=7$, $B=49$
(2) $(x-\boxed{A})^2=x^2-2Ax+A^2=x^2-4x+\boxed{B}$
이므로 $-2A=-4$, $A^2=B$ $\therefore A=2$, $B=4$

**3-1** $a=5$, $b=20$
$(2x-a)^2=4x^2-4ax+a^2=4x^2-bx+25$
이므로 $-4a=-b$, $a^2=25$
이때 $a>0$이므로 $a=5$, $b=4a=4\times5=20$

P. 58

**개념 확인** $a$, $ab$, $b$, $a$, $b$

**필수 문제 4** (1) $x^2-9$ (2) $4a^2-1$
(3) $x^2-16y^2$ (4) $-64a^2+b^2$

(1) $(x+3)(x-3)=x^2-3^2=x^2-9$
(2) $(2a+1)(2a-1)=(2a)^2-1^2=4a^2-1$
(3) $(-x+4y)(-x-4y)=(-x)^2-(4y)^2=x^2-16y^2$
(4) $(-8a-b)(8a-b)=(-b-8a)(-b+8a)$
$=(-b)^2-(8a)^2$
$=b^2-64a^2=-64a^2+b^2$

**4-1** (1) $a^2-25$ (2) $x^2-36y^2$
(3) $16x^2-\dfrac{1}{25}y^2$ (4) $-49a^2+9b^2$

(3) $\left(-4x-\dfrac{1}{5}y\right)\left(-4x+\dfrac{1}{5}y\right)=(-4x)^2-\left(\dfrac{1}{5}y\right)^2$
$=16x^2-\dfrac{1}{25}y^2$
(4) $(-7a+3b)(7a+3b)=(3b-7a)(3b+7a)$
$=(3b)^2-(7a)^2$
$=9b^2-49a^2=-49a^2+9b^2$

**필수 문제 5** 2, 4

**5-1** $x^4-16$
$(x-2)(x+2)(x^2+4)=(x^2-4)(x^2+4)$
$=(x^2)^2-4^2=x^4-16$

**개념 확인**   $a$, $ab$, $a+b$, $ab$,
$ac$, $bc$, $bd$, $ac$, $bc$, $bd$

**필수 문제 6**   (1) $x^2+6x+8$   (2) $a^2+2a-15$
   (3) $a^2+6ab-7b^2$   (4) $x^2-3xy+2y^2$

(1) $(x+2)(x+4)=x^2+(2+4)x+2\times4$
$\qquad\qquad\qquad=x^2+6x+8$

(2) $(a+5)(a-3)=a^2+(5-3)a+5\times(-3)$
$\qquad\qquad\qquad=a^2+2a-15$

(3) $(a-b)(a+7b)=a^2+(-b+7b)a+(-b)\times7b$
$\qquad\qquad\qquad=a^2+6ab-7b^2$

(4) $(x-2y)(x-y)=x^2+(-2y-y)x+(-2y)\times(-y)$
$\qquad\qquad\qquad=x^2-3xy+2y^2$

**6-1**   (1) $x^2+6x+5$   (2) $a^2-4a-12$
   (3) $a^2-11ab+24b^2$   (4) $x^2+3xy-4y^2$

(3) $(a-3b)(a-8b)$
$\quad=a^2+(-3b-8b)a+(-3b)\times(-8b)$
$\quad=a^2-11ab+24b^2$

(4) $(x+4y)(x-y)=x^2+(4y-y)x+4y\times(-y)$
$\qquad\qquad\qquad=x^2+3xy-4y^2$

**6-2**   $a=3$, $b=2$

$(x-a)(x+5)=x^2+(-a+5)x-5a=x^2+bx-15$
이므로 $-a+5=b$, $-5a=-15$
$\therefore a=3$, $b=2$

**필수 문제 7**   (1) $2x^2+7x+3$   (2) $10a^2-7a-12$
   (3) $12a^2-22ab+6b^2$   (4) $-5x^2+17xy-6y^2$

(1) $(x+3)(2x+1)$
$\quad=(1\times2)x^2+(1\times1+3\times2)x+3\times1$
$\quad=2x^2+7x+3$

(2) $(2a-3)(5a+4)$
$\quad=(2\times5)a^2+\{2\times4+(-3)\times5\}a+(-3)\times4$
$\quad=10a^2-7a-12$

(3) $(3a-b)(4a-6b)$
$\quad=(3\times4)a^2+\{3\times(-6b)+(-b)\times4\}a$
$\qquad+(-b)\times(-6b)$
$\quad=12a^2-22ab+6b^2$

(4) $(5x-2y)(-x+3y)$
$\quad=\{5\times(-1)\}x^2+\{5\times3y+(-2y)\times(-1)\}x$
$\qquad+(-2y)\times3y$
$\quad=-5x^2+17xy-6y^2$

**7-1**   (1) $4a^2+7a+3$   (2) $12x^2+22x-14$
   (3) $-6a^2+13ab-5b^2$   (4) $-5x^2+21xy-18y^2$

(1) $(4a+3)(a+1)$
$\quad=(4\times1)a^2+(4\times1+3\times1)a+3\times1$
$\quad=4a^2+7a+3$

(2) $(3x+7)(4x-2)$
$\quad=(3\times4)x^2+\{3\times(-2)+7\times4\}x+7\times(-2)$
$\quad=12x^2+22x-14$

(3) $(-2a+b)(3a-5b)$
$\quad=\{(-2)\times3\}a^2+\{(-2)\times(-5b)+b\times3\}a$
$\qquad+b\times(-5b)$
$\quad=-6a^2+13ab-5b^2$

(4) $(x-3y)(-5x+6y)$
$\quad=\{1\times(-5)\}x^2+\{1\times6y+(-3y)\times(-5)\}x$
$\qquad+(-3y)\times6y$
$\quad=-5x^2+21xy-18y^2$

**7-2**   $a=-2$, $b=-20$

$(7x-2)(3x+a)=21x^2+(7a-6)x-2a$
$\qquad\qquad\qquad=21x^2+bx+4$
이므로 $7a-6=b$, $-2a=4$
$\therefore a=-2$, $b=-20$

---

**한 번 더 연습**

**1**   (1) $2x^2+xy+3x-y^2+3y$
   (2) $3a^2-11ab-2a-4b^2+8b$

**2**   (1) $x^2+6x+9$   (2) $a^2-\dfrac{1}{2}a+\dfrac{1}{16}$
   (3) $4a^2-16ab+16b^2$   (4) $x^2+2+\dfrac{1}{x^2}$
   (5) $25a^2-10ab+b^2$   (6) $9x^2+30xy+25y^2$

**3**   (1) $a^2-64$   (2) $x^2-\dfrac{1}{16}y^2$
   (3) $-\dfrac{9}{4}a^2+16b^2$   (4) $1-a^8$

**4**   (1) $x^2+9x+20$   (2) $a^2+\dfrac{1}{6}a-\dfrac{1}{6}$
   (3) $x^2-9xy+18y^2$   (4) $a^2-\dfrac{5}{12}ab-\dfrac{1}{6}b^2$

**5**   (1) $20a^2+23a+6$   (2) $14x^2+33x-5$
   (3) $2a^2-13ab+6b^2$   (4) $-4x^2+13xy-3y^2$

**6**   (1) $x^2+5x-54$   (2) $3a^2+34a-67$

**1**   (1) $(x+y)(2x-y+3)$
$\quad=2x^2-xy+3x+2xy-y^2+3y$
$\quad=2x^2+xy+3x-y^2+3y$

(2) $(3a+b-2)(a-4b)$
$\quad=3a^2-12ab+ab-4b^2-2a+8b$
$\quad=3a^2-11ab-2a-4b^2+8b$

**2**   (4) $\left(x+\dfrac{1}{x}\right)^2=x^2+2\times x\times\dfrac{1}{x}+\left(\dfrac{1}{x}\right)^2=x^2+2+\dfrac{1}{x^2}$

(5) $(-5a+b)^2=(-5a)^2+2\times(-5a)\times b+b^2$
$\qquad\qquad=25a^2-10ab+b^2$

**(6)** $(-3x-5y)^2=(-3x)^2-2\times(-3x)\times5y+(5y)^2$
$$=9x^2+30xy+25y^2$$

**3** **(3)** $\left(4b-\dfrac{3}{2}a\right)\left(\dfrac{3}{2}a+4b\right)=\left(4b-\dfrac{3}{2}a\right)\left(4b+\dfrac{3}{2}a\right)$
$$=(4b)^2-\left(\dfrac{3}{2}a\right)^2$$
$$=16b^2-\dfrac{9}{4}a^2=-\dfrac{9}{4}a^2+16b^2$$

**(4)** $(1-a)(1+a)(1+a^2)(1+a^4)$
$$=(1-a^2)(1+a^2)(1+a^4)$$
$$=(1-a^4)(1+a^4)=1-a^8$$

**4** **(2)** $\left(a+\dfrac{1}{2}\right)\left(a-\dfrac{1}{3}\right)=a^2+\left(\dfrac{1}{2}-\dfrac{1}{3}\right)a+\dfrac{1}{2}\times\left(-\dfrac{1}{3}\right)$
$$=a^2+\dfrac{1}{6}a-\dfrac{1}{6}$$

**(4)** $\left(a-\dfrac{2}{3}b\right)\left(a+\dfrac{1}{4}b\right)$
$$=a^2+\left(-\dfrac{2}{3}b+\dfrac{1}{4}b\right)a+\left(-\dfrac{2}{3}b\right)\times\dfrac{1}{4}b$$
$$=a^2-\dfrac{5}{12}ab-\dfrac{1}{6}b^2$$

**5** **(4)** $(-x+3y)(4x-y)$
$$=\{(-1)\times4\}x^2+\{(-1)\times(-y)+3y\times4\}x$$
$$+3y\times(-y)$$
$$=-4x^2+13xy-3y^2$$

**6** **(1)** $2(x+5)(x-5)-(x-4)(x-1)$
$$=2(x^2-25)-(x^2-5x+4)$$
$$=2x^2-50-x^2+5x-4$$
$$=x^2+5x-54$$

**(2)** $(5a-2)(3a-4)-3(2a-5)^2$
$$=15a^2-26a+8-3(4a^2-20a+25)$$
$$=15a^2-26a+8-12a^2+60a-75$$
$$=3a^2+34a-67$$

---

STEP **1** **쏙쏙 개념 익히기** P.61

**1** 8      **2** ③, ⑤
**3** (1) 3, 9   (2) 7, 4   (3) 3, 2   (4) 3, 5, 23
**4** ㄴ, ㄷ      **5** −2
**6** (1) $x^2-y^2$   (2) $12a^2+5ab-2b^2$

**1** $xy$항이 나오는 부분만 전개하면
$x\times2y+(-y)\times x=xy$    ∴ $a=1$
$y$항이 나오는 부분만 전개하면
$-y\times(-1)+3\times2y=7y$    ∴ $b=7$
∴ $a+b=1+7=8$

---

**2** ① $(a+4)^2=a^2+2\times a\times4+4^2=a^2+8a+16$
② $(x-3y)^2=x^2-2\times x\times3y+(3y)^2=x^2-6xy+9y^2$
④ $(x-2)(x+5)=x^2+(-2+5)x+(-2)\times5$
$$=x^2+3x-10$$
따라서 옳은 것은 ③, ⑤이다.

**3** **(1)** $(x-\boxed{A})^2=x^2-2Ax+A^2=x^2-6x+\boxed{B}$
이므로 $-2A=-6$, $A^2=B$
∴ $A=3$, $B=9$

**(2)** $(2x+7)(2x-\boxed{A})=4x^2+(-2A+14)x-7A$
$$=\boxed{B}x^2-49$$
이므로 $4=B$, $-2A+14=0$, $-7A=-49$
∴ $A=7$, $B=4$

**(3)** $(x-y)(x+\boxed{A}y)=x^2+(Ay-y)x-Ay^2$
$$=x^2+(A-1)xy-Ay^2$$
$$=x^2+\boxed{B}xy-3y^2$$
이므로 $A-1=B$, $-A=-3$
∴ $A=3$, $B=2$

**(4)** $(\boxed{A}x+4)(2x+\boxed{B})=2Ax^2+(AB+8)x+4B$
$$=6x^2+\boxed{C}x+20$$
이므로 $2A=6$, $AB+8=C$, $4B=20$
∴ $A=3$, $B=5$, $C=23$

**4** $(a-b)^2=a^2-2ab+b^2$
ㄴ. $(b-a)^2=b^2-2\times b\times a+a^2=a^2-2ab+b^2$
ㄷ. $(-a+b)^2=(-a)^2+2\times(-a)\times b+b^2$
$$=a^2-2ab+b^2$$

**5** $\left(\dfrac{1}{2}a+\dfrac{2}{3}b\right)\left(\dfrac{1}{2}a-\dfrac{2}{3}b\right)=\dfrac{1}{4}a^2-\dfrac{4}{9}b^2$
$$=\dfrac{1}{4}\times8-\dfrac{4}{9}\times9$$
$$=2-4=-2$$

**6** **(1)** (색칠한 직사각형의 넓이)$=(x-y)(x+y)=x^2-y^2$
**(2)** (색칠한 직사각형의 넓이)
$$=(3a+2b)(4a-b)$$
$$=(3\times4)a^2+\{3\times(-b)+2b\times4\}a+2b\times(-b)$$
$$=12a^2+5ab-2b^2$$

---

## 2 곱셈 공식의 활용

P. 62

**개념 확인**    (1) 50, 50, 1, 2401   (2) 3, 3, 3, 8091

**필수 문제 1**    (1) 2601   (2) 6241   (3) 2475   (4) 10710
(1) $51^2=(50+1)^2=50^2+2\times50\times1+1^2$
$$=2500+100+1=2601$$

(2) $79^2=(80-1)^2=80^2-2\times80\times1+1^2$
$=6400-160+1=6241$

(3) $55\times45=(50+5)(50-5)=50^2-5^2$
$=2500-25=2475$

(4) $102\times105=(100+2)(100+5)$
$=100^2+(2+5)\times100+2\times5$
$=10000+700+10=10710$

**1-1** (1) **8464** (2) **88804** (3) **4864** (4) **40198**

(1) $92^2=(90+2)^2=90^2+2\times90\times2+2^2$
$=8100+360+4=8464$

(2) $298^2=(300-2)^2=300^2-2\times300\times2+2^2$
$=90000-1200+4=88804$

(3) $64\times76=(70-6)(70+6)=70^2-6^2$
$=4900-36=4864$

(4) $199\times202=(200-1)(200+2)$
$=200^2+(-1+2)\times200+(-1)\times2$
$=40000+200-2=40198$

**P. 63**

**필수 문제 2** (1) $11+4\sqrt{7}$ (2) $4$
(3) $6+5\sqrt{2}$ (4) $16-\sqrt{3}$

(1) $(2+\sqrt{7})^2=2^2+2\times2\times\sqrt{7}+(\sqrt{7})^2$
$=4+4\sqrt{7}+7=11+4\sqrt{7}$

(2) $(3+\sqrt{5})(3-\sqrt{5})=3^2-(\sqrt{5})^2=9-5=4$

(3) $(\sqrt{2}+1)(\sqrt{2}+4)=(\sqrt{2})^2+(1+4)\sqrt{2}+1\times4$
$=2+5\sqrt{2}+4=6+5\sqrt{2}$

(4) $(3\sqrt{3}-2)(2\sqrt{3}+1)$
$=6\times(\sqrt{3})^2+(3-4)\sqrt{3}+(-2)\times1$
$=18-\sqrt{3}-2=16-\sqrt{3}$

**2-1** (1) $9-6\sqrt{2}$ (2) $1$ (3) $-23-3\sqrt{5}$ (4) $17+\sqrt{2}$

(1) $(\sqrt{6}-\sqrt{3})^2=(\sqrt{6})^2-2\times\sqrt{6}\times\sqrt{3}+(\sqrt{3})^2$
$=6-6\sqrt{2}+3=9-6\sqrt{2}$

(2) $(2\sqrt{3}-\sqrt{11})(2\sqrt{3}+\sqrt{11})=(2\sqrt{3})^2-(\sqrt{11})^2$
$=12-11=1$

(3) $(\sqrt{5}+4)(\sqrt{5}-7)=(\sqrt{5})^2+(4-7)\sqrt{5}+4\times(-7)$
$=5-3\sqrt{5}-28=-23-3\sqrt{5}$

(4) $(5\sqrt{2}+3)(2\sqrt{2}-1)$
$=10\times(\sqrt{2})^2+(-5+6)\sqrt{2}+3\times(-1)$
$=20+\sqrt{2}-3=17+\sqrt{2}$

**필수 문제 3** (1) $\sqrt{2}-1$ (2) $\sqrt{7}+\sqrt{3}$
(3) $2\sqrt{2}-\sqrt{6}$ (4) $9+4\sqrt{5}$

(1) $\dfrac{1}{\sqrt{2}+1}=\dfrac{\sqrt{2}-1}{(\sqrt{2}+1)(\sqrt{2}-1)}=\sqrt{2}-1$

(2) $\dfrac{4}{\sqrt{7}-\sqrt{3}}=\dfrac{4(\sqrt{7}+\sqrt{3})}{(\sqrt{7}-\sqrt{3})(\sqrt{7}+\sqrt{3})}=\dfrac{4(\sqrt{7}+\sqrt{3})}{4}$
$=\sqrt{7}+\sqrt{3}$

(3) $\dfrac{\sqrt{2}}{2+\sqrt{3}}=\dfrac{\sqrt{2}(2-\sqrt{3})}{(2+\sqrt{3})(2-\sqrt{3})}=2\sqrt{2}-\sqrt{6}$

(4) $\dfrac{\sqrt{5}+2}{\sqrt{5}-2}=\dfrac{(\sqrt{5}+2)^2}{(\sqrt{5}-2)(\sqrt{5}+2)}=5+4\sqrt{5}+4=9+4\sqrt{5}$

**3-1** (1) $-\dfrac{1+\sqrt{3}}{2}$ (2) $\sqrt{5}-\sqrt{2}$
(3) $2-\sqrt{3}$ (4) $2+\sqrt{3}$

(1) $\dfrac{1}{1-\sqrt{3}}=\dfrac{1+\sqrt{3}}{(1-\sqrt{3})(1+\sqrt{3})}=\dfrac{1+\sqrt{3}}{-2}=-\dfrac{1+\sqrt{3}}{2}$

(2) $\dfrac{3}{\sqrt{5}+\sqrt{2}}=\dfrac{3(\sqrt{5}-\sqrt{2})}{(\sqrt{5}+\sqrt{2})(\sqrt{5}-\sqrt{2})}=\dfrac{3(\sqrt{5}-\sqrt{2})}{3}$
$=\sqrt{5}-\sqrt{2}$

(3) $\dfrac{\sqrt{3}}{2\sqrt{3}+3}=\dfrac{\sqrt{3}(2\sqrt{3}-3)}{(2\sqrt{3}+3)(2\sqrt{3}-3)}=\dfrac{6-3\sqrt{3}}{3}=2-\sqrt{3}$

(4) $\dfrac{\sqrt{6}+\sqrt{2}}{\sqrt{6}-\sqrt{2}}=\dfrac{(\sqrt{6}+\sqrt{2})^2}{(\sqrt{6}-\sqrt{2})(\sqrt{6}+\sqrt{2})}=\dfrac{6+2\sqrt{12}+2}{4}$
$=2+\sqrt{3}$

**STEP 1** 쏙쏙 **개념 익히기** **P. 64~65**

**1** (1) $2809$ (2) $21.16$ (3) $8084$ (4) $10506$

**2** $a=1$, $b=1$, $c=2021$

**3** (1) $29+12\sqrt{5}$ (2) $-1$
(3) $-5+2\sqrt{10}$ (4) $32-20\sqrt{5}$

**4** $2-2\sqrt{2}$

**5** (1) $3+\sqrt{3}$ (2) $-2\sqrt{2}-3$ (3) $\sqrt{10}-2$ (4) $5-2\sqrt{6}$

**6** ③ **7** $\dfrac{\sqrt{3}+1}{2}$ **8** $2+\sqrt{2}$

**1** (1) $53^2=(50+3)^2=50^2+2\times50\times3+3^2$
$=2500+300+9=2809$

(2) $4.6^2=(5-0.4)^2=5^2-2\times5\times0.4+(0.4)^2$
$=25-4+0.16=21.16$

(3) $94\times86=(90+4)(90-4)=90^2-4^2$
$=8100-16=8084$

(4) $102\times103=(100+2)(100+3)$
$=100^2+(2+3)\times100+2\times3$
$=10000+500+6=10506$

**2** $\dfrac{2020\times2022+1}{2021}=\dfrac{(2021-1)(2021+1)+1}{2021}$
$=\dfrac{(2021^2-1^2)+1}{2021}$
$=\dfrac{2021^2-1+1}{2021}=2021$
$\therefore a=1$, $b=1$, $c=2021$

**3** (1) $(2\sqrt{5}+3)^2=(2\sqrt{5})^2+2\times2\sqrt{5}\times3+3^2=29+12\sqrt{5}$

(2) $(\sqrt{5}+\sqrt{6})(\sqrt{5}-\sqrt{6})=(\sqrt{5})^2-(\sqrt{6})^2=5-6=-1$

(3) $(\sqrt{10}-3)(\sqrt{10}+5)$
$=(\sqrt{10})^2+(-3+5)\sqrt{10}+(-3)\times5$
$=-5+2\sqrt{10}$

(4) $(7\sqrt{5}+1)(\sqrt{5}-3)$
$=7\times(\sqrt{5})^2+(-21+1)\sqrt{5}+1\times(-3)$
$=32-20\sqrt{5}$

**4** $(\sqrt{2}-1)^2-(2-\sqrt{3})(2+\sqrt{3})$
$=\{(\sqrt{2})^2-2\times\sqrt{2}\times1+1^2\}-\{2^2-(\sqrt{3})^2\}$
$=(2-2\sqrt{2}+1)-(4-3)=2-2\sqrt{2}$

**5** (1) $\dfrac{6}{3-\sqrt{3}}=\dfrac{6(3+\sqrt{3})}{(3-\sqrt{3})(3+\sqrt{3})}=\dfrac{6(3+\sqrt{3})}{6}=3+\sqrt{3}$

(2) $\dfrac{1}{2\sqrt{2}-3}=\dfrac{2\sqrt{2}+3}{(2\sqrt{2}-3)(2\sqrt{2}+3)}=\dfrac{2\sqrt{2}+3}{-1}=-2\sqrt{2}-3$

(3) $\dfrac{3\sqrt{2}}{\sqrt{5}+\sqrt{2}}=\dfrac{3\sqrt{2}(\sqrt{5}-\sqrt{2})}{(\sqrt{5}+\sqrt{2})(\sqrt{5}-\sqrt{2})}=\dfrac{3\sqrt{2}(\sqrt{5}-\sqrt{2})}{3}$
$=\sqrt{10}-2$

(4) $\dfrac{\sqrt{3}-\sqrt{2}}{\sqrt{3}+\sqrt{2}}=\dfrac{(\sqrt{3}-\sqrt{2})^2}{(\sqrt{3}+\sqrt{2})(\sqrt{3}-\sqrt{2})}=3-2\sqrt{6}+2=5-2\sqrt{6}$

**6** $\dfrac{1}{\sqrt{10}+3}+\dfrac{1}{\sqrt{10}-3}$
$=\dfrac{\sqrt{10}-3}{(\sqrt{10}+3)(\sqrt{10}-3)}+\dfrac{\sqrt{10}+3}{(\sqrt{10}-3)(\sqrt{10}+3)}$
$=(\sqrt{10}-3)+(\sqrt{10}+3)=2\sqrt{10}$

**7** $1<\sqrt{3}<2$이므로 $\sqrt{3}$의 정수 부분 $a=1$, 소수 부분 $b=\sqrt{3}-1$
$\therefore \dfrac{a}{b}=\dfrac{1}{\sqrt{3}-1}=\dfrac{\sqrt{3}+1}{(\sqrt{3}-1)(\sqrt{3}+1)}=\dfrac{\sqrt{3}+1}{2}$

**8** $1<\sqrt{2}<2$에서 $-2<-\sqrt{2}<-1$이므로 $2<4-\sqrt{2}<3$
즉, $4-\sqrt{2}$의 정수 부분 $a=2$,
　　　　소수 부분 $b=(4-\sqrt{2})-2=2-\sqrt{2}$
$\therefore \dfrac{a}{b}=\dfrac{2}{2-\sqrt{2}}=\dfrac{2(2+\sqrt{2})}{(2-\sqrt{2})(2+\sqrt{2})}=\dfrac{2(2+\sqrt{2})}{2}=2+\sqrt{2}$

**P.66**

**필수 문제 4** (1) 30 (2) 24

(1) $a^2+b^2=(a+b)^2-2ab=6^2-2\times3=30$

(2) $(a-b)^2=(a+b)^2-4ab=6^2-4\times3=24$

**4-1** (1) 34 (2) 50

(1) $x^2+y^2=(x-y)^2+2xy=(3\sqrt{2})^2+2\times8=34$

(2) $(x+y)^2=(x-y)^2+4xy=(3\sqrt{2})^2+4\times8=50$

**4-2** (1) $2\sqrt{2}$ (2) 1 (3) 6

$x=\dfrac{1}{\sqrt{2}+1}=\dfrac{\sqrt{2}-1}{(\sqrt{2}+1)(\sqrt{2}-1)}=\sqrt{2}-1$

$y=\dfrac{1}{\sqrt{2}-1}=\dfrac{\sqrt{2}+1}{(\sqrt{2}-1)(\sqrt{2}+1)}=\sqrt{2}+1$

(1) $x+y=(\sqrt{2}-1)+(\sqrt{2}+1)=2\sqrt{2}$

(2) $xy=(\sqrt{2}-1)(\sqrt{2}+1)=2-1=1$

(3) $x^2+y^2=(x+y)^2-2xy=(2\sqrt{2})^2-2\times1=6$

**필수 문제 5** (1) 7 (2) 5

(1) $x^2+\dfrac{1}{x^2}=\left(x+\dfrac{1}{x}\right)^2-2=3^2-2=7$

(2) $\left(x-\dfrac{1}{x}\right)^2=\left(x+\dfrac{1}{x}\right)^2-4=3^2-4=5$

**5-1** (1) 27 (2) 29

(1) $a^2+\dfrac{1}{a^2}=\left(a-\dfrac{1}{a}\right)^2+2=5^2+2=27$

(2) $\left(a+\dfrac{1}{a}\right)^2=\left(a-\dfrac{1}{a}\right)^2+4=5^2+4=29$

**P.67**

**개념 확인** $2, 2, 4, -1, -1, 5, 4\sqrt{3}, 5$

**필수 문제 6** (1) $-1$ (2) 1

$x=-1+\sqrt{5}$에서 $x+1=\sqrt{5}$이므로

이 식의 양변을 제곱하면 $(x+1)^2=(\sqrt{5})^2$

$x^2+2x+1=5$　　$\therefore x^2+2x=4$

(1) $x^2+2x-5=4-5=-1$

(2) $(x+3)(x-1)=x^2+2x-3=4-3=1$

> 다른 풀이
>
> $x=-1+\sqrt{5}$를 $(x+3)(x-1)$에 대입하면
> $(-1+\sqrt{5}+3)(-1+\sqrt{5}-1)=(\sqrt{5}+2)(\sqrt{5}-2)$
> 　　　　　　　　　　　　　　　$=(\sqrt{5})^2-2^2=1$

**6-1** (1) 4 (2) $-2$

$x=2+\sqrt{7}$에서 $x-2=\sqrt{7}$이므로

이 식의 양변을 제곱하면 $(x-2)^2=(\sqrt{7})^2$

$x^2-4x+4=7$　　$\therefore x^2-4x=3$

(1) $x^2-4x+1=3+1=4$

(2) $(x+1)(x-5)=x^2-4x-5=3-5=-2$

**6-2** (1) $5+2\sqrt{6}$ (2) 2

(1) $x=\dfrac{1}{5-2\sqrt{6}}=\dfrac{5+2\sqrt{6}}{(5-2\sqrt{6})(5+2\sqrt{6})}=5+2\sqrt{6}$

(2) $x=5+2\sqrt{6}$에서 $x-5=2\sqrt{6}$이므로

이 식의 양변을 제곱하면 $(x-5)^2=(2\sqrt{6})^2$

$x^2-10x+25=24$, $x^2-10x=-1$

$\therefore x^2-10x+3=-1+3=2$

**STEP 1 쏙쏙 개념 익히기** P. 68

**1** (1) 20 (2) 36 (3) $-\dfrac{5}{2}$

**2** 17 **3** (1) 11 (2) 13

**4** 1 **5** (1) 4 (2) 14 **6** 26

**1** (1) $a^2+b^2=(a+b)^2-2ab=2^2-2\times(-8)=20$

(2) $(a-b)^2=(a+b)^2-4ab=2^2-4\times(-8)=36$

(3) $\dfrac{a}{b}+\dfrac{b}{a}=\dfrac{a^2+b^2}{ab}=\dfrac{20}{-8}=-\dfrac{5}{2}$

**2** $x=\dfrac{1}{2-\sqrt3}=\dfrac{2+\sqrt3}{(2-\sqrt3)(2+\sqrt3)}=2+\sqrt3,$

$y=\dfrac{1}{2+\sqrt3}=\dfrac{2-\sqrt3}{(2+\sqrt3)(2-\sqrt3)}=2-\sqrt3$이므로

$x+y=(2+\sqrt3)+(2-\sqrt3)=4$

$xy=(2+\sqrt3)(2-\sqrt3)=4-3=1$

$\therefore x^2+y^2+3xy=(x+y)^2-2xy+3xy=(x+y)^2+xy$
$=4^2+1=17$

**3** (1) $x^2+\dfrac{1}{x^2}=\left(x-\dfrac{1}{x}\right)^2+2=3^2+2=11$

(2) $\left(x+\dfrac{1}{x}\right)^2=\left(x-\dfrac{1}{x}\right)^2+4=3^2+4=13$

**4** $x=\sqrt3-1$에서 $x+1=\sqrt3$이므로

이 식의 양변을 제곱하면 $(x+1)^2=(\sqrt3)^2$

$x^2+2x+1=3,\ x^2+2x=2$

$\therefore x^2+2x-1=2-1=1$

**5** (1) $x\ne0$이므로 $x^2-4x+1=0$의 양변을 $x$로 나누면

$x-4+\dfrac{1}{x}=0$ $\therefore x+\dfrac{1}{x}=4$

(2) $x^2+\dfrac{1}{x^2}=\left(x+\dfrac{1}{x}\right)^2-2=4^2-2=14$

**6** $x\ne0$이므로 $x^2-6x+1=0$의 양변을 $x$로 나누면

$x-6+\dfrac{1}{x}=0$ $\therefore x+\dfrac{1}{x}=6$

$\therefore x^2-8+\dfrac{1}{x^2}=\left(x+\dfrac{1}{x}\right)^2-2-8=6^2-10=26$

**STEP 2 탄탄 단원 다지기** P. 69~71

**1** ① **2** 27 **3** ㄱ과 ㅁ, ㄴ과 ㅂ **4** 2

**5** ⑤ **6** ① **7** $12x^2+17x-5$ **8** ③

**9** ⑤ **10** $-3$ **11** ⑤ **12** ③ **13** ④

**14** ④ **15** 6 **16** $-6$ **17** ④ **18** ②

**19** $\dfrac{\sqrt7+1}{6}$ **20** ② **21** ② **22** ⑤

**1** $xy$항이 나오는 부분만 전개하면

$-3x\times(-2y)+ay\times x=(6+a)xy$

$xy$의 계수가 $-8$이므로

$6+a=-8$ $\therefore a=-14$

**2** $(5x+a)^2=25x^2+10ax+a^2=bx^2-20x+c$이므로

$25=b,\ 10a=-20,\ a^2=c$ $\therefore a=-2,\ b=25,\ c=4$

$\therefore a+b+c=-2+25+4=27$

**3** ㄱ. $(2a+b)^2=4a^2+4ab+b^2$

ㄴ. $(2a-b)^2=4a^2-4ab+b^2$

ㄷ. $-(2a+b)^2=-(4a^2+4ab+b^2)=-4a^2-4ab-b^2$

ㄹ. $-(2a-b)^2=-(4a^2-4ab+b^2)=-4a^2+4ab-b^2$

ㅁ. $(-2a-b)^2=4a^2+4ab+b^2$

ㅂ. $(-2a+b)^2=4a^2-4ab+b^2$

따라서 전개식이 서로 같은 것끼리 짝 지으면 ㄱ과 ㅁ, ㄴ과 ㅂ이다.

**4** $\left(\dfrac{2}{3}a+\dfrac{3}{4}b\right)\left(\dfrac{2}{3}a-\dfrac{3}{4}b\right)=\dfrac{4}{9}a^2-\dfrac{9}{16}b^2$
$=\dfrac{4}{9}\times45-\dfrac{9}{16}\times32$
$=20-18=2$

**5** $(3x-1)(3x+1)(9x^2+1)=(9x^2-1)(9x^2+1)$
$=81x^4-1$

**6** $(2x-a)(5x+3)=10x^2+(6-5a)x-3a$

에서 $x$의 계수와 상수항이 같으므로

$6-5a=-3a,\ -2a=-6$ $\therefore a=3$

**7** $(4x+a)(5x+3)=20x^2+(12+5a)x+3a$
$=20x^2+7x-3$

이므로 $12+5a=7,\ 3a=-3$ $\therefore a=-1$

따라서 바르게 전개한 식은

$(4x-1)(3x+5)=12x^2+17x-5$

**8** ① $(a-5)^2=a^2-10a+25$

② $(3x+5y)^2=9x^2+30xy+25y^2$

④ $(x+4)(x-2)=x^2+2x-8$

⑤ $(2a-3b)(3a+4b)=6a^2-ab-12b^2$

따라서 옳은 것은 ③이다.

**9** ① $(a-\boxed{A}b)^2=a^2-2Aab+A^2b^2=a^2-4ab+4b^2$

$-2A=-4,\ A^2=4$ $\therefore A=2$

② $(x+4)(x+\boxed{A})=x^2+(4+A)x+4A=x^2+6x+8$

$4+A=6,\ 4A=8$ $\therefore A=2$

③ $(a+3)(a-5)=a^2-2a-15=a^2-\boxed{A}a-15$
$\quad -2=-A \quad \therefore A=2$
④ $(x+\boxed{A}y)(x-5y)=x^2+(A-5)xy-5Ay^2$
$\qquad\qquad\qquad\quad =x^2-3xy-10y^2$
$\quad A-5=-3,\ -5A=-10 \quad \therefore A=2$
⑤ $\left(x+\dfrac{5}{2}y\right)\left(-x-\dfrac{1}{2}y\right)=-x^2-3xy-\dfrac{5}{4}y^2$
$\qquad\qquad\qquad\qquad\quad =-x^2-\boxed{A}xy-\dfrac{5}{4}y^2$
$\quad -3=-A \qquad \therefore A=3$
따라서 나머지 넷과 다른 하나는 ⑤이다.

**10** $(2x+3y)^2-(4x-y)(3x+5y)$
$=4x^2+12xy+9y^2-(12x^2+17xy-5y^2)$
$=-8x^2-5xy+14y^2$
따라서 $m=-8,\ n=-5$이므로
$m-n=-8-(-5)=-3$

**11** 오른쪽 그림에서 길을 제외한 잔디
밭의 넓이는
$\{(4x+3)-1\}\{(3x+2)-1\}$
$=(4x+2)(3x+1)$
$=12x^2+10x+2$

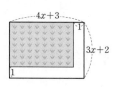

**12** $9.3\times10.7=(10-0.7)(10+0.7)$에서
$a=10,\ b=0.7$로 놓으면
$(a+b)(a-b)=a^2-b^2$
$\qquad\qquad\quad =10^2-(0.7)^2=100-0.49=99.51$
로 계산하는 것이 가장 편리하다.

**13** $2-1=1$이므로 주어진 식에 $(2-1)$을 곱해도 계산 결과는
같다.
$(2+1)(2^2+1)(2^4+1)(2^8+1)$
$=(2-1)(2+1)(2^2+1)(2^4+1)(2^8+1)$
$=(2^2-1)(2^2+1)(2^4+1)(2^8+1)$
$=(2^4-1)(2^4+1)(2^8+1)=(2^8-1)(2^8+1)=2^{16}-1$

**14** ④ $(\sqrt{10}+3)(\sqrt{10}-5)=10+(3-5)\sqrt{10}-15$
$\qquad\qquad\qquad\qquad\quad =-5-2\sqrt{10}$

**15** $(2-4\sqrt{3})(3+a\sqrt{3})=6+(2a-12)\sqrt{3}-12a$
$\qquad\qquad\qquad\qquad =(6-12a)+(2a-12)\sqrt{3}$
이 식이 유리수가 되려면 $2a-12=0$이어야 하므로
$2a=12 \quad \therefore a=6$

**16** $\overline{AP}=\overline{AB}=\sqrt{3^2+1^2}=\sqrt{10}$이므로
점 P에 대응하는 수는 $2+\sqrt{10} \quad \therefore a=2+\sqrt{10}$
$\overline{AQ}=\overline{AD}=\sqrt{1^2+3^2}=\sqrt{10}$이므로
점 Q에 대응하는 수는 $2-\sqrt{10} \quad \therefore b=2-\sqrt{10}$
$\therefore ab=(2+\sqrt{10})(2-\sqrt{10})=2^2-(\sqrt{10})^2=4-10=-6$

**17** $\dfrac{4-\sqrt{15}}{4+\sqrt{15}}+\dfrac{4+\sqrt{15}}{4-\sqrt{15}}$
$=\dfrac{(4-\sqrt{15})^2}{(4+\sqrt{15})(4-\sqrt{15})}+\dfrac{(4+\sqrt{15})^2}{(4-\sqrt{15})(4+\sqrt{15})}$
$=(4-\sqrt{15})^2+(4+\sqrt{15})^2$
$=(31-8\sqrt{15})+(31+8\sqrt{15})=62$

**18** $\dfrac{3}{\sqrt{2}+\sqrt{5}}+\dfrac{1}{\sqrt{2}}+\sqrt{5}(\sqrt{5}-1)$
$=\dfrac{3(\sqrt{2}-\sqrt{5})}{(\sqrt{2}+\sqrt{5})(\sqrt{2}-\sqrt{5})}+\dfrac{\sqrt{2}}{2}+5-\sqrt{5}$
$=-\sqrt{2}+\sqrt{5}+\dfrac{\sqrt{2}}{2}+5-\sqrt{5}=5-\dfrac{\sqrt{2}}{2}$

**19** $2<\sqrt{7}<3$에서 $-3<-\sqrt{7}<-2$이므로
$1<4-\sqrt{7}<2$
즉, $4-\sqrt{7}$의 정수 부분 $a=1$,
$\qquad\qquad$ 소수 부분 $b=(4-\sqrt{7})-1=3-\sqrt{7}$
$\therefore \dfrac{1}{2a-b}=\dfrac{1}{2\times1-(3-\sqrt{7})}=\dfrac{1}{\sqrt{7}-1}$
$\qquad\qquad =\dfrac{\sqrt{7}+1}{(\sqrt{7}-1)(\sqrt{7}+1)}=\dfrac{\sqrt{7}+1}{6}$

**20** $a^2+b^2=(a-b)^2+2ab$이므로
$13=5^2+2ab,\ 2ab=-12 \quad \therefore ab=-6$

**21** $x\ne0$이므로 $x^2-3x-1=0$의 양변을 $x$로 나누면
$x-3-\dfrac{1}{x}=0 \quad \therefore x-\dfrac{1}{x}=3$
$\therefore x^2+6+\dfrac{1}{x^2}=x^2+\dfrac{1}{x^2}+6=\left(x-\dfrac{1}{x}\right)^2+2+6$
$\qquad\qquad\qquad =3^2+2+6=17$

**22** $x=\dfrac{2}{2+\sqrt{3}}=\dfrac{2(2-\sqrt{3})}{(2+\sqrt{3})(2-\sqrt{3})}=4-2\sqrt{3}$에서
$x-4=-2\sqrt{3}$이므로
이 식의 양변을 제곱하면 $(x-4)^2=(-2\sqrt{3})^2$
$x^2-8x+16=12,\ x^2-8x=-4$
$\therefore x^2-8x+8=-4+8=4$

---

STEP 3 **쓱쓱 서술형 완성하기**   P. 72~73

〈과정은 풀이 참조〉

**따라 해보자** 유제 1  4 　　　유제 2  22

**연습해 보자** 1  1028 　　　2  $25+6\sqrt{5}$

　　　　　　　3  9

　　　　　　　4  (1) $A(-1+\sqrt{2}),\ B(3-\sqrt{2})$

　　　　　　　　 (2) $\dfrac{2\sqrt{2}-1}{7}$

## 따라 해보자

**유제 1** **1단계** 처음 정사각형의 넓이는
$$(3a-1)^2=9a^2-6a+1 \qquad \cdots \text{(i)}$$
**2단계** 새로 만든 직사각형의
가로의 길이는 $(3a-1)+2=3a+1$,
세로의 길이는 $(3a-1)-2=3a-3$이므로
새로 만든 직사각형의 넓이는
$$(3a+1)(3a-3)=9a^2-6a-3 \qquad \cdots \text{(ii)}$$
**3단계** 따라서 처음 정사각형과 새로 만든 직사각형의 넓이의 차는
$$(9a^2-6a+1)-(9a^2-6a-3)$$
$$=9a^2-6a+1-9a^2+6a+3=4 \qquad \cdots \text{(iii)}$$

| 채점 기준 | 비율 |
|---|---|
| (i) 처음 정사각형의 넓이 구하기 | 30 % |
| (ii) 새로 만든 직사각형의 넓이 구하기 | 40 % |
| (iii) 넓이의 차 구하기 | 30 % |

**유제 2** **1단계** $x=\dfrac{2}{\sqrt{7}+\sqrt{5}}=\dfrac{2(\sqrt{7}-\sqrt{5})}{(\sqrt{7}+\sqrt{5})(\sqrt{7}-\sqrt{5})}=\sqrt{7}-\sqrt{5}$

$y=\dfrac{2}{\sqrt{7}-\sqrt{5}}=\dfrac{2(\sqrt{7}+\sqrt{5})}{(\sqrt{7}-\sqrt{5})(\sqrt{7}+\sqrt{5})}=\sqrt{7}+\sqrt{5}$
$$\qquad \cdots \text{(i)}$$
**2단계** $x+y=(\sqrt{7}-\sqrt{5})+(\sqrt{7}+\sqrt{5})=2\sqrt{7}$
$xy=(\sqrt{7}-\sqrt{5})(\sqrt{7}+\sqrt{5})=2 \qquad \cdots \text{(ii)}$
**3단계** $\therefore x^2-xy+y^2=(x+y)^2-2xy-xy$
$$=(x+y)^2-3xy$$
$$=(2\sqrt{7})^2-3\times2=22 \qquad \cdots \text{(iii)}$$

| 채점 기준 | 비율 |
|---|---|
| (i) $x$, $y$의 분모를 유리화하기 | 40 % |
| (ii) $x+y$, $xy$의 값 구하기 | 20 % |
| (iii) $x^2-xy+y^2$의 값 구하기 | 40 % |

## 연습해 보자

**1** $\dfrac{1026\times1030+4}{1028}=\dfrac{(1028-2)(1028+2)+4}{1028} \qquad \cdots \text{(i)}$

$$=\dfrac{1028^2-2^2+4}{1028}=\dfrac{1028^2}{1028}=1028 \qquad \cdots \text{(ii)}$$

| 채점 기준 | 비율 |
|---|---|
| (i) 주어진 식 변형하기 | 60 % |
| (ii) 주어진 식 계산하기 | 40 % |

**2** 오른쪽 그림과 같이 보조선을 그으면
(정사각형 A의 넓이)
$$=(\sqrt{5}+3)^2$$
$$=5+6\sqrt{5}+9$$
$$=14+6\sqrt{5} \qquad \cdots \text{(i)}$$

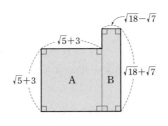

(직사각형 B의 넓이)$=(\sqrt{18}-\sqrt{7})(\sqrt{18}+\sqrt{7})$
$$=18-7=11 \qquad \cdots \text{(ii)}$$
따라서 구하는 도형의 넓이는
$$(14+6\sqrt{5})+11=25+6\sqrt{5} \qquad \cdots \text{(iii)}$$

| 채점 기준 | 비율 |
|---|---|
| (i) 정사각형 A의 넓이 구하기 | 40 % |
| (ii) 직사각형 B의 넓이 구하기 | 40 % |
| (iii) 도형의 넓이 구하기 | 20 % |

**3** $\dfrac{1}{\sqrt{1}+\sqrt{2}}+\dfrac{1}{\sqrt{2}+\sqrt{3}}+\cdots+\dfrac{1}{\sqrt{99}+\sqrt{100}}$

$$=\dfrac{\sqrt{1}-\sqrt{2}}{(\sqrt{1}+\sqrt{2})(\sqrt{1}-\sqrt{2})}+\dfrac{\sqrt{2}-\sqrt{3}}{(\sqrt{2}+\sqrt{3})(\sqrt{2}-\sqrt{3})}$$
$$+\cdots+\dfrac{\sqrt{99}-\sqrt{100}}{(\sqrt{99}+\sqrt{100})(\sqrt{99}-\sqrt{100})}$$
$$=-(\sqrt{1}-\sqrt{2})-(\sqrt{2}-\sqrt{3})-\cdots-(\sqrt{99}-\sqrt{100}) \qquad \cdots \text{(i)}$$
$$=-\sqrt{1}+\sqrt{2}-\sqrt{2}+\sqrt{3}-\cdots-\sqrt{99}+\sqrt{100}$$
$$=-\sqrt{1}+\sqrt{100}=-1+10=9 \qquad \cdots \text{(ii)}$$

| 채점 기준 | 비율 |
|---|---|
| (i) 분모를 유리화하기 | 60 % |
| (ii) 주어진 식 계산하기 | 40 % |

**4** (1) $\overline{\text{PA}}=\overline{\text{PQ}}=\sqrt{1^2+1^2}=\sqrt{2}$, $\overline{\text{RB}}=\overline{\text{RS}}=\sqrt{1^2+1^2}=\sqrt{2}$
$$\therefore \text{A}(-1+\sqrt{2}),\ \text{B}(3-\sqrt{2}) \qquad \cdots \text{(i)}$$
(2) $a=-1+\sqrt{2}$, $b=3-\sqrt{2}$이므로
$$\dfrac{a}{b}=\dfrac{-1+\sqrt{2}}{3-\sqrt{2}}=\dfrac{(-1+\sqrt{2})(3+\sqrt{2})}{(3-\sqrt{2})(3+\sqrt{2})}$$
$$=\dfrac{2\sqrt{2}-1}{7} \qquad \cdots \text{(ii)}$$

| 채점 기준 | 비율 |
|---|---|
| (i) 두 점 A, B의 좌표 구하기 | 50 % |
| (ii) $\dfrac{a}{b}$의 값 구하기 | 50 % |

## 역사 속 수학     P.74

**답** (1) 2025   (2) 5625   (3) 9025

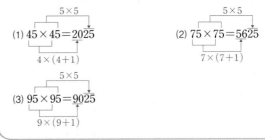

## 1 다항식의 인수분해

P. 78

**개념 확인**  (1) $2a^2+2a$  (2) $x^2+10x+25$
(3) $x^2-2x-3$  (4) $12a^2+a-1$

**필수 문제 1**  $a$, $ab$, $a-b$, $b(a-b)$

**1-1**  $x+3$, $5(x-2)$

**1-2**  ㄴ, ㄹ

P. 79

**개념 확인**  (1) $3a$, $3a(a-2)$  (2) $2xy$, $2xy(3-y)$

**필수 문제 2**  (1) $a(b-c)$  (2) $-4a(a+2)$
(3) $a(2b-y+3z)$  (4) $3b(2a^2+a-3b)$

**2-1**  (1) $2a(4x+1)$  (2) $5y^2(x-2)$
(3) $a(b^2-a+3b)$  (4) $2xy(2x-4y+3)$

**2-2**  (1) $(x+y)(a+b)$  (2) $(2a-b)(x+2y)$
(3) $(x-y)(a-3b)$  (4) $(a-5b)(2x-y)$
(3) $a(x-y)+3b(y-x)=a(x-y)-3b(x-y)$
$\qquad\qquad\qquad\qquad\quad =(x-y)(a-3b)$
(4) $2x(a-5b)+y(5b-a)=2x(a-5b)-y(a-5b)$
$\qquad\qquad\qquad\qquad\qquad\quad =(a-5b)(2x-y)$

 STEP 1 쏙쏙 개념 익히기    P. 80

| **1** ⑤ | **2** ③ | **3** ③ |
|---|---|---|
| **4** ③ | **5** $2x+6$ | **6** $2x-5$ |

**1**  ⑤ $2x^2y$와 $-4xy$의 공통인 인수는 $2xy$이다.

**2**  $ab(a+b)(a-b)=ab(a^2-b^2)$
따라서 인수가 아닌 것은 ③ $a^2+b^2$이다.

**3**  $16x^2y-4xy^2=4xy(4x-y)$

**4**  $b(a-3)+2(a-3)=\underline{(a-3)}(b+2)$
$ab-3b=b\underline{(a-3)}$
따라서 두 다항식의 공통인 인수는 ③ $a-3$이다.

**5**  $(x-2)(x+5)-3(2-x)$
$=(x-2)(x+5)+3(x-2)$
$=(x-2)(x+5+3)=(x-2)(x+8)$
따라서 두 일차식은 $x-2$, $x+8$이므로
$(x-2)+(x+8)=2x+6$

**6**  $x(x-3)-2x+6=x(x-3)-2(x-3)$
$\qquad\qquad\qquad\qquad =(x-3)(x-2)$
따라서 두 일차식은 $x-3$, $x-2$이므로
$(x-3)+(x-2)=2x-5$

## 2 여러 가지 인수분해 공식

P. 81

**개념 확인**  (1) 1, 1, 1  (2) $2y$, $2y$, $2y$

**필수 문제 1**  (1) $(x+4)^2$  (2) $(2x-1)^2$
(3) $\left(a+\dfrac{1}{4}\right)^2$  (4) $-2(x-6)^2$
(3) $a^2+\dfrac{1}{2}a+\dfrac{1}{16}=a^2+2\times a\times\dfrac{1}{4}+\left(\dfrac{1}{4}\right)^2$
$\qquad\qquad\qquad\quad =\left(a+\dfrac{1}{4}\right)^2$
(4) $-2x^2+24x-72=-2(x^2-12x+36)$
$\qquad\qquad\qquad\qquad =-2(x-6)^2$

**1-1**  (1) $(x+8)^2$  (2) $(3x-1)^2$
(3) $\left(a+\dfrac{b}{2}\right)^2$  (4) $a(x-9y)^2$
(3) $a^2+ab+\dfrac{b^2}{4}=a^2+2\times a\times\dfrac{b}{2}+\left(\dfrac{b}{2}\right)^2$
$\qquad\qquad\qquad\quad =\left(a+\dfrac{b}{2}\right)^2$
(4) $ax^2-18axy+81ay^2=a(x^2-18xy+81y^2)$
$\qquad\qquad\qquad\qquad\quad =a(x-9y)^2$

**필수 문제 2**  (1) 3, 9  (2) 3, $\pm6$
(1) $x^2+6x+A=x^2+2\times\boxed{x}\times\boxed{3}+A$  $\rightarrow (x+3)^2$
$\qquad\qquad\qquad\qquad\quad$ 제곱 $\quad$ 제곱
$\Rightarrow A=\boxed{3}^2=\boxed{9}$
(2) $x^2+Ax+9=\boxed{x}^2+Ax+(\boxed{\pm3})^2$  $\rightarrow (x\pm3)^2$
$\qquad\qquad\qquad\qquad$ 곱의 2배
$\Rightarrow A=\pm2\times1\times\boxed{3}=\boxed{\pm6}$

**2-1** (1) 25　(2) 49　(3) $\pm 12$　(4) $\pm 20$

(1) $x^2+10x+\square=x^2+2\times x\times 5+\square$이므로

$\square=5^2=25$

다른 풀이

$x^2+10x+\square$가 완전제곱식이 되려면

$\square=\left(10\times\dfrac{1}{2}\right)^2=5^2=25$

(2) $4x^2-28x+\square=(2x)^2-2\times 2x\times 7+\square$이므로

$\square=7^2=49$

(3) $a^2+(\square)ab+36b^2=a^2+(\square)ab+(\pm 6b)^2=(a\pm 6b)^2$

이므로

$\square=\pm 2\times 1\times 6=\pm 12$

(4) $25x^2+(\square)x+4=(5x)^2+(\square)x+(\pm 2)^2=(5x\pm 2)^2$

이므로

$\square=\pm 2\times 5\times 2=\pm 20$

P. 82

**개념 확인**　(1) 2, 2, 2　(2) 3, 3, 3

**필수 문제 3**　(1) $(x+1)(x-1)$　(2) $(4a+b)(4a-b)$

(3) $\left(2x+\dfrac{y}{9}\right)\left(2x-\dfrac{y}{9}\right)$　(4) $(5y+x)(5y-x)$

(3) $4x^2-\dfrac{y^2}{81}=(2x)^2-\left(\dfrac{y}{9}\right)^2=\left(2x+\dfrac{y}{9}\right)\left(2x-\dfrac{y}{9}\right)$

(4) $-x^2+25y^2=25y^2-x^2=(5y)^2-x^2$

$=(5y+x)(5y-x)$

**3-1**　(1) $(x+6)(x-6)$　(2) $(2x+7y)(2x-7y)$

(3) $\left(x+\dfrac{1}{x}\right)\left(x-\dfrac{1}{x}\right)$　(4) $(b+8a)(b-8a)$

(3) $x^2-\dfrac{1}{x^2}=x^2-\left(\dfrac{1}{x}\right)^2=\left(x+\dfrac{1}{x}\right)\left(x-\dfrac{1}{x}\right)$

(4) $-64a^2+b^2=b^2-64a^2=b^2-(8a)^2$

$=(b+8a)(b-8a)$

**3-2**　$(x^2+1)(x+1)(x-1)$

$x^4-1=(x^2)^2-1^2=(x^2+1)(x^2-1)$

$=(x^2+1)(x+1)(x-1)$

**필수 문제 4**　(1) $3(x+3)(x-3)$

(2) $5(x+y)(x-y)$

(3) $2a(a+1)(a-1)$

(4) $4a(x+2y)(x-2y)$

(1) $3x^2-27=3(x^2-9)=3(x+3)(x-3)$

(2) $5x^2-5y^2=5(x^2-y^2)=5(x+y)(x-y)$

(3) $2a^3-2a=2a(a^2-1)=2a(a+1)(a-1)$

(4) $4ax^2-16ay^2=4a(x^2-4y^2)=4a(x+2y)(x-2y)$

**4-1**　(1) $6(x+2)(x-2)$

(2) $4(3x+y)(3x-y)$

(3) $a^2(a+1)(a-1)$

(4) $6ab(1+3ab)(1-3ab)$

(1) $6x^2-24=6(x^2-4)=6(x+2)(x-2)$

(2) $36x^2-4y^2=4(9x^2-y^2)=4(3x+y)(3x-y)$

(3) $a^4-a^2=a^2(a^2-1)=a^2(a+1)(a-1)$

(4) $6ab-54a^3b^3=6ab(1-9a^2b^2)$

$=6ab(1+3ab)(1-3ab)$

한 번 더 연습　　P. 83

**1**　(1) $(x+5)^2$　(2) $(a-7b)^2$

(3) $\left(x+\dfrac{1}{2}\right)^2$　(4) $(2x-9)^2$

**2**　(1) $2(x+4)^2$　(2) $3y(x-2)^2$

(3) $3(3x+y)^2$　(4) $2a(2x-5y)^2$

**3**　(1) 36　(2) 16　(3) $\pm\dfrac{5}{2}$　(4) $\pm 16$

**4**　(1) $(x+7)(x-7)$　(2) $(5a+9b)(5a-9b)$

(3) $\left(\dfrac{1}{2}x+y\right)\left(\dfrac{1}{2}x-y\right)$　(4) $\left(\dfrac{1}{4}b+3a\right)\left(\dfrac{1}{4}b-3a\right)$

**5**　(1) $x^2(x+3)(x-3)$　(2) $(a+b)(x+y)(x-y)$

(3) $a(a+5)(a-5)$　(4) $4x(x+4y)(x-4y)$

**2**　(1) $2x^2+16x+32=2(x^2+8x+16)=2(x+4)^2$

(2) $3x^2y-12xy+12y=3y(x^2-4x+4)=3y(x-2)^2$

(3) $27x^2+18xy+3y^2=3(9x^2+6xy+y^2)=3(3x+y)^2$

(4) $8ax^2-40axy+50ay^2=2a(4x^2-20xy+25y^2)$

$=2a(2x-5y)^2$

**3**　(1) $x^2+12x+\square=x^2+2\times x\times 6+\square$이므로

$\square=6^2=36$

(2) $9x^2-24x+\square=(3x)^2-2\times 3x\times 4+\square$이므로

$\square=4^2=16$

(3) $a^2+(\square)a+\dfrac{25}{16}=\left(a\pm\dfrac{5}{4}\right)^2$이므로

$\square=\pm 2\times 1\times\dfrac{5}{4}=\pm\dfrac{5}{2}$

(4) $4x^2+(\square)xy+16y^2=(2x\pm 4y)^2$이므로

$\square=\pm 2\times 2\times 4=\pm 16$

**4**　(4) $-9a^2+\dfrac{1}{16}b^2=\dfrac{1}{16}b^2-9a^2=\left(\dfrac{1}{4}b+3a\right)\left(\dfrac{1}{4}b-3a\right)$

**5**　(1) $x^4-9x^2=x^2(x^2-9)=x^2(x+3)(x-3)$

(2) $(a+b)x^2-(a+b)y^2=(a+b)(x^2-y^2)$

$=(a+b)(x+y)(x-y)$

(3) $-25a+a^3=a^3-25a=a(a^2-25)=a(a+5)(a-5)$
(4) $4x^3-64xy^2=4x(x^2-16y^2)$
$\qquad\qquad\quad =4x(x+4y)(x-4y)$

P. 84

**개념 확인 1** (1) 2, 4   (2) −1, −4   (3) −2, 5   (4) 2, −6

**개념 확인 2** 3, 4, 3

| 곱이 3인 두 정수 | 두 정수의 합 |
|---|---|
| −1, −3 | −4 |
| 1, 3 | 4 |

$\Rightarrow x^2+4x+3=(x+1)(x+\boxed{3})$

**필수 문제 5** (1) $(x+1)(x+2)$   (2) $(x-2)(x-5)$
(3) $(x+3y)(x-2y)$   (4) $(x+2y)(x-7y)$

(1) 곱이 2이고, 합이 3인 두 정수는 1과 2이므로
$x^2+3x+2=(x+1)(x+2)$
(2) 곱이 10이고, 합이 −7인 두 정수는 −2와 −5이므로
$x^2-7x+10=(x-2)(x-5)$
(3) 곱이 −6이고, 합이 1인 두 정수는 3과 −2이므로
$x^2+xy-6y^2=(x+3y)(x-2y)$
(4) 곱이 −14이고, 합이 −5인 두 정수는 2와 −7이므로
$x^2-5xy-14y^2=(x+2y)(x-7y)$

**5-1** (1) $(x+3)(x+5)$   (2) $(y-4)(y-7)$
(3) $(x+8y)(x-3y)$   (4) $(x+3y)(x-10y)$

**필수 문제 6** 9
$x^2+x-20=(x+5)(x-4)$이므로
$a=5,\ b=-4\ (\because a>b)$
$\therefore a-b=5-(-4)=9$

**6-1** $2x-9$
$x^2-9x-36=(x+3)(x-12)$
따라서 두 일차식은 $x+3,\ x-12$이므로
$(x+3)+(x-12)=2x-9$

P. 85

**개념 확인** $-1,\ 5,\ 5x,\ 2x,\ 1,\ 5$

$3x^2+2x-5$

$\begin{array}{ccc} x & & \boxed{-1} \rightarrow & -3x \\ 3x & & \boxed{5} \rightarrow & +)\ \boxed{5x} \\ & & & \overline{2x} \end{array}$

$\Rightarrow 3x^2+2x-5=(x-\boxed{1})(3x+\boxed{5})$

**필수 문제 7** (1) $(x+2)(2x+1)$   (2) $(2x-1)(2x-3)$
(3) $(x+3y)(3x-2y)$   (4) $(2x-3y)(4x+y)$

(1) $2x^2+5x+2=(x+2)(2x+1)$

$\begin{array}{ccc} x & & 2 \rightarrow & 4x \\ 2x & & 1 \rightarrow & +)\ x \\ & & & \overline{5x} \end{array}$

(2) $4x^2-8x+3=(2x-1)(2x-3)$

$\begin{array}{ccc} 2x & & -1 \rightarrow & -2x \\ 2x & & -3 \rightarrow & +)\ -6x \\ & & & \overline{-8x} \end{array}$

(3) $3x^2+7xy-6y^2=(x+3y)(3x-2y)$

$\begin{array}{ccc} x & & 3y \rightarrow & 9xy \\ 3x & & -2y \rightarrow & +)\ -2xy \\ & & & \overline{7xy} \end{array}$

(4) $8x^2-10xy-3y^2=(2x-3y)(4x+y)$

$\begin{array}{ccc} 2x & & -3y \rightarrow & -12xy \\ 4x & & y \rightarrow & +)\ 2xy \\ & & & \overline{-10xy} \end{array}$

**7-1** (1) $(x+2)(3x+4)$   (2) $(2x-1)(3x-2)$
(3) $(x+y)(5x-3y)$   (4) $(3x+y)(5x-2y)$

**필수 문제 8** 5
$3x^2-16x+a$의 다른 한 인수를 $3x+m\,(m$은 상수)으로
놓으면
$3x^2-16x+a=(x-5)(3x+m)$
$\qquad\qquad\qquad =3x^2+(m-15)x-5m$
즉, $-16=m-15,\ a=-5m$이므로 $m=-1,\ a=5$

**8-1** −4
$2x^2+ax-6$의 다른 한 인수를 $2x+m\,(m$은 상수)으로 놓
으면
$2x^2+ax-6=(x-3)(2x+m)$
$\qquad\qquad\quad =2x^2+(m-6)x-3m$
즉, $a=m-6,\ -6=-3m$이므로 $m=2,\ a=-4$

**한 번 더 연습**
P. 86

**1** (1) $(x+1)(x+4)$   (2) $(x-1)(x-5)$
(3) $(x+6)(x-5)$   (4) $(y+4)(y-8)$
(5) $(x+3y)(x+7y)$   (6) $(x+9y)(x-2y)$
(7) $(x-5y)(x-7y)$   (8) $(x+3y)(x-4y)$

**2** (1) $2(x+2)(x+4)$   (2) $3(x+3)(x-2)$
(3) $a(x-2)(x-7)$   (4) $2y^2(x+1)(x-5)$

**3** (1) $(x+1)(2x+1)$   (2) $(x-3)(4x-3)$
(3) $(x+4)(3x-1)$   (4) $(2y-3)(3y+1)$
(5) $(x+2y)(2x+3y)$   (6) $(x-2y)(3x-4y)$
(7) $(2x-y)(4x+5y)$   (8) $(2x-3y)(5x+2y)$

**4** (1) $2(x+1)(2x+3)$   (2) $3(a+2)(3a-1)$
(3) $a(x+3)(4x-3)$   (4) $xy(x-5)(2x+1)$

**2**
(1) $2x^2+12x+16=2(x^2+6x+8)=2(x+2)(x+4)$
(2) $3x^2+3x-18=3(x^2+x-6)=3(x+3)(x-2)$
(3) $ax^2-9ax+14a=a(x^2-9x+14)$
$\qquad\qquad\qquad =a(x-2)(x-7)$
(4) $2x^2y^2-8xy^2-10y^2=2y^2(x^2-4x-5)$
$\qquad\qquad\qquad\qquad =2y^2(x+1)(x-5)$

**4**
(1) $4x^2+10x+6=2(2x^2+5x+3)=2(x+1)(2x+3)$
(2) $9a^2+15a-6=3(3a^2+5a-2)=3(a+2)(3a-1)$
(3) $4ax^2+9ax-9a=a(4x^2+9x-9)$
$\qquad\qquad\qquad =a(x+3)(4x-3)$
(4) $2x^3y-9x^2y-5xy=xy(2x^2-9x-5)$
$\qquad\qquad\qquad\qquad =xy(x-5)(2x+1)$

---

**STEP 1  쏙쏙 개념 익히기**　　　　　　P. 87~88

| | | |
|---|---|---|
| **1** ㄱ, ㄴ, ㄹ | **2** $\dfrac{5}{2}$ | **3** $-30,\ 30$ |
| **4** 11 | **5** 4 | **6** 4 |
| **7** $x-2$ | **8** $-3$ | **9** ② |
| **10** $4x+8$ | **11** $6x+8$ | |

**1** ㄱ. $x^2+6x+9=x^2+2\times x\times 3+3^2=(x+3)^2$
　ㄴ. $4x^2-12xy+9y^2=(2x)^2-2\times 2x\times 3y+(3y)^2$
$\qquad\qquad\qquad\qquad =(2x-3y)^2$
　ㄹ. $x^2-\dfrac{1}{2}x+\dfrac{1}{16}=x^2-2\times x\times \dfrac{1}{4}+\left(\dfrac{1}{4}\right)^2=\left(x-\dfrac{1}{4}\right)^2$
　따라서 완전제곱식으로 인수분해되는 것은 ㄱ, ㄴ, ㄹ이다.

**2** $\dfrac{1}{4}x^2-2xy+4y^2=\left(\dfrac{1}{2}x\right)^2-2\times \dfrac{1}{2}x\times 2y+(2y)^2$
$\qquad\qquad\qquad\qquad =\left(\dfrac{1}{2}x-2y\right)^2$
　따라서 $a=\dfrac{1}{2}$, $b=-2$이므로 $a-b=\dfrac{1}{2}-(-2)=\dfrac{5}{2}$

**3** $25x^2+Axy+9y^2=(5x\pm3y)^2$이므로
$A=\pm2\times5\times3=\pm30$

**4** $27x^2-75y^2=3(9x^2-25y^2)=3(3x+5y)(3x-5y)$
　따라서 $a=3$, $b=3$, $c=5$이므로
$a+b+c=3+3+5=11$

**5** $0<x<2$에서 $x+2>0$, $x-2<0$이므로
$\sqrt{x^2+4x+4}+\sqrt{x^2-4x+4}=\sqrt{(x+2)^2}+\sqrt{(x-2)^2}$
$\qquad\qquad\qquad\qquad\qquad =(x+2)+\{-(x-2)\}=4$

**6** $-3<a<1$에서 $a-1<0$, $a+3>0$이므로
$\sqrt{a^2-2a+1}+\sqrt{a^2+6a+9}=\sqrt{(a-1)^2}+\sqrt{(a+3)^2}$
$\qquad\qquad\qquad\qquad\qquad =-(a-1)+(a+3)=4$

---

**7** $x^2-5x+6=(\underline{x-2})(x-3)$
$2x^2-3x-2=(\underline{x-2})(2x+1)$
따라서 두 다항식의 공통인 인수는 $x-2$이다.

**8** $6x^2+ax-12=(2x+3)(3x+b)=6x^2+(2b+9)x+3b$
이므로 $a=2b+9$, $-12=3b$
$\therefore a=1$, $b=-4$
$\therefore a+b=1+(-4)=-3$

**9** $x^2+ax+24$의 다른 한 인수를 $x+m$($m$은 상수)으로 놓으면
$x^2+ax+24=(x-4)(x+m)=x^2+(-4+m)x-4m$
즉, $a=-4+m$, $24=-4m$이므로 $m=-6$, $a=-10$

**10** 새로 만든 직사각형의 넓이는 주어진 8개의 직사각형의 넓이의 합과 같으므로
$x^2+4x+3=(x+1)(x+3)$
따라서 새로 만든 직사각형의 둘레의 길이는
$2\times\{(x+1)+(x+3)\}=2(2x+4)=4x+8$

**11** 새로 만든 직사각형의 넓이는 주어진 10개의 직사각형의 넓이의 합과 같으므로
$2x^2+5x+3=(x+1)(2x+3)$
따라서 새로 만든 직사각형의 둘레의 길이는
$2\times\{(x+1)+(2x+3)\}=2(3x+4)=6x+8$

---

P. 89~90

**개념 확인**　　(1) $(x+4)(x+5)$
　　　　　　　　(2) $(x-1)(y+2)$
　　　　　　　　(3) $(x+y+1)(x-y-1)$
　　　　　　　　(4) $(x-2)(x+y+3)$

(1) $x+3=A$로 놓으면
$(x+3)^2+3(x+3)+2=A^2+3A+2$
$\qquad\qquad\qquad\qquad =(A+1)(A+2)$
$\qquad\qquad\qquad\qquad =(x+3+1)(x+3+2)$
$\qquad\qquad\qquad\qquad =(x+4)(x+5)$

(2) $xy+2x-y-2=(xy-y)+(2x-2)$
$\qquad\qquad\qquad\quad =y(x-1)+2(x-1)$
$\qquad\qquad\qquad\quad =(x-1)(y+2)$

(3) $x^2-y^2-2y-1=x^2-(y^2+2y+1)$
$\qquad\qquad\qquad\quad =x^2-(y+1)^2$
$\qquad\qquad\qquad\quad =(x+y+1)(x-y-1)$

(4) $x^2+xy+x-2y-6=(x-2)y+(x^2+x-6)$
$\qquad\qquad\qquad\qquad =(x-2)y+(x-2)(x+3)$
$\qquad\qquad\qquad\qquad =(x-2)(y+x+3)$
$\qquad\qquad\qquad\qquad =(x-2)(x+y+3)$

**필수 문제 9**
(1) $(a+b-1)^2$
(2) $(2x-y-5)(2x-y+6)$
(3) $(a+b-2)(a-b)$
(4) $(3x+y-1)^2$

(1) $a+b=A$로 놓으면
$(a+b)^2-2(a+b)+1=A^2-2A+1$
$=(A-1)^2$
$=(a+b-1)^2$

(2) $2x-y=A$로 놓으면
$(2x-y+1)(2x-y)-30$
$=(A+1)A-30$
$=A^2+A-30$
$=(A-5)(A+6)$
$=(2x-y-5)(2x-y+6)$

(3) $a-1=A$, $b-1=B$로 놓으면
$(a-1)^2-(a-1)^2$
$=A^2-B^2$
$=(A+B)(A-B)$
$=\{(a-1)+(b-1)\}\{(a-1)-(b-1)\}$
$=(a+b-2)(a-b)$

(4) $3x+1=A$, $y-2=B$로 놓으면
$(3x+1)^2+2(3x+1)(y-2)+(y-2)^2$
$=A^2+2AB+B^2$
$=(A+B)^2$
$=\{(3x+1)+(y-2)\}^2$
$=(3x+y-1)^2$

**9-1**
(1) $x(x-8)$
(2) $(x-3y+2)(x-3y-9)$
(3) $(x+y-1)(x-y+5)$
(4) $-2(x+4y)(3x-2y)$

(1) $x-2=A$로 놓으면
$(x-2)^2-4(x-2)-12$
$=A^2-4A-12$
$=(A+2)(A-6)$
$=(x-2+2)(x-2-6)$
$=x(x-8)$

(2) $x-3y=A$로 놓으면
$(x-3y)(x-3y-7)-18$
$=A(A-7)-18$
$=A^2-7A-18$
$=(A+2)(A-9)$
$=(x-3y+2)(x-3y-9)$

(3) $x+2=A$, $y-3=B$로 놓으면
$(x+2)^2-(y-3)^2$
$=A^2-B^2$
$=(A+B)(A-B)$
$=\{(x+2)+(y-3)\}\{(x+2)-(y-3)\}$
$=(x+y-1)(x-y+5)$

(4) $x-2y=A$, $x+2y=B$로 놓으면
$2(x-2y)^2-5(x-2y)(x+2y)-3(x+2y)^2$
$=2A^2-5AB-3B^2$
$=(A-3B)(2A+B)$
$=\{(x-2y)-3(x+2y)\}\{2(x-2y)+(x+2y)\}$
$=(-2x-8y)(3x-2y)$
$=-2(x+4y)(3x-2y)$

**필수 문제 10**
(1) $(x-1)(y-1)$
(2) $(x+2)(x-2)(y-2)$
(3) $(x+y-3)(x-y-3)$
(4) $(1+x-2y)(1-x+2y)$

(1) $xy-x-y+1=x(y-1)-(y-1)$
$=(y-1)(x-1)$
$=(x-1)(y-1)$

(2) $x^2y-2x^2-4y+8=x^2(y-2)-4(y-2)$
$=(y-2)(x^2-4)$
$=(x^2-4)(y-2)$
$=(x+2)(x-2)(y-2)$

(3) $x^2-y^2-6x+9=(x^2-6x+9)-y^2$
$=(x-3)^2-y^2$
$=(x-3+y)(x-3-y)$
$=(x+y-3)(x-y-3)$

(4) $1-x^2+4xy-4y^2=1-(x^2-4xy+4y^2)$
$=1^2-(x-2y)^2$
$=(1+x-2y)(1-x+2y)$

**10-1**
(1) $(x+z)(y+1)$
(2) $(x+1)(x-1)(y+1)$
(3) $(x+y-4)(x-y+4)$
(4) $(x+5y+3)(x+5y-3)$

(1) $xy+yz+x+z=y(x+z)+(x+z)$
$=(x+z)(y+1)$

(2) $x^2y-y+x^2-1=y(x^2-1)+(x^2-1)$
$=(x^2-1)(y+1)$
$=(x+1)(x-1)(y+1)$

(3) $x^2-y^2+8y-16=x^2-(y^2-8y+16)$
$=x^2-(y-4)^2$
$=(x+y-4)(x-y+4)$

(4) $x^2+10xy-9+25y^2=(x^2+10xy+25y^2)-9$
$=(x+5y)^2-3^2$
$=(x+5y+3)(x+5y-3)$

**필수 문제 11**
(1) $(x-2)(x+y-2)$
(2) $(x-y+4)(x+y+2)$

(1) $x^2+xy-4x-2y+4$
$=(x-2)y+(x^2-4x+4)$
$=(x-2)y+(x-2)^2$
$=(x-2)(x+y-2)$

(2) $x^2-y^2+6x+2y+8$

$=x^2+6x-(y^2-2y-8)$

$=x^2+6x-(y-4)(y+2)$

$\begin{array}{ll} x & -(y-4) \to & -(y-4)x \\ x & (y+2) \to & +)\ (y+2)x \\ & & \overline{\phantom{aaa}6x} \end{array}$

$=(x-y+4)(x+y+2)$

[다른 풀이]

$x^2-y^2+6x+2y+8$

$=x^2+\underline{6x+9}-y^2+\underline{2y-1}$

$=(x^2+6x+9)-(y^2-2y+1)$

$=(x+3)^2-(y-1)^2$

$=\{(x+3)+(y-1)\}\{(x+3)-(y-1)\}$

$=(x+y+2)(x-y+4)$

**11-1** (1) $(x-3)(x+y-3)$

     (2) $(x-y+1)(x+y+3)$

(1) $x^2+xy-6x-3y+9=(x-3)y+(x^2-6x+9)$

$=(x-3)y+(x-3)^2$

$=(x-3)(x+y-3)$

(2) $x^2-y^2+4x-2y+3$

$=x^2+4x-(y^2+2y-3)$

$=x^2+4x-(y-1)(y+3)$

$\begin{array}{ll} x & -(y-1) \to & -(y-1)x \\ x & (y+3) \to & +)\ (y+3)x \\ & & \overline{\phantom{aaa}4x} \end{array}$

$=(x-y+1)(x+y+3)$

**STEP 1** 쏙쏙 개념 익히기            P. 91

**1** (1) $(x+1)^2$

    (2) $(2x-5y+2)(2x-5y-5)$

    (3) $(3x+2y+1)(3x-2y-3)$

    (4) $(x+3y)^2$

**2** 11

**3** (1) $(a-6)(b+2)$   (2) $(a+1)(a-1)(x+1)$

    (3) $(x+3y+4)(x+3y-4)$

    (4) $(3x+y-2)(3x-y+2)$

**4** ②

**5** (1) $(x+1)(x+2y+3)$   (2) $(x+y+3)(x-y+5)$

**6** $2x-8$

**1** (1) $x+3=A$로 놓으면

$(x+3)^2-4(x+3)+4=A^2-4A+4$

$=(A-2)^2=(x+1)^2$

(2) $2x-5y=A$로 놓으면

$(2x-5y)(2x-5y-3)-10$

$=A(A-3)-10$

$=A^2-3A-10$

$=(A+2)(A-5)$

$=(2x-5y+2)(2x-5y-5)$

(3) $3x-1=A$, $y+1=B$로 놓으면

$(3x-1)^2-4(y+1)^2$

$=A^2-4B^2$

$=(A+2B)(A-2B)$

$=\{(3x-1)+2(y+1)\}\{(3x-1)-2(y+1)\}$

$=(3x+2y+1)(3x-2y-3)$

(4) $x+y=A$, $x-y=B$로 놓으면

$4(x+y)^2-4(x+y)(x-y)+(x-y)^2$

$=4A^2-4AB+B^2$

$=(2A-B)^2$

$=\{2(x+y)-(x-y)\}^2$

$=(x+3y)^2$

**2** $5x-1=A$로 놓으면

$2(5x-1)^2+7(5x-1)+6$

$=2A^2+7A+6$

$=(A+2)(2A+3)$

$=\{(5x-1)+2\}\{2(5x-1)+3\}$

$=(5x+1)(10x+1)$

따라서 $a=1$, $b=10$이므로

$a+b=1+10=11$

**3** (1) $ab+2a-6b-12=a(b+2)-6(b+2)$

$=(b+2)(a-6)$

$=(a-6)(b+2)$

(2) $a^2x-x+a^2-1=(a^2-1)x+(a^2-1)$

$=(a^2-1)(x+1)$

$=(a+1)(a-1)(x+1)$

(3) $x^2+6xy+9y^2-16=(x^2+6xy+9y^2)-16$

$=(x+3y)^2-4^2$

$=(x+3y+4)(x+3y-4)$

(4) $9x^2-y^2+4y-4=9x^2-(y^2-4y+4)$

$=(3x)^2-(y-2)^2$

$=(3x+y-2)(3x-y+2)$

**4** $a^2-a+2b-4b^2=a^2-4b^2-a+2b$

$=a^2-(2b)^2-(a-2b)$

$=(a+2b)(a-2b)-(a-2b)$

$=\underline{(a-2b)}(a+2b-1)$

$ab^2-4a-2b^3+8b=a(b^2-4)-2b(b^2-4)$

$=(a-2b)(b^2-4)$

$=\underline{(a-2b)}(b+2)(b-2)$

따라서 두 다항식의 공통인 인수는 ② $a-2b$이다.

**5** (1) $x^2+2xy+2y+3+4x=2y(x+1)+(x^2+4x+3)$
$$=2y(x+1)+(x+1)(x+3)$$
$$=(x+1)(x+2y+3)$$

(2) $x^2-y^2+8x+2y+15=x^2+8x-y^2+2y+15$
$$=x^2+8x-(y^2-2y-15)$$
$$=x^2+8x-(y+3)(y-5)$$
$$=(x+y+3)(x-y+5)$$

**6** $x^2-y^2-8x+14y-33=x^2-8x-(y^2-14y+33)$
$$=x^2-8x-(y-3)(y-11)$$
$$=(x-y+3)(x+y-11)$$

따라서 두 일차식은 $x-y+3$, $x+y-11$이므로
$(x-y+3)+(x+y-11)=2x-8$

P. 92

**개념 확인** (1) **36, 4, 100** (2) **14, 20, 400**
(3) **17, 17, 6, 240**

**필수 문제 12** (1) **3700** (2) **2500** (3) **800**
(1) $37\times52+37\times48=37(52+48)$
$$=37\times100=3700$$
(2) $49^2+2\times49+1=49^2+2\times49\times1+1^2$
$$=(49+1)^2$$
$$=50^2=2500$$
(3) $102^2-98^2=(102+98)(102-98)$
$$=200\times4=800$$

**12-1** (1) **9100** (2) **2500** (3) **36000**
(1) $91\times119-91\times19=91(119-19)$
$$=91\times100=9100$$
(2) $52^2-4\times52+4=52^2-2\times52\times2+2^2$
$$=(52-2)^2$$
$$=50^2=2500$$
(3) $12\times65^2-12\times35^2=12(65^2-35^2)$
$$=12(65+35)(65-35)$$
$$=12\times100\times30=36000$$

**필수 문제 13** (1) $2-3\sqrt{2}$ (2) **20**
(1) $x^2-5x+4=(x-1)(x-4)$
$$=(\sqrt{2}+1-1)(\sqrt{2}+1-4)$$
$$=\sqrt{2}(\sqrt{2}-3)$$
$$=2-3\sqrt{2}$$
(2) $x-y=(\sqrt{3}+\sqrt{5})-(\sqrt{3}-\sqrt{5})=2\sqrt{5}$이므로
$x^2-2xy+y^2=(x-y)^2=(2\sqrt{5})^2=20$

**13-1** (1) $-8\sqrt{7}$ (2) **40**
(1) $x+y=(\sqrt{7}-2)+(\sqrt{7}+2)=2\sqrt{7}$,
$x-y=(\sqrt{7}-2)-(\sqrt{7}+2)=-4$이므로
$x^2-y^2=(x+y)(x-y)=2\sqrt{7}\times(-4)=-8\sqrt{7}$

(2) $x=\dfrac{1}{\sqrt{10}-3}=\dfrac{\sqrt{10}+3}{(\sqrt{10}-3)(\sqrt{10}+3)}=\sqrt{10}+3$,
$y=\dfrac{1}{\sqrt{10}+3}=\dfrac{\sqrt{10}-3}{(\sqrt{10}+3)(\sqrt{10}-3)}=\sqrt{10}-3$이므로
$x+y=(\sqrt{10}+3)+(\sqrt{10}-3)=2\sqrt{10}$
$\therefore x^2+2xy+y^2=(x+y)^2=(2\sqrt{10})^2=40$

---

**STEP 1 쏙쏙 개념 익히기** P. 93

**1** (1) **188** (2) **1600** (3) **9600** (4) **200**
**2** **2**
**3** (1) $-2\sqrt{5}$ (2) **96**
**4** $\sqrt{3}$    **5** **24**    **6** $-6$

**1** (1) $94\times1.9+94\times0.1=94(1.9+0.1)$
$$=94\times2=188$$
(2) $43^2-6\times43+9=43^2-2\times43\times3+3^2$
$$=(43-3)^2=40^2=1600$$
(3) $98^2-4=98^2-2^2$
$$=(98+2)(98-2)$$
$$=100\times96=9600$$
(4) $\dfrac{1}{2}\times101^2-\dfrac{1}{2}\times99^2=\dfrac{1}{2}(101^2-99^2)$
$$=\dfrac{1}{2}(101+99)(101-99)$$
$$=\dfrac{1}{2}\times200\times2=200$$

**2** $\dfrac{64\times48+36\times48}{49^2-1}=\dfrac{(64+36)\times48}{(49+1)(49-1)}$
$$=\dfrac{100\times48}{50\times48}=2$$

**3** (1) $xy=(2+\sqrt{5})(2-\sqrt{5})=-1$,
$x-y=(2+\sqrt{5})-(2-\sqrt{5})=2\sqrt{5}$이므로
$x^2y-xy^2=xy(x-y)=(-1)\times2\sqrt{5}=-2\sqrt{5}$
(2) $x=\dfrac{\sqrt{2}-\sqrt{3}}{\sqrt{2}+\sqrt{3}}=\dfrac{(\sqrt{2}-\sqrt{3})^2}{(\sqrt{2}+\sqrt{3})(\sqrt{2}-\sqrt{3})}=-5+2\sqrt{6}$,
$y=\dfrac{\sqrt{2}+\sqrt{3}}{\sqrt{2}-\sqrt{3}}=\dfrac{(\sqrt{2}+\sqrt{3})^2}{(\sqrt{2}-\sqrt{3})(\sqrt{2}+\sqrt{3})}=-5-2\sqrt{6}$이므로
$x-y=(-5+2\sqrt{6})-(-5-2\sqrt{6})=4\sqrt{6}$
$\therefore x^2+y^2-2xy=(x-y)^2=(4\sqrt{6})^2=96$

**4** $\dfrac{x^2-2x-3}{x-3}=\dfrac{(x+1)(x-3)}{x-3}$
$$=x+1$$
$$=(\sqrt{3}-1)+1=\sqrt{3}$$

**5**
$$x^2-y^2+3x-3y=(x^2-y^2)+3(x-y)$$
$$=(x+y)(x-y)+3(x-y)$$
$$=(x-y)(x+y+3)$$
$$=4\times(3+3)=24$$

**6**
$$x^2-y^2+2y-1=x^2-(y^2-2y+1)$$
$$=x^2-(y-1)^2$$
$$=(x+y-1)(x-y+1)$$
$$=(3-1)\times(-4+1)=-6$$

---

P. 94~97

**STEP 2** 탄탄 **단원 다지기**

| | | | | |
|---|---|---|---|---|
| **1** ③ | **2** ③ | **3** ④ | **4** ③ | **5** ④ |
| **6** $a^2(a^2+1)(a+1)(a-1)$ | | **7** ① | **8** ④ | |
| **9** ① | **10** ④ | **11** ⑤ | **12** ④ | **13** $-20$ |
| **14** ⑤ | **15** $2x+9$ | **16** ② | **17** ③ | **18** ② |
| **19** ④ | **20** ③ | **21** ④ | **22** ① | **23** ⑤ |
| **24** ③ | **25** ④ | **26** ④ | | |

**1** $xy^2-3xy=xy(y-3)$
따라서 인수가 아닌 것은 ③ $y-1$이다.

**2**
$$x(y-2)-2y+4=x(y-2)-2(y-2)$$
$$=(y-2)(x-2)$$
$$=(x-2)(y-2)$$

**3** ① $x^2+14x+49=(x+7)^2$
② $1+2y+y^2=(1+y)^2$
③ $\frac{1}{4}x^2+x+1=\left(\frac{1}{2}x+1\right)^2$
⑤ $9x^2-30x+25=(3x-5)^2$
따라서 완전제곱식으로 인수분해되지 않는 것은 ④이다.

**4** ① $4$ ② $\frac{1}{4}$ ③ $\frac{1}{25}$ ④ $1$ ⑤ $\frac{2}{3}$
따라서 가장 작은 것은 ③이다.

**5** $1<x<5$에서 $x-5<0$, $x-1>0$이므로
$$\sqrt{x^2-10x+25}+\sqrt{x^2-2x+1}=\sqrt{(x-5)^2}+\sqrt{(x-1)^2}$$
$$=-(x-5)+(x-1)$$
$$=-x+5+x-1=4$$

**6**
$$a^6-a^2=a^2(a^4-1)=a^2(a^2+1)(a^2-1)$$
$$=a^2(a^2+1)(a+1)(a-1)$$

**7**
$$(x-4)(x+2)+4x=x^2-2x-8+4x$$
$$=x^2+2x-8$$
$$=(x-2)(x+4)$$

**8** $x^2+Ax-10=(x+a)(x+b)=x^2+(a+b)x+ab$에서
$ab=-10$이고 $a$, $b$는 정수이므로 이를 만족시키는 순서쌍
$(a, b)$는 $(-10, 1)$, $(-5, 2)$, $(-2, 5)$, $(-1, 10)$,
$(1, -10)$, $(2, -5)$, $(5, -2)$, $(10, -1)$
이때 $A=a+b$이므로 $A$의 값이 될 수 있는 수는 $-9$, $-3$,
$3$, $9$이다.

**9** $6x^2-13x+5=(2x-1)(3x-5)$
따라서 두 일차식은 $2x-1$, $3x-5$이므로
$(2x-1)+(3x-5)=5x-6$

**10** $4x^2+ax+9=(x-3)(4x+b)$
$$=4x^2+(b-12)x-3b$$
이므로 $a=b-12$, $9=-3b$
따라서 $a=-15$, $b=-3$이므로
$b-a=-3-(-15)=12$

**11** ① $-2x^2+6x=-2x(x-3)$
② $9x^2-169=(3x+13)(3x-13)$
③ $x^2-xy-56y^2=(x+7y)(x-8y)$
④ $7x^2+18x-9=(x+3)(7x-3)$
따라서 인수분해한 것이 옳은 것은 ⑤이다.

**12** $x^2+4x-5=(x+5)\underline{(x-1)}$
$2x^2+x-3=\underline{(x-1)}(2x+3)$
따라서 두 다항식의 공통인 인수는 $x-1$이다.

**13** $x^2-4x+a$의 다른 한 인수를 $x+m(m$은 상수$)$으로 놓으면
$$x^2-4x+a=(x+3)(x+m)$$
$$=x^2+(3+m)x+3m$$
즉, $-4=3+m$, $a=3m$이므로
$m=-7$, $a=-21$
또 $2x^2+bx-15$의 다른 한 인수를 $2x+n(n$은 상수$)$으로 놓
으면
$$2x^2+bx-15=(x+3)(2x+n)$$
$$=2x^2+(n+6)x+3n$$
즉, $b=n+6$, $-15=3n$이므로
$n=-5$, $b=1$
$\therefore a+b=-21+1=-20$

**14** $3x^2+11x+10=(x+2)(3x+5)$이고,
가로의 길이가 $3x+5$이므로 세로의 길이는 $x+2$이다.
$\therefore$ (직사각형의 둘레의 길이)$=2\times\{(x+2)+(3x+5)\}$
$$=2(4x+7)=8x+14$$

**15** (도형 A의 넓이)$=(2x+5)^2-4^2$
$\qquad\qquad\qquad =4x^2+20x+9$
$\qquad\qquad\qquad =(2x+9)(2x+1)$
(도형 B의 넓이)$=$(가로의 길이)$\times(2x+1)$
따라서 도형 B의 가로의 길이는 $2x+9$이다.

**다른 풀이**
(도형 A의 넓이)$=(2x+5)^2-4^2$
$\qquad\qquad\qquad =(2x+5+4)(2x+5-4)$
$\qquad\qquad\qquad =(2x+9)(2x+1)$

**16** $2x-y=A$로 놓으면
$(2x-y)^2-(2x-y-4)-6$
$=A^2-(A-4)-6$
$=A^2-A-2$
$=(A+1)(A-2)$
$=(2x-y+1)(2x-y-2)$
따라서 $a=1$, $b=-2$ 또는 $a=-2$, $b=1$이므로
$a+b=-1$

**17** $a^2b-a^2-4b+4=a^2(b-1)-4(b-1)$
$\qquad\qquad\qquad\qquad =(a^2-4)(b-1)$
$\qquad\qquad\qquad\qquad =(a+2)(a-2)(b-1)$
따라서 $a^2b-a^2-4b+4$의 인수는 ㄱ, ㄴ, ㅁ이다.

**18** $x^2-4xy+4y^2-16=(x-2y)^2-4^2$
$\qquad\qquad\qquad\qquad\qquad =(x-2y+4)(x-2y-4)$
따라서 두 일차식은 $x-2y+4$, $x-2y-4$이므로
$(x-2y+4)+(x-2y-4)=2x-4y$

**19** $x^2-y^2+10x+2y+24=x^2+10x-(y^2-2y-24)$
$\qquad\qquad\qquad\qquad\qquad =x^2+10x-(y+4)(y-6)$
$\qquad\qquad\qquad\qquad\qquad =(x+y+4)(x-y+6)$

**20** $\sqrt{68^2-32^2}=\sqrt{(68+32)(68-32)}$ ← $a^2-b^2=(a+b)(a-b)$
$\qquad\qquad\qquad =\sqrt{100\times36}=\sqrt{3600}=\sqrt{60^2}=60$
따라서 주어진 식을 계산하는 데 가장 편리한 인수분해 공식은 ③이다.

**21** $\dfrac{99^2+2\times99+1}{55^2-45^2}=\dfrac{(99+1)^2}{(55+45)(55-45)}$
$\qquad\qquad\qquad\qquad =\dfrac{100^2}{100\times10}=10$

**22** $1^2-2^2+3^2-4^2+5^2-6^2+7^2-8^2$
$=(1^2-2^2)+(3^2-4^2)+(5^2-6^2)+(7^2-8^2)$
$=(1+2)(1-2)+(3+4)(3-4)+(5+6)(5-6)$
$\quad +(7+8)(7-8)$
$=-(1+2)-(3+4)-(5+6)-(7+8)$
$=-(1+2+3+4+5+6+7+8)=-36$

**23** $x+y=(3\sqrt{2}+4)+(3\sqrt{2}-4)=6\sqrt{2}$,
$x-y=(3\sqrt{2}+4)-(3\sqrt{2}-4)=8$,
$xy=(3\sqrt{2}+4)(3\sqrt{2}-4)=2$이므로
$\dfrac{x^2-y^2}{xy}=\dfrac{(x+y)(x-y)}{xy}=\dfrac{6\sqrt{2}\times8}{2}=24\sqrt{2}$

**24** $1<\sqrt{3}<2$이므로 $x=\sqrt{3}-1$
$x+4=A$로 놓으면
$(x+4)^2-6(x+4)+9=A^2-6A+9$
$\qquad\qquad\qquad\qquad\qquad =(A-3)^2$
$\qquad\qquad\qquad\qquad\qquad =(x+4-3)^2$
$\qquad\qquad\qquad\qquad\qquad =(x+1)^2$
$\qquad\qquad\qquad\qquad\qquad =(\sqrt{3}-1+1)^2$
$\qquad\qquad\qquad\qquad\qquad =(\sqrt{3})^2=3$

**25** $x^2-25y^2=(x+5y)(x-5y)=14(x-5y)=56$
이므로 $x-5y=4$

**26** $x^2-y^2-2x+1=(x^2-2x+1)-y^2$
$\qquad\qquad\qquad\qquad =(x-1)^2-y^2$
$\qquad\qquad\qquad\qquad =(x+y-1)(x-y-1)=40$
즉, $(x+y-1)(x-y-1)=40$이므로
$(9-1)(x-y-1)=40$, $x-y-1=5$
$\therefore x-y=6$

---

**STEP 3** 쏙쏙 서술형 완성하기      P. 98~99

〈과정은 풀이 참조〉

**따라 해보자**   유제 1   4      유제 2   $64\sqrt{2}$

**연습해 보자**   **1**   48

             **2** (1) $A=2$, $B=-24$

                  (2) $(x-4)(x+6)$

             **3**   $5x+3$

             **4**   660

---

**따라 해보자**

유제 1 **[1단계]** $(x+b)(cx+2)=cx^2+(2+bc)x+2b$ $\cdots$ (i)

     **[2단계]** 즉, $5x^2-3x+a=cx^2+(2+bc)x+2b$이므로
$x^2$의 계수에서
$5=c$
$x$의 계수에서 $-3=2+bc$이므로
$-3=2+b\times5$, $5b=-5$
$\therefore b=-1$
상수항에서
$a=2b=2\times(-1)=-2$ $\cdots$ (ii)

     **[3단계]** $\therefore a-b+c=-2-(-1)+5=4$ $\cdots$ (iii)

| 채점 기준 | 비율 |
|---|---|
| (i) 인수분해 결과를 전개하기 | 20 % |
| (ii) $a$, $b$, $c$의 값 구하기 | 60 % |
| (iii) $a-b+c$의 값 구하기 | 20 % |

**유제 2** (1단계) $x=\dfrac{2}{1+\sqrt{2}}=\dfrac{2(1-\sqrt{2})}{(1+\sqrt{2})(1-\sqrt{2})}$

$\qquad\qquad\quad =-2+2\sqrt{2}$

$\qquad\quad y=\dfrac{2}{1-\sqrt{2}}=\dfrac{2(1+\sqrt{2})}{(1-\sqrt{2})(1+\sqrt{2})}$

$\qquad\qquad\quad =-2-2\sqrt{2}$ $\qquad\qquad\qquad\cdots$ (i)

(2단계) $x^3y-xy^3=xy(x^2-y^2)$

$\qquad\qquad\qquad\quad =xy(x+y)(x-y)$ $\qquad\cdots$ (ii)

(3단계) $x+y=(-2+2\sqrt{2})+(-2-2\sqrt{2})=-4$

$\qquad\quad x-y=(-2+2\sqrt{2})-(-2-2\sqrt{2})=4\sqrt{2}$

$\qquad\quad xy=(-2+2\sqrt{2})(-2-2\sqrt{2})=4-8=-4$

$\qquad\therefore x^3y-xy^3=xy(x+y)(x-y)$

$\qquad\qquad\qquad\qquad\quad =-4\times(-4)\times4\sqrt{2}$

$\qquad\qquad\qquad\qquad\quad =64\sqrt{2}$ $\qquad\qquad\cdots$ (iii)

| 채점 기준 | 비율 |
|---|---|
| (i) $x$, $y$의 분모를 유리화하기 | 30 % |
| (ii) 주어진 식을 인수분해하기 | 30 % |
| (iii) 주어진 식의 값 구하기 | 40 % |

**연습해 보자**

**1** $x^2-12x+a=x^2-2\times x\times6+a$이므로

$\quad a=6^2=36$ $\qquad\qquad\qquad\qquad\qquad\cdots$ (i)

$\quad 9x^2+bxy+4y^2=(3x\pm2y)^2$이므로

$\quad b=\pm2\times3\times2=\pm12$

$\quad$이때 $b>0$이므로 $b=12$ $\qquad\qquad\cdots$ (ii)

$\quad\therefore a+b=36+12=48$ $\qquad\qquad\cdots$ (iii)

| 채점 기준 | 비율 |
|---|---|
| (i) $a$의 값 구하기 | 40 % |
| (ii) $b$의 값 구하기 | 40 % |
| (iii) $a+b$의 값 구하기 | 20 % |

**2** (1) $(x-3)(x+8)=x^2+5x-24$에서

$\qquad$ 민이는 상수항을 제대로 보았으므로

$\qquad B=-24$ $\qquad\qquad\qquad\qquad\qquad\cdots$ (i)

$\qquad (x-10)(x+12)=x^2+2x-120$에서

$\qquad$ 혜나는 $x$의 계수를 제대로 보았으므로

$\qquad A=2$ $\qquad\qquad\qquad\qquad\qquad\qquad\cdots$ (ii)

$\quad$ (2) (1)에서 $x^2+Ax+B=x^2+2x-24$이므로

$\qquad$ 이 식을 바르게 인수분해하면

$\qquad x^2+2x-24=(x-4)(x+6)$ $\quad\cdots$ (iii)

| 채점 기준 | 비율 |
|---|---|
| (i) $B$의 값 구하기 | 30 % |
| (ii) $A$의 값 구하기 | 30 % |
| (iii) $x^2+Ax+B$를 바르게 인수분해하기 | 40 % |

**3** 사다리꼴의 넓이가 $5x^2+23x+12$이므로

$\dfrac{1}{2}\times\{(x+3)+(x+5)\}\times(높이)=5x^2+23x+12$ $\cdots$ (i)

$(x+4)\times(높이)=(x+4)(5x+3)$

따라서 사다리꼴의 높이는 $5x+3$이다. $\qquad\cdots$ (ii)

| 채점 기준 | 비율 |
|---|---|
| (i) 사다리꼴의 넓이를 이용하여 식 세우기 | 40 % |
| (ii) 사다리꼴의 높이 구하기 | 60 % |

**4** $A=9\times8.5^2-9\times1.5^2$

$\quad =9(8.5^2-1.5^2)$

$\quad =9(8.5+1.5)(8.5-1.5)$

$\quad =9\times10\times7=630$ $\qquad\qquad\qquad\cdots$ (i)

$\quad B=\sqrt{28^2+4\times28+4}$

$\quad\quad =\sqrt{28^2+2\times28\times2+2^2}$

$\quad\quad =\sqrt{(28+2)^2}$

$\quad\quad =\sqrt{30^2}=30$ $\qquad\qquad\qquad\qquad\cdots$ (ii)

$\quad\therefore A+B=630+30=660$ $\qquad\qquad\cdots$ (iii)

| 채점 기준 | 비율 |
|---|---|
| (i) $A$의 값 구하기 | 40 % |
| (ii) $B$의 값 구하기 | 40 % |
| (iii) $A+B$의 값 구하기 | 20 % |

**공학 속 수학** P. 100

**답** (1) 67, 73 (2) 97, 103

$\quad$ (1) $4891=4900-9=70^2-3^2$

$\qquad\qquad =(70+3)(70-3)$

$\qquad\qquad =73\times67$

$\qquad$ 이므로 필요한 두 소수는 67과 73이다.

$\quad$ (2) $9991=10000-9=100^2-3^2$

$\qquad\qquad =(100+3)(100-3)$

$\qquad\qquad =103\times97$

$\qquad$ 이므로 필요한 두 소수는 97과 103이다.

# 1 이차방정식과 그 해

**P. 104**

**필수 문제 1** (1) × (2) ○ (3) × (4) × (5) ○ (6) ×

(1) $2x+1=0$ ⇨ 일차방정식

(2) $x^2=0$ ⇨ 이차방정식

(3) $2x^2-3x+5$ ⇨ 등식이 아니므로 이차방정식이 아니다.

(4) $x^2-x=(x-1)(x+1)$에서 $x^2-x=x^2-1$
∴ $-x+1=0$ ⇨ 일차방정식

(5) $x^3-3x^2+4=x^3-6$에서 $-3x^2+10=0$ ⇨ 이차방정식

(6) $\dfrac{3}{x^2}=7$에서 $\dfrac{3}{x^2}-7=0$ ⇨ 분모에 미지수가 있으므로 이차방정식이 아니다.

**1-1** ㄱ, ㄹ, ㅂ

ㄱ. $x(x-4)=0$에서 $x^2-4x=0$ ⇨ 이차방정식

ㄴ. $x-2x^2$ ⇨ 등식이 아니므로 이차방정식이 아니다.

ㄷ. $x^2+4=(x-2)^2$에서 $x^2+4=x^2-4x+4$
∴ $4x=0$ ⇨ 일차방정식

ㄹ. $\dfrac{x(x-3)}{3}=20$에서 $\dfrac{1}{3}x^2-x=20$
∴ $\dfrac{1}{3}x^2-x-20=0$ ⇨ 이차방정식

ㅁ. $\dfrac{1}{x^2}+4=0$ ⇨ 분모에 미지수가 있으므로 이차방정식이 아니다.

ㅂ. $(x+1)^2=-x^2-1$에서 $x^2+2x+1=-x^2-1$
∴ $2x^2+2x+2=0$ ⇨ 이차방정식

따라서 $x$에 대한 이차방정식은 ㄱ, ㄹ, ㅂ이다.

**필수 문제 2** $x=-1$ 또는 $x=2$

$x=-2$일 때, $(-2)^2-(-2)-2\neq0$

$x=-1$일 때, $(-1)^2-(-1)-2=0$

$x=0$일 때, $0^2-0-2\neq0$

$x=1$일 때, $1^2-1-2\neq0$

$x=2$일 때, $2^2-2-2=0$

따라서 주어진 이차방정식의 해는 $x=-1$ 또는 $x=2$이다.

**2-1** ㄴ, ㄹ

ㄱ. $2^2-2\times2-8\neq0$

ㄴ. $2\times(2-2)=0$

ㄷ. $(2+2)(2\times2-1)\neq0$

ㄹ. $3\times2^2-12=0$

ㅁ. $(2\times2-1)^2\neq4\times2$

ㅂ. $2\times2^2+2-6\neq0$

따라서 $x=2$를 해로 갖는 것은 ㄴ, ㄹ이다.

---

**STEP 1 쏙쏙 개념 익히기** P. 105

**1** ①, ⑤  **2** ⑤  **3** ④
**4** 5  **5** (1) 9 (2) 6  **6** (1) $-4$ (2) $-4$

**1** ① $-2x+3=2x^2$에서 $-2x^2-2x+3=0$ ⇨ 이차방정식

② $2x^2+3x-2=x+2x^2$에서 $2x-2=0$ ⇨ 일차방정식

③ $x(x-2)=x(x+1)$에서 $x^2-2x=x^2+x$
∴ $-3x=0$ ⇨ 일차방정식

④ $x^2+3x=x^3-2$에서 $-x^3+x^2+3x+2=0$
⇨ 이차방정식이 아니다.

⑤ $(x+1)(x-1)=-x^2+1$에서 $x^2-1=-x^2+1$
∴ $2x^2-2=0$ ⇨ 이차방정식

따라서 이차방정식인 것은 ①, ⑤이다.

**2** $ax^2+3=(x-2)(2x+1)$에서
$ax^2+3=2x^2-3x-2$ ∴ $(a-2)x^2+3x+5=0$
이때 $x^2$의 계수가 0이 아니어야 하므로
$a-2\neq0$ ∴ $a\neq2$

**3** ① $4^2-8\neq0$  ② $3^2-4\times3\neq0$
③ $2^2-2\times2+1\neq0$  ④ $5^2-5-20=0$
⑤ $-1^2+3\times1+4\neq0$

따라서 [ ] 안의 수가 주어진 이차방정식의 해인 것은 ④이다.

**4** $2x^2+ax-3=0$에 $x=-3$을 대입하면
$2\times(-3)^2+a\times(-3)-3=0$
$15-3a=0,\ 3a=15$ ∴ $a=5$

**5** $x^2-6x+1=0$에 $x=a$를 대입하면
$a^2-6a+1=0$ ⋯㉠

(1) ㉠에서 $a^2-6a=-1$이므로
$a^2-6a+10=-1+10=9$

(2) $a\neq0$이므로 ㉠의 양변을 $a$로 나누면
$a-6+\dfrac{1}{a}=0$ ∴ $a+\dfrac{1}{a}=6$

**6** $x^2+4x-1=0$에 $x=a$를 대입하면
$a^2+4a-1=0$ ⋯㉠

(1) ㉠에서 $a^2+4a=1$이므로
$a^2+4a-5=1-5=-4$

(2) $a\neq0$이므로 ㉠의 양변을 $a$로 나누면
$a+4-\dfrac{1}{a}=0$ ∴ $a-\dfrac{1}{a}=-4$

## ~2 이차방정식의 풀이

**필수 문제 1** (1) $x=0$ 또는 $x=2$  (2) $x=-3$ 또는 $x=1$
(3) $x=-\dfrac{1}{3}$ 또는 $x=4$  (4) $x=-\dfrac{2}{3}$ 또는 $x=\dfrac{3}{2}$

(1) $x(x-2)=0$에서 $x=0$ 또는 $x-2=0$
  $\therefore x=0$ 또는 $x=2$
(2) $(x+3)(x-1)=0$에서 $x+3=0$ 또는 $x-1=0$
  $\therefore x=-3$ 또는 $x=1$
(3) $(3x+1)(x-4)=0$에서 $3x+1=0$ 또는 $x-4=0$
  $\therefore x=-\dfrac{1}{3}$ 또는 $x=4$
(4) $(3x+2)(2x-3)=0$에서 $3x+2=0$ 또는 $2x-3=0$
  $\therefore x=-\dfrac{2}{3}$ 또는 $x=\dfrac{3}{2}$

**1-1** (1) $x=-4$ 또는 $x=-1$  (2) $x=-2$ 또는 $x=5$
(3) $x=\dfrac{1}{3}$ 또는 $x=\dfrac{1}{2}$  (4) $x=-\dfrac{5}{2}$ 또는 $x=\dfrac{1}{3}$

**필수 문제 2** (1) $x=0$ 또는 $x=1$
(2) $x=-4$ 또는 $x=2$
(3) $x=-\dfrac{4}{3}$ 또는 $x=\dfrac{3}{2}$
(4) $x=-3$ 또는 $x=2$

(1) $x^2-x=0$에서 $x(x-1)=0$
  $\therefore x=0$ 또는 $x=1$
(2) $x^2+2x-8=0$에서 $(x+4)(x-2)=0$
  $\therefore x=-4$ 또는 $x=2$
(3) $6x^2=x+12$에서 $6x^2-x-12=0$
  $(3x+4)(2x-3)=0$  $\therefore x=-\dfrac{4}{3}$ 또는 $x=\dfrac{3}{2}$
(4) $(x+4)(x-3)=-6$에서 $x^2+x-6=0$
  $(x+3)(x-2)=0$  $\therefore x=-3$ 또는 $x=2$

**2-1** (1) $x=0$ 또는 $x=-5$  (2) $x=-6$ 또는 $x=5$
(3) $x=-\dfrac{2}{3}$ 또는 $x=3$  (4) $x=-1$ 또는 $x=10$

(1) $2x^2+10x=0$에서 $2x(x+5)=0$
  $\therefore x=0$ 또는 $x=-5$
(2) $x^2+x-30=0$에서 $(x+6)(x-5)=0$
  $\therefore x=-6$ 또는 $x=5$
(3) $3x^2-7x=6$에서 $3x^2-7x-6=0$
  $(3x+2)(x-3)=0$  $\therefore x=-\dfrac{2}{3}$ 또는 $x=3$
(4) $(x-1)(x-8)=18$에서 $x^2-9x-10=0$
  $(x+1)(x-10)=0$  $\therefore x=-1$ 또는 $x=10$

**필수 문제 3** ㄴ, ㄹ, ㅂ

ㄱ. $x^2+x-2=0$에서 $(x+2)(x-1)=0$
  $\therefore x=-2$ 또는 $x=1$
ㄴ. $x^2-8x+16=0$에서 $(x-4)^2=0$  $\therefore x=4$
ㄷ. $x^2-16=0$에서 $(x+4)(x-4)=0$
  $\therefore x=-4$ 또는 $x=4$
ㄹ. $9x^2-6x+1=0$에서 $(3x-1)^2=0$  $\therefore x=\dfrac{1}{3}$
ㅁ. $3x^2-10x-8=0$에서 $(3x+2)(x-4)=0$
  $\therefore x=-\dfrac{2}{3}$ 또는 $x=4$
ㅂ. $x(x-10)=-25$에서 $x^2-10x+25=0$
  $(x-5)^2=0$  $\therefore x=5$
따라서 중근을 갖는 것은 ㄴ, ㄹ, ㅂ이다.

**3-1** ④

① $x^2+4x+4=0$에서 $(x+2)^2=0$  $\therefore x=-2$
② $8x^2-8x+2=0$에서 $4x^2-4x+1=0$
  $(2x-1)^2=0$  $\therefore x=\dfrac{1}{2}$
③ $3-x^2=6(x+2)$에서 $3-x^2=6x+12$
  $x^2+6x+9=0,\ (x+3)^2=0$  $\therefore x=-3$
④ $x^2-3x=-5x+15$에서 $x^2+2x-15=0$
  $(x+5)(x-3)=0$  $\therefore x=-5$ 또는 $x=3$
⑤ $x^2+\dfrac{1}{16}=\dfrac{1}{2}x$에서 $x^2-\dfrac{1}{2}x+\dfrac{1}{16}=0$
  $\left(x-\dfrac{1}{4}\right)^2=0$  $\therefore x=\dfrac{1}{4}$
따라서 중근을 갖지 않는 것은 ④이다.

**필수 문제 4** (1) 12  (2) $\pm 2$

(1) $x^2+8x+4+a=0$이 중근을 가지므로
  $4+a=\left(\dfrac{8}{2}\right)^2=16$  $\therefore a=12$
(2) $x^2+ax+1=0$이 중근을 가지므로
  $1=\left(\dfrac{a}{2}\right)^2,\ 1=\dfrac{a^2}{4},\ a^2=4$  $\therefore a=\pm 2$

**4-1** (1) $a=-4,\ x=7$
(2) $a=8$일 때 $x=-4$, $a=-8$일 때 $x=4$

(1) $x^2-14x+45-a=0$이 중근을 가지므로
  $45-a=\left(\dfrac{-14}{2}\right)^2=49$  $\therefore a=-4$
  즉, $x^2-14x+49=0$이므로
  $(x-7)^2=0$  $\therefore x=7$
(2) $x^2+ax+16=0$이 중근을 가지므로
  $16=\left(\dfrac{a}{2}\right)^2,\ 16=\dfrac{a^2}{4},\ a^2=64$  $\therefore a=\pm 8$
  (i) $a=8$일 때, $x^2+8x+16=0$
    $(x+4)^2=0$  $\therefore x=-4$
  (ii) $a=-8$일 때, $x^2-8x+16=0$
    $(x-4)^2=0$  $\therefore x=4$

**1** ⑤

**2** (1) $x=2$ 또는 $x=4$     (2) $x=3$

    (3) $x=-\dfrac{1}{3}$ 또는 $x=\dfrac{3}{2}$    (4) $x=-2$ 또는 $x=2$

**3** $a=15$, $x=-5$       **4** ①, ④

**5** 2

---

**1** 주어진 이차방정식의 해를 각각 구하면 다음과 같다.

   ① $x=-\dfrac{1}{2}$ 또는 $x=3$     ② $x=\dfrac{1}{2}$ 또는 $x=3$

   ③ $x=-1$ 또는 $x=-3$     ④ $x=1$ 또는 $x=-3$

   ⑤ $x=\dfrac{1}{2}$ 또는 $x=-3$

**2** (1) $x^2-6x+8=0$에서 $(x-2)(x-4)=0$

    $\therefore x=2$ 또는 $x=4$

   (2) $2x^2-12x+18=0$에서 $x^2-6x+9=0$

    $(x-3)^2=0$    $\therefore x=3$

   (3) $6x^2-7x=3$에서 $6x^2-7x-3=0$

    $(3x+1)(2x-3)=0$     $\therefore x=-\dfrac{1}{3}$ 또는 $x=\dfrac{3}{2}$

   (4) $(x+1)(x-1)=2x^2-5$에서 $x^2-1=2x^2-5$

    $x^2-4=0$, $(x+2)(x-2)=0$

    $\therefore x=-2$ 또는 $x=2$

**3** $x^2+8x+a=0$에 $x=-3$을 대입하면

   $(-3)^2+8\times(-3)+a=0$, $-15+a=0$    $\therefore a=15$

   즉, $x^2+8x+15=0$이므로 $(x+5)(x+3)=0$

   $\therefore x=-5$ 또는 $x=-3$

   따라서 구하는 다른 한 근은 $x=-5$이다.

**4** ① $x^2-4x+3=0$에서 $(x-1)(x-3)=0$

    $\therefore x=1$ 또는 $x=3$

   ② $x^2+10x+25=0$에서 $(x+5)^2=0$    $\therefore x=-5$

   ③ $x^2+\dfrac{1}{9}=\dfrac{2}{3}x$에서 $x^2-\dfrac{2}{3}x+\dfrac{1}{9}=0$

    $\left(x-\dfrac{1}{3}\right)^2=0$    $\therefore x=\dfrac{1}{3}$

   ④ $x(x-1)=6$에서 $x^2-x-6=0$

    $(x+2)(x-3)=0$    $\therefore x=-2$ 또는 $x=3$

   ⑤ $-x^2-7=2x-6$에서 $x^2+2x+1=0$

    $(x+1)^2=0$    $\therefore x=-1$

   따라서 중근을 갖지 않는 것은 ①, ④이다.

**5** $x^2+3ax+a+7=0$이 중근을 가지므로

   $a+7=\left(\dfrac{3a}{2}\right)^2$, $a+7=\dfrac{9a^2}{4}$

   $9a^2-4a-28=0$, $(9a+14)(a-2)=0$

   $\therefore a=-\dfrac{14}{9}$ 또는 $a=2$

   이때 $a>0$이므로 $a=2$

---

**필수 문제 5**    (1) $x=\pm2\sqrt{2}$     (2) $x=\pm\dfrac{5}{3}$

            (3) $x=-3\pm\sqrt{5}$    (4) $x=-2$ 또는 $x=4$

   (2) $25-9x^2=0$에서 $9x^2=25$

    $x^2=\dfrac{25}{9}$    $\therefore x=\pm\dfrac{5}{3}$

   (3) $(x+3)^2=5$에서 $x+3=\pm\sqrt{5}$

    $\therefore x=-3\pm\sqrt{5}$

   (4) $2(x-1)^2=18$에서 $(x-1)^2=9$

    $x-1=\pm3$    $\therefore x=-2$ 또는 $x=4$

**5-1** (1) $x=\pm\sqrt{6}$         (2) $x=\pm\dfrac{7}{2}$

   (3) $x=\dfrac{-1\pm\sqrt{3}}{2}$     (4) $x=-\dfrac{7}{3}$ 또는 $x=\dfrac{1}{3}$

   (1) $x^2-6=0$에서 $x^2=6$    $\therefore x=\pm\sqrt{6}$

   (2) $4x^2-49=0$에서 $4x^2=49$

    $x^2=\dfrac{49}{4}$    $\therefore x=\pm\dfrac{7}{2}$

   (3) $3-(2x+1)^2=0$에서 $(2x+1)^2=3$

    $2x+1=\pm\sqrt{3}$, $2x=-1\pm\sqrt{3}$

    $\therefore x=\dfrac{-1\pm\sqrt{3}}{2}$

   (4) $-9(x+1)^2+16=0$에서 $9(x+1)^2=16$

    $(x+1)^2=\dfrac{16}{9}$, $x+1=\pm\dfrac{4}{3}$

    $\therefore x=-\dfrac{7}{3}$ 또는 $x=\dfrac{1}{3}$

**5-2** 3

   $3(x+a)^2=15$에서 $(x+a)^2=5$

   $x+a=\pm\sqrt{5}$    $\therefore x=-a\pm\sqrt{5}$

   즉, $-a\pm\sqrt{5}=2\pm\sqrt{b}$이므로 $a=-2$, $b=5$

   $a+b=-2+5=3$

---

**필수 문제 6**    (1) 9, 9, 3, 7, $3\pm\sqrt{7}$    (2) 1, 1, 1, $\dfrac{2}{3}$, $1\pm\dfrac{\sqrt{6}}{3}$

**6-1** (1) $p=1$, $q=3$    (2) $p=-2$, $q=\dfrac{17}{2}$

   (1) $x^2-2x=2$에서

    $x^2-2x+\left(\dfrac{-2}{2}\right)^2=2+\left(\dfrac{-2}{2}\right)^2$

    $(x-1)^2=3$    $\therefore p=1$, $q=3$

   (2) $2x^2+8x-9=0$에서

    $x^2+4x-\dfrac{9}{2}=0$, $x^2+4x=\dfrac{9}{2}$

    $x^2+4x+\left(\dfrac{4}{2}\right)^2=\dfrac{9}{2}+\left(\dfrac{4}{2}\right)^2$

    $(x+2)^2=\dfrac{17}{2}$    $\therefore p=-2$, $q=\dfrac{17}{2}$

**6-2** (1) $x=5\pm2\sqrt{5}$  (2) $x=\dfrac{-5\pm\sqrt{33}}{2}$

(3) $x=-1\pm\dfrac{\sqrt{7}}{2}$  (4) $x=\dfrac{4\pm\sqrt{10}}{3}$

(1) $x^2-10x+5=0$에서

$x^2-10x+\left(\dfrac{-10}{2}\right)^2=-5+\left(\dfrac{-10}{2}\right)^2$

$(x-5)^2=20,\ x-5=\pm2\sqrt{5}$

$\therefore x=5\pm2\sqrt{5}$

(2) $3x^2+15x-6=0$에서

$x^2+5x-2=0,\ x^2+5x=2$

$x^2+5x+\left(\dfrac{5}{2}\right)^2=2+\left(\dfrac{5}{2}\right)^2$

$\left(x+\dfrac{5}{2}\right)^2=\dfrac{33}{4},\ x+\dfrac{5}{2}=\pm\dfrac{\sqrt{33}}{2}$

$\therefore x=\dfrac{-5\pm\sqrt{33}}{2}$

(3) $4x^2+8x=3$에서

$x^2+2x=\dfrac{3}{4}$

$x^2+2x+\left(\dfrac{2}{2}\right)^2=\dfrac{3}{4}+\left(\dfrac{2}{2}\right)^2$

$(x+1)^2=\dfrac{7}{4},\ x+1=\pm\dfrac{\sqrt{7}}{2}$

$\therefore x=-1\pm\dfrac{\sqrt{7}}{2}$

(4) $x^2-\dfrac{8}{3}x+\dfrac{2}{3}=0$에서

$x^2-\dfrac{8}{3}x=-\dfrac{2}{3}$

$x^2-\dfrac{8}{3}x+\left(-\dfrac{4}{3}\right)^2=-\dfrac{2}{3}+\left(-\dfrac{4}{3}\right)^2$

$\left(x-\dfrac{4}{3}\right)^2=\dfrac{10}{9},\ x-\dfrac{4}{3}=\pm\dfrac{\sqrt{10}}{3}$

$\therefore x=\dfrac{4\pm\sqrt{10}}{3}$

---

**STEP 1** 쏙쏙 **개념 익히기**  P. 111

**1** (1) $x=\pm\dfrac{\sqrt{5}}{3}$  (2) $x=-5$ 또는 $x=1$

(3) $x=\dfrac{5\pm\sqrt{5}}{2}$  (4) $x=-\dfrac{1}{3}$ 또는 $x=3$

**2** 6  **3** $A=1,\ B=1,\ C=\dfrac{5}{2}$

**4** $-5$  **5** 7

**1** (1) $9x^2-5=0$에서 $9x^2=5$

$x^2=\dfrac{5}{9}$  $\therefore x=\pm\dfrac{\sqrt{5}}{3}$

(2) $(x+2)^2=9$에서 $x+2=\pm3$

$\therefore x=-5$ 또는 $x=1$

---

(3) $(2x-5)^2-5=0$에서 $(2x-5)^2=5$

$2x-5=\pm\sqrt{5},\ 2x=5\pm\sqrt{5}$  $\therefore x=\dfrac{5\pm\sqrt{5}}{2}$

(4) $2(3x-4)^2-50=0$에서 $(3x-4)^2=25$

$3x-4=\pm5,\ 3x=-1$ 또는 $3x=9$

$\therefore x=-\dfrac{1}{3}$ 또는 $x=3$

**2** $2(x+a)^2=b$에서 $(x+a)^2=\dfrac{b}{2}$

$x+a=\pm\sqrt{\dfrac{b}{2}}$  $\therefore x=-a\pm\sqrt{\dfrac{b}{2}}$

즉, $-a\pm\sqrt{\dfrac{b}{2}}=4\pm\sqrt{5}$이므로 $-a=4,\ \dfrac{b}{2}=5$

$\therefore a=-4,\ b=10$

$\therefore a+b=-4+10=6$

**4** $(x-1)(x-3)=6$에서

$x^2-4x+3=6,\ x^2-4x=3$

$x^2-4x+\left(\dfrac{-4}{2}\right)^2=3+\left(\dfrac{-4}{2}\right)^2$

$\therefore (x-2)^2=7$

따라서 $p=2,\ q=7$이므로 $p-q=2-7=-5$

**5** $x^2-6x+a=0$에서

$x^2-6x+9=-a+9,\ (x-3)^2=-a+9$

$x-3=\pm\sqrt{-a+9}$  $\therefore x=3\pm\sqrt{-a+9}$

따라서 $-a+9=2$이므로 $a=7$

다른 풀이

$x=3\pm\sqrt{2}$에서 $x-3=\pm\sqrt{2}$

양변을 제곱하면 $(x-3)^2=2$

$x^2-6x+9=2$  $\therefore x^2-6x+7=0$

$\therefore a=7$

---

**P. 112**

개념 **확인**  $a,\ \left(\dfrac{b}{2a}\right)^2,\ \dfrac{-b\pm\sqrt{b^2-4ac}}{2a}$

필수 **문제 7** (1) $x=\dfrac{-5\pm\sqrt{13}}{6}$ (2) $x=-2\pm2\sqrt{2}$

(3) $x=\dfrac{3\pm\sqrt{15}}{2}$

(1) 근의 공식에 $a=3,\ b=5,\ c=1$을 대입하면

$x=\dfrac{-5\pm\sqrt{5^2-4\times3\times1}}{2\times3}=\dfrac{-5\pm\sqrt{13}}{6}$

(2) 짝수 공식에 $a=1,\ b'=2,\ c=-4$를 대입하면

$x=\dfrac{-2\pm\sqrt{2^2-1\times(-4)}}{1}=-2\pm\sqrt{8}=-2\pm2\sqrt{2}$

다른 풀이

근의 공식에 $a=1,\ b=4,\ c=-4$를 대입하면

$x=\dfrac{-4\pm\sqrt{4^2-4\times1\times(-4)}}{2\times1}$

$=\dfrac{-4\pm\sqrt{32}}{2}=\dfrac{-4\pm4\sqrt{2}}{2}=-2\pm2\sqrt{2}$

(3) $2x^2-6x=3$에서 $2x^2-6x-3=0$이므로
짝수 공식에 $a=2$, $b'=-3$, $c=-3$을 대입하면
$$x=\frac{-(-3)\pm\sqrt{(-3)^2-2\times(-3)}}{2}=\frac{3\pm\sqrt{15}}{2}$$

**7-1** (1) $x=\dfrac{-1\pm\sqrt{33}}{2}$  (2) $x=\dfrac{1\pm\sqrt5}{4}$

      (3) $x=\dfrac{7\pm\sqrt{13}}{6}$

(1) $x=\dfrac{-1\pm\sqrt{1^2-4\times1\times(-8)}}{2\times1}=\dfrac{-1\pm\sqrt{33}}{2}$

(2) $x=\dfrac{-(-1)\pm\sqrt{(-1)^2-4\times(-1)}}{4}=\dfrac{1\pm\sqrt5}{4}$

(3) $3x^2=7x-3$에서 $3x^2-7x+3=0$
$$\therefore x=\frac{-(-7)\pm\sqrt{(-7)^2-4\times3\times3}}{2\times3}=\frac{7\pm\sqrt{13}}{6}$$

**7-2** $A=-3$, $B=41$

$$x=\frac{-3\pm\sqrt{3^2-4\times2\times(-4)}}{2\times2}=\frac{-3\pm\sqrt{41}}{4}$$
$$\therefore A=-3,\ B=41$$

**P. 113**

**필수 문제 8** (1) $x=\dfrac{-1\pm\sqrt{13}}{2}$

        (2) $x=2$ 또는 $x=3$

        (3) $x=-4$ 또는 $x=2$

(1) $(x-1)(x+2)=1$에서 $x^2+x-2=1$
   $x^2+x-3=0$
$$\therefore x=\frac{-1\pm\sqrt{1^2-4\times1\times(-3)}}{2\times1}=\frac{-1\pm\sqrt{13}}{2}$$

(2) 양변에 10을 곱하면 $5x^2-25x+30=0$
   $x^2-5x+6=0$, $(x-2)(x-3)=0$
   $\therefore x=2$ 또는 $x=3$

(3) 양변에 4를 곱하면 $x^2+2x-8=0$
   $(x+4)(x-2)=0$   $\therefore x=-4$ 또는 $x=2$

**8-1** (1) $x=3\pm\sqrt5$  (2) $x=-5$ 또는 $x=-\dfrac13$

      (3) $x=\pm\sqrt{11}$

(1) $(3x-2)(x-2)=2x(x-1)$에서
   $3x^2-8x+4=2x^2-2x$, $x^2-6x+4=0$
   $\therefore x=-(-3)\pm\sqrt{(-3)^2-1\times4}=3\pm\sqrt5$

(2) 양변에 10을 곱하면 $6x^2+32x=-10$
   $6x^2+32x+10=0$, $3x^2+16x+5=0$
   $(x+5)(3x+1)=0$   $\therefore x=-5$ 또는 $x=-\dfrac13$

(3) 양변에 6을 곱하면 $2(x^2-2)-3(x^2-1)=-12$
   $2x^2-4-3x^2+3=-12$, $x^2=11$
   $\therefore x=\pm\sqrt{11}$

**필수 문제 9** (1) $x=2$ 또는 $x=7$

        (2) $x=0$ 또는 $x=1$

(1) $(x-3)^2-3(x-3)=4$에서
   $(x-3)^2-3(x-3)-4=0$
   $x-3=A$로 놓으면 $A^2-3A-4=0$
   $(A+1)(A-4)=0$   $\therefore A=-1$ 또는 $A=4$
   즉, $x-3=-1$ 또는 $x-3=4$
   $\therefore x=2$ 또는 $x=7$

(2) $x+2=A$로 놓으면 $A^2-5A+6=0$
   $(A-2)(A-3)=0$   $\therefore A=2$ 또는 $A=3$
   즉, $x+2=2$ 또는 $x+2=3$
   $\therefore x=0$ 또는 $x=1$

**9-1** (1) $x=\dfrac32$ 또는 $x=2$  (2) $x=-2$ 또는 $x=9$

(1) $2x+1=A$로 놓으면 $A^2-9A+20=0$
   $(A-4)(A-5)=0$   $\therefore A=4$ 또는 $A=5$
   즉, $2x+1=4$ 또는 $2x+1=5$
   $\therefore x=\dfrac32$ 또는 $x=2$

(2) $x-2=A$로 놓으면 $A^2-3A-28=0$
   $(A+4)(A-7)=0$   $\therefore A=-4$ 또는 $A=7$
   즉, $x-2=-4$ 또는 $x-2=7$
   $\therefore x=-2$ 또는 $x=9$

**한 번 더 연습** P. 114

**1** (1) $x=\dfrac{-7\pm\sqrt5}{2}$    (2) $x=\dfrac{-3\pm\sqrt{29}}{2}$

  (3) $x=-1\pm\sqrt5$    (4) $x=-3\pm\sqrt{13}$

  (5) $x=\dfrac{5\pm\sqrt{33}}{4}$    (6) $x=\dfrac{-4\pm\sqrt{19}}{3}$

**2** (1) $x=\dfrac{5\pm\sqrt{17}}{2}$    (2) $x=\dfrac{3\pm\sqrt{21}}{2}$

  (3) $x=\dfrac{-1\pm\sqrt6}{2}$    (4) $x=-1$ 또는 $x=4$

**3** (1) $x=1$ 또는 $x=11$    (2) $x=\dfrac{-2\pm\sqrt{10}}{6}$

  (3) $x=\dfrac{-5\pm\sqrt{29}}{4}$    (4) $x=5\pm\sqrt{34}$

**4** (1) $x=\dfrac13$ 또는 $x=3$    (2) $x=-\dfrac43$ 또는 $x=0$

**1** (1) $x=\dfrac{-7\pm\sqrt{7^2-4\times1\times11}}{2\times1}=\dfrac{-7\pm\sqrt5}{2}$

(2) $x^2-5=-3x$에서 $x^2+3x-5=0$
$$\therefore x=\frac{-3\pm\sqrt{3^2-4\times1\times(-5)}}{2\times1}=\frac{-3\pm\sqrt{29}}{2}$$

(3) $x=-1\pm\sqrt{1^2-1\times(-4)}=-1\pm\sqrt5$

(4) $x^2+6x=4$에서 $x^2+6x-4=0$

$\quad \therefore x=-3\pm\sqrt{3^2-1\times(-4)}=-3\pm\sqrt{13}$

(5) $x=\dfrac{-(-5)\pm\sqrt{(-5)^2-4\times2\times(-1)}}{2\times2}=\dfrac{5\pm\sqrt{33}}{4}$

(6) $x=\dfrac{-4\pm\sqrt{4^2-3\times(-1)}}{3}=\dfrac{-4\pm\sqrt{19}}{3}$

**2** (1) $(x-1)(x-4)=2$에서 $x^2-5x+4=2$

$\quad x^2-5x+2=0$

$\quad \therefore x=\dfrac{-(-5)\pm\sqrt{(-5)^2-4\times1\times2}}{2\times1}=\dfrac{5\pm\sqrt{17}}{2}$

(2) $x(x+3)=2x^2-3$에서 $x^2+3x=2x^2-3$

$\quad x^2-3x-3=0$

$\quad \therefore x=\dfrac{-(-3)\pm\sqrt{(-3)^2-4\times1\times(-3)}}{2\times1}=\dfrac{3\pm\sqrt{21}}{2}$

(3) $(x+1)(5x-2)=x^2-x+3$에서

$\quad 5x^2+3x-2=x^2-x+3,\ 4x^2+4x-5=0$

$\quad \therefore x=\dfrac{-2\pm\sqrt{2^2-4\times(-5)}}{4}=\dfrac{-2\pm2\sqrt{6}}{4}=\dfrac{-1\pm\sqrt{6}}{2}$

(4) $(2x+1)(x-3)=(x-1)^2$에서

$\quad 2x^2-5x-3=x^2-2x+1,\ x^2-3x-4=0$

$\quad (x+1)(x-4)=0 \quad \therefore x=-1$ 또는 $x=4$

**3** (1) 양변에 100을 곱하면 $x^2-12x+11=0$

$\quad (x-1)(x-11)=0 \quad \therefore x=1$ 또는 $x=11$

(2) 양변에 12를 곱하면 $6x^2+4x-1=0$

$\quad \therefore x=\dfrac{-2\pm\sqrt{2^2-6\times(-1)}}{6}=\dfrac{-2\pm\sqrt{10}}{6}$

(3) 양변에 10을 곱하면 $4x^2+10x-1=0$

$\quad \therefore x=\dfrac{-5\pm\sqrt{5^2-4\times(-1)}}{4}=\dfrac{-5\pm\sqrt{29}}{4}$

(4) 양변에 6을 곱하면 $3(x+1)(x-3)=2x(x+2)$

$\quad 3(x^2-2x-3)=2x^2+4x,\ 3x^2-6x-9=2x^2+4x$

$\quad x^2-10x-9=0$

$\quad \therefore x=-(-5)\pm\sqrt{(-5)^2-1\times(-9)}=5\pm\sqrt{34}$

**4** (1) $x-1=A$로 놓으면 $3A^2-4A-4=0$

$\quad (3A+2)(A-2)=0 \quad \therefore A=-\dfrac{2}{3}$ 또는 $A=2$

$\quad$ 즉, $x-1=-\dfrac{2}{3}$ 또는 $x-1=2$

$\quad \therefore x=\dfrac{1}{3}$ 또는 $x=3$

(2) $x+1=A$로 놓으면 $\dfrac{1}{2}A^2-\dfrac{1}{3}A-\dfrac{1}{6}=0$

$\quad$ 양변에 6을 곱하면 $3A^2-2A-1=0$

$\quad (3A+1)(A-1)=0 \quad \therefore A=-\dfrac{1}{3}$ 또는 $A=1$

$\quad$ 즉, $x+1=-\dfrac{1}{3}$ 또는 $x+1=1$

$\quad \therefore x=-\dfrac{4}{3}$ 또는 $x=0$

**1** ⑤      **2** 16

**3** 7      **4** $a=-3,\ b=2$

**5** $a=3,\ b=33$

**1** $x=\dfrac{-(-7)\pm\sqrt{(-7)^2-4\times2\times(-2)}}{2\times2}=\dfrac{7\pm\sqrt{65}}{4}$

따라서 $A=7,\ B=65$이므로

$A+B=7+65=72$

**2** 양변에 10을 곱하면 $4x^2-6x=1$

$4x^2-6x-1=0$

$\therefore x=\dfrac{-(-3)\pm\sqrt{(-3)^2-4\times(-1)}}{4}=\dfrac{3\pm\sqrt{13}}{4}$

따라서 $a=3,\ b=13$이므로 $a+b=3+13=16$

**3** $2x-3=A$로 놓으면 $A^2=8A+65$

$A^2-8A-65=0,\ (A+5)(A-13)=0$

$\therefore A=-5$ 또는 $A=13$

즉, $2x-3=-5$ 또는 $2x-3=13$

$\therefore x=-1$ 또는 $x=8$

따라서 두 근의 합은 $-1+8=7$

**4** $x=\dfrac{-(-2)\pm\sqrt{(-2)^2-3\times a}}{3}=\dfrac{2\pm\sqrt{4-3a}}{3}$

즉, $\dfrac{2\pm\sqrt{4-3a}}{3}=\dfrac{b\pm\sqrt{13}}{3}$이므로

$b=2,\ 4-3a=13 \quad \therefore a=-3,\ b=2$

**5** $x=\dfrac{-(-a)\pm\sqrt{(-a)^2-4\times2\times(-3)}}{2\times2}=\dfrac{a\pm\sqrt{a^2+24}}{4}$

즉, $\dfrac{a\pm\sqrt{a^2+24}}{4}=\dfrac{3\pm\sqrt{b}}{4}$이므로

$a=3,\ b=a^2+24=3^2+24=33$

## 3 이차방정식의 활용

P. 116

**개념 확인**

| $a,\ b,\ c$의 값 | $b^2-4ac$의 값 | 근의 개수 |
| --- | --- | --- |
| (1) $a=1,\ b=3,\ c=-2$ | $3^2-4\times1\times(-2)=17$ | 2개 |
| (2) $a=4,\ b=-4,\ c=1$ | $(-4)^2-4\times4\times1=0$ | 1개 |
| (3) $a=2,\ b=-5,\ c=4$ | $(-5)^2-4\times2\times4=-7$ | 0개 |

**필수 문제 1** ㄷ, ㄹ, ㅁ

ㄱ. $b^2-4ac=(-3)^2-4\times1\times5=-11<0$

$\quad \Rightarrow$ 근이 없다.

ㄴ. $b'^2-ac=3^2-1\times9=0 \Rightarrow$ 중근

ㄷ. $b^2-4ac=(-7)^2-4\times3\times(-2)=73>0$
　　$\Rightarrow$ 서로 다른 두 근

ㄹ. $b^2-4ac=5^2-4\times2\times(-2)=41>0$
　　$\Rightarrow$ 서로 다른 두 근

ㅁ. $(x+3)^2=4x+9$에서
　　$x^2+6x+9=4x+9$, $x^2+2x=0$
　　$b'^2-ac=1^2-1\times0=1>0$
　　$\Rightarrow$ 서로 다른 두 근

ㅂ. 양변에 12를 곱하면 $4x^2-2x+1=0$
　　$b'^2-ac=(-1)^2-4\times1=-3<0$
　　$\Rightarrow$ 근이 없다.

따라서 서로 다른 두 근을 갖는 것은 ㄷ, ㄹ, ㅁ이다.

**1-1** ②

① $b^2-4ac=(-3)^2-4\times1\times0=9>0$
　　$\Rightarrow$ 서로 다른 두 근

② $b^2-4ac=(-5)^2-4\times2\times4=-7<0$
　　$\Rightarrow$ 근이 없다.

③ $b^2-4ac=1^2-4\times3\times(-2)=25>0$
　　$\Rightarrow$ 서로 다른 두 근

④ $b'^2-ac=(-1)^2-5\times(-1)=6>0$
　　$\Rightarrow$ 서로 다른 두 근

⑤ 양변에 10을 곱하면 $9x^2-6x+1=0$
　　$b'^2-ac=(-3)^2-9\times1=0 \Rightarrow$ 중근

따라서 근이 존재하지 않는 것은 ②이다.

**필수 문제 2**　(1) $k<\dfrac{9}{8}$　(2) $k=\dfrac{9}{8}$　(3) $k>\dfrac{9}{8}$

$b^2-4ac=(-3)^2-4\times1\times2k=9-8k$

(1) $b^2-4ac>0$이어야 하므로
　　$9-8k>0$　$\therefore k<\dfrac{9}{8}$

(2) $b^2-4ac=0$이어야 하므로
　　$9-8k=0$　$\therefore k=\dfrac{9}{8}$

> **다른 풀이**
> $2k=\left(\dfrac{-3}{2}\right)^2$, $2k=\dfrac{9}{4}$　$\therefore k=\dfrac{9}{8}$

(3) $b^2-4ac<0$이어야 하므로
　　$9-8k<0$　$\therefore k>\dfrac{9}{8}$

**2-1**　(1) $k<6$　(2) $k=6$　(3) $k>6$

$b'^2-ac=(-1)^2-1\times(k-5)=6-k$

(1) $b'^2-ac>0$이어야 하므로
　　$6-k>0$　$\therefore k<6$

(2) $b'^2-ac=0$이어야 하므로
　　$6-k=0$　$\therefore k=6$

(3) $b'^2-ac<0$이어야 하므로
　　$6-k<0$　$\therefore k>6$

P. 117

**필수 문제 3**　(1) $x^2-4x-5=0$　(2) $2x^2+14x+24=0$
　　　　　　　(3) $-x^2+6x-9=0$

(1) $(x+1)(x-5)=0$이므로 $x^2-4x-5=0$

(2) $2(x+3)(x+4)=0$이므로 $2(x^2+7x+12)=0$
　　$\therefore 2x^2+14x+24=0$

(3) $-(x-3)^2=0$이므로 $-(x^2-6x+9)=0$
　　$\therefore -x^2+6x-9=0$

**3-1**　(1) $-4x^2-4x+8=0$　　(2) $6x^2-5x+1=0$
　　　　(3) $3x^2+12x+12=0$

(1) $-4(x+2)(x-1)=0$이므로 $-4(x^2+x-2)=0$
　　$\therefore -4x^2-4x+8=0$

(2) $6\left(x-\dfrac{1}{2}\right)\left(x-\dfrac{1}{3}\right)=0$이므로 $6\left(x^2-\dfrac{5}{6}x+\dfrac{1}{6}\right)=0$
　　$\therefore 6x^2-5x+1=0$

(3) $3(x+2)^2=0$이므로 $3(x^2+4x+4)=0$
　　$\therefore 3x^2+12x+12=0$

**3-2**　$a=-2$, $b=-60$

$2(x+5)(x-6)=0$이므로 $2(x^2-x-30)=0$

$\therefore 2x^2-2x-60=0$

$\therefore a=-2$, $b=-60$

**STEP 1　쏙쏙 개념 익히기**
P. 118

**1** ⑤　　　　　　　　**2** $k\leq\dfrac{5}{2}$

**3** $k=12$, $x=3$　　　**4** 4

**5** $x=-\dfrac{1}{2}$ 또는 $x=\dfrac{1}{3}$　　**6** $x=-1$ 또는 $x=-\dfrac{1}{2}$

**1**　① $b'^2-ac=(-4)^2-1\times5=11>0 \Rightarrow$ 서로 다른 두 근
　　② $b^2-4ac=(-9)^2-4\times2\times(-3)=105>0$
　　　$\Rightarrow$ 서로 다른 두 근
　　③ $b'^2-ac=2^2-3\times(-1)=7>0 \Rightarrow$ 서로 다른 두 근
　　④ $b'^2-ac=1^2-4\times(-1)=5>0 \Rightarrow$ 서로 다른 두 근
　　⑤ $b^2-4ac=7^2-4\times5\times8=-111<0 \Rightarrow$ 근이 없다.
따라서 근의 개수가 나머지 넷과 다른 하나는 ⑤이다.

**2**　$2x^2-4x+2k-3=0$이 근을 가지려면
　　$b'^2-ac=(-2)^2-2\times(2k-3)\geq0$이어야 하므로
　　$10-4k\geq0$　$\therefore k\leq\dfrac{5}{2}$

**3** $x^2-6x+k-3=0$이 중근을 가지므로
$b'^2-ac=(-3)^2-1\times(k-3)=0$
$12-k=0$ $\therefore k=12$
즉, $x^2-6x+9=0$에서 $(x-3)^2=0$ $\therefore x=3$

> **다른 풀이**
> $x^2-6x+k-3=0$이 중근을 가지므로
> $k-3=\left(\dfrac{-6}{2}\right)^2=9$ $\therefore k=12$

**4** $4\left(x+\dfrac{1}{2}\right)(x-1)=0$이므로 $4\left(x^2-\dfrac{1}{2}x-\dfrac{1}{2}\right)=0$
$\therefore 4x^2-2x-2=0$
따라서 $a=-2$, $b=-2$이므로
$ab=-2\times(-2)=4$

**5** $(x+2)(x-3)=0$이므로 $x^2-x-6=0$
따라서 $a=-1$, $b=-6$이므로 $-6x^2-x+1=0$을 풀면
$6x^2+x-1=0$, $(2x+1)(3x-1)=0$
$\therefore x=-\dfrac{1}{2}$ 또는 $x=\dfrac{1}{3}$

**6** $3(x+1)\left(x-\dfrac{1}{3}\right)=0$이므로 $3\left(x^2+\dfrac{2}{3}x-\dfrac{1}{3}\right)=0$
$\therefore 3x^2+2x-1=0$
따라서 $a=2$, $b=-1$이므로 $2x^2+3x+1=0$을 풀면
$(x+1)(2x+1)=0$ $\therefore x=-1$ 또는 $x=-\dfrac{1}{2}$

---

**P. 119~120**

**개념 확인** $x-2$, $x-2$, $7$, $7$, $7$, $7$, $7$

**필수 문제 4** **팔각형**
$\dfrac{n(n-3)}{2}=20$, $n^2-3n-40=0$
$(n+5)(n-8)=0$ $\therefore n=-5$ 또는 $n=8$
이때 $n$은 자연수이므로 $n=8$
따라서 구하는 다각형은 팔각형이다.

**4-1** **15**
$\dfrac{n(n+1)}{2}=120$, $n^2+n-240=0$
$(n+16)(n-15)=0$ $\therefore n=-16$ 또는 $n=15$
이때 $n$은 자연수이므로 $n=15$
따라서 1부터 15까지의 자연수를 더해야 한다.

**필수 문제 5** **13, 15**
연속하는 두 홀수를 $x$, $x+2$라고 하면
$x(x+2)=195$, $x^2+2x-195=0$
$(x+15)(x-13)=0$ $\therefore x=-15$ 또는 $x=13$
이때 $x$는 자연수이므로 $x=13$
따라서 구하는 두 홀수는 13, 15이다.

**5-1** **8**
두 자연수 중 작은 수를 $x$라고 하면 큰 수는 $x+5$이므로
$x(x+5)=104$, $x^2+5x-104=0$
$(x+13)(x-8)=0$ $\therefore x=-13$ 또는 $x=8$
이때 $x$는 자연수이므로 $x=8$
따라서 두 자연수는 8, 13이고, 이 중 작은 수는 8이다.

**필수 문제 6** **15명**
학생 수를 $x$명이라고 하면 한 학생이 받는 사탕의 개수는
$(x-4)$개이므로
$x(x-4)=165$, $x^2-4x-165=0$
$(x+11)(x-15)=0$ $\therefore x=-11$ 또는 $x=15$
이때 $x$는 자연수이므로 $x=15$
따라서 학생 수는 15명이다.

**6-1** **10명**
학생 수를 $x$명이라고 하면 한 학생이 받는 쿠키의 개수는
$(x+3)$개이므로
$x(x+3)=130$, $x^2+3x-130=0$
$(x+13)(x-10)=0$ $\therefore x=-13$ 또는 $x=10$
이때 $x$는 자연수이므로 $x=10$
따라서 학생 수는 10명이다.

**필수 문제 7** **(1) 2초 후 (2) 5초 후**
(1) $-5t^2+25t=30$, $5t^2-25t+30=0$
$t^2-5t+6=0$, $(t-2)(t-3)=0$
$\therefore t=2$ 또는 $t=3$
따라서 물 로켓의 높이가 처음으로 30 m가 되는 것은
쏘아 올린 지 2초 후이다.
(2) 지면에 떨어지는 것은 높이가 0 m일 때이므로
$-5t^2+25t=0$, $t^2-5t=0$, $t(t-5)=0$
$\therefore t=0$ 또는 $t=5$
이때 $t>0$이므로 $t=5$
따라서 물 로켓이 지면에 떨어지는 것은 쏘아 올린 지
5초 후이다.

**7-1** **3초 후**
$-5x^2+35x+8=68$, $5x^2-35x+60=0$
$x^2-7x+12=0$, $(x-3)(x-4)=0$
$\therefore x=3$ 또는 $x=4$
따라서 공의 높이가 처음으로 68 m가 되는 것은 공을 쏘아
올린 지 3초 후이다.

**필수 문제 8** **10 cm**
처음 정사각형의 한 변의 길이를 $x$ cm라고 하면
$(x+2)(x-4)=72$, $x^2-2x-8=72$
$x^2-2x-80=0$, $(x+8)(x-10)=0$
$\therefore x=-8$ 또는 $x=10$
이때 $x>4$이므로 $x=10$
따라서 처음 정사각형의 한 변의 길이는 10 cm이다.

**8-1** **3 m**

도로를 제외한 땅의 넓이는 오른쪽 그림의 색칠한 부분의 넓이와 같다.

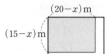
(20−x) m
(15−x) m

도로의 폭을 $x$ m라고 하면 도로를 제외한 땅의 넓이가 204 m²이므로
$(20-x)(15-x)=204$, $300-35x+x^2=204$
$x^2-35x+96=0$, $(x-3)(x-32)=0$
$\therefore x=3$ 또는 $x=32$
이때 $0<x<15$이므로 $x=3$
따라서 도로의 폭은 3 m이다.

---

**5** 큰 정사각형의 한 변의 길이를 $x$ cm라고 하면
작은 정사각형의 한 변의 길이는 $(12-x)$ cm이므로
$x^2+(12-x)^2=90$
$x^2+144-24x+x^2=90$, $2x^2-24x+54=0$
$x^2-12x+27=0$, $(x-3)(x-9)=0$
$\therefore x=3$ 또는 $x=9$
이때 $6<x<12$이므로 $x=9$
따라서 큰 정사각형의 한 변의 길이는 9 cm이다.

---

STEP **1** 쏙쏙 **개념 익히기** P. 121

**1** 5 **2** 8, 9 **3** 10살

**4** 4초 후 **5** 9 cm

---

**1** 어떤 자연수를 $x$라고 하면
$2x=x^2-15$, $x^2-2x-15=0$
$(x+3)(x-5)=0$
$\therefore x=-3$ 또는 $x=5$
이때 $x$는 자연수이므로 $x=5$

**2** 연속하는 두 자연수를 $x$, $x+1$이라 하면
$x^2+(x+1)^2=145$, $2x^2+2x-144=0$
$x^2+x-72=0$, $(x+9)(x-8)=0$
$\therefore x=-9$ 또는 $x=8$
이때 $x$는 자연수이므로 $x=8$
따라서 두 자연수는 8, 9이다.

**3** 동생의 나이를 $x$살이라고 하면 형의 나이는 $(x+3)$살이므로
$6(x+3)=x^2-22$, $x^2-6x-40=0$
$(x+4)(x-10)=0$
$\therefore x=-4$ 또는 $x=10$
이때 $x$는 자연수이므로 $x=10$
따라서 동생의 나이는 10살이다.

**4** $-5t^2+18t+8=0$, $5t^2-18t-8=0$
$(5t+2)(t-4)=0$
$\therefore t=-\dfrac{2}{5}$ 또는 $t=4$
이때 $t>0$이므로 $t=4$
따라서 물체가 지면에 떨어지는 것은 던져 올린 지 4초 후이다.

---

STEP **2** 탄탄 **단원 다지기** P. 122~125

**1** ②, ③ **2** ④ **3** ④ **4** −2 **5** ⑤
**6** ⑤ **7** −7 **8** ③ **9** ③ **10** 13
**11** ④ **12** ⑤ **13** 42 **14** 22
**15** $x=-4\pm\sqrt{10}$ **16** ② **17** ② **18** ③
**19** 2 **20** ①, ③ **21** ⑤ **22** 15단계
**23** ④ **24** 21쪽, 22쪽 **25** 2초
**26** 16마리 또는 48마리 **27** 7 cm

---

**1** ① $3x^2=x^2-x+1$에서 $2x^2+x-1=0$ ⇨ 이차방정식
② $x^2+4x+3$ ⇨ 이차식
③ $x^2+1=x(x+1)$에서 $x^2+1=x^2+x$
$\therefore -x+1=0$ ⇨ 일차방정식
④ $x^2+2x+3=0$ ⇨ 이차방정식
⑤ $3x^3-2x^2+5=3x^3-1$에서 $-2x^2+6=0$ ⇨ 이차방정식
따라서 이차방정식이 아닌 것은 ②, ③이다.

**2** $3x(x-5)=ax^2-5$에서
$3x^2-15x=ax^2-5$
$\therefore (3-a)x^2-15x+5=0$
이때 $x^2$의 계수가 0이 아니어야 하므로 $a\neq3$

**3** ① $1^2-2\times1\neq0$
② $(-1)^2-6\times(-1)+5\neq0$
③ $(-5)^2-(-5)-20\neq0$
④ $2\times\left(\dfrac{1}{2}\right)^2+3\times\dfrac{1}{2}-2=0$
⑤ $3\times\left(\dfrac{1}{3}\right)^2-3\times\dfrac{1}{3}-2\neq0$
따라서 [ ] 안의 수가 주어진 이차방정식의 해인 것은 ④이다.

**4** $x^2+ax-8=0$에 $x=4$를 대입하면
$4^2+a\times4-8=0$, $4a+8=0$ $\therefore a=-2$
$x^2-4x-b=0$에 $x=4$를 대입하면
$4^2-4\times4-b=0$ $\therefore b=0$
$\therefore a+b=-2+0=-2$

**5**
① $x^2+5x-1=0$에 $x=a$를 대입하면 $a^2+5a-1=0$

② $a^2+5a-1=0$에서 $a^2+5a=1$이므로
$2a^2+10a=2(a^2+5a)=2\times1=2$

③ $a^2+5a+3=1+3=4$

④ $a^2+5a-1=0$에서 $a\neq0$이므로 양변을 $a$로 나누면
$a+5-\dfrac{1}{a}=0$   $\therefore a-\dfrac{1}{a}=-5$

⑤ $a^2+\dfrac{1}{a^2}=\left(a-\dfrac{1}{a}\right)^2+2=(-5)^2+2=27$

따라서 옳지 않은 것은 ⑤이다.

**6**
$(x+3)(2x-1)=0$에서 $x=-3$ 또는 $x=\dfrac{1}{2}$

$(3x-2)(x+4)=0$에서 $x=\dfrac{2}{3}$ 또는 $x=-4$

따라서 두 이차방정식의 해를 모두 곱하면
$-3\times\dfrac{1}{2}\times\dfrac{2}{3}\times(-4)=4$

**7**
$x^2=9x-18$에서 $x^2-9x+18=0$
$(x-3)(x-6)=0$   $\therefore x=3$ 또는 $x=6$

두 근 중 작은 근이 $x=3$이므로
$3x^2+ax-6=0$에 $x=3$을 대입하면
$3\times3^2+a\times3-6=0,\ 3a+21=0$
$\therefore a=-7$

**8**
ㄱ. $x(x-4)=0$에서 $x=0$ 또는 $x=4$

ㄴ. $x^2-x+\dfrac{1}{4}=0$에서 $\left(x-\dfrac{1}{2}\right)^2=0$   $\therefore x=\dfrac{1}{2}$

ㄷ. $x^2=1$에서 $x^2-1=0$
$(x+1)(x-1)=0$   $\therefore x=-1$ 또는 $x=1$

ㄹ. $(x+2)(x-4)=-9$에서
$x^2-2x-8=-9,\ x^2-2x+1=0$
$(x-1)^2=0$   $\therefore x=1$

ㅁ. $x^2-3x=-5x+15$에서
$x^2+2x-15=0,\ (x+5)(x-3)=0$
$\therefore x=-5$ 또는 $x=3$

따라서 중근을 갖는 것은 ㄴ, ㄹ이다.

**9**
$4(x-3)^2=20$에서 $(x-3)^2=5$
$x-3=\pm\sqrt{5}$   $\therefore x=3\pm\sqrt{5}$

**10**
$2(x+a)^2-14=0$에서 $2(x+a)^2=14$
$(x+a)^2=7,\ x+a=\pm\sqrt{7}$   $\therefore x=-a\pm\sqrt{7}$
즉, $-a\pm\sqrt{7}=-6\pm\sqrt{b}$이므로 $a=6,\ b=7$
$\therefore a+b=6+7=13$

**11** ④ $\pm\dfrac{\sqrt{41}}{2}$

**12**
$2x^2-8x+5=0$에서
$x^2-4x+\dfrac{5}{2}=0,\ x^2-4x=-\dfrac{5}{2}$

$x^2-4x+4=-\dfrac{5}{2}+4,\ (x-2)^2=\dfrac{3}{2}$

따라서 $p=2,\ q=\dfrac{3}{2}$이므로 $pq=2\times\dfrac{3}{2}=3$

**13**
$x=\dfrac{-(-1)\pm\sqrt{(-1)^2-4\times5\times(-2)}}{2\times5}=\dfrac{1\pm\sqrt{41}}{10}$

따라서 $a=1,\ b=41$이므로
$a+b=1+41=42$

**14**
$x=\dfrac{-(-A)\pm\sqrt{(-A)^2-4\times2\times1}}{2\times2}$

$=\dfrac{A\pm\sqrt{A^2-8}}{4}=\dfrac{5\pm\sqrt{B}}{4}$

따라서 $A=5,\ B=A^2-8=5^2-8=17$이므로
$A+B=5+17=22$

**15**
$x^2+(k+2)x+k=0$의 일차항의 계수와 상수항을 바꾸면
$x^2+kx+(k+2)=0$
$x=-2$를 대입하면
$(-2)^2+k\times(-2)+(k+2)=0$
$-k+6=0$   $\therefore k=6$
처음 이차방정식 $x^2+(k+2)x+k=0$에 $k=6$을 대입하면
$x^2+8x+6=0$
$\therefore x=-4\pm\sqrt{4^2-1\times6}=-4\pm\sqrt{10}$

**16**
주어진 이차방정식의 해는
$x=\dfrac{-(-3)\pm\sqrt{(-3)^2-4\times1\times a}}{2\times1}$

$=\dfrac{3\pm\sqrt{9-4a}}{2}$

$a$는 자연수이므로 $x$가 유리수가 되려면 $9-4a$는 $0$ 또는 $9$보다 작은 (자연수)$^2$ 꼴인 수이어야 한다.
즉, $9-4a=0,\ 1,\ 4$에서 $a=\dfrac{9}{4},\ 2,\ \dfrac{5}{4}$
따라서 해가 모두 유리수가 되도록 하는 자연수 $a$의 값은 2이다.

**17**
양변에 6을 곱하면 $4x^2-5x-3=0$
$\therefore x=\dfrac{-(-5)\pm\sqrt{(-5)^2-4\times4\times(-3)}}{2\times4}$

$=\dfrac{5\pm\sqrt{73}}{8}$

**18**
$x-y=A$로 놓으면 $A(A-2)=8$
$A^2-2A-8=0,\ (A+2)(A-4)=0$
$\therefore A=-2$ 또는 $A=4$
$\therefore x-y=-2$ 또는 $x-y=4$
이때 $x>y$이므로 $x-y>0$
$\therefore x-y=4$

**19** $x^2+(2k-1)x+k^2-2=0$이 해를 가지려면
$b^2-4ac=(2k-1)^2-4\times1\times(k^2-2)\geq0$
$-4k+9\geq0$ $\qquad\therefore k\leq\dfrac{9}{4}$
따라서 가장 큰 정수 $k$의 값은 2이다.

**20** $x^2+2(k-2)x+k=0$이 중근을 가지므로
$b'^2-ac=(k-2)^2-1\times k=0$
$k^2-5k+4=0$, $(k-1)(k-4)=0$
$\therefore k=1$ 또는 $k=4$

**21** $2x^2+7x+3=0$에서 $(x+3)(2x+1)=0$
$\therefore x=-3$ 또는 $x=-\dfrac{1}{2}$
즉, $-3+1=-2$, $-\dfrac{1}{2}+1=\dfrac{1}{2}$을 두 근으로 하고 $x^2$의 계수가 2인 이차방정식은
$2(x+2)\left(x-\dfrac{1}{2}\right)=0$ $\qquad\therefore 2x^2+3x-2=0$
따라서 $a=3$, $b=-2$이므로 $a-b=3-(-2)=5$

**22** $\dfrac{n(n+1)}{2}=120$, $n^2+n-240=0$
$(n+16)(n-15)=0$ $\qquad\therefore n=-16$ 또는 $n=15$
이때 $n$은 자연수이므로 $n=15$
따라서 120개의 바둑돌로 만든 삼각형 모양은 15단계이다.

**23** 연속하는 세 자연수를 $x-1$, $x$, $x+1$이라고 하면
$(x+1)^2=(x-1)^2+x^2-12$, $x^2-4x-12=0$
$(x+2)(x-6)=0$ $\qquad\therefore x=-2$ 또는 $x=6$
이때 $x$는 자연수이므로 $x=6$
따라서 연속하는 세 자연수는 5, 6, 7이므로 세 자연수의 합은 $5+6+7=18$

**24** 펼쳐진 두 면의 쪽수를 $x$쪽, $(x+1)$쪽이라고 하면
$x(x+1)=462$, $x^2+x-462=0$
$(x+22)(x-21)=0$ $\qquad\therefore x=-22$ 또는 $x=21$
이때 $x$는 자연수이므로 $x=21$
따라서 두 면의 쪽수는 21쪽, 22쪽이다.

**25** $50t-5t^2=120$, $t^2-10t+24=0$
$(t-4)(t-6)=0$ $\qquad\therefore t=4$ 또는 $t=6$
따라서 야구공이 높이가 120 m 이상인 지점을 지나는 것은 4초부터 6초까지이므로 2초 동안이다.

**26** 숲속에 있는 원숭이를 모두 $x$마리라고 하면
$x-\left(\dfrac{1}{8}x\right)^2=12$, $x-\dfrac{1}{64}x^2=12$
$x^2-64x+768=0$, $(x-16)(x-48)=0$
$\therefore x=16$ 또는 $x=48$
따라서 원숭이는 모두 16마리 또는 48마리이다.

**27** 처음 직사각형 모양의 종이의 세로의 길이를 $x$ cm라고 하면

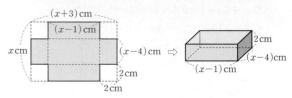

$2(x-1)(x-4)=36$, $x^2-5x+4=18$
$x^2-5x-14=0$, $(x+2)(x-7)=0$
$\therefore x=-2$ 또는 $x=7$
이때 $x>4$이므로 $x=7$
따라서 처음 직사각형 모양의 종이의 세로의 길이는 7 cm이다.

**STEP 3** **쓱쓱 서술형 완성하기** P. 126~127

〈과정은 풀이 참조〉

**따라 해보자** 유제 1 $x=2$ 유제 2 $x=-2$ 또는 $x=14$

**연습해 보자** **1** $x=3$ **2** $x=\dfrac{-4\pm\sqrt{13}}{3}$

**3** $x=\dfrac{-3\pm\sqrt{13}}{2}$ **4** 26

### 따라 해보자

유제 1 **1단계** $x=3$을 주어진 이차방정식에 대입하면
$(a-1)\times3^2-(2a+1)\times3+6=0$
$3a-6=0$ $\qquad\therefore a=2$ $\qquad\cdots$ (i)
**2단계** $a=2$를 주어진 이차방정식에 대입하면
$x^2-5x+6=0$, $(x-2)(x-3)=0$
$\therefore x=2$ 또는 $x=3$ $\qquad\cdots$ (ii)
**3단계** 따라서 다른 한 근은 $x=2$이다. $\qquad\cdots$ (iii)

| 채점 기준 | 비율 |
| --- | --- |
| (i) 주어진 근을 대입하여 $a$의 값 구하기 | 40 % |
| (ii) $a$의 값을 대입하여 이차방정식 풀기 | 40 % |
| (iii) 다른 한 근 구하기 | 20 % |

유제 2 **1단계** 준기는 $-4$, 7을 해로 얻었으므로 준기가 푼 이차방정식은
$(x+4)(x-7)=0$ $\qquad\therefore x^2-3x-28=0$
준기는 상수항을 제대로 보았으므로
$b=-28$ $\qquad\cdots$ (i)
**2단계** 선미는 4, 8을 해로 얻었으므로 선미가 푼 이차방정식은
$(x-4)(x-8)=0$, $x^2-12x+32=0$
선미는 $x$의 계수를 제대로 보았으므로
$a=-12$ $\qquad\cdots$ (ii)

[3단계] 처음 이차방정식은 $x^2-12x-28=0$이므로

$(x+2)(x-14)=0$

$\therefore x=-2$ 또는 $x=14$　　　　　… (iii)

| 채점 기준 | 비율 |
|---|---|
| (i) $b$의 값 구하기 | 30 % |
| (ii) $a$의 값 구하기 | 30 % |
| (iii) 처음 이차방정식의 해 구하기 | 40 % |

**연습해 보자**

**1** $2x^2-5x-3=0$에서 $(2x+1)(x-3)=0$

$\therefore x=-\dfrac{1}{2}$ 또는 $x=3$　　　　… (i)

$x^2+3x-18=0$에서 $(x+6)(x-3)=0$

$\therefore x=-6$ 또는 $x=3$　　　　… (ii)

따라서 두 이차방정식을 동시에 만족시키는 해는 $x=3$이다.

　　　　　　　　… (iii)

| 채점 기준 | 비율 |
|---|---|
| (i) $2x^2-5x-3=0$의 해 구하기 | 40 % |
| (ii) $x^2+3x-18=0$의 해 구하기 | 40 % |
| (iii) 두 이차방정식을 동시에 만족시키는 해 구하기 | 20 % |

**2** $3x^2+8x+1=0$의 양변을 3으로 나누면

$x^2+\dfrac{8}{3}x+\dfrac{1}{3}=0$　　　　　… (i)

상수항을 우변으로 이항하면

$x^2+\dfrac{8}{3}x=-\dfrac{1}{3}$

양변에 $\left(\dfrac{4}{3}\right)^2=\dfrac{16}{9}$을 더하면

$x^2+\dfrac{8}{3}x+\dfrac{16}{9}=-\dfrac{1}{3}+\dfrac{16}{9}$

$\left(x+\dfrac{4}{3}\right)^2=\dfrac{13}{9}$　　　　　… (ii)

$x+\dfrac{4}{3}=\pm\dfrac{\sqrt{13}}{3}$　　$\therefore x=\dfrac{-4\pm\sqrt{13}}{3}$　… (iii)

| 채점 기준 | 비율 |
|---|---|
| (i) $x^2$의 계수를 1로 만들기 | 20 % |
| (ii) 좌변을 완전제곱식으로 고치기 | 50 % |
| (iii) 이차방정식의 해 구하기 | 30 % |

**3** $x^2-5x+m+6=0$이 중근을 가지므로

$(-5)^2-4\times1\times(m+6)=0$　　　… (i)

$1-4m=0$　　$\therefore m=\dfrac{1}{4}$　　　… (ii)

$4mx^2+3x-1=0$에 $m=\dfrac{1}{4}$을 대입하면

$x^2+3x-1=0$

$\therefore x=\dfrac{-3\pm\sqrt{3^2-4\times1\times(-1)}}{2\times1}=\dfrac{-3\pm\sqrt{13}}{2}$　… (iii)

| 채점 기준 | 비율 |
|---|---|
| (i) 중근을 가질 조건 구하기 | 40 % |
| (ii) $m$의 값 구하기 | 20 % |
| (iii) $4mx^2+3x-1=0$의 해 구하기 | 40 % |

**다른 풀이**

중근을 가지려면 좌변이 완전제곱식이어야 하므로

$m+6=\left(\dfrac{-5}{2}\right)^2=\dfrac{25}{4}$　　　… (i)

$\therefore m=\dfrac{1}{4}$　　　　　　… (ii)

$4mx^2+3x-1=0$에 $m=\dfrac{1}{4}$을 대입하면

$x^2+3x-1=0$

$\therefore x=\dfrac{-3\pm\sqrt{3^2-4\times1\times(-1)}}{2\times1}$

$=\dfrac{-3\pm\sqrt{13}}{2}$　　　　… (iii)

| 채점 기준 | 비율 |
|---|---|
| (i) 중근을 가질 조건 구하기 | 40 % |
| (ii) $m$의 값 구하기 | 20 % |
| (iii) $4mx^2+3x-1=0$의 해 구하기 | 40 % |

**4** 십의 자리의 숫자를 $x$라고 하면 일의 자리의 숫자는 $3x$이므로

$10x+3x=x\times3x+14$, $3x^2-13x+14=0$　… (i)

$(x-2)(3x-7)=0$

$\therefore x=2$ 또는 $x=\dfrac{7}{3}$　　　　… (ii)

이때 $x$는 자연수이므로 $x=2$

따라서 십의 자리의 숫자는 2, 일의 자리의 숫자는 6이므로 구하는 자연수는 26이다.　　　　… (iii)

| 채점 기준 | 비율 |
|---|---|
| (i) 이차방정식 세우기 | 40 % |
| (ii) 이차방정식 풀기 | 40 % |
| (iii) 두 자리의 자연수 구하기 | 20 % |

**예술 속 수학**　　　　　P. 128

답 $\dfrac{1+\sqrt{5}}{2}$

$\overline{AB}:\overline{BC}=\overline{BC}:\overline{AC}$이므로 $(1+x):x=x:1$

$x^2=1+x$, $x^2-x-1=0$

$\therefore x=\dfrac{-(-1)\pm\sqrt{(-1)^2-4\times1\times(-1)}}{2\times1}=\dfrac{1\pm\sqrt{5}}{2}$

이때 $x>0$이므로 $x=\dfrac{1+\sqrt{5}}{2}$

5. 이차방정식 • **61**

## 1 이차함수의 뜻

P. 132

**필수 문제 1**  ㄷ, ㅂ

ㄴ. $y=x^2(2-x)=-x^3+2x^2$ ⇨ 이차함수가 아니다.

ㄷ. $y=(x+2)^2-4x=x^2+4$ ⇨ 이차함수

ㄹ. $y+2x=1$에서 $y=-2x+1$ ⇨ 일차함수

ㅂ. $y=-2(x-2)(x+2)=-2x^2+8$ ⇨ 이차함수

따라서 $y$가 $x$에 대한 이차함수인 것은 ㄷ, ㅂ이다.

**1-1**  ⑤

① $y=\dfrac{1}{x^2}+2$ ⇨ 이차함수가 아니다.

② $y=x^2(x+1)=x^3+x^2$ ⇨ 이차함수가 아니다.

③ $y=-(x-1)+6=-x+7$ ⇨ 일차함수

④ $y=x^2-x(x+4)=-4x$ ⇨ 일차함수

⑤ $y=(x+1)(x-1)=x^2-1$ ⇨ 이차함수

따라서 $y$가 $x$에 대한 이차함수인 것은 ⑤이다.

**1-2**  (1) $y=4x$ (2) $y=x^3$

(3) $y=x^2+4x+3$ (4) $y=\pi x^2$

이차함수: (3), (4)

(1) $y=4x$ ⇨ 일차함수

(2) $y=x^3$ ⇨ 이차함수가 아니다.

(3) $y=(x+1)(x+3)=x^2+4x+3$ ⇨ 이차함수

(4) $y=\pi x^2$ ⇨ 이차함수

따라서 $y$가 $x$에 대한 이차함수인 것은 (3), (4)이다.

**필수 문제 2**  3

$f(2)=2^2+2\times2-5=3$

**2-1**  10

$f(-3)=\dfrac{1}{3}\times(-3)^2-(-3)+2=8$

$f(0)=\dfrac{1}{3}\times0^2-0+2=2$

$\therefore f(-3)+f(0)=8+2=10$

### STEP 1  쏙쏙 개념 익히기
P. 133

**1** ⑤  **2** ④  **3** ②  **4** 1

**5** 1  **6** 17

**1** ② $y=x(x+2)-x^2=x^2+2x-x^2=2x$ ⇨ 일차함수

③ $(2x+1)(x-3)+4=0$에서

$2x^2-5x+1=0$ ⇨ 이차방정식

따라서 $y$가 $x$에 대한 이차함수인 것은 ⑤이다.

**2** ① $y=1000\times x=1000x$ ⇨ 일차함수

② $y=2\times x=2x$ ⇨ 일차함수

③ $y=6\times x=6x$ ⇨ 일차함수

④ $y=\pi\times x^2\times3=3\pi x^2$ ⇨ 이차함수

⑤ $y=\dfrac{1}{2}\times x\times8=4x$ ⇨ 일차함수

따라서 $y$가 $x$에 대한 이차함수인 것은 ④이다.

**3** $y=2x^2+2x(ax-1)-5=(2+2a)x^2-2x-5$

이때 $x^2$의 계수가 0이 아니어야 하므로

$2+2a\neq0$　$\therefore a\neq-1$

**4** $f(3)=-2\times3^2+3\times3-1=-10$

$f\left(-\dfrac{1}{2}\right)=-2\times\left(-\dfrac{1}{2}\right)^2+3\times\left(-\dfrac{1}{2}\right)-1=-3$

$\therefore \dfrac{1}{2}f(3)-2f\left(-\dfrac{1}{2}\right)=\dfrac{1}{2}\times(-10)-2\times(-3)=1$

**5** $f(3)=3^2-2\times3+a=4$이므로

$9-6+a=4$　$\therefore a=1$

**6** $f(-2)=a\times(-2)^2+3\times(-2)-6=4$이므로

$4a-6-6=4,\ 4a=16$　$\therefore a=4$

따라서 $f(x)=4x^2+3x-6$이므로

$f(1)=4\times1^2+3\times1-6=1$

$f(2)=4\times2^2+3\times2-6=16$

$\therefore f(1)+f(2)=1+16=17$

## 2 이차함수 $y=ax^2$의 그래프

P. 134~135

**필수 문제 1**  (1)

| $x$ | $\cdots$ | $-3$ | $-2$ | $-1$ | $0$ | $1$ | $2$ | $3$ | $\cdots$ |
|---|---|---|---|---|---|---|---|---|---|
| $y$ | $\cdots$ | $9$ | $4$ | $1$ | $0$ | $1$ | $4$ | $9$ | $\cdots$ |

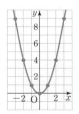

(2) ㄱ. 0, 0, 아래　ㄴ. $x=0$　ㄷ. $x$

ㄹ. 증가　ㅁ. 16

**필수 문제 2** (1)

| $x$ | $\cdots$ | $-3$ | $-2$ | $-1$ | $0$ | $1$ | $2$ | $3$ | $\cdots$ |
|---|---|---|---|---|---|---|---|---|---|
| $y$ | $\cdots$ | $-9$ | $-4$ | $-1$ | $0$ | $-1$ | $-4$ | $-9$ | $\cdots$ |

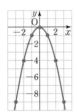

(2) ㄱ. $0$, $0$, 위 　　ㄴ. $x=0$ 　　ㄷ. $x$
　　ㄹ. 감소 　　ㅁ. $-49$

---

P. 135~136

**개념 확인**

| $x$ | $\cdots$ | $-3$ | $-2$ | $-1$ | $0$ | $1$ | $2$ | $3$ | $\cdots$ |
|---|---|---|---|---|---|---|---|---|---|
| $y=x^2$ | $\cdots$ | $9$ | $4$ | $1$ | $0$ | $1$ | $4$ | $9$ | $\cdots$ |
| $y=2x^2$ | $\cdots$ | $18$ | $8$ | $2$ | $0$ | $2$ | $8$ | $18$ | $\cdots$ |

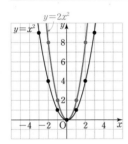

**필수 문제 3** 　ㄱ. $0$, $0$, 위 　　ㄴ. $y$, $x=0$ 　　ㄷ. $y=2x^2$
　　ㄹ. 증가 　　ㅁ. $-8$

ㅁ. $y=-2x^2$에 $x=-2$를 대입하면
　　$y=-2\times(-2)^2=-8$
　　따라서 점 $(-2, -8)$을 지난다.

**3-1** (1) ㄴ, ㄷ (2) ㄹ (3) ㄱ과 ㄴ (4) ㄱ, ㄹ, ㅁ (5) ㄴ

(1) $x^2$의 계수가 음수이면 그래프가 위로 볼록하므로 ㄴ, ㄷ
(2) $x^2$의 계수의 절댓값이 작을수록 그래프의 폭이 넓어지므로 ㄹ
(3) $x^2$의 계수의 절댓값이 같고 부호가 반대인 두 이차함수의 그래프는 $x$축에 서로 대칭이므로 ㄱ과 ㄴ
(4) $x>0$일 때, $x$의 값이 증가하면 $y$의 값도 증가하는 것은 아래로 볼록한 그래프이므로 ㄱ, ㄹ, ㅁ
(5) ㄱ. $y=4x^2$에 $x=2$를 대입하면 $y=4\times2^2=16$
　　ㄴ. $y=-4x^2$에 $x=2$를 대입하면 $y=-4\times2^2=-16$
　　ㄷ. $y=-\dfrac{1}{3}x^2$에 $x=2$를 대입하면 $y=-\dfrac{1}{3}\times2^2=-\dfrac{4}{3}$
　　ㄹ. $y=\dfrac{1}{5}x^2$에 $x=2$를 대입하면 $y=\dfrac{1}{5}\times2^2=\dfrac{4}{5}$
　　ㅁ. $y=6x^2$에 $x=2$를 대입하면 $y=6\times2^2=24$
　　따라서 점 $(2, -16)$을 지나는 그래프는 ㄴ이다.

---

**필수 문제 4** 　2

$y=\dfrac{1}{2}x^2$의 그래프가 점 $(2, a)$를 지나므로
$a=\dfrac{1}{2}\times2^2=2$

**4-1** 　$-1$

$y=ax^2$의 그래프가 점 $(3, -9)$를 지나므로
$-9=a\times3^2$ 　　$\therefore a=-1$

---

**STEP 1 쑥쑥 개념 익히기** 　　　P. 137

**1** ③, ⑤ 　　　**2** ④ 　　　**3** $\dfrac{1}{9}$

**4** ⑤ 　　　**5** $y=\dfrac{1}{2}x^2$

**1** ③ $y=\dfrac{1}{4}x^2$에 $x=4$, $y=1$을 대입하면 $1\neq\dfrac{1}{4}\times4^2$이므로 점 $(4, 1)$을 지나지 않는다.
⑤ $y$축에 대칭이다.

**2** $\left|-\dfrac{1}{2}\right|<\left|-\dfrac{2}{3}\right|<|-1|<\left|\dfrac{4}{3}\right|<|2|$이므로 그래프의 폭이 가장 좁은 것은 ④ $y=2x^2$이다.

**3** $y=ax^2$의 그래프가 점 $(-3, 12)$를 지나므로
$12=a\times(-3)^2$ 　　$\therefore a=\dfrac{4}{3}$
즉, $y=\dfrac{4}{3}x^2$의 그래프가 점 $\left(\dfrac{1}{4}, b\right)$를 지나므로
$b=\dfrac{4}{3}\times\left(\dfrac{1}{4}\right)^2=\dfrac{1}{12}$
$\therefore ab=\dfrac{4}{3}\times\dfrac{1}{12}=\dfrac{1}{9}$

**4** 꼭짓점이 원점이므로 $y=ax^2$으로 놓자.
이 그래프가 점 $(2, 6)$을 지나므로
$6=a\times2^2$ 　　$\therefore a=\dfrac{3}{2}$
따라서 구하는 이차함수의 식은 $y=\dfrac{3}{2}x^2$이다.

**5** 꼭짓점이 원점이므로 $y=ax^2$으로 놓자.
이 그래프가 점 $(2, 2)$를 지나므로
$2=a\times2^2$ 　　$\therefore a=\dfrac{1}{2}$
따라서 구하는 이차함수의 식은 $y=\dfrac{1}{2}x^2$이다.

## 3 이차함수 $y=a(x-p)^2+q$의 그래프

P. 138

**개념 확인**

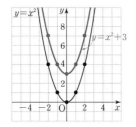

(1) 3
(2) 0
(3) 0, 3

**필수 문제 1**  (1) $y=-3x^2+2$, $x=0$, $(0, 2)$
(2) $y=\dfrac{2}{3}x^2-4$, $x=0$, $(0, -4)$

**1-1**  (1) $y=-2x^2+4$  (2) $x=0$, 0, 4  (3) 위  (4) 감소

**1-2**  **19**

평행이동한 그래프를 나타내는 이차함수의 식은
$y=5x^2-1$
이 그래프가 점 $(-2, k)$를 지나므로
$k=5\times(-2)^2-1=19$

P. 139

**개념 확인**

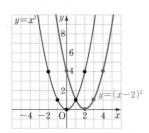

(1) 2
(2) 2
(3) 2, 0

**필수 문제 2**  (1) $y=3(x+1)^2$, $x=-1$, $(-1, 0)$
(2) $y=-\dfrac{1}{2}(x-3)^2$, $x=3$, $(3, 0)$

**2-1**  (1) $y=\dfrac{1}{3}(x+2)^2$   (2) $x=-2$, $-2$, 0
(3) 아래   (4) 감소

**2-2**  $-\dfrac{1}{4}$

평행이동한 그래프를 나타내는 이차함수의 식은
$y=a(x+3)^2$
이 그래프가 점 $(-5, -1)$을 지나므로
$-1=a\times(-5+3)^2$   $\therefore a=-\dfrac{1}{4}$

---

STEP 1  쏙쏙 개념 익히기   P. 140

**1**

| (1) $y=2x^2-1$ | (2) $y=-\dfrac{2}{3}(x-3)^2$ | (3) $y=-x^2+4$ |
| --- | --- | --- |
| $x=0$ | $x=3$ | $x=0$ |
| $(0, -1)$ | $(3, 0)$ | $(0, 4)$ |
| 아래로 볼록 | 위로 볼록 | 위로 볼록 |

(1)~(3)을 그래프의 폭이 좁은 것부터 차례로 나열하면 (1), (3), (2)이다.

**2** $-8$   **3** ②   **4** 1   **5** ①

**2** 평행이동한 그래프를 나타내는 이차함수의 식은
$y=\dfrac{3}{2}x^2+a$
이 그래프가 점 $(-4, 16)$을 지나므로
$16=\dfrac{3}{2}\times(-4)^2+a$   $\therefore a=-8$

**3** ② 축의 방정식은 $x=0$이다.

**4** 평행이동한 그래프를 나타내는 이차함수의 식은
$y=-2(x+3)^2$
이 그래프가 점 $(k, -32)$를 지나므로
$-32=-2\times(k+3)^2$, $(k+3)^2=16$
$k+3=\pm4$
$\therefore k=-7$ 또는 $k=1$
이때 $k>0$이므로 $k=1$

**5** ② 위로 볼록한 포물선이다.
③ 꼭짓점의 좌표는 $(2, 0)$이다.
④ 축의 방정식은 $x=2$이다.
⑤ $x>2$일 때, $x$의 값이 증가하면 $y$의 값은 감소한다.
따라서 옳은 것은 ①이다.

P. 141

**개념 확인**

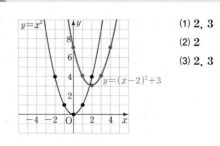

(1) 2, 3
(2) 2
(3) 2, 3

**필수 문제 3**  (1) $y=2(x-2)^2+6$, $x=2$, $(2, 6)$
(2) $y=-(x+4)^2+1$, $x=-4$, $(-4, 1)$

**3-1**  (1) $y=\dfrac{1}{2}(x+3)^2+1$   (2) $x=-3$, $-3$, 1
(3) 아래   (4) 증가   (5) 1, 2

(5) $y=\dfrac{1}{2}(x+3)^2+1$의 그래프가 오른

쪽 그림과 같으므로 제1, 2사분면을

지난다.

### 3-2 $-7$

평행이동한 그래프를 나타내는 이차함수의 식은

$y=-\dfrac{1}{3}(x-3)^2-4$

이 그래프가 점 $(6, k)$를 지나므로

$k=-\dfrac{1}{3}\times(6-3)^2-4=-7$

---

**P. 142**

**개념 확인**

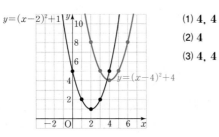

(1) $4, 4$

(2) $4$

(3) $4, 4$

**필수 문제 4** 
(1) $y=2(x-3)^2+7$, $x=3$, $(3, 7)$
(2) $y=2(x-1)^2+1$, $x=1$, $(1, 1)$
(3) $y=2(x-3)^2+1$, $x=3$, $(3, 1)$

(1) 평행이동한 그래프를 나타내는 이차함수의 식은

$y=2(x-2-1)^2+7$ ∴ $y=2(x-3)^2+7$

(2) 평행이동한 그래프를 나타내는 이차함수의 식은

$y=2(x-1)^2+7-6$ ∴ $y=2(x-1)^2+1$

(3) 평행이동한 그래프를 나타내는 이차함수의 식은

$y=2(x-2-1)^2+7-6$ ∴ $y=2(x-3)^2+1$

### 4-1 $y=-3(x+2)^2+8$, $x=-2$, $(-2, 8)$

평행이동한 그래프를 나타내는 이차함수의 식은

$y=-3(x+1+1)^2+3+5$ ∴ $y=-3(x+2)^2+8$

---

**P. 143**

**필수 문제 5** (1) 아래, $>$ (2) $3$, $<$, $<$

### 5-1 $a<0$, $p<0$, $q>0$

그래프가 위로 볼록하므로 $a<0$

꼭짓점 $(p, q)$가 제2사분면 위에 있으므로 $p<0$, $q>0$

---

### 5-2 ㄹ, ㅁ, ㅂ

그래프가 아래로 볼록하므로 $a>0$

꼭짓점 $(p, q)$가 제4사분면 위에 있으므로 $p>0$, $q<0$

즉, $a>0$, $p>0$, $q<0$이므로

ㄹ. $aq<0$    ㅁ. $a+p>0$    ㅂ. $a+p-q>0$

따라서 옳은 것은 ㄹ, ㅁ, ㅂ이다.

---

**STEP 1 쏙쏙 개념 익히기**    P. 144~145

| | | | |
|---|---|---|---|
| **1** $m=-\dfrac{1}{5}$, $n=-4$ | **2** ③, ⑤ | **3** $1$ | |
| **4** ③ | **5** ③ | **6** ③ | **7** ⑤ |
| **8** ④ | | | |

**1** 평행이동한 그래프를 나타내는 이차함수의 식은

$y=5(x-m)^2+n$

이 식이 $y=5\left(x+\dfrac{1}{5}\right)^2-4$와 같아야 하므로

$m=-\dfrac{1}{5}$, $n=-4$

**2** ③ $x<1$일 때, $x$의 값이 증가하면 $y$의 값도 증가한다.

⑤ $y=-2(x-1)^2+1$의 그래프는 꼭짓점의 좌표가 $(1, 1)$이고, 위로 볼록하며 점 $(0, -1)$을 지난다.

즉, 그래프가 오른쪽 그림과 같으므로 제1, 3, 4사분면을 지나고, 제2사분면을 지나지 않는다.

**3** 평행이동한 그래프를 나타내는 이차함수의 식은

$y=5(x+3-2)^2+4-1$ ∴ $y=5(x+1)^2+3$

이 그래프의 꼭짓점의 좌표는 $(-1, 3)$이므로 $p=-1$, $q=3$

축의 방정식은 $x=-1$이므로 $m=-1$

∴ $p+q+m=-1+3+(-1)=1$

**4** 평행이동한 그래프를 나타내는 이차함수의 식은

$y=-3(x-1-1)^2+2+4$ ∴ $y=-3(x-2)^2+6$

이 그래프가 점 $(4, m)$을 지나므로

$m=-3\times(4-2)^2+6=-6$

**5** 그래프가 아래로 볼록하므로 $a>0$

꼭짓점 $(p, q)$가 제2사분면 위에 있으므로 $p<0$, $q>0$

**6** $a<0$이므로 위로 볼록한 포물선이다.

$p>0$, $q<0$이므로 꼭짓점 $(p, q)$가 제4사분면 위에 있다.

따라서 $y=a(x-p)^2+q$의 그래프로 적당한 것은 ③이다.

**7** 그래프의 꼭짓점의 좌표가 $(p, 2p)$이고, 이 점이 직선
$y=3x-4$ 위에 있으므로
$2p=3p-4$    ∴ $p=4$

**8** 그래프의 꼭짓점의 좌표가 $(p, 3p^2)$이고, 이 점이 직선
$y=5x+2$ 위에 있으므로
$3p^2=5p+2$, $3p^2-5p-2=0$
$(3p+1)(p-2)=0$    ∴ $p=-\dfrac{1}{3}$ 또는 $p=2$
이때 $p<0$이므로 $p=-\dfrac{1}{3}$

# 4 이차함수 $y=ax^2+bx+c$의 그래프

P. 146~147

**필수 문제 1**    (1) 1, 1, 1, 2, 1, 3, 1, 3, 아래, 0, 5

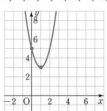

(2) 4, 4, 4, 8, 2, 7, −2, 7, 위, 0, −1

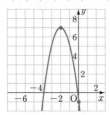

**1-1**    (1) $(2, -1)$, $(0, 3)$, 그래프는 풀이 참조
(2) $(3, 2)$, $(0, -1)$, 그래프는 풀이 참조

(1) $y=x^2-4x+3$
$=(x^2-4x+4-4)+3$
$=(x-2)^2-1$
⇨ 꼭짓점의 좌표: $(2, -1)$
$y$축과 만나는 점의 좌표: $(0, 3)$

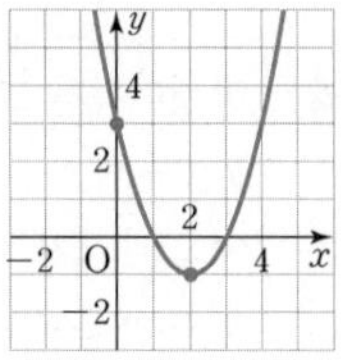

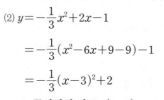

(2) $y=-\dfrac{1}{3}x^2+2x-1$
$=-\dfrac{1}{3}(x^2-6x+9-9)-1$
$=-\dfrac{1}{3}(x-3)^2+2$
⇨ 꼭짓점의 좌표: $(3, 2)$
$y$축과 만나는 점의 좌표: $(0, -1)$

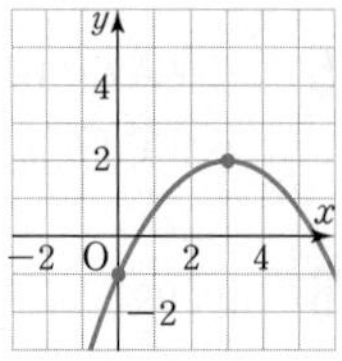

**필수 문제 2**    (1) −5, −10    (2) 0, 15    (3) 4    (4) 감소

$y=x^2+10x+15$
$=(x^2+10x+25-25)+15$
$=(x+5)^2-10$
의 그래프는 오른쪽 그림과 같다.

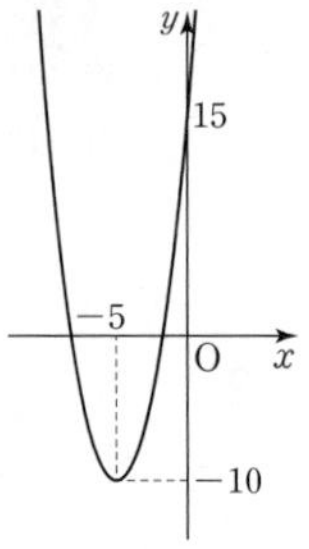

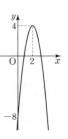

(1) 꼭짓점의 좌표는 $(-5, -10)$이다.
(2) $y$축과 만나는 점의 좌표는 $(0, 15)$이다.
(3) 제4사분면을 지나지 않는다.
(4) $x<-5$일 때, $x$의 값이 증가하면 $y$의 값은 감소한다.

**2-1**    ㄴ, ㄷ

$y=-3x^2+12x-8$
$=-3(x^2-4x+4-4)-8$
$=-3(x-2)^2+4$
의 그래프는 오른쪽 그림과 같다.

ㄱ. 위로 볼록하다.
ㄹ. 제1, 3, 4사분면을 지난다.
ㅁ. $x>2$일 때, $x$의 값이 증가하면 $y$의 값은 감소한다.
따라서 옳은 것은 ㄴ, ㄷ이다.

**필수 문제 3**    $(2, 0)$, $(5, 0)$

$y=x^2-7x+10$에 $y=0$을 대입하면
$x^2-7x+10=0$
$(x-2)(x-5)=0$    ∴ $x=2$ 또는 $x=5$
∴ $(2, 0)$, $(5, 0)$

**3-1**    $(-1, 0)$, $(5, 0)$

$y=-2x^2+8x+10$에 $y=0$을 대입하면
$-2x^2+8x+10=0$
$x^2-4x-5=0$, $(x+1)(x-5)=0$
∴ $x=-1$ 또는 $x=5$
∴ $(-1, 0)$, $(5, 0)$

P. 148

**필수 문제 4**    (1) 아래, >    (2) 왼, >, >    (3) 위, >

**4-1**    (1) $a<0$, $b>0$, $c>0$    (2) $a>0$, $b>0$, $c<0$

(1) 그래프가 위로 볼록하므로 $a<0$
축이 $y$축의 오른쪽에 있으므로 $ab<0$    ∴ $b>0$
$y$축과 만나는 점이 $x$축보다 위쪽에 있으므로 $c>0$
(2) 그래프가 아래로 볼록하므로 $a>0$
축이 $y$축의 왼쪽에 있으므로 $ab>0$    ∴ $b>0$
$y$축과 만나는 점이 $x$축보다 아래쪽에 있으므로 $c<0$

**1** (1) $y=-(x+3)^2-3$, $x=-3$, $(-3, -3)$
   (2) $y=3(x-1)^2-7$, $x=1$, $(1, -7)$
   (3) $y=-\dfrac{1}{4}(x-2)^2+6$, $x=2$, $(2, 6)$

**2** ④       **3** ②, ④      **4** ②

**5** ③       **6** ②

**7** (1) $A(2, 9)$, $B(-1, 0)$, $C(5, 0)$   (2) 27

**8** 8

**2**   $y=-x^2-2x-2$
    $=-(x^2+2x+1-1)-2$
    $=-(x+1)^2-1$
꼭짓점의 좌표는 $(-1, -1)$이고
($x^2$의 계수)$=-1<0$이므로 그래프가 위로 볼록하고, $y$축과
만나는 점의 좌표는 $(0, -2)$이다.
따라서 $y=-x^2-2x-2$의 그래프는 ④와 같다.

**3**   $y=-\dfrac{1}{2}x^2-5x+\dfrac{5}{2}$
    $=-\dfrac{1}{2}(x^2+10x+25-25)+\dfrac{5}{2}$
    $=-\dfrac{1}{2}(x+5)^2+15$
② 꼭짓점의 좌표는 $(-5, 15)$이다.
④ $y=-\dfrac{1}{2}x^2$의 그래프를 $x$축의 방향으로 $-5$만큼, $y$축의
  방향으로 15만큼 평행이동한 그래프이다.

**4**   $y=-x^2-6x-11$
    $=-(x^2+6x+9-9)-11$
    $=-(x+3)^2-2$
이 그래프를 $x$축의 방향으로 $m$만큼, $y$축의 방향으로 $n$만큼
평행이동한 그래프를 나타내는 이차함수의 식은
$y=-(x-m+3)^2-2+n$
이 그래프가 $y=-x^2-4x-5$의 그래프와 일치하고
$y=-x^2-4x-5$
   $=-(x^2+4x+4-4)-5$
   $=-(x+2)^2-1$
이므로 $-m+3=2$, $-2+n=-1$
∴ $m=1$, $n=1$
∴ $m+n=1+1=2$

**5**   그래프가 아래로 볼록하므로 $a>0$
축이 $y$축의 오른쪽에 있으므로 $ab<0$    ∴ $b<0$
$y$축과 만나는 점이 $x$축보다 아래쪽에 있으므로 $c<0$

**6**   그래프가 위로 볼록하므로 $a<0$
축이 $y$축의 오른쪽에 있으므로 $ab<0$    ∴ $b>0$
$y$축과 만나는 점이 $x$축보다 위쪽에 있으므로 $c>0$
ㄱ. $bc>0$
ㄴ. $ac<0$
ㄷ. $x=1$일 때, $y>0$이므로 $a+b+c>0$
ㄹ. $x=-2$일 때, $y<0$이므로 $4a-2b+c<0$
따라서 옳은 것은 ㄱ, ㄷ이다.

**7**  (1) $y=-x^2+4x+5$
      $=-(x^2-4x+4-4)+5$
      $=-(x-2)^2+9$
   이므로 꼭짓점의 좌표는 $(2, 9)$    ∴ $A(2, 9)$
   또 두 점 B, C는 그래프와 $x$축이 만나는 점이므로
   $y=-x^2+4x+5$에 $y=0$을 대입하면
   $-x^2+4x+5=0$, $x^2-4x-5=0$
   $(x+1)(x-5)=0$    ∴ $x=-1$ 또는 $x=5$
   ∴ $B(-1, 0)$, $C(5, 0)$
  (2) $\triangle ABC$의 밑변의 길이가 $5-(-1)=6$이고,
     높이가 9이므로
     $\triangle ABC=\dfrac{1}{2}\times6\times9=27$

**8**   $y=x^2-2x-3$
    $=(x^2-2x+1-1)-3$
    $=(x-1)^2-4$
이므로 꼭짓점의 좌표는 $(1, -4)$    ∴ $A(1, -4)$
또 두 점 B, C는 그래프와 $x$축이 만나는 점이므로
$y=x^2-2x-3$에 $y=0$을 대입하면
$x^2-2x-3=0$, $(x+1)(x-3)=0$
∴ $x=-1$ 또는 $x=3$
∴ $B(-1, 0)$, $C(3, 0)$
$\triangle ACB$는 밑변의 길이가 $3-(-1)=4$이고,
높이가 4이므로
$\triangle ACB=\dfrac{1}{2}\times4\times4=8$

## 5 이차함수의 식 구하기

P. 151

**개념 확인**    $x-1$, 2, 2, 3, $3(x-1)^2+2$

**필수 문제 1**   $y=4(x+3)^2-1$
꼭짓점의 좌표가 $(-3, -1)$이므로 $y=a(x+3)^2-1$로
놓자.
이 그래프가 점 $(-5, 15)$를 지나므로
$15=a\times(-5+3)^2-1$    ∴ $a=4$
∴ $y=4(x+3)^2-1$

**1-1** ③

꼭짓점의 좌표가 $(2,\ 0)$이므로 $y=a(x-2)^2$으로 놓자.

이 그래프가 점 $(1,\ -3)$을 지나므로

$-3=a\times(1-2)^2$   $\therefore a=-3$

$\therefore y=-3(x-2)^2$

**1-2** ③

꼭짓점의 좌표가 $(0,\ 4)$이므로 $y=ax^2+4$로 놓자.

이 그래프가 점 $(3,\ 1)$을 지나므로

$1=a\times3^2+4$   $\therefore a=-\dfrac{1}{3}$

$\therefore y=-\dfrac{1}{3}x^2+4$

P. 152

**개념 확인**   $x-1,\ 3,\ 4a,\ 2,\ 1,\ 2(x-1)^2+1$

**필수 문제 2**   $y=2(x-4)^2-5$

축의 방정식이 $x=4$이므로 $y=a(x-4)^2+q$로 놓자.

이 그래프가 두 점 $(2,\ 3)$, $(3,\ -3)$을 지나므로

$3=a\times(2-4)^2+q$   $\therefore 4a+q=3$   $\cdots$ ㉠

$-3=a\times(3-4)^2+q$   $\therefore a+q=-3$   $\cdots$ ㉡

㉠, ㉡을 연립하여 풀면 $a=2$, $q=-5$

$\therefore y=2(x-4)^2-5$

**2-1**   4

축의 방정식이 $x=-3$이므로 $y=a(x+3)^2+q$로 놓자.

이 그래프가 두 점 $(-1,\ 4)$, $(0,\ -1)$을 지나므로

$4=a\times(-1+3)^2+q$   $\therefore 4a+q=4$   $\cdots$ ㉠

$-1=a\times(0-3)^2+q$   $\therefore 9a+q=-1$   $\cdots$ ㉡

㉠, ㉡을 연립하여 풀면 $a=-1$, $q=8$

$\therefore y=-(x+3)^2+8$

따라서 $a=-1$, $p=-3$, $q=8$이므로

$a+p+q=-1+(-3)+8=4$

**2-2**   ④

축의 방정식이 $x=2$이므로 $y=a(x-2)^2+q$로 놓자.

이 그래프가 두 점 $(6,\ 0)$, $(0,\ 6)$을 지나므로

$0=a\times(6-2)^2+q$   $\therefore 16a+q=0$   $\cdots$ ㉠

$6=a\times(0-2)^2+q$   $\therefore 4a+q=6$   $\cdots$ ㉡

㉠, ㉡을 연립하여 풀면 $a=-\dfrac{1}{2}$, $q=8$

$\therefore y=-\dfrac{1}{2}(x-2)^2+8$

따라서 $a=-\dfrac{1}{2}$, $p=2$, $q=8$이므로

$2a+p+q=2\times\left(-\dfrac{1}{2}\right)+2+8=9$

P. 153

**개념 확인**   $2,\ 2,\ 2,\ 2,\ 3,\ 1,\ 3x^2+x+2$

**필수 문제 3**   $y=x^2-4x+4$

$y=ax^2+bx+c$로 놓으면 그래프가 점 $(0,\ 4)$를 지나므로

$c=4$

즉, $y=ax^2+bx+4$의 그래프가 두 점 $(-1,\ 9)$, $(1,\ 1)$을 지나므로

$9=a-b+4$   $\therefore a-b=5$   $\cdots$ ㉠

$1=a+b+4$   $\therefore a+b=-3$   $\cdots$ ㉡

㉠, ㉡을 연립하여 풀면 $a=1$, $b=-4$

$\therefore y=x^2-4x+4$

**3-1**   15

$y=ax^2+bx+c$의 그래프가 점 $(0,\ 5)$를 지나므로 $c=5$

즉, $y=ax^2+bx+5$의 그래프가 두 점 $(1,\ -1)$, $(2,\ -3)$을 지나므로

$-1=a+b+5$   $\therefore a+b=-6$   $\cdots$ ㉠

$-3=4a+2b+5$   $\therefore 2a+b=-4$   $\cdots$ ㉡

㉠, ㉡을 연립하여 풀면 $a=2$, $b=-8$

$\therefore y=2x^2-8x+5$

따라서 $a=2$, $b=-8$, $c=5$이므로

$a-b+c=2-(-8)+5=15$

**3-2**   ③

$y=ax^2+bx+c$로 놓으면 그래프가 점 $(0,\ -9)$를 지나므로 $c=-9$

즉, $y=ax^2+bx-9$의 그래프가 두 점 $(1,\ -5)$, $(5,\ -9)$를 지나므로

$-5=a+b-9$   $\therefore a+b=4$   $\cdots$ ㉠

$-9=25a+5b-9$   $\therefore 5a+b=0$   $\cdots$ ㉡

㉠, ㉡을 연립하여 풀면 $a=-1$, $b=5$

$\therefore y=-x^2+5x-9$

P. 154

**개념 확인**   $1,\ 2,\ 2x^2-6x+4$

**필수 문제 4**   $y=x^2-5x+4$

$x$축과 두 점 $(1,\ 0)$, $(4,\ 0)$에서 만나므로

$y=a(x-1)(x-4)$로 놓자.

이 그래프가 점 $(3,\ -2)$를 지나므로

$-2=a\times2\times(-1)$   $\therefore a=1$

$\therefore y=(x-1)(x-4)=x^2-5x+4$

**4-1** $-16$

$x$축과 두 점 $(-5, 0)$, $(2, 0)$에서 만나므로
$y=a(x+5)(x-2)$로 놓자.
이 그래프가 점 $(1, 12)$를 지나므로
$12=a\times6\times(-1)$   $\therefore a=-2$
$\therefore y=-2(x+5)(x-2)=-2x^2-6x+20$
따라서 $a=-2$, $b=-6$, $c=20$이므로
$a-b-c=-2-(-6)-20=-16$

**4-2** ③

$x$축과 두 점 $(-2, 0)$, $(-1, 0)$에서 만나므로
$y=a(x+2)(x+1)$로 놓자.
이 그래프가 점 $(0, 4)$를 지나므로
$4=a\times2\times1$   $\therefore a=2$
$\therefore y=2(x+2)(x+1)=2x^2+6x+4$
따라서 $a=2$, $b=6$, $c=4$이므로
$abc=2\times6\times4=48$

---

**STEP 1 쏙쏙 개념 익히기**　　　　　　P. 155

**1** (1) $y=2x^2-12x+20$　(2) $y=-x^2-2x+5$
　　(3) $y=-x^2+4x+5$　(4) $y=\dfrac{1}{2}x^2-\dfrac{1}{2}x-3$

**2** (1) $y=-2x^2-4x-1$　(2) $y=3x^2+12x+9$
　　(3) $y=-x^2-3x+4$　(4) $y=\dfrac{1}{3}x^2-\dfrac{2}{3}x-1$

**3** ④

---

**1** (1) 꼭짓점의 좌표가 $(3, 2)$이므로 $y=a(x-3)^2+2$로 놓자.
이 그래프가 점 $(4, 4)$를 지나므로
$4=a\times(4-3)^2+2$   $\therefore a=2$
$\therefore y=2(x-3)^2+2=2x^2-12x+20$

(2) 축의 방정식이 $x=-1$이므로 $y=a(x+1)^2+q$로 놓자.
이 그래프가 두 점 $(0, 5)$, $(1, 2)$를 지나므로
$5=a\times(0+1)^2+q$   $\therefore a+q=5$   $\cdots$ ㉠
$2=a\times(1+1)^2+q$   $\therefore 4a+q=2$   $\cdots$ ㉡
㉠, ㉡을 연립하여 풀면 $a=-1$, $q=6$
$\therefore y=-(x+1)^2+6=-x^2-2x+5$

(3) $y=ax^2+bx+c$로 놓으면 그래프가 점 $(0, 5)$를 지나므로 $c=5$
즉, $y=ax^2+bx+5$의 그래프가 두 점 $(1, 8)$, $(-1, 0)$을 지나므로
$8=a+b+5$   $\therefore a+b=3$   $\cdots$ ㉠
$0=a-b+5$   $\therefore a-b=-5$   $\cdots$ ㉡
㉠, ㉡을 연립하여 풀면 $a=-1$, $b=4$
$\therefore y=-x^2+4x+5$

(4) $x$축과 두 점 $(-2, 0)$, $(3, 0)$에서 만나므로
$y=a(x+2)(x-3)$으로 놓자.
이 그래프가 점 $(0, -3)$을 지나므로
$-3=a\times2\times(-3)$   $\therefore a=\dfrac{1}{2}$
$\therefore y=\dfrac{1}{2}(x+2)(x-3)=\dfrac{1}{2}x^2-\dfrac{1}{2}x-3$

**2** (1) 꼭짓점의 좌표가 $(-1, 1)$이므로 $y=a(x+1)^2+1$로 놓자.
이 그래프가 점 $(0, -1)$을 지나므로
$-1=a\times(0+1)^2+1$   $\therefore a=-2$
$\therefore y=-2(x+1)^2+1=-2x^2-4x-1$

(2) 축의 방정식이 $x=-2$이므로 $y=a(x+2)^2+q$로 놓자.
이 그래프가 두 점 $(-3, 0)$, $(0, 9)$를 지나므로
$0=a\times(-3+2)^2+q$   $\therefore a+q=0$   $\cdots$ ㉠
$9=a\times(0+2)^2+q$   $\therefore 4a+q=9$   $\cdots$ ㉡
㉠, ㉡을 연립하여 풀면 $a=3$, $q=-3$
$\therefore y=3(x+2)^2-3=3x^2+12x+9$

(3) $y=ax^2+bx+c$로 놓으면 그래프가 점 $(0, 4)$를 지나므로 $c=4$
즉, $y=ax^2+bx+4$의 그래프가 두 점 $(-2, 6)$, $(1, 0)$을 지나므로
$6=4a-2b+4$   $\therefore 2a-b=1$   $\cdots$ ㉠
$0=a+b+4$   $\therefore a+b=-4$   $\cdots$ ㉡
㉠, ㉡을 연립하여 풀면 $a=-1$, $b=-3$
$\therefore y=-x^2-3x+4$

(4) $x$축과 두 점 $(-1, 0)$, $(3, 0)$에서 만나므로
$y=a(x+1)(x-3)$으로 놓자.
이 그래프가 점 $(0, -1)$을 지나므로
$-1=a\times1\times(-3)$   $\therefore a=\dfrac{1}{3}$
$\therefore y=\dfrac{1}{3}(x+1)(x-3)=\dfrac{1}{3}x^2-\dfrac{2}{3}x-1$

**다른 풀이**

$y=ax^2+bx+c$로 놓으면 그래프가 점 $(0, -1)$을 지나므로 $c=-1$
즉, $y=ax^2+bx-1$의 그래프가 두 점 $(-1, 0)$, $(3, 0)$을 지나므로
$0=a-b-1$   $\therefore a-b=1$   $\cdots$ ㉠
$0=9a+3b-1$   $\therefore 9a+3b=1$   $\cdots$ ㉡
㉠, ㉡을 연립하여 풀면 $a=\dfrac{1}{3}$, $b=-\dfrac{2}{3}$
$\therefore y=\dfrac{1}{3}x^2-\dfrac{2}{3}x-1$

**3** $y=-x^2+2x+7=-(x-1)^2+8$에서 꼭짓점의 좌표는 $(1, 8)$이므로 $y=a(x-1)^2+8$로 놓자.
이 그래프가 점 $(-2, -10)$을 지나므로
$-10=a\times(-2-1)^2+8$   $\therefore a=-2$
$\therefore y=-2(x-1)^2+8=-2x^2+4x+6$

| **1** ⑤ | **2** ⑤ | **3** ② | **4** ⑤ | **5** ① |
| **6** 6 | **7** ③ | **8** ① | **9** ④ | **10** ② |
| **11** ② | **12** −7 | **13** ⑤ | **14** 32 | **15** ③ |
| **16** ④ | **17** ③ | **18** ⑤ | **19** ② | **20** ④ |
| **21** ④ | **22** ⑤ | **23** ② | **24** $\left(3, -\dfrac{1}{2}\right)$ | |

**1**  ① $y=2\times\pi\times\dfrac{x}{2}=\pi x$ ⇨ 일차함수

② $y=1200\times x=1200x$ ⇨ 일차함수

③ $y=2x\times2x\times2x=8x^3$ ⇨ 이차함수가 아니다.

④ $y=\dfrac{x}{8}$ ⇨ 일차함수

⑤ $y=\dfrac{1}{2}\times(x+2x)\times x=\dfrac{3}{2}x^2$ ⇨ 이차함수

따라서 $y$가 $x$에 대한 이차함수인 것은 ⑤이다.

**2**  $y=(2x+1)^2-x(ax+3)$
$=4x^2+4x+1-ax^2-3x$
$=(4-a)x^2+x+1$

이때 $x^2$의 계수가 0이 아니어야 하므로

$4-a\neq0$    ∴ $a\neq4$

**3**  $f(2)=2\times2^2+3\times2-7=7$
$f(-2)=2\times(-2)^2+3\times(-2)-7=-5$
∴ $f(2)+f(-2)=7+(-5)=2$

**4**  ① 아래로 볼록한 그래프는 ㄱ, ㄹ, ㅂ이다.

② $x$축에 서로 대칭인 그래프는 ㄱ과 ㄷ이다.

③ $x^2$의 계수의 절댓값이 클수록 그래프의 폭이 좁아지므로 그래프의 폭이 가장 좁은 것은 ㄴ이다.

④ $x^2$의 계수의 절댓값이 작을수록 그래프의 폭이 넓어지므로 그래프의 폭이 가장 넓은 것은 ㄹ이다.

따라서 옳은 것은 ⑤이다.

**5**  $y=ax^2$의 그래프는 $y=\dfrac{1}{2}x^2$의 그래프보다 폭이 좁고

$y=\dfrac{7}{3}x^2$의 그래프보다 폭이 넓으므로 $\dfrac{1}{2}<a<\dfrac{7}{3}$

따라서 $a$의 값이 될 수 없는 것은 ① $\dfrac{1}{3}$이다.

**6**  $y=ax^2$의 그래프가 점 $(-2, 3)$을 지나므로

$3=a\times(-2)^2$    ∴ $a=\dfrac{3}{4}$

즉, $y=\dfrac{3}{4}x^2$의 그래프가 점 $(3, b)$를 지나므로

$b=\dfrac{3}{4}\times3^2=\dfrac{27}{4}$

∴ $b-a=\dfrac{27}{4}-\dfrac{3}{4}=6$

**7**  평행이동한 그래프를 나타내는 이차함수의 식은
$y=-2x^2+a$

이 그래프가 점 $(1, 1)$을 지나므로

$1=-2\times1^2+a$    ∴ $a=3$

**8**  $y=(x+2)^2$의 그래프는 아래로 볼록한 포물선이고, 축의 방정식이 $x=-2$이므로 $x<-2$일 때, $x$의 값이 증가하면 $y$의 값은 감소한다.

**9**  $y=ax^2$의 그래프를 $x$축의 방향으로 $-4$만큼 평행이동한 그래프이므로 이차함수의 식을 $y=a(x+4)^2$으로 놓을 수 있다.

이 그래프가 점 $(0, 5)$를 지나므로

$5=a\times(0+4)^2$, $5=16a$    ∴ $a=\dfrac{5}{16}$

즉, $y=\dfrac{5}{16}(x+4)^2$의 그래프가 점 $(-8, k)$를 지나므로

$k=\dfrac{5}{16}\times(-8+4)^2=5$

**10**  $y=a(x-p)^2$, $y=-x^2+4$의 그래프의 꼭짓점의 좌표는 각각 $(p, 0)$, $(0, 4)$이다.

$y=-x^2+4$의 그래프가 점 $(p, 0)$을 지나므로

$0=-p^2+4$, $p^2=4$    ∴ $p=\pm2$

이때 $p>0$이므로 $p=2$

$y=a(x-2)^2$의 그래프가 점 $(0, 4)$를 지나므로

$4=a\times(0-2)^2$    ∴ $a=1$

∴ $ap=1\times2=2$

**11**  $y=a(x-p)^2+q$에서 $x^2$의 계수 $a$의 값이 같으면 그래프를 평행이동하여 완전히 포갤 수 있다.

각 이차함수의 $x^2$의 계수를 구하면 다음과 같다.

ㄱ. $-2$   ㄴ. $2$   ㄷ. $-1$   ㄹ. $1$   ㅁ. $-2$

따라서 그래프를 평행이동하여 완전히 포갤 수 있는 것은 ㄱ과 ㅁ이다.

**12**  평행이동한 그래프를 나타내는 이차함수의 식은
$y=6(x-p)^2+4+q$

이 식이 $y=6(x-2)^2+\dfrac{1}{2}$과 같아야 하므로

$p=2$, $4+q=\dfrac{1}{2}$에서 $q=-\dfrac{7}{2}$

∴ $pq=2\times\left(-\dfrac{7}{2}\right)=-7$

**13**  주어진 일차함수의 그래프에서 $a>0$, $b>0$

즉, $y=a(x+b)^2$의 그래프는 $a>0$이므로 아래로 볼록한 포물선이고, $-b<0$이므로 꼭짓점 $(-b, 0)$은 $x$축 위에 있으면서 $y$축보다 왼쪽에 있다.

따라서 그래프로 적당한 것은 ⑤이다.

**14** $y=-\frac{1}{2}(x-4)^2+8$의 그래프는 $y=-\frac{1}{2}(x-4)^2$의 그래프

를 $y$축의 방향으로 8만큼 평행이동한 것이다.

따라서 다음 그림에서 빗금 친 두 부분의 넓이가 서로 같으

므로 색칠한 부분의 넓이는 가로의 길이가 4이고 세로의 길

이가 8인 직사각형의 넓이와 같다.

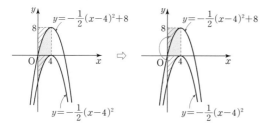

∴ (색칠한 부분의 넓이)$=4\times8=32$

**15** $y=-3x^2+2x+6$

$\quad=-3\Big(x^2-\frac{2}{3}x+\frac{1}{9}-\frac{1}{9}\Big)+6$

$\quad=-3\Big(x-\frac{1}{3}\Big)^2+\frac{19}{3}$

따라서 $a=-3,\ p=\frac{1}{3},\ q=\frac{19}{3}$이므로

$a+p+q=-3+\frac{1}{3}+\frac{19}{3}=\frac{11}{3}$

**16** $y=\frac{1}{3}x^2+5x+1$의 그래프를 평행이동하여 완전히 포개어

지려면 $x^2$의 계수가 $\frac{1}{3}$이어야 하므로 ④이다.

**17** $y=3x^2+9x+4$

$\quad=3\Big(x^2+3x+\frac{9}{4}-\frac{9}{4}\Big)+4$

$\quad=3\Big(x+\frac{3}{2}\Big)^2-\frac{11}{4}$

이므로 그래프는 오른쪽 그림과 같다.

따라서 제4사분면을 지나지 않는다.

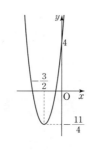

**18** $y=-2x^2+4x-5=-2(x-1)^2-3$

① 위로 볼록한 포물선이다.

② 직선 $x=1$을 축으로 한다.

③ 꼭짓점의 좌표는 $(1,\ -3)$이다.

④ $y$축과 만나는 점의 좌표는 $(0,\ -5)$이다.

⑤ $y=-2x^2$의 그래프를 $x$축의 방향으로 1만큼, $y$축의 방향

  으로 $-3$만큼 평행이동한 그래프이다.

따라서 옳은 것은 ⑤이다.

**19** $y=2x^2-4x+a=2(x-1)^2+a-2$이므로

꼭짓점의 좌표는 $(1,\ a-2)$

$y=-3x^2+6x+3a=-3(x-1)^2+3a+3$이므로

꼭짓점의 좌표는 $(1,\ 3a+3)$

이때 두 그래프의 꼭짓점이 일치하므로

$a-2=3a+3$ $\quad\therefore a=-\frac{5}{2}$

**20** $y=x^2+6x+3m+3$

$\quad=(x^2+6x+9-9)+3m+3$

$\quad=(x+3)^2+3m-6$

에서 꼭짓점의 좌표는 $(-3,\ 3m-6)$이고, 꼭짓점이 직선

$3x+y=-3$ 위에 있으므로

$3\times(-3)+3m-6=-3,\ 3m-15=-3$

$3m=12$ $\quad\therefore m=4$

**21** 그래프가 위로 볼록하므로 $a<0$

축이 $y$축의 왼쪽에 있으므로 $ab>0$ $\quad\therefore b<0$

$y$축과 만나는 점이 $x$축보다 위쪽에 있으므로 $c>0$

**22** $y=ax^2+bx+c$의 그래프가 위로 볼록하므로 $a<0$

축이 $y$축의 오른쪽에 있으므로 $ab<0$ $\quad\therefore b>0$

$y$축과 만나는 점이 $x$축보다 아래쪽에 있으므로 $c<0$

따라서 $y=bx^2+cx+a$의 그래프는

$b>0$이므로 아래로 볼록하고,

$bc<0$이므로 축이 $y$축의 오른쪽에 있고,

$a<0$이므로 $y$축과 만나는 점이 $x$축보다 아래쪽에 있다.

따라서 $y=bx^2+cx+a$의 그래프로 적당한 것은 ⑤이다.

**23** $y=2(x+p)^2+q$의 그래프의 축의 방정식이 $x=2$이므로

$y=2(x-2)^2+q$로 놓으면 $p=-2$

이 그래프가 점 $(1,\ -3)$을 지나므로

$-3=2\times(1-2)^2+q$ $\quad\therefore q=-5$

$\therefore p+q=-2+(-5)=-7$

**24** $x$축과 두 점 $(2,\ 0),\ (4,\ 0)$에서 만나므로

$y=a(x-2)(x-4)$로 놓자.

이 그래프가 점 $(0,\ 4)$를 지나므로

$4=a\times(-2)\times(-4)$ $\quad\therefore a=\frac{1}{2}$

$\therefore y=\frac{1}{2}(x-2)(x-4)$

$\quad=\frac{1}{2}x^2-3x+4$

$\quad=\frac{1}{2}(x-3)^2-\frac{1}{2}$

따라서 꼭짓점의 좌표는 $\Big(3,\ -\frac{1}{2}\Big)$이다.

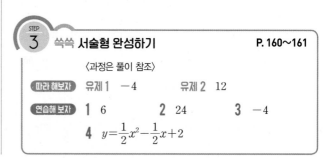

**STEP 3** **쓱쓱 서술형 완성하기** P. 160~161

〈과정은 풀이 참조〉

**따라 해보자** 유제 1 $-4$ 유제 2 12

**연습해 보자** 1 6 2 24 3 $-4$

4 $y=\frac{1}{2}x^2-\frac{1}{2}x+2$

**유제 1** **1단계** 평행이동한 그래프를 나타내는 이차함수의 식은
$$y=-3(x+4)^2-1 \qquad \cdots \text{(i)}$$
**2단계** $y=-3(x+4)^2-1$의 그래프가 점 $(-3, k)$를 지나므로
$$k=-3\times(-3+4)^2-1=-4 \qquad \cdots \text{(ii)}$$

| 채점 기준 | 비율 |
|---|---|
| (i) 평행이동한 그래프를 나타내는 이차함수의 식 구하기 | 50 % |
| (ii) $k$의 값 구하기 | 50 % |

**유제 2** **1단계** 꼭짓점의 좌표가 $(-3, -4)$이므로
$$y=a(x+3)^2-4$$로 놓자.
이 그래프가 점 $(-1, 0)$을 지나므로
$$0=a\times(-1+3)^2-4 \qquad \therefore a=1$$
$$\therefore y=(x+3)^2-4 \qquad \cdots \text{(i)}$$
**2단계** $y=(x+3)^2-4=x^2+6x+5$이므로
$$a=1, b=6, c=5 \qquad \cdots \text{(ii)}$$
**3단계** $\therefore a+b+c=1+6+5=12 \qquad \cdots \text{(iii)}$

| 채점 기준 | 비율 |
|---|---|
| (i) 이차함수의 식 구하기 | 50 % |
| (ii) $a, b, c$의 값 구하기 | 30 % |
| (iii) $a+b+c$의 값 구하기 | 20 % |

**1** $f(x)=3x^2-x+a$에서 $f(-1)=2$이므로
$$f(-1)=3\times(-1)^2-(-1)+a=2$$
$$\therefore a=-2 \qquad \cdots \text{(i)}$$
즉, $f(x)=3x^2-x-2$이므로 $f(2)=b$에서
$$f(2)=3\times 2^2-2-2=b \qquad \therefore b=8 \qquad \cdots \text{(ii)}$$
$$\therefore a+b=-2+8=6 \qquad \cdots \text{(iii)}$$

| 채점 기준 | 비율 |
|---|---|
| (i) $a$의 값 구하기 | 40 % |
| (ii) $b$의 값 구하기 | 40 % |
| (iii) $a+b$의 값 구하기 | 20 % |

**2** $y=-x^2+2x+8$에 $x=0$을 대입하면 $y=8$이므로
$$\text{A}(0, 8) \qquad \cdots \text{(i)}$$
$y=-x^2+2x+8$에 $y=0$을 대입하면
$$-x^2+2x+8=0,\ x^2-2x-8=0$$
$$(x+2)(x-4)=0 \qquad \therefore x=-2 \text{ 또는 } x=4$$
$$\therefore \text{B}(-2, 0),\ \text{C}(4, 0) \qquad \cdots \text{(ii)}$$
△ABC의 밑변의 길이가 $4-(-2)=6$이고, 높이가 8이므로
$$\triangle \text{ABC}=\frac{1}{2}\times 6\times 8=24 \qquad \cdots \text{(iii)}$$

| 채점 기준 | 비율 |
|---|---|
| (i) 점 A의 좌표 구하기 | 20 % |
| (ii) 두 점 B, C의 좌표 구하기 | 50 % |
| (iii) △ABC의 넓이 구하기 | 30 % |

**3** $y=-3x^2+12x-5=-3(x-2)^2+7 \qquad \cdots \text{(i)}$
이 그래프를 $x$축의 방향으로 $m$만큼, $y$축의 방향으로 $n$만큼 평행이동한 그래프를 나타내는 이차함수의 식은
$$y=-3(x-m-2)^2+7+n$$
$$=-3\{x-(m+2)\}^2+7+n \qquad \cdots \text{(ii)}$$
이 그래프가 $y=-3x^2+5$의 그래프와 완전히 포개어지므로
$$m+2=0,\ 7+n=5 \qquad \therefore m=-2,\ n=-2 \qquad \cdots \text{(iii)}$$
$$\therefore m+n=-2+(-2)=-4 \qquad \cdots \text{(iv)}$$

| 채점 기준 | 비율 |
|---|---|
| (i) 이차함수의 식을 $y=a(x-p)^2+q$ 꼴로 나타내기 | 20 % |
| (ii) 평행이동한 그래프를 나타내는 이차함수의 식 구하기 | 30 % |
| (iii) $m, n$의 값 구하기 | 30 % |
| (iv) $m+n$의 값 구하기 | 20 % |

**4** $y=ax^2+bx+c$로 놓으면 그래프가 점 $(0, 2)$를 지나므로
$$c=2 \qquad \cdots \text{(i)}$$
즉, $y=ax^2+bx+2$의 그래프가 두 점 $(-1, 3)$, $(3, 5)$를 지나므로
$$3=a-b+2 \qquad \therefore a-b=1 \qquad \cdots \text{㉠}$$
$$5=9a+3b+2 \qquad \therefore 3a+b=1 \qquad \cdots \text{㉡}$$
㉠, ㉡을 연립하여 풀면 $a=\frac{1}{2}$, $b=-\frac{1}{2} \qquad \cdots \text{(ii)}$
$$\therefore y=\frac{1}{2}x^2-\frac{1}{2}x+2 \qquad \cdots \text{(iii)}$$

| 채점 기준 | 비율 |
|---|---|
| (i) $c$의 값 구하기 | 30 % |
| (ii) $a, b$의 값 구하기 | 50 % |
| (iii) 이차함수의 식을 $y=ax^2+bx+c$ 꼴로 나타내기 | 20 % |

**과학 속 수학** **P. 162**

답 (1) $y=\frac{1}{150}x^2$  (2) 58.5 m

(1) $y$는 $x$의 제곱에 정비례하므로 $y=ax^2$으로 놓고
$x=60$, $y=24$를 대입하면
$$24=a\times 60^2,\ a=\frac{1}{150}$$
$$\therefore y=\frac{1}{150}x^2$$

(2) 운전자가 시속 75 km로 운전하다가 위험을 감지하고 브레이크를 밟을 때까지 1초 동안 자동차가 움직인 거리는
$$0.28\times 75\times 1=21(\text{m})$$
또 (1)에서 $y=\frac{1}{150}x^2$에 $x=75$를 대입하면
$$y=\frac{1}{150}\times 75^2=37.5$$이므로 제동 거리는 37.5 m이다.
따라서 운전자가 위험을 감지한 후부터 자동차가 완전히 멈출 때까지 자동차가 움직인 거리는
$$21+37.5=58.5(\text{m})$$

유형편

파워

## 1 제곱근과 실수

**유형 1~14**      P. 6~13

1 ⑤    2 ④    3 ④    4 ⑤
5 (1) $-25$ (2) $-5$    6 ②    7 ③    8 $\sqrt{74}$
9 ④    10 ③    11 ②, ③    12 ③    13 ⑤
14 ④    15 ④    16 $\sqrt{3^2}$    17 8    18 ⑤
19 $-\dfrac{3}{2}$    20 ⑤    21 19    22 ⑤    23 ⑤
24 $4a+2b$    25 ③    26 (1) 1 (2) 2 (3) $2a$
27 ①    28 $b$    29 ③    30 ③    31 ②
32 ④    33 15    34 100    35 21    36 ②
37 ②    38 10    39 ③    40 ④    41 ③
42 ④    43 ②    44 6개    45 21    46 ②, ⑧
47 $\sqrt{0.25}$    48 ④    49 ②    50 ⑤    51 45
52 ②    53 ④    54 2    55 26

**유형 15~25**      P. 14~20

56 ⑤    57 ③    58 ⑤    59 ⑤    60 ④, ⑤
61 ③, ④    62 ②    63 ③    64 $\sqrt{2}$    65 ③
66 $A(1-\sqrt{2})$, $B(1+\sqrt{2})$, $C(5-\sqrt{2})$, $D(4+\sqrt{2})$
67 ②, ⑤    68 $2-\sqrt{5}$, $2+\sqrt{5}$    69 $-6+\sqrt{7}$
70 $-3+\sqrt{13}$    71 14    72 $3+4\pi$   73 ②
74 ㄱ, ㄴ, ㄷ    75 ②    76 4.351   77 1040
78 ④    79 ③    80 ②    81 ①    82 $c<a<b$
83 $3+\sqrt{6}$   84 ③    85 ②    86 점 B, 점 A, 점 C
87 ④    88 6개    89 ②    90 ③
91 (1) $\sqrt{2}-5$ (2) 6   $\sqrt{3}$    92 $\sqrt{7}$    93 ②
94 ④    95 ②

**단원 마무리**      P. 21~23

1 ④    2 6    3 ⑤    4 ②    5 ②
6 ③    7 ④    8 ㄱ, ㄴ, ㄹ    9 ④
10 ④    11 $\sqrt{3}-7$   12 $\sqrt{6}$ cm   13 $a-b$   14 48
15 30    16 9    17 ①    18 ⑤    19 3개
20 ②    21 176    22 202개

## 2 근호를 포함한 식의 계산

**유형 1~10**      P. 26~32

1 ⑤    2 $-20\sqrt{6}$   3 ②    4 4    5 ④
6 16    7 $\sqrt{3}$    8 ⑤    9 91    10 12
11 ⑤    12 $10\sqrt{5}$   13 ㄱ, ㄴ, ㄹ    14 ③
15 2    16 ④    17 ㄴ, ㄹ   18 18.2504
19 ④    20 ②    21 ②    22 $\dfrac{1}{5}$    23 ④
24 ④    25 ②    26 2    27 $\dfrac{\sqrt{2}}{\sqrt{3}}$    28 $\sqrt{6}$
29 ④, ⑤   30 $-\dfrac{1}{15}$   31 $\sqrt{5}$    32 $27\sqrt{2}$ m²
33 ④    34 $16\sqrt{3}\pi$ cm    35 $\dfrac{7\sqrt{2}}{2}$ cm
36 $12\sqrt{15}$ cm²    37 $150\sqrt{10}\pi$ cm³
38 $3\sqrt{11}$ cm²    39 ③    40 $3\sqrt{5}\pi$ cm³
41 ①    42 ③    43 $6\sqrt{5}$ cm²

**유형 11~20**      P. 32~38

44 ⑤    45 ⑤    46 $\dfrac{1}{5}$
47 (1) $3\sqrt{7}$ (2) $-2\sqrt{2}+2\sqrt{3}$    48 (1) 5 (2) 7
49 2    50 ④    51 $\sqrt{15}$    52 ④    53 ⑤
54 (1) $\dfrac{12\sqrt{5}}{5}$ (2) $-\dfrac{\sqrt{2}}{2}$ (3) $10\sqrt{2}-3$ (4) $\sqrt{3}-3\sqrt{2}$
55 (1) 4 (2) $-\dfrac{11}{4}$    56 ④    57 ②
58 (1) $8+\sqrt{6}$ (2) 2 (3) $6-2\sqrt{2}$ (4) $-9$    59 ⑤
60 $-8$    61 ④    62 $\dfrac{2\sqrt{5}-5}{3}$    63 $-\dfrac{11\sqrt{6}}{6}$
64 $\dfrac{5\sqrt{2}+2}{8}$    65 ②    66 $-3$    67 $\sqrt{6}-\sqrt{3}$
68 ①    69 ②    70 ①    71 $\dfrac{5\sqrt{6}}{2}$ cm²
72 $(24+6\sqrt{35})$ cm²   73 ②    74 ③    75 ③
76 $\dfrac{2\sqrt{15}}{3}$   77 ①    78 $6\sqrt{5}$    79 $-1+2\sqrt{2}$
80 ④    81 ③    82 $3+\sqrt{12}$, $5+\sqrt{3}$, $\sqrt{48}$
83 ②    84 $(80+30\sqrt{2})$ cm

**1** ④    **2** ③    **3** ③    **4** ⑤    **5** ④

**6** $-3\sqrt{2}$   **7** ④   **8** ①   **9** 1   **10** $12\sqrt{3}$

**11** ④    **12** ②    **13** ⑤    **14** $4\sqrt{10}$ cm

**15** $2\sqrt{2}-3$    **16** ③    **17** $-\dfrac{2}{3}$    **18** ④

**19** $\dfrac{\sqrt{3}}{9}$ cm²     **20** $\dfrac{32\sqrt{7}}{3}$ cm³

**21** $6\sqrt{3}+10\sqrt{5}$

---

## 3 다항식의 곱셈

**1** (1) $12a^2-2ab-2b^2$   (2) $3x^2-8xy+4y^2$
    (3) $10x^2-xy-8x-2y^2+4y$

**2** ④   **3** ①   **4** ③   **5** ③   **6** $\dfrac{3}{4}$

**7** ②   **8** ②   **9** ②   **10** ③   **11** ⑤

**12** ②   **13** 264   **14** $-\dfrac{2}{5}$   **15** ⑤   **16** 0

**17** ③   **18** 6   **19** ④   **20** 6

**21** $15x^2+17x-4$   **22** ④   **23** ①   **24** ㄷ

**25** $8x^2+4xy-8y^2$   **26** 39   **27** 36   **28** $-2$

**29** $x^2+3x-10$   **30** ④   **31** ④

**32** $24x^2-20x+4$   **33** $-a^2+3ab-2b^2$   **34** $x^2$

**35** (1) $a^2+4ab+4b^2+a+2b-12$   (2) $4x^2-y^2-2y-1$

**36** $2A$, $2(x-2y)$, $x^2-4xy+4y^2+2x-4y+1$

**37** ③

**38** ③   **39** ④   **40** 175   **41** 1010   **42** 6

**43** 9   **44** $2^{32}-1$   **45** ②   **46** $30+7\sqrt{2}$

**47** ③   **48** $6-4\sqrt{2}$   **49** 3   **50** 2

**51** $20+2\sqrt{10}$   **52** ④   **53** ④   **54** 10

**55** 5   **56** $10+5\sqrt{3}$   **57** $-19-6\sqrt{10}$

**58** ④   **59** ③   **60** $-5$   **61** ①   **62** 36

**63** $\dfrac{4}{3}$   **64** ③   **65** 9   **66** 10

**67** (1) 6   (2) 8   **68** ③   **69** (1) 14   (2) 12

**70** 17   **71** ④   **72** ②   **73** ③   **74** 세호

**75** (1) 33개   (2) $33x^2+33xy-66y^2$

---

**1** 5   **2** 4   **3** ③, ⑤   **4** ①   **5** ⑤

**6** ②   **7** ④   **8** ①   **9** 34   **10** ④

**11** ①   **12** ④   **13** $a^2-b^2$   **14** 8

**15** $12+4\sqrt{2}-2\sqrt{5}$   **16** $\dfrac{2+\sqrt{7}}{3}$     **17** $-1+\sqrt{11}$

**18** 4   **19** 15   **20** $-2x^2+7xy-6y^2$

**21** $x^4+8x^3-x^2-68x+60$

---

## 4 인수분해

**1** ③   **2** ③   **3** ④   **4** ④   **5** ④

**6** ㄱ, ㄹ   **7** (1) $(a-3b)(x+2)$   (2) $(2a-b)(x+y)$

**8** ⑤   **9** ㄹ, ㅂ   **10** ④   **11** ①   **12** ②

**13** 1   **14** ②   **15** 4   **16** ③   **17** ④

**18** $-2a$   **19** $-2a+1$   **20** ①, ⑤   **21** $14x$

**22** ①   **23** ④   **24** ②   **25** ㄱ, ㄹ   **26** $2x+2$

**27** $-2$   **28** ②   **29** ③   **30** ⑤   **31** ②, ⑤

**32** 12   **33** $5x+1$   **34** $a=5$, $b=3$   **35** ②

**36** 10   **37** ①, ④   **38** ②   **39** ㄴ, ㅁ, ㅂ

**40** ①   **41** ④   **42** 6   **43** $-10$, $x+5$

**44** 7   **45** ③   **46** $-16$

**47** (1) $x^2-x-20$   (2) $(x+4)(x-5)$

**48** $(x+5)(2x-3)$   **49** $(x-2)(x+4)$   **50** ④

**51** $6x+6$   **52** $3a-1$   **53** $(6a-5)$ m   **54** ⑤

**55** 5   **56** ①   **57** ②   **58** $a=4$, $b=-1$

**59** 21   **60** ①   **61** $(x^2+3x-5)(x^2+3x+7)$

**62** ⑤

**63** (1) $(a-1)(b+1)$   (2) $(a-b)(a+1)(a-1)$
    (3) $(a+b)(a-b-c)$

**64** ①, ⑤   **65** $3x-3$   **66** ②

**67** (1) $(x-2y+3)(x-2y-3)$   (2) $(x+y+z)(x-y-z)$
    (3) $(1+x-y)(1-x+y)$

**68** ⑤   **69** $2x$   **70** 2   **71** ⑤   **72** $x+y+1$

**73** ④   **74** $(x+3y-2)(2x-y+3)$   **75** ③

**76** ②   **77** 4916   **78** 2022   **79** ①   **80** $\dfrac{6}{11}$

**81** ①, ④  **82** $3+7\sqrt{3}$  **83** $-8\sqrt{7}$
**84** ①  **85** $5-10\sqrt{5}$  **86** $-40$  **87** $\sqrt{2}$
**88** 5  **89** 10  **90** ③  **91** 10  **92** ④
**93** $2x+6$  **94** $500\pi\,\text{cm}^3$  **95** $ab$
**96** $(x-2)(2x-3)$  **97** $-210$

**49** (가) $x^2+\dfrac{b}{a}x+\dfrac{c}{a}=0$  (나) $x^2+\dfrac{b}{a}x=-\dfrac{c}{a}$

(다) $x^2+\dfrac{b}{a}x+\left(\dfrac{b}{2a}\right)^2=-\dfrac{c}{a}+\left(\dfrac{b}{2a}\right)^2$

(라) $\left(x+\dfrac{b}{2a}\right)^2$  (마) $\dfrac{-b\pm\sqrt{b^2-4ac}}{2a}$

**50** (1) $x=\dfrac{-1\pm\sqrt{21}}{2}$  (2) $x=\dfrac{1\pm\sqrt{2}}{3}$  **51** ①

**52** ②  **53** ④  **54** 5개  **55** ①, ②

**56** (1) $x=3\pm\sqrt{13}$  (2) $x=-\dfrac{1}{2}$ 또는 $x=\dfrac{1}{5}$

(3) $x=\dfrac{6\pm\sqrt{30}}{3}$

**57** 7  **58** 3  **59** $-10$  **60** $x=-2$ 또는 $x=8$
**61** ③  **62** ①

**1** ③  **2** ③  **3** ③  **4** ①  **5** ②
**6** ②  **7** $x+3$  **8** ⑤  **9** ②  **10** $-2$
**11** ④  **12** ⑤  **13** ②  **14** ①  **15** ③
**16** ④  **17** ④  **18** $(x-1)(x+6)$  **19** $x+5$
**20** $3x+5$  **21** ③  **22** ⑤  **23** $-40\sqrt{6}$
**24** 13  **25** 64  **26** 3

# 5 이차방정식

**1** ④  **2** ④  **3** ③  **4** ④  **5** ②
**6** $x=2$  **7** $x=1$ 또는 $x=4$  **8** ④  **9** 24
**10** 1  **11** 5  **12** ⑤  **13** $-5$  **14** ④

**63** ⑤  **64** 2개  **65** 2  **66** ④  **67** 10
**68** ⑤  **69** $-2, 6$  **70** ①  **71** ④
**72** $x=-1$ 또는 $x=\dfrac{5}{3}$  **73** $-3x^2+9x+30=0$
**74** ④  **75** 6  **76** $-2$  **77** $-12$  **78** ②
**79** $2x^2-3x-5=0$  **80** ②  **81** $x=-3$ 또는 $x=2$
**82** $x=1$ 또는 $x=3$  **83** 6  **84** ④  **85** 14
**86** (1) $(n^2+2n)$개  (2) 9단계  **87** 5  **88** 8, 11
**89** 67  **90** 5, 6  **91** 32  **92** 9  **93** 25명
**94** 11살  **95** 5월 8일  **96** 15명  **97** ①
**98** 8초  **99** ②  **100** 7cm  **101** 5cm  **102** 12 m
**103** 6 m  **104** ⑤  **105** 10초 후
**106** $(-10+5\sqrt{6})\,\text{cm}$  **107** $(5-\sqrt{7})\,\text{cm}$
**108** $(-5+5\sqrt{5})\,\text{cm}$  **109** ①  **110** 6cm  **111** $-1+\sqrt{5}$
**112** 4 m  **113** 4  **114** ③  **115** ⑤  **116** 4
**117** 달, 10.5초

**15** ⑤  **16** ③  **17** ①, ⑤
**18** (1) $x=-1$ 또는 $x=10$  (2) $x=-2$ 또는 $x=\dfrac{1}{3}$
**19** $x=-2$ 또는 $x=7$  **20** ⑤
**21** $x=-4$ 또는 $x=-1$  **22** $-5$  **23** ②
**24** ②  **25** ③  **26** $x=4$  **27** ③  **28** ②
**29** 4  **30** ③  **31** $-1$  **32** ⑤  **33** ②
**34** (1) $-1$  (2) $\dfrac{4}{9}$  **35** ①, ④  **36** 10  **37** ②
**38** $x=3$  **39** ③  **40** $x=5$  **41** ④  **42** ③
**43** 11  **44** 3
**45** $A=5$, $B=-\dfrac{3}{5}$, $C=\dfrac{9}{10}$, $D=21$, $E=-9$
**46** 9  **47** $x=2\pm\dfrac{\sqrt{14}}{2}$  **48** $-4$

**1** ㄱ, ㅁ  **2** ④  **3** ②  **4** 2  **5** ④
**6** $x=\dfrac{3}{2}$ 또는 $x=2$  **7** ②, ⑤  **8** $-1, 5$  **9** $x=2$
**10** 1  **11** ①  **12** 6  **13** ⑤  **14** $k\leq\dfrac{4}{3}$
**15** ②  **16** 22  **17** 6  **18** ④
**19** $a=-2$, $b=5$  **20** $x=-1\pm\sqrt{6}$  **21** ①
**22** ②  **23** $x=-5$ 또는 $x=-1$
**24** $x^2-4x+3=0$  **25** ②  **26** 7cm  **27** 10 m
**28** 7개  **29** 30  **30** 250보

# 6 이차함수와 그 그래프

유형 1~3     P. 104~105

| | | | | |
|---|---|---|---|---|
| **1** ③ | **2** ㄷ, ㅂ | **3** ① | **4** ⑤ | **5** ⑤ |
| **6** ②, ③ | **7** 6 | **8** ④ | **9** 6 | **10** ② |

유형 4~9     P. 105~108

| | | | | |
|---|---|---|---|---|
| **11** ① | **12** ③ | **13** $-2<a<0$ | **14** ③, ④ | |
| **15** ③ | **16** 2쌍 | **17** 9 | **18** ⑤ | **19** ②, ④ |
| **20** ③ | **21** ③ | **22** ③ | **23** ① | **24** 1 |
| **25** ⑤ | **26** ② | **27** ③ | **28** 16 | **29** ① |
| **30** 18 | **31** $\dfrac{3}{4}$ | | | |

유형 10~14     P. 109~113

| | | | | |
|---|---|---|---|---|
| **32** ① | **33** ④ | **34** ④ | **35** 1 | **36** $-5$ |
| **37** $-1$ | **38** ⑤, ⑥ | **39** $-1$ | **40** ② | **41** ② |
| **42** ⑤ | **43** 5 | **44** ①, ④, ⑦ | | |
| **45** $a=-\dfrac{1}{2},\ p=4$ | **46** $-2$ | **47** ③ | **48** ① | |
| **49** ⑤ | **50** ④ | **51** ① | **52** ① | **53** ⑤ |
| **54** 6 | **55** ③, ⑥ | **56** ③ | **57** $\dfrac{1}{2}$ | |
| **58** $x=1,\ (1,\ -2)$ | **59** ① | **60** 36 | **61** ② | |
| **62** ④ | **63** ③ | **64** ⑤ | **65** ② | **66** ㄱ, ㄷ |

유형 15~23     P. 114~120

| | | | | |
|---|---|---|---|---|
| **67** ⑤ | **68** ④ | **69** 6 | **70** ⑤ | **71** ③ |
| **72** ㄱ, ㄹ | **73** ② | **74** $-2$ | **75** ⑤ | **76** $-12$ |
| **77** 3 | **78** ① | **79** ② | **80** $a\geq\dfrac{5}{9}$ | **81** ③ |
| **82** $x>-2$ | | **83** $(2,\ -9)$ | | **84** 4 |
| **85** ⑤ | **86** ② | **87** ③ | **88** ① | **89** 1 |
| **90** ③ | **91** ③ | **92** 0 | **93** ①, ②, ⑤, ⑥ | |
| **94** ② | **95** ① | **96** ⑤ | **97** ① | **98** ② |
| **99** ② | | | | |
| **100** (1) A$(1,\ 9)$   (2) B$(-2,\ 0)$, C$(4,\ 0)$   (3) 27 | | | | |
| **101** 10 | **102** 4 | **103** 3 | **104** ② | |

유형 24~27     P. 120~122

| | | | | |
|---|---|---|---|---|
| **105** ③ | **106** ① | **107** ⑤ | **108** 8 | **109** 4 |
| **110** $-1$ | **111** 10 | **112** $(1,\ 7)$ | | **113** ③ |
| **114** ⑤ | **115** ⑤ | **116** $(2,\ -1)$ | | **117** ④ |
| **118** 16 m | | | | |

단원 마무리     P. 123~126

| | | | | |
|---|---|---|---|---|
| **1** ③ | **2** ㄷ | **3** ① | **4** ④ | **5** $-4$ |
| **6** $(0,\ -5)$ | | **7** $x>2$ | **8** ③ | **9** ④ |
| **10** ② | **11** 2 | **12** ①, ④ | **13** ② | **14** $-10$ |
| **15** 1 | **16** ④ | **17** 7 | **18** 1 | **19** $(2,\ -9)$ |
| **20** 14 | **21** ㄱ, ㄴ, ㅁ | | **22** $\dfrac{3}{2}$ | **23** ② |
| **24** 1 | **25** $\dfrac{5}{4}$ | **26** $(1,\ 5)$ | **27** 36 | |

유형 **1~14**           P. 6~13

**1**   답 ⑤

$x$는 5의 제곱근이므로 $x^2=5$ 또는 $x=\pm\sqrt{5}$이다.

**2**   답 ④

① 0의 제곱근은 0이다.

② 64의 제곱근은 8, $-8$이다.

③ 0.01의 제곱근은 0.1, $-0.1$이다.

④ 음수의 제곱근은 없다.

⑤ $\dfrac{1}{31}$의 제곱근은 $\pm\sqrt{\dfrac{1}{31}}$이다.

따라서 제곱근이 없는 수는 ④이다.

**3**   답 ④

$a$는 13의 제곱근이므로 $a^2=13$

$b$는 49의 제곱근이므로 $b^2=49$

$\therefore a^2+b^2=13+49=62$

**4**   답 ⑤

① 6의 제곱근 $\Rightarrow \pm\sqrt{6}$

② 0.04의 제곱근 $\Rightarrow \pm0.2$

③ $(-3)^2=9$의 제곱근 $\Rightarrow \pm3$

④ $\sqrt{25}=5$의 제곱근 $\Rightarrow \pm\sqrt{5}$

⑤ $\sqrt{\dfrac{16}{81}}=\dfrac{4}{9}$의 제곱근 $\Rightarrow \pm\dfrac{2}{3}$

따라서 옳은 것은 ⑤이다.

**5**   답 ⑴ $-25$ ⑵ $-5$

⑴ $(-10)^2=100$의 양의 제곱근 $a=10$

$\dfrac{25}{4}$의 음의 제곱근 $b=-\dfrac{5}{2}$

$\therefore ab=10\times\left(-\dfrac{5}{2}\right)=-25$

⑵ $\sqrt{16}=4$의 양의 제곱근 $m=2$

$5.\dot{4}=\dfrac{54-5}{9}=\dfrac{49}{9}$의 음의 제곱근 $n=-\dfrac{7}{3}$

$\therefore m+3n=2+3\times\left(-\dfrac{7}{3}\right)=-5$

**6**   답 ②

81의 제곱근은 $\pm9$이고,

$a>b$이므로 $a=9$, $b=-9$

$\therefore \sqrt{a-3b}=\sqrt{9-3\times(-9)}=\sqrt{36}=6$

따라서 6의 제곱근은 $\pm\sqrt{6}$이다.

**7**   답 ③

새로 만든 땅의 넓이는 $2^2+3^2=13(\mathrm{m}^2)$

새로 만든 땅의 한 변의 길이를 $x$ m라고 하면 $x^2=13$

이때 $x>0$이므로 $x=\sqrt{13}$

따라서 새로 만든 땅의 한 변의 길이는 $\sqrt{13}$ m이다.

**8**   답 $\sqrt{74}$

$x^2=7^2+5^2=74$

이때 $x>0$이므로 $x=\sqrt{74}$

**9**   답 ④

$\sqrt{\dfrac{49}{36}}=\dfrac{7}{6}$, $\sqrt{0.\dot{4}}=\sqrt{\dfrac{4}{9}}=\dfrac{2}{3}$

$\sqrt{0.1}=\sqrt{\dfrac{1}{10}}$에서 $\dfrac{1}{10}$은 제곱인 수가 아니다.

따라서 근호를 사용하지 않고 나타낼 수 없는 수는

$\sqrt{12}$, $\sqrt{0.1}$, $\sqrt{\dfrac{9}{250}}$, $\sqrt{200}$의 4개이다.

**10**   답 ③

① $0.001=\dfrac{1}{1000}=\dfrac{1}{10^3}$은 제곱인 수가 아니다.

② $0.0\dot{4}=\dfrac{4}{90}=\dfrac{2}{45}$는 제곱인 수가 아니다.

③ $\pm\sqrt{\dfrac{25}{144}}=\pm\dfrac{5}{12}$

따라서 근호를 사용하지 않고 제곱근을 나타낼 수 있는 것은 ③이다.

**11**   답 ②, ③

① 0의 제곱근은 0의 1개이다.

④ 제곱근 64는 $\sqrt{64}=8$이다.

⑤ $-4$는 음수이므로 제곱근이 없다.

따라서 옳은 것은 ②, ③이다.

**12**   답 ③

ㄴ. $\sqrt{(-4)^2}=4$의 제곱근은 $\pm2$이므로

두 제곱근의 합은 $2+(-2)=0$

ㄷ. $-5$는 음수이므로 제곱근이 없다.

ㄹ. 0.09의 제곱근은 $\pm0.3$이다.

따라서 옳지 않은 것은 ㄷ, ㄹ이다.

**13**   답 ⑤

①, ②, ③, ④ $\pm3$      ⑤ 3

따라서 그 값이 나머지 넷과 다른 하나는 ⑤이다.

**14**   답 ④

①, ②, ③, ⑤ 2      ④ $-2$

따라서 그 값이 나머지 넷과 다른 하나는 ④이다.

**15** 답 ④

④ $\sqrt{\left(-\dfrac{5}{16}\right)^2}=\dfrac{5}{16}$

**16** 답 $\sqrt{3^2}$

$\sqrt{3^2}=3$, $-\sqrt{5^2}=-5$, $-(\sqrt{7})^2=-7$, $-(-\sqrt{10})^2=-10$,

$\sqrt{(-13)^2}=13$이므로 작은 것부터 차례로 나열하면

$-(-\sqrt{10})^2$, $-(\sqrt{7})^2$, $-\sqrt{5^2}$, $\sqrt{3^2}$, $\sqrt{(-13)^2}$

따라서 크기가 작은 것부터 차례로 나열할 때, 네 번째에 오는 수는 $\sqrt{3^2}$이다.

**17** 답 $8$

$(-\sqrt{9})^2=9$의 양의 제곱근 $a=3$

$\sqrt{(-25)^2}=25$의 음의 제곱근 $b=-5$

$\therefore a-b=3-(-5)=8$

**18** 답 ⑤

① $-(\sqrt{3})^2+\sqrt{(-4)^2}=-3+4=1$

② $(-\sqrt{5})^2-(-\sqrt{2^2})=5-(-2)=7$

③ $\sqrt{16}\times\sqrt{\left(-\dfrac{1}{2}\right)^2}=4\times\dfrac{1}{2}=2$

④ $\sqrt{(-9)^2}\div\sqrt{\dfrac{9}{4}}=9\div\dfrac{3}{2}=9\times\dfrac{2}{3}=6$

⑤ $-(-\sqrt{10})^2\times\sqrt{0.36}=-10\times0.6=-6$

따라서 계산 결과가 옳지 않은 것은 ⑤이다.

**19** 답 $-\dfrac{3}{2}$

$(-\sqrt{8})^2-\sqrt{(-6)^2}-\sqrt{\left(\dfrac{1}{2}\right)^2}-\sqrt{(-3)^2}=8-6-\dfrac{1}{2}-3$

$\qquad\qquad\qquad\qquad\qquad\qquad\qquad =-\dfrac{3}{2}$

**20** 답 ⑤

$\sqrt{(-2)^4}\times\sqrt{\left(-\dfrac{3}{2}\right)^2}\div\left(-\sqrt{\dfrac{3}{4}}\right)^2=\sqrt{16}\times\dfrac{3}{2}\div\dfrac{3}{4}$

$\qquad\qquad\qquad\qquad\qquad\qquad =4\times\dfrac{3}{2}\times\dfrac{4}{3}=8$

**21** 답 $19$

$A=12+5-9=8$

$B=4+11-7\times\dfrac{4}{7}=4+11-4=11$

$\therefore A+B=8+11=19$

**22** 답 ⑤

⑤ $-4a<0$이므로

$-\sqrt{(-4a)^2}=-\{-(-4a)\}=-4a$

**23** 답 ⑤

$a<0$에서 $-a>0$, $5a<0$, $2a<0$이므로

$\sqrt{(-a)^2}-\sqrt{(5a)^2}+\sqrt{4a^2}=-a-(-5a)+(-2a)$

$\qquad\qquad\qquad\qquad\qquad\quad =2a$

**24** 답 $4a+2b$

$ab<0$에서 $a$, $b$는 서로 다른 부호이고

$a-b>0$에서 $a>b$이므로 $a>0$, $b<0$이다.

$\therefore \sqrt{16a^2}-\sqrt{(-3b)^2}+\sqrt{b^2}=\sqrt{(4a)^2}-\sqrt{(-3b)^2}+\sqrt{b^2}$

$\qquad\qquad\qquad\qquad\qquad\qquad =4a-(-3b)+(-b)$

$\qquad\qquad\qquad\qquad\qquad\qquad =4a+2b$

**25** 답 ③

$\sqrt{a^2}=a$, $\sqrt{(-b)^2}=-b$에서 $a>0$, $b<0$이므로

$-a<0$, $3b<0$

$\therefore (-\sqrt{a})^2-\sqrt{(-a)^2}+\sqrt{9b^2}$

$=(-\sqrt{a})^2-\sqrt{(-a)^2}+\sqrt{(3b)^2}$

$=a-\{-(-a)\}+(-3b)$

$=a-a-3b=-3b$

**26** 답 (1) $1$　(2) $2$　(3) $2a$

(1) $0<a<1$일 때, $a-1<0$, $-a<0$이므로

$\sqrt{(a-1)^2}+\sqrt{(-a)^2}=-(a-1)+\{-(-a)\}$

$\qquad\qquad\qquad\qquad\qquad =-a+1+a=1$

(2) $1<x<3$일 때, $x-1>0$, $x-3<0$이므로

$\sqrt{(x-1)^2}+\sqrt{(x-3)^2}=x-1+\{-(x-3)\}$

$\qquad\qquad\qquad\qquad\qquad =x-1-x+3=2$

(3) $-2<a<2$일 때, $a+2>0$, $a-2<0$이므로

$\sqrt{(a+2)^2}-\sqrt{(a-2)^2}=a+2-\{-(a-2)\}$

$\qquad\qquad\qquad\qquad\qquad =a+2+a-2=2a$

**27** 답 ①

$1<a<2$일 때, $2-a>0$이므로

$4-2a=2(2-a)>0$이고, $1-a<0$

$\therefore \sqrt{(4-2a)^2}-\sqrt{(1-a)^2}=4-2a-\{-(1-a)\}$

$\qquad\qquad\qquad\qquad\qquad\quad =4-2a+1-a=-3a+5$

**28** 답 $b$

$ab<0$에서 $a$, $b$는 서로 다른 부호이고

$a<b$에서 $a<0$, $b>0$이므로 $-2a>0$, $b-a>0$이다.

$\therefore \sqrt{a^2}-\sqrt{(-2a)^2}+\sqrt{(b-a)^2}=-a-(-2a)+b-a=b$

**29** 답 ③

$a>b>c>0$에서 $a-b>0$, $b-a<0$, $c-a<0$이므로

$\sqrt{(a-b)^2}-\sqrt{(b-a)^2}-\sqrt{(c-a)^2}$

$=a-b-\{-(b-a)\}-\{-(c-a)\}$

$=a-b+b-a+c-a=c-a$

**30** 답 ②

$\sqrt{108x}=\sqrt{2^2\times3^3\times x}$가 자연수가 되려면 $x=3\times$(자연수)$^2$ 꼴이어야 하므로 구하는 가장 작은 자연수 $x$의 값은 3이다.

**31** 답 ②

$\sqrt{28x}=\sqrt{2^2\times7\times x}$가 자연수가 되려면 $x=7\times$(자연수)$^2$ 꼴이어야 한다.

따라서 두 자리의 자연수 $x$는 $7\times2^2=28$, $7\times3^2=63$의 2개이다.

**32** 답 ④

$\sqrt{48a}=\sqrt{2^4\times3\times a}$가 자연수가 되려면 $a=3\times$(자연수)$^2$ 꼴이어야 한다.

이때 $30\le a\le100$이므로 자연수 $a$는 $3\times4^2=48$, $3\times5^2=75$이다.

따라서 구하는 자연수 $a$의 값의 합은

$48+75=123$

**33** 답 15

$\sqrt{\dfrac{60}{a}}=\sqrt{\dfrac{2^2\times3\times5}{a}}$가 자연수가 되려면 $a$는 60의 약수이면서 $a=3\times5\times$(자연수)$^2$ 꼴이어야 한다.

따라서 구하는 가장 작은 자연수 $a$의 값은 $3\times5=15$이다.

**34** 답 100

$\sqrt{\dfrac{90}{x}}=\sqrt{\dfrac{2\times3^2\times5}{x}}$가 자연수가 되려면 $a$는 90의 약수이면서 $x=2\times5\times$(자연수)$^2$ 꼴이어야 한다.

즉, 자연수 $x$는

$2\times5=10$, $2\times5\times3^2=90$ ··· (i)

따라서 모든 자연수 $x$의 값의 합은

$10+90=100$ ··· (ii)

| 채점 기준 | 비율 |
| --- | --- |
| (i) $r$의 값 구하기 | 60 % |
| (ii) 모든 자연수 $x$의 값의 합 구하기 | 40 % |

**35** 답 21

$\sqrt{\dfrac{540}{x}}=\sqrt{\dfrac{2^2\times3^3\times5}{x}}$가 자연수가 되려면 $x$는 540의 약수이면서 $x=3\times5\times$(자연수)$^2$ 꼴이어야 하므로 가장 작은 자연수 $x$의 값은

$3\times5=15$

$\sqrt{150y}=\sqrt{2\times3\times5^2\times y}$가 자연수가 되려면 $y=2\times3\times$(자연수)$^2$ 꼴이어야 하므로 가장 작은 자연수 $y$의 값은

$2\times3=6$

$\therefore x+y=15+6=21$

**36** 답 ②

$\sqrt{40+x}$가 자연수가 되려면 $40+x$는 40보다 큰 (자연수)$^2$ 꼴인 수이어야 하므로

$40+x=49$, 64, 81, $\cdots$ ∴ $x=9$, 24, 41, $\cdots$

따라서 구하는 가장 작은 자연수 $x$의 값은 9이다.

**37** 답 ②

$\sqrt{27+x}$가 자연수가 되려면 $27+x$는 27보다 큰 (자연수)$^2$ 꼴인 수이어야 하므로

$27+x=36$, 49, 64, 81, 100, 121, $\cdots$

∴ $x=9$, 22, 37, 54, 73, 94, $\cdots$

따라서 $x$의 값이 아닌 것은 ②이다.

**38** 답 10

$\sqrt{20+a}$가 자연수가 되려면 $20+a$는 20보다 큰 (자연수)$^2$ 꼴인 수이어야 하므로

$20+a=25$, 36, 49, $\cdots$ ∴ $a=5$, 16, 29, $\cdots$

따라서 가장 작은 자연수 $a=5$

이때 $b=\sqrt{20+5}=\sqrt{25}=5$

∴ $a+b=5+5=10$

**39** 답 ③

$\sqrt{17-n}$이 자연수가 되려면 $17-n$은 17보다 작은 (자연수)$^2$ 꼴인 수이어야 하므로

$17-n=1$, 4, 9, 16 ∴ $n=16$, 13, 8, 1

따라서 $n$의 값이 아닌 것은 ③이다.

**40** 답 ④

$\sqrt{14-n}$이 정수가 되려면 $14-n$은 0 또는 14보다 작은 (자연수)$^2$ 꼴인 수이어야 하므로

$14-n=0$, 1, 4, 9 ∴ $n=14$, 13, 10, 5

따라서 자연수 $n$의 개수는 4개이다.

**41** 답 ③

$\sqrt{64-3n}$이 자연수가 되려면 $64-3n$은 64보다 작은 (자연수)$^2$ 꼴인 수이어야 하므로

$64-3n=1$, 4, 9, 16, 25, 36, 49

$3n=63$, 60, 55, 48, 39, 28, 15

∴ $n=21$, 20, $\dfrac{55}{3}$, 16, 13, $\dfrac{28}{3}$, 5

이때 $n$이 자연수이므로 $n=5$, 13, 16, 20, 21

따라서 $A=21$, $B=5$이므로

$A+B=21+5=26$

**42** 답 ③

$\sqrt{\dfrac{72}{5}x}=\sqrt{\dfrac{2^3\times3^2\times x}{5}}$가 자연수가 되려면

$x=2\times5\times$(자연수)$^2$ 꼴이어야 한다.

따라서 구하는 가장 작은 자연수 $x$의 값은

$2\times5=10$

**43** 답 ②

$\sqrt{\dfrac{n}{27}}=\sqrt{\dfrac{n}{3^3}}$ 이 유리수가 되려면 $n=3\times(\text{유리수})^2$ 꼴이어야 한다.

이때 $n$은 자연수이므로

$n=3,\ 3\times2^2,\ 3\times3^2,\ 3\times4^2,\ \cdots$

따라서 $a=3,\ b=12,\ c=27$이므로

$a+b+c=3+12+27=42$

**44** 답 6개

$\sqrt{\dfrac{61-n}{2}}$ 이 정수가 되려면 $\dfrac{61-n}{2}$은 0 또는 $\dfrac{61}{2}$보다 작은 $(\text{자연수})^2$ 꼴인 수이어야 하므로

$\dfrac{61-n}{2}=0,\ 1,\ 4,\ 9,\ 16,\ 25$

$61-n=0,\ 2,\ 8,\ 18,\ 32,\ 50$

$\therefore\ n=61,\ 59,\ 53,\ 43,\ 29,\ 11$

따라서 자연수 $n$의 개수는 6개이다.

**45** 답 21

$\sqrt{71-a}$가 가장 큰 자연수, $\sqrt{b+13}$이 가장 작은 자연수이어야 한다.

$\sqrt{71-a}$가 가장 큰 자연수가 될 때,

$71-a=64\qquad\therefore\ a=7$

$\sqrt{b+13}$이 가장 작은 자연수가 될 때,

$b+13=16\qquad\therefore\ b=3$

$\therefore\ ab=7\times3=21$

**46** 답 ②, ⑧

② $\sqrt{8}>\sqrt{7}$이므로 $-\sqrt{8}<-\sqrt{7}$

③ $4=\sqrt{16}$이고 $\sqrt{16}>\sqrt{12}$이므로 $4>\sqrt{12}$

④ $2=\sqrt{4}$이고 $\sqrt{5}>\sqrt{4}$이므로 $\sqrt{5}>2$ $\quad\therefore\ -\sqrt{5}<-2$

⑤ $\sqrt{2}<\sqrt{3}$이므로 $\dfrac{\sqrt{2}}{6}<\dfrac{\sqrt{3}}{6}$

⑥ $\dfrac{1}{2}=\sqrt{\dfrac{1}{4}}$이고 $\sqrt{\dfrac{1}{3}}>\sqrt{\dfrac{1}{4}}$이므로 $\sqrt{\dfrac{1}{3}}>\dfrac{1}{2}$

⑦ $\dfrac{1}{3}=\sqrt{\dfrac{1}{9}}$이고 $\sqrt{\dfrac{1}{9}}>\sqrt{\dfrac{1}{10}}$이므로 $\dfrac{1}{3}>\sqrt{\dfrac{1}{10}}$

$\quad\therefore\ -\dfrac{1}{3}<-\sqrt{\dfrac{1}{10}}$

⑧ $0.5=\sqrt{0.25}$이고 $\sqrt{0.5}>\sqrt{0.25}$이므로 $\sqrt{0.5}>0.5$

따라서 옳지 않은 것은 ②, ⑧이다.

**47** 답 $\sqrt{0.25}$

$0.2=\sqrt{0.04},\ \sqrt{0.2},\ \sqrt{\dfrac{1}{7}},\ \sqrt{0.25},\ 0.7=\sqrt{0.49}$이므로

$0.2<\sqrt{\dfrac{1}{7}}<\sqrt{0.2}<\sqrt{0.25}<0.7$

따라서 크기가 작은 것부터 차례로 나열할 때, 네 번째에 오는 수는 $\sqrt{0.25}$이다.

**48** 답 ④

① $0<a<1$  ② $0<a^2<a$  ③ $a<\sqrt{a}<1$

④ $\dfrac{1}{a}>1$  ⑤ $\sqrt{\dfrac{1}{a}}>1$

이때 $\dfrac{1}{a}=\sqrt{\dfrac{1}{a^2}}$이고 $\sqrt{\dfrac{1}{a^2}}>\sqrt{\dfrac{1}{a}}$이므로 $\dfrac{1}{a}>\sqrt{\dfrac{1}{a}}$

따라서 그 값이 가장 큰 것은 ④이다.

다른 풀이

$a=\dfrac{1}{4}$이라고 하면

① $a=\dfrac{1}{4}$  ② $a^2=\left(\dfrac{1}{4}\right)^2=\dfrac{1}{16}$  ③ $\sqrt{a}=\sqrt{\dfrac{1}{4}}=\dfrac{1}{2}$

④ $\dfrac{1}{a}=4$  ⑤ $\sqrt{\dfrac{1}{a}}=\sqrt{4}=2$

따라서 그 값이 가장 큰 것은 ④이다.

**49** 답 ②

$3\le\sqrt{2x}<4$에서 $\sqrt{9}\le\sqrt{2x}<\sqrt{16}$이므로

$9\le2x<16\qquad\therefore\ \dfrac{9}{2}\le x<8$

따라서 자연수 $x$는 5, 6, 7의 3개이다.

**50** 답 ⑤

$-5<-\sqrt{2x-1}<-4$에서 $4<\sqrt{2x-1}<5$이므로

$\sqrt{16}<\sqrt{2x-1}<\sqrt{25},\ 16<2x-1<25$

$17<2x<26\qquad\therefore\ \dfrac{17}{2}<x<13$

따라서 자연수 $x$의 값은 9, 10, 11, 12이므로 자연수 $x$의 값이 아닌 것은 ⑤ 13이다.

**51** 답 45

$4<\sqrt{x+4}\le6$에서 $\sqrt{16}<\sqrt{x+4}\le\sqrt{36}$이므로

$16<x+4\le36\qquad\therefore\ 12<x\le32$

따라서 $M=32,\ m=13$이므로

$M+m=32+13=45$

**52** 답 ②

$\sqrt{6}<x<\sqrt{31}$에서 $\sqrt{6}<\sqrt{x^2}<\sqrt{31}$이므로

$6<x^2<31$

이때 $x$는 자연수이므로 $x^2=9,\ 16,\ 25$

따라서 자연수 $x$의 값은 3, 4, 5이므로 구하는 합은

$3+4+5=12$

**53** 답 ④

$\sqrt{9}=3,\ \sqrt{16}=4,\ \sqrt{25}=5$이므로

$N(10)=N(11)=N(12)=N(13)$
$\qquad\quad=N(14)=N(15)=3$

$N(16)=N(17)=N(18)=N(19)=N(20)=4$

$\therefore\ N(10)+N(11)+\cdots+N(20)=3\times6+4\times5=38$

**54** 답 2

$\sqrt{196}<\sqrt{224}<\sqrt{225}$, 즉 $14<\sqrt{224}<15$이므로

$f(224)=(\sqrt{224}$ 이하의 자연수의 개수$)=14$ ⋯ (i)

$\sqrt{144}<\sqrt{168}<\sqrt{169}$, 즉 $12<\sqrt{168}<13$이므로

$f(168)=(\sqrt{168}$ 이하의 자연수의 개수$)=12$ ⋯ (ii)

$\therefore f(224)-f(168)=14-12=2$ ⋯ (iii)

| 채점 기준 | 비율 |
|---|---|
| (i) $f(224)$의 값 구하기 | 40 % |
| (ii) $f(168)$의 값 구하기 | 40 % |
| (iii) $f(224)-f(168)$의 값 구하기 | 20 % |

**55** 답 26

$f(1)=f(2)=f(3)=1$

$f(4)=f(5)=f(6)=f(7)=f(8)=2$

$f(9)=f(10)=\cdots=f(15)=3$

$f(16)=f(17)=\cdots=f(24)=4$

$f(25)=f(26)=5$

따라서

$f(1)+f(2)+f(3)+\cdots+f(26)$
$=1\times3+2\times5+3\times7+4\times9+5\times2=80$

이므로 구하는 $x$의 값은 26이다.

---

**유형 15~25**  P. 14~20

**56** 답 ⑤

③ $0.\dot{4}5\dot{5}=\dfrac{455}{999}$

④ $\sqrt{49}=7$

따라서 무리수인 것은 ⑤이다.

**57** 답 ③

소수로 나타내었을 때, 순환소수가 아닌 무한소수인 것은 무리수이다.

• $\sqrt{9}-\sqrt{4}=3-2=1$, $\sqrt{(-5)^2}=5$,

$\sqrt{0.\dot{4}}=\sqrt{\dfrac{4}{9}}=\dfrac{2}{3}$, $-\sqrt{100}=-10$ ⇨ 유리수

• $\sqrt{0.9}$, $\pi$, $-\dfrac{\sqrt{3}}{3}$, $\sqrt{2}+1$ ⇨ 무리수

따라서 무리수인 것의 개수는 4개이다.

**58** 답 ⑤

$\sqrt{a}$가 유리수이려면 $a$가 어떤 유리수의 제곱이어야 한다.

20 이하의 자연수 중에서 어떤 유리수의 제곱인 수는 $1^2$, $2^2$, $3^2$, $4^2$의 4개이다.

따라서 $\sqrt{a}$가 무리수가 되도록 하는 자연수 $a$의 개수는

$20-4=16$(개)

---

**59** 답 ⑤

ㄱ, ㄴ. 무한소수 중 순환소수는 유리수이고, 순환소수가 아닌 무한소수는 무리수이다.

따라서 옳은 것은 ㄴ, ㄷ, ㄹ이다.

**60** 답 ④, ⑤

① 유리수이면서 동시에 무리수인 수는 없다.

② 무리수는 순환소수가 아닌 무한소수로 나타낼 수 있다.

③ 근호를 사용하여 나타낸 수가 모두 무리수인 것은 아니다.

　예 $\sqrt{4}=2$ ⇨ 유리수

④ 무한소수 중 순환소수는 유리수이다.

⑤ 넓이가 9인 정사각형의 한 변의 길이는 $\sqrt{9}=3$이므로 무리수가 아니다.

⑥ 0은 $0=\dfrac{0}{1}=\dfrac{0}{2}=\dfrac{0}{3}=\cdots$으로 나타낼 수 있으므로 유리수이다.

따라서 옳은 것은 ④, ⑤이다.

**61** 답 ③, ④

① 제곱근 5는 $\sqrt{5}$이다.

② $3=\sqrt{9}$이므로 $\sqrt{5}<\sqrt{9}$에서 $\sqrt{5}<3$ $\therefore -\sqrt{5}>-3$

즉, $-\sqrt{5}$는 $-3$보다 큰 수이다.

③ 5는 어떤 유리수의 제곱인 수가 아니므로 $-\sqrt{5}$는 근호를 사용하지 않고 나타낼 수 없다.

⑤ $-\sqrt{5}$는 유리수가 아니므로 $\dfrac{(정수)}{(0이\ 아닌\ 정수)}$ 꼴로 나타낼 수 없다.

따라서 옳은 것은 ③, ④이다.

**62** 답 ②

□ 안에 해당하는 수는 무리수이다.

① $\sqrt{\dfrac{9}{64}}=\dfrac{3}{8}$ ⇨ 유리수

② $\sqrt{0.02}$ ⇨ 무리수

③ $5-\sqrt{4}=5-2=3$ ⇨ 유리수

④ $\sqrt{0.16}=0.4$ ⇨ 유리수

⑤ $-\dfrac{2}{\sqrt{25}}=-\dfrac{2}{5}$ ⇨ 유리수

따라서 □ 안에 해당하는 수는 ②이다.

**63** 답 ③

유리수와 무리수를 통틀어 실수라 하고, 유리수이면서 동시에 무리수인 수는 없으므로 실수의 개수에서 유리수의 개수를 뺀 것은 무리수의 개수와 같다.

$1.333\cdots=1.\dot{3}=\dfrac{13-1}{9}=\dfrac{4}{3}$, $-\sqrt{36}=-6$, $\sqrt{\dfrac{16}{81}}=\dfrac{4}{9}$

따라서 주어진 수 중 무리수는 $-\sqrt{4.9}$, $\sqrt{0.001}$, $\sqrt{15}$의 3개이므로 $a-b=3$이다.

실수는 $1.333\cdots$, $\dfrac{3}{4}$, $-\sqrt{36}$, $-\sqrt{4.9}$, $\sqrt{0.001}$, $\sqrt{\dfrac{16}{81}}$, $0$,

$\sqrt{15}$의 8개이므로 $a=8$

유리수는 $1.333\cdots=1.\dot{3}=\dfrac{13-1}{9}=\dfrac{4}{3}$, $\dfrac{3}{4}$, $-\sqrt{36}=-6$,

$\sqrt{\dfrac{16}{81}}=\dfrac{4}{9}$, $0$의 5개이므로 $b=5$

$\therefore a-b=8-5=3$

**64** 답 $\sqrt{2}$

피타고라스 정리에 의해

$\overline{AC}=\sqrt{1^2+1^2}=\sqrt{2}$

$\overline{AP}=\overline{AC}=\sqrt{2}$이므로 점 P에 대응하는 수는 $\sqrt{2}$이다.

**65** 답 ③

다섯 개의 점 A~E의 좌표는 각각 다음과 같다.

$A(-\sqrt{2})$, $B(-2+\sqrt{2})$, $C(1-\sqrt{2})$, $D(\sqrt{2})$, $E(1+\sqrt{2})$

**66** 답 $A(1-\sqrt{2})$, $B(1+\sqrt{2})$, $C(5-\sqrt{2})$, $D(4+\sqrt{2})$

왼쪽 정사각형의 한 변의 길이는 $\sqrt{1^2+1^2}=\sqrt{2}$이므로 두 점 A, B의 좌표는 각각 $A(1-\sqrt{2})$, $B(1+\sqrt{2})$이다.

오른쪽 정사각형의 대각선의 길이는 $\sqrt{1^2+1^2}=\sqrt{2}$이므로 두 점 C, D의 좌표는 각각 $C(5-\sqrt{2})$, $D(4+\sqrt{2})$이다.

**67** 답 ②, ⑤

① $\overline{AC}=\overline{BD}=\sqrt{1^2+1^2}=\sqrt{2}$

② $\overline{PC}=\overline{AC}=\sqrt{2}$이므로 $P(-1-\sqrt{2})$

③, ④ $\overline{BQ}=\overline{BD}=\sqrt{2}$이므로 $Q(-2+\sqrt{2})$

⑤ $\overline{PB}=\overline{PC}-\overline{BC}=\sqrt{2}-1$

따라서 옳지 않은 것은 ②, ⑤이다.

**68** 답 $2-\sqrt{5}$, $2+\sqrt{5}$

$\overline{AP}=\overline{AB}=\sqrt{2^2+1^2}=\sqrt{5}$이므로 점 P에 대응하는 수는 $2-\sqrt{5}$

$\overline{AQ}=\overline{AD}=\sqrt{1^2+2^2}=\sqrt{5}$이므로 점 Q에 대응하는 수는 $2+\sqrt{5}$

**69** 답 $-6+\sqrt{7}$

정사각형 ABCD의 넓이가 7이므로 한 변의 길이는 $\sqrt{7}$

따라서 $\overline{AP}=\overline{AB}=\sqrt{7}$이므로 점 A에 대응하는 수는 $-6+\sqrt{7}$

**70** 답 $-3+\sqrt{13}$

$\overline{AP}=\overline{AB}=\sqrt{2^2+3^2}=\sqrt{13}$이므로 점 A의 좌표는 $-3+\sqrt{13}$

**71** 답 14

$\overline{AQ}=\overline{AC}=\sqrt{1^2+3^2}=\sqrt{10}$, $\overline{AP}=\overline{AB}=\sqrt{3^2+1^2}=\sqrt{10}$

점 Q에 대응하는 수가 $4+\sqrt{10}$이므로 점 A에 대응하는 수는 4이다.

따라서 점 P에 대응하는 수는 $4-\sqrt{10}$이므로

$a=4$, $b=10$

$\therefore a+b=4+10=14$

**72** 답 $3+4\pi$

점 A와 점 P 사이의 거리는 원의 둘레의 길이와 같으므로

$2\pi\times2=4\pi$

따라서 점 P에 대응하는 수는

$3+4\pi$

**73** 답 ②

② 수직선은 유리수와 무리수, 즉 실수에 대응하는 점들로 완전히 메울 수 있다.

**74** 답 ㄱ, ㄴ, ㄷ

ㄱ. $1<\sqrt{2}<2<\sqrt{7}<3$이므로 $\sqrt{2}$와 $\sqrt{7}$ 사이의 정수는 2의 1개뿐이다.

ㄹ. 모든 무리수는 수직선 위에 나타낼 수 있다.

따라서 옳은 것은 ㄱ, ㄴ, ㄷ이다.

**75** 답 ②

• 선우: 1과 $\sqrt{2}$ 사이에는 무수히 많은 무리수가 있다.

• 혜나: 수직선은 유리수와 무리수, 즉 실수에 대응하는 점들로 완전히 메울 수 있다.

따라서 바르게 말한 학생은 지연, 창민이다.

**76** 답 4.351

$a=2.156$, $b=2.195$이므로

$a+b=2.156+2.195=4.351$

**77** 답 1040

$x=8.450$, $y=74.1$이므로

$1000x-100y=1000\times8.450-100\times74.1$

$=8450-7410=1040$

**78** 답 ④

① $(\sqrt{2}+3)-4=\sqrt{2}-1=\sqrt{2}-\sqrt{1}>0$ $\therefore \sqrt{2}+3>4$

② $(5-\sqrt{3})-3=2-\sqrt{3}=\sqrt{4}-\sqrt{3}>0$ $\therefore 5-\sqrt{3}>3$

③ $\sqrt{6}<\sqrt{7}$이므로 양변에 2를 더하면

$\sqrt{6}+2<\sqrt{7}+2$

④ $3>\sqrt{5}$이므로 양변에서 $\sqrt{2}$를 빼면

$3-\sqrt{2}>\sqrt{5}-\sqrt{2}$, 즉 $3-\sqrt{2}>-\sqrt{2}+\sqrt{5}$

⑤ $4>\sqrt{8}$이므로 양변에 $\sqrt{3}$을 더하면

$4+\sqrt{3}>\sqrt{8}+\sqrt{3}$, 즉 $4+\sqrt{3}>\sqrt{3}+\sqrt{8}$

따라서 옳지 않은 것은 ④이다.

**79** **답** ③

① $(\sqrt{7}-1)-2=\sqrt{7}-3=\sqrt{7}-\sqrt{9}<0$

$\therefore \sqrt{7}-1 \boxed{<} 2$

② $\sqrt{2}<\sqrt{3}$이므로 양변에 $\sqrt{5}$를 더하면

$\sqrt{5}+\sqrt{2} \boxed{<} \sqrt{5}+\sqrt{3}$

③ $4>3$이므로 양변에서 $\sqrt{8}$을 빼면

$4-\sqrt{8} \boxed{>} 3-\sqrt{8}$

④ $(\sqrt{10}-3)-1=\sqrt{10}-4=\sqrt{10}-\sqrt{16}<0$

$\therefore \sqrt{10}-3 \boxed{<} 1$

⑤ $\sqrt{\dfrac{1}{3}}>\sqrt{\dfrac{1}{4}}$에서 $-\sqrt{\dfrac{1}{3}}<-\sqrt{\dfrac{1}{4}}$이므로

양변에서 5를 빼면 $-\sqrt{\dfrac{1}{3}}-5 \boxed{<} -\sqrt{\dfrac{1}{4}}-5$

따라서 부등호의 방향이 나머지 넷과 다른 하나는 ③이다.


**80** **답** ②

ㄱ. $(\sqrt{3}+4)-6=\sqrt{3}-2=\sqrt{3}-\sqrt{4}<0$

$\therefore \sqrt{3}+4<6$

ㄴ. $\sqrt{2}<\sqrt{3}$이므로 양변에 2를 더하면

$2+\sqrt{2}<2+\sqrt{3}$

ㄷ. $\sqrt{9}<\sqrt{11}$이므로 $3<\sqrt{11}$

ㄹ. $\sqrt{\dfrac{1}{2}}>\sqrt{\dfrac{1}{9}}$이므로 $\sqrt{\dfrac{1}{2}}>\dfrac{1}{3}$

ㅁ. $3>\sqrt{8}$에서 $-3<-\sqrt{8}$이므로 양변에 $\sqrt{10}$을 더하면

$\sqrt{10}-3<\sqrt{10}-\sqrt{8}$

ㅂ. $\sqrt{\dfrac{1}{7}}<\sqrt{\dfrac{1}{6}}$에서 $-\sqrt{\dfrac{1}{7}}>-\sqrt{\dfrac{1}{6}}$이므로

양변에 3을 더하면 $3-\sqrt{\dfrac{1}{7}}>3-\sqrt{\dfrac{1}{6}}$

따라서 옳은 것은 ㄱ, ㄷ, ㅂ의 3개이다.


**81** **답** ①

$a-b=(3-\sqrt{2})-2=1-\sqrt{2}=\sqrt{1}-\sqrt{2}<0 \qquad \therefore a<b$

$b-c=2-\sqrt{10}=\sqrt{4}-\sqrt{10}<0 \qquad \therefore b<c$

$\therefore a<b<c$


**82** **답** $c<a<b$

$a=\sqrt{5}+2$, $b=\sqrt{5}+\sqrt{7}$에서

$2<\sqrt{7}$이므로 양변에 $\sqrt{5}$를 더하면 $\sqrt{5}+2<\sqrt{5}+\sqrt{7}$

$\therefore a<b$ $\qquad \cdots$ (i)

$a-c=(\sqrt{5}+2)-3=\sqrt{5}-1=\sqrt{5}-\sqrt{1}>0$

$\therefore a>c$ $\qquad \cdots$ (ii)

따라서 $c<a<b$이다. $\qquad \cdots$ (iii)

| 채점 기준 | 비율 |
|---|---|
| (i) $a$, $b$의 대소 비교하기 | 40 % |
| (ii) $a$, $c$의 대소 비교하기 | 40 % |
| (iii) $a$, $b$, $c$의 대소 비교하기 | 20 % |


**83** **답** $3+\sqrt{6}$

$-1-\sqrt{6}$은 음수이고 $\sqrt{3}+\sqrt{6}$, $3+\sqrt{6}$, 7은 양수이다.

$\sqrt{3}+\sqrt{6}$, $3+\sqrt{6}$에서 $\sqrt{3}<3$이므로

양변에 $\sqrt{6}$을 더하면 $\sqrt{3}+\sqrt{6}<3+\sqrt{6}$

$(3+\sqrt{6})-7=\sqrt{6}-4=\sqrt{6}-\sqrt{16}<0$이므로

$3+\sqrt{6}<7$

따라서 크기가 큰 것부터 차례로 나열하면

$7$, $3+\sqrt{6}$, $\sqrt{3}+\sqrt{6}$, $-1-\sqrt{6}$

이므로 두 번째에 오는 수는 $3+\sqrt{6}$이다.


**84** **답** ③

$\sqrt{49}<\sqrt{50}<\sqrt{64}$에서 $7<\sqrt{50}<8$

따라서 수직선에서 $\sqrt{50}$에 대응하는 점이 있는 구간은 ③이다.


**85** **답** ②

$\sqrt{4}<\sqrt{7}<\sqrt{9}$에서 $2<\sqrt{7}<3$ $\qquad \therefore -2<\sqrt{7}-4<-1$

따라서 $\sqrt{7}-4$에 대응하는 점은 점 B이다.


**86** **답** 점 B, 점 A, 점 C

$\sqrt{4}<\sqrt{8}<\sqrt{9}$에서 $2<\sqrt{8}<3$ ⇨ 점 B

$\sqrt{1}<\sqrt{3}<\sqrt{4}$에서 $1<\sqrt{3}<2$이므로

$-2<-\sqrt{3}<-1$ $\qquad \therefore -1<1-\sqrt{3}<0$ ⇨ 점 A

$\sqrt{4}<\sqrt{6}<\sqrt{9}$에서 $2<\sqrt{6}<3$이므로

$3<\sqrt{6}+1<4$ ⇨ 점 C

따라서 $\sqrt{8}$, $1-\sqrt{3}$, $\sqrt{6}+1$에 대응하는 점은 차례로

점 B, 점 A, 점 C이다.


**87** **답** ④

$\sqrt{4}<\sqrt{5}<\sqrt{9}$에서 $2<\sqrt{5}<3$이고

$\sqrt{16}<\sqrt{18}<\sqrt{25}$에서 $4<\sqrt{18}<5$이다.

① $\pi=3.14\cdots$이므로 $\sqrt{5}<\pi<\sqrt{18}$

② $\sqrt{5}+0.1<3.1$이므로 $\sqrt{5}<\sqrt{5}+0.1<\sqrt{18}$

③ $\sqrt{5}<\sqrt{10}<\sqrt{18}$

④ $2<\sqrt{5}<3$에서 $-1<\sqrt{5}-3<0$이므로

$-\dfrac{1}{2}<\dfrac{\sqrt{5}-3}{2}<0 \qquad \therefore \dfrac{\sqrt{5}-3}{2}<\sqrt{5}$

⑤ $\dfrac{\sqrt{5}+\sqrt{18}}{2}$은 $\sqrt{5}$와 $\sqrt{18}$의 평균이므로

$\sqrt{5}<\dfrac{\sqrt{5}+\sqrt{18}}{2}<\sqrt{18}$

따라서 $\sqrt{5}$와 $\sqrt{18}$ 사이에 있는 수가 아닌 것은 ④이다.


**88** **답** 6개

$\sqrt{4}<\sqrt{6}<\sqrt{9}$에서 $2<\sqrt{6}<3$이므로 $-3<-\sqrt{6}<-2$

$\therefore -2<1-\sqrt{6}<-1$

$\sqrt{4}<\sqrt{7}<\sqrt{9}$에서 $2<\sqrt{7}<3$이므로 $4<2+\sqrt{7}<5$

따라서 $1-\sqrt{6}$과 $2+\sqrt{7}$ 사이에 있는 정수는 $-1$, 0, 1, 2, 3, 4의 6개이다.

**89** 답 ②

$\sqrt{1}<\sqrt{3}<\sqrt{4}$에서 $1<\sqrt{3}<2$이고,

$\sqrt{9}<\sqrt{10}<\sqrt{16}$에서 $3<\sqrt{10}<4$이다.

① $\sqrt{3}+0.1<2.1$ ∴ $\sqrt{3}<\sqrt{3}+0.1<\sqrt{10}$

② $-4<-\sqrt{10}<-3$에서 $0<4-\sqrt{10}<1$이므로

$\quad 4-\sqrt{10}<\sqrt{3}$

④ $\sqrt{3}$과 $\sqrt{10}$ 사이에 있는 정수는 2, 3의 2개이다.

따라서 옳지 않은 것은 ②이다.

**90** 답 ③

$1<\sqrt{3}<2$이므로

$\sqrt{3}$의 정수 부분 $a=1$,

$\quad$ 소수 부분 $b=\sqrt{3}-1$

∴ $2a+b=2\times1+(\sqrt{3}-1)=1+\sqrt{3}$

**91** 답 (1) $\sqrt{2}-5$ (2) $6-\sqrt{3}$

(1) $1<\sqrt{2}<2$이므로 $4<3+\sqrt{2}<5$에서

$\quad 3+\sqrt{2}$의 정수 부분 $a=4$,

$\quad\quad$ 소수 부분 $b=(3+\sqrt{2})-4=\sqrt{2}-1$

∴ $b-a=(\sqrt{2}-1)-4=\sqrt{2}-5$

(2) $1<\sqrt{3}<2$이므로 $-2<-\sqrt{3}<-1$, $2<4-\sqrt{3}<3$에서

$\quad 4-\sqrt{3}$의 정수 부분 $a=2$,

$\quad\quad$ 소수 부분 $b=(4-\sqrt{3})-2=2-\sqrt{3}$

∴ $2a+b=2\times2+(2-\sqrt{3})=6-\sqrt{3}$

**92** 답 $\sqrt{7}$

$2<\sqrt{7}<3$이므로

$-3<-\sqrt{7}<-2$, $2<5-\sqrt{7}<3$에서

$5-\sqrt{7}$의 정수 부분 $a=2$ $\quad\quad\cdots$ (i)

$7<5+\sqrt{7}<8$이므로

$5+\sqrt{7}$의 소수 부분 $b=(5+\sqrt{7})-7=\sqrt{7}-2$ $\quad\cdots$ (ii)

∴ $a+b=2+(\sqrt{7}-2)=\sqrt{7}$ $\quad\quad\cdots$ (iii)

| 채점 기준 | 비율 |
|---|---|
| (i) $a$의 값 구하기 | 40 % |
| (ii) $b$의 값 구하기 | 40 % |
| (iii) $a+b$의 값 구하기 | 20 % |

**93** 답 ②

$2<\sqrt{5}<3$이므로

$\sqrt{5}$의 소수 부분 $a=\sqrt{5}-2$ $\quad$ ∴ $\sqrt{5}=a+2$

$-3<-\sqrt{5}<-2$에서 $2<5-\sqrt{5}<3$이므로

$5-\sqrt{5}$의 소수 부분은

$(5-\sqrt{5})-2=3-\sqrt{5}=3-(\underline{a+2})$

$\quad\quad\quad\quad\quad\quad=1-a$

**94** 답 ④

그래프가 오른쪽 아래로 향하므로 $a<0$

$y$절편이 양수이므로 $b>0$

즉, $3a<0$, $-5b<0$, $a-b<0$이므로

$\sqrt{(3a)^2}-\sqrt{(-5b)^2}+\sqrt{(a-b)^2}$

$=-(3a)-\{-(-5b)\}-(a-b)$

$=-3a-5b-a+b$

$=-4a-4b$

**95** 답 ②

$9<$ⓜ이므로 ⓜ에 적힌 수는 12이고

ⓜ과 마주 보는 면이 ⓒ이므로 ⓒ에 적힌 수는 $\sqrt{12}$이다.

---

단원 **마무리** P. 21~23

| **1** ④ | **2** 6 | **3** ⑤ | **4** ② | **5** ② |
|---|---|---|---|---|
| **6** ③ | **7** ④ | **8** ㄱ, ㄴ, ㄹ | | **9** ④ |
| **10** ④ | **11** $\sqrt{3}-7$ | **12** $\sqrt{6}$cm | **13** $a-b$ | **14** 48 |
| **15** 30 | **16** 9 | **17** ① | **18** ⑤ | **19** 3개 |
| **20** ② | **21** 176 | **22** 202개 | | |

**1** $x$는 양수 $a$의 제곱근이므로 $x^2=a$ 또는 $x=\pm\sqrt{a}$이다.

**2** $\sqrt{256}=16$의 양의 제곱근 $a=4$ $\quad\quad\cdots$ (i)

$(-\sqrt{4})^2=4$의 음의 제곱근 $b=-2$ $\quad\cdots$ (ii)

∴ $a-b=4-(-2)=6$ $\quad\quad\cdots$ (iii)

| 채점 기준 | 비율 |
|---|---|
| (i) $a$의 값 구하기 | 40 % |
| (ii) $b$의 값 구하기 | 40 % |
| (iii) $a-b$의 값 구하기 | 20 % |

**3** ① $-1$은 음수이므로 제곱근이 없다.

② 제곱근 4는 $\sqrt{4}=2$이다.

③ $\sqrt{25}=5$의 제곱근은 $\pm\sqrt{5}$이고, 제곱근 5는 $\sqrt{5}$이다.

④ $(-6)^2=36$의 제곱근은 $\pm6$이다.

⑤ $\sqrt{(-7)^2}=7$의 제곱근은 $\pm\sqrt{7}$이다.

따라서 옳은 것은 ⑤이다.

**4** $-\sqrt{225}\div\sqrt{(-3)^2}+\sqrt{\dfrac{1}{16}}\times(-\sqrt{8})^2$

$=-15\div3+\dfrac{1}{4}\times8$

$=-5+2=-3$

**5** ㄱ. $x<-1$이면 $x+1<0$, $x-1<0$이므로
   $A=-(x+1)-\{-(x-1)\}$
     $=-x-1+x-1=-2$

ㄴ. $-1<x<1$이면 $x+1>0$, $x-1<0$이므로
   $A=x+1-\{-(x-1)\}$
     $=x+1+x-1=2x$

ㄷ. $x>1$이면 $x+1>0$, $x-1>0$이므로
   $A=x+1-(x-1)$
     $=x+1-x+1=2$

따라서 옳은 것은 ㄱ, ㄴ이다.

**6** $\sqrt{75a}=\sqrt{3\times5^2\times a}$가 자연수가 되려면 $a=3\times(\text{자연수})^2$ 꼴이어야 한다.
이때 가장 작은 자연수 $a$는 3이므로
$\sqrt{75\times3}=\sqrt{3^2\times5^2}=15$    $\therefore b=15$
따라서 구하는 값은 $3+15=18$

**7** □ 안에 해당하는 수는 무리수이다.
① $0.1$, $\sqrt{4}=2$ ⇨ 유리수
② $-\sqrt{16}=-4$ ⇨ 유리수
③ $\sqrt{1.\dot{7}}=\sqrt{\dfrac{16}{9}}=\dfrac{4}{3}$, $\sqrt{(-5)^2}=5$ ⇨ 유리수
⑤ $\sqrt{\dfrac{1}{36}}=\dfrac{1}{6}$ ⇨ 유리수
따라서 □ 안에 해당하는 수로만 짝 지어진 것은 ④이다.

**8** ㄱ. $\overline{EF}=\sqrt{1^2+1^2}=\sqrt{2}$
ㄴ. $\overline{AP}=\overline{AD}=\sqrt{1^2+3^2}=\sqrt{10}$이므로 점 P에 대응하는 수는 $1-\sqrt{10}$이다.
ㄷ. $\overline{EQ}=\overline{EF}=\sqrt{2}$이므로 점 Q에 대응하는 수는 $5+\sqrt{2}$이다.
ㄹ. $1-\sqrt{10}$과 $5+\sqrt{2}$ 사이에는 무수히 많은 무리수가 있다.
따라서 옳은 것은 ㄱ, ㄴ, ㄹ이다.

**9** ① $(\sqrt{3}+1)-2=\sqrt{3}-1=\sqrt{3}-\sqrt{1}>0$
   $\therefore \sqrt{3}+1>2$
② $(\sqrt{13}+2)-6=\sqrt{13}-4=\sqrt{13}-\sqrt{16}<0$
   $\therefore \sqrt{13}+2<6$
③ $\sqrt{\dfrac{1}{5}}>\sqrt{\dfrac{1}{6}}$에서 $-\sqrt{\dfrac{1}{5}}<-\sqrt{\dfrac{1}{6}}$이므로
   양변에 7을 더하면 $7-\sqrt{\dfrac{1}{5}}<7-\sqrt{\dfrac{1}{6}}$
④ $4>\sqrt{15}$이므로 양변에 $\sqrt{3}$을 더하면
   $\sqrt{3}+4>\sqrt{3}+\sqrt{15}$
⑤ $\sqrt{10}<\sqrt{11}$이므로 양변에 $\sqrt{6}$을 더하면
   $\sqrt{6}+\sqrt{10}<\sqrt{6}+\sqrt{11}$
따라서 옳지 않은 것은 ④이다.

**10** $1<\sqrt{3}<2$에서 $-2<-\sqrt{3}<-1$이므로
$3<5-\sqrt{3}<4$
따라서 $5-\sqrt{3}$에 대응하는 점이 있는 구간은 ④이다.

**11** $1<\sqrt{3}<2$이므로 $6<5+\sqrt{3}<7$에서
$5+\sqrt{3}$의 정수 부분 $a=6$,
     소수 부분 $b=(5+\sqrt{3})-6=\sqrt{3}-1$
$\therefore b-a=(\sqrt{3}-1)-6=\sqrt{3}-7$

**12** 처음 정사각형의 넓이는 $48\,\text{cm}^2$이고, 정사각형을 한 번 접으면 그 넓이는 전 단계 정사각형의 넓이의 $\dfrac{1}{2}$이 되므로
[1단계]~[3단계]에서 생기는 정사각형의 넓이는 각각 다음과 같다.
[1단계] $48\times\dfrac{1}{2}=24(\text{cm}^2)$
[2단계] $24\times\dfrac{1}{2}=12(\text{cm}^2)$
[3단계] $12\times\dfrac{1}{2}=6(\text{cm}^2)$
따라서 [3단계]에서 생기는 정사각형의 한 변의 길이를 $x\,\text{cm}$라고 하면 $x^2=6$
이때 $x>0$이므로 $x=\sqrt{6}$
따라서 [3단계]에서 생기는 정사각형의 한 변의 길이는 $\sqrt{6}\,\text{cm}$이다.

**13** $ab<0$에서 $a$, $b$는 서로 다른 부호이다.
이때 $a-b>0$에서 $a>b$이므로 $a>0$, $b<0$    $\cdots$ (i)
따라서 $-2a<0$, $2b-a<0$, $3b<0$이므로    $\cdots$ (ii)
$\sqrt{(-2a)^2}-\sqrt{(2b-a)^2}+\sqrt{9b^2}$
$=\sqrt{(-2a)^2}-\sqrt{(2b-a)^2}+\sqrt{(3b)^2}$
$=-(-2a)-\{-(2b-a)\}+(-3b)$
$=2a+2b-a-3b$
$=a-b$    $\cdots$ (iii)

| 채점 기준 | 비율 |
|---|---|
| (i) $a$, $b$의 부호 판단하기 | 20 % |
| (ii) $-2a$, $2b-a$, $3b$의 부호 판단하기 | 20 % |
| (iii) 주어진 식을 간단히 하기 | 60 % |

**14** $\sqrt{225-a}-\sqrt{81+b}$를 계산한 결과가 가장 큰 정수가 되려면 $\sqrt{225-a}$는 가장 큰 정수, $\sqrt{81+b}$는 가장 작은 정수이어야 한다.
$\sqrt{225-a}$가 가장 큰 정수가 될 때,
$225-a=196$    $\therefore a=29$
$\sqrt{81+b}$가 가장 작은 정수가 될 때,
$81+b=100$    $\therefore b=19$
$\therefore a+b=29+19=48$

> **주의** $a$, $b$가 자연수이므로 $225-a=225$, $81+b=81$로 식을 세우지 않고, $225-a=196$, $81+b=100$으로 식을 세운다.

**15** $3=\sqrt{9}$이고 $\sqrt{5}<\sqrt{9}<\sqrt{11}$이므로

$-\sqrt{11}<-3<-\sqrt{5}$ $\quad\therefore a=-\sqrt{11}$

$\sqrt{(-4)^2}=\sqrt{16}$이므로

$\sqrt{\dfrac{7}{2}}<\sqrt{(-4)^2}<\sqrt{19}$ $\quad\therefore b=\sqrt{19}$

$\therefore a^2+b^2=(-\sqrt{11})^2+(\sqrt{19})^2=11+19=30$

**16** (i) $5<\sqrt{3x}\le6$에서 $\sqrt{25}<\sqrt{3x}\le\sqrt{36}$이므로

$25<3x\le36$ $\quad\therefore \dfrac{25}{3}<x\le12$

$\therefore x=9,\ 10,\ 11,\ 12$

(ii) $\sqrt{45}\le x<\sqrt{90}$에서 $\sqrt{45}\le\sqrt{x^2}<\sqrt{90}$이므로

$45\le x^2<90$

이때 $x$는 자연수이므로 $x^2=49,\ 64,\ 81$

$\therefore x=7,\ 8,\ 9$

따라서 (i), (ii)에 의해 두 부등식을 동시에 만족시키는 자연수 $x$의 값은 9이다.

**17** $\sqrt{36}<\sqrt{40}<\sqrt{49}$, 즉 $6<\sqrt{40}<7$이므로 $\sqrt{40}$ 이하의 자연수 중에서 가장 큰 수는 6이다.

$\therefore M(40)=6$

$\sqrt{49}<\sqrt{60}<\sqrt{64}$, 즉 $7<\sqrt{60}<8$이므로 $\sqrt{60}$ 이하의 자연수 중에서 가장 큰 수는 7이다.

$\therefore M(60)=7$

$\therefore M(40)+M(60)=6+7=13$

**18** $\sqrt{9}<\sqrt{11}<\sqrt{16}$에서 $3<\sqrt{11}<4$

$\sqrt{1}<\sqrt{3}<\sqrt{4}$에서 $1<\sqrt{3}<2$이므로

$0<-1+\sqrt{3}<1$

$\sqrt{1}<\sqrt{2}<\sqrt{4}$에서 $1<\sqrt{2}<2$이므로

$-2<-\sqrt{2}<-1$

$\therefore -1<1-\sqrt{2}<0$

$\sqrt{9}<\sqrt{10}<\sqrt{16}$에서 $3<\sqrt{10}<4$이므로

$-4<-\sqrt{10}<-3$

$\sqrt{4}<\sqrt{5}<\sqrt{9}$에서 $2<\sqrt{5}<3$이므로

$-3<-\sqrt{5}<-2$

$\therefore -2<1-\sqrt{5}<-1$

$\therefore -\sqrt{10}<1-\sqrt{5}<1-\sqrt{2}<-1+\sqrt{3}<\sqrt{11}$

따라서 수직선 위의 점에 각각 대응시킬 때, 왼쪽에서 두 번째에 오는 수는 $1-\sqrt{5}$이다.

**19** $2<\sqrt{5}<3$이므로 $-3<-\sqrt{5}<-2$

$\therefore -2<1-\sqrt{5}<-1$

$1<\sqrt{3}<2$이므로 $-2<-\sqrt{3}<-1$

$\therefore 1<3-\sqrt{3}<2$

따라서 $1-\sqrt{5}$와 $3-\sqrt{3}$ 사이에 있는 정수는 $-1$, 0, 1의 3개이다.

**20** $\sqrt{\underbrace{1+3}_{2개}}=\sqrt{4}=\sqrt{2^2}=\underline{2}$

$\sqrt{\underbrace{1+3+5}_{3개}}=\sqrt{9}=\sqrt{3^2}=\underline{3}$

$\sqrt{\underbrace{1+3+5+7}_{4개}}=\sqrt{16}=\sqrt{4^2}=\underline{4}$

$\vdots$

$\therefore \sqrt{\underbrace{1+3+5+7+\cdots+17+19}_{10개}}=\sqrt{10^2}=\underline{10}$

**다른 풀이**

$\sqrt{1+3+5+7+\cdots+17+19}$

$=\sqrt{(1+19)+(3+17)+\cdots+(9+11)}$

$=\sqrt{20\times5}$

$=\sqrt{100}$

$=10$

**21** 정사각형 A의 한 변의 길이는 $\sqrt{20x}$

정사각형 B의 한 변의 길이는 $\sqrt{109-x}$

$\sqrt{20x}=\sqrt{2^2\times5\times x}$가 자연수가 되려면 $x=5\times(\text{자연수})^2$ 꼴이어야 한다.

$\therefore x=5,\ 20,\ 45,\ 80,\ 125,\ \cdots$ $\quad\cdots$ ㉠

또 $\sqrt{109-x}$가 자연수가 되려면 $109-x$는 109보다 작은 $(\text{자연수})^2$ 꼴인 수이어야 한다.

즉, $109-x=1,\ 4,\ 9,\ 16,\ 25,\ 36,\ 49,\ 64,\ 81,\ 100$

$\therefore x=108,\ 105,\ 100,\ 93,\ 84,\ 73,\ 60,\ 45,\ 28,\ 9$ $\quad\cdots$ ㉡

㉠, ㉡에 의해 $x=45$이므로

정사각형 A의 한 변의 길이는

$\sqrt{20x}=\sqrt{20\times45}=30$

정사각형 B의 한 변의 길이는

$\sqrt{109-x}=\sqrt{109-45}=8$

따라서 직사각형 C의 넓이는

$8\times(30-8)=176$

**22** 무리수에 대응하는 점의 개수는

1과 2 사이에는 2개 → $(2\times1)$개

2와 3 사이에는 4개 → $(2\times2)$개

3과 4 사이에는 6개 → $(2\times3)$개

$\vdots$

이므로 $n$과 $n+1$ 사이에는 $2n$개이다.

따라서 101과 102 사이에 있는 자연수의 양의 제곱근 중 무리수에 대응하는 점의 개수는 $2\times101=202$(개)

**다른 풀이**

$101=\sqrt{101^2}=\sqrt{10201}$

$102=\sqrt{102^2}=\sqrt{10404}$

$\therefore 10404-10201-1=202$(개)

**1** 답 ⑤

⑤ $5\sqrt{3} \times 2\sqrt{7} = 10\sqrt{3 \times 7} = 10\sqrt{21}$

**2** 답 $-20\sqrt{6}$

$5\sqrt{2} \times 4\sqrt{5} \times \left(-\sqrt{\dfrac{3}{5}}\right) = -20\sqrt{2 \times 5 \times \dfrac{3}{5}} = -20\sqrt{6}$

**3** 답 ②

$2\sqrt{3} \times 3\sqrt{2} \times \sqrt{a} = 6\sqrt{3 \times 2 \times a} = 6\sqrt{6a}$

따라서 $6a = 42$이므로 $a = 7$

**4** 답 4

$\sqrt{2} \times \sqrt{3} \times \sqrt{a} \times \sqrt{12} \times \sqrt{2a} = \sqrt{2 \times 3 \times a \times 12 \times 2a}$
$= \sqrt{(12a)^2} = 12a \ (\because a > 0)$

따라서 $12a = 48$이므로 $a = 4$

**5** 답 ④

④ $(-\sqrt{45}) \div \sqrt{5} = -\dfrac{\sqrt{45}}{\sqrt{5}} = -\sqrt{\dfrac{45}{5}} = -\sqrt{9} = -3$

**6** 답 16

$\dfrac{\sqrt{70}}{\sqrt{5}} = \sqrt{\dfrac{70}{5}} = \sqrt{14} \qquad \therefore a = 14$

$\dfrac{\sqrt{35}}{\sqrt{20}} \div \dfrac{\sqrt{7}}{\sqrt{8}} = \dfrac{\sqrt{35}}{\sqrt{20}} \times \dfrac{\sqrt{8}}{\sqrt{7}} = \sqrt{\dfrac{35}{20} \times \dfrac{8}{7}} = \sqrt{2} \qquad \therefore b = 2$

$\therefore a + b = 14 + 2 = 16$

**7** 답 $\sqrt{3}$

$\dfrac{\sqrt{15}}{\sqrt{2}} \div \dfrac{\sqrt{20}}{\sqrt{6}} \div \sqrt{\dfrac{18}{24}} = \dfrac{\sqrt{15}}{\sqrt{2}} \div \dfrac{\sqrt{20}}{\sqrt{6}} \div \dfrac{\sqrt{18}}{\sqrt{24}}$
$= \dfrac{\sqrt{15}}{\sqrt{2}} \times \dfrac{\sqrt{6}}{\sqrt{20}} \times \dfrac{\sqrt{24}}{\sqrt{18}}$
$= \sqrt{\dfrac{15}{2} \times \dfrac{6}{20} \times \dfrac{24}{18}} = \sqrt{3}$

**8** 답 ⑤

⑤ $-3\sqrt{2} = -\sqrt{3^2 \times 2} = -\sqrt{18}$

**9** 답 91

$4\sqrt{6} = \sqrt{4^2 \times 6} = \sqrt{96} \qquad \therefore a = 96$

$\sqrt{75} = \sqrt{5^2 \times 3} = 5\sqrt{3} \qquad \therefore b = 5$

$\therefore a - b = 96 - 5 = 91$

**10** 답 12

$\sqrt{2} \times \sqrt{3} \times \sqrt{4} \times \sqrt{5} \times \sqrt{6} \times \sqrt{7} = \sqrt{2 \times 3 \times 2^2 \times 5 \times 2 \times 3 \times 7}$
$= \sqrt{3^2 \times 4^2 \times 5 \times 7}$
$= \sqrt{(3 \times 4)^2 \times 5 \times 7} = 12\sqrt{35}$

$\therefore a = 12$

**11** 답 ⑤

$\sqrt{\dfrac{h}{4.9}}$에 $h = 245$를 대입하면

$\sqrt{\dfrac{245}{4.9}} = \sqrt{\dfrac{2450}{49}} = \sqrt{50} = \sqrt{5^2 \times 2} = 5\sqrt{2}$

따라서 먹이가 지면에 닿을 때까지 걸리는 시간을 $a\sqrt{b}$초 꼴로 나타내면 $5\sqrt{2}$초이다.

**12** 답 $10\sqrt{5}$

(색칠한 정사각형의 넓이) $= 1000 \times \dfrac{1}{2} = 500$

따라서 색칠한 정사각형의 한 변의 길이는

$\sqrt{500} = \sqrt{10^2 \times 5} = 10\sqrt{5}$

**13** 답 ㄱ, ㄴ, ㄹ

ㄷ. $\sqrt{\dfrac{28}{18}} = \sqrt{\dfrac{14}{9}} = \dfrac{\sqrt{14}}{3}$

ㄹ. $\sqrt{0.24} = \sqrt{\dfrac{24}{100}} = \sqrt{\dfrac{6}{25}} = \dfrac{\sqrt{6}}{5}$

따라서 옳은 것은 ㄱ, ㄴ, ㄹ이다.

**14** 답 ③

$\sqrt{0.005} = \sqrt{\dfrac{50}{10000}} = \dfrac{\sqrt{50}}{100} = \dfrac{5\sqrt{2}}{100} = \dfrac{\sqrt{2}}{20}$

$\therefore k = \dfrac{1}{20}$

**15** 답 2

$\dfrac{\sqrt{3}}{3\sqrt{2}} = \dfrac{\sqrt{3}}{\sqrt{18}} = \sqrt{\dfrac{3}{18}} = \sqrt{\dfrac{1}{6}}$

$\therefore a = \dfrac{1}{6}$

$\dfrac{\sqrt{2}}{2\sqrt{5}} = \dfrac{\sqrt{2}}{\sqrt{20}} = \sqrt{\dfrac{2}{20}} = \sqrt{\dfrac{1}{10}}$

$\therefore b = \dfrac{1}{10}$

$\therefore 6a + 10b = 6 \times \dfrac{1}{6} + 10 \times \dfrac{1}{10} = 2$

**16** 답 ④

① $\sqrt{20000} = \sqrt{2 \times 10000} = 100\sqrt{2} = 100 \times 1.414 = 141.4$

② $\sqrt{2000} = \sqrt{20 \times 100} = 10\sqrt{20} = 10 \times 4.472 = 44.72$

③ $\sqrt{0.2} = \sqrt{\dfrac{20}{100}} = \dfrac{\sqrt{20}}{10} = \dfrac{4.472}{10} = 0.4472$

④ $\sqrt{0.002} = \sqrt{\dfrac{20}{10000}} = \dfrac{\sqrt{20}}{100} = \dfrac{4.472}{100} = 0.04472$

⑤ $\sqrt{0.0002} = \sqrt{\dfrac{2}{10000}} = \dfrac{\sqrt{2}}{100} = \dfrac{1.414}{100} = 0.01414$

따라서 옳지 않은 것은 ④이다.

**17** 답 ㄴ, ㄹ

ㄱ. $\sqrt{0.034}=\sqrt{\dfrac{3.4}{100}}=\dfrac{\sqrt{3.4}}{10}=\dfrac{1.844}{10}=0.1844$

ㄴ. $\sqrt{0.34}=\sqrt{\dfrac{34}{100}}=\dfrac{\sqrt{34}}{10}$

ㄷ. $\sqrt{340}=\sqrt{3.4\times100}=10\sqrt{3.4}=10\times1.844=18.44$

ㄹ. $\sqrt{3400}=\sqrt{34\times100}=10\sqrt{34}$

따라서 $\sqrt{3.4}$의 값을 이용하여 그 값을 구할 수 없는 것은 ㄴ, ㄹ이다.

**18** 답 **18.2504**

$\sqrt{0.314}=\sqrt{\dfrac{31.4}{100}}=\dfrac{\sqrt{31.4}}{10}=\dfrac{5.604}{10}=0.5604$

$\sqrt{313}=\sqrt{3.13\times100}=10\sqrt{3.13}=10\times1.769=17.69$

$\therefore \sqrt{0.314}+\sqrt{313}=0.5604+17.69=18.2504$

**19** 답 ④

$\sqrt{580}=\sqrt{1.45\times400}=20\sqrt{1.45}=20\times1.204=24.08$

**20** 답 ②

$29.27=2.927\times10$이므로

$\sqrt{a}=\sqrt{8.57\times10}=\sqrt{8.57\times100}=\sqrt{857}$

$\therefore a=857$

**21** 답 ②

$\sqrt{108}=\sqrt{2^2\times3^3}=\sqrt{2^2}\times\sqrt{3^3}=(\sqrt{2})^2\times(\sqrt{3})^3=a^2b^3$

**22** 답 $\dfrac{1}{5}$

$\sqrt{0.84}=\sqrt{\dfrac{84}{100}}=\sqrt{\dfrac{2^2\times3\times7}{10^2}}=\dfrac{2\sqrt{3}\sqrt{7}}{10}=\dfrac{1}{5}\sqrt{3}\sqrt{7}=\dfrac{1}{5}ab$

따라서 □ 안에 알맞은 수는 $\dfrac{1}{5}$이다.

**23** 답 ④

$\sqrt{80}=\sqrt{4^2\times5}=4\sqrt{5}=4y$

$\sqrt{0.6}=\sqrt{\dfrac{6}{10}}=\sqrt{\dfrac{3}{5}}=\dfrac{\sqrt{3}}{\sqrt{5}}=\dfrac{x}{y}$

$\therefore \sqrt{80}-\sqrt{0.6}=4y-\dfrac{x}{y}$

**24** 답 ④

① $\sqrt{2400}=\sqrt{24\times100}=10\sqrt{24}=10b$

② $\sqrt{3840}=\sqrt{1600\times2.4}=40\sqrt{2.4}=40a$

③ $\sqrt{0.024}=\sqrt{\dfrac{2.4}{100}}=\dfrac{\sqrt{2.4}}{10}=\dfrac{1}{10}a$

④ $\sqrt{0.096}=\sqrt{\dfrac{9.6}{100}}=\sqrt{\dfrac{4\times2.4}{100}}=\dfrac{2}{10}\sqrt{2.4}=\dfrac{1}{5}a$

⑤ $\sqrt{0.0024}=\sqrt{\dfrac{24}{10000}}=\dfrac{\sqrt{24}}{100}=\dfrac{1}{100}b$

따라서 옳지 않은 것은 ④이다.

**25** 답 ②

① $\dfrac{3}{\sqrt{7}}=\dfrac{3\times\sqrt{7}}{\sqrt{7}\times\sqrt{7}}=\dfrac{3\sqrt{7}}{7}$

② $\dfrac{\sqrt{5}}{\sqrt{2}}=\dfrac{\sqrt{5}\times\sqrt{2}}{\sqrt{2}\times\sqrt{2}}=\dfrac{\sqrt{10}}{2}$

③ $\dfrac{\sqrt{3}}{2\sqrt{5}}=\dfrac{\sqrt{3}\times\sqrt{5}}{2\sqrt{5}\times\sqrt{5}}=\dfrac{\sqrt{15}}{10}$

④ $\dfrac{4}{5\sqrt{2}}=\dfrac{4\times\sqrt{2}}{5\sqrt{2}\times\sqrt{2}}=\dfrac{4\sqrt{2}}{10}=\dfrac{2\sqrt{2}}{5}$

⑤ $\dfrac{\sqrt{6}}{\sqrt{3}\sqrt{5}}=\sqrt{\dfrac{6}{15}}=\sqrt{\dfrac{2}{5}}=\dfrac{\sqrt{2}}{\sqrt{5}}=\dfrac{\sqrt{2}\times\sqrt{5}}{\sqrt{5}\times\sqrt{5}}=\dfrac{\sqrt{10}}{5}$

따라서 옳은 것은 ②이다.

**26** 답 **2**

$\dfrac{2\sqrt{5}}{\sqrt{3}}=\dfrac{2\sqrt{5}\times\sqrt{3}}{\sqrt{3}\times\sqrt{3}}=\dfrac{2\sqrt{15}}{3}$ $\qquad \therefore a=\dfrac{2}{3}$ $\qquad\qquad \cdots$ (i)

$\dfrac{3}{\sqrt{75}}=\dfrac{3}{5\sqrt{3}}=\dfrac{3\times\sqrt{3}}{5\sqrt{3}\times\sqrt{3}}=\dfrac{3\sqrt{3}}{15}=\dfrac{\sqrt{3}}{5}$

$\therefore b=3$ $\qquad\qquad\qquad\qquad\qquad \cdots$ (ii)

$\therefore ab=\dfrac{2}{3}\times3=2$ $\qquad\qquad\qquad \cdots$ (iii)

| 채점 기준 | 비율 |
| --- | --- |
| (i) $a$의 값 구하기 | 40 % |
| (ii) $b$의 값 구하기 | 40 % |
| (iii) $ab$의 값 구하기 | 20 % |

**27** 답 $\dfrac{\sqrt{2}}{\sqrt{3}}$

$\dfrac{\sqrt{2}}{3},\ \dfrac{\sqrt{2}}{\sqrt{3}}=\dfrac{\sqrt{2}\times\sqrt{3}}{\sqrt{3}\times\sqrt{3}}=\dfrac{\sqrt{6}}{3},\ \dfrac{2}{3}=\dfrac{\sqrt{4}}{3},$

$\dfrac{2}{\sqrt{3}}=\dfrac{2\times\sqrt{3}}{\sqrt{3}\times\sqrt{3}}=\dfrac{2\sqrt{3}}{3}=\dfrac{\sqrt{12}}{3},\ \sqrt{3}=\dfrac{3\sqrt{3}}{3}=\dfrac{\sqrt{27}}{3}$이므로

$\dfrac{\sqrt{2}}{3}<\dfrac{2}{3}<\dfrac{\sqrt{2}}{\sqrt{3}}<\dfrac{2}{\sqrt{3}}<\sqrt{3}$

따라서 크기가 작은 것부터 차례로 나열할 때, 세 번째에 오는 수는 $\dfrac{\sqrt{2}}{\sqrt{3}}$이다.

**28** 답 $\sqrt{6}$

$\dfrac{3\sqrt{3}}{\sqrt{2}}\div\dfrac{\sqrt{6}}{\sqrt{5}}\times\dfrac{\sqrt{8}}{\sqrt{15}}=\dfrac{3\sqrt{3}}{\sqrt{2}}\times\dfrac{\sqrt{5}}{\sqrt{6}}\times\dfrac{2\sqrt{2}}{\sqrt{15}}$

$\qquad\qquad\qquad\qquad\qquad =\dfrac{6}{\sqrt{6}}=\dfrac{6\sqrt{6}}{6}=\sqrt{6}$

**29** 답 ④, ⑤

① $\dfrac{5}{\sqrt{2}}\times\dfrac{4\sqrt{3}}{7}=\dfrac{20\sqrt{3}}{7\sqrt{2}}=\dfrac{20\sqrt{6}}{14}=\dfrac{10\sqrt{6}}{7}$

② $4\sqrt{12}\div(-2\sqrt{3})=8\sqrt{3}\times\left(-\dfrac{1}{2\sqrt{3}}\right)=-4$

③ $5\sqrt{2}\times\sqrt{27}\div\sqrt{3}=5\sqrt{2}\times3\sqrt{3}\times\dfrac{1}{\sqrt{3}}=15\sqrt{2}$

④ $3\sqrt{12}\div\sqrt{6}\times\sqrt{2}=6\sqrt{3}\times\dfrac{1}{\sqrt{6}}\times\sqrt{2}=6$

⑤ $3\sqrt{2} \div \sqrt{\dfrac{5}{8}} \times \sqrt{40} = 3\sqrt{2} \div \dfrac{\sqrt{5}}{\sqrt{8}} \times \sqrt{40}$

$\qquad = 3\sqrt{2} \times \dfrac{2\sqrt{2}}{\sqrt{5}} \times 2\sqrt{10} = 24\sqrt{2}$

따라서 옳지 않은 것은 ④, ⑤이다.

**30** 답 $-\dfrac{1}{15}$

$\dfrac{4}{3\sqrt{5}} \times \dfrac{\sqrt{200}}{8} \div (-\sqrt{50}) = \dfrac{4}{3\sqrt{5}} \times \dfrac{10\sqrt{2}}{8} \times \left(-\dfrac{1}{5\sqrt{2}}\right)$

$\qquad = -\dfrac{1}{3\sqrt{5}} = -\dfrac{\sqrt{5}}{15}$

$\therefore a = -\dfrac{1}{15}$

**31** 답 $\sqrt{5}$

| $\sqrt{6}$ | | $\sqrt{30}$ |
|---|---|---|
| $\dfrac{\sqrt{5}}{5}$ | | ㉠ |
| $A$ | $\sqrt{3}$ | $B$ |

위의 사각형에서 가로 또는 세로에 있는 세 수의 곱이 각각 $2\sqrt{15}$이므로

$\sqrt{6} \times \dfrac{\sqrt{5}}{5} \times A = 2\sqrt{15}$에서

$A = 2\sqrt{15} \div \sqrt{6} \div \dfrac{\sqrt{5}}{5} = 2\sqrt{15} \times \dfrac{1}{\sqrt{6}} \times \dfrac{5}{\sqrt{5}} = \dfrac{10}{\sqrt{2}} = 5\sqrt{2}$

$5\sqrt{2} \times \sqrt{3} \times B = 2\sqrt{15}$에서

$B = 2\sqrt{15} \div 5\sqrt{2} \div \sqrt{3} = 2\sqrt{15} \times \dfrac{1}{5\sqrt{2}} \times \dfrac{1}{\sqrt{3}} = \dfrac{2\sqrt{5}}{5\sqrt{2}} = \dfrac{\sqrt{10}}{5}$

$\sqrt{30} \times ㉠ \times \dfrac{\sqrt{10}}{5} = 2\sqrt{15}$에서

$㉠ = 2\sqrt{15} \div \sqrt{30} \div \dfrac{\sqrt{10}}{5} = 2\sqrt{15} \times \dfrac{1}{\sqrt{30}} \times \dfrac{5}{\sqrt{10}}$

$\qquad = \dfrac{10}{\sqrt{20}} = \dfrac{5}{\sqrt{5}} = \sqrt{5}$

**32** 답 $27\sqrt{2}\,\mathrm{m}^2$

화단의 가로의 길이는 $\sqrt{54} = 3\sqrt{6}\,(\mathrm{m})$, 세로의 길이는

$\sqrt{27} = 3\sqrt{3}\,(\mathrm{m})$이므로

화단의 넓이는 $3\sqrt{6} \times 3\sqrt{3} = 9\sqrt{18} = 27\sqrt{2}\,(\mathrm{m}^2)$

**33** 답 ④

(삼각형의 넓이) $= \dfrac{1}{2} \times \sqrt{50} \times \sqrt{48} = \dfrac{1}{2} \times 5\sqrt{2} \times 4\sqrt{3} = 10\sqrt{6}$

직사각형의 가로의 길이를 $x$라고 하면

(직사각형의 넓이) $= x \times \sqrt{18} = 3\sqrt{2}x$

삼각형의 넓이와 직사각형의 넓이가 서로 같으므로

$10\sqrt{6} = 3\sqrt{2}x \qquad \therefore x = \dfrac{10\sqrt{6}}{3\sqrt{2}} = \dfrac{10\sqrt{3}}{3}$

따라서 직사각형의 가로의 길이는 $\dfrac{10\sqrt{3}}{3}$이다.

**34** 답 $16\sqrt{3}\pi\,\mathrm{cm}$

주어진 두 원의 넓이의 합과 넓이가 같은 원의 반지름의 길이를 $r\,\mathrm{cm}$라고 하면

$\pi r^2 = \pi \times (4\sqrt{5})^2 + \pi \times (4\sqrt{7})^2$

$\pi r^2 = 192\pi$, $r^2 = 192$

이때 $r > 0$이므로 $r = \sqrt{192} = 8\sqrt{3}$

$\therefore$ (원의 둘레의 길이) $= 2\pi \times 8\sqrt{3} = 16\sqrt{3}\pi\,(\mathrm{cm})$

**35** 답 $\dfrac{7\sqrt{2}}{2}\,\mathrm{cm}$

직육면체의 높이를 $h\,\mathrm{cm}$라고 하면

(직육면체의 부피) $= 4\sqrt{3} \times 2\sqrt{5} \times h = 28\sqrt{30}$ $\qquad \cdots$ (i)

$8\sqrt{15}h = 28\sqrt{30}$

$\therefore h = \dfrac{28\sqrt{30}}{8\sqrt{15}} = \dfrac{7\sqrt{2}}{2}$

따라서 구하는 직육면체의 높이는 $\dfrac{7\sqrt{2}}{2}\,\mathrm{cm}$이다. $\qquad \cdots$ (ii)

| 채점 기준 | 비율 |
|---|---|
| (i) 직육면체의 부피를 이용하여 식 세우기 | 40 % |
| (ii) 직육면체의 높이 구하기 | 60 % |

**36** 답 $12\sqrt{15}\,\mathrm{cm}^2$

(사각뿔의 부피) $= \dfrac{1}{3} \times$ (밑면의 넓이) $\times \sqrt{6} = 12\sqrt{10}$이므로

(밑면의 넓이) $= \dfrac{12\sqrt{10} \times 3}{\sqrt{6}} = \dfrac{36\sqrt{10}}{\sqrt{6}} = \dfrac{36\sqrt{5}}{\sqrt{3}}$

$\qquad = \dfrac{36\sqrt{15}}{3} = 12\sqrt{15}\,(\mathrm{cm}^2)$

**37** 답 $150\sqrt{10}\pi\,\mathrm{cm}^3$

밑면인 원의 반지름의 길이를 $r\,\mathrm{cm}$라고 하면

$2\pi r = 10\sqrt{2}\pi \qquad \therefore r = \dfrac{10\sqrt{2}\pi}{2\pi} = 5\sqrt{2}$

$\therefore$ (원기둥의 부피) $= \pi \times (5\sqrt{2})^2 \times 3\sqrt{10}$

$\qquad = 150\sqrt{10}\pi\,(\mathrm{cm}^3)$

**38** 답 $3\sqrt{11}\,\mathrm{cm}^2$

$\overline{BC} = \sqrt{(2\sqrt{5})^2 - (\sqrt{11})^2} = 3\,(\mathrm{cm})$

$\therefore \square ABCD = \sqrt{11} \times 3 = 3\sqrt{11}\,(\mathrm{cm}^2)$

**39** 답 ③

정육면체의 한 모서리의 길이를 $x\,\mathrm{cm}$라고 하면

$\triangle FGH$에서 $\overline{FH} = \sqrt{x^2 + x^2} = \sqrt{2}x\,(\mathrm{cm})$

$\triangle DFH$에서 $\overline{DF} = \sqrt{(\sqrt{2}x)^2 + x^2} = \sqrt{3}x\,(\mathrm{cm})$

따라서 $\sqrt{3}x = 6\sqrt{2}$이므로

$x = \dfrac{6\sqrt{2}}{\sqrt{3}} = \dfrac{6\sqrt{6}}{3} = 2\sqrt{6}$

따라서 정육면체의 한 모서리의 길이는 $2\sqrt{6}\,\mathrm{cm}$이다.

**40** 답 $3\sqrt{5}\pi\,\text{cm}^3$

밑면의 반지름의 길이를 $x\,\text{cm}$라고 하면

$x=\sqrt{(4\sqrt{3})^2-(3\sqrt{5})^2}=\sqrt{3}$

$\therefore$ (원뿔의 부피)$=\dfrac{1}{3}\times\pi\times(\sqrt{3})^2\times3\sqrt{5}$

$\hspace{6.5em}=3\sqrt{5}\pi\,(\text{cm}^3)$

**41** 답 ①

새로운 정사각형의 넓이는

$(20\sqrt{3})^2+(30\sqrt{3})^2=1200+2700=3900$

새로운 정사각형의 한 변의 길이를 $x$라고 하면

$x^2=3900$

이때 $x>0$이므로 $x=10\sqrt{39}$

따라서 새로 만들어진 정사각형의 한 변의 길이는 $10\sqrt{39}$이다.

**42** 답 ③

오른쪽 그림과 같이 점 A에서 $\overline{BC}$에 내린 수선의 발을 H라고 하면

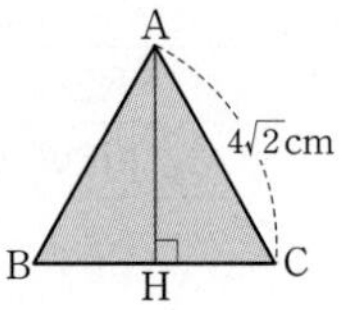

$\overline{CH}=\dfrac{1}{2}\overline{BC}=\dfrac{1}{2}\times4\sqrt{2}=2\sqrt{2}\,(\text{cm})$

$\triangle AHC$에서

$\overline{AH}=\sqrt{(4\sqrt{2})^2-(2\sqrt{2})^2}=2\sqrt{6}\,(\text{cm})$

$\therefore \triangle ABC=\dfrac{1}{2}\times4\sqrt{2}\times2\sqrt{6}=4\sqrt{12}=8\sqrt{3}\,(\text{cm}^2)$

참고 한 변의 길이가 $a$인 정삼각형의 높이를 $h$, 넓이를 $S$라고 하면

$h=\dfrac{\sqrt{3}}{2}a \rightarrow h=\sqrt{a^2-\left(\dfrac{a}{2}\right)^2}=\sqrt{\dfrac{3}{4}a^2}=\dfrac{\sqrt{3}}{2}a$

$S=\dfrac{\sqrt{3}}{4}a^2 \rightarrow S=\dfrac{1}{2}ah=\dfrac{1}{2}\times a\times\dfrac{\sqrt{3}}{2}a=\dfrac{\sqrt{3}}{4}a^2$

**43** 답 $6\sqrt{5}\,\text{cm}^2$

$\triangle EFG$에서 $\overline{EG}=\sqrt{9^2+3^2}=3\sqrt{10}\,(\text{cm})$

$\triangle AEG$는 $\angle AEG=90^\circ$인 직각삼각형이므로

$\overline{AE}=\sqrt{(7\sqrt{2})^2-(3\sqrt{10})^2}=2\sqrt{2}\,(\text{cm})$

$\therefore \triangle AEG=\dfrac{1}{2}\times3\sqrt{10}\times2\sqrt{2}=3\sqrt{20}=6\sqrt{5}\,(\text{cm}^2)$

[유형 **11~20**]  P. 32~38

**44** 답 ⑤

① $\sqrt{5}+\sqrt{2}\neq\sqrt{7}$

② $5\sqrt{3}-2\sqrt{3}=(5-2)\sqrt{3}=3\sqrt{3}\neq3$

③ $4\sqrt{3}+2\sqrt{2}\neq6\sqrt{5}$

④ $\sqrt{10}-1\neq3$

⑤ $3\sqrt{6}-5\sqrt{6}=(3-5)\sqrt{6}=-2\sqrt{6}$

따라서 옳은 것은 ⑤이다.

**45** 답 ⑤

$A=5\sqrt{3}+2\sqrt{3}-\sqrt{3}=(5+2-1)\sqrt{3}=6\sqrt{3}$

$B=2\sqrt{7}-4\sqrt{7}+5\sqrt{7}=(2-4+5)\sqrt{7}=3\sqrt{7}$

$\therefore AB=6\sqrt{3}\times3\sqrt{7}=18\sqrt{21}$

**46** 답 $\dfrac{1}{5}$

$\dfrac{3\sqrt{2}}{2}+\dfrac{\sqrt{6}}{5}-\dfrac{4\sqrt{2}}{3}+\sqrt{6}=\left(\dfrac{3}{2}-\dfrac{4}{3}\right)\sqrt{2}+\left(\dfrac{1}{5}+1\right)\sqrt{6}$

$\hspace{13em}=\dfrac{\sqrt{2}}{6}+\dfrac{6\sqrt{6}}{5}$

따라서 $a=\dfrac{1}{6}$, $b=\dfrac{6}{5}$이므로

$ab=\dfrac{1}{6}\times\dfrac{6}{5}=\dfrac{1}{5}$

**47** 답 (1) $3\sqrt{7}$  (2) $-2\sqrt{2}+2\sqrt{3}$

(1) $\sqrt{28}-3\sqrt{7}+\sqrt{112}=2\sqrt{7}-3\sqrt{7}+4\sqrt{7}=3\sqrt{7}$

(2) $\sqrt{50}+\sqrt{48}-\sqrt{98}-\sqrt{12}=5\sqrt{2}+4\sqrt{3}-7\sqrt{2}-2\sqrt{3}$

$\hspace{13em}=-2\sqrt{2}+2\sqrt{3}$

**48** 답 (1) 5  (2) 7

(1) $\sqrt{80}-3\sqrt{20}+a\sqrt{5}=4\sqrt{5}-6\sqrt{5}+a\sqrt{5}$

$\hspace{11em}=(4-6+a)\sqrt{5}$

$\hspace{11em}=(-2+a)\sqrt{5}$

따라서 $-2+a=3$이므로 $a=5$

(2) $\sqrt{54}+2\sqrt{24}-a\sqrt{6}=3\sqrt{6}+4\sqrt{6}-a\sqrt{6}$

$\hspace{11em}=(3+4-a)\sqrt{6}$

$\hspace{11em}=(7-a)\sqrt{6}$

따라서 $7-a=0$이므로 $a=7$

**49** 답 2

$7\sqrt{5}+\sqrt{72}-\sqrt{45}-\sqrt{32}=7\sqrt{5}+6\sqrt{2}-3\sqrt{5}-4\sqrt{2}$

$\hspace{13em}=2\sqrt{2}+4\sqrt{5}$

따라서 $a=2$, $b=4$이므로

$3a-b=3\times2-4=2$

**50** 답 ④

$a\sqrt{\dfrac{6b}{a}}+b\sqrt{\dfrac{24a}{b}}=\sqrt{a^2\times\dfrac{6b}{a}}+\sqrt{b^2\times\dfrac{24a}{b}}$

$\hspace{9em}=\sqrt{6ab}+\sqrt{24ab}$

$\hspace{9em}=\sqrt{6\times2}+\sqrt{24\times2}$

$\hspace{9em}=2\sqrt{3}+4\sqrt{3}=6\sqrt{3}$

**51** 답 $\sqrt{15}$

$x+y=\dfrac{\sqrt{5}+\sqrt{3}}{2}+\dfrac{\sqrt{5}-\sqrt{3}}{2}=\dfrac{2\sqrt{5}}{2}=\sqrt{5}$

$x-y=\dfrac{\sqrt{5}+\sqrt{3}}{2}-\dfrac{\sqrt{5}-\sqrt{3}}{2}=\dfrac{2\sqrt{3}}{2}=\sqrt{3}$

$\therefore (x+y)(x-y)=\sqrt{5}\times\sqrt{3}=\sqrt{15}$

**52** 답 ④

$2=\sqrt{4}$이고 $\sqrt{4}>\sqrt{3}$이므로 $2-\sqrt{3}>0$

$3=\sqrt{9}$, $2\sqrt{3}=\sqrt{12}$이고 $\sqrt{9}<\sqrt{12}$이므로

$3-2\sqrt{3}<0$

$\therefore \sqrt{(2-\sqrt{3})^2}+\sqrt{(3-2\sqrt{3})^2}=2-\sqrt{3}+\{-(3-2\sqrt{3})\}$

$\qquad\qquad\qquad\qquad\qquad\qquad =2-\sqrt{3}-3+2\sqrt{3}$

$\qquad\qquad\qquad\qquad\qquad\qquad =-1+\sqrt{3}$

**53** 답 ⑤

$\sqrt{27}=\sqrt{x}-\sqrt{3}$이므로 $3\sqrt{3}=\sqrt{x}-\sqrt{3}$

$\sqrt{x}=3\sqrt{3}+\sqrt{3}=4\sqrt{3}=\sqrt{48}$

$\therefore x=48$

**54** 답 (1) $\dfrac{12\sqrt{5}}{5}$  (2) $-\dfrac{\sqrt{2}}{2}$  (3) $10\sqrt{2}-3$  (4) $\sqrt{3}-3\sqrt{2}$

(1) $2\sqrt{5}+\dfrac{2}{\sqrt{5}}=2\sqrt{5}+\dfrac{2\sqrt{5}}{5}=\dfrac{12\sqrt{5}}{5}$

(2) $\dfrac{2}{\sqrt{2}}-\dfrac{6}{\sqrt{8}}=\dfrac{2}{\sqrt{2}}-\dfrac{6}{2\sqrt{2}}=\sqrt{2}-\dfrac{3\sqrt{2}}{2}=-\dfrac{\sqrt{2}}{2}$

(3) $\sqrt{50}-(-\sqrt{3})^2+\dfrac{10}{\sqrt{2}}=5\sqrt{2}-3+5\sqrt{2}=10\sqrt{2}-3$

(4) $\sqrt{48}-6\sqrt{2}-\sqrt{27}+\dfrac{6}{\sqrt{2}}=4\sqrt{3}-6\sqrt{2}-3\sqrt{3}+3\sqrt{2}$

$\qquad\qquad\qquad\qquad\qquad\qquad =\sqrt{3}-3\sqrt{2}$

**55** 답 (1) 4  (2) $-\dfrac{11}{4}$

(1) $\sqrt{75}+\dfrac{3}{\sqrt{3}}-\sqrt{12}=5\sqrt{3}+\sqrt{3}-2\sqrt{3}=4\sqrt{3}$

$\qquad \therefore a=4$

(2) $\dfrac{1}{\sqrt{8}}-\sqrt{32}+\dfrac{6}{\sqrt{18}}=\dfrac{1}{2\sqrt{2}}-4\sqrt{2}+\dfrac{6}{3\sqrt{2}}$

$\qquad\qquad\qquad\qquad\qquad =\dfrac{\sqrt{2}}{4}-4\sqrt{2}+\sqrt{2}=-\dfrac{11\sqrt{2}}{4}$

$\qquad \therefore a=-\dfrac{11}{4}$

**56** 답 ④

$2\sqrt{6}-\dfrac{35}{\sqrt{5}}-\sqrt{54}+\sqrt{80}=2\sqrt{6}-7\sqrt{5}-3\sqrt{6}+4\sqrt{5}$

$\qquad\qquad\qquad\qquad\qquad\qquad =-3\sqrt{5}-\sqrt{6}$

따라서 $a=-3$, $b=-1$이므로

$ab=-3\times(-1)=3$

**57** 답 ②

$x=\sqrt{5}$이므로

$x-\dfrac{1}{x}=\sqrt{5}-\dfrac{1}{\sqrt{5}}=\sqrt{5}-\dfrac{\sqrt{5}}{5}=\dfrac{4\sqrt{5}}{5}$

**58** 답 (1) $8+\sqrt{6}$  (2) 2  (3) $6-2\sqrt{2}$  (4) $-9$

(1) $\sqrt{2}(\sqrt{8}+2\sqrt{2}+\sqrt{3})=\sqrt{2}(2\sqrt{2}+2\sqrt{2}+\sqrt{3})$

$\qquad\qquad\qquad\qquad\qquad =\sqrt{2}(4\sqrt{2}+\sqrt{3})=8+\sqrt{6}$

(2) $\dfrac{4}{\sqrt{2}}-\sqrt{2}(2-\sqrt{2})=2\sqrt{2}-2\sqrt{2}+2=2$

(3) $(2\sqrt{27}+3\sqrt{6})\div\sqrt{3}-5\sqrt{2}=(6\sqrt{3}+3\sqrt{6})\times\dfrac{1}{\sqrt{3}}-5\sqrt{2}$

$\qquad\qquad\qquad\qquad\qquad\qquad\qquad =6+3\sqrt{2}-5\sqrt{2}$

$\qquad\qquad\qquad\qquad\qquad\qquad\qquad =6-2\sqrt{2}$

(4) $\sqrt{(-6)^2}+(-2\sqrt{2})^2-\sqrt{3}\left(2\sqrt{48}-\sqrt{\dfrac{1}{3}}\right)$

$\qquad =6+8-\sqrt{3}\left(8\sqrt{3}-\dfrac{1}{\sqrt{3}}\right)$

$\qquad =6+8-24+1=-9$

**59** 답 ⑤

$\sqrt{32}-2\sqrt{24}-\sqrt{2}(1+2\sqrt{3})=4\sqrt{2}-4\sqrt{6}-\sqrt{2}-2\sqrt{6}$

$\qquad\qquad\qquad\qquad\qquad\qquad\qquad =3\sqrt{2}-6\sqrt{6}$

따라서 $a=3$, $b=-6$이므로

$a-b=3-(-6)=9$

**60** 답 $-8$

$\sqrt{3}A-\sqrt{5}B=\sqrt{3}(\sqrt{5}-\sqrt{3})-\sqrt{5}(\sqrt{5}+\sqrt{3})$

$\qquad\qquad\qquad =\sqrt{15}-3-5-\sqrt{15}=-8$

**61** 답 ④

$\dfrac{12+3\sqrt{6}}{\sqrt{3}}=\dfrac{(12+3\sqrt{6})\times\sqrt{3}}{\sqrt{3}\times\sqrt{3}}=\dfrac{12\sqrt{3}+3\sqrt{18}}{3}$

$\qquad\qquad =\dfrac{12\sqrt{3}+9\sqrt{2}}{3}=4\sqrt{3}+3\sqrt{2}$

따라서 $a=4$, $b=3$이므로

$a-b=4-3=1$

**62** 답 $\dfrac{2\sqrt{5}-5}{3}$

$\dfrac{10-\sqrt{125}}{3\sqrt{5}}=\dfrac{10-5\sqrt{5}}{3\sqrt{5}}=\dfrac{(10-5\sqrt{5})\times\sqrt{5}}{3\sqrt{5}\times\sqrt{5}}$

$\qquad\qquad =\dfrac{10\sqrt{5}-25}{15}=\dfrac{2\sqrt{5}-5}{3}$

**63** 답 $-\dfrac{11\sqrt{6}}{6}$

$\dfrac{\sqrt{12}-\sqrt{2}}{\sqrt{3}}-\dfrac{\sqrt{27}+\sqrt{8}}{\sqrt{2}}$

$=\dfrac{2\sqrt{3}-\sqrt{2}}{\sqrt{3}}-\dfrac{3\sqrt{3}+2\sqrt{2}}{\sqrt{2}}$

$=\dfrac{(2\sqrt{3}-\sqrt{2})\times\sqrt{3}}{\sqrt{3}\times\sqrt{3}}-\dfrac{(3\sqrt{3}+2\sqrt{2})\times\sqrt{2}}{\sqrt{2}\times\sqrt{2}}$

$=\dfrac{6-\sqrt{6}}{3}-\dfrac{3\sqrt{6}+4}{2}$

$=2-\dfrac{\sqrt{6}}{3}-\dfrac{3\sqrt{6}}{2}-2$

$=-\dfrac{2\sqrt{6}}{6}-\dfrac{9\sqrt{6}}{6}$

$=-\dfrac{11\sqrt{6}}{6}$

**64** 답 $\dfrac{5\sqrt{2}+2}{8}$

$5<\sqrt{32}<6$이고 $\sqrt{32}=4\sqrt{2}$이므로

$4\sqrt{2}$의 정수 부분은 5, 소수 부분은 $4\sqrt{2}-5$

따라서 $a=5,\ b=4\sqrt{2}-5$이므로

$\dfrac{a+\sqrt{2}}{b+5}=\dfrac{5+\sqrt{2}}{(4\sqrt{2}-5)+5}=\dfrac{5+\sqrt{2}}{4\sqrt{2}}$

$\qquad\quad=\dfrac{(5+\sqrt{2})\times\sqrt{2}}{4\sqrt{2}\times\sqrt{2}}=\dfrac{5\sqrt{2}+2}{8}$

**65** 답 ②

$\sqrt{3}\left(\dfrac{1}{\sqrt{3}}+\dfrac{1}{\sqrt{5}}\right)-\sqrt{5}\left(\dfrac{1}{\sqrt{5}}-\dfrac{3\sqrt{3}}{5}\right)=1+\dfrac{\sqrt{3}}{\sqrt{5}}-1+\dfrac{3\sqrt{15}}{5}$

$\qquad\qquad\qquad\qquad\qquad\qquad\qquad=\dfrac{\sqrt{15}}{5}+\dfrac{3\sqrt{15}}{5}$

$\qquad\qquad\qquad\qquad\qquad\qquad\qquad=\dfrac{4\sqrt{15}}{5}$

**66** 답 $-3$

$4\sqrt{2}(\sqrt{3}-1)-2\sqrt{3}\left(\sqrt{2}+\dfrac{1}{\sqrt{6}}\right)=4\sqrt{6}-4\sqrt{2}-2\sqrt{6}-\dfrac{2}{\sqrt{2}}$

$\qquad\qquad\qquad\qquad\qquad\qquad\quad=4\sqrt{6}-4\sqrt{2}-2\sqrt{6}-\sqrt{2}$

$\qquad\qquad\qquad\qquad\qquad\qquad\quad=-5\sqrt{2}+2\sqrt{6}$

따라서 $a=-5,\ b=2$이므로

$a+b=-5+2=-3$

**67** 답 $\sqrt{6}-\sqrt{3}$

$A=\sqrt{18}+2=3\sqrt{2}+2$  $\cdots$ (i)

$B=\sqrt{3}A-2\sqrt{6}=\sqrt{3}(3\sqrt{2}+2)-2\sqrt{6}$

$\quad=3\sqrt{6}+2\sqrt{3}-2\sqrt{6}=\sqrt{6}+2\sqrt{3}$  $\cdots$ (ii)

$\therefore C=2\sqrt{6}-\dfrac{B}{\sqrt{2}}$

$\quad=2\sqrt{6}-\dfrac{\sqrt{6}+2\sqrt{3}}{\sqrt{2}}$

$\quad=2\sqrt{6}-\dfrac{(\sqrt{6}+2\sqrt{3})\times\sqrt{2}}{\sqrt{2}\times\sqrt{2}}$

$\quad=2\sqrt{6}-\dfrac{2\sqrt{3}+2\sqrt{6}}{2}$

$\quad=2\sqrt{6}-\sqrt{3}-\sqrt{6}$

$\quad=\sqrt{6}-\sqrt{3}$  $\cdots$ (iii)

| 채점 기준 | 비율 |
|---|---|
| (i) $A$의 값 구하기 | 20 % |
| (ii) $B$의 값 구하기 | 30 % |
| (iii) $C$의 값 구하기 | 50 % |

**68** 답 ①

$\sqrt{8}-a\sqrt{2}+\sqrt{16}-\sqrt{32}=2\sqrt{2}-a\sqrt{2}+4-4\sqrt{2}$

$\qquad\qquad\qquad\qquad\qquad=4+(-a-2)\sqrt{2}$

이 식이 유리수가 되려면 $-a-2=0$이어야 하므로

$a=-2$

**69** 답 ②

$\sqrt{2}(a+4\sqrt{2})-\sqrt{3}(\sqrt{3}+\sqrt{6})=a\sqrt{2}+8-3-3\sqrt{2}$

$\qquad\qquad\qquad\qquad\qquad\qquad=5+(a-3)\sqrt{2}$

이 식이 유리수가 되려면 $a-3=0$이어야 하므로

$a=3$

**70** 답 ①

$\dfrac{3-\sqrt{48}}{\sqrt{3}}+\sqrt{3}a(\sqrt{12}-2)$

$=\dfrac{(3-4\sqrt{3})\times\sqrt{3}}{\sqrt{3}\times\sqrt{3}}+\sqrt{3}a(2\sqrt{3}-2)$

$=\dfrac{3\sqrt{3}-12}{3}+6a-2a\sqrt{3}$

$=\sqrt{3}-4+6a-2a\sqrt{3}$

$=6a-4+(1-2a)\sqrt{3}$

이 식이 유리수가 되려면 $1-2a=0$이어야 하므로

$a=\dfrac{1}{2}$

**71** 답 $\dfrac{5\sqrt{6}}{2}\,\mathrm{cm}^2$

(사다리꼴의 넓이)$=\dfrac{1}{2}\times\{\sqrt{8}+(\sqrt{8}+\sqrt{2})\}\times\sqrt{3}$

$\qquad\qquad\qquad=\dfrac{1}{2}\times(2\sqrt{2}+2\sqrt{2}+\sqrt{2})\times\sqrt{3}$

$\qquad\qquad\qquad=\dfrac{1}{2}\times5\sqrt{2}\times\sqrt{3}=\dfrac{5\sqrt{6}}{2}(\mathrm{cm}^2)$

**72** 답 $(24+6\sqrt{35})\,\mathrm{cm}^2$

(직육면체의 겉넓이)

$=2\{(\sqrt{5}+\sqrt{7})\times\sqrt{7}+(\sqrt{5}+\sqrt{7})\times\sqrt{5}+\sqrt{7}\times\sqrt{5}\}$

$=2(\sqrt{35}+7+5+\sqrt{35}+\sqrt{35})$

$=2(12+3\sqrt{35})=24+6\sqrt{35}(\mathrm{cm}^2)$

**73** 답 ②

오른쪽 그림과 같이 주어진 도형
에 보조선을 그어 도형의 넓이를
구하면

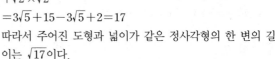

$(\sqrt{3}+\sqrt{15})\times\sqrt{15}-3\times\sqrt{5}$

$+\sqrt{2}\times\sqrt{2}$

$=3\sqrt{5}+15-3\sqrt{5}+2=17$

따라서 주어진 도형과 넓이가 같은 정사각형의 한 변의 길
이는 $\sqrt{17}$이다.

**74** 답 ③

세 정사각형의 넓이가 각
각 $2\,\mathrm{cm}^2,\ 8\,\mathrm{cm}^2,\ 18\,\mathrm{cm}^2$
이므로 한 변의 길이는
각각

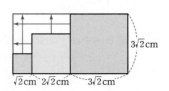

$\sqrt{2}$cm, $\sqrt{8}=2\sqrt{2}$(cm), $\sqrt{18}=3\sqrt{2}$(cm)

$\therefore$ (둘레의 길이)$=2(\sqrt{2}+2\sqrt{2}+3\sqrt{2})+2\times3\sqrt{2}$

$\qquad\qquad\qquad=12\sqrt{2}+6\sqrt{2}=18\sqrt{2}$(cm)

**75**  답 ③

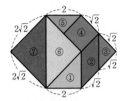

(둘레의 길이)

$=2\sqrt{2}+2\sqrt{2}+2+\sqrt{2}+\sqrt{2}+\sqrt{2}+\sqrt{2}+2$

$=4+8\sqrt{2}$

**76**  답 $\dfrac{2\sqrt{15}}{3}$

전체 넓이가 240이므로 큰 정사각형의 한 변의 길이는

$\sqrt{240}=4\sqrt{15}$

땅 A와 E는 넓이가 같으므로 땅 A의 가로의 길이는

$4\sqrt{15}\times\dfrac{1}{2}=2\sqrt{15}$

이때 땅 A의 넓이가 40이므로 땅 A의 세로의 길이는

$40\div2\sqrt{15}=40\times\dfrac{1}{2\sqrt{15}}=\dfrac{20}{\sqrt{15}}=\dfrac{20\sqrt{15}}{15}=\dfrac{4\sqrt{15}}{3}$

땅 C의 넓이가 60이므로 땅 C의 한 변의 길이는

$\sqrt{60}=2\sqrt{15}$

따라서 땅 B의 세로의 길이는

$4\sqrt{15}-\left(\dfrac{4\sqrt{15}}{3}+2\sqrt{15}\right)=4\sqrt{15}-\dfrac{10\sqrt{15}}{3}=\dfrac{2\sqrt{15}}{3}$

**77**  답 ①

$\overline{PA}=\overline{PQ}=\sqrt{1^2+1^2}=\sqrt{2}$이므로 $a=-2-\sqrt{2}$

$\overline{RB}=\overline{RS}=\sqrt{1^2+1^2}=\sqrt{2}$이므로 $b=1+\sqrt{2}$

$\therefore a-b=(-2-\sqrt{2})-(1+\sqrt{2})=-3-2\sqrt{2}$

**78**  답 $6\sqrt{5}$

$\overline{AP}=\overline{AB}=\sqrt{2^2+1^2}=\sqrt{5}$이므로 $a=1-\sqrt{5}$

$\overline{AQ}=\overline{AC}=\sqrt{1^2+2^2}=\sqrt{5}$이므로 $b=1+\sqrt{5}$

$\therefore \sqrt{5}a+5b=\sqrt{5}(1-\sqrt{5})+5(1+\sqrt{5})$

$\qquad\qquad\quad=\sqrt{5}-5+5+5\sqrt{5}=6\sqrt{5}$

**79**  답 $-1+2\sqrt{2}$

$\overline{BP}=\overline{BD}=\sqrt{1^2+1^2}=\sqrt{2}$이므로

점 P에 대응하는 수는 $-1-\sqrt{2}$

$\overline{AQ}=\overline{AC}=\sqrt{1^2+1^2}=\sqrt{2}$이므로

점 Q에 대응하는 수는 $-2+\sqrt{2}$

$\therefore \overline{PQ}=(-2+\sqrt{2})-(-1-\sqrt{2})=-1+2\sqrt{2}$

**80**  답 ④

① $2\sqrt{3}-(\sqrt{2}+\sqrt{3})=2\sqrt{3}-\sqrt{2}-\sqrt{3}=\sqrt{3}-\sqrt{2}>0$

$\therefore 2\sqrt{3}>\sqrt{2}+\sqrt{3}$

② $4\sqrt{2}-(1+2\sqrt{2})=4\sqrt{2}-1-2\sqrt{2}$

$\qquad\qquad\qquad\qquad=2\sqrt{2}-1=\sqrt{8}-1>0$

$\therefore 4\sqrt{2}>1+2\sqrt{2}$

③ $3\sqrt{2}-(5-\sqrt{2})=3\sqrt{2}-5+\sqrt{2}$

$\qquad\qquad\qquad\qquad=4\sqrt{2}-5=\sqrt{32}-\sqrt{25}>0$

$\therefore 3\sqrt{2}>5-\sqrt{2}$

④ $(2\sqrt{3}-1)-(3\sqrt{2}-1)=2\sqrt{3}-1-3\sqrt{2}+1$

$\qquad\qquad\qquad\qquad\qquad=2\sqrt{3}-3\sqrt{2}$

$\qquad\qquad\qquad\qquad\qquad=\sqrt{12}-\sqrt{18}<0$

$\therefore 2\sqrt{3}-1<3\sqrt{2}-1$

⑤ $(4\sqrt{6}-3\sqrt{5})-(\sqrt{5}+2\sqrt{6})=4\sqrt{6}-3\sqrt{5}-\sqrt{5}-2\sqrt{6}$

$\qquad\qquad\qquad\qquad\qquad\qquad=2\sqrt{6}-4\sqrt{5}$

$\qquad\qquad\qquad\qquad\qquad\qquad=\sqrt{24}-\sqrt{80}<0$

$\therefore 4\sqrt{6}-3\sqrt{5}<\sqrt{5}+2\sqrt{6}$

따라서 옳은 것은 ④이다.

**81**  답 ③

$a-b=(3\sqrt{2}-2)-1=3\sqrt{2}-3=\sqrt{18}-\sqrt{9}>0$

$\therefore a>b$

$a-c=(3\sqrt{2}-2)-(2\sqrt{5}-2)=3\sqrt{2}-2-2\sqrt{5}+2$

$\qquad\qquad=3\sqrt{2}-2\sqrt{5}=\sqrt{18}-\sqrt{20}<0$

$\therefore a<c$

$\therefore b<a<c$

**82**  답 $3+\sqrt{12},\ 5+\sqrt{3},\ \sqrt{48}$

$(5+\sqrt{3})-(3+\sqrt{12})=5+\sqrt{3}-3-2\sqrt{3}=2-\sqrt{3}$

$\qquad\qquad\qquad\qquad\qquad=\sqrt{4}-\sqrt{3}>0$

$\therefore 5+\sqrt{3}>3+\sqrt{12}$ $\qquad\qquad\qquad\cdots$ (i)

$(5+\sqrt{3})-\sqrt{48}=5+\sqrt{3}-4\sqrt{3}=5-3\sqrt{3}$

$\qquad\qquad\qquad\qquad=\sqrt{25}-\sqrt{27}<0$

$\therefore 5+\sqrt{3}<\sqrt{48}$ $\qquad\qquad\qquad\cdots$ (ii)

따라서 $3+\sqrt{12}<5+\sqrt{3}<\sqrt{48}$이므로

작은 것부터 차례로 나열하면

$3+\sqrt{12},\ 5+\sqrt{3},\ \sqrt{48}$ $\qquad\qquad\cdots$ (iii)

| 채점 기준 | 비율 |
|---|---|
| (i) $5+\sqrt{3}$과 $3+\sqrt{12}$의 대소 비교하기 | 40 % |
| (ii) $5+\sqrt{3}$과 $\sqrt{48}$의 대소 비교하기 | 40 % |
| (iii) 주어진 세 수를 작은 것부터 차례로 나열하기 | 20 % |

**83**  답 ②

$\triangle ABC\backsim\triangle PQR$이고 닮음비는 $\sqrt{10}:2\sqrt{5}=\sqrt{2}:2$이므로

$(\sqrt{2}+\sqrt{5}):x=\sqrt{2}:2,\ \sqrt{2}x=2(\sqrt{2}+\sqrt{5})$

$\therefore x=\dfrac{2\sqrt{2}+2\sqrt{5}}{\sqrt{2}}=\dfrac{(2\sqrt{2}+2\sqrt{5})\times\sqrt{2}}{\sqrt{2}\times\sqrt{2}}=2+\sqrt{10}$

**84** 답 $(80+30\sqrt{2})$ cm

끈이 지나는 상자의 한가운데를
수직으로 자른 단면을 생각해 보
면 오른쪽 그림과 같은 도형을
생각할 수 있다.

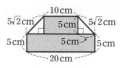

이 도형의 둘레의 길이는
$10+5\sqrt{2}+5+20+5+5\sqrt{2}=40+10\sqrt{2}\,(\text{cm})$
따라서 필요한 끈의 전체 길이는
$2\times(40+10\sqrt{2})+10\sqrt{2}=80+20\sqrt{2}+10\sqrt{2}$
$\qquad\qquad\qquad\qquad\qquad\quad =80+30\sqrt{2}\,(\text{cm})$

---

**단원 마무리**  P. 39~41

| 1 ④ | 2 ③ | 3 ③ | 4 ⑤ | 5 ④ |
|---|---|---|---|---|
| 6 $-3\sqrt{2}$ | 7 ④ | 8 ① | 9 1 | 10 $12\sqrt{3}$ |
| 11 ④ | 12 ② | 13 ⑤ | 14 $4\sqrt{10}$ cm | |
| 15 $2\sqrt{2}-3$ | | 16 ③ | 17 $-\dfrac{2}{3}$ | 18 ④ |
| 19 $\dfrac{\sqrt{3}}{9}$ cm² | | | 20 $\dfrac{32\sqrt{7}}{3}$ cm³ | |
| 21 $6\sqrt{3}+10\sqrt{5}$ | | | | |

**1** ④ $\sqrt{5}\div\sqrt{\dfrac{1}{2}}=\sqrt{5}\div\dfrac{1}{\sqrt{2}}=\sqrt{5}\times\sqrt{2}=\sqrt{10}$

**2** $3\sqrt{5}=\sqrt{3^2\times5}=\sqrt{45}\qquad\therefore a=45$
$\sqrt{52}=\sqrt{2^2\times13}=2\sqrt{13}\qquad\therefore b=2,\ c=13$
$\therefore a+b+c=45+2+13=60$

**3** ① $\sqrt{0.03}=\sqrt{\dfrac{3}{100}}=\dfrac{\sqrt{3}}{10}=\dfrac{1.732}{10}=0.1732$

② $\sqrt{0.27}=\sqrt{\dfrac{27}{100}}=\dfrac{3\sqrt{3}}{10}=\dfrac{3\times1.732}{10}=0.5196$

③ $\sqrt{0.3}=\sqrt{\dfrac{30}{100}}=\dfrac{\sqrt{30}}{10}$

④ $\sqrt{12}=2\sqrt{3}=2\times1.732=3.464$

⑤ $\sqrt{300}=10\sqrt{3}=10\times1.732=17.32$

따라서 $\sqrt{3}$의 값을 이용하여 제곱근의 값을 구할 수 없는 것
은 ③이다.

**4** $\sqrt{140}=\sqrt{2^2\times5\times7}=2\sqrt{5}\sqrt{7}=2ab$

**5** $\dfrac{5}{\sqrt{18}}=\dfrac{5}{3\sqrt{2}}=\dfrac{5\sqrt{2}}{6}\qquad\therefore a=\dfrac{5}{6}$

$\dfrac{1}{2\sqrt{3}}=\dfrac{\sqrt{3}}{6}\qquad\therefore b=\dfrac{1}{6}$

$\therefore a-b=\dfrac{5}{6}-\dfrac{1}{6}=\dfrac{4}{6}=\dfrac{2}{3}$

**6** $8\sqrt{3}\times\left(-\dfrac{3}{\sqrt{2}}\right)\div2\sqrt{12}=8\sqrt{3}\times\left(-\dfrac{3}{\sqrt{2}}\right)\times\dfrac{1}{2\sqrt{12}}$
$\qquad\qquad\qquad\qquad\qquad =8\sqrt{3}\times\left(-\dfrac{3}{\sqrt{2}}\right)\times\dfrac{1}{4\sqrt{3}}$
$\qquad\qquad\qquad\qquad\qquad =-\dfrac{6}{\sqrt{2}}=-3\sqrt{2}$

**7** $\square$ABCD의 한 변의 길이를 $x$ cm라고 하면
$\sqrt{x^2+x^2}=6,\ \sqrt{2}x=6$
$\therefore x=\dfrac{6}{\sqrt{2}}=3\sqrt{2}$
$\therefore(\square\text{ABCD의 둘레의 길이})=4\times3\sqrt{2}=12\sqrt{2}\,(\text{cm})$

**8** $8\sqrt{3}-\sqrt{24}-\sqrt{12}+\dfrac{\sqrt{54}}{3}=8\sqrt{3}-2\sqrt{6}-2\sqrt{3}+\sqrt{6}$
$\qquad\qquad\qquad\qquad\qquad\quad =6\sqrt{3}-\sqrt{6}$

**9** $\dfrac{2-\sqrt{3}}{\sqrt{2}}-\sqrt{2}(3-2\sqrt{3})=\dfrac{(2-\sqrt{3})\times\sqrt{2}}{\sqrt{2}\times\sqrt{2}}-3\sqrt{2}+2\sqrt{6}$
$\qquad\qquad\qquad\qquad\qquad\quad =\dfrac{2\sqrt{2}-\sqrt{6}}{2}-3\sqrt{2}+2\sqrt{6}$
$\qquad\qquad\qquad\qquad\qquad\quad =\sqrt{2}-\dfrac{\sqrt{6}}{2}-3\sqrt{2}+2\sqrt{6}$
$\qquad\qquad\qquad\qquad\qquad\quad =-2\sqrt{2}+\dfrac{3\sqrt{6}}{2}$

따라서 $a=-2,\ b=\dfrac{3}{2}$이므로
$a+2b=-2+2\times\dfrac{3}{2}=1$

**10** $\overline{\text{AB}}=\sqrt{12}=2\sqrt{3},\ \overline{\text{AD}}=\sqrt{48}=4\sqrt{3}$이므로
$(\square\text{ABCD의 둘레의 길이})=2\times(2\sqrt{3}+4\sqrt{3})$
$\qquad\qquad\qquad\qquad\qquad\quad =2\times6\sqrt{3}=12\sqrt{3}$

**11** ① $(\sqrt{5}+\sqrt{10})-(3+\sqrt{5})=\sqrt{5}+\sqrt{10}-3-\sqrt{5}$
$\qquad\qquad\qquad\qquad\qquad\quad =\sqrt{10}-3=\sqrt{10}-\sqrt{9}>0$
$\therefore \sqrt{5}+\sqrt{10}>3+\sqrt{5}$

② $(2\sqrt{3}+1)-(\sqrt{3}+3)=2\sqrt{3}+1-\sqrt{3}-3$
$\qquad\qquad\qquad\qquad\qquad =\sqrt{3}-2=\sqrt{3}-\sqrt{4}<0$
$\therefore 2\sqrt{3}+1<\sqrt{3}+3$

③ $(5-\sqrt{3})-(2+\sqrt{3})=5-\sqrt{3}-2-\sqrt{3}$
$\qquad\qquad\qquad\qquad\qquad =3-2\sqrt{3}=\sqrt{9}-\sqrt{12}<0$
$\therefore 5-\sqrt{3}<2+\sqrt{3}$

④ $(\sqrt{7}+2)-(2\sqrt{7}-1)=\sqrt{7}+2-2\sqrt{7}+1$
$\qquad\qquad\qquad\qquad\qquad =3-\sqrt{7}=\sqrt{9}-\sqrt{7}>0$
$\therefore \sqrt{7}+2>2\sqrt{7}-1$

⑤ $(\sqrt{2}+1)-(2\sqrt{2}-1)=\sqrt{2}+1-2\sqrt{2}+1$
$\qquad\qquad\qquad\qquad\qquad =2-\sqrt{2}=\sqrt{4}-\sqrt{2}>0$
$\therefore \sqrt{2}+1>2\sqrt{2}-1$

따라서 옳은 것은 ④이다.

**12** $\sqrt{2}\times\sqrt{5}\times\sqrt{a}\times\sqrt{5a}\times\sqrt{50}=\sqrt{2\times5\times a\times5a\times50}$
$\qquad\qquad\qquad\qquad\qquad\qquad =\sqrt{2500a^2}=\sqrt{(50a)^2}$

이때 $a>0$에서 $50a>0$이므로

$\sqrt{(50a)^2}=50a$

따라서 $50a=250$이므로 $a=5$

**13** $\sqrt{22000}=\sqrt{55\times400}=20\sqrt{55}=20\times7.416=148.32$

**14** 원뿔의 높이를 $h$ cm라고 하면

$\dfrac{1}{3}\times\pi\times(3\sqrt6)^2\times h=72\sqrt{10}\pi$

$18h=72\sqrt{10}$

$\therefore h=\dfrac{72\sqrt{10}}{18}=4\sqrt{10}$

따라서 원뿔의 높이는 $4\sqrt{10}$ cm이다.

**15** $7<\sqrt{50}<8$이므로

$f(50)=\sqrt{50}-7=5\sqrt2-7$ $\qquad\qquad\cdots$ (i)

$4<\sqrt{18}<5$이므로

$f(18)=\sqrt{18}-4=3\sqrt2-4$ $\qquad\qquad\cdots$ (ii)

$\therefore f(50)-f(18)=(5\sqrt2-7)-(3\sqrt2-4)$
$\qquad\qquad\qquad\quad =5\sqrt2-7-3\sqrt2+4$
$\qquad\qquad\qquad\quad =2\sqrt2-3$ $\qquad\qquad\cdots$ (iii)

| 채점 기준 | 비율 |
|---|---|
| (i) $f(50)$의 값 구하기 | 30 % |
| (ii) $f(18)$의 값 구하기 | 30 % |
| (iii) $f(50)-f(18)$의 값 구하기 | 40 % |

**16** $\dfrac{5a\sqrt b}{\sqrt a}-\dfrac{2b\sqrt a}{\sqrt b}=\dfrac{5a\sqrt{ab}}{a}-\dfrac{2b\sqrt{ab}}{b}=5\sqrt{ab}-2\sqrt{ab}$
$\qquad\qquad\qquad\quad =3\sqrt{ab}=3\sqrt{25}=3\times5=15$

다른 풀이

$\dfrac{5a\sqrt b}{\sqrt a}-\dfrac{2b\sqrt a}{\sqrt b}=5a\sqrt{\dfrac{b}{a}}-2b\sqrt{\dfrac{a}{b}}$
$\qquad\qquad\qquad\quad =\sqrt{25a^2\times\dfrac{b}{a}}-\sqrt{4b^2\times\dfrac{a}{b}}$
$\qquad\qquad\qquad\quad =\sqrt{25ab}-\sqrt{4ab}=5\sqrt{ab}-2\sqrt{ab}$
$\qquad\qquad\qquad\quad =3\sqrt{ab}=3\sqrt{25}=3\times5=15$

**17** $\sqrt{12}\left(\dfrac{1}{\sqrt6}+\sqrt3\right)-\dfrac{a}{\sqrt2}(\sqrt8-3)=\sqrt2+\sqrt{36}-\sqrt4a+\dfrac{3a}{\sqrt2}$
$\qquad\qquad\qquad\qquad\qquad\qquad =\sqrt2+6-2a+\dfrac{3a\sqrt2}{2}$
$\qquad\qquad\qquad\qquad\qquad\qquad =(6-2a)+\left(1+\dfrac{3a}{2}\right)\sqrt2$

이 식이 유리수가 되려면 $1+\dfrac{3a}{2}=0$이어야 하므로

$\dfrac{3a}{2}=-1$ $\qquad\therefore a=-\dfrac23$

**18** $\overline{BP}=\overline{BD}=\sqrt{1^2+1^2}=\sqrt2$, $\overline{AQ}=\overline{AC}=\sqrt{1^2+1^2}=\sqrt2$ (③)이
므로

① $P(4-\sqrt2)$

② $Q(3+\sqrt2)$

④ $\overline{PA}=\overline{PB}-\overline{AB}=\sqrt2-1$

⑤ $\overline{PQ}=(3+\sqrt2)-(4-\sqrt2)=2\sqrt2-1$

따라서 옳은 것은 ④이다.

**19** 직각이등변삼각형 D의 넓이를 $x$ cm²라고 하면

$\sqrt3\times\sqrt3\times\sqrt3\times x=1$, $3\sqrt3x=1$

$\therefore x=\dfrac{1}{3\sqrt3}=\dfrac{\sqrt3}{9}$

따라서 직각이등변삼각형 D의 넓이는 $\dfrac{\sqrt3}{9}$ cm²이다.

다른 풀이

$x=1\times\dfrac{1}{\sqrt3}\times\dfrac{1}{\sqrt3}\times\dfrac{1}{\sqrt3}=\dfrac{1}{3\sqrt3}=\dfrac{\sqrt3}{9}$

**20** △ABC는 직각이등변삼각형이므로

$\overline{AC}=\sqrt{4^2+4^2}=4\sqrt2$ (cm)

△OAC는 이등변삼각형이므로

$\overline{CH}=\dfrac12\overline{AC}=\dfrac12\times4\sqrt2=2\sqrt2$ (cm)

△OHC에서

$\overline{OH}=\sqrt{6^2-(2\sqrt2)^2}=2\sqrt7$ (cm)

$\therefore$ (정사각뿔의 부피)$=\dfrac13\times4\times4\times2\sqrt7$
$\qquad\qquad\qquad\qquad =\dfrac{32\sqrt7}{3}$ (cm³)

**21** 오른쪽 그림과 같이
넓이가 각각 3, 5, 12,
20인 정사각형의 한
변의 길이는 차례로
$\sqrt3$, $\sqrt5$, $\sqrt{12}(=2\sqrt3)$,
$\sqrt{20}(=2\sqrt5)$이고, 겹

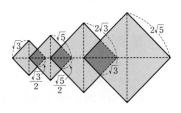

치는 부분인 정사각형의 한 변의 길이는 차례로

$\dfrac12\times\sqrt3=\dfrac{\sqrt3}{2}$, $\dfrac12\times\sqrt5=\dfrac{\sqrt5}{2}$, $\dfrac12\times2\sqrt3=\sqrt3$

즉, $\dfrac{\sqrt3}{2}$, $\dfrac{\sqrt5}{2}$, $\sqrt3$이므로

(주어진 도형의 둘레의 길이)

=(처음 네 정사각형의 둘레의 길이)

$\quad$-(겹치는 부분인 세 정사각형의 둘레의 길이)

$=4\times(\sqrt3+\sqrt5+2\sqrt3+2\sqrt5)-4\times\left(\dfrac{\sqrt3}{2}+\dfrac{\sqrt5}{2}+\sqrt3\right)$

$=4\times(3\sqrt3+3\sqrt5)-4\times\left(\dfrac{3\sqrt3}{2}+\dfrac{\sqrt5}{2}\right)$

$=12\sqrt3+12\sqrt5-6\sqrt3-2\sqrt5$

$=6\sqrt3+10\sqrt5$

**유형 1~9**  P. 44~49

**1** 답 (1) $12a^2-2ab-2b^2$ (2) $3x^2-8xy+4y^2$

(3) $10x^2-xy-8x-2y^2+4y$

(1) $(3a+b)(4a-2b)=12a^2-6ab+4ab-2b^2$
$=12a^2-2ab-2b^2$

(2) $(x-2y)(3x-2y)=3x^2-2xy-6xy+4y^2$
$=3x^2-8xy+4y^2$

(3) $(2x-y)(5x+2y-4)$
$=10x^2+4xy-8x-5xy-2y^2+4y$
$=10x^2-xy-8x-2y^2+4y$

**2** 답 ④

$(x+3y-5)(3x-2y+1)$에서

$x^2$항이 나오는 부분만 전개하면 $3x^2$

$xy$항이 나오는 부분만 전개하면 $-2xy+9xy=7xy$

따라서 $x^2$의 계수는 3, $xy$의 계수는 7이므로

$3+7=10$

**3** 답 ①

$(ax-y)(2x-6y-1)$에서 $xy$항이 나오는 부분만 전개하면

$-6axy-2xy=16xy$, $(-6a-2)xy=16xy$

$-6a-2=16$ ∴ $a=-3$

**4** 답 ③

③ $(2x-3)^2=4x^2-12x+9$

**5** 답 ③

$(a-2b)^2=a^2-4ab+4b^2$

① $(a+2b)^2=a^2+4ab+4b^2$

② $(-a-2b)^2=a^2+4ab+4b^2$

③ $(-a+2b)^2=a^2-4ab+4b^2$

④ $-(a-2b)^2=-(a^2-4ab+4b^2)=-a^2+4ab-4b^2$

⑤ $-(-a+2b)^2=-(a^2-4ab+4b^2)=-a^2+4ab-4b^2$

따라서 $(a-2b)^2$과 전개식이 같은 것은 ③이다.

**6** 답 $\dfrac{3}{4}$

$(x-a)^2=x^2-2ax+a^2=x^2-bx+\dfrac{1}{16}$

$a^2=\dfrac{1}{16}$에서 $a$는 양수이므로 $a=\dfrac{1}{4}$ ⋯ (i)

$-2a=-b$에서 $b=2a=2\times\dfrac{1}{4}=\dfrac{1}{2}$ ⋯ (ii)

∴ $a+b=\dfrac{1}{4}+\dfrac{1}{2}=\dfrac{3}{4}$ ⋯ (iii)

| 채점 기준 | 비율 |
|---|---|
| (i) $a$의 값 구하기 | 40 % |
| (ii) $b$의 값 구하기 | 40 % |
| (iii) $a+b$의 값 구하기 | 20 % |

**7** 답 ②

② $(-3+x)(-3-x)=(-3)^2-x^2=9-x^2$

**8** 답 ②

$(ax+2y)(2y-ax)=(2y+ax)(2y-ax)$
$=4y^2-a^2x^2=-a^2x^2+4y^2$
$=-\dfrac{1}{25}x^2+4y^2$

이므로 $a^2=\dfrac{1}{25}$

이때 $a>0$이므로 $a=\dfrac{1}{5}$

**9** 답 ②

① $(x+y)(x-y)=x^2-y^2$

② $(x+y)(-x-y)=-(x+y)(x+y)$
$=-(x^2+2xy+y^2)$
$=-x^2-2xy-y^2$

③ $(-x+y)(-x-y)=(-x)^2-y^2=x^2-y^2$

④ $-(x+y)(-x+y)=(x+y)(x-y)=x^2-y^2$

⑤ $-(x-y)(-x-y)=(x-y)(x+y)=x^2-y^2$

따라서 전개식이 나머지 넷과 다른 하나는 ②이다.

**10** 답 ③

$\left(\dfrac{1}{2}a+\dfrac{4}{3}b\right)\left(\dfrac{1}{2}a-\dfrac{4}{3}b\right)$

$=\left(\dfrac{1}{2}a\right)^2-\left(\dfrac{4}{3}b\right)^2=\dfrac{1}{4}a^2-\dfrac{16}{9}b^2$

$=\dfrac{1}{4}\times12-\dfrac{16}{9}\times9=3-16=-13$

**11** 답 ⑤

$(a-3)(a+3)(a^2+9)=(a^2-9)(a^2+9)=a^4-81$

**12** 답 ③

$(1-x)(1+x)(1+x^2)(1+x^4)$
$=(1-x^2)(1+x^2)(1+x^4)$
$=(1-x^4)(1+x^4)=1-x^8$

∴ □$=8$

**13** 답 264

$(x-2)(x+2)(x^2+4)(x^4+16)$
$=(x^2-4)(x^2+4)(x^4+16)$
$=(x^4-16)(x^4+16)=x^8-256$ ⋯ (i)

따라서 $a=8$, $b=256$이므로     $\cdots$ (ii)

$a+b=8+256=264$     $\cdots$ (iii)

| 채점 기준 | 비율 |
|---|---|
| (i) 주어진 식을 전개하기 | 60 % |
| (ii) $a$, $b$의 값 구하기 | 20 % |
| (iii) $a+b$의 값 구하기 | 20 % |

**14** 답 $-\dfrac{2}{5}$

$$\left(x-\dfrac{1}{2}y\right)\left(x+\dfrac{1}{5}y\right)=x^2+\left(-\dfrac{1}{2}+\dfrac{1}{5}\right)xy-\dfrac{1}{10}y^2$$
$$=x^2-\dfrac{3}{10}xy-\dfrac{1}{10}y^2$$

따라서 $a=-\dfrac{3}{10}$, $b=-\dfrac{1}{10}$이므로

$$a+b=-\dfrac{3}{10}+\left(-\dfrac{1}{10}\right)=-\dfrac{4}{10}=-\dfrac{2}{5}$$

**15** 답 ⑤

① $(x+6)(x-2)=x^2+\boxed{4}\,x-12$

② $(x-8)(x+4)=x^2-\boxed{4}\,x-32$

③ $(x+1)(x+4)=x^2+5x+\boxed{4}$

④ $(x+y)(x-5y)=x^2-\boxed{4}\,xy-5y^2$

⑤ $(x-y)(x-4y)=x^2-\boxed{5}\,xy+4y^2$

따라서 □ 안의 수가 나머지 넷과 다른 하나는 ⑤이다.

**16** 답 0

$(x-6)(x+a)=x^2+(-6+a)x-6a$
$$=x^2+bx-18$$
이므로 $-6+a=b$, $-6a=-18$
따라서 $a=3$, $b=-3$이므로
$a+b=3+(-3)=0$

**17** 답 ③

$(x+A)(x+B)=x^2+(A+B)x+AB$
$$=x^2+Cx-12$$
이므로 $A+B=C$, $AB=-12$
이때 $AB=-12$를 만족시키는 정수 $A$, $B$의 순서쌍
$(A, B)$는
$(1, -12), (-12, 1), (2, -6), (-6, 2),$
$(3, -4), (-4, 3), (4, -3), (-3, 4),$
$(6, -2), (-2, 6), (12, -1), (-1, 12)$
$\therefore C=-11, -4, -1, 1, 4, 11$

**18** 답 6

$$\left(3x+\dfrac{3}{5}y\right)\left(2x-\dfrac{1}{3}y\right)=6x^2+\left(-1+\dfrac{6}{5}\right)xy-\dfrac{1}{5}y^2$$
$$=6x^2+\dfrac{1}{5}xy-\dfrac{1}{5}y^2$$

**19** 답 ④

$(2x+a)(bx-5)=2bx^2+(-10+ab)x-5a$
$$=-14x^2+cx+15$$
이므로 $2b=-14$, $-10+ab=c$, $-5a=15$
따라서 $a=-3$, $b=-7$, $c=-10+(-3)\times(-7)=11$
이므로
$a+b+c=-3+(-7)+11=1$

**20** 답 6

$(5x+3)(4x-a)=20x^2+(-5a+12)x-3a$이므로
$-5a+12=-3a$     $\therefore a=6$

**21** 답 $15x^2+17x-4$

$(3x+a)(x-5)=3x^2+(-15+a)x-5a$
$$=3x^2-11x-20$$
이므로 $-15+a=-11$, $-5a=-20$     $\therefore a=4$
따라서 바르게 계산한 식은
$(3x+4)(5x-1)=15x^2+17x-4$

**22** 답 ④

① $(-x+y)^2=x^2-2xy+y^2$

② $(2x-3y)^2=4x^2-12xy+9y^2$

③ $\left(-x+\dfrac{1}{3}\right)\left(-x-\dfrac{1}{3}\right)=x^2-\dfrac{1}{9}$

⑤ $(2x+1)(3x-1)=6x^2+x-1$

따라서 옳은 것은 ④이다.

**23** 답 ①

① $(x-2)^2=x^2-\boxed{4}\,x+4$

② $(-a+3b)^2=a^2-6ab+\boxed{9}\,b^2$

③ $(x-8)(x+3)=x^2-\boxed{5}\,x-24$

④ $(2x-3)(4x+1)=8x^2-\boxed{10}\,x-3$

⑤ $(2a+b)(3a-5b)=\boxed{6}\,a^2-7ab-5b^2$

따라서 □ 안에 알맞은 수가 가장 작은 것은 ①이다.

**24** 답 ㄷ

보기의 식을 전개하여 $xy$의 계수를 구하면

ㄱ. $(5x+3y)^2=25x^2+30xy+9y^2$에서 30

ㄴ. $(2x-8y)(2x+8y)=4x^2-64y^2$에서 0

ㄷ. $(x-6y)^2=x^2-12xy+36y^2$에서 $-12$

ㄹ. $(2x-3y)(5x+3y)=10x^2-9xy-9y^2$에서 $-9$

따라서 $xy$의 계수가 가장 작은 것은 ㄷ이다.

**25** 답 $8x^2+4xy-8y^2$

$(3x+2y)(3x-2y)-(x-2y)^2$
$=9x^2-4y^2-(x^2-4xy+4y^2)$
$=9x^2-4y^2-x^2+4xy-4y^2$
$=8x^2+4xy-8y^2$

**26** 답 39

$(3x+5)(x+4)-2(x-1)(x+5)$
$=3x^2+17x+20-2(x^2+4x-5)$
$=3x^2+17x+20-2x^2-8x+10$
$=x^2+9x+30$
따라서 $x$의 계수는 9, 상수항은 30이므로 $x$의 계수와 상수항의 합은 $9+30=39$

**27** 답 36

$(4x-y)(5x+6y)-(x-4y)(2x+3y)$
$=20x^2+19xy-6y^2-(2x^2-5xy-12y^2)$
$=20x^2+19xy-6y^2-2x^2+5xy+12y^2$
$=18x^2+24xy+6y^2$ ⋯ ( i )
따라서 $A=18$, $B=24$, $C=6$이므로 ⋯ ( ii )
$A+B-C=18+24-6=36$ ⋯ ( iii )

| 채점 기준 | 비율 |
|---|---|
| ( i ) 주어진 식 간단히 하기 | 60 % |
| ( ii ) $A$, $B$, $C$의 값 구하기 | 30 % |
| ( iii ) $A+B-C$의 값 구하기 | 10 % |

**28** 답 $-2$

$2(x+a)^2+(3x-1)(4-x)$
$=2(x^2+2ax+a^2)+(-3x^2+13x-4)$
$=2x^2+4ax+2a^2-3x^2+13x-4$
$=-x^2+(4a+13)x+2a^2-4$
이므로 $4a+13=17$ ∴ $a=1$
따라서 상수항은 $2a^2-4=2\times1^2-4=-2$

**29** 답 $x^2+3x-10$

(직사각형의 넓이)$=(x+5)(x-2)=x^2+3x-10$

**30** 답 ④

(색칠한 직사각형의 넓이)$=(4x+3)(3x-2)$
$=12x^2+x-6$

**31** 답 ④

(직사각형의 넓이)$=(a-b)(a+b)=a^2-b^2$
이므로 처음 정사각형의 넓이 $a^2$에서 $b^2$만큼 줄어든다.

**32** 답 $24x^2-20x+4$

오른쪽 그림에서 길을 제외한 정원의
넓이는
$(6x-2)(4x-2)=24x^2-20x+4$

**33** 답 $-a^2+3ab-2b^2$

큰 정사각형의 가로의 길이가 $b$이므로
색칠한 직사각형의 가로의 길이는 $a-b$
작은 정사각형의 가로, 세로의 길이가 모두 $a-b$이므로
색칠한 직사각형의 세로의 길이는 $b-(a-b)=-a+2b$
따라서 색칠한 직사각형의 넓이는
$(a-b)(-a+2b)=-a^2+3ab-2b^2$

**34** 답 $x^2$

$A=(x+3y)^2-4\times x\times 3y=x^2-6xy+9y^2$
$B=3y(2x+3y)-4\times x\times 3y=9y^2-6xy$
∴ $A-B=(x^2-6xy+9y^2)-(9y^2-6xy)=x^2$

다른 풀이
$A=(3y-x)^2=9y^2-6xy+x^2$
$B=(3y-2x)\times3y=9y^2-6xy$
∴ $A-B=(9y^2-6xy+x^2)-(9y^2-6xy)=x^2$

**35** 답 (1) $a^2+4ab+4b^2+a+2b-12$
　　　 (2) $4x^2-y^2-2y-1$

(1) $a+2b=A$로 놓으면
$(a+2b-3)(a+2b+4)=(A-3)(A+4)$
$=A^2+A-12$
$=(a+2b)^2+(a+2b)-12$
$=a^2+4ab+4b^2+a+2b-12$

(2) $y+1=A$로 놓으면
$(-2x+y+1)(-2x-y-1)$
$=(-2x+A)(-2x-A)$
$=4x^2-A^2=4x^2-(y+1)^2$
$=4x^2-(y^2+2y+1)=4x^2-y^2-2y-1$

**36** 답 $2A$, $2(x-2y)$, $x^2-4xy+4y^2+2x-4y+1$

$x-2y=A$로 놓으면
$(x-2y+1)^2=(A+1)^2$
$=A^2+\boxed{2A}+1$
$=(x-2y)^2+\boxed{2(x-2y)}+1$
$=\boxed{x^2-4xy+4y^2+2x-4y+1}$

**37** 답 ③

$4x+3y=A$로 놓으면
$(4x+3y-z)^2=(A-z)^2$
$=A^2-2Az+z^2$
$=(4x+3y)^2-2(4x+3y)z+z^2$
$=16x^2+24xy+9y^2-8xz-6yz+z^2$
$xy$의 계수가 24이므로 $a=24$
$yz$의 계수가 $-6$이므로 $b=-6$
∴ $a-b=24-(-6)=30$

**38** 답 ③

$43 \times 37 = (40+3)(40-3)$이므로
$(a+b)(a-b)=a^2-b^2$을 이용하는 것이 가장 편리하다.

**39** 답 ④

$1003^2 = (1000+3)^2 = 1000^2 + 2 \times 1000 \times 3 + 3^2$
이므로 $a = 2 \times 1000 \times 3 = 6000$
$5.7 \times 6.3 = (6-0.3)(6+0.3) = 6^2 - 0.3^2$
이므로 $b=6$, $c=2$
$\therefore a+b+c = 6000+6+2 = 6008$

**40** 답 **175**

$89 \times 87 - 88 \times 86$
$= (90-1)(90-3) - (90-2)(90-4)$
$= 90^2 - 4 \times 90 + 3 - (90^2 - 6 \times 90 + 8)$
$= 2 \times 90 - 5 = 180 - 5 = 175$

**41** 답 **1010**

$\dfrac{1009 \times 1011 + 1}{1010} = \dfrac{(1010-1)(1010+1)+1}{1010}$
$= \dfrac{1010^2 - 1 + 1}{1010} = \dfrac{1010^2}{1010} = 1010$

**42** 답 **6**

$999 \times 1001 + 1 = (1000-1)(1000+1) + 1$
$\qquad\qquad\qquad = 1000^2 - 1^2 + 1$
$\qquad\qquad\qquad = 1000^2 = (10^3)^2 = 10^6$
$\therefore a = 6$

**43** 답 **9**

$\dfrac{2021^2 - 2015 \times 2027}{2020^2 - 2018 \times 2022}$
$= \dfrac{2021^2 - (2021-6)(2021+6)}{2020^2 - (2020-2)(2020+2)}$ ⋯ (i)
$= \dfrac{2021^2 - (2021^2 - 6^2)}{2020^2 - (2020^2 - 2^2)} = \dfrac{36}{4} = 9$ ⋯ (ii)

| 채점 기준 | 비율 |
|---|---|
| (i) 주어진 식을 곱셈 공식을 이용할 수 있도록 변형하기 | 50 % |
| (ii) 답 구하기 | 50 % |

**44** 답 $2^{32}-1$

$(2+1)(2^2+1)(2^4+1)(2^8+1)(2^{16}+1)$
$= (2-1)(2+1)(2^2+1)(2^4+1)(2^8+1)(2^{16}+1)$
$= (2^2-1)(2^2+1)(2^4+1)(2^8+1)(2^{16}+1)$
$= (2^4-1)(2^4+1)(2^8+1)(2^{16}+1)$
$= (2^8-1)(2^8+1)(2^{16}+1)$
$= (2^{16}-1)(2^{16}+1) = 2^{32}-1$

**45** 답 ②

① $(2\sqrt{3}+3)^2 = 12 + 12\sqrt{3} + 9 = 21 + 12\sqrt{3}$
② $(5\sqrt{3}+\sqrt{2})(4\sqrt{3}-\sqrt{2}) = 60 + (-5+4)\sqrt{6} - 2$
$\qquad\qquad\qquad\qquad\qquad = 58 - \sqrt{6}$
③ $(\sqrt{7}+3)(\sqrt{7}-3) = 7 - 9 = -2$
④ $(\sqrt{5}+2)(\sqrt{5}-7) = 5 + (2-7)\sqrt{5} - 14$
$\qquad\qquad\qquad\qquad = -9 - 5\sqrt{5}$
⑤ $(\sqrt{8}-\sqrt{12})^2 = 8 - 2\sqrt{96} + 12 = 20 - 8\sqrt{6}$
따라서 옳은 것은 ②이다.

**46** 답 $30 + 7\sqrt{2}$

$(3\sqrt{2}+1)^2 - (\sqrt{2}-3)(2\sqrt{2}+5)$
$= (18 + 6\sqrt{2} + 1) - \{4 + (5-6)\sqrt{2} - 15\}$
$= (19 + 6\sqrt{2}) - (-11 - \sqrt{2})$
$= 30 + 7\sqrt{2}$

**47** 답 ③

$(a - 3\sqrt{3})(3 - 2\sqrt{3}) = 3a + (-2a-9)\sqrt{3} + 18$
$\qquad\qquad\qquad\qquad = (3a+18) - (2a+9)\sqrt{3}$
즉, $3a + 18 = 15$, $2a + 9 = b$이므로
$a = -1$, $b = 7$
$\therefore a + b = -1 + 7 = 6$

**48** 답 $6 - 4\sqrt{2}$

$1 < \sqrt{2} < 2$에서 $-2 < -\sqrt{2} < -1$이므로
$3 < 5 - \sqrt{2} < 4$
$\therefore 5 - \sqrt{2}$의 정수 부분은 3,
$\qquad\qquad$ 소수 부분은 $a = (5-\sqrt{2}) - 3 = 2 - \sqrt{2}$
$\therefore a^2 = (2-\sqrt{2})^2 = 6 - 4\sqrt{2}$

**49** 답 **3**

$(2 + 2\sqrt{3})(a - 3\sqrt{3}) = 2a + (-6+2a)\sqrt{3} - 18$
$\qquad\qquad\qquad\qquad = (2a-18) + (-6+2a)\sqrt{3}$ ⋯ (i)
이 식이 유리수가 되려면
$-6 + 2a = 0$이어야 하므로 ⋯ (ii)
$2a = 6$ $\therefore a = 3$ ⋯ (iii)

| 채점 기준 | 비율 |
|---|---|
| (i) 주어진 식을 간단히 하기 | 40 % |
| (ii) 주어진 식이 유리수가 되도록 하는 $a$의 조건 구하기 | 40 % |
| (iii) $a$의 값 구하기 | 20 % |

**50** 답 **2**

$(2-\sqrt{5})^{10}(2+\sqrt{5})^{11} = \{(2-\sqrt{5})(2+\sqrt{5})\}^{10}(2+\sqrt{5})$
$\qquad\qquad\qquad\qquad = (4-5)^{10}(2+\sqrt{5})$
$\qquad\qquad\qquad\qquad = 2 + \sqrt{5}$
따라서 $a = 2$, $b = 1$이므로
$ab = 2 \times 1 = 2$

**51** 답 $20+2\sqrt{10}$

오른쪽 그림과 같이 주어진 도형
에 보조선을 그으면
(정사각형 A의 넓이)
$=(\sqrt{2}+\sqrt{5})^2=7+2\sqrt{10}$
(직사각형 B의 넓이)
$=(\sqrt{2}+\sqrt{5}+2\sqrt{2})(\sqrt{18}-\sqrt{5})$
$=(3\sqrt{2}+\sqrt{5})(3\sqrt{2}-\sqrt{5})=18-5=13$
$\therefore$ (구하는 넓이)$=(7+2\sqrt{10})+13=20+2\sqrt{10}$

**52** 답 ④

① $\dfrac{3}{\sqrt{2}}=\dfrac{3\times\sqrt{2}}{\sqrt{2}\times\sqrt{2}}=\dfrac{3\sqrt{2}}{2}$

② $\dfrac{1}{\sqrt{5}-2}=\dfrac{\sqrt{5}+2}{(\sqrt{5}-2)(\sqrt{5}+2)}=\sqrt{5}+2$

③ $\dfrac{1}{\sqrt{7}+\sqrt{5}}=\dfrac{\sqrt{7}-\sqrt{5}}{(\sqrt{7}+\sqrt{5})(\sqrt{7}-\sqrt{5})}=\dfrac{\sqrt{7}-\sqrt{5}}{2}$

④ $\dfrac{2}{2-\sqrt{2}}=\dfrac{2(2+\sqrt{2})}{(2-\sqrt{2})(2+\sqrt{2})}=\dfrac{2(2+\sqrt{2})}{2}=2+\sqrt{2}$

⑤ $\dfrac{5}{\sqrt{7}+2\sqrt{3}}=\dfrac{5(\sqrt{7}-2\sqrt{3})}{(\sqrt{7}+2\sqrt{3})(\sqrt{7}-2\sqrt{3})}=\dfrac{5(\sqrt{7}-2\sqrt{3})}{-5}$
$=-(\sqrt{7}-2\sqrt{3})=2\sqrt{3}-\sqrt{7}$

따라서 옳은 것은 ④이다.

**53** 답 ④

$y=\dfrac{1}{x}=\dfrac{1}{8+3\sqrt{7}}=\dfrac{8-3\sqrt{7}}{(8+3\sqrt{7})(8-3\sqrt{7})}=8-3\sqrt{7}$
$\therefore x+y=(8+3\sqrt{7})+(8-3\sqrt{7})=16$

**54** 답 10

$\dfrac{2\sqrt{3}+3\sqrt{2}}{2\sqrt{3}-3\sqrt{2}}=\dfrac{(2\sqrt{3}+3\sqrt{2})^2}{(2\sqrt{3}-3\sqrt{2})(2\sqrt{3}+3\sqrt{2})}$
$=\dfrac{30+12\sqrt{6}}{-6}=-5-2\sqrt{6}$

따라서 $a=-5$, $b=-2$이므로
$ab=-5\times(-2)=10$

**55** 답 5

$\dfrac{\sqrt{7}-\sqrt{3}}{\sqrt{7}+\sqrt{3}}+\dfrac{\sqrt{7}+\sqrt{3}}{\sqrt{7}-\sqrt{3}}$

$=\dfrac{(\sqrt{7}-\sqrt{3})^2}{(\sqrt{7}+\sqrt{3})(\sqrt{7}-\sqrt{3})}+\dfrac{(\sqrt{7}+\sqrt{3})^2}{(\sqrt{7}-\sqrt{3})(\sqrt{7}+\sqrt{3})}$

$=\dfrac{10-2\sqrt{21}}{4}+\dfrac{10+2\sqrt{21}}{4}=\dfrac{5-\sqrt{21}}{2}+\dfrac{5+\sqrt{21}}{2}=5$

**56** 답 $10+5\sqrt{3}$

$1<\sqrt{3}<2$에서 $-2<-\sqrt{3}<-1$이므로
$5<7-\sqrt{3}<6$
$\therefore 7-\sqrt{3}$의 정수 부분 $a=5$,
　　　소수 부분 $b=(7-\sqrt{3})-5=2-\sqrt{3}$

$\therefore \dfrac{a}{b}=\dfrac{5}{2-\sqrt{3}}=\dfrac{5(2+\sqrt{3})}{(2-\sqrt{3})(2+\sqrt{3})}=10+5\sqrt{3}$

**57** 답 $-19-6\sqrt{10}$

$\overline{AP}=\overline{AB}=\sqrt{3^2+1^2}=\sqrt{10}$이므로 점 P에 대응하는 수는
$-3+\sqrt{10}$　　$\therefore a=-3+\sqrt{10}$　　　　$\cdots$ (i)
$\overline{AQ}=\overline{AD}=\sqrt{1^2+3^2}=\sqrt{10}$이므로 점 Q에 대응하는 수는
$-3-\sqrt{10}$　　$\therefore b=-3-\sqrt{10}$　　　　$\cdots$ (ii)
$\therefore \dfrac{b}{a}=\dfrac{-3-\sqrt{10}}{-3+\sqrt{10}}=\dfrac{(-3-\sqrt{10})^2}{(-3+\sqrt{10})(-3-\sqrt{10})}$
　　　$=-19-6\sqrt{10}$　　　　　　　　$\cdots$ (iii)

| 채점 기준 | 비율 |
|---|---|
| (i) $a$의 값 구하기 | 30 % |
| (ii) $b$의 값 구하기 | 30 % |
| (iii) $\dfrac{b}{a}$의 값 구하기 | 40 % |

**58** 답 ④

$\dfrac{1}{F(1)}+\dfrac{1}{F(2)}+\dfrac{1}{F(3)}+\cdots+\dfrac{1}{F(24)}$

$=\dfrac{1}{\sqrt{1}+\sqrt{2}}+\dfrac{1}{\sqrt{2}+\sqrt{3}}+\dfrac{1}{\sqrt{3}+\sqrt{4}}+\cdots+\dfrac{1}{\sqrt{24}+\sqrt{25}}$

$=\dfrac{\sqrt{1}-\sqrt{2}}{(\sqrt{1}+\sqrt{2})(\sqrt{1}-\sqrt{2})}+\dfrac{\sqrt{2}-\sqrt{3}}{(\sqrt{2}+\sqrt{3})(\sqrt{2}-\sqrt{3})}$

$+\dfrac{\sqrt{3}-\sqrt{4}}{(\sqrt{3}+\sqrt{4})(\sqrt{3}-\sqrt{4})}+\cdots+\dfrac{\sqrt{24}-\sqrt{25}}{(\sqrt{24}+\sqrt{25})(\sqrt{24}-\sqrt{25})}$

$=(\sqrt{2}-\sqrt{1})+(\sqrt{3}-\sqrt{2})+(\sqrt{4}-\sqrt{3})+\cdots+(\sqrt{25}-\sqrt{24})$

$=-\sqrt{1}+\sqrt{25}=-1+5=4$

**59** 답 ③

$x^2+y^2=(x+y)^2-2xy=7^2-2\times3=49-6=43$

**60** 답 $-5$

$a^2+b^2=(a-b)^2+2ab$에서
$6=(-4)^2+2ab$, $2ab=-10$　　$\therefore ab=-5$

**61** 답 ①

$x^2+y^2=(x+y)^2-2xy=3^2-2\times(-2)=13$
$\therefore \dfrac{y}{x}+\dfrac{x}{y}=\dfrac{x^2+y^2}{xy}=-\dfrac{13}{2}$

**62** 답 36

$(x+y)^2=(x-y)^2+4xy=(-2\sqrt{6})^2+4\times3$
　　　$=24+12=36$

**63** 답 $\dfrac{4}{3}$

$a^2+b^2=(a+b)^2-2ab$에서
$10=4^2-2ab$, $2ab=6$　　$\therefore ab=3$
$\therefore \dfrac{1}{a}+\dfrac{1}{b}=\dfrac{b+a}{ab}=\dfrac{4}{3}$

**64** 답 ⑤

$x=\dfrac{1}{\sqrt{5}-2}=\dfrac{\sqrt{5}+2}{(\sqrt{5}-2)(\sqrt{5}+2)}=\sqrt{5}+2,$

$y=\dfrac{1}{\sqrt{5}+2}=\dfrac{\sqrt{5}-2}{(\sqrt{5}+2)(\sqrt{5}-2)}=\sqrt{5}-2$이므로

$x+y=(\sqrt{5}+2)+(\sqrt{5}-2)=2\sqrt{5},$

$xy=(\sqrt{5}+2)(\sqrt{5}-2)=1$

$\therefore x^2+xy+y^2=(x+y)^2-2xy+xy$
$\qquad\qquad\qquad =(x+y)^2-xy=(2\sqrt{5})^2-1=19$

**65** 답 **9**

$(x+2)(y+2)=4$에서

$xy+2(x+y)+4=4$

이때 $xy=-2$이므로 $-2+2(x+y)=0$

$2(x+y)=2$  $\therefore x+y=1$  $\cdots$ (i)

$\therefore (x-y)^2=(x+y)^2-4xy$
$\qquad\qquad =1^2-4\times(-2)=9$  $\cdots$ (ii)

| 채점 기준 | 비율 |
|---|---|
| (i) $x+y$의 값 구하기 | 50 % |
| (ii) $(x-y)^2$의 값 구하기 | 50 % |

**66** 답 **10**

$4x+4y=40$이므로 $x+y=10$

이때 $x^2+y^2=80$이고,

$x^2+y^2=(x+y)^2-2xy$이므로

$80=10^2-2xy,\ 2xy=20$  $\therefore xy=10$

**67** 답 (1) **6** (2) **8**

(1) $x^2+\dfrac{1}{x^2}=\left(x-\dfrac{1}{x}\right)^2+2=2^2+2=6$

(2) $\left(x+\dfrac{1}{x}\right)^2=\left(x-\dfrac{1}{x}\right)^2+4=2^2+4=8$

**68** 답 ③

$a^2+\dfrac{1}{a^2}=\left(a+\dfrac{1}{a}\right)^2-2=(2\sqrt{7})^2-2=26$

**69** 답 (1) **14** (2) **12**

$x\neq0$이므로 $x^2-4x+1=0$의 양변을 $x$로 나누면

$x-4+\dfrac{1}{x}=0$  $\therefore x+\dfrac{1}{x}=4$

(1) $x^2+\dfrac{1}{x^2}=\left(x+\dfrac{1}{x}\right)^2-2=4^2-2=14$

(2) $\left(x-\dfrac{1}{x}\right)^2=\left(x+\dfrac{1}{x}\right)^2-4=4^2-4=12$

**70** 답 **17**

$x\neq0$이므로 $x^2=5x+1$의 양변을 $x$로 나누면

$x=5+\dfrac{1}{x}$  $\therefore x-\dfrac{1}{x}=5$

$\therefore x^2-10+\dfrac{1}{x^2}=x^2+\dfrac{1}{x^2}-10$
$\qquad\qquad\qquad =\left(x-\dfrac{1}{x}\right)^2+2-10$
$\qquad\qquad\qquad =5^2-8=17$

**71** 답 ④

$x=2+\sqrt{3}$에서 $x-2=\sqrt{3}$이므로

이 식의 양변을 제곱하면 $(x-2)^2=(\sqrt{3})^2$

$x^2-4x+4=3,\ x^2-4x=-1$

$\therefore x^2-4x+11=-1+11=10$

다른 풀이

$x=2+\sqrt{3}$이므로

$x^2-4x+11=(2+\sqrt{3})^2-4(2+\sqrt{3})+11$
$\qquad\qquad\quad =4+4\sqrt{3}+3-8-4\sqrt{3}+11$
$\qquad\qquad\quad =10$

**72** 답 ②

$x=\dfrac{2}{\sqrt{3}+1}=\dfrac{2(\sqrt{3}-1)}{(\sqrt{3}+1)(\sqrt{3}-1)}=\sqrt{3}-1$에서

$x+1=\sqrt{3}$이므로

이 식의 양변을 제곱하면 $(x+1)^2=(\sqrt{3})^2$

$x^2+2x+1=3,\ x^2+2x=2$

$\therefore x^2+2x-5=2-5=-3$

**73** 답 ③

$2<\sqrt{5}<3$에서 $-3<-\sqrt{5}<-2$이므로

$1<4-\sqrt{5}<2$

$\therefore 4-\sqrt{5}$의 정수 부분은 1,

$\qquad$ 소수 부분 $a=(4-\sqrt{5})-1=3-\sqrt{5}$

$a-3=-\sqrt{5}$의 양변을 제곱하면 $(a-3)^2=(-\sqrt{5})^2$

$a^2-6a+9=5,\ a^2-6a=-4$

$\therefore a^2-6a+5=-4+5=1$

**74** 답 **세호**

주어진 식을 전개하면 $(x-2)^2=x^2-4x+4$

$(-x+2)^2=x^2-4x+4$이므로 ➡

$-(-x+2)^2=-x^2+4x-4$이므로 ⬇

$(-x-2)^2=x^2+4x+4$이므로 ⬇

$\{-(-x+2)\}^2=(-x+2)^2=x^2-4x+4$이므로 ➡

따라서 보영이가 출구에서 만나는 친구는 세호이다.

**75** 답 (1) **33개** (2) $33x^2+33xy-66y^2$

앞, 오른쪽 옆, 위에서 본 것을 합하여 입체도형을 그리면 오른쪽 그림과 같다.

(1) 1층, 2층, 3층, 4층, 5층에 놓인 상자의 개수는 각각 25개, 3개, 2개, 2개, 1개

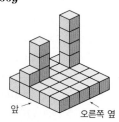

따라서 입체도형 전체를 이루는 상자의 개수는
$25+3+2+2+1=33$(개)

⑵ (상자 한 개의 부피)$=(x-y)\times(x+2y)\times1$
$=x^2+xy-2y^2$

따라서 입체도형의 부피는
$33\times$(상자 한 개의 부피)$=33\times(x^2+xy-2y^2)$
$=33x^2+33xy-66y^2$

## 단원 마무리
P. 55~57

| | | | | |
|---|---|---|---|---|
| **1** 5 | **2** 4 | **3** ③, ⑤ | **4** ① | **5** ⑤ |
| **6** ② | **7** ④ | **8** ① | **9** 34 | **10** ④ |
| **11** ① | **12** ④ | **13** $a^2-b^2$ | **14** 8 | |

**15** $12+4\sqrt{2}-2\sqrt{5}$    **16** $\dfrac{2+\sqrt{7}}{3}$

**17** $-1+\sqrt{11}$    **18** 4    **19** 15

**20** $-2x^2+7xy-6y^2$    **21** $x^4+8x^3-x^2-68x+60$

**1** $(ax-4y)(2x+5y+3)$에서 $xy$항이 나오는 부분만 전개하면
$5axy-8xy=17xy$, $(5a-8)xy=17xy$
$5a-8=17$   ∴ $a=5$

**2** $(5x+2y)(Ax-y)=5Ax^2+(-5+2A)xy-2y^2$
$=15x^2+Bxy-2y^2$
이므로 $5A=15$, $-5+2A=B$
따라서 $A=3$, $B=1$이므로 $A+B=3+1=4$

**3** ① $(-x-3y)^2=x^2+6xy+9y^2$
② $\left(x-\dfrac{1}{2}\right)^2=x^2-x+\dfrac{1}{4}$
④ $(x+5)(x-8)=x^2-3x-40$
따라서 옳은 것은 ③, ⑤이다.

**4** (색칠한 직사각형의 넓이)$=(a+b)(a-2b)$
$=a^2-ab-2b^2$

**5** ① $104^2=(100+4)^2=100^2+2\times100\times4+4^2$
   ⇨ $(a+b)^2=a^2+2ab+b^2$
② $96^2=(100-4)^2=100^2-2\times100\times4+4^2$
   ⇨ $(a-b)^2=a^2-2ab+b^2$
③ $19.7\times20.3=(20-0.3)(20+0.3)=20^2-0.3^2$
   ⇨ $(a+b)(a-b)=a^2-b^2$
④ $102\times103=(100+2)(100+3)$
      $=100^2+(2+3)\times100+2\times3$
   ⇨ $(x+a)(x+b)=x^2+(a+b)x+ab$

⑤ $98\times102=(100-2)(100+2)=100^2-2^2$
   ⇨ $(a+b)(a-b)=a^2-b^2$
따라서 적절하지 않은 것은 ⑤이다.

**6** $(\sqrt{3}-1)^2+(\sqrt{5}+2)(\sqrt{5}-2)=(3-2\sqrt{3}+1)+(5-4)$
$=5-2\sqrt{3}$

**7** $(a\sqrt{7}+3)(2\sqrt{7}-1)=14a+(-a+6)\sqrt{7}-3$
$=(14a-3)+(-a+6)\sqrt{7}$
이 식이 유리수가 되려면 $-a+6=0$이어야 하므로
$a=6$
따라서 $a=6$일 때, 주어진 식의 값은
$14a-3=14\times6-3=81$

**8** $\dfrac{\sqrt{3}-5}{2+\sqrt{3}}=\dfrac{(\sqrt{3}-5)(2-\sqrt{3})}{(2+\sqrt{3})(2-\sqrt{3})}=-13+7\sqrt{3}$
따라서 $a=-13$, $b=7$이므로
$a+b=-13+7=-6$

**9** $x=\dfrac{\sqrt{2}+1}{\sqrt{2}-1}=\dfrac{(\sqrt{2}+1)^2}{(\sqrt{2}-1)(\sqrt{2}+1)}=3+2\sqrt{2}$,
$y=\dfrac{\sqrt{2}-1}{\sqrt{2}+1}=\dfrac{(\sqrt{2}-1)^2}{(\sqrt{2}+1)(\sqrt{2}-1)}=3-2\sqrt{2}$이므로   ··· (i)
$x+y=(3+2\sqrt{2})+(3-2\sqrt{2})=6$
$xy=(3+2\sqrt{2})(3-2\sqrt{2})=1$   ··· (ii)
∴ $\dfrac{x}{y}+\dfrac{y}{x}=\dfrac{x^2+y^2}{xy}=\dfrac{(x+y)^2-2xy}{xy}$
$=\dfrac{6^2-2\times1}{1}=34$   ··· (iii)

| 채점 기준 | 비율 |
|---|---|
| (i) $x$, $y$의 분모를 각각 유리화하기 | 40 % |
| (ii) $x+y$, $xy$의 값 구하기 | 20 % |
| (iii) $\dfrac{x}{y}+\dfrac{y}{x}$의 값 구하기 | 40 % |

**10** $x^2+\dfrac{1}{x^2}=\left(x-\dfrac{1}{x}\right)^2+2=4^2+2=18$

**11** $x=\dfrac{1}{2\sqrt{6}-5}=\dfrac{2\sqrt{6}+5}{(2\sqrt{6}-5)(2\sqrt{6}+5)}=-2\sqrt{6}-5$에서
$x+5=-2\sqrt{6}$이므로
이 식의 양변을 제곱하면 $(x+5)^2=(-2\sqrt{6})^2$
$x^2+10x+25=24$, $x^2+10x=-1$
∴ $x^2+10x-3=-1-3=-4$

**12** ㄱ, ㄴ, ㄹ, ㅁ. $x^2-2xy+y^2$
ㄷ. $-x^2+2xy-y^2$
ㅂ. $x^2+2xy+y^2$
따라서 전개식이 같은 것은 ㄱ, ㄴ, ㄹ, ㅁ이다.

**13** 새로 만든 직사각형은 오른쪽 그림과 같으므로

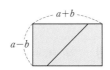

$$\begin{aligned}(\text{구하는 넓이}) &= (a+b)(a-b) \\ &= a^2-b^2\end{aligned}$$

**14** $(3+1)(3^2+1)(3^4+1)$

$$= \frac{1}{2}(3-1)(3+1)(3^2+1)(3^4+1) \qquad \cdots \text{(i)}$$

$$= \frac{1}{2}(3^2-1)(3^2+1)(3^4+1)$$

$$= \frac{1}{2}(3^4-1)(3^4+1)$$

$$= \frac{1}{2}(3^8-1) \qquad \cdots \text{(ii)}$$

$$\therefore a=8 \qquad \cdots \text{(iii)}$$

| 채점 기준 | 비율 |
|---|---|
| (i) 주어진 식의 좌변에 $\frac{1}{2}(3-1)$ 곱하기 | 30 % |
| (ii) 곱셈 공식을 이용하여 식 간단히 하기 | 50 % |
| (iii) $a$의 값 구하기 | 20 % |

**15** $\overline{\text{AP}} = \overline{\text{AD}} = \sqrt{2^2+1^2} = \sqrt{5}$ 이므로 점 P에 대응하는 수는

$1-\sqrt{5}$ $\quad \therefore a=1-\sqrt{5}$

$\overline{\text{AQ}} = \overline{\text{AE}} = \sqrt{1^2+1^2} = \sqrt{2}$ 이므로 점 Q에 대응하는 수는

$1+\sqrt{2}$ $\quad \therefore b=1+\sqrt{2}$

$$\begin{aligned}\therefore a^2+2b^2 &= (1-\sqrt{5})^2+2(1+\sqrt{2})^2 \\ &= (1-2\sqrt{5}+5)+2(1+2\sqrt{2}+2) \\ &= 12+4\sqrt{2}-2\sqrt{5}\end{aligned}$$

**16** $\dfrac{9}{4+\sqrt{7}} = \dfrac{9(4-\sqrt{7})}{(4+\sqrt{7})(4-\sqrt{7})} = 4-\sqrt{7}$

$2<\sqrt{7}<3$ 이고 $-3<-\sqrt{7}<-2$ 이므로

$1<4-\sqrt{7}<2$

$\therefore 4-\sqrt{7}$의 정수 부분 $a=1$

소수 부분 $b=(4-\sqrt{7})-1=3-\sqrt{7}$

$$\begin{aligned}\therefore \frac{1}{a-b} &= \frac{1}{1-(3-\sqrt{7})} = \frac{1}{-2+\sqrt{7}} \\ &= \frac{-2-\sqrt{7}}{(-2+\sqrt{7})(-2-\sqrt{7})} = \frac{2+\sqrt{7}}{3}\end{aligned}$$

**17** $f(1)+f(2)+f(3)+\cdots+f(10)$

$$= \frac{1}{\sqrt{2}+1} + \frac{1}{\sqrt{3}+\sqrt{2}} + \frac{1}{\sqrt{4}+\sqrt{3}} + \cdots + \frac{1}{\sqrt{11}+\sqrt{10}}$$

$$= \frac{\sqrt{2}-1}{(\sqrt{2}+1)(\sqrt{2}-1)} + \frac{\sqrt{3}-\sqrt{2}}{(\sqrt{3}+\sqrt{2})(\sqrt{3}-\sqrt{2})}$$

$$\quad + \frac{\sqrt{4}-\sqrt{3}}{(\sqrt{4}+\sqrt{3})(\sqrt{4}-\sqrt{3})} + \cdots + \frac{\sqrt{11}-\sqrt{10}}{(\sqrt{11}+\sqrt{10})(\sqrt{11}-\sqrt{10})}$$

$$= (\sqrt{2}-1)+(\sqrt{3}-\sqrt{2})+(\sqrt{4}-\sqrt{3})+\cdots+(\sqrt{11}-\sqrt{10})$$

$$= -1+\sqrt{11}$$

**18** $x \neq 0$ 이므로 $x^2-2x-1=0$의 양변을 $x$로 나누면

$x-2-\dfrac{1}{x}=0$ $\qquad \therefore x-\dfrac{1}{x}=2$

$x^2+\dfrac{1}{x^2} = \left(x-\dfrac{1}{x}\right)^2+2 = 2^2+2=6$

$$\begin{aligned}\therefore 2x^2-4x+\frac{4}{x}+\frac{2}{x^2} &= 2\left(x^2+\frac{1}{x^2}\right)-4\left(x-\frac{1}{x}\right) \\ &= 2\times6-4\times2=4\end{aligned}$$

**19** 민준: $(x+A)(x+2) = x^2+(A+2)x+2A$

$$\qquad\qquad\qquad\quad = x^2+8x+B$

이므로 $A+2=8$, $2A=B$

$\therefore A=6$, $B=2\times6=12$

송이: $(x-2)(Cx+1) = Cx^2+(1-2C)x-2$

$$\qquad\qquad\qquad\quad = Cx^2+7x-2$

이므로 $1-2C=7$

$\therefore C=-3$

$\therefore A+B+C = 6+12+(-3) = 15$

**20** □ABFE는 정사각형이므로

$\overline{\text{BF}} = \overline{\text{AB}} = y$ 에서 $\overline{\text{FC}} = x-y$

□EHGD는 정사각형이므로

$\overline{\text{DG}} = \overline{\text{ED}} = \overline{\text{FC}} = x-y$ 에서

$\overline{\text{GC}} = y-(x-y) = 2y-x$

□JICG는 정사각형이므로

$\overline{\text{JI}} = \overline{\text{IC}} = \overline{\text{GC}} = 2y-x$ 에서

$\overline{\text{FI}} = x-y-(2y-x) = 2x-3y$

따라서 □HFIJ의 넓이는

$(2x-3y)(2y-x) = -2x^2+7xy-6y^2$

**21** $(x-1)(x-2)(x+5)(x+6)$

$= (x-1)(x+5)(x-2)(x+6)$

$= (x^2+4x-5)(x^2+4x-12)$

$= (A-5)(A-12) \qquad \leftarrow x^2+4x=A$로 놓기

$= A^2-17A+60$

$= (x^2+4x)^2-17(x^2+4x)+60$

$= x^4+8x^3+16x^2-17x^2-68x+60$

$= x^4+8x^3-x^2-68x+60$

> 참고. 네 개의 일차식의 곱은 공통부분이 생기도록 두 일차식의 상수항의 합이 같아지게 2개씩 짝을 지어 전개한다.

## 유형 1∼2

P. 60

**1** 답 ③

③ $x^3y$와 $2xy^2$의 공통인 인수는 $xy$이다.

**2** 답 ③

$(3x^2+1)(y-2) \xrightarrow[\text{인수분해}]{\text{전개}} 3x^2y-6x^2+y-2$

**3** 답 ④

$x(x+2)(x-2)=\underset{\text{ㄱ}}{x}\times\underset{\text{ㅁ}}{(x+2)(x-2)}$

$=\underset{\text{ㄴ}}{(x-2)}\times x(x+2)$

따라서 $x(x+2)(x-2)$의 인수가 아닌 것은 ㄷ, ㄹ이다.

**4** 답 ④

① $2xy+y^2=y(2x+y)$

② $4a^2-2a=2a(2a-1)$

③ $m^2-3m=m(m-3)$

⑤ $x^2y-2xy^2=xy(x-2y)$

따라서 인수분해한 것이 옳은 것은 ④이다.

**5** 답 ④

$x^3-x^2y=x^2(x-y)$

따라서 $x^3-x^2y$의 인수가 아닌 것은 ④ $x(x+y)$이다.

**6** 답 ㄱ, ㄹ

ㄱ. $abc-2abc^2=\underline{abc}(1-2c)$

ㄴ. $a^2bx-a^2y=a^2(bx-y)$

ㄷ. $a^2b^2+ac=a(ab^2+c)$

ㄹ. $abx^2-abx+abc=\underline{ab}(x^2-x+c)$

따라서 $ab$를 인수로 갖는 것은 ㄱ, ㄹ이다.

**7** 답 (1) $(a-3b)(x+2)$  (2) $(2a-b)(x+y)$

(1) $(x+1)(a-3b)+(a-3b)$

$=(a-3b)(x+1+1)$

$=(a-3b)(x+2)$

(2) $x(2a-b)-y(b-2a)$

$=x(2a-b)+y(2a-b)$

$=(2a-b)(x+y)$

## 유형 3∼22

P. 61∼73

**8** 답 ⑤

⑤ $16a^2+24ab+9b^2=(4a+3b)^2$

**9** 답 ㄹ, ㅂ

ㄱ. $x^2-8x+16=(x-4)^2$

ㄴ. $4x^2-12x+9=(2x-3)^2$

ㄷ. $2x^2+4xy+2y^2=2(x^2+2xy+y^2)$

$=2(x+y)^2$

ㅁ. $a^2+5a+\dfrac{25}{4}=\left(a+\dfrac{5}{2}\right)^2$

따라서 완전제곱식으로 인수분해되지 않는 것은 ㄹ, ㅂ이다.

**10** 답 ④

$25x^2-30x+9=(5x-3)^2$

따라서 $25x^2-30x+9$의 인수는 ④ $5x-3$이다.

**11** 답 ①

$ax^2+12x+b=(2x+c)^2=4x^2+4cx+c^2$

즉, $a=4$, $12=4c$, $b=c^2$이므로

$a=4$, $b=9$, $c=3$

$\therefore a+b+c=4+9+3=16$

**12** 답 ②

① $x^2-16x+\square=x^2-2\times x\times 8+\square$이므로

$\square=8^2=64 \Rightarrow$ 절댓값은 64

② $x^2+20x+\square=x^2+2\times x\times 10+\square$이므로

$\square=10^2=100 \Rightarrow$ 절댓값은 100

③ $4x^2+\square x+25=(2x\pm5)^2$이므로

$\square=\pm2\times2\times5=\pm20 \Rightarrow$ 절댓값은 20

④ $x^2+\square x+196=(x\pm14)^2$이므로

$\square=\pm2\times1\times14=\pm28 \Rightarrow$ 절댓값은 28

⑤ $36x^2+\square x+1=(6x\pm1)^2$이므로

$\square=\pm2\times6\times1=\pm12 \Rightarrow$ 절댓값은 12

따라서 절댓값이 가장 큰 것은 ②이다.

**13** 답 1

$9x^2+12x+A=(3x)^2+2\times3x\times2+A$이므로

$A=2^2=4$

$x^2+Bx+\dfrac{9}{4}=\left(x\pm\dfrac{3}{2}\right)^2$이므로

$B=\pm2\times1\times\dfrac{3}{2}=\pm3$

이때 $B>0$이므로 $B=3$

$\therefore A-B=4-3=1$

**14** 답 ②

$9x^2+(m-1)xy+16y^2=(3x\pm4y)^2$이므로

$m-1=\pm2\times3\times4=\pm24$

즉, $m-1=24$에서 $m=25$이고,

$m-1=-24$에서 $m=-23$이다.

따라서 모든 $m$의 값의 합은 $25+(-23)=2$

**15** 답 **4**

$(2x-1)(2x+3)+k=4x^2+4x-3+k$
$\qquad\qquad\qquad\quad=(2x)^2+2\times 2x\times 1+(-3+k)$

이 식이 완전제곱식이 되려면

$-3+k=1^2$ $\quad\therefore k=4$

**16** 답 ③

$3<x<5$에서 $x-5<0$, $x-3>0$이므로

$\sqrt{x^2-10x+25}-\sqrt{x^2-6x+9}=\sqrt{(x-5)^2}-\sqrt{(x-3)^2}$
$\qquad\qquad\qquad\qquad\qquad\qquad=-(x-5)-(x-3)$
$\qquad\qquad\qquad\qquad\qquad\qquad=-x+5-x+3$
$\qquad\qquad\qquad\qquad\qquad\qquad=-2x+8$

**17** 답 ④

$a<0$, $b>0$에서 $a-b<0$이므로

$\sqrt{a^2}-\sqrt{a^2-2ab+b^2}=\sqrt{a^2}-\sqrt{(a-b)^2}$
$\qquad\qquad\qquad\qquad\qquad=-a-\{-(a-b)\}$
$\qquad\qquad\qquad\qquad\qquad=-a+a-b=-b$

**18** 답 $-2a$

$0<a<\dfrac{1}{2}$에서 $a-\dfrac{1}{2}<0$, $a+\dfrac{1}{2}>0$이므로

$\sqrt{a^2-a+\dfrac{1}{4}}-\sqrt{a^2+a+\dfrac{1}{4}}=\sqrt{\left(a-\dfrac{1}{2}\right)^2}-\sqrt{\left(a+\dfrac{1}{2}\right)^2}$
$\qquad\qquad\qquad\qquad\qquad\qquad=-\left(a-\dfrac{1}{2}\right)-\left(a+\dfrac{1}{2}\right)$
$\qquad\qquad\qquad\qquad\qquad\qquad=-a+\dfrac{1}{2}-a-\dfrac{1}{2}$
$\qquad\qquad\qquad\qquad\qquad\qquad=-2a$

**19** 답 $-2a+1$

$\sqrt{x}=a-1$의 양변을 제곱하면

$x=(a-1)^2=a^2-2a+1$이므로

$\sqrt{x-4a+8}-\sqrt{x+6a+3}$
$=\sqrt{a^2-2a+1-4a+8}-\sqrt{a^2-2a+1+6a+3}$
$=\sqrt{a^2-6a+9}-\sqrt{a^2+4a+4}$
$=\sqrt{(a-3)^2}-\sqrt{(a+2)^2}$

이때 $1<a<3$에서 $a-3<0$, $a+2>0$이므로

$\sqrt{x-4a+8}-\sqrt{x+6a+3}=\sqrt{(a-3)^2}-\sqrt{(a+2)^2}$
$\qquad\qquad\qquad\qquad\qquad\quad=-(a-3)-(a+2)$
$\qquad\qquad\qquad\qquad\qquad\quad=-a+3-a-2$
$\qquad\qquad\qquad\qquad\qquad\quad=-2a+1$

**20** 답 ①, ⑤

② $49x^2-9=(7x+3)(7x-3)$

③ $-4x^2+y^2=y^2-4x^2=(y+2x)(y-2x)$

④ $a^2-\dfrac{1}{9}b^2=\left(a+\dfrac{1}{3}b\right)\left(a-\dfrac{1}{3}b\right)$

따라서 인수분해한 것이 옳은 것은 ①, ⑤이다.

**21** 답 $14x$

$49x^2-16=(7x+4)(7x-4)$

따라서 두 일차식은 $7x+4$, $7x-4$이므로

두 일차식의 합은 $(7x+4)+(7x-4)=14x$

**22** 답 ①

$ax^2-25=(bx+5)(3x+c)$
$\qquad\qquad=3bx^2+(bc+15)x+5c$

즉, $a=3b$, $0=bc+15$, $-25=5c$이므로

$c=-5$, $b=3$, $a=9$

$\therefore a+b+c=9+3+(-5)=7$

**23** 답 ④

$x^8-1=(x^4+1)(x^4-1)$
$\qquad=(x^4+1)(x^2+1)(x^2-1)$
$\qquad=\underset{⑤}{(x^4+1)}\underset{③}{(x^2+1)}\underset{②}{(x+1)}\underset{①}{(x-1)}$

따라서 $x^8-1$의 인수가 아닌 것은 ④ $x^3+1$이다.

**24** 답 ②

$x^2+4xy-12y^2=(x-2y)(x+6y)$

**25** 답 ㄱ, ㄹ

ㄱ. $x^2+x-6=(x+3)\underline{(x-2)}$

ㄴ. $x^2+3x+2=(x+1)(x+2)$

ㄷ. $x^2-5x-14=(x+2)(x-7)$

ㄹ. $x^2-7x+10=(x-5)\underline{(x-2)}$

따라서 $x-2$를 인수로 갖는 다항식은 ㄱ, ㄹ이다.

**26** 답 $2x+2$

$x^2+2x-3=(x-1)(x+3)$ $\qquad\cdots$ (i)

따라서 두 일차식은 $x-1$, $x+3$이므로 $\qquad\cdots$ (ii)

두 일차식의 합은 $(x-1)+(x+3)=2x+2$ $\qquad\cdots$ (iii)

| 채점 기준 | 비율 |
|---|---|
| (i) 주어진 식을 인수분해하기 | 60 % |
| (ii) 두 일차식 구하기 | 20 % |
| (iii) 두 일차식의 합 구하기 | 20 % |

**27** 답 $-2$

$x^2+Ax-6=(x+B)(x+3)=x^2+(B+3)x+3B$
$\qquad\qquad\qquad\qquad\qquad\qquad\qquad\cdots$ (i)

즉, $A=B+3$, $-6=3B$이므로

$A=1$, $B=-2$ $\qquad\cdots$ (ii)

$\therefore AB=1\times(-2)=-2$ $\qquad\cdots$ (iii)

| 채점 기준 | 비율 |
|---|---|
| (i) 우변의 식을 전개하기 | 40 % |
| (ii) $A$, $B$의 값 구하기 | 40 % |
| (iii) $AB$의 값 구하기 | 20 % |

**28** 답 ②

$(x+4)(x-6)-8x=x^2-2x-24-8x$
$\qquad\qquad\qquad\;\;=x^2-10x-24$
$\qquad\qquad\qquad\;\;=(x+2)(x-12)$

**29** 답 ③

$x^2+kx+6=(x+a)(x+b)=x^2+(a+b)x+ab$에서
$ab=6$이고 $a$, $b$는 정수이므로 이를 만족시키는 순서쌍
$(a,b)$는 $(-6,-1)$, $(-3,-2)$, $(-2,-3)$,
$(-1,-6)$, $(1,6)$, $(2,3)$, $(3,2)$, $(6,1)$
이때 $k=a+b$이므로 $k$의 값이 될 수 있는 수는 $-7$, $-5$,
$5$, $7$이다.

**30** 답 ⑤

⑤ $4x^2+3xy-y^2=(x+y)(4x-y)$

**31** 답 ②, ⑤

$6x^2-5x-6=(2x-3)(3x+2)$
따라서 $6x^2-5x-6$의 인수는 ②, ⑤이다.

**32** 답 12

$12x^2-17xy-5y^2=(3x-5y)(4x+y)$이므로
$a=3$, $b=-5$, $c=4$
$\therefore a-b+c=3-(-5)+4=12$

**33** 답 $5x+1$

$6x^2+7x-20=(2x+5)(3x-4)$ $\qquad\qquad$ ⋯ (ⅰ)
따라서 두 일차식은 $2x+5$, $3x-4$이므로 $\qquad$ ⋯ (ⅱ)
두 일차식의 합은
$(2x+5)+(3x-4)=5x+1$ $\qquad\qquad$ ⋯ (ⅲ)

| 채점 기준 | 비율 |
|---|---|
| (ⅰ) 주어진 식을 인수분해하기 | 60 % |
| (ⅱ) 두 일차식 구하기 | 20 % |
| (ⅲ) 두 일차식의 합 구하기 | 20 % |

**34** 답 $a=5$, $b=3$

$8x^2+(3a-1)x-15=(2x+5)(4x-b)$
$\qquad\qquad\qquad\qquad\;=8x^2+(-2b+20)x-5b$
즉, $3a-1=-2b+20$, $-15=-5b$이므로
$a=5$, $b=3$

**35** 답 ②

$3x^2+ax-4=(3x+b)(cx+2)$
$\qquad\qquad\quad=3cx^2+(6+bc)x+2b$
즉, $3=3c$, $a=6+bc$, $-4=2b$이므로
$a=4$, $b=-2$, $c=1$
$\therefore abc=4\times(-2)\times1=-8$

**36** 답 10

$3=1\times3=(-1)\times(-3)$이고,
$-2=1\times(-2)=(-1)\times2$이므로 정수 $k$의 값을 모두 구하면

$$\begin{array}{ccc} 1 & 1 \longrightarrow & 3 \\ 3 & -2 \longrightarrow +) & -2 \\ \hline & & 1 \end{array} \qquad \begin{array}{ccc} 1 & -2 \longrightarrow & -6 \\ 3 & 1 \longrightarrow +) & 1 \\ \hline & & -5 \end{array}$$

$$\begin{array}{ccc} 1 & -1 \longrightarrow & -3 \\ 3 & 2 \longrightarrow +) & 2 \\ \hline & & -1 \end{array} \qquad \begin{array}{ccc} 1 & 2 \longrightarrow & 6 \\ 3 & -1 \longrightarrow +) & -1 \\ \hline & & 5 \end{array}$$

$$\begin{array}{ccc} -1 & 1 \longrightarrow & -3 \\ -3 & -2 \longrightarrow +) & 2 \\ \hline & & -1 \end{array} \qquad \begin{array}{ccc} -1 & -2 \longrightarrow & 6 \\ -3 & 1 \longrightarrow +) & -1 \\ \hline & & 5 \end{array}$$

$$\begin{array}{ccc} -1 & -1 \longrightarrow & 3 \\ -3 & 2 \longrightarrow +) & -2 \\ \hline & & 1 \end{array} \qquad \begin{array}{ccc} -1 & 2 \longrightarrow & -6 \\ -3 & -1 \longrightarrow +) & 1 \\ \hline & & -5 \end{array}$$

따라서 정수 $k$의 값 중 가장 큰 수는 $5$이고, 가장 작은 수는
$-5$이므로 그 차는
$5-(-5)=10$

**37** 답 ①, ④

② $x^2y-2xy^2=xy(x-2y)$
③ $\dfrac{x^2}{4}-y^2=\left(\dfrac{x}{2}+y\right)\left(\dfrac{x}{2}-y\right)$
⑤ $a(x+y)-4(x+y)=(x+y)(a-4)$
따라서 인수분해한 것이 옳은 것은 ①, ④이다.

**38** 답 ②

① $3x^2-75=3(x^2-25)$
$\qquad\qquad\;=3(x+5)(x-\boxed{5})$
② $4a^2-49=(2a+\boxed{7})(2a-7)$
③ $8x^2-2x-\boxed{3}=(2x+1)(4x-3)$
④ $3x^2-18x+27=3(x^2-6x+9)$
$\qquad\qquad\qquad\;\;=\boxed{3}(x-3)^2$
⑤ $4ab^2-\boxed{4}ab+a=a(2b-1)^2$
따라서 □ 안에 알맞은 수가 가장 큰 것은 ②이다.

**39** 답 ㄴ, ㅁ, ㅂ

ㄱ. $x^2-x=x(x-1)$
ㄴ. $x^4-1=(x^2+1)(x^2-1)$
$\qquad\quad=(x^2+1)(\underline{x+1})(x-1)$
ㄷ. $x^2-2x+1=(x-1)^2$
ㄹ. $x^2+4x-5=(x-1)(x+5)$
ㅁ. $2x^2+7x+5=(\underline{x+1})(2x+5)$
ㅂ. $3x^2+2x-1=(\underline{x+1})(3x-1)$
따라서 $x+1$을 인수로 갖는 것은 ㄴ, ㅁ, ㅂ이다.

**40** 답 ①

$x^2-x-12=(x+3)(\underline{x-4})$

$2x^2-5x-12=(\underline{x-4})(2x+3)$

따라서 두 다항식의 공통인 인수는 $x-4$이다.

**41** 답 ④

① $x^2-x-2=(x+1)(\underline{x-2})$

② $x^2-4x+4=(\underline{x-2})^2$

③ $x^2+x-6=(\underline{x-2})(x+3)$

④ $2x^2-3x+1=(x-1)(2x-1)$

⑤ $x^2-4=(x+2)(\underline{x-2})$

따라서 나머지 넷과 일차 이상의 공통인 인수를 갖지 않는 것은 ④이다.

**42** 답 6

$4x^2-100y^2=4(x^2-25y^2)=4(x+5y)(\underline{x-5y})$

$x^2-xy-20y^2=(x+4y)(\underline{x-5y})$ ··· (i)

따라서 두 다항식의 공통인 인수가 $x-5y$이므로 ··· (ii)

$a=1,\ b=-5$

$\therefore a-b=1-(-5)=6$ ··· (iii)

| 채점 기준 | 비율 |
|---|---|
| (i) 두 다항식을 각각 인수분해하기 | 50 % |
| (ii) 공통인 인수 찾기 | 30 % |
| (iii) $a-b$의 값 구하기 | 20 % |

**43** 답 $-10,\ x+5$

$x^2+3x+a$의 다른 한 인수를 $x+m$($m$은 상수)으로 놓으면

$x^2+3x+a=(x-2)(x+m)$

$\qquad\qquad\quad =x^2+(-2+m)x-2m$

즉, $3=-2+m,\ a=-2m$이므로 $m=5,\ a=-10$

따라서 상수 $a$의 값은 $-10$이고, 다른 한 인수는 $x+5$이다.

**44** 답 7

$2x^2+ax+6$의 다른 한 인수를 $x+m$($m$은 상수)으로 놓으면

$2x^2+ax+6=(2x+3)(x+m)$

$\qquad\qquad\quad =2x^2+(2m+3)x+3m$

즉, $a=2m+3,\ 6=3m$이므로 $m=2,\ a=7$

**45** 답 ③

$x^2-4x+a$의 다른 한 인수를 $x+m$($m$은 상수)으로 놓으면

$x^2-4x+a=(x-3)(x+m)$

$\qquad\qquad\quad =x^2+(-3+m)x-3m$

즉, $-4=-3+m,\ a=-3m$이므로 $m=-1,\ a=3$

$2x^2+bx-9$의 다른 한 인수를 $2x+n$($n$은 상수)으로 놓으면

$2x^2+bx-9=(x-3)(2x+n)$

$\qquad\qquad\quad =2x^2+(n-6)x-3n$

즉, $b=n-6,\ -9=-3n$이므로 $n=3,\ b=-3$

$\therefore a+b=3+(-3)=0$

**46** 답 $-16$

$x^2+2x-35=(x-5)(x+7)$

$2x^2-7x-15=(x-5)(2x+3)$

위의 두 다항식의 공통인 인수는 $x-5$이므로

$3x^2+ax+5$도 $x-5$를 인수로 갖는다.

$3x^2+ax+5$의 다른 한 인수를 $3x+m$($m$은 상수)으로 놓으면

$3x^2+ax+5=(x-5)(3x+m)$

$\qquad\qquad\quad =3x^2+(m-15)x-5m$

즉, $a=m-15,\ 5=-5m$이므로

$m=-1,\ a=-16$

**47** 답 (1) $x^2-x-20$ (2) $(x+4)(x-5)$

(1) $(x-2)(x+10)=x^2+8x-20$에서

정훈이는 상수항을 제대로 보았으므로

처음 이차식의 상수항은 $-20$이다.

$(x+3)(x-4)=x^2-x-12$에서

세린이는 $x$의 계수를 제대로 보았으므로

처음 이차식의 $x$의 계수는 $-1$이다.

따라서 처음 이차식은 $x^2-x-20$이다.

(2) $x^2-x-20=(x+4)(x-5)$

**48** 답 $(x+5)(2x-3)$

$(x+4)(2x-1)=2x^2+7x-4$에서

연주는 $x$의 계수를 제대로 보았으므로

처음 이차식의 $x$의 계수는 $7$이다.

$(x-3)(2x+5)=2x^2-x-15$에서

해준이는 상수항을 제대로 보았으므로

처음 이차식의 상수항은 $-15$이다.

따라서 처음 이차식은 $2x^2+7x-15$이므로

이 식을 바르게 인수분해하면

$2x^2+7x-15=(x+5)(2x-3)$

**49** 답 $(x-2)(x+4)$

$2(x-1)(3x+4)=6x^2+2x-8$에서

진아는 $x$의 계수와 상수항을 제대로 보았으므로

처음 이차식의 $x$의 계수는 $2$, 상수항은 $-8$이다.

$(x+1)^2=x^2+2x+1$에서

준희는 $x^2$의 계수와 $x$의 계수를 제대로 보았으므로

처음 이차식의 $x^2$의 계수는 $1$, $x$의 계수는 $2$이다.

따라서 처음 이차식은 $x^2+2x-8$이므로

이 식을 바르게 인수분해하면

$x^2+2x-8=(x-2)(x+4)$

**50** 답 ④

$6x^2+7x+2=(2x+1)(3x+2)$이고, 가로의 길이가 $2x+1$이므로 세로의 길이는 $3x+2$이다.

**51** 답 $6x+6$

새로 만든 직사각형의 넓이는 주어진 9개의 직사각형의 넓이의 합과 같으므로

$2x^2+5x+2=(x+2)(2x+1)$

따라서 새로 만든 직사각형의 이웃하는 두 변의 길이는 각각 $x+2$, $2x+1$이므로

(새로 만든 직사각형의 둘레의 길이)
$=2\times\{(x+2)+(2x+1)\}$
$=2(3x+3)=6x+6$

**52** 답 $3a-1$

사다리꼴의 넓이가 $3a^2+5a-2$이므로

$\dfrac{1}{2}\times\{(a-3)+(a+7)\}\times(\text{높이})=3a^2+5a-2$  ⋯ (i)

$(a+2)\times(\text{높이})=(a+2)(3a-1)$

따라서 사다리꼴의 높이는 $3a-1$이다.  ⋯ (ii)

| 채점 기준 | 비율 |
|---|---|
| (i) 사다리꼴의 넓이를 이용하여 식 세우기 | 40 % |
| (ii) 사다리꼴의 높이 구하기 | 60 % |

**53** 답 $(6a-5)\,\mathrm{m}$

(확장된 거실의 넓이)$=(12a^2+4a-21)+(4a+6)$
$=12a^2+8a-15$
$=(2a+3)(6a-5)\,(\mathrm{m}^2)$

이때 확장된 거실의 가로의 길이가 $(2a+3)\,\mathrm{m}$이므로 확장된 거실의 세로의 길이는 $(6a-5)\,\mathrm{m}$이다.

**54** 답 ⑤

(색칠한 부분의 넓이)$=\pi\left(\dfrac{17a}{2}\right)^2-\pi\left(\dfrac{5b}{2}\right)^2$
$=\pi\left\{\left(\dfrac{17a}{2}\right)^2-\left(\dfrac{5b}{2}\right)^2\right\}$
$=\pi\left(\dfrac{17a}{2}+\dfrac{5b}{2}\right)\left(\dfrac{17a}{2}-\dfrac{5b}{2}\right)$
$-\dfrac{1}{4}\pi(17a+5b)(17a-5b)$

**55** 답 5

두 정사각형의 둘레의 길이의 합이 80이므로

$4x+4y=80$, $4(x+y)=80$

$\therefore x+y=20$

두 정사각형의 넓이의 차가 100이므로

$x^2-y^2=100\ (\because x>y)$
$(x+y)(x-y)=100$
$20(x-y)=100$

$\therefore x-y=5$

따라서 두 정사각형의 한 변의 길이의 차는 5이다.

**56** 답 ①

$x-2=A$로 놓으면

$(x-2)^2-2(2-x)-24=(x-2)^2+2(x-2)-24$
$=A^2+2A-24$
$=(A-4)(A+6)$
$=(x-2-4)(x-2+6)$
$=(x-6)(x+4)$

따라서 두 일차식의 합은

$(x-6)+(x+4)=2x-2$

**57** 답 ②

$x-y=A$로 놓으면

$(x-y)(x-y+2)-15=A(A+2)-15$
$=A^2+2A-15$
$=(A-3)(A+5)$
$=(x-y-3)(x-y+5)$

따라서 주어진 식의 인수인 것은 ②이다.

**58** 답 $a=4$, $b=-1$

$3x-2=A$, $x+1=B$로 놓으면

$(3x-2)^2-(x+1)^2$
$=A^2-B^2$
$=(A+B)(A-B)$
$=\{(3x-2)+(x+1)\}\{(3x-2)-(x+1)\}$
$=(4x-1)(2x-3)$
$\therefore a=4$, $b=-1$

**59** 답 21

$x+1=A$, $x-3=B$로 놓으면

$(x+1)^2-9(x+1)(x-3)+20(x-3)^2$
$=A^2-9AB+20B^2$
$=(A-5B)(A-4B)$
$=\{(x+1)-5(x-3)\}\{(x+1)-4(x-3)\}$
$=(-4x+16)(-3x+13)$
$=4(x-4)(3x-13)$

따라서 $a=4$, $b=-4$, $c=-13$이므로

$a-b-c=4-(-4)-(-13)=21$

**60** 답 ①

$(x+1)(x+2)(x+5)(x+6)-12$
$=\{(x+1)(x+6)\}\{(x+2)(x+5)\}-12$
$=(x^2+7x+6)(x^2+7x+10)-12$
$=(A+6)(A+10)-12$  ← $x^2+7x=A$로 놓기
$=A^2+16A+60-12$
$=A^2+16A+48$
$=(A+4)(A+12)$
$=(x^2+7x+4)(x^2+7x+12)$
$=(x^2+7x+4)(x+3)(x+4)$

**61** 답 $(x^2+3x-5)(x^2+3x+7)$

$x(x+1)(x+2)(x+3)-35$
$=\{x(x+3)\}\{(x+1)(x+2)\}-35$
$=(x^2+3x)(x^2+3x+2)-35$
$=A(A+2)-35$ ← $x^2+3x=A$로 놓기
$=A^2+2A-35$
$=(A-5)(A+7)$
$=(x^2+3x-5)(x^2+3x+7)$

**62** 답 ⑤

$(x-5)(x-3)(x+1)(x+3)+36$
$=\{(x-5)(x+3)\}\{(x-3)(x+1)\}+36$
$=(x^2-2x-15)(x^2-2x-3)+36$
$=(A-15)(A-3)+36$ ← $x^2-2x=A$로 놓기
$=A^2-18A+45+36$
$=A^2-18A+81=(A-9)^2$
$=(x^2-2x-9)^2$
따라서 $a=-2$, $b=-9$이므로
$ab=(-2)\times(-9)=18$

**63** 답 (1) $(a-1)(b+1)$
(2) $(a-b)(a+1)(a-1)$
(3) $(a+b)(a-b-c)$

(1) $ab+a-b-1=a(b+1)-(b+1)$
$=(b+1)(a-1)$
$=(a-1)(b+1)$
(2) $a^3-a^2b-a+b=a^2(a-b)-(a-b)$
$=(a-b)(a^2-1)$
$=(a-b)(a+1)(a-1)$
(3) $a^2-ac-b^2-bc=a^2-b^2-ac-bc$
$=(a+b)(a-b)-c(a+b)$
$=(a+b)(a-b-c)$

**64** 답 ①, ⑤

$x^2y-4+x^2-4y=x^2y+x^2-4y-4$
$=x^2(y+1)-4(y+1)$
$=(y+1)(x^2-4)$
$=(y+1)(x+2)(x-2)$
따라서 주어진 식의 인수가 아닌 것은 ①, ⑤이다.

**65** 답 $3x-3$

$x^3-3x^2-25x+75=x^2(x-3)-25(x-3)$
$=(x-3)(x^2-25)$
$=(x-3)(x+5)(x-5)$
따라서 세 일차식의 합은
$(x-3)+(x+5)+(x-5)=3x-3$

**66** 답 ②

$ab+3a-b-3=a(b+3)-(b+3)=(b+3)(a-1)$
$a^2-ab-a+b=a(a-b)-(a-b)=(a-b)(a-1)$
따라서 두 다항식의 공통인 인수는 ② $a-1$이다.

**67** 답 (1) $(x-2y+3)(x-2y-3)$
(2) $(x+y+z)(x-y-z)$
(3) $(1+x-y)(1-x+y)$

(1) $x^2-4xy+4y^2-9=(x^2-4xy+4y^2)-9$
$=(x-2y)^2-3^2$
$=(x-2y+3)(x-2y-3)$
(2) $x^2-y^2-z^2-2yz=x^2-(y^2+2yz+z^2)$
$=x^2-(y+z)^2$
$=(x+y+z)(x-y-z)$
(3) $2xy+1-x^2-y^2=1-(x^2-2xy+y^2)$
$=1^2-(x-y)^2$
$=(1+x-y)(1-x+y)$

**68** 답 ⑤

$4x^2-y^2-6y-9=4x^2-(y^2+6y+9)$
$=(2x)^2-(y+3)^2$
$=(2x+y+3)(2x-y-3)$
따라서 주어진 식의 인수인 것은 ⑤이다.

**69** 답 $2x$

$x^2-y^2+14y-49=x^2-(y^2-14y+49)$
$=x^2-(y-7)^2$
$=(x+y-7)(x-y+7)$
따라서 두 일차식은 $x+y-7$, $x-y+7$이므로 두 일차식의
합은
$(x+y-7)+(x-y+7)=2x$

**70** 답 $2$

$25x^2-10xy-4+y^2=(25x^2-10xy+y^2)-4$
$=(5x-y)^2-2^2$
$=(5x-y+2)(5x-y-2)$ ⋯ ( i )
따라서 $a=5$, $b=-1$, $c=-2$이므로 ⋯ (ii)
$a+b+c=5+(-1)+(-2)=2$ ⋯ (iii)

| 채점 기준 | 비율 |
|---|---|
| ( i ) 주어진 식을 인수분해하기 | 60 % |
| (ii) $a$, $b$, $c$의 값 구하기 | 30 % |
| (iii) $a+b+c$의 값 구하기 | 10 % |

**71** 답 ⑤

$x^2+xy-5x-3y+6=(x-3)y+x^2-5x+6$
$=(x-3)y+(x-2)(x-3)$
$=(x-3)(x+y-2)$

**72** 답 $x+y+1$

$x^2-y^2+5x+3y+4=x^2+5x-(y^2-3y-4)$
$\qquad=x^2+5x-(y+1)(y-4)$
$\qquad=\{x+(y+1)\}\{x-(y-4)\}$
$\qquad=(x+y+1)(x-y+4)$
$\therefore A=x+y+1$

**73** 답 ③

$x^2-2x+xy+y-3=(x+1)y+x^2-2x-3$
$\qquad=(x+1)y+(x+1)(x-3)$
$\qquad=(x+1)(x+y-3)$
따라서 두 일차식은 $x+1$, $x+y-3$이므로 두 일차식의 합은
$(x+1)+(x+y-3)=2x+y-2$

**74** 답 $(x+3y-2)(2x-y+3)$

$2x^2+5xy-3y^2+11y-x-6$
$=2x^2+(5y-1)x-(3y^2-11y+6)$
$=2x^2+(5y-1)x-(y-3)(3y-2)$
$=\{x+(3y-2)\}\{2x-(y-3)\}$
$=(x+3y-2)(2x-y+3)$

**75** 답 ③

$163^2-162^2=(163+162)(163-162)$ ← $a^2-b^2=(a+b)(a-b)$
$\qquad=325$
따라서 주어진 식을 계산하는 데 이용되는 가장 편리한 인수
분해 공식은 ③이다.

**76** 답 ②

$\dfrac{2021\times2022+2021}{2022^2-1}=\dfrac{2021\times(2022+1)}{(2022+1)(2022-1)}$
$\qquad=\dfrac{2021\times2023}{2023\times2021}=1$

**77** 답 4916

$A=72.5^2-5\times72.5+2.5^2$
$\quad=72.5^2-2\times72.5\times2.5+2.5^2$
$\quad=(72.5-2.5)^2$
$\quad=70^2=4900$
$B=\sqrt{34^2-30^2}$
$\quad=\sqrt{(34+30)(34-30)}$
$\quad=\sqrt{64\times4}=\sqrt{256}=16$
$\therefore A+B=4900+16=4916$

**78** 답 2022

$2020\times2024+4=2020\times(2020+4)+4$
$\qquad=2020^2+4\times2020+4$
$\qquad=(2020+2)^2=2022^2$
따라서 구하는 자연수는 2022이다.

**79** 답 ①

$1^2-2^2+3^2-4^2+5^2-6^2+7^2-8^2+9^2-10^2$
$=(1^2-2^2)+(3^2-4^2)+(5^2-6^2)+(7^2-8^2)+(9^2-10^2)$
$=(1+2)(1-2)+(3+4)(3-4)+(5+6)(5-6)$
$\quad+(7+8)(7-8)+(9+10)(9-10)$
$=-(1+2)-(3+4)-(5+6)-(7+8)-(9+10)$
$=-(1+2+3+4+5+6+7+8+9+10)$
$=-55$

**80** 답 $\dfrac{6}{11}$

$\left(1-\dfrac{1}{2^2}\right)\left(1-\dfrac{1}{3^2}\right)\left(1-\dfrac{1}{4^2}\right)\cdots\left(1-\dfrac{1}{10^2}\right)\left(1-\dfrac{1}{11^2}\right)$
$=\left(1-\dfrac{1}{2}\right)\left(1+\dfrac{1}{2}\right)\left(1-\dfrac{1}{3}\right)\left(1+\dfrac{1}{3}\right)\left(1-\dfrac{1}{4}\right)\left(1+\dfrac{1}{4}\right)$
$\quad\times\cdots\times\left(1-\dfrac{1}{10}\right)\left(1+\dfrac{1}{10}\right)\left(1-\dfrac{1}{11}\right)\left(1+\dfrac{1}{11}\right)$ ⋯ (i)
$=\dfrac{1}{2}\times\dfrac{3}{2}\times\dfrac{2}{3}\times\dfrac{4}{3}\times\dfrac{3}{4}\times\dfrac{5}{4}\times\cdots\times\dfrac{9}{10}\times\dfrac{11}{10}\times\dfrac{10}{11}\times\dfrac{12}{11}$
$=\dfrac{1}{2}\times\dfrac{12}{11}=\dfrac{6}{11}$ ⋯ (ii)

| 채점 기준 | 비율 |
|---|---|
| (i) 주어진 식을 인수분해하기 | 60 % |
| (ii) 계산하기 | 40 % |

**81** 답 ①, ④

$2^{16}-1=(2^8+1)(2^8-1)$
$\qquad=(2^8+1)(2^4+1)(2^4-1)$
$\qquad=(2^8+1)(2^4+1)(2^2+1)(2^2-1)$
$\qquad=(2^8+1)(2^4+1)(2^2+1)(2+1)(2-1)$
$\qquad=257\times17\times5\times3\times1$
③ $15=3\times5$ 　　　　 ④ $95=5\times19$
따라서 $2^{16}-1$의 약수가 아닌 것은 ①, ④이다.

**82** 답 $3+7\sqrt{3}$

$x^2+3x-10=(x-2)(x+5)$
$\qquad=(\sqrt{3}+2-2)(\sqrt{3}+2+5)$
$\qquad=\sqrt{3}(\sqrt{3}+7)=3+7\sqrt{3}$

**83** 답 $-8\sqrt{7}$

$x+y=(\sqrt{7}-2)+(\sqrt{7}+2)=2\sqrt{7}$,
$x-y=(\sqrt{7}-2)-(\sqrt{7}+2)=-4$이므로
$x^2-y^2=(x+y)(x-y)=2\sqrt{7}\times(-4)=-8\sqrt{7}$

**84** 답 ①

$\dfrac{4x-12y}{x^2-6xy+9y^2}=\dfrac{4(x-3y)}{(x-3y)^2}=\dfrac{4}{x-3y}$
$\qquad=\dfrac{4}{(1+2\sqrt{2})-3(-1+2\sqrt{2})}$
$\qquad=\dfrac{1}{1-\sqrt{2}}=\dfrac{1+\sqrt{2}}{(1-\sqrt{2})(1+\sqrt{2})}$
$\qquad=-1-\sqrt{2}$

**85** 답 $5-10\sqrt{5}$

$x=\dfrac{1}{\sqrt{5}+2}=\dfrac{\sqrt{5}-2}{(\sqrt{5}+2)(\sqrt{5}-2)}=\sqrt{5}-2$,

$y=\dfrac{1}{\sqrt{5}-2}=\dfrac{\sqrt{5}+2}{(\sqrt{5}-2)(\sqrt{5}+2)}=\sqrt{5}+2$이므로 $\cdots$ (i)

$x+y=(\sqrt{5}-2)+(\sqrt{5}+2)=2\sqrt{5}$

$x-y=(\sqrt{5}-2)-(\sqrt{5}+2)=-4$

$\therefore x^2-2x+1-y^2=(x-1)^2-y^2$

$\qquad\qquad\qquad\quad =(x-1+y)(x-1-y)$ $\cdots$ (ii)

$\qquad\qquad\qquad\quad =(2\sqrt{5}-1)(-4-1)$

$\qquad\qquad\qquad\quad =5-10\sqrt{5}$ $\cdots$ (iii)

| 채점 기준 | 비율 |
|---|---|
| (i) $x$, $y$의 분모를 유리화하기 | 30 % |
| (ii) 주어진 식을 인수분해하기 | 30 % |
| (iii) 주어진 식의 값 구하기 | 40 % |

**86** 답 $-40$

$\overline{AP}=\overline{AB}=\sqrt{2^2+1^2}=\sqrt{5}$이므로 점 P에 대응하는 수는

$-1-\sqrt{5}$ $\quad\therefore a=-1-\sqrt{5}$

$\overline{AQ}=\overline{AC}=\sqrt{1^2+2^2}=\sqrt{5}$이므로 점 Q에 대응하는 수는

$-1+\sqrt{5}$ $\quad\therefore b=-1+\sqrt{5}$

$a+b=(-1-\sqrt{5})+(-1+\sqrt{5})=-2$,

$a-b=(-1-\sqrt{5})-(-1+\sqrt{5})=-2\sqrt{5}$이므로

$a^3-a^2b-ab^2+b^3=a^2(a-b)-b^2(a-b)$

$\qquad\qquad\qquad\quad =(a-b)(a^2-b^2)$

$\qquad\qquad\qquad\quad =(a-b)(a+b)(a-b)$

$\qquad\qquad\qquad\quad =(a-b)^2(a+b)$

$\qquad\qquad\qquad\quad =(-2\sqrt{5})^2\times(-2)=-40$

**87** 답 $\sqrt{2}$

$x=\dfrac{1}{\sqrt{2}-1}=\dfrac{\sqrt{2}+1}{(\sqrt{2}-1)(\sqrt{2}+1)}=\sqrt{2}+1$

$\therefore \dfrac{x^3-5x^2-x+5}{x^2-4x-5}=\dfrac{x^2(x-5)-(x-5)}{(x+1)(x-5)}$

$\qquad\qquad\qquad\qquad =\dfrac{(x-5)(x^2-1)}{(x+1)(x-5)}$

$\qquad\qquad\qquad\qquad =\dfrac{(x-5)(x+1)(x-1)}{(x+1)(x-5)}$

$\qquad\qquad\qquad\qquad =x-1$

$\qquad\qquad\qquad\qquad =\sqrt{2}+1-1=\sqrt{2}$

**88** 답 $5$

$2<\sqrt{5}<3$이므로 $\sqrt{5}$의 소수 부분 $x=\sqrt{5}-2$ $\cdots$ (i)

$x-3=A$로 놓으면

$(x-3)^2+10(x-3)+25=A^2+10A+25=(A+5)^2$

$\qquad\qquad\qquad\qquad\qquad =(x-3+5)^2=(x+2)^2$ $\cdots$ (ii)

$\qquad\qquad\qquad\qquad\qquad =(\sqrt{5}-2+2)^2$

$\qquad\qquad\qquad\qquad\qquad =(\sqrt{5})^2=5$ $\cdots$ (iii)

| 채점 기준 | 비율 |
|---|---|
| (i) $x$의 값 구하기 | 40 % |
| (ii) 주어진 식을 인수분해하기 | 40 % |
| (iii) 주어진 식의 값 구하기 | 20 % |

**89** 답 $10$

$x^2-25y^2=(x+5y)(x-5y)=14(x+5y)=56$

이므로 $x+5y=4$

$x-5y=14$, $x+5y=4$를 연립하여 풀면

$x=9$, $y=-1$

$\therefore x-y=9-(-1)=10$

**90** 답 ③

$x^2-y^2-5x-5y=(x^2-y^2)-5(x+y)$

$\qquad\qquad\qquad =(x+y)(x-y)-5(x+y)$

$\qquad\qquad\qquad =(x+y)(x-y-5)$

$\qquad\qquad\qquad =11\times(5-5)=0$

**91** 답 $10$

$a^2-b^2-6a+9=(a^2-6a+9)-b^2$

$\qquad\qquad\qquad =(a-3)^2-b^2$

$\qquad\qquad\qquad =(a-3+b)(a-3-b)$

$\qquad\qquad\qquad =(a+b-3)(a-b-3)$

$\qquad\qquad\qquad =(-2-3)\times(a-b-3)$

$\qquad\qquad\qquad =-35$

이므로 $a-b-3=7$ $\quad\therefore a-b=10$

**92** 답 ④

$x^2+2xy-2x+y^2-2y-3$

$=x^2+(2y-2)x+y^2-2y-3$

$=x^2+(2y-2)x+(y+1)(y-3)$

$=(x+y+1)(x+y-3)$

$=(4+1)\times(4-3)=5$

**93** 답 $2x+6$

(도형 A의 넓이)$=(3x+7)^2-(x+1)^2$

$\qquad\qquad\qquad =(3x+7+x+1)(3x+7-x-1)$

$\qquad\qquad\qquad =(4x+8)(2x+6)$

(도형 B의 넓이)$=(4x+8)\times$(세로의 길이)

따라서 도형 B의 세로의 길이는 $2x+6$이다.

**94** 답 $500\pi$ cm³

(화장지의 부피)$=\pi\times7.5^2\times10-\pi\times2.5^2\times10$

$\qquad\qquad\qquad =10\pi(7.5^2-2.5^2)$

$\qquad\qquad\qquad =10\pi(7.5+2.5)(7.5-2.5)$

$\qquad\qquad\qquad =10\pi\times10\times5=500\pi\,(\text{cm}^3)$

**95** 답 $ab$

$\overline{AC}=\overline{AB}+\overline{BC}=a+b$이고, 점 D는 $\overline{AC}$의 중점이므로

$\overline{AD}=\dfrac{a+b}{2}$

$\therefore \overline{BD}=\overline{AB}-\overline{AD}=a-\dfrac{a+b}{2}=\dfrac{a-b}{2}$

따라서 $\overline{AD}$와 $\overline{BD}$를 각각 한 변으로 하는 정사각형의 넓이의 차는

$$\left(\dfrac{a+b}{2}\right)^2-\left(\dfrac{a-b}{2}\right)^2=\left(\dfrac{a+b}{2}+\dfrac{a-b}{2}\right)\left(\dfrac{a+b}{2}-\dfrac{a-b}{2}\right)$$
$$=\dfrac{2a}{2}\times\dfrac{2b}{2}=ab$$

**96** 답 $(x-2)(2x-3)$

주어진 그래프가 두 점 $(0,\,-6)$, $(3,\,0)$을 지나므로

$(기울기)=\dfrac{0-(-6)}{3-0}=2$

즉, 기울기가 2이고 $y$절편이 $-6$이므로 직선의 방정식은

$y=2x-6$

따라서 $a=2$, $b=-6$이므로

$ax^2-7x-b=2x^2-7x+6=(x-2)(2x-3)$

**97** 답 $-210$

로봇은 1단계에서 $+1^2$, 2단계에서 $-2^2$, 3단계에서 $+3^2$, 4단계에서 $-4^2$, …씩 수직선 위를 움직이므로 20단계에서 로봇의 위치에 대응하는 수는

$1^2-2^2+3^2-4^2+\cdots+19^2-20^2$
$=(1+2)(1-2)+(3+4)(3-4)+\cdots$
$\qquad +(19+20)(19-20)$
$=-(1+2+3+4+\cdots+19+20)$
$=-210$

---

**단원 마무리**  P. 74~77

| 1 ③ | 2 ③ | 3 ③ | 4 ① | 5 ② |
| 6 ② | 7 $x+3$ | 8 ⑤ | 9 ② | 10 $-2$ |
| 11 ④ | 12 ⑤ | 13 ② | 14 ① | 15 ③ |
| 16 ④ | 17 ④ | 18 $(x-1)(x+6)$ | 19 $x+5$ | |
| 20 $3x+5$ | 21 ③ | 22 ③ | 23 $-40\sqrt{6}$ | |
| 24 13 | 25 64 | 26 3 | | |

**1** $2x^2y-3x^2y^2=x^2y(2-3y)$

따라서 주어진 식의 인수가 아닌 것은 ③이다.

**2** ① $x^2-16x+64=(x-8)^2$

② $9y^2+6y+1=(3y+1)^2$

④ $3x^2+30x+75=3(x^2+10x+25)=3(x+5)^2$

⑤ $49x^2-28xy+4y^2=(7x-2y)^2$

따라서 완전제곱식으로 인수분해할 수 없는 것은 ③이다.

**3** $ax^2-16y^2=(bx+4y)(7x+cy)$
$\qquad\qquad\quad =7bx^2+(bc+28)xy+4cy^2$

즉, $a=7b$, $0=bc+28$, $-16=4c$이므로

$c=-4$, $b=7$, $a=49$

$\therefore a+b+c=49+7+(-4)=52$

**4** $(x-3)(x+5)-9=x^2+2x-15-9$
$\qquad\qquad\qquad\quad =x^2+2x-24$
$\qquad\qquad\qquad\quad =(x+6)(x-4)$

따라서 $a=6$, $b=4$이므로

$x^2+ax+2b=x^2+6x+8=(x+2)(x+4)$

**5** $3x^2+Ax-20=(3x-4)(x+B)$
$\qquad\qquad\qquad =3x^2+(3B-4)x-4B$

즉, $A=3B-4$, $-20=-4B$이므로

$A=11$, $B=5$

$\therefore A-B=11-5=6$

**6** ② $-9x^2+y^2=y^2-9x^2=(y+3x)(y-3x)$
$\qquad\qquad\qquad =(3x+y)(-3x+y)$

**7** $x^2-2x-15=\underline{(x+3)}(x-5)$  $\cdots$ (i)

$2x^2+7x+3=\underline{(x+3)}(2x+1)$  $\cdots$ (ii)

따라서 두 다항식의 일차 이상의 공통인 인수는 $x+3$이다.

$\cdots$ (iii)

| 채점 기준 | 비율 |
|---|---|
| (i) $x^2-2x-15$를 인수분해하기 | 40% |
| (ii) $2x^2+7x+3$을 인수분해하기 | 40% |
| (iii) 공통인 인수 구하기 | 20% |

**8** 새로 만든 직사각형의 넓이는 주어진 6개의 직사각형의 넓이의 합과 같으므로

$x^2+3x+2=(x+1)(x+2)$

따라서 새로 만든 직사각형의 이웃하는 두 변의 길이는 각각 $x+1$, $x+2$이므로

(새로 만든 직사각형의 둘레의 길이)
$=2\times\{(x+1)+(x+2)\}$
$=2(2x+3)=4x+6$

**9** $2x-3y=A$로 놓으면

$(2x-3y)(2x-3y+5)-24$
$=A(A+5)-24$
$=A^2+5A-24$
$=(A-3)(A+8)$
$=(2x-3y-3)(2x-3y+8)$

**10** $4x^2-4xy+y^2-9=(4x^2-4xy+y^2)-9$
$\qquad\qquad\qquad\qquad =(2x-y)^2-3^2$
$\qquad\qquad\qquad\qquad =(2x-y+3)(2x-y-3)$  $\cdots$ (i)

따라서 $a=-1$, $b=3$, $c=-1$, $d=-3$

또는 $a=-1$, $b=-3$, $c=-1$, $d=3$이므로 $\cdots$ (ii)

$a+b+c+d=-2$ $\cdots$ (iii)

| 채점 기준 | 비율 |
|---|---|
| (i) 주어진 식의 좌변을 인수분해하기 | 60 % |
| (ii) $a$, $b$, $c$, $d$의 값 구하기 | 30 % |
| (iii) $a+b+c+d$의 값 구하기 | 10 % |

**11**
$$\sqrt{9\times11^2-9\times22+9}=\sqrt{9(11^2-2\times11\times1+1^2)}$$
$$=\sqrt{9(11-1)^2}$$
$$=\sqrt{9\times10^2}$$
$$=\sqrt{900}=30$$

**12**
$$x=\frac{\sqrt{3}-\sqrt{2}}{\sqrt{3}+\sqrt{2}}=\frac{(\sqrt{3}-\sqrt{2})^2}{(\sqrt{3}+\sqrt{2})(\sqrt{3}-\sqrt{2})}=5-2\sqrt{6},$$
$$y=\frac{\sqrt{3}+\sqrt{2}}{\sqrt{3}-\sqrt{2}}=\frac{(\sqrt{3}+\sqrt{2})^2}{(\sqrt{3}-\sqrt{2})(\sqrt{3}+\sqrt{2})}=5+2\sqrt{6}$$이므로

$$x+y=(5-2\sqrt{6})+(5+2\sqrt{6})=10$$
$$\therefore\ x^2+2xy+y^2=(x+y)^2=10^2=100$$

**13**
$$x^2-y^2+2y-1=x^2-(y^2-2y+1)$$
$$=x^2-(y-1)^2$$
$$=(x+y-1)(x-y+1)$$
$$=(x+y-1)(2+1)$$
$$=3(x+y-1)=12$$
이므로 $x+y-1=4$　　$\therefore\ x+y=5$

**14**
$x^2+ax+36=(x\pm6)^2$에서

$a>0$이므로 $a=2\times1\times6=12$

$4x^2+\dfrac{4}{3}xy+by^2=(2x)^2+2\times2x\times\dfrac{1}{3}y+by^2$에서

$$b=\left(\frac{1}{3}\right)^2=\frac{1}{9}$$
$$\therefore\ 3ab=3\times12\times\frac{1}{9}=4$$

**15**
$0<a<1$에서 $-2a<0$, $a-\dfrac{1}{a}<0$, $a+\dfrac{1}{a}>0$이고,

$$\left(a+\frac{1}{a}\right)^2-4=a^2+\frac{1}{a^2}-2=\left(a-\frac{1}{a}\right)^2,$$
$$\left(a-\frac{1}{a}\right)^2+4=a^2+\frac{1}{a^2}+2=\left(a+\frac{1}{a}\right)^2$$이므로

$$\sqrt{(-2a)^2}+\sqrt{\left(a+\frac{1}{a}\right)^2-4}-\sqrt{\left(a-\frac{1}{a}\right)^2+4}$$
$$=\sqrt{(-2a)^2}+\sqrt{\left(a-\frac{1}{a}\right)^2}-\sqrt{\left(a+\frac{1}{a}\right)^2}$$
$$=-(-2a)+\left\{-\left(a-\frac{1}{a}\right)\right\}-\left(a+\frac{1}{a}\right)$$
$$=2a-a+\frac{1}{a}-a-\frac{1}{a}=0$$

**16**
$$3x^2+(a+12)xy+8y^2=(3x+by)(cx+4y)$$
$$=3cx^2+(12+bc)xy+4by^2$$
즉, $3=3c$, $a+12=12+bc$, $8=4b$이므로

$a=2$, $b=2$, $c=1$

$\therefore\ a+b+c=2+2+1=5$

**17**
$x^2+ax-8$의 다른 한 인수를 $x+m$ ($m$은 상수)으로 놓으면

$$x^2+ax-8=(x-2)(x+m)$$
$$=x^2+(-2+m)x-2m$$
즉, $a=-2+m$, $-8=-2m$이므로

$m=4$, $a=2$

$2x^2-3x+b$의 다른 한 인수를 $2x+n$ ($n$은 상수)으로 놓으면

$$2x^2-3x+b=(x-2)(2x+n)$$
$$=2x^2+(n-4)x-2n$$
즉, $-3=n-4$, $b=-2n$이므로

$n=1$, $b=-2$

$\therefore\ a-b=2-(-2)=4$

**18**
$(x-2)(x+3)=x^2+x-6$에서

혜리는 상수항을 제대로 보았으므로

처음 이차식의 상수항은 $-6$이다.

$(x+1)(x+4)=x^2+5x+4$에서

상우는 $x$의 계수를 제대로 보았으므로

처음 이차식의 $x$의 계수는 $5$이다. $\cdots$ (i)

따라서 처음 이차식은 $x^2+5x-6$이므로 $\cdots$ (ii)

이 식을 바르게 인수분해하면

$x^2+5x-6=(x-1)(x+6)$ $\cdots$ (iii)

| 채점 기준 | 비율 |
|---|---|
| (i) 처음 이차식의 $x$의 계수, 상수항 구하기 | 60 % |
| (ii) 처음 이차식 구하기 | 20 % |
| (iii) 처음 이차식을 바르게 인수분해하기 | 20 % |

**19**
$x^2+10x+21=(x+7)(x+3)$에서 ㈎의 세로의 길이가

$x+7$이므로 가로의 길이는 $x+3$이다.

즉, ㈎의 둘레의 길이는

$2\times\{(x+7)+(x+3)\}=2(2x+10)=4x+20$

이때 두 직사각형 ㈎, ㈏의 둘레의 길이가 서로 같고 ㈏는

네 변의 길이가 같으므로 ㈏의 한 변의 길이는

$(4x+20)\div4=x+5$

**20**
$$x^3+5x^2-4x-20=x^2(x+5)-4(x+5)$$
$$=(x+5)(x^2-4)$$
$$=(x+5)(x+2)(x-2)\ \cdots\text{(i)}$$
따라서 세 일차식은 $x+5$, $x+2$, $x-2$이므로 $\cdots$ (ii)

세 일차식의 합은

$(x+5)+(x+2)+(x-2)=3x+5$ $\cdots$ (iii)

| 채점 기준 | 비율 |
|---|---|
| (i) 주어진 식을 인수분해하기 | 60 % |
| (ii) 세 일차식 구하기 | 20 % |
| (iii) 세 일차식의 합 구하기 | 20 % |

**21**

$2x^2+3xy+2x+y^2-4$
$=2x^2+(3y+2)x+y^2-4$
$=2x^2+(3y+2)x+(y+2)(y-2)$
$=(x+y+2)(2x+y-2)$
$\therefore A=2x+y-2$

**22**

$1^2-3^2+5^2-7^2+\cdots+17^2-19^2$
$=(1+3)(1-3)+(5+7)(5-7)+\cdots+(17+19)(17-19)$
$=(1+3+5+7+9+11+13+15+17+19)\times(-2)$
$=100\times(-2)$
$=-200$

**23**

$xy=(5+2\sqrt{6})(5-2\sqrt{6})=5^2-(2\sqrt{6})^2=1,$
$x+y=(5+2\sqrt{6})+(5-2\sqrt{6})=10,$
$x-y=(5+2\sqrt{6})-(5-2\sqrt{6})=4\sqrt{6}$이므로
$x^3y-xy^3-2x^2+2y^2=xy(x^2-y^2)-2(x^2-y^2)$
$\qquad\qquad\qquad\qquad\quad =(x^2-y^2)(xy-2)$
$\qquad\qquad\qquad\qquad\quad =(x+y)(x-y)(xy-2)$
$\qquad\qquad\qquad\qquad\quad =10\times4\sqrt{6}\times(1-2)$
$\qquad\qquad\qquad\qquad\quad =-40\sqrt{6}$

**24**

$n^2+2n-35=(n-5)(n+7)$이고, 자연수 $n$에 대하여 이 식의 값이 소수가 되려면 $n-5$, $n+7$의 값 중 하나는 1이어야 한다.
이때 $n-5<n+7$이므로
$n-5=1$ $\therefore n=6$
따라서 구하는 소수는
$n^2+2n-35=(n-5)(n+7)$
$\qquad\qquad\qquad =(6-5)(6+7)=13$

**25**

$2^{20}-1=(2^{10}+1)(2^{10}-1)$
$\qquad\quad =(2^{10}+1)(2^5+1)(2^5-1)$
$\qquad\quad =1025\times33\times31$
$\qquad\quad =5^2\times41\times3\times11\times31$
$\qquad\quad =3\times5^2\times11\times31\times41$
따라서 $2^{20}-1$은 30보다 크고 40보다 작은 두 자연수 31과 33으로 나누어떨어지므로 이 두 자연수의 합은
$31+33=64$

**26**

$\overline{\text{AD}}$를 지름으로 하는 원의 반지름의 길이를 $r$ cm라고 하면
$2\pi r=12\pi$에서 $r=6$ $\therefore \overline{\text{AD}}=12$ cm
이때 색칠한 부분의 넓이가 $36\pi$ cm²이므로
$\left(\dfrac{12+a}{2}\right)^2\pi-\left(\dfrac{12-a}{2}\right)^2\pi=36\pi$
$\left(\dfrac{12+a}{2}+\dfrac{12-a}{2}\right)\left(\dfrac{12+a}{2}-\dfrac{12-a}{2}\right)=36$
$12a=36$ $\therefore a=3$

**1**  답 ④

① $x^2+x+1$ ⇨ 이차식

② $x^2+\dfrac{1}{2}x+4=x^2$에서 $\dfrac{1}{2}x+4=0$ ⇨ 일차방정식

③ $x+1=0$ ⇨ 일차방정식

④ $(x-1)(x-2)=0$에서 $x^2-3x+2=0$ ⇨ 이차방정식

⑤ $x^3-2x=0$ ⇨ 이차방정식이 아니다.

따라서 이차방정식인 것은 ④이다.

**2**  답 ④

ㄱ. $2x^2+5=0$ ⇨ 이차방정식

ㄴ. $x^2=x-2$에서 $x^2-x+2=0$ ⇨ 이차방정식

ㄷ. $x(x-1)=x^2$에서 $x^2-x=x^2$

　　$-x=0$ ⇨ 일차방정식

ㄹ. $x^3+2x^2+1=x^3-x$에서

　　$2x^2+x+1=0$ ⇨ 이차방정식

ㅁ. $\dfrac{6}{x^2}=4$ ⇨ 분모에 미지수가 있으므로 이차방정식이 아니다.

ㅂ. $(1+x)(1-x)=x^2$에서 $1-x^2=x^2$

　　$1-2x^2=0$ ⇨ 이차방정식

따라서 이차방정식이 아닌 것은 ㄷ, ㅁ이다.

**3**  답 ③

$(ax-1)(x+4)=3x^2$에서

$ax^2+(4a-1)x-4=3x^2$

$(a-3)x^2+(4a-1)x-4=0$

이때 $x^2$의 계수가 0이 아니어야 하므로

$a-3\neq0$ ∴ $a\neq3$

**4**  답 ④

① $(-1)^2-2\times(-1)+1\neq0$

② $(-7)^2-3\times(-7)-28\neq0$

③ $2\times(-5)^2-10\times(-5)\neq0$

④ $2\times\left(\dfrac{1}{2}\right)^2-5\times\dfrac{1}{2}+2=0$

⑤ $3\times(-2)^2+7\times(-2)-2\neq0$

따라서 [　] 안의 수가 주어진 이차방정식의 해인 것은 ④이다.

**5**  답 ②

① 이차방정식이 아니다.

② $x^2-2x-3=0$에 $x=3$을 대입하면

　$3^2-2\times3-3=0$

③ 이차방정식이 아니다.

④ $x^2-2x-10=0$에 $x=3$을 대입하면

　$3^2-2\times3-10\neq0$

⑤ $x^2-2x-6=x+12$에서

　$x^2-3x-18=0$

　이 식에 $x=3$을 대입하면

　$3^2-3\times3-18\neq0$

따라서 주어진 조건을 만족시키는 방정식은 ②이다.

**6**  답 $x=2$

$x=-2$일 때, $(-2)^2+(-2)-6\neq0$

$x=-1$일 때, $(-1)^2+(-1)-6\neq0$

$x=0$일 때, $0^2+0-6\neq0$

$x=1$일 때, $1^2+1-6\neq0$

$x=2$일 때, $2^2+2-6=0$

$x=3$일 때, $3^2+3-6\neq0$

따라서 주어진 이차방정식의 해는 $x=2$이다.

**7**  답 $x=1$ 또는 $x=4$

$3x-3\leq x+5$에서 $2x\leq8$ ∴ $x\leq4$

$x=1$일 때, $1^2-5\times1+4=0$

$x=2$일 때, $2^2-5\times2+4\neq0$

$x=3$일 때, $3^2-5\times3+4\neq0$

$x=4$일 때, $4^2-5\times4+4=0$

따라서 주어진 이차방정식의 해는 $x=1$ 또는 $x=4$이다.

**8**  답 ④

$ax^2-(a-3)x+a-17=0$에 $x=-3$을 대입하면

$a\times(-3)^2-(a-3)\times(-3)+a-17=0$

$13a-26=0$ ∴ $a=2$

**9**  답 24

$x^2+ax-3=0$에 $x=-1$을 대입하면

$(-1)^2+a\times(-1)-3=0$, $-a-2=0$

∴ $a=-2$

$x^2+x+b=0$에 $x=-4$를 대입하면

$(-4)^2+(-4)+b=0$, $12+b=0$

∴ $b=-12$

∴ $ab=-2\times(-12)=24$

**10**  답 1

$x^2+ax-2=0$에 $x=2$를 대입하면

$2^2+a\times2-2=0$ ∴ $a=-1$ ⋯ (i)

$2x^2-3x+b=0$에 $x=2$를 대입하면

$2\times2^2-3\times2+b=0$ ∴ $b=-2$ ⋯ (ii)

∴ $a-b=-1-(-2)=1$ ⋯ (iii)

| 채점 기준 | 비율 |
| --- | --- |
| (i) $a$의 값 구하기 | 40 % |
| (ii) $b$의 값 구하기 | 40 % |
| (iii) $a-b$의 값 구하기 | 20 % |

## 11 답 5

$x^2+3x-1=0$에 $x=a$를 대입하면

$a^2+3a-1=0$    ∴ $a^2+3a=1$

∴ $a^2+3a+4=1+4=5$

## 12 답 ⑤

$x^2+2x-4=0$에 $x=a$를 대입하면

$a^2+2a-4=0$    ∴ $a^2+2a=4$

$2x^2-3x-6=0$에 $x=b$를 대입하면

$2b^2-3b-6=0$    ∴ $2b^2-3b=6$

∴ $2a^2+4a-2b^2+3b+5=2(a^2+2a)-(2b^2-3b)+5$
$=2\times4-6+5=7$

## 13 답 $-5$

$x^2+5x-1=0$에 $x=a$를 대입하면

$a^2+5a-1=0$

$a\neq0$이므로 양변을 $a$로 나누면

$a+5-\dfrac{1}{a}=0$    ∴ $a-\dfrac{1}{a}=-5$

## 14 답 ④

$x^2-4x+1=0$에 $x=a$를 대입하면

$a^2-4a+1=0$

$a\neq0$이므로 양변을 $a$로 나누면

$a-4+\dfrac{1}{a}=0$    ∴ $a+\dfrac{1}{a}=4$

∴ $a^2+a+\dfrac{1}{a}+\dfrac{1}{a^2}=\left(a+\dfrac{1}{a}\right)+\left(a^2+\dfrac{1}{a^2}\right)$
$=\left(a+\dfrac{1}{a}\right)+\left(a+\dfrac{1}{a}\right)^2-2$
$=4+4^2-2=18$

---

**유형 5~15**                    P. 82~88

## 15 답 ⑤

$(x+5)(x+1)=0$에서

$x+5=0$ 또는 $x+1=0$

∴ $x=-5$ 또는 $x=-1$

## 16 답 ③

① $x=0$ 또는 $x=\dfrac{1}{2}$

② $x=0$ 또는 $x=-\dfrac{1}{2}$

③ $x=-3$ 또는 $x=\dfrac{1}{2}$

④ $x=-3$ 또는 $x=-\dfrac{1}{2}$

⑤ $x=3$ 또는 $x=-\dfrac{1}{2}$

## 17 답 ①, ⑤

① $x=0$ 또는 $x=3$ ⇨ $0+3=3$

② $x=-2$ 또는 $x=-1$ ⇨ $-2+(-1)=-3$

③ $x=-4$ 또는 $x=1$ ⇨ $-4+1=-3$

④ $x=\dfrac{1}{3}$ 또는 $x=2$ ⇨ $\dfrac{1}{3}+2=\dfrac{7}{3}$

⑤ $x=\dfrac{1}{2}$ 또는 $x=\dfrac{5}{2}$ ⇨ $\dfrac{1}{2}+\dfrac{5}{2}=3$

따라서 두 근의 합이 3인 것은 ①, ⑤이다.

## 18 답 (1) $x=-1$ 또는 $x=10$  (2) $x=-2$ 또는 $x=\dfrac{1}{3}$

(1) $x^2-9x-10=0$에서 $(x+1)(x-10)=0$

∴ $x=-1$ 또는 $x=10$

(2) $3x^2+5x-2=0$에서 $(x+2)(3x-1)=0$

∴ $x=-2$ 또는 $x=\dfrac{1}{3}$

## 19 답 $x=-2$ 또는 $x=7$

$(x-3)(2x+1)-x^2=11$에서

$2x^2-5x-3-x^2=11$, $x^2-5x-14=0$

$(x+2)(x-7)=0$    ∴ $x=-2$ 또는 $x=7$

## 20 답 ⑤

$6x^2-11x-30=0$에서 $(2x+3)(3x-10)=0$

∴ $x=-\dfrac{3}{2}$ 또는 $x=\dfrac{10}{3}$

따라서 두 근 사이에 있는 정수는 $-1$, $0$, $1$, $2$, $3$의 5개이다.

## 21 답 $x=-4$ 또는 $x=-1$

$x^2=3x+10$에서 $x^2-3x-10=0$

$(x+2)(x-5)=0$

∴ $x=-2$ 또는 $x=5$

이때 $a>b$이므로 $a=5$, $b=-2$

$x^2+ax-2b=0$에서 $x^2+5x+4=0$

$(x+4)(x+1)=0$

∴ $x=-4$ 또는 $x=-1$

## 22 답 $-5$

$x^2-2x-35=0$, $(x+5)(x-7)=0$

∴ $x=-5$ 또는 $x=7$                    … (i)

두 근 중 작은 근인 $x=-5$가 $x^2+6x-k=0$의 한 근이므로

$(-5)^2+6\times(-5)-k=0$, $-5-k=0$

∴ $k=-5$                              … (ii)

| 채점 기준 | 비율 |
|---|---|
| (i) $x^2-2x-35=0$의 해 구하기 | 40 % |
| (ii) $k$의 값 구하기 | 60 % |

**23** 답 ②

$(k-2)x^2+(k^2+k)x+20-4k=0$에 $x=-2$를 대입하면
$(k-2)\times(-2)^2+(k^2+k)\times(-2)+20-4k=0$
$k^2+k-6=0$, $(k+3)(k-2)=0$
$\therefore k=-3$ 또는 $k=2$
이때 $k=2$이면 이차방정식이 되지 않으므로 $k=-3$

**24** 답 ②

$y=ax+1$에 $x=a-2$, $y=-a^2+5a+5$를 대입하면
$-a^2+5a+5=a(a-2)+1$
$2a^2-7a-4=0$, $(2a+1)(a-4)=0$
$\therefore a=-\dfrac{1}{2}$ 또는 $a=4$
이때 일차함수 $y=ax+1$의 그래프가 제3사분면을 지나지 않으므로 $a<0$이어야 한다.
$\therefore a=-\dfrac{1}{2}$

참고 일차함수 $y=ax+1$의 그래프는 $y$절편이 1이고 기울기가 $a$인 직선이므로 $a$의 부호에 따라 다음과 같이 두 가지로 그려질 수 있다.

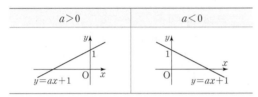

| $a>0$ | $a<0$ |
|---|---|

따라서 제3사분면을 지나지 않으려면 $a<0$이어야 한다.

**25** 답 ③

$3x^2+ax-4=0$에 $x=-2$를 대입하면
$3\times(-2)^2+a\times(-2)-4=0$, $8-2a=0$
$\therefore a=4$
즉, $3x^2+4x-4=0$에서 $(x+2)(3x-2)=0$
$\therefore x=-2$ 또는 $x=\dfrac{2}{3}$
따라서 다른 한 근은 $x=\dfrac{2}{3}$이다.

**26** 답 $x=4$

$x^2-10x+a=0$에 $x=6$을 대입하면
$6^2-10\times6+a=0$, $-24+a=0$
$\therefore a=24$ $\qquad\cdots$ (i)
즉, $x^2-10x+24=0$에서 $(x-4)(x-6)=0$
$\therefore x=4$ 또는 $x=6$ $\qquad\cdots$ (ii)
따라서 다른 한 근은 $x=4$이다. $\qquad\cdots$ (iii)

| 채점 기준 | 비율 |
|---|---|
| (i) $a$의 값 구하기 | 40 % |
| (ii) 이차방정식 풀기 | 40 % |
| (iii) 다른 한 근 구하기 | 20 % |

**27** 답 ③

$3x^2-10x+2a=0$에 $x=3$을 대입하면
$3\times3^2-10\times3+2a=0$, $-3+2a=0$ $\quad\therefore a=\dfrac{3}{2}$
즉, $3x^2-10x+3=0$에서 $(3x-1)(x-3)=0$
$\therefore x=\dfrac{1}{3}$ 또는 $x=3$
따라서 $b=\dfrac{1}{3}$이므로 $ab=\dfrac{3}{2}\times\dfrac{1}{3}=\dfrac{1}{2}$

**28** 답 ②

$x^2+x-42=0$에서 $(x+7)(x-6)=0$
$\therefore x=-7$ 또는 $x=6$
즉, 큰 근은 $x=6$이므로
$x^2-ax-12=0$에 $x=6$을 대입하면
$6^2-a\times6-12=0$, $-6a=-24$ $\quad\therefore a=4$
이때 $x^2-4x-12=0$에서 $(x+2)(x-6)=0$
$\therefore x=-2$ 또는 $x=6$
따라서 다른 한 근은 $x=-2$이다.

**29** 답 4

$x^2+ax-6=0$에 $x=-3$을 대입하면
$(-3)^2+a\times(-3)-6=0$, $3-3a=0$ $\quad\therefore a=1$ $\cdots$ (i)
즉, $x^2+x-6=0$에서 $(x+3)(x-2)=0$
$\therefore x=-3$ 또는 $x=2$
이때 다른 한 근은 $x=2$이므로 $\qquad\cdots$ (ii)
$3x^2-8x+b=0$에 $x=2$를 대입하면
$3\times2^2-8\times2+b=0$, $-4+b=0$ $\quad\therefore b=4$ $\cdots$ (iii)

| 채점 기준 | 비율 |
|---|---|
| (i) $a$의 값 구하기 | 30 % |
| (ii) 다른 한 근 구하기 | 40 % |
| (iii) $b$의 값 구하기 | 30 % |

**30** 답 ③

$(a-2)x^2+a^2x+4=0$에 $x=-1$을 대입하면
$(a-2)\times(-1)^2+a^2\times(-1)+4=0$
$a^2-a-2=0$, $(a+1)(a-2)=0$
$\therefore a=-1$ 또는 $a=2$
이때 $a=2$이면 이차방정식이 되지 않으므로 $a=-1$
즉, $-3x^2+x+4=0$에서 $3x^2-x-4=0$
$(x+1)(3x-4)=0$ $\quad\therefore x=-1$ 또는 $x=\dfrac{4}{3}$
따라서 다른 한 근은 $x=\dfrac{4}{3}$이다.

**31** 답 $-1$

$x^2-x+\dfrac{1}{4}=0$에서 $\left(x-\dfrac{1}{2}\right)^2=0$ $\quad\therefore x=\dfrac{1}{2}$
$4x^2+12x+9=0$에서 $(2x+3)^2=0$ $\quad\therefore x=-\dfrac{3}{2}$
따라서 $a=\dfrac{1}{2}$, $b=-\dfrac{3}{2}$이므로 $a+b=\dfrac{1}{2}+\left(-\dfrac{3}{2}\right)=-1$

**32** 답 ①

① $x^2=1$에서 $x^2-1=0$

　　$(x+1)(x-1)=0$　　$\therefore x=-1$ 또는 $x=1$

② $x^2=14x-49$에서 $x^2-14x+49=0$

　　$(x-7)^2=0$　　$\therefore x=7$

③ $9x^2-12x+4=0$에서

　　$(3x-2)^2=0$　　$\therefore x=\dfrac{2}{3}$

④ $-8x+16=-x^2$에서 $x^2-8x+16=0$

　　$(x-4)^2=0$　　$\therefore x=4$

⑤ $x^2-16x=-64$에서 $x^2-16x+64=0$

　　$(x-8)^2=0$　　$\therefore x=8$

따라서 중근을 갖지 않는 것은 ①이다.

**33** 답 ②

ㄱ. $x^2-4=0$에서 $(x+2)(x-2)=0$

　　$\therefore x=-2$ 또는 $x=2$

ㄴ. $x(x-2)=-1$에서 $x^2-2x+1=0$

　　$(x-1)^2=0$　　$\therefore x=1$

ㄷ. $x^2=-12(x+3)$에서 $x^2+12x+36=0$

　　$(x+6)^2=0$　　$\therefore x=-6$

ㄹ. $2x^2+2x=(x-3)^2$에서 $2x^2+2x=x^2-6x+9$

　　$x^2+8x-9=0$, $(x+9)(x-1)=0$

　　$\therefore x=-9$ 또는 $x=1$

따라서 중근을 갖는 것은 ㄴ, ㄷ이다.

**34** 답 (1) $-1$ (2) $\dfrac{4}{9}$

(1) $x^2+8x+15=a$에서 $x^2+8x+15-a=0$

이 이차방정식이 중근을 가지므로

$15-a=\left(\dfrac{8}{2}\right)^2$, $15-a=16$　　$\therefore a=-1$

(2) $x^2+\dfrac{4}{3}x+a=0$이 중근을 가지려면

$a=\left(\dfrac{2}{3}\right)^2=\dfrac{4}{9}$

**35** 답 ①, ④

$x^2+2ax-7a+18=0$이 중근을 가지므로

$-7a+18=\left(\dfrac{2a}{2}\right)^2$, $a^2+7a-18=0$

$(a+9)(a-2)=0$

$\therefore a=-9$ 또는 $a=2$

**36** 답 10

$x^2-10x+a=0$이 중근을 가지므로

$a=\left(\dfrac{-10}{2}\right)^2=25$

즉, $x^2-10x+25=0$에서 $(x-5)^2=0$

$\therefore x=5$　　$\therefore b=5$

$\therefore a-3b=25-3\times 5=10$

**37** 답 ②

모든 경우의 수는 $6\times 6=36$

$x^2+ax+b=0$이 중근을 가지려면

$b=\left(\dfrac{a}{2}\right)^2=\dfrac{a^2}{4}$　　$\therefore a^2=4b$

따라서 $a^2=4b$를 만족시키는 $a$, $b$의 순서쌍 $(a,\ b)$는

$(2,\ 1)$, $(4,\ 4)$의 2가지이므로 구하는 확률은

$\dfrac{2}{36}=\dfrac{1}{18}$

**38** 답 $x=3$

$x^2+3x-18=0$에서 $(x+6)(x-3)=0$

$\therefore x=-6$ 또는 $\underline{x=3}$

$2x^2-9x+9=0$에서 $(2x-3)(x-3)=0$

$\therefore x=\dfrac{3}{2}$ 또는 $\underline{x=3}$

따라서 두 이차방정식을 동시에 만족시키는 해는 $x=3$이다.

**39** 답 ③

$2x^2-15x+a=0$에 $x=4$를 대입하면

$2\times 4^2-15\times 4+a=0$

$-28+a=0$　　$\therefore a=28$

$x^2-bx-24=0$에 $x=4$를 대입하면

$4^2-b\times 4-24=0$

$-8-4b=0$　　$\therefore b=-2$

$\therefore a+b=28+(-2)=26$

**40** 답 $x=5$

$x^2+6x+k=0$이 중근을 가지므로 $k=\left(\dfrac{6}{2}\right)^2=9$　　$\cdots$ (i)

$x^2+(1-k)x+15=0$에서 $x^2-8x+15=0$

$(x-3)(x-5)=0$　　$\therefore x=3$ 또는 $\underline{x=5}$

$2x^2-(2k-9)x-5=0$에서 $2x^2-9x-5=0$

$(2x+1)(x-5)=0$　　$\therefore x=-\dfrac{1}{2}$ 또는 $\underline{x=5}$　　$\cdots$ (ii)

따라서 두 이차방정식의 공통인 근은 $x=5$이다.　　$\cdots$ (iii)

| 채점 기준 | 비율 |
| --- | --- |
| (i) $k$의 값 구하기 | 30 % |
| (ii) 두 이차방정식 풀기 | 60 % |
| (iii) 공통인 근 구하기 | 10 % |

**41** 답 ④

$3x^2-24=0$에서 $3x^2=24$

$x^2=8$　　$\therefore x=\pm\sqrt{8}=\pm 2\sqrt{2}$

**42** 답 ③

$2(x-1)^2=14$에서 $(x-1)^2=7$

$x-1=\pm\sqrt{7}$　　$\therefore x=1\pm\sqrt{7}$

따라서 $a=1$, $b=7$이므로

$b-a=7-1=6$

**43** 답 **11**

$(x-A)^2=B$에서

$x-A=\pm\sqrt{B}$   $\therefore x=A\pm\sqrt{B}$

따라서 $A=-2$, $B=13$이므로

$A+B=-2+13=11$

**44** 답 **3**

$(x+5)^2=3k$에서 $x+5=\pm\sqrt{3k}$

$\therefore x=-5\pm\sqrt{3k}$

이때 해가 모두 정수가 되려면 $\sqrt{3k}$가 정수이어야 한다.

즉, $3k$는 0 또는 (자연수)$^2$ 꼴인 수이어야 하므로

$3k=0$, 1, 4, 9, $\cdots$   $\therefore k=0$, $\dfrac{1}{3}$, $\dfrac{4}{3}$, 3, $\cdots$

따라서 가장 작은 자연수 $k$의 값은 3이다.

**45** 답 $A=5$, $B=-\dfrac{3}{5}$, $C=\dfrac{9}{10}$, $D=21$, $E=-9$

$5x^2+9x+3=0$에서

양변을 $\boxed{^A 5}$로 나누면 $x^2+\dfrac{9}{5}x+\dfrac{3}{5}=0$

상수항을 우변으로 이항하면 $x^2+\dfrac{9}{5}x=\boxed{^B -\dfrac{3}{5}}$

$x^2+\dfrac{9}{5}x+\left(\dfrac{9}{10}\right)^2=\boxed{^B -\dfrac{3}{5}}+\left(\dfrac{9}{10}\right)^2$

$\left(x+\boxed{^C \dfrac{9}{10}}\right)^2=-\dfrac{60}{100}+\dfrac{81}{100}=\boxed{^D \dfrac{21}{100}}$

$x+\boxed{^C \dfrac{9}{10}}=\pm\sqrt{\dfrac{21}{100}}=\pm\dfrac{\sqrt{\boxed{^D 21}}}{10}$

$\therefore x=\dfrac{\boxed{^E -9}\pm\sqrt{\boxed{^D 21}}}{10}$

**46** 답 **9**

$x^2+4x-3=0$에서

$x^2+4x=3$   [상수항을 우변으로 이항하기]

$x^2+4x+4=3+4$   [양변에 $\left(\dfrac{x의\ 계수}{2}\right)^2$을 더하기]

$(x+2)^2=7$   [좌변을 완전제곱식으로 고치기]

따라서 $a=2$, $b=7$이므로

$a+b=2+7=9$

**47** 답 $x=2\pm\dfrac{\sqrt{14}}{2}$

$2x^2-8x+1=0$에서

$x^2-4x+\dfrac{1}{2}=0$, $x^2-4x=-\dfrac{1}{2}$

$x^2-4x+4=-\dfrac{1}{2}+4$, $(x-2)^2=\dfrac{7}{2}$

$x-2=\pm\sqrt{\dfrac{7}{2}}=\pm\dfrac{\sqrt{14}}{2}$   $\therefore x=2\pm\dfrac{\sqrt{14}}{2}$

**48** 답 $-4$

$x^2-6x=k$에서 $x^2-6x+9=k+9$

$(x-3)^2=k+9$, $x-3=\pm\sqrt{k+9}$

$\therefore x=3\pm\sqrt{k+9}$

따라서 $k+9=5$이므로 $k=-4$

---

다른 풀이

$x-3=\pm\sqrt{5}$에서 $(x-3)^2=5$

$x^2-6x+9=5$   $\therefore x^2-6x=-4$

$\therefore k=-4$

**49** 답 (가) $x^2+\dfrac{b}{a}x+\dfrac{c}{a}=0$   (나) $x^2+\dfrac{b}{a}x=-\dfrac{c}{a}$

(다) $x^2+\dfrac{b}{a}x+\left(\dfrac{b}{2a}\right)^2=-\dfrac{c}{a}+\left(\dfrac{b}{2a}\right)^2$

(라) $\left(x+\dfrac{b}{2a}\right)^2$   (마) $\dfrac{-b\pm\sqrt{b^2-4ac}}{2a}$

**50** 답 (1) $x=\dfrac{-1\pm\sqrt{21}}{2}$   (2) $x=\dfrac{1\pm\sqrt{2}}{3}$

(1) $x=\dfrac{-1\pm\sqrt{1^2-4\times1\times(-5)}}{2\times1}=\dfrac{-1\pm\sqrt{21}}{2}$

(2) $x=\dfrac{-(-3)\pm\sqrt{(-3)^2-9\times(-1)}}{9}$

$=\dfrac{3\pm\sqrt{18}}{9}=\dfrac{3\pm3\sqrt{2}}{9}=\dfrac{1\pm\sqrt{2}}{3}$

**51** 답 ①

$x=\dfrac{-3\pm\sqrt{3^2-4\times1\times1}}{2\times1}=\dfrac{-3\pm\sqrt{5}}{2}$

따라서 $A=-3$, $B=5$이므로

$A-B=-3-5=-8$

**52** 답 ②

$x=\dfrac{-(-2)\pm\sqrt{(-2)^2-3\times p}}{3}=\dfrac{2\pm\sqrt{4-3p}}{3}$

즉, $\dfrac{2\pm\sqrt{4-3p}}{3}=\dfrac{q\pm\sqrt{13}}{3}$이므로

$q=2$, $4-3p=13$   $\therefore p=-3$, $q=2$

$\therefore p+q=-3+2=-1$

**53** 답 ④

$x^2+2x-k=0$이 중근을 가지므로

$-k=\left(\dfrac{2}{2}\right)^2$   $\therefore k=-1$

$(1-k)x^2-4x+1=0$에 $k=-1$을 대입하면

$2x^2-4x+1=0$

$\therefore x=\dfrac{-(-2)\pm\sqrt{(-2)^2-2\times1}}{2}=\dfrac{2\pm\sqrt{2}}{2}$

**54** 답 **5개**

$x=-(-3)\pm\sqrt{(-3)^2-1\times4}=3\pm\sqrt{5}$

이때 $2<\sqrt{5}<3$이므로 $5<3+\sqrt{5}<6$

$-3<-\sqrt{5}<-2$에서 $0<3-\sqrt{5}<1$

따라서 $3-\sqrt{5}$와 $3+\sqrt{5}$ 사이에 있는 정수는 1, 2, 3, 4, 5의

5개이다.

**55** 답 ①, ②

$$x = \frac{-(-3) \pm \sqrt{(-3)^2 - 4 \times 2 \times (a-2)}}{2 \times 2}$$

$$= \frac{3 \pm \sqrt{25 - 8a}}{4}$$

이때 해가 모두 유리수가 되려면 $\sqrt{25-8a}$ 가 정수이어야 한다.

즉, $25-8a$ 가 0 또는 (자연수)$^2$ 꼴이어야 하므로

$25-8a = 0, 1, 4, 9, 16, 25, 36, \cdots$

$\therefore a = \dfrac{25}{8}, 3, \dfrac{21}{8}, 2, \dfrac{9}{8}, 0, -\dfrac{11}{8}, \cdots$

이때 $a$는 자연수이므로 $a = 2, 3$

**56** 답 (1) $x = 3 \pm \sqrt{13}$  (2) $x = -\dfrac{1}{2}$ 또는 $x = \dfrac{1}{5}$

(3) $x = \dfrac{6 \pm \sqrt{30}}{3}$

(1) $(x-2)^2 = 2(x+4)$ 에서

$x^2 - 4x + 4 = 2x + 8$, $x^2 - 6x - 4 = 0$

$\therefore x = -(-3) \pm \sqrt{(-3)^2 - 1 \times (-4)} = 3 \pm \sqrt{13}$

(2) 양변에 10을 곱하면 $10x^2 + 3x - 1 = 0$

$(2x+1)(5x-1) = 0$

$\therefore x = -\dfrac{1}{2}$ 또는 $x = \dfrac{1}{5}$

(3) 양변에 6을 곱하면 $3x^2 - 12x + 2 = 0$

$\therefore x = \dfrac{-(-6) \pm \sqrt{(-6)^2 - 3 \times 2}}{3} = \dfrac{6 \pm \sqrt{30}}{3}$

**57** 답 7

양변에 12를 곱하면 $3x(x-3) = 2(x^2 - 4)$

$3x^2 - 9x = 2x^2 - 8$, $x^2 - 9x + 8 = 0$

$(x-1)(x-8) = 0$  $\therefore x = 1$ 또는 $x = 8$

따라서 두 근의 차는 $8 - 1 = 7$

**58** 답 3

양변에 15를 곱하면 $3x^2 - 6x - 5 = 0$

$\therefore x = \dfrac{-(-3) \pm \sqrt{(-3)^2 - 3 \times (-5)}}{3}$

$= \dfrac{3 \pm \sqrt{24}}{3} = \dfrac{3 \pm 2\sqrt{6}}{3}$

따라서 $A = 3$, $B = 6$ 이므로

$B - A = 6 - 3 = 3$

**59** 답 $-10$

양변에 6을 곱하면 $12x - 2(x^2 - 1) = 3(x-1)$

$12x - 2x^2 + 2 = 3x - 3$, $2x^2 - 9x - 5 = 0$

$(2x+1)(x-5) = 0$  $\therefore x = -\dfrac{1}{2}$ 또는 $x = 5$

따라서 정수인 근은 $x = 5$ 이므로 $x^2 - 3x + k = 0$ 에 $x = 5$를 대입하면

$5^2 - 3 \times 5 + k = 0$, $10 + k = 0$  $\therefore k = -10$

**60** 답 $x = -2$ 또는 $x = 8$

$x - 2 = A$로 놓으면 $A^2 - 2A - 24 = 0$

$(A+4)(A-6) = 0$  $\therefore A = -4$ 또는 $A = 6$

즉, $x - 2 = -4$ 또는 $x - 2 = 6$

$\therefore x = -2$ 또는 $x = 8$

**61** 답 ③

$2x + 1 = A$로 놓으면 $0.5A^2 - \dfrac{2}{5}A = 0.1$

양변에 10을 곱하면 $5A^2 - 4A = 1$

$5A^2 - 4A - 1 = 0$, $(5A+1)(A-1) = 0$

$\therefore A = -\dfrac{1}{5}$ 또는 $A = 1$

즉, $2x + 1 = -\dfrac{1}{5}$ 또는 $2x + 1 = 1$

$\therefore x = -\dfrac{3}{5}$ 또는 $x = 0$

따라서 음수인 해는 $x = -\dfrac{3}{5}$ 이다.

**62** 답 ①

$2x - y = A$로 놓으면 $A(A+4) = 5$

$A^2 + 4A - 5 = 0$, $(A+5)(A-1) = 0$

$\therefore A = -5$ 또는 $A = 1$

$\therefore 2x - y = -5$ 또는 $2x - y = 1$

이때 $2x < y$ 에서 $2x - y < 0$ 이므로

$2x - y = -5$

유형 16~29  P. 89~97

**63** 답 ⑤

① $x^2 = 4$ 에서 $x^2 - 4 = 0$

$\therefore 0^2 - 4 \times 1 \times (-4) = 16 > 0 \Rightarrow$ 서로 다른 두 근

② $(-5)^2 - 4 \times 1 \times (-3) = 37 > 0 \Rightarrow$ 서로 다른 두 근

③ $x(x-6) = 9$ 에서 $x^2 - 6x - 9 = 0$

$\therefore (-3)^2 - 1 \times (-9) = 18 > 0 \Rightarrow$ 서로 다른 두 근

④ $(-6)^2 - 1 \times 0 = 36 > 0 \Rightarrow$ 서로 다른 두 근

⑤ $4^2 - 1 \times 17 = -1 < 0 \Rightarrow$ 근이 없다.

따라서 근의 개수가 나머지 넷과 다른 하나는 ⑤이다.

**64** 답 2개

ㄱ. $0^2 - 4 \times 9 \times (-2) = 72 > 0 \Rightarrow$ 서로 다른 두 근

ㄴ. $3^2 - 4 \times 2 \times (-1) = 17 > 0 \Rightarrow$ 서로 다른 두 근

ㄷ. $(-5)^2 - 1 \times 25 = 0 \Rightarrow$ 중근

ㄹ. $(-5)^2 - 4 \times 1 \times 8 = -7 < 0 \Rightarrow$ 근이 없다.

따라서 서로 다른 두 근을 갖는 것은 ㄱ, ㄴ의 2개이다.

**65** 답 **2**

$3x^2+5x=1$에서 $3x^2+5x-1=0$

이때 $5^2-4\times3\times(-1)=37>0$이므로 $a=2$

$2x^2-x=3(x-7)$에서 $2x^2-x=3x-21$

$2x^2-4x+21=0$

이때 $(-2)^2-2\times21=-38<0$이므로 $b=0$

$\therefore a+b=2+0=2$

**66** 답 **④**

$2x^2-4x+k=0$이 서로 다른 두 근을 가지므로

$(-2)^2-2\times k>0$, $4-2k>0$

$-2k>-4$   $\therefore k<2$

**67** 답 **10**

$x^2+8x+2k-4=0$이 해를 가지려면

$4^2-1\times(2k-4)\geq0$ ···(i)

$20-2k\geq0$, $-2k\geq-20$

$\therefore k\leq10$ ···(ii)

따라서 가장 큰 정수 $k$의 값은 10이다. ···(iii)

| 채점 기준 | 비율 |
|---|---|
| (i) 해를 가질 조건을 부등식으로 나타내기 | 40% |
| (ii) 부등식 풀기 | 30% |
| (iii) 가장 큰 정수 $k$의 값 구하기 | 30% |

**68** 답 **⑤**

$x^2+(2k-1)x+k^2+3=0$의 해가 없으므로

$(2k-1)^2-4\times1\times(k^2+3)<0$

$4k^2-4k+1-4k^2-12<0$

$-4k-11<0$, $-4k<11$

$\therefore k>-\dfrac{11}{4}$

따라서 $k$의 값이 될 수 있는 것은 ⑤ $-2$이다.

**69** 답 **$-2, 6$**

$x^2+kx+3+k=0$이 중근을 가지려면

$k^2-4\times1\times(3+k)=0$

$k^2-4k-12=0$, $(k+2)(k-6)=0$

$\therefore k=-2$ 또는 $k=6$

**다른 풀이**

좌변이 완전제곱식이어야 하므로

$3+k=\left(\dfrac{k}{2}\right)^2$, $k^2-4k-12=0$

$(k+2)(k-6)=0$   $\therefore k=-2$ 또는 $k=6$

**70** 답 **①**

$9x^2+12x+2k-5=0$이 중근을 가지므로

$6^2-9\times(2k-5)=0$, $18k=81$   $\therefore k=\dfrac{9}{2}$

$9x^2+12x+2k-5=0$에 $k=\dfrac{9}{2}$를 대입하면

$9x^2+12x+4=0$, $(3x+2)^2=0$

$\therefore x=-\dfrac{2}{3}$

즉, $p=-\dfrac{2}{3}$이므로

$kp=\dfrac{9}{2}\times\left(-\dfrac{2}{3}\right)=-3$

**71** 답 **④**

$4x^2-mx+16=0$이 중근을 가지려면

$(-m)^2-4\times4\times16=0$

$m^2=16^2$   $\therefore m=\pm16$

( i ) $m=16$일 때,

  $4x^2-16x+16=0$, $x^2-4x+4=0$

  $(x-2)^2=0$   $\therefore x=2$

(ii) $m=-16$일 때,

  $4x^2+16x+16=0$, $x^2+4x+4=0$

  $(x+2)^2=0$   $\therefore x=-2$

따라서 양수인 중근을 갖도록 하는 $m$의 값은 16이다.

**72** 답 **$x=-1$ 또는 $x=\dfrac{5}{3}$**

$x^2+2kx+2k-1=0$이 중근을 가지므로

$k^2-1\times(2k-1)=0$, $k^2-2k+1=0$

$(k-1)^2=0$   $\therefore k=1$

$3x^2-2kx-5=0$에 $k=1$을 대입하면

$3x^2-2x-5=0$, $(x+1)(3x-5)=0$

$\therefore x=-1$ 또는 $x=\dfrac{5}{3}$

**73** 답 **$-3x^2+9x+30=0$**

$-3(x+2)(x-5)=0$, $-3(x^2-3x-10)=0$

$\therefore -3x^2+9x+30=0$

**74** 답 **④**

$6\left(x+\dfrac{1}{2}\right)\left(x-\dfrac{1}{3}\right)=0$, $6\left(x^2+\dfrac{1}{6}x-\dfrac{1}{6}\right)=0$

$\therefore 6x^2+x-1=0$

**75** 답 **6**

두 근이 $-2$, $3$이고 $x^2$의 계수가 1인 이차방정식은

$(x+2)(x-3)=0$   $\therefore x^2-x-6=0$

따라서 $a=-1$, $b=-6$이므로 $\dfrac{b}{a}=\dfrac{-6}{-1}=6$

**76** 답 **$-2$**

두 근이 $\dfrac{1}{5}$, $-\dfrac{1}{2}$이고 $x^2$의 계수가 10인 이차방정식은

$10\left(x-\dfrac{1}{5}\right)\left(x+\dfrac{1}{2}\right)=0$, $10\left(x^2+\dfrac{3}{10}x-\dfrac{1}{10}\right)=0$

$\therefore 10x^2+3x-1=0$

따라서 $a=-3$, $b=1$이므로 $a+b=-3+1=-2$

**77** **답** $-12$

중근이 1이고 $x^2$의 계수가 4인 이차방정식은
$4(x-1)^2=0$ ∴ $4x^2-8x+4=0$
따라서 $p=-8$, $q=4$이므로
$p-q=-8-4=-12$

**78** **답** ②

두 근이 $-1$, 5이고 $x^2$의 계수가 1인 이차방정식은
$(x+1)(x-5)=0$ ∴ $x^2-4x-5=0$
따라서 $a=-4$, $b=5$이므로
$x^2+bx-a=0$에서 $x^2+5x+4=0$
$(x+4)(x+1)=0$ ∴ $x=-4$ 또는 $x=-1$

**79** **답** $2x^2-3x-5=0$

$2x^2+x-6=0$에서 $(x+2)(2x-3)=0$
∴ $x=-2$ 또는 $x=\dfrac{3}{2}$

즉, $-2+1=-1$, $\dfrac{3}{2}+1=\dfrac{5}{2}$를 두 근으로 하고 $x^2$의 계수가 2인 이차방정식은

$2(x+1)\left(x-\dfrac{5}{2}\right)=0$, $2\left(x^2-\dfrac{3}{2}x-\dfrac{5}{2}\right)=0$

∴ $2x^2-3x-5=0$

**80** **답** ②

두 근을 $\alpha$, $\alpha+5$라고 하면 $x^2$의 계수가 1이므로
$(x-\alpha)\{x-(\alpha+5)\}=0$
$x^2-(2\alpha+5)x+\alpha(\alpha+5)=0$
이때 $-(2\alpha+5)=-3$이므로 $2\alpha=-2$
∴ $\alpha=-1$
∴ $m=\alpha(\alpha+5)=-1\times(-1+5)=-4$

**81** **답** $x=-3$ 또는 $x=2$

은수는 $-1$, 6을 해로 얻었으므로 은수가 푼 이차방정식은
$(x+1)(x-6)=0$ ∴ $x^2-5x-6=0$
은수는 상수항을 제대로 보았으므로 처음 이차방정식의 상수항은 $-6$이다.
선희는 $-4$, 3을 해로 얻었으므로 선희가 푼 이차방정식은
$(x+4)(x-3)=0$ ∴ $x^2+x-12=0$
선희는 $x$의 계수를 제대로 보았으므로 처음 이차방정식의 $x$의 계수는 1이다.
따라서 처음 이차방정식은 $x^2+x-6=0$이므로
$(x+3)(x-2)=0$ ∴ $x=-3$ 또는 $x=2$

**82** **답** $x=1$ 또는 $x=3$

$x^2+Bx+A=0$의 해가 $x=-4$ 또는 $x=1$이므로
$(x+4)(x-1)=0$, $x^2+3x-4=0$
∴ $B=3$, $A=-4$ ⋯ (i)
따라서 처음 이차방정식은 $x^2-4x+3=0$이므로 ⋯ (ii)
$(x-1)(x-3)=0$

∴ $x=1$ 또는 $x=3$ ⋯ (iii)

| 채점 기준 | 비율 |
|---|---|
| (i) $A$, $B$의 값 구하기 | 40 % |
| (ii) 처음 이차방정식 구하기 | 30 % |
| (iii) 처음 이차방정식의 해 구하기 | 30 % |

**83** **답** 6

지우는 $-1$, 2를 해로 얻었으므로 지우가 푼 이차방정식은
$(x+1)(x-2)=0$ ∴ $x^2-x-2=0$
지우는 상수항을 제대로 보았으므로 처음 이차방정식의 상수항은 $-2$이다.
예나는 $-2\pm\sqrt{3}$을 해로 얻었으므로 예나가 푼 이차방정식은
$\{x-(-2+\sqrt{3})\}\{x-(-2-\sqrt{3})\}=0$
∴ $x^2+4x+1=0$
예나는 $x$의 계수를 제대로 보았으므로 처음 이차방정식의 $x$의 계수는 4이다.
따라서 처음 이차방정식은 $x^2+4x-2=0$이므로
$a=4$, $b=-2$ ∴ $a-b=4-(-2)=6$

**84** **답** ③

$\dfrac{n(n-3)}{2}=27$에서 $n^2-3n-54=0$
$(n+6)(n-9)=0$
∴ $n=-6$ 또는 $n=9$
이때 $n$은 자연수이므로 $n=9$
따라서 구하는 다각형은 구각형이다.

**85** **답** 14

$\dfrac{n(n+1)}{2}=105$에서 $n^2+n-210=0$
$(n+15)(n-14)=0$
∴ $n=-15$ 또는 $n=14$
이때 $n$은 자연수이므로 $n=14$
따라서 1부터 14까지의 자연수를 더해야 한다.

**86** **답** (1) $(n^2+2n)$개 (2) 9단계

(1) 각 단계에서 사용된 바둑돌의 개수는
 1단계: $(1\times3)$개, 2단계: $(2\times4)$개, 3단계: $(3\times5)$개,
 4단계: $(4\times6)$개, ⋯
 이므로 $n$단계는 $n(n+2)$개, 즉 $(n^2+2n)$개이다.
(2) $n(n+2)=99$에서 $n^2+2n-99=0$
 $(n+11)(n-9)=0$ ∴ $n=-11$ 또는 $n=9$
 이때 $n$은 자연수 이므로 $n=9$
 따라서 99개의 바둑돌로 만든 직사각형 모양은 9단계이다.

**87** **답** 5

어떤 자연수를 $x$라고 하면
$3x=x^2-10$

$x^2-3x-10=0$, $(x+2)(x-5)=0$

$\therefore x=-2$ 또는 $x=5$

이때 $x$는 자연수이므로 $x=5$

따라서 어떤 자연수는 5이다.

**88** 답 **8, 11**

두 자연수 중 작은 수를 $x$라고 하면 큰 수는 $x+3$이므로

$x^2+(x+3)^2=185$

$2x^2+6x-176=0$, $x^2+3x-88=0$

$(x+11)(x-8)=0$   $\therefore x=-11$ 또는 $x=8$

이때 $x$는 자연수이므로 $x=8$

따라서 두 자연수는 8, 11이다.

**89** 답 **67**

십의 자리의 숫자를 $x$라고 하면 일의 자리의 숫자는 $13-x$
이므로

$x(13-x)=\{10x+(13-x)\}-25$ $\qquad\cdots$ (i)

$x^2-4x-12=0$, $(x+2)(x-6)=0$

$\therefore x=-2$ 또는 $x=6$ $\qquad\cdots$ (ii)

이때 $x$는 자연수이므로 $x=6$

따라서 십의 자리의 숫자는 6, 일의 자리의 숫자는
$13-6=7$이므로 구하는 자연수는 67이다. $\qquad\cdots$ (iii)

| 채점 기준 | 비율 |
|---|---|
| (i) 이차방정식 세우기 | 40 % |
| (ii) 이차방정식 풀기 | 40 % |
| (iii) 두 자리의 자연수 구하기 | 20 % |

**90** 답 **5, 6**

연속하는 두 자연수를 $x$, $x+1$이라고 하면

$x^2+(x+1)^2=61$, $x^2+x-30=0$

$(x+6)(x-5)=0$   $\therefore x=-6$ 또는 $x=5$

이때 $x$는 자연수이므로 $x=5$

따라서 연속하는 두 자연수는 5, 6이다.

**91** 답 **32**

연속하는 두 홀수를 $x$, $x+2$라고 하면

$x(x+2)=255$, $x^2+2x-255=0$

$(x+17)(x-15)=0$   $\therefore x=-17$ 또는 $x=15$

이때 $x$는 자연수이므로 $x=15$

따라서 연속하는 두 홀수는 15, 17이므로 합을 구하면

$15+17=32$

**다른 풀이**

연속하는 두 홀수를 $2x-1$, $2x+1$이라고 하면

$(2x-1)(2x+1)=255$, $4x^2=256$

$x^2=64$   $\therefore x=\pm8$

이때 $x$는 자연수이므로 $x=8$

따라서 연속하는 두 홀수는 15, 17이므로 합을 구하면

$15+17=32$

**92** 답 **9**

연속하는 세 자연수를 $x-1$, $x$, $x+1$ $(x>1)$이라고 하면

$(x+1)^2=(x-1)^2+x^2-32$ $\qquad\cdots$ (i)

$x^2+2x+1=x^2-2x+1+x^2-32$

$x^2-4x-32=0$, $(x+4)(x-8)=0$

$\therefore x=-4$ 또는 $x=8$ $\qquad\cdots$ (ii)

이때 $x>1$이므로 $x=8$

따라서 세 자연수는 7, 8, 9이므로 가장 큰 수는 9이다.

$\qquad\cdots$ (iii)

| 채점 기준 | 비율 |
|---|---|
| (i) 이차방정식 세우기 | 40 % |
| (ii) 이차방정식 풀기 | 40 % |
| (iii) 가장 큰 수 구하기 | 20 % |

**93** 답 **25명**

학생 수를 $x$명이라고 하면 한 학생이 받는 쿠키의 개수는
$(x-15)$개이므로

$x(x-15)=250$

$x^2-15x-250=0$, $(x+10)(x-25)=0$

$\therefore x=-10$ 또는 $x=25$

이때 $x$는 자연수이므로 $x=25$

따라서 학생 수는 25명이다.

**94** 답 **11살**

누나의 나이를 $x$살이라고 하면 동생의 나이는 $(x-3)$살이
므로

$x^2=2(x-3)^2-7$

$x^2=2x^2-12x+18-7$

$x^2-12x+11=0$, $(x-1)(x-11)=0$

$\therefore x=1$ 또는 $x=11$

이때 $x>3$이므로 $x=11$

따라서 누나의 나이는 11살이다.

**95** 답 **5월 8일**

민재의 생일을 5월 $x$일이라 하면 은교의 생일은
5월 $(x+7)$일이므로

$x(x+7)=120$, $x^2+7x-120=0$

$(x+15)(x-8)=0$   $\therefore x=-15$ 또는 $x=8$

이때 $x$는 자연수이므로 $x=8$

따라서 민재의 생일은 5월 8일이다.

**96** 답 **15명**

국제회의에 참석한 대표의 수를 $n$명이라고 하면

$n$명의 대표 모두가 악수한 총횟수는 $\dfrac{n(n-1)}{2}$번이므로

$\dfrac{n(n-1)}{2}=105$, $n^2-n-210=0$

$(n+14)(n-15)=0$   $\therefore n=-14$ 또는 $n=15$

이때 $n$은 자연수이므로 $n=15$

따라서 국제회의에 참석한 대표의 수는 15명이다.

**97** 답 ①

$25t-5t^2=20$, $5t^2-25t+20=0$

$t^2-5t+4=0$, $(t-1)(t-4)=0$

$\therefore t=1$ 또는 $t=4$

따라서 물체의 높이가 $20\,m$가 되는 것은 쏘아 올린 지
$1$초 후 또는 $4$초 후이다.

**98** 답 **8초**

지면에 떨어지는 것은 높이가 $0\,m$일 때이므로

$30t-5t^2+80=0$, $t^2-6t-16=0$

$(t+2)(t-8)=0$

$\therefore t=-2$ 또는 $t=8$

이때 $t>0$이므로 $t=8$

따라서 공이 지면에 떨어질 때까지 걸리는 시간은 $8$초이다.

**99** 답 ②

$35t-5t^2=50$, $t^2-7t+10=0$

$(t-2)(t-5)=0$ $\therefore t=2$ 또는 $t=5$

따라서 높이가 $50\,m$ 이상인 지점을 지나는 것은 $2$초부터
$5$초까지이므로 $3$초 동안이다.

**100** 답 **7 cm**

세로의 길이를 $x\,cm$라고 하면 가로의 길이는 $(x+3)\,cm$이
므로

$x(x+3)=70$, $x^2+3x-70=0$

$(x+10)(x-7)=0$ $\therefore x=-10$ 또는 $x=7$

이때 $x>0$이므로 $x=7$

따라서 직사각형의 세로의 길이는 $7\,cm$이다.

**101** 답 **5 cm**

사다리꼴의 높이를 $x\,cm$라고 하면 아랫변의 길이도 $x\,cm$
이므로

$\dfrac{1}{2}\times(3+x)\times x=20$, $x^2+3x-40=0$

$(x+8)(x-5)=0$ $\therefore x=-8$ 또는 $x=5$

이때 $x>0$이므로 $x=5$

따라서 사다리꼴의 높이는 $5\,cm$이다.

**102** 답 **12 m**

작은 정사각형의 한 변의 길이를 $x\,m$라고 하면 큰 정사각형
의 한 변의 길이는 $(x+6)\,m$이므로

$x^2+(x+6)^2=468$

$2x^2+12x-432=0$, $x^2+6x-216=0$

$(x+18)(x-12)=0$

$\therefore x=-18$ 또는 $x=12$

이때 $x>0$이므로 $x=12$

따라서 작은 정사각형의 한 변의 길이는 $12\,m$이다.

**103** 답 **6 m**

직사각형 모양의 밭의 넓이는

$(x+3)(x-1)=45$ $\cdots$ (i)

$x^2+2x-48=0$, $(x+8)(x-6)=0$

$\therefore x=-8$ 또는 $x=6$ $\cdots$ (ii)

이때 $x>1$이므로 $x=6$

따라서 처음 정사각형 모양의 밭의 한 변의 길이는 $6\,m$이다.

$\cdots$ (iii)

| 채점 기준 | 비율 |
|---|---|
| (i) 이차방정식 세우기 | 40 % |
| (ii) 이차방정식 풀기 | 40 % |
| (iii) 처음 정사각형 모양의 밭의 한 변의 길이 구하기 | 20 % |

**104** 답 ⑤

늘인 반지름의 길이를 $x\,cm$라고 하면

$\pi\times(6+x)^2=4\times\pi\times 6^2$, $x^2+12x-108=0$

$(x+18)(x-6)=0$ $\therefore x=-18$ 또는 $x=6$

이때 $x>0$이므로 $x=6$

따라서 반지름의 길이를 $6\,cm$만큼 늘였다.

**105** 답 **10초 후**

출발한 지 $t$초 후에 $\triangle PCQ$의 넓이가 $300\,cm^2$가 된다고 하면

$\overline{CP}=\overline{BC}-\overline{BP}=40-2t\,(cm)$, $\overline{CQ}=3t\,cm$이므로

$\dfrac{1}{2}\times(40-2t)\times 3t=300$

$3t^2-60t+300=0$, $t^2-20t+100=0$

$(t-10)^2=0$ $\therefore t=10$

따라서 $\triangle PCQ$의 넓이가 $300\,cm^2$가 되는 것은 출발한 지
$10$초 후이다.

**106** 답 $(-10+5\sqrt{6})\,cm$

작은 정삼각형의 한 변의 길이를 $x\,cm$라고 하면
큰 정삼각형의 한 변의 길이는

$\dfrac{15-3x}{3}=5-x\,(cm)$

큰 정삼각형과 작은 정삼각형은 서로 닮은 도형이고
닮음비는 $(5-x):x$, 넓이의 비는 $3:2$이므로

$(5-x)^2:x^2=3:2$

$3x^2=2(5-x)^2$, $x^2+20x-50=0$

$\therefore x=-10\pm\sqrt{10^2-1\times(-50)}=-10\pm5\sqrt{6}$

이때 $0<x<5$이므로 $x=-10+5\sqrt{6}$

따라서 작은 정삼각형의 한 변의 길이는 $(-10+5\sqrt{6})\,cm$
이다.

다른 풀이

두 정삼각형의 한 변의 길이의 비가 $\sqrt{3}:\sqrt{2}$이므로

$(5-x):x=\sqrt{3}:\sqrt{2}$, $\sqrt{3}x=\sqrt{2}(5-x)$

$(\sqrt{2}+\sqrt{3})x=5\sqrt{2}$

$\therefore x=\dfrac{5\sqrt{2}}{\sqrt{2}+\sqrt{3}}=\dfrac{5\sqrt{2}(\sqrt{2}-\sqrt{3})}{(\sqrt{2}+\sqrt{3})(\sqrt{2}-\sqrt{3})}=-10+5\sqrt{6}$

**107** 답 $(5-\sqrt{7})$ cm

$\overline{AH}=x$ cm라고 하면 $\overline{DH}=(10-x)$ cm, $\overline{DG}=x$ cm이
므로 직각삼각형 HGD에서 피타고라스 정리에 의해
$(10-x)^2+x^2=8^2$
$2x^2-20x+36=0$, $x^2-10x+18=0$
$\therefore x=-(-5)\pm\sqrt{(-5)^2-1\times18}=5\pm\sqrt{7}$
이때 $x>0$, $x<10-x$이므로 $x=5-\sqrt{7}$
따라서 $\overline{AH}$의 길이는 $(5-\sqrt{7})$ cm이다.

**108** 답 $(-5+5\sqrt{5})$ cm

$\overline{AB}=\overline{AC}$이므로 $\angle B=\angle C=72°$
$\angle A=180°-(72°+72°)=36°$
$\angle ABD=\angle CBD=\dfrac{1}{2}\times72°=36°$
$\therefore \overline{AD}=\overline{BD}$ ··· ㉠
$\triangle ABD$에서
$\angle BDC=\angle DAB+\angle DBA=36°+36°=72°$
$\therefore \overline{BC}=\overline{BD}$ ··· ㉡
$\overline{BC}=x$ cm라고 하면 ㉠, ㉡에서
$\overline{AD}=\overline{BD}=\overline{BC}=x$ cm, $\overline{CD}=(10-x)$ cm
$\triangle ABC \backsim \triangle BCD$ (AA 닮음)이므로
$\overline{AB}:\overline{BC}=\overline{BC}:\overline{CD}$에서 $10:x=x:(10-x)$
$x^2=10(10-x)$, $x^2+10x-100=0$
$\therefore x=-5\pm\sqrt{5^2-1\times(-100)}$
$\quad =-5\pm\sqrt{125}=-5\pm5\sqrt{5}$
이때 $0<x<10$이므로 $x=-5+5\sqrt{5}$
따라서 $\overline{BC}$의 길이는 $(-5+5\sqrt{5})$ cm이다.

**109** 답 ①

큰 정사각형의 한 변의 길이를 $x$ cm라고 하면 작은 정사각
형의 한 변의 길이는 $(8-x)$ cm이므로
$x^2+(8-x)^2=34$, $2x^2-16x+30=0$
$x^2-8x+15=0$, $(x-3)(x-5)=0$
$\therefore x=3$ 또는 $x=5$
이때 $4<x<8$이므로 $x=5$
따라서 큰 정사각형의 한 변의 길이는 $5$ cm이다.

**110** 답 $6$ cm

$\overline{AC}=x$ cm라고 하면 $\overline{CB}=(20-x)$ cm이고
(색칠한 부분의 넓이)
$=(\overline{AB}$를 지름으로 하는 반원의 넓이)
$\quad -(\overline{AC}$를 지름으로 하는 반원의 넓이)
$\quad -(\overline{CB}$를 지름으로 하는 반원의 넓이)
이므로
$\dfrac{1}{2}\times\pi\times\left(\dfrac{20}{2}\right)^2-\dfrac{1}{2}\times\pi\times\left(\dfrac{x}{2}\right)^2-\dfrac{1}{2}\times\pi\times\left(\dfrac{20-x}{2}\right)^2=21\pi$
$50-\dfrac{x^2}{8}-\dfrac{(20-x)^2}{8}=21$, $\dfrac{x^2}{8}+\dfrac{(20-x)^2}{8}-29=0$
$x^2+(20-x)^2-232=0$, $2x^2-40x+168=0$

$x^2-20x+84=0$, $(x-6)(x-14)=0$
$\therefore x=6$ 또는 $x=14$
이때 $x>0$, $x<20-x$이므로 $x=6$
따라서 $\overline{AC}$의 길이는 $6$ cm이다.

**111** 답 $-1+\sqrt{5}$

$\overline{BC}=x$라고 하면
$\square AEFD$는 정사각형이므로 $\overline{DF}=\overline{EF}=\overline{BC}=x$
$\therefore \overline{CF}=\overline{CD}-\overline{DF}=2-x$
$\square ABCD\backsim\square BCFE$이므로
$\overline{AB}:\overline{BC}=\overline{BC}:\overline{CF}$에서
$2:x=x:(2-x)$
$x^2=2(2-x)$, $x^2+2x-4=0$
$\therefore x=-1\pm\sqrt{1^2-1\times(-4)}=-1\pm\sqrt{5}$
이때 $0<x<2$이므로 $x=-1+\sqrt{5}$
따라서 $\overline{BC}$의 길이는 $-1+\sqrt{5}$이다.

**112** 답 $4$ m

길의 폭을 $x$ m라고 하면 길을 제외한 땅의 넓이는
$(30-x)(24-x)=520$ ··· (i)
$x^2-54x+200=0$, $(x-4)(x-50)=0$
$\therefore x=4$ 또는 $x=50$ ··· (ii)
이때 $0<x<24$이므로 $x=4$
따라서 길의 폭은 $4$ m이다. ··· (iii)

| 채점 기준 | 비율 |
| --- | --- |
| (i) 이차방정식 세우기 | 40 % |
| (ii) 이차방정식 풀기 | 40 % |
| (iii) 길의 폭 구하기 | 20 % |

**113** 답 $4$

길을 제외한 땅의 넓이는
$(20-x)(14-x)=160$, $x^2-34x+120=0$
$(x-4)(x-30)=0$ $\therefore x=4$ 또는 $x=30$
이때 $0<x<14$이므로 $x=4$

**114** 답 ③

처음 정사각형 모양의 종이의 한 변의 길이를 $x$ cm라고 하면
$(x-4)^2\times2=128$, $(x-4)^2=64$
$x-4=\pm8$ $\therefore x=-4$ 또는 $x=12$
이때 $x>4$이므로 $x=12$
따라서 처음 정사각형 모양의 종이의 한 변의 길이는 $12$ cm
이다.

**115** 답 ⑤

빗금 친 부분은 세로의 길이가 $x$ cm, 가로의 길이가
$(48-2x)$ cm인 직사각형이므로
$x(48-2x)=280$, $2x^2-48x+280=0$
$x^2-24x+140=0$, $(x-10)(x-14)=0$

$\therefore x=10$ 또는 $x=14$

따라서 $x$의 값이 될 수 있는 것은 ⑤ 14이다.

**116** 답 **4**

$x$를 장치 B에 입력하면 출력되는 수는 $x+2$

$x+2$를 장치 A에 입력하면 출력되는 수는 $(x+2)^2$

즉, $(x+2)^2=36$이므로

$x+2=\pm6$    $\therefore x=-8$ 또는 $x=4$

이때 $x>0$이므로 $x=4$

**117** 답 **달, 10.5초**

지구: $-5x^2+10x=0$, $x^2-2x=0$

　　$x(x-2)=0$　　$\therefore x=0$ 또는 $x=2$

　　이때 $x>0$이므로 $x=2$

달: $-0.8x^2+10x=0$, $8x^2-100x=0$

　　$2x^2-25x=x(2x-25)$　　$\therefore x=0$ 또는 $x=12.5$

　　이때 $x>0$이므로 $x=12.5$

따라서 던진 공이 지면에 떨어질 때까지 지구에서는 2초가 걸리고, 달에서는 12.5초가 걸리므로 걸리는 시간이 더 긴 곳은 달이고, 그때의 시간 차이는 $12.5-2=10.5$(초)이다.

---

### 단원 마무리

P. 98~101

| | | | | |
|---|---|---|---|---|
| **1** ㄱ, ㅁ | **2** ④ | **3** ② | **4** 2 | **5** ④ |
| **6** $x=\frac{3}{2}$ 또는 $x=2$ | **7** ②, ⑤ | **8** $-1$, $5$ | **9** $x=2$ | |
| **10** 1 | **11** ① | **12** 6 | **13** ⑤ | **14** $k\leq\frac{4}{3}$ |
| **15** ② | **16** 22 | **17** 6 | **18** ④ | |
| **19** $a=-2$, $b=5$ | **20** $x=-1\pm\sqrt{6}$ | **21** ① | | |
| **22** ② | **23** $x=-5$ 또는 $x=-1$ | | | |
| **24** $x^2-4x+3=0$ | **25** ② | **26** 7 cm | **27** 10 m | |
| **28** 7개 | **29** 30 | **30** 250보 | | |

**1** ㄱ. $x^2=4$에서 $x^2-4=0$ ⇨ 이차방정식

ㄴ. $x^2+6x-7$ ⇨ 이차식

ㄷ. $x(x^2-1)=x^3+5x$에서 $x^3-x=x^3+5x$

　　$-6x=0$ ⇨ 일차방정식

ㄹ. $x^2-\dfrac{1}{x^2}=x^2+3$에서

　　$-\dfrac{1}{x^2}-3=0$ ⇨ 이차방정식이 아니다.

ㅁ. $2x(x-2)=x^2+2x+1$에서 $2x^2-4x=x^2+2x+1$

　　$x^2-6x-1=0$ ⇨ 이차방정식

따라서 이차방정식인 것은 ㄱ, ㅁ이다.

**2** $2x^2+x-1=a(x-3)^2$에서

$2x^2+x-1=ax^2-6ax+9a$

$(2-a)x^2+(1+6a)x-1-9a=0$

이때 $x^2$의 계수가 0이 아니어야 하므로

$2-a\neq0$　　$\therefore a\neq2$

**3** $x=-2$일 때, $(-2)^2+4\times(-2)+3\neq0$

$x=-1$일 때, $(-1)^2+4\times(-1)+3=0$

$x=0$일 때, $0^2+4\times0+3\neq0$

$x=1$일 때, $1^2+4\times1+3\neq0$

$x=2$일 때, $2^2+4\times2+3\neq0$

따라서 주어진 이차방정식의 해는 $x=-1$이다.

**4** $(a+1)x^2+3(a-1)x-6=0$에 $x=-2$를 대입하면

$(a+1)\times(-2)^2+3(a-1)\times(-2)-6=0$

$4a+4-6a+6-6=0$

$-2a+4=0$　　$\therefore a=2$

**5** $(2x+3)\left(\dfrac{1}{2}x-3\right)=0$에서

$2x+3=0$ 또는 $\dfrac{1}{2}x-3=0$

$\therefore x=-\dfrac{3}{2}$ 또는 $x=6$

**6** $(x-3)(x-4)=-x^2+6$에서

$x^2-7x+12=-x^2+6$, $2x^2-7x+6=0$

$(2x-3)(x-2)=0$　　$\therefore x=\dfrac{3}{2}$ 또는 $x=2$

**7** ① $5x^2-45=0$에서 $x^2-9=0$

　　$(x+3)(x-3)=0$　　$\therefore x=-3$ 또는 $x=3$

② $4x^2-12x+9=0$에서 $(2x-3)^2=0$

　　$\therefore x=\dfrac{3}{2}$

③ $3(x-3)^2=12$에서 $(x-3)^2=4$

　　$x-3=\pm2$　　$\therefore x=1$ 또는 $x=5$

④ $x(x-8)=0$에서 $x=0$ 또는 $x=8$

⑤ $3-x^2=6(x+2)$에서 $x^2+6x+9=0$

　　$(x+3)^2=0$　　$\therefore x=-3$

따라서 중근을 갖는 것은 ②, ⑤이다.

**8** $x^2+2ax+4a+5=0$이 중근을 가지므로

$4a+5=\left(\dfrac{2a}{2}\right)^2$, $a^2-4a-5=0$

$(a+1)(a-5)=0$　　$\therefore a=-1$ 또는 $a=5$

**9** $x^2+3x-10=0$에서 $(x+5)(x-2)=0$

$\therefore x=-5$ 또는 $\underline{x=2}$　　　　　　　　　$\cdots$ (i)

$5x^2-7x=6$에서 $\underline{5x^2-7x-6=0}$

$(5x+3)(x-2)=0$

$\therefore x=-\dfrac{3}{5}$ 또는 $x=2$      $\cdots$ (ii)

따라서 두 이차방정식의 공통인 근은 $x=2$이다.    $\cdots$ (iii)

| 채점 기준 | 비율 |
|---|---|
| (i) $x^2+3x-10=0$의 근 구하기 | 40 % |
| (ii) $5x^2-7x=6$의 근 구하기 | 40 % |
| (iii) 두 이차방정식의 공통인 근 구하기 | 20 % |

**10** $6(x+a)^2=18$에서 $(x+a)^2=3$

$x+a=\pm\sqrt{3}$    $\therefore x=-a\pm\sqrt{3}$

따라서 $a=-2$, $b=3$이므로

$a+b=-2+3=1$

**11** $3x^2-2=x^2+8x-7$에서

$2x^2-8x=-5$, $x^2-4x=-\dfrac{5}{2}$

$x^2-4x+4=-\dfrac{5}{2}+4$

$\therefore (x-2)^2=\dfrac{3}{2}$

따라서 $a=-2$, $b=\dfrac{3}{2}$이므로

$ab=-2\times\dfrac{3}{2}=-3$

**12** $x=\dfrac{-(-5)\pm\sqrt{(-5)^2-4\times3\times a}}{2\times3}=\dfrac{5\pm\sqrt{25-12a}}{6}$

따라서 $b=5$, $25-12a=13$에서

$a=1$, $b=5$

$\therefore a+b=1+5=6$

**13** 양변에 12를 곱하면 $4x^2-6x+1=0$

$\therefore x=\dfrac{-(-3)\pm\sqrt{(-3)^2-4\times1}}{4}=\dfrac{3\pm\sqrt{5}}{4}$

**14** $3x^2+4x+k=0$이 해를 가지려면

$2^2-3k\geq0$

$-3k\geq-4$    $\therefore k\leq\dfrac{4}{3}$

**15** 두 근이 $-4$, $2$이고 $x^2$의 계수가 2인 이차방정식은

$2(x+4)(x-2)=0$, $2(x^2+2x-8)=0$

$\therefore 2x^2+4x-16=0$

따라서 $a=4$, $b=-16$이므로

$a+b=4+(-16)=-12$

**16** 연속하는 세 짝수를 $x-2$, $x$, $x+2$라고 하면

$(x-2)^2+x^2+(x+2)^2=1208$

$3x^2=1200$, $x^2=400$

$\therefore x=20$ 또는 $x=-20$

이때 $x$는 자연수이므로 $x=20$

따라서 연속하는 세 짝수는 18, 20, 22이므로 가장 큰 수는 22이다.

**17** $x^2+x-1=0$에 $x=a$를 대입하면

$a^2+a-1=0$    $\therefore a^2+a=1$

$\therefore a^5+a^4-a^3+a^2+a+5$

$=a^3(a^2+a-1)+(a^2+a)+5$

$=a^3\times0+1+5=6$

**18** $2x^2-x-10=0$에서 $(x+2)(2x-5)=0$

$\therefore x=-2$ 또는 $x=\dfrac{5}{2}$

이때 $a>b$이므로 $a=\dfrac{5}{2}$, $b=-2$

즉, $x^2-2ax-2b=0$에서 $x^2-5x+4=0$

$(x-1)(x-4)=0$    $\therefore x=1$ 또는 $x=4$

**19** $x^2+ax-3=0$에 $x=3$을 대입하면

$3^2+a\times3-3=0$, $6+3a=0$

$\therefore a=-2$      $\cdots$ (i)

즉, $x^2-2x-3=0$에서 $(x+1)(x-3)=0$

$\therefore x=-1$ 또는 $x=3$

이때 다른 한 근은 $x=-1$이므로      $\cdots$ (ii)

$3x^2+8x+b=0$에 $x=-1$을 대입하면

$3\times(-1)^2+8\times(-1)+b=0$

$-5+b=0$    $\therefore b=5$      $\cdots$ (iii)

| 채점 기준 | 비율 |
|---|---|
| (i) $a$의 값 구하기 | 30 % |
| (ii) 다른 한 근 구하기 | 40 % |
| (iii) $b$의 값 구하기 | 30 % |

**20** $(x-1)(x+2)=-2x+8$에서 $x^2+3x-10=0$

$(x+5)(x-2)=0$    $\therefore x=-5$ 또는 $x=2$

이때 $a>b$이므로 $a=2$, $b=-5$

즉, $x^2+ax+b=0$은 $x^2+2x-5=0$이므로

$x=-1\pm\sqrt{1^2-1\times(-5)}=-1\pm\sqrt{6}$

**21** 양변에 6을 곱하면

$3(x+1)(x+3)=4x(x+2)$

$3x^2+12x+9=4x^2+8x$, $x^2-4x-9=0$

$\therefore x=-(-2)\pm\sqrt{(-2)^2-1\times(-9)}=2\pm\sqrt{13}$

두 근 중 큰 근은 $2+\sqrt{13}$이므로 $a=2+\sqrt{13}$

이때 $3<\sqrt{13}<4$이므로 $5<2+\sqrt{13}<6$

따라서 $5<a<6$이므로 구하는 정수 $n$의 값은 5이다.

**22** $x^2-(k+5)x+1=0$이 중근을 가지므로

$\{-(k+5)\}^2-4\times1\times1=0$

$k^2+10k+21=0$, $(k+7)(k+3)=0$

$\therefore k=-7$ 또는 $k=-3$

이때 $k$의 값 중 큰 값은 $-3$이므로
$-2x^2+ax+a^2=0$에 $x=-3$을 대입하면
$-2\times(-3)^2+a\times(-3)+a^2=0$
$a^2-3a-18=0$, $(a+3)(a-6)=0$
$\therefore a=-3$ 또는 $a=6$
이때 $a>0$이므로 $a=6$

**23** $x^2+kx+(k-1)=0$의 일차항의 계수와 상수항을 바꾸면
$x^2+(k-1)x+k=0$
$x=-2$를 대입하면
$(-2)^2+(k-1)\times(-2)+k=0$
$-k+6=0$ $\therefore k=6$
$x^2+kx+(k-1)=0$에 $k=6$을 대입하면
$x^2+6x+5=0$, $(x+5)(x+1)=0$
$\therefore x=-5$ 또는 $x=-1$

**24** $a+b=A$로 놓으면
$(A-1)(A+2)-18=0$, $A^2+A-20=0$
$(A+5)(A-4)=0$ $\therefore A=-5$ 또는 $A=4$
즉, $a+b=-5$ 또는 $a+b=4$
그런데 $a+b>0$이므로 $a+b=4$
이때 서로 다른 자연수 $a$, $b$는
$a=1$, $b=3$ 또는 $a=3$, $b=1$
즉, 두 근이 1, 3이고 $x^2$의 계수가 1인 이차방정식은
$(x-1)(x-3)=0$ $\therefore x^2-4x+3=0$

**25** 여행의 날짜를 $(x-1)$일, $x$일, $(x+1)$일이라고 하면
$(x-1)^2+x^2+(x+1)^2=245$, $3x^2=243$
$x^2=81$ $\therefore x=\pm9$
이때 $x$는 자연수이므로 $x=9$
따라서 여행이 시작되는 날짜는 8일이다.

**26** $\triangle$AED에서 $\angle$A$=45°$이고
$\angle$AED$=90°$이므로 $\triangle$AED는
직각이등변삼각형이다.
이때 $\overline{BF}=x$cm라고 하면
$\overline{AE}=\overline{ED}=\overline{BF}=x$cm,
$\overline{BE}=(10-x)$cm이므로
$x(10-x)=21$
$x^2-10x+21=0$, $(x-3)(x-7)=0$
$\therefore x=3$ 또는 $x=7$
이때 $x>0$, $x>10-x$이므로 $x=7$
따라서 $\overline{BF}$의 길이는 7cm이다.

**27** 길의 폭을 $x$m라고 하면 길을 제외
한 땅의 넓이는 오른쪽 그림의 색칠
한 부분의 넓이와 같으므로
$(42-2x)(30-x)=440$

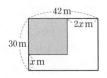

$2x^2-102x+820=0$, $x^2-51x+410=0$
$(x-10)(x-41)=0$ $\therefore x=10$ 또는 $x=41$
이때 $0<x<21$이므로 $x=10$
따라서 길의 폭은 10m이다.

**28** $x=-(-2)\pm\sqrt{(-2)^2-1\times(-k)}$
$=2\pm\sqrt{4+k}$
이때 해가 정수가 되려면 $\sqrt{4+k}$가 정수이어야 한다.
즉, $4+k$가 0 또는 (자연수)$^2$ 꼴인 수이어야 하므로
$4+k=0, 1, 4, 9, 16, 25, 36, 49, 64, 81, 100, \cdots$
따라서 두 자리의 자연수 $k$의 값은
12, 21, 32, 45, 60, 77, 96의 7개이다.

**29** (판매 금액)$=\underset{정가}{\underline{5000\left(1+\dfrac{x}{100}\right)}}\left(1-\dfrac{x}{100}\right)$
$=5000\left(1-\dfrac{x^2}{10000}\right)$
$=5000-\dfrac{x^2}{2}$(원)
이때 450원의 손해를 보았으므로
(판매 금액)$-$(원가)$=-450$(원)
$\left(5000-\dfrac{x^2}{2}\right)-5000=-450$
$x^2=900$ $\therefore x=\pm30$
이때 $x>0$이므로 $x=30$

**30** 4

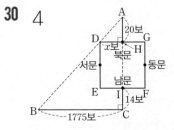

위의 그림과 같이 성벽을 정사각형 DEFG, 북문을 H, 북
문에서 북쪽으로 20보 거리에 있는 나무를 A, 남문을 I, 남
문에서 남쪽으로 14보 거리에 있는 곳을 C, C에서 직각으
로 꺾어 서쪽으로 1775보 거리에 있는 곳을 B라고 하자.
$\overline{DH}=x$라고 하면
$\overline{AC}=(2x+34)$보
이때 $\triangle$ADH$\backsim\triangle$ABC (AA 닮음)이므로
$\overline{AH}:\overline{AC}=\overline{DH}:\overline{BC}$에서
$20:(2x+34)=x:1775$
$x(2x+34)=35500$, $x^2+17x-17750=0$
$(x+142)(x-125)=0$
$\therefore x=-142$ 또는 $x=125$
이때 $x>0$이므로 $x=125$
따라서 성벽의 한 변의 길이는
$2\times125=250$(보)

**유형 1~3**  P. 104~105

**1** 답 ③

① $y=3x+1$ ⇨ 일차함수

② $(x+2)^2=x+3$에서 $x^2+3x+1=0$ ⇨ 이차방정식

③ $y=5+x^2$ ⇨ 이차함수

④ $y=x^2-x(x+1)=-x$ ⇨ 일차함수

⑤ $y=\dfrac{5}{x^2}$ ⇨ 이차함수가 아니다.

따라서 $y$가 $x$에 대한 이차함수인 것은 ③이다.

**2** 답 ㄷ, ㅂ

ㄱ. $y=3x(x+1)=3x^2+3x$ ⇨ 이차함수

ㄴ. $y=2x^2-5x+1$ ⇨ 이차함수

ㄷ. $y=x(x-4)-x^2=-4x$ ⇨ 일차함수

ㄹ. $y=(x-2)(x+7)=x^2+5x-14$ ⇨ 이차함수

ㅁ. $y=\dfrac{x^2-1}{2}=\dfrac{1}{2}x^2-\dfrac{1}{2}$ ⇨ 이차함수

ㅂ. $x^2+3x=0$ ⇨ 이차방정식

따라서 $y$가 $x$에 대한 이차함수가 아닌 것은 ㄷ, ㅂ이다.

**3** 답 ①

ㄱ. $y=\pi\times\left(\dfrac{1}{2}x\right)^2=\dfrac{1}{4}\pi x^2$ ⇨ 이차함수

ㄴ. $y=\dfrac{1}{2}\times\{(x+1)+(x+3)\}\times6=6x+12$

  ⇨ 일차함수

ㄷ. $y=\dfrac{1}{3}\times\pi x^2\times12=4\pi x^2$ ⇨ 이차함수

ㄹ. $y=24-x$ ⇨ 일차함수

ㅁ. $y=\dfrac{5}{x}$ ⇨ 이차함수가 아니다.

따라서 $y$가 $x$에 대한 이차함수인 것은 ㄱ, ㄷ이다.

**4** 답 ⑤

$y=5-4x^2+ax(x+2)$

 $=5-4x^2+ax^2+2ax$

 $=(a-4)x^2+2ax+5$

이때 $x^2$의 계수가 0이 아니어야 하므로

$a-4\neq0$  ∴ $a\neq4$

**5** 답 ⑤

$y=6x^2+ax(1-2x)+5$

 $=6x^2+ax-2ax^2+5$

 $=(6-2a)x^2+ax+5$

이때 $x^2$의 계수가 0이 아니어야 하므로

$6-2a\neq0$  ∴ $a\neq3$

따라서 상수 $a$의 값이 될 수 없는 것은 3이다.

**6** 답 ②, ③

$y=k^2x^2+k(x-4)^2$

 $=k^2x^2+k(x^2-8x+16)$

 $=k^2x^2+kx^2-8kx+16k$

 $=(k^2+k)x^2-8kx+16k$

이때 $x^2$의 계수가 0이 아니어야 하므로

$k^2+k\neq0$, $k(k+1)\neq0$

∴ $k\neq-1$이고 $k\neq0$

따라서 상수 $k$의 값이 될 수 없는 것은 $-1$, 0이다.

**7** 답 6

$f(2)=-2^2-5\times2+7=-7$

$f(-2)=-(-2)^2-5\times(-2)+7=13$

∴ $f(2)+f(-2)=-7+13=6$

**8** 답 ④

$f(-1)=4\times(-1)^2-a\times(-1)+1=6$이므로

$4+a+1=6$  ∴ $a=1$

**9** 답 6

$f(-6)=-\dfrac{1}{3}\times(-6)^2+a\times(-6)+b=3$이므로

$-12-6a+b=3$  ∴ $-6a+b=15$  ⋯ ㉠

$f(3)=-\dfrac{1}{3}\times3^2+a\times3+b=-6$이므로

$-3+3a+b=-6$  ∴ $3a+b=-3$  ⋯ ㉡

㉠, ㉡을 연립하여 풀면 $a=-2$, $b=3$

즉, $f(x)=-\dfrac{1}{3}x^2-2x+3$이므로

$f(-3)=-\dfrac{1}{3}\times(-3)^2-2\times(-3)+3=6$

**10** 답 ②

$f(a)=2a^2-3a-1=1$이므로

$2a^2-3a-2=0$

$(2a+1)(a-2)=0$

∴ $a=-\dfrac{1}{2}$ 또는 $a=2$

이때 $a$는 정수이므로 $a=2$

**유형 4~9**  P. 105~108

**11** 답 ①

주어진 이차함수의 그래프 중 위로 볼록한 것은 $x^2$의 계수가 음수인 ① $y=-5x^2$이다.

## 12 답 ③

아래로 볼록한 그래프는 $y=\dfrac{1}{4}x^2$, $y=x^2$, $y=\dfrac{7}{3}x^2$이다.

$x^2$의 계수의 절댓값이 작을수록 그래프의 폭이 넓어지므로

$\left|\dfrac{1}{4}\right|<|1|<\left|\dfrac{7}{3}\right|$에서 그래프의 폭이 가장 넓은 것은

③ $y=\dfrac{1}{4}x^2$이다.

## 13 답 $-2<a<0$

$y=ax^2$의 그래프의 폭이 $y=-2x^2$의 그래프의 폭보다 넓으므로

$|a|<|-2|$　　∴ $|a|<2$

이때 $a<0$이므로 $-2<a<0$

## 14 답 ③, ④

색칠한 부분을 지나는 그래프를 나타내는 이차함수의 식을 $y=ax^2$이라고 하면

$-\dfrac{1}{2}<a<0$ 또는 $0<a<1$

따라서 구하는 이차함수는 ③, ④이다.

## 15 답 ③

## 16 답 2쌍

$y=-3x^2$과 $y=3x^2$, $y=-\dfrac{1}{3}x^2$과 $y=\dfrac{1}{3}x^2$의 2쌍이다.

## 17 답 9

$y=-\dfrac{1}{2}x^2$의 그래프와 $x$축에 서로 대칭인 그래프의 식은

$y=\dfrac{1}{2}x^2$　　∴ $a=\dfrac{1}{2}$

$y=7x^2$의 그래프와 $x$축에 서로 대칭인 그래프의 식은

$y=-7x^2$　　∴ $b=-7$

∴ $4a-b=4\times\dfrac{1}{2}-(-7)=9$

## 18 답 ⑤

⑤ $x>0$일 때, $x$의 값이 증가하면 $y$의 값도 증가한다.

## 19 답 ②, ④

② $x^2$의 계수가 음수이면 그래프는 위로 볼록하므로 위로 볼록한 그래프는 ㄹ, ㅁ, ㅂ이다.

④ $x^2$의 계수의 절댓값이 작을수록 그래프의 폭이 넓어지므로 그래프의 폭이 가장 넓은 것은 ㅂ이다.

## 20 답 ③

① 꼭짓점의 좌표는 $(0, 0)$이다.

② $a>0$일 때, 아래로 볼록한 포물선이다.

④ $a$의 절댓값이 클수록 그래프의 폭이 좁아진다.

⑤ $a<0$일 때, 제3, 4사분면을 지난다.

따라서 옳은 것은 ③이다.

## 21 답 ③

$y=-2x^2$에 주어진 점의 좌표를 각각 대입하면

① $-8=-2\times(-2)^2$

② $-2=-2\times(-1)^2$

③ $-2\neq-2\times0^2$

④ $-2=-2\times1^2$

⑤ $-18=-2\times3^2$

따라서 $y=-2x^2$의 그래프 위의 점이 아닌 것은 ③이다.

## 22 답 ③

$y=\dfrac{1}{3}x^2$의 그래프가 점 $(6, k)$를 지나므로

$k=\dfrac{1}{3}\times6^2=12$

## 23 답 ①

$y=4x^2$의 그래프 위의 점 A의 좌표를 $(a, a)$라고 하면

$a=4a^2$

$4a^2-a=0$

$a(4a-1)=0$

∴ $a=0$ 또는 $a=\dfrac{1}{4}$

이때 점 A는 원점이 아니므로 $a=\dfrac{1}{4}$

따라서 점 A의 좌표는 $\left(\dfrac{1}{4},\ \dfrac{1}{4}\right)$이다.

## 24 답 1

$y=ax^2$의 그래프가 점 $(4, 8)$을 지나므로

$8=a\times4^2$　　∴ $a=\dfrac{1}{2}$　　　　　　　$\cdots$ (i)

즉, $y=\dfrac{1}{2}x^2$의 그래프가 점 $(-2, b)$를 지나므로

$b=\dfrac{1}{2}\times(-2)^2=2$　　　　　　　$\cdots$ (ii)

∴ $ab=\dfrac{1}{2}\times2=1$　　　　　　　$\cdots$ (iii)

| 채점 기준 | 비율 |
|---|---|
| (i) $a$의 값 구하기 | 40 % |
| (ii) $b$의 값 구하기 | 40 % |
| (iii) $ab$의 값 구하기 | 20 % |

## 25 답 ⑤

$y=5x^2$의 그래프가 점 $(-2, a)$를 지나므로

$a=5\times(-2)^2=20$

$y=5x^2$의 그래프와 $x$축에 서로 대칭인 그래프는

$y=-5x^2$　　∴ $b=-5$

∴ $a+b=20+(-5)=15$

**26** 답 ②

$y=-3x^2$의 그래프와 $x$축에 서로 대칭인 그래프는

$y=3x^2$

이 그래프가 점 $(a, -3a)$를 지나므로

$-3a=3a^2$

$a^2+a=0$

$a(a+1)=0$

∴ $a=0$ 또는 $a=-1$

이때 $a \neq 0$이므로 $a=-1$

**27** 답 ③

꼭짓점이 원점이므로 $y=ax^2$으로 놓자.

이 그래프가 점 $(3, -6)$을 지나므로

$-6=a \times 3^2$ ∴ $a=-\dfrac{2}{3}$

∴ $y=-\dfrac{2}{3}x^2$

**28** 답 **16**

꼭짓점이 원점이므로 $y=ax^2$으로 놓자. ⋯ (i)

이 그래프가 점 $(-1, 4)$를 지나므로

$4=a \times (-1)^2$ ∴ $a=4$ ⋯ (ii)

즉, $y=4x^2$의 그래프가 점 $(2, m)$을 지나므로

$m=4 \times 2^2=16$ ⋯ (iii)

| 채점 기준 | 비율 |
|---|---|
| (i) 이차함수의 식을 $y=ax^2$으로 놓기 | 20 % |
| (ii) $a$의 값 구하기 | 40 % |
| (iii) $m$의 값 구하기 | 40 % |

**29** 답 ①

㈏에서 꼭짓점이 원점이므로 $y=ax^2$으로 놓자.

㈐에서 $y=ax^2$의 그래프의 폭이 $y=2x^2$의 그래프의 폭보다 좁으므로 $|a|>2$

이때 ㈎에서 $a<0$이므로 $a<-2$

따라서 조건을 모두 만족시키는 이차함수의 식은 ①이다.

**30** 답 **18**

점 $A(-2, -1)$은 $y=ax^2$의 그래프 위의 점이므로

$-1=a \times (-2)^2$ ∴ $a=-\dfrac{1}{4}$

이때 $y=-\dfrac{1}{4}x^2$의 그래프는 $y$축에 대칭이고 $\overline{BC}=8$이므로

점 C의 $x$좌표는 4이다.

즉, 점 C의 $y$좌표는 $y=-\dfrac{1}{4} \times 4^2=-4$

따라서 사다리꼴 ABCD에서 $\overline{AD}=4$, $\overline{BC}=8$이고

높이가 $-1-(-4)=3$이므로

$\square ABCD=\dfrac{1}{2} \times (4+8) \times 3=18$

**31** 답 $\dfrac{3}{4}$

점 D의 $y$좌표가 12이므로 $y=3x^2$에 $y=12$를 대입하면

$12=3x^2$, $x^2=4$ ∴ $x=2$ ($\because x>0$)

∴ $D(2, 12)$

$\overline{DE}=\overline{CD}=2$이므로 $\overline{CE}=4$ ∴ $E(4, 12)$

$y=ax^2$의 그래프가 점 $E(4, 12)$를 지나므로

$12=a \times 4^2$ ∴ $a=\dfrac{3}{4}$

유형 **10~14** P. 109~113

**32** 답 ①

**33** 답 ④

평행이동한 그래프를 나타내는 이차함수의 식은

$y=-2x^2+7$

따라서 꼭짓점의 좌표는 $(0, 7)$, 축의 방정식은 $x=0$이다.

**34** 답 ④

$y=2x^2+1$의 그래프는 아래로 볼록한 포물선이고, 꼭짓점의 좌표가 $(0, 1)$이므로 그래프로 적당한 것은 ④이다.

**35** 답 **1**

평행이동한 그래프를 나타내는 이차함수의 식은

$y=3x^2-2$

이 그래프가 점 $(-1, k)$를 지나므로

$k=3 \times (-1)^2-2=1$

**36** 답 **−5**

평행이동한 그래프를 나타내는 이차함수의 식은

$y=\dfrac{2}{3}x^2+a$

이 그래프가 점 $(6, 19)$를 지나므로

$19=\dfrac{2}{3} \times 6^2+a$ ∴ $a=-5$

**37** 답 **−1**

$y=ax^2+q$의 그래프가 두 점 $(1, -3)$, $(-2, 3)$을 지나므로

$-3=a \times 1^2+q$ ∴ $a+q=-3$ ⋯ ㉠

$3=a \times (-2)^2+q$ ∴ $4a+q=3$ ⋯ ㉡ ⋯ (i)

㉠, ㉡을 연립하여 풀면

$a=2$, $q=-5$ ⋯ (ii)

∴ $2a+q=2 \times 2+(-5)=-1$ ⋯ (iii)

| 채점 기준 | 비율 |
|---|---|
| (i) $a$, $q$에 대한 연립방정식 세우기 | 40 % |
| (ii) $a$, $q$의 값 구하기 | 40 % |
| (iii) $2a+q$의 값 구하기 | 20 % |

**38** 답 ⑤, ⑥

⑤ $y=-x^2$의 그래프를 $y$축의 방향으로 5만큼 평행이동한 그래프이다.

⑥ $y=-x^2+5$의 그래프는 위로 볼록한 포물선이고, 꼭짓점의 좌표가 $(0, 5)$이므로 오른쪽 그림과 같다. 따라서 모든 사분면을 지난다.

따라서 옳지 않은 것은 ⑤, ⑥이다.

**39** 답 $-1$

꼭짓점의 좌표가 $(0, 2)$이므로 $q=2$

즉, $y=ax^2+2$의 그래프가 점 $(2, 0)$을 지나므로

$0=a\times 2^2+2$  ∴ $a=-\dfrac{1}{2}$

∴ $aq=-\dfrac{1}{2}\times 2=-1$

**40** 답 ②

평행이동한 그래프를 나타내는 이차함수의 식은

$y=-2\{x-(-3)\}^2=-2(x+3)^2$

따라서 꼭짓점의 좌표는 $(-3, 0)$이다.

**41** 답 ②

$y=2(x+1)^2$의 그래프는 아래로 볼록한 포물선이고, 꼭짓점의 좌표가 $(-1, 0)$이므로 그래프로 적당한 것은 ②이다.

**42** 답 ⑤

그래프가 아래로 볼록하고, 축의 방정식이 $x=1$이므로 $x>1$일 때, $x$의 값이 증가하면 $y$의 값도 증가한다.

**43** 답 5

평행이동한 그래프를 나타내는 이차함수의 식은

$y=5(x+2)^2$

이 그래프가 점 $(-3, k)$를 지나므로 $k=5\times(-3+2)^2=5$

**44** 답 ①, ④, ⑦

② 축의 방정식은 $x=2$이다.

③ 꼭짓점의 좌표는 $(2, 0)$이다.

⑤ $y=-4x^2$의 그래프를 $x$축의 방향으로 2만큼 평행이동한 그래프이다.

⑥ $y=-4(x-2)^2$의 그래프는 위로 볼록한 포물선이고, 꼭짓점의 좌표가 $(2, 0)$이므로 오른쪽 그림과 같다. 따라서 제3, 4사분면을 지난다.

따라서 옳은 것은 ①, ④, ⑦이다.

**45** 답 $a=-\dfrac{1}{2}$, $p=4$

꼭짓점의 좌표가 $(4, 0)$이므로 $p=4$

즉, $y=a(x-4)^2$의 그래프가 점 $(0, -8)$을 지나므로

$-8=a\times(0-4)^2$  ∴ $a=-\dfrac{1}{2}$

**46** 답 $-2$

$y=-\dfrac{1}{2}x^2+8$, $y=a(x-p)^2$의 그래프의 꼭짓점의 좌표는 각각 $(0, 8)$, $(p, 0)$이다.

$y=-\dfrac{1}{2}x^2+8$의 그래프가 점 $(p, 0)$을 지나므로

$0=-\dfrac{1}{2}p^2+8$, $p^2=16$  ∴ $p=\pm 4$

이때 $p<0$이므로 $p=-4$

$y=a(x+4)^2$의 그래프가 점 $(0, 8)$을 지나므로

$8=a\times(0+4)^2$  ∴ $a=\dfrac{1}{2}$

∴ $ap=\dfrac{1}{2}\times(-4)=-2$

**47** 답 ③

**48** 답 ①

$y=-\dfrac{1}{12}(x+4)^2-3=-\dfrac{1}{12}\{x-(-4)\}^2-3$의 그래프는

$y=-\dfrac{1}{12}x^2$의 그래프를 $x$축의 방향으로 $-4$만큼, $y$축의 방향으로 $-3$만큼 평행이동한 것이다.

따라서 $m=-4$, $n=-3$이므로

$m+n=-4+(-3)=-7$

**49** 답 ⑤

그래프가 아래로 볼록하므로 $x^2$의 계수는 양수이어야 한다.

⇨ ①, ③, ⑤

이때 꼭짓점의 좌표를 각각 구하면 다음과 같다.

① $(0, -1)$: $y$축 위의 점

③ $(2, -2)$: 제4사분면 위의 점

⑤ $(-2, -2)$: 제3사분면 위의 점

따라서 그래프가 아래로 볼록하고, 꼭짓점이 제3사분면 위에 있는 것은 ⑤이다.

**50** 답 ④

$y=(x-3)^2+4$의 그래프는 아래로 볼록한 포물선이고, 꼭짓점의 좌표가 $(3, 4)$이므로 그래프로 적당한 것은 ④이다.

**51** 답 ①

꼭짓점의 좌표가 $(1, -1)$로 제4사분면 위에 있고, 위로 볼록한 포물선이므로 그래프는 오른쪽 그림과 같다.

따라서 그래프가 지나지 않는 사분면은 제1, 2사분면이다.

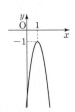

**52** 답 ①

그래프가 위로 볼록하고, 축의 방정식이 $x=-1$이므로 $x<-1$일 때, $x$의 값이 증가하면 $y$의 값도 증가한다.

**53** 답 ⑤

$y=-3x^2$의 그래프를 평행이동하여 완전히 포개어지려면 $x^2$의 계수가 $-3$이어야 하므로 ⑤이다.

**54** 답 6

평행이동한 그래프를 나타내는 이차함수의 식은
$y=2(x-1)^2-2$
이 그래프가 점 $(3, a)$를 지나므로
$a=2\times(3-1)^2-2=6$

**55** 답 ③, ⑥

③ 꼭짓점의 좌표는 $(-3, -4)$이다.
⑥ $y=\dfrac{1}{2}(x+3)^2-4$에 $x=0$을 대입하면
$y=\dfrac{1}{2}\times(0+3)^2-4=\dfrac{1}{2}$이므로 점 $\left(0, \dfrac{1}{2}\right)$을 지난다.

따라서 $y=\dfrac{1}{2}(x+3)^2-4$의 그래프는 오른쪽 그림과 같으므로 제4사분면을 지나지 않는다.
따라서 옳지 않은 것은 ③, ⑥이다.

**56** 답 ③

㉮에서 그래프가 아래로 볼록하므로 $x^2$의 계수는 양수이어야 한다. ⇨ ①, ②, ③
㉯에서 $y=-2(x-1)^2$의 그래프와 폭이 같아야 하므로 ②, ③이다.
이때 꼭짓점의 좌표를 각각 구하면 다음과 같다.
② $(1, -1)$: 제4사분면 위의 점
③ $(-1, -1)$: 제3사분면 위의 점
따라서 조건을 만족시키는 이차함수의 식은 ③이다.

**57** 답 $\dfrac{1}{2}$

그래프의 꼭짓점의 좌표가 $(-p, 2p^2-1)$이고,
이 점이 직선 $y=5x+2$ 위에 있으므로
$2p^2-1=5\times(-p)+2$, $2p^2+5p-3=0$
$(p+3)(2p-1)=0$
$\therefore p=-3$ 또는 $p=\dfrac{1}{2}$

이때 $p>0$이므로 $p=\dfrac{1}{2}$

**58** 답 $x=1$, $(1, -2)$

평행이동한 그래프를 나타내는 이차함수의 식은
$y=-\dfrac{1}{2}(x-2+1)^2+3-5$ $\therefore y=-\dfrac{1}{2}(x-1)^2-2$
따라서 축의 방정식은 $x=1$, 꼭짓점의 좌표는 $(1, -2)$이다.

**59** 답 ①

평행이동한 그래프를 나타내는 이차함수의 식은
$y=-3(x-a-2)^2+5+b$
이 식이 $y=-3(x-1)^2+1$과 같아야 하므로
$-a-2=-1$, $5+b=1$ $\therefore a=-1$, $b=-4$
$\therefore a+b=-1+(-4)=-5$

**60** 답 36

$y=\dfrac{2}{3}(x-3)^2$의 그래프는 $y=\dfrac{2}{3}(x+3)^2$의 그래프를 $x$축의 방향으로 6만큼 평행이동한 것과 같다.
따라서 다음 그림에서 빗금 친 두 부분의 넓이가 서로 같으므로 색칠한 부분의 넓이는 직사각형 ABCD의 넓이와 같다.

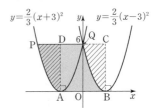

A$(-3, 0)$, B$(3, 0)$이고
$y=\dfrac{2}{3}(x-3)^2$에 $x=0$을 대입하면
$y=\dfrac{2}{3}\times(0-3)^2=6$ $\therefore$ Q$(0, 6)$
$\therefore \square ABCD=\overline{AB}\times\overline{AD}=6\times6=36$

**61** 답 ②

그래프가 위로 볼록하므로 $a<0$
꼭짓점 $(p, q)$가 제1사분면 위에 있으므로 $p>0$, $q>0$

**62** 답 ④

그래프가 아래로 볼록하므로 $a>0$
꼭짓점 $(p, q)$가 제3사분면 위에 있으므로 $p<0$, $q<0$
③ $pq>0$
④ $a>0$, $q^2>0$이므로 $a+q^2>0$
⑤ $a>0$, $p+q<0$이므로 $a(p+q)<0$
따라서 옳지 않은 것은 ④이다.

**63** 답 ③

$a>0$이므로 아래로 볼록한 포물선이다.
또 $p>0$, $q<0$이므로 꼭짓점 $(p, q)$는 제4사분면 위에 있다.
따라서 그래프로 적당한 것은 ③이다.

**64** 답 ⑤

주어진 일차함수의 그래프에서 $a>0$, $b<0$
즉, $y=bx^2-a$의 그래프는 $b<0$이므로 위로 볼록한 포물선이고, $-a<0$이므로 꼭짓점 $(0, -a)$는 $y$축 위에 있으면서 $x$축보다 아래쪽에 있다.
따라서 그래프로 적당한 것은 ⑤이다.

**65** 답 ②

$y=a(x+p)^2+q$의 그래프가 아래로 볼록하므로 $a>0$
꼭짓점 $(-p, q)$가 제1사분면 위에 있으므로
$-p>0$, $q>0$ ∴ $p<0$, $q>0$
즉, $y=p(x-q)^2-a$의 그래프는 $p<0$이므로 위로 볼록한
포물선이고, $q>0$, $-a<0$이므로 꼭짓점 $(q, -a)$는 제4사
분면 위에 있다.
따라서 $y=p(x-q)^2-a$의 그래프는
오른쪽 그림과 같이 제3, 4사분면을 지난다.

**66** 답 ㄱ, ㄷ

$y=a(x-p)^2+q$의 그래프가
제1, 2, 3사분면만 지나려면
오른쪽 그림과 같아야 하므로
$a>0$, $p<0$, $q<0$

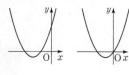

ㄱ. 아래로 볼록한 포물선이다.
ㄷ. 꼭짓점은 제3사분면 위에 있다.
ㄹ. $a>0$, $p<0$, $q<0$이므로 $apq>0$
따라서 옳지 않은 것은 ㄱ, ㄷ이다.

**유형 15~23** P. 114~120

**67** 답 ⑤

$y=-2x^2+8x-5$
$=-2(x^2-\boxed{4}x)-5$
$=-2(x^2-\boxed{4}x+\boxed{4}-\boxed{4})-5$
$=-2(x-\boxed{2})^2+\boxed{3}$

따라서 □ 안에 알맞은 수로 옳지 않은 것은 ⑤이다.

**68** 답 ④

$y=\frac{1}{3}x^2-6x+10$
$=\frac{1}{3}(x^2-18x+81-81)+10$
$=\frac{1}{3}(x-9)^2-17$
따라서 $a=\frac{1}{3}$, $p=9$, $q=-17$이므로
$ap+q=\frac{1}{3}\times9+(-17)=-14$

**69** 답 6

$y=3x^2-6x+5$
$=3(x^2-2x+1-1)+5$
$=3(x-1)^2+2$
이 그래프는 $y=3x^2$의 그래프를 $x$축의 방향으로 1만큼, $y$축
의 방향으로 2만큼 평행이동한 것이다.
따라서 $a=3$, $p=1$, $q=2$이므로
$apq=3\times1\times2=6$

**70** 답 ⑤

$y=-3x^2+12x-11$
$=-3(x^2-4x+4-4)-11$
$=-3(x-2)^2+1$
꼭짓점의 좌표가 $(2, 1)$이므로 $p=2$, $q=1$
∴ $p+q=2+1=3$

**71** 답 ③

축의 방정식을 구하면 각각 다음과 같다.
① $y=x^2-3$ ⇨ $x=0$
② $y=-2(x-4)^2$ ⇨ $x=4$
③ $y=x^2+4x$
$=(x^2+4x+4)-4$
$=(x+2)^2-4$
⇨ $x=-2$
④ $y=2x^2-8x+7$
$=2(x^2-4x+4-4)+7$
$=2(x-2)^2-1$
⇨ $x=2$
⑤ $y=3x^2+6x-7$
$=3(x^2+2x+1-1)-7$
$=3(x+1)^2-10$
⇨ $x=-1$
따라서 그래프의 축이 가장 왼쪽에 있는 것은 ③이다.

**72** 답 ㄱ, ㄹ

ㄱ. $y=x^2+6x+7$
$=(x^2+6x+9-9)+7$
$=(x+3)^2-2$
꼭짓점의 좌표는 $(-3, -2)$
⇨ 제3사분면
ㄴ. $y=\frac{1}{2}x^2-3x-1$
$=\frac{1}{2}(x^2-6x+9-9)-1$
$=\frac{1}{2}(x-3)^2-\frac{11}{2}$
꼭짓점의 좌표는 $\left(3, -\frac{11}{2}\right)$
⇨ 제4사분면
ㄷ. $y=-x^2-6x$
$=-(x^2+6x+9-9)$
$=-(x+3)^2+9$
꼭짓점의 좌표는 $(-3, 9)$
⇨ 제2사분면
ㄹ. $y=-4x^2-16x-17$
$=-4(x^2+4x+4-4)-17$
$=-4(x+2)^2-1$
꼭짓점의 좌표는 $(-2, -1)$
⇨ 제3사분면
따라서 꼭짓점이 제3사분면 위에 있는 것은 ㄱ, ㄹ이다.

**73** **답** ②

$y=x^2-2ax-a+1$
$\quad=(x^2-2ax+a^2-a^2)-a+1$
$\quad=(x-a)^2-a^2-a+1$
이므로 꼭짓점의 좌표는 $(a,\ -a^2-a+1)$
이때 꼭짓점이 직선 $y=x+2$ 위에 있으므로
$-a^2-a+1=a+2,\ (a+1)^2=0$   $\therefore a=-1$

**74** **답** $-2$

$y=-x^2-2ax+6$
$\quad=-(x^2+2ax+a^2-a^2)+6$
$\quad=-(x+a)^2+a^2+6$
이때 축의 방정식이 $x=-a$이므로
$-a=2$   $\therefore a=-2$

**75** **답** ⑤

$y=x^2-2x+a=(x^2-2x+1-1)+a$
$\quad=(x-1)^2+a-1$
이므로 꼭짓점의 좌표는 $(1,\ a-1)$
$y=-x^2+bx+3$
$\quad=-\left(x^2-bx+\dfrac{b^2}{4}-\dfrac{b^2}{4}\right)+3$
$\quad=-\left(x-\dfrac{b}{2}\right)^2+\dfrac{b^2}{4}+3$
이므로 꼭짓점의 좌표는 $\left(\dfrac{b}{2},\ \dfrac{b^2}{4}+3\right)$
이때 두 그래프의 꼭짓점이 일치하므로
$1=\dfrac{b}{2},\ a-1=\dfrac{b^2}{4}+3$   $\therefore b=2,\ a=5$
$\therefore a+b=5+2=7$

**76** **답** $-12$

$y=-3x^2-12x+a=-3(x^2+4x+4-4)+a$
$\quad=-3(x+2)^2+a+12$
이므로 꼭짓점의 좌표는 $(-2,\ a+12)$
이때 꼭짓점이 $x$축 위에 있으므로
$a+12=0$   $\therefore a=-12$

**77** **답** $3$

$y=x^2+2ax+b$의 그래프가 점 $(-2,\ 3)$을 지나므로
$3=(-2)^2+2a\times(-2)+b$   $\therefore b=4a-1$   $\cdots\ \bigcirc$
$y=x^2+2ax+b=(x^2+2ax+a^2-a^2)+b$
$\quad=(x+a)^2-a^2+b$
이므로 꼭짓점의 좌표는 $(-a,\ -a^2+b)$
이때 꼭짓점이 직선 $y=-2x$ 위에 있으므로
$-a^2+b=2a$   $\therefore b=a^2+2a$   $\cdots\ \bigcirc$
$\bigcirc$, $\bigcirc$에 의해 $4a-1=a^2+2a$
$a^2-2a+1=0,\ (a-1)^2=0$   $\therefore a=1$
이때 $\bigcirc$에서 $b=4\times1-1=3$
$\therefore ab=1\times3=3$

**78** **답** ①

$y=-x^2-4x-5=-(x+2)^2-1$
꼭짓점의 좌표는 $(-2,\ -1)$이고, $y$축과 만나는 점의 좌표
는 $(0,\ -5)$이며, 위로 볼록하므로 주어진 이차함수의 그래
프는 ①과 같다.

**79** **답** ②

$y=-2x^2+8x-3=-2(x-2)^2+5$
꼭짓점의 좌표는 $(2,\ 5)$이고, $y$축과 만나
는 점의 좌표는 $(0,\ -3)$이며, 위로 볼록하
므로 그래프를 그리면 오른쪽 그림과 같다.
따라서 제2사분면을 지나지 않는다.

**80** **답** $a\geq\dfrac{5}{9}$

$y=ax^2+bx+c$의 그래프의 꼭짓점의 좌표가 $(3,\ -5)$이므
로 $y=a(x-3)^2-5=ax^2-6ax+9a-5$
이 그래프가 제3사분면을 지나지 않으려면
그래프의 모양이 아래로 볼록해야 하므로 $a>0$
또 ($y$축과 만나는 점의 $y$좌표)$\geq0$이어야 하므로 $9a-5\geq0$
$\therefore a\geq\dfrac{5}{9}$

**81** **답** ③

$y=\dfrac{1}{3}x^2-2x+5=\dfrac{1}{3}(x-3)^2+2$
이므로 그래프는 아래로 볼록한 포물선이
고 축의 방정식은 $x=3$이다.
따라서 $x>3$일 때, $x$의 값이 증가하면
$y$의 값도 증가한다.

감소  증가
$x=3$

**82** **답** $x>-2$

$y=-x^2+kx+1$의 그래프가 점 $(1,\ -4)$를 지나므로
$-4=-1^2+k\times1+1$   $\therefore k=-4$
즉, $y=-x^2-4x+1=-(x+2)^2+5$
이 그래프는 위로 볼록한 포물선이고 축
의 방정식은 $x=-2$이다.
따라서 $x>-2$일 때, $x$의 값이 증가하면
$y$의 값은 감소한다.

증가  감소
$x=-2$

**83** **답** $(2,\ -9)$

$y=x^2+2ax+3a+1$
$\quad=(x+a)^2-a^2+3a+1$   $\cdots\ \bigcirc$
이 그래프가 $x<2$이면 $x$의 값이 증가할 때 $y$의 값은 감소
하고, $x>2$이면 $x$의 값이 증가할 때 $y$의 값도 증가하므로
축의 방정식은 $x=2$이다.
$\bigcirc$에서 그래프의 축의 방정식이 $x=-a$이므로
$-a=2$   $\therefore a=-2$
따라서 $y=x^2-4x-5=(x-2)^2-9$이므로 꼭짓점의 좌표
는 $(2,\ -9)$이다.

**84** 답 **4**

$y=x^2+2x-3$에 $y=0$을 대입하면 $x^2+2x-3=0$

$(x+3)(x-1)=0$   ∴ $x=-3$ 또는 $x=1$

따라서 $\text{A}(-3, 0)$, $\text{B}(1, 0)$이므로

$\overline{\text{AB}}=1-(-3)=4$

**85** 답 **⑤**

$y=x^2-6x+8$에 $y=0$을 대입하면 $x^2-6x+8=0$

$(x-2)(x-4)=0$   ∴ $x=2$ 또는 $x=4$

∴ $\text{A}(2, 0)$, $\text{C}(4, 0)$

$y=x^2-6x+8=(x-3)^2-1$이므로 $\text{B}(3, -1)$

$y=x^2-6x+8$에 $x=0$을 대입하면 $y=8$이므로 $\text{D}(0, 8)$

이때 점 $\text{E}$의 $y$좌표가 8이므로 $y=8$을 대입하면

$8=x^2-6x+8$, $x^2-6x=0$, $x(x-6)=0$

∴ $x=0$ 또는 $x=6$   ∴ $\text{E}(6, 8)$

따라서 옳지 않은 것은 ⑤이다.

**86** 답 **②**

$y=x^2+4x+a=(x+2)^2+a-4$의 그래프의 축의 방정식은 $x=-2$이다.

$\overline{\text{AB}}=6$이므로 그래프의 축에서 두 점 $\text{A}$, $\text{B}$까지의 거리는 각각 3이다.

∴ $\text{A}(-5, 0)$, $\text{B}(1, 0)$ 또는 $\text{A}(1, 0)$, $\text{B}(-5, 0)$

$y=x^2+4x+a$의 그래프가 점 $(1, 0)$을 지나므로

$0=1^2+4\times1+a$   ∴ $a=-5$

**87** 답 **③**

$y=x^2+3x+1=\left(x+\dfrac{3}{2}\right)^2-\dfrac{5}{4}$이므로 평행이동한 그래프를 나타내는 이차함수의 식은

$y=\left(x-2+\dfrac{3}{2}\right)^2-\dfrac{5}{4}=\left(x-\dfrac{1}{2}\right)^2-\dfrac{5}{4}=x^2-x-1$

**88** 답 **①**

$y=2x^2-4x+3=2(x-1)^2+1$이므로 평행이동한 그래프를 나타내는 이차함수의 식은

$y=2(x-p-1)^2+1+q$

∴ $y=2\{x-(p+1)\}^2+1+q$

이 식이 $y=2x^2-12x+3=2(x-3)^2-15$와 같아야 하므로

$p+1=3$, $1+q=-15$   ∴ $p=2$, $q=-16$

∴ $pq=2\times(-16)=-32$

**89** 답 **1**

$y=-x^2+6x-6=-(x-3)^2+3$이므로 평행이동한 그래프를 나타내는 이차함수의 식은

$y=-(x+1-3)^2+3-1$

∴ $y=-(x-2)^2+2$

이 그래프가 점 $(1, k)$를 지나므로

$k=-(1-2)^2+2=1$

**90** 답 **③**

위로 볼록한 그래프는 $y=-x^2-8x$, $y=-3x^2+5$, $y=-\dfrac{1}{2}x^2+2x-2$이다.

$x^2$의 계수의 절댓값이 클수록 그래프의 폭이 좁아지므로

$\left|-\dfrac{1}{2}\right|<|-1|<|-3|$에서 그래프의 폭이 가장 좁은 것은 ③ $y=-3x^2+5$이다.

**91** 답 **③**

$y=\dfrac{1}{2}x^2-4x+3$의 그래프를 평행이동하여 완전히 포개어지려면 $x^2$의 계수가 $\dfrac{1}{2}$이어야 하므로 ③이다.

**92** 답 **0**

$y=-2x^2-x+a$의 그래프가 점 $(-1, 5)$를 지나므로

$5=-2\times(-1)^2-(-1)+a$   ∴ $a=6$

즉, $y=-2x^2-x+6$의 그래프가 점 $(1, b)$를 지나므로

$b=-2\times1^2-1+6=3$

∴ $a-2b=6-2\times3=0$

**93** 답 **①, ②, ⑤, ⑥**

$y=-x^2+2x+3=-(x-1)^2+4$

① $x^2$의 계수가 음수이므로 위로 볼록한 포물선이다.

② 직선 $x=1$을 축으로 한다.

⑤ 그래프는 오른쪽 그림과 같으므로 모든 사분면을 지난다.

⑥ $x>1$일 때, $x$의 값이 증가하면 $y$의 값은 감소한다.

⑦ $y=-x^2+2x+3$에 $y=0$을 대입하면

$-x^2+2x+3=0$, $x^2-2x-3=0$

$(x+1)(x-3)=0$   ∴ $x=-1$ 또는 $x=3$

따라서 $x$축과 두 점 $(-1, 0)$, $(3, 0)$에서 만난다.

따라서 옳지 않은 것은 ①, ②, ⑤, ⑥이다.

**94** 답 **②**

$y=ax^2+bx+c=a\left(x+\dfrac{b}{2a}\right)^2-\dfrac{b^2-4ac}{4a}$

ㄱ. 축의 방정식은 $x=-\dfrac{b}{2a}$이다.

ㅁ. $y=ax^2$의 그래프를 평행이동하면 완전히 포개어진다.

**95** 답 **①**

그래프가 위로 볼록하므로 $a<0$

축이 $y$축의 왼쪽에 있으므로 $ab>0$   ∴ $b<0$

$y$축과 만나는 점이 $x$축보다 아래쪽에 있으므로 $c<0$

**96** 답 ⑤

그래프가 아래로 볼록하므로 $a>0$
축이 $y$축의 오른쪽에 있으므로 $ab<0$   ∴ $b<0$
$y$축과 만나는 점이 $x$축보다 아래쪽에 있으므로 $c<0$
① $ab<0$   ② $ac<0$   ③ $bc>0$
④ $x=-1$일 때, $y>0$이므로 $a-b+c>0$
⑤ $x=1$일 때, $y<0$이므로 $a+b+c<0$
따라서 옳은 것은 ⑤이다.

**97** 답 ①

$a<0$, $ab>0$에서 $b<0$
$b<0$, $bc>0$에서 $c<0$
$y=ax^2-bx-c$에서
$a<0$이므로 그래프는 위로 볼록하다.
$-b>0$이므로 $a$, $-b$는 부호가 서로 다르다.
즉, 축은 $y$축의 오른쪽에 있다.
$-c>0$이므로 $y$축과 만나는 점은 $x$축보다 위쪽에 있다.
따라서 그래프로 적당한 것은 ①이다.

**98** 답 ②

$y=ax^2+bx+c$의 그래프에서
그래프가 아래로 볼록하므로 $a>0$
축이 $y$축의 왼쪽에 있으므로 $ab>0$   ∴ $b>0$
$y$축과 만나는 점이 $x$축보다 아래쪽에 있으므로 $c<0$
따라서 $a>0$, $\dfrac{c}{b}<0$이므로 $y=ax+\dfrac{c}{b}$의
그래프는 오른쪽 그림과 같이 제2사분면
을 지나지 않는다.

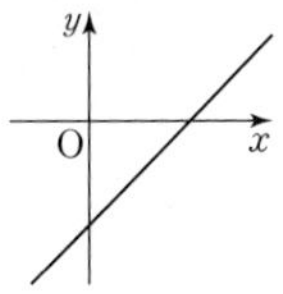

**99** 답 ②

$y=ax+b$의 그래프에서 $a<0$, $b>0$
$y=x^2+ax-b$에서
$x^2$의 계수가 양수이므로 그래프는 아래로 볼록하다.
$a<0$이므로 $x^2$의 계수와 부호가 서로 다르다.
즉, 축은 $y$축의 오른쪽에 있다.
$-b<0$이므로 $y$축과 만나는 점은 $x$축보다 아래쪽에 있다.
따라서 그래프로 적당한 것은 ②이다.

**100** 답 (1) $A(1, 9)$ (2) $B(-2, 0)$, $C(4, 0)$ (3) 27

(1) $y=-x^2+2x+8=-(x-1)^2+9$에서 $A(1, 9)$
(2) $y=-x^2+2x+8$에 $y=0$을 대입하면
  $-x^2+2x+8=0$, $x^2-2x-8=0$
  $(x+2)(x-4)=0$   ∴ $x=-2$ 또는 $x=4$
  ∴ $B(-2, 0)$, $C(4, 0)$
(3) $\triangle ABC=\dfrac{1}{2}\times 6\times 9=27$

**101** 답 10

$y=x^2+3x-4$에 $y=0$을 대입하면
$x^2+3x-4=0$, $(x+4)(x-1)=0$
∴ $x=-4$ 또는 $x=1$
∴ $A(-4, 0)$, $B(1, 0)$   ⋯ (i)
$y=x^2+3x-4$에 $x=0$을 대입하면 $y=-4$이므로
$C(0, -4)$   ⋯ (ii)
∴ $\triangle ACB=\dfrac{1}{2}\times 5\times 4=10$   ⋯ (iii)

| 채점 기준 | 비율 |
| --- | --- |
| (i) 두 점 A, B의 좌표 구하기 | 50 % |
| (ii) 점 C의 좌표 구하기 | 20 % |
| (iii) $\triangle ACB$의 넓이 구하기 | 30 % |

**102** 답 4

$y=\dfrac{1}{3}x^2-\dfrac{4}{3}x-4$에 $x=0$을 대입하면 $y=-4$이므로
$A(0, -4)$
$y=\dfrac{1}{3}x^2-\dfrac{4}{3}x-4=\dfrac{1}{3}(x-2)^2-\dfrac{16}{3}$이므로
$B\left(2, -\dfrac{16}{3}\right)$
∴ $\triangle OAB=\dfrac{1}{2}\times 4\times 2=4$

**103** 답 3

$y=-x^2+2x+3=-(x-1)^2+4$이므로 $A(1, 4)$
$y=-x^2+2x+3$에 $x=0$을 대입하면 $y=3$이므로
$B(0, 3)$
$y=-x^2+2x+3$에 $y=0$을 대입하면
$-x^2+2x+3=0$, $x^2-2x-3=0$
$(x+1)(x-3)=0$   ∴ $x=-1$ 또는 $x=3$
점 C의 $x$좌표가 양수이므로 $C(3, 0)$
∴ $\triangle ABC=\triangle ABO+\triangle AOC-\triangle BOC$
$=\dfrac{1}{2}\times 3\times 1+\dfrac{1}{2}\times 3\times 4-\dfrac{1}{2}\times 3\times 3$
$=3$

**104** 답 ②

$y=-x^2+4x+5=-(x-2)^2+9$이므로 $A(2, 9)$
$y=-x^2+4x+5$에 $x=0$을 대입하면 $y=5$이므로
$B(0, 5)$
$y=-x^2+4x+5$에 $y=0$을 대입하면
$-x^2+4x+5=0$, $x^2-4x-5=0$
$(x+1)(x-5)=0$   ∴ $x=-1$ 또는 $x=5$
∴ $C(-1, 0)$, $D(5, 0)$
∴ $\square ABCD=\triangle BCO+\triangle ABO+\triangle AOD$
$=\dfrac{1}{2}\times 1\times 5+\dfrac{1}{2}\times 5\times 2+\dfrac{1}{2}\times 5\times 9$
$=30$

**105** 답 ③

꼭짓점의 좌표가 $(-2, 1)$이므로 $y=a(x+2)^2+1$로 놓자.

이 그래프가 점 $(-3, 2)$를 지나므로

$2=a\times(-3+2)^2+1$　∴ $a=1$

즉, $y=(x+2)^2+1=x^2+4x+5$이므로

$b=4$, $c=5$

∴ $a+b-c=1+4-5=0$

**106** 답 ①

꼭짓점의 좌표가 $(3, -2)$이므로 $y=a(x-3)^2-2$로 놓자.

이 그래프가 점 $(-1, 6)$을 지나므로

$6=a\times(-1-3)^2-2$　∴ $a=\dfrac{1}{2}$

∴ $y=\dfrac{1}{2}(x-3)^2-2$

이 식에 $x=0$을 대입하면 $y=\dfrac{1}{2}\times(0-3)^2-2=\dfrac{5}{2}$

따라서 $y$축과 만나는 점의 좌표는 $\left(0, \dfrac{5}{2}\right)$이다.

**107** 답 ⑤

꼭짓점의 좌표가 $(4, 6)$이므로 $y=a(x-4)^2+6$으로 놓자.

이 그래프가 점 $(0, 2)$를 지나므로

$2=a\times(0-4)^2+6$　∴ $a=-\dfrac{1}{4}$

∴ $y=-\dfrac{1}{4}(x-4)^2+6$

이 그래프가 점 $(5, k)$를 지나므로

$k=-\dfrac{1}{4}\times(5-4)^2+6=\dfrac{23}{4}$

**108** 답 8

축의 방정식이 $x=-2$이므로 $p=-2$

즉, $y=a(x+2)^2+q$의 그래프가 두 점 $(0, 6)$, $(2, 0)$을 지나므로

$6=a\times(0+2)^2+q$　∴ $4a+q=6$　…㉠

$0=a\times(2+2)^2+q$　∴ $16a+q=0$　…㉡

㉠, ㉡을 연립하여 풀면

$a=-\dfrac{1}{2}$, $q=8$

∴ $apq=-\dfrac{1}{2}\times(-2)\times8=8$

**109** 답 4

축의 방정식이 $x=1$이므로 $y=a(x-1)^2+q$로 놓자.

이 그래프가 $y$축과 만나는 점의 $y$좌표가 $-2$이므로 점 $(0, -2)$를 지난다.

$-2=a\times(0-1)^2+q$　∴ $a+q=-2$　…㉠

이 그래프가 점 $(-2, 14)$를 지나므로

$14=a\times(-2-1)^2+q$　∴ $9a+q=14$　…㉡

㉠, ㉡을 연립하여 풀면

$a=2$, $q=-4$

∴ $y=2(x-1)^2-4$

이 그래프가 점 $(3, k)$를 지나므로

$k=2\times(3-1)^2-4=4$

**110** 답 $-1$

㈎에서 $a=-2$이고

㈐에서 축의 방정식이 $x=-3$이므로 $y=-2(x+3)^2+q$로 놓자.

㈏에서 이 그래프가 점 $(-1, -3)$을 지나므로

$-3=-2\times(-1+3)^2+q$　∴ $q=5$

∴ $y=-2(x+3)^2+5$

　　$=-2x^2-12x-13$

따라서 $a=-2$, $b=-12$, $c=-13$이므로

$a+b-c=-2+(-12)-(-13)=-1$

**111** 답 10

$y=ax^2+bx+c$의 그래프가 점 $(0, 1)$을 지나므로

$c=1$

즉, $y=ax^2+bx+1$의 그래프가 두 점 $(-1, 6)$, $(1, 2)$를 지나므로

$6=a-b+1$　∴ $a-b=5$　…㉠

$2=a+b+1$　∴ $a+b=1$　…㉡

㉠, ㉡을 연립하여 풀면

$a=3$, $b=-2$

∴ $a-2b+3c=3-2\times(-2)+3\times1=10$

**112** 답 $(1, 7)$

$y=ax^2+bx+c$로 놓으면 그래프가 점 $(0, 8)$을 지나므로

$c=8$　　　　　　…(ⅰ)

즉, $y=ax^2+bx+8$의 그래프가 두 점 $(-1, 11)$, $(4, 16)$을 지나므로

$11=a-b+8$　∴ $a-b=3$　…㉠

$16=16a+4b+8$　∴ $4a+b=2$　…㉡

㉠, ㉡을 연립하여 풀면

$a=1$, $b=-2$　　　　…(ⅱ)

따라서 $y=x^2-2x+8=(x-1)^2+7$이므로

구하는 꼭짓점의 좌표는 $(1, 7)$이다.　　…(ⅲ)

| 채점 기준 | 비율 |
| --- | --- |
| (ⅰ) 이차함수의 식의 상수항 구하기 | 20 % |
| (ⅱ) 이차함수의 식의 $x^2$의 계수와 $x$의 계수 구하기 | 50 % |
| (ⅲ) 꼭짓점의 좌표 구하기 | 30 % |

**113** 답 ③

$y=ax^2+bx+c$로 놓으면 그래프가 점 $(0, 3)$을 지나므로
$c=3$
즉, $y=ax^2+bx+3$의 그래프가 두 점 $(-3, 0)$, $(-2, 7)$
을 지나므로
$0=9a-3b+3$    ∴ $3a-b=-1$    ⋯㉠
$7=4a-2b+3$    ∴ $2a-b=2$    ⋯㉡
㉠, ㉡을 연립하여 풀면
$a=-3$, $b=-8$
∴ $y=-3x^2-8x+3$

**114** 답 ⑤

$x$축과 두 점 $(-2, 0)$, $(3, 0)$에서 만나므로
$y=a(x+2)(x-3)$으로 놓자.
이 그래프가 점 $(1, -12)$를 지나므로
$-12=a\times3\times(-2)$    ∴ $a=2$
∴ $y=2(x+2)(x-3)=2x^2-2x-12$
따라서 $a=2$, $b=-2$, $c=-12$이므로
$ab-c=2\times(-2)-(-12)=8$

**115** 답 ⑤

$x$축과 두 점 $(1, 0)$, $(5, 0)$에서 만나고, $x^2$의 계수가 1이
므로
$y=(x-1)(x-5)=x^2-6x+5$
∴ $b=-6$, $c=5$
이 그래프가 점 $(4, k)$를 지나므로
$k=4^2-6\times4+5=-3$
∴ $b+c-k=-6+5-(-3)=2$

**116** 답 $(2, -1)$

$x$축과 두 점 $(1, 0)$, $(3, 0)$에서 만나므로
$y=a(x-1)(x-3)$으로 놓자.
이 그래프가 점 $(0, 3)$을 지나므로
$3=a\times(-1)\times(-3)$    ∴ $a=1$
∴ $y=(x-1)(x-3)=x^2-4x+3=(x-2)^2-1$
따라서 구하는 꼭짓점의 좌표는 $(2, -1)$이다.

**117** 답 ④

ㄱ. $y=ax^2$의 그래프의 폭이 $y=bx^2$의 그래프의 폭보다 좁
   으므로 $|a|>|b|$
   이때 $a>0$, $b>0$이므로 $a>b$
ㄴ. $d=-a$, $c=-b$이므로
   $a+b+c+d=a+b+(-b)+(-a)=0$
ㄷ. $y=dx^2$의 그래프의 폭이 $y=cx^2$의 그래프의 폭보다 좁
   으므로 $|d|>|c|$
   이때 $|a|=|d|$이므로 $a+c>0$
ㄹ. $a>0$, $b>0$, $c<0$이므로 $abc<0$
따라서 옳은 것은 ㄱ, ㄴ, ㄷ이다.

**118** 답 16 m

오른쪽 그림과 같이 C 지점을 원점,
지면을 $x$축으로 하는 좌표평면 위에
세 지점 A, B, P를 지나는 포물선을
그리면 이 그래프는 $x$축과 두 점
A$(-9, 0)$, B$(3, 0)$에서 만나므로
$y=a(x+9)(x-3)$으로 놓을 수 있
다.

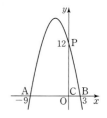

이 그래프가 P$(0, 12)$를 지나므로
$12=a\times9\times(-3)$    ∴ $a=-\dfrac{4}{9}$
즉, $y=-\dfrac{4}{9}(x+9)(x-3)$
        $=-\dfrac{4}{9}x^2-\dfrac{8}{3}x+12$
        $=-\dfrac{4}{9}(x+3)^2+16$
이므로 이 그래프의 꼭짓점의 $y$좌표는 16이다.
따라서 이 공이 가장 높이 올라갔을 때의 지면으로부터의 높
이는 16 m이다.

### 단원 마무리

P. 123~126

| | | | | |
|---|---|---|---|---|
| **1** ③ | **2** ㉢ | **3** ① | **4** ④ | **5** $-4$ |
| **6** $(0, -5)$ | | **7** $x>2$ | **8** ③ | **9** ④ |
| **10** ② | **11** 2 | **12** ①, ④ | **13** ② | **14** $-10$ |
| **15** 1 | **16** ④ | **17** 7 | **18** 1 | **19** $(2, -9)$ |
| **20** 14 | **21** ㄱ, ㄴ, ㅁ | | **22** $\dfrac{3}{2}$ | **23** ② |
| **24** 1 | **25** $\dfrac{5}{4}$ | **26** $(1, 5)$ | **27** 36 | |

**1**
① $y=1500x$ ⇨ 일차함수
② $y=35x$ ⇨ 일차함수
③ $y=x(5-x)=-x^2+5x$ ⇨ 이차함수
④ $\dfrac{1}{2}xy=8$    ∴ $y=\dfrac{16}{x}$ ⇨ 이차함수가 아니다.
⑤ $y=\dfrac{4}{3}\pi x^3$ ⇨ 이차함수가 아니다.
따라서 $y$가 $x$에 대한 이차함수인 것은 ③이다.

**2**
$y=-3x^2$의 그래프는 위로 볼록하면서 $y=-x^2$의 그래프
보다 폭이 좁아야 하므로 ㉢이다.

**3**
① $x$축과 원점 $(0, 0)$에서 만난다.
② $y=-x^2$의 그래프보다 폭이 넓다.
③ 제3, 4사분면을 지난다.
④ 위로 볼록한 포물선이다.
⑤ $x>0$일 때, $x$의 값이 증가하면 $y$의 값은 감소한다.
따라서 옳은 것은 ①이다.

**4** $y=-\dfrac{2}{3}x^2$의 그래프와 $x$축에 서로 대칭인 그래프는

$y=\dfrac{2}{3}x^2$

이 그래프가 점 $(3,\ a)$를 지나므로

$a=\dfrac{2}{3}\times3^2=6$

**5** 꼭짓점이 원점이므로 $y=ax^2$으로 놓자.
이 그래프가 점 $(2,\ -1)$을 지나므로

$-1=a\times2^2 \qquad \therefore\ a=-\dfrac{1}{4}$

즉, $f(x)=-\dfrac{1}{4}x^2$이므로

$f(4)=-\dfrac{1}{4}\times4^2=-4$

**6** 평행이동한 그래프를 나타내는 이차함수의 식은

$y=-\dfrac{1}{2}x^2+a$      $\cdots$ (i)

이 그래프가 점 $(-2,\ -7)$을 지나므로

$-7=-\dfrac{1}{2}\times(-2)^2+a \qquad \therefore\ a=-5$    $\cdots$ (ii)

따라서 $y=-\dfrac{1}{2}x^2-5$의 그래프의 꼭짓점의 좌표는

$(0,\ -5)$이다.      $\cdots$ (iii)

| 채점 기준 | 비율 |
|---|---|
| (i) 평행이동한 그래프를 나타내는 이차함수의 식 세우기 | 30 % |
| (ii) $a$의 값 구하기 | 40 % |
| (iii) 꼭짓점의 좌표 구하기 | 30 % |

**7** 그래프가 위로 볼록하고, 축의 방정식이 $x=2$이므로
$x>2$일 때, $x$의 값이 증가하면 $y$의 값은 감소한다.

**8** 그래프가 위로 볼록하므로 $a<0$
꼭짓점 $(-p,\ q)$가 제4사분면 위에 있으므로
$-p>0,\ q<0$
$\therefore\ a<0,\ p<0,\ q<0$

**9** $y=-3x^2+12x-6$
$\quad =-3(x^2-4x+4-4)-6$
$\quad =-3(x-2)^2+6$
따라서 축의 방정식은 $x=2$이고, 꼭짓점의 좌표는 $(2,\ 6)$
이다.

**10** ① $y=-x^2-8x-10=-(x+4)^2+6$
꼭짓점의 좌표는 $(-4,\ 6)$이고, $y$축과
만나는 점의 좌표는 $(0,\ -10)$이며, 위
로 볼록하므로 그래프를 그리면 오른쪽
그림과 같다.
따라서 제1사분면을 지나지 않는다.

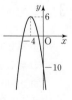

② $y=-x^2-2x+1=-(x+1)^2+2$
꼭짓점의 좌표는 $(-1,\ 2)$이고, $y$축과
만나는 점의 좌표는 $(0,\ 1)$이며, 위로
볼록하므로 그래프를 그리면 오른쪽 그
림과 같다.
따라서 모든 사분면을 지난다.

③ $y=x^2+6x+9=(x+3)^2$
꼭짓점의 좌표는 $(-3,\ 0)$이고, $y$축과
만나는 점의 좌표는 $(0,\ 9)$이며, 아래
로 볼록하므로 그래프를 그리면 오른쪽
그림과 같다.
따라서 제3, 4사분면을 지나지 않는다.

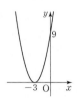

④ $y=2x^2+4$
꼭짓점의 좌표는 $(0,\ 4)$이고, 아래로
볼록하므로 그래프를 그리면 오른쪽 그
림과 같다.
따라서 제3, 4사분면을 지나지 않는다.

⑤ $y=3x^2-9x=3\left(x-\dfrac{3}{2}\right)^2-\dfrac{27}{4}$

꼭짓점의 좌표는 $\left(\dfrac{3}{2},\ -\dfrac{27}{4}\right)$이고, $y$축

과 만나는 점의 좌표는 $(0,\ 0)$이며, 아
래로 볼록하므로 그래프를 그리면 오른
쪽 그림과 같다.
따라서 제3사분면을 지나지 않는다.

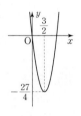

따라서 그래프가 모든 사분면을 지나는 것은 ②이다.

**11** $y=-x^2+10x-19=-(x-5)^2+6$이므로 평행이동한 그
래프를 나타내는 이차함수의 식은
$y=-(x+3-5)^2+6-6$
$\therefore\ y=-(x-2)^2$
따라서 꼭짓점의 좌표는 $(2,\ 0)$이므로 $p=2,\ q=0$
$\therefore\ p+q=2+0=2$

**12** $y=2x^2+4x-3=2(x+1)^2-5$
① 축의 방정식은 $x=-1$이다.
③ 그래프는 오른쪽 그림과 같으므로 모든
사분면을 지난다.

④ $y=2x^2$의 그래프를 $x$축의 방향으로 $-1$만큼, $y$축의 방
향으로 $-5$만큼 평행이동한 그래프이다.
따라서 옳지 않은 것은 ①, ④이다.

**13** 꼭짓점의 좌표가 $(-1,\ -2)$이므로
$y=a(x+1)^2-2$로 놓자.
이 그래프가 점 $(0,\ -1)$을 지나므로
$-1=a\times(0+1)^2-2 \qquad \therefore\ a=1$
$\therefore\ y=(x+1)^2-2=x^2+2x-1$

**14** $y=ax^2+bx+c$의 그래프가 점 $(0, 16)$을 지나므로

$c=16$ ··· (i)

즉, $y=ax^2+bx+16$의 그래프가 두 점 $(1, 10)$,

$(3, -14)$를 지나므로

$10=a+b+16$ ∴ $a+b=-6$ ··· ㉠

$-14=9a+3b+16$ ∴ $3a+b=-10$ ··· ㉡

㉠, ㉡을 연립하여 풀면

$a=-2$, $b=-4$ ··· (ii)

∴ $a-2b-c=-2-2\times(-4)-16=-10$ ··· (iii)

| 채점 기준 | 비율 |
|---|---|
| (i) $c$의 값 구하기 | 30 % |
| (ii) $a$, $b$의 값 구하기 | 50 % |
| (iii) $a-2b-c$의 값 구하기 | 20 % |

**15** $f(a)=3a^2-7a+2=-2$이므로

$3a^2-7a+4=0$, $(a-1)(3a-4)=0$

∴ $a=1$ 또는 $a=\dfrac{4}{3}$

이때 $a$는 정수이므로 $a=1$

**16** ㈎에서 꼭짓점의 좌표가 $(0, -1)$이므로 $y=ax^2-1$로 놓자.

㈏에서 그래프가 제1, 2사분면을 지나지 않으므로 그래프의 모양은 위로 볼록한 포물선이다.

∴ $a<0$ ··· ㉠

㈐에서 $y=x^2$의 그래프보다 폭이 넓으므로

$0<a<1$ 또는 $-1<a<0$ ··· ㉡

㉠, ㉡에 의해 $-1<a<0$

따라서 $y=ax^2-1$ 꼴 중에서 $-1<a<0$인 것은 ④이다.

**17** $y=a(x-p)^2$, $y=-\dfrac{1}{3}x^2+12$의 그래프의 꼭짓점의 좌표는 각각 $(p, 0)$, $(0, 12)$이다.

$y=-\dfrac{1}{3}x^2+12$의 그래프가 점 $(p, 0)$을 지나므로

$0=-\dfrac{1}{3}p^2+12$, $p^2=36$ ∴ $p=\pm6$

이때 $p>0$이므로 $p=6$

$y=a(x-6)^2$의 그래프가 점 $(0, 12)$를 지나므로

$12=a\times(0-6)^2$ ∴ $a=\dfrac{1}{3}$

∴ $3a+p=3\times\dfrac{1}{3}+6=7$

**18** $y=x^2-2ax+a+4$

$=(x^2-2ax+a^2-a^2)+a+4$

$=(x-a)^2-a^2+a+4$

이때 꼭짓점 $(a, -a^2+a+4)$가 직선 $y=4x$ 위에 있으므로

$-a^2+a+4=4a$, $a^2+3a-4=0$

$(a+4)(a-1)=0$ ∴ $a=-4$ 또는 $a=1$

이때 $a>0$이므로 $a=1$

**19** $y=\dfrac{1}{4}x^2-x+k=\dfrac{1}{4}(x-2)^2+k-1$의 그래프의 축의 방정식은 $x=2$이다.

$\overline{AB}=12$이므로 그래프의 축에서 두 점 A, B까지의 거리는 각각 6이다.

∴ A$(-4, 0)$, B$(8, 0)$ 또는 A$(8, 0)$, B$(-4, 0)$

$y=\dfrac{1}{4}x^2-x+k$의 그래프가 점 $(8, 0)$을 지나므로

$0=\dfrac{1}{4}\times8^2-8+k$ ∴ $k=-8$

따라서 $y=\dfrac{1}{4}x^2-x-8=\dfrac{1}{4}(x-2)^2-9$이므로 그래프의 꼭짓점의 좌표는 $(2, -9)$이다.

**20** $y=x^2+4$의 그래프는 $y=x^2-3$의 그래프를 $y$축의 방향으로 7만큼 평행이동한 것이다.

따라서 오른쪽 그림에서 빗금 친 두 부분의 넓이가 서로 같으므로 색칠한 부분의 넓이는 가로의 길이가 2이고 세로의 길이가 7인 직사각형의 넓이와 같다.

∴ (색칠한 부분의 넓이)$=2\times7$

$=14$

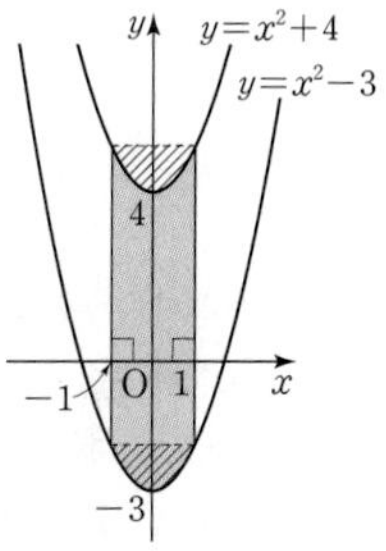

**21** 그래프가 위로 볼록하므로 $a<0$

축이 $y$축의 오른쪽에 있으므로 $ab<0$ ∴ $b>0$

$y$축과 만나는 점이 $x$축보다 위쪽에 있으므로 $c>0$

ㄱ. $bc>0$  ㄴ. $abc<0$  ㄷ. $\dfrac{a}{b}<0$

ㄹ. $x=-\dfrac{1}{2}$일 때, $y>0$이므로 $\dfrac{1}{4}a-\dfrac{1}{2}b+c>0$

ㅁ. $x=2$일 때, $y>0$이므로 $4a+2b+c>0$

따라서 옳은 것은 ㄱ, ㄴ, ㅁ이다.

**22** $y=-\dfrac{1}{2}x^2+x+4$에 $y=0$을 대입하면

$-\dfrac{1}{2}x^2+x+4=0$

$x^2-2x-8=0$, $(x+2)(x-4)=0$

∴ $x=-2$ 또는 $x=4$

∴ A$(-2, 0)$, B$(4, 0)$ ··· (i)

$y=-\dfrac{1}{2}x^2+x+4$에 $x=0$을 대입하면 $y=4$이므로

C$(0, 4)$ ··· (ii)

$y=-\dfrac{1}{2}x^2+x+4=-\dfrac{1}{2}(x-1)^2+\dfrac{9}{2}$이므로

D$\left(1, \dfrac{9}{2}\right)$ ··· (iii)

∴ △ABC$=\dfrac{1}{2}\times6\times4=12$,

△ABD$=\dfrac{1}{2}\times6\times\dfrac{9}{2}=\dfrac{27}{2}$ ··· (iv)

따라서 구하는 넓이의 차는

$\triangle ABD - \triangle ABC = \dfrac{27}{2} - 12 = \dfrac{3}{2}$      ··· (v)

| 채점 기준 | 비율 |
|---|---|
| (i) 두 점 A, B의 좌표 구하기 | 30 % |
| (ii) 점 C의 좌표 구하기 | 10 % |
| (iii) 점 D의 좌표 구하기 | 20 % |
| (iv) △ABC, △ABD의 넓이 구하기 | 30 % |
| (v) 두 삼각형의 넓이의 차 구하기 | 10 % |

**23** $y=4x^2+24x+41=4(x+3)^2+5$의 그래프의 꼭짓점의 좌표가 $(-3, 5)$이므로 $y=a(x+3)^2+5$로 놓자.
$y=\dfrac{1}{3}x^2-x-4$의 그래프가 $y$축과 만나는 점의 좌표는
$(0, -4)$
즉, $y=a(x+3)^2+5$의 그래프가 점 $(0, -4)$를 지나므로
$-4=a\times(0+3)^2+5$    $\therefore a=-1$
$\therefore y=-(x+3)^2+5=-x^2-6x-4$

**24** ㈎에서 $x^2$의 계수가 $-2$이고
㈏에서 축의 방정식이 $x=1$이므로
$y=-2(x-1)^2+q$로 놓자.
㈐에서 이 그래프가 점 $(-2, -7)$을 지나므로
$-7=-2\times(-2-1)^2+q$    $\therefore q=11$
$\therefore y=-2(x-1)^2+11=-2x^2+4x+9$
따라서 $a=-2$, $b=4$, $c=9$이므로
$ab+c=-2\times4+9=1$

**25** $y=-3x^2$에 $x=1$을 대입하면 $y=-3\times1^2=-3$이므로 점 B의 좌표가 $(1, -3)$이고, $y=-3x^2$의 그래프는 $y$축에 대칭이므로 점 A의 좌표는 $(-1, -3)$이다.

$y=ax^2$의 그래프는 $y$축에 대칭이고 $\overline{CD}=2\overline{AB}=4$이므로 두 점 C, D의 좌표는 각각 $(2, 4a)$, $(-2, 4a)$
이때 □ABCD는 사다리꼴이고, 그 넓이가 24이므로
$\dfrac{1}{2}\times(4+2)\times\{4a-(-3)\}=24$

$3(4a+3)=24$, $4a+3=8$, $4a=5$    $\therefore a=\dfrac{5}{4}$

**26** 점 A는 $y=-x^2+6x$의 그래프 위의 점이므로
$A(a, -a^2+6a)$라고 하면 $B(a, 0)$이다.
$\therefore \overline{AB}=-a^2+6a$
한편 $y=-x^2+6x=-(x-3)^2+9$
이므로 축의 방정식은 $x=3$이고, 점 B와 점 C는 축에 대하여 대칭이므로
$\overline{BC}=2(3-a)=6-2a$
이때 □ABCD의 둘레의 길이가 18
이므로
$2\{(-a^2+6a)+(6-2a)\}=18$
$a^2-4a+3=0$, $(a-1)(a-3)=0$
$\therefore a=1$ 또는 $a=3$
이때 $a<3$이므로 $a=1$
따라서 점 A의 좌표는 $(1, 5)$이다.

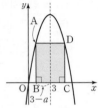

**27** $y=-x^2+2x+8=-(x-1)^2+9$
$\therefore A(1, 9)$
$y=-x^2+10x-16=-(x-5)^2+9$
$\therefore B(5, 9)$
즉, $y=-x^2+10x-16$의 그래프는 $y=-x^2+2x+8$의 그래프를 $x$축의 방향으로 4만큼 평행이동한 것이므로
□ACDB는 평행사변형이다.
$\therefore$ □ACDB$=4\times9=36$